国防电子信息技术丛书　　智能感知前沿技术系列

雷达系统分析与建模

Radar System Analysis and Modeling

[美] David K. Barton 著

南京电子技术研究所 译

罗 群 倪嘉骊 范国平 总审

電子工業出版社

Publishing House of Electronics Industry

北京·BEIJING

内 容 简 介

本书在全面归纳雷达系统原理的基础上，对雷达性能进行了分析与数学建模。全书前6章为基础理论部分，包括：雷达距离方程，目标检测理论，目标、杂波和干扰分析，雷达天线分析，雷达信号波形设计和信号处理，传播特性分析。第7章和第8章分别介绍了雷达监视、雷达测量与跟踪方法。最后一章对雷达损耗进行了分析。本书覆盖了雷达系统性能分析和数学模型建设，内容系统、完整。每章后都附有参考文献、习题、仿真程序及其说明，便于读者进一步学习和研究。

本书可作为高等院校电子工程专业高年级本科生和研究生的参考教材，也可作为雷达专业工程技术人员的参考用书。

版权贸易合同登记号　图字：01-2006-1683

图书在版编目(CIP)数据

雷达系统分析与建模/(美)戴维·K. 巴顿(David K. Barton)著；南京电子技术研究所译.
北京：电子工业出版社，2017.1
(国防电子信息技术丛书)
书名原文：Radar System Analysis and Modeling
ISBN 978-7-121-30777-5

Ⅰ. ①雷… Ⅱ. ①戴… ②南… Ⅲ. ①雷达系统-系统分析 ②雷达系统-系统建模 Ⅳ. ①TN95

中国版本图书馆 CIP 数据核字(2017)第 004576 号

策划编辑：马　岚
责任编辑：马　岚
印　　刷：固安县铭成印刷有限公司
装　　订：固安县铭成印刷有限公司
出版发行：电子工业出版社
　　　　　北京市海淀区万寿路 173 信箱　邮编　100036
开　　本：787×1092　1/16　印张：25.75　字数：659 千字
版　　次：2017 年 1 月第 1 版
印　　次：2025 年 1 月第 4 次印刷
定　　价：99.00 元

凡所购买电子工业出版社图书有缺损问题，请向购买书店调换。若书店售缺，请与本社发行部联系，联系及邮购电话：(010)88254888,88258888。

质量投诉请发邮件至 zlts@phei.com.cn，盗版侵权举报请发邮件至 dbqq@phei.com.cn。

本书咨询联系方式：classic-series-info@phei.com.cn。

CETC 中国电子科技集团公司第十四研究所

中国电子科技集团公司智能感知技术重点实验室

智能感知技术重点实验室是由中国电子科技集团公司于 2014 年 10 月批复设立的首批集团重点实验室之一，被列为中国电科集团示范实验室建设行列。

作为国内预警探测领域首个系统级创新研究型实验室，智能感知技术重点实验室的主要任务是面向未来复杂作战环境下武器装备发展信息化、体系化的新需求，建设一流研发平台，吸引国内外优势学术资源，从事智能感知体系、先进探测系统和基础技术研究，牵引专业技术发展，促进探测技术多学科融合，引领国家探测领域技术发展方向，提升国家探测领域自主创新能力，是技术创新体系重构的重要组成部分。

智能感知技术重点实验室始终坚持人才是科技创新的第一资源。目前，实验室已形成一支初具规模、结构合理、素质优良的人才队伍。其中，具有研究员与高级工程师职称的人员占比达 70% 以上，具有硕博学位的人员占比达 85% 以上。

“惟创新者进，惟创新者强，惟创新者胜”。智能感知技术重点实验室将瞄准国际前沿，面向国家重大需求，努力整合联合内外部优势力量，布局具有战略性、前瞻性、基础性科技创新资源，努力将实验室打造成聚集国内外一流人才的科技创新高地。

关于作者

David K. Barton巴顿是一名雷达系统顾问，现生活于美国新罕布什尔州的汉诺威。他于1927年生于康涅狄格州的格林威治市，1944年到1949年在美国哈佛大学学习，其间有两年因在美国陆军白沙试验场服役而中断学业。在1949年获得物理学学士学位后，他作为一位民间工程师回到了白沙试验场。1953年，他调到位于新泽西州Fort Monmouth的信号实验室，启动了第一部单脉冲测量雷达——AN/FPS-16的研制。1955年，他加入RCA公司，进行雷达的研制并参与系统的测试和评估。由于此项工作，1958年RCS授予他首届W. Sarnoff杰出工程成就奖。他还于1960年将该雷达按比例扩大建造了AN/FPS-49雷达，用于弹道导弹预警系统。该系统在阿拉斯加和大不列颠经过40年的运行后最近才被更换。

从1963年到1984年，他是马萨诸塞州Wayland和Bedford的雷声公司的一名顾问科学家。在此，他为美国空军提出了AN/TPS-19雷达控制着陆系统的雷达方案，并对大量其他雷达和导弹的研究和工程项目做出了贡献。他于1984年加入ANRO工程公司，从事雷达和导弹系统的研究，直至2004年退休。

David K. Barton于1972年被推选为IEEE会士，并于1997年成为美国工程院院士。2002年，他获得了IEEE Dennis J. Picard关于雷达技术和应用奖章。他还曾服务于美国空军科学咨询委员会、防御情报局和陆军研究实验室。自1975年以来，他就是Artech House雷达图书的编辑，其中，本书大约是第140卷。

作　者　序

欢迎中国读者不吝赐读《雷达系统分析与建模》！

约20年前，本人曾在贵国短暂停留三周，访问了一些致力于雷达研究事业的雷达院所，受到了热烈的欢迎，同时也有幸游览了贵国的一些历史景点。

今天，欣闻贵国同仁已将该书译本付梓出版，不胜荣幸。应出版该译本及参加美国雷达会议的贵国同仁邀请，特为此书作序。希望本书能够对采用新技术、新硬件和日益复杂的新软件的先进雷达研制者们有所裨益。

现代雷达理论和实践早已今非昔比，本人于1946年开始从事雷达系统工程研究，并于1964年出版了处女作《雷达系统分析》，该书同样也出版了中文译本。如今的这本《雷达系统分析与建模》虽然没有完全涵括雷达研究领域过去十年，甚至二十年内的进步，但毕竟代表了一种知识更新和与时俱进。如果本书能够帮助当代的雷达工程师们在雷达事业中有所建树，足慰吾愿！

David K. Barton

2007年3月于汉诺威

前　言

本书是系列丛书中的第三代，该系列丛书是从1964年由Prentice-Hall出版并于1976年由Artech House再版的《雷达系统分析》开始的。在该书多次再版后，1988年Artech House出版了综合二十年来雷达系统理论和实践方面进展的完全修订版《现代雷达系统分析》。现在，几乎又过了二十年，是更新材料以反映雷达技术方面的进一步发展，并发挥现代个人计算机的分析和建模能力的时候了。《雷达系统分析与建模》归纳了雷达系统理论，并为雷达工程师提供了估算各种雷达的性能、综合或选择雷达设计的方法和工具，以满足探测和跟踪的要求。

本书共分9章，从雷达方程开始，作为所有进一步讨论的基础。在第1章中，推导了热噪声中探测距离的标准雷达方程，并且对适合于脉冲雷达、脉冲多普勒（Doppler）雷达和连续波雷达的格式进行了表述。所有这些都扩展到了搜索雷达方程上，以用做后续分析中的多种监视雷达和截获模式下的跟踪雷达的基础。然后，采用在典型环境下搜索雷达的实例来推导和说明在干扰、杂波和组合干扰源的环境下探测距离的估算方程。

雷达检测理论在第2章中进行了归纳，从稳定目标的单个脉冲的检测开始，推进到多脉冲积累、起伏目标和分集系统中的检测。该分析的一项最新结果是针对具有χ^2统计的信号的一对"通用检测方程"，这对方程包括了人们熟悉的Swerling目标模型和在连续脉冲间或采样间呈现部分相关特性的各种信号。这两个方程给出了给定信噪比时的探测概率和给定探测概率所要求的信噪比（可检测性因子），以及关于规定的虚警概率值、积累脉冲数和积累期间获得的独立脉冲采样数方面的精确结果。它们调用χ^2分布积分及其逆函数，而这两个函数已构入个人计算机最通用的计算引擎，并允许对各种搜索扫描、波形和处理技术进行迅速的比较。

第3章归纳了目标和干扰。介绍了目标横截面积、起伏和闪烁理论。讨论了双基地雷达横截面积和单基地雷达横截面积。针对陆地、气象、箔条和鸟杂波，介绍了简单而现实的模型，概述了干扰类型。

雷达天线这一重要内容涵盖在第4章中，介绍了基本理论并对适用于反射面、透镜和阵列天线的参数与关系式进行了概述。叙述的目的不是帮助天线设计，而是给雷达系统工程师和分析师在规定、建模或选择天线类型和可实现且宜于满足性能要求的参数方面予以指导。第5章类似地介绍了波形和信号处理概况。首先介绍了模糊函数的理论基础，以及失配滤波器对简单的脉冲和对利用相位代码与频率调制得到的脉冲压缩波形的响应。最后讨论了动目标显示和脉冲多普勒，以及由杂波参数、天线扫描和雷达系统稳定性所引起的性能上的局限。

第6章概述了雷达传播及其对雷达探测和测量的影响。涵盖了大气和气象衰减、地球表面的反射和绕射效应，以及大气折射。依据出版的文献，概述了对流导透镜损耗和电离层法拉第（Faraday）旋转效应。

前6章的基础理论现在在第7章中用于雷达监视。利用搜索雷达方程作为基础，但也考虑杂波的影响，详细讨论了两坐标雷达和三坐标雷达的空中监视。然后，对空中和导弹目标的水平扫描、海用导航雷达，以及由陆基及机载雷达完成的表面监视这些特殊情况进行了讨论。本章最后附有关于监视雷达跟踪文件数据处理和监视雷达电子对抗与电子反对抗方面的材料。

在第8章中，介绍了雷达跟踪和测量理论，从圆锥扫描和扇区扫描跟踪器的简要概述开始，一直到单脉冲系统的更详细的考虑。本章强调的是精确角度跟踪的困难过程，但也涵盖了距离和多普勒跟踪。然后，讨论转向误差分析步骤，包括动态滞后误差、所有4个雷达坐标上的多路径误差、杂波效应，以及由目标、雷达实现和环境条件引入的其他一些重要误差源。最后一节涉及跟踪雷达电子对抗和电子反对抗。

最后一章的主题是雷达损耗预算，这是一个在先前文献中没有充分阐述的话题。雷达性能方面的讨论通常强调的是发射机功率、天线孔径、接收机噪声系数和信号处理技术方面的重要问题。这些参数连同通常经估计或任意分配的损耗因子一起，突出地出现在雷达方程中。前面各章中描述的许多损耗分量都列在第9章中，并对其中一些进行了详细的分析。对发射机到天线、天线到目标、目标到天线、天线到接收机这条路径的射频部分，以及信号处理机内部出现的许多损耗分量的定量分析过程进行了描述或引用了参考资料。对两坐标监视雷达、单脉冲跟踪器和空馈多功能阵列雷达的典型损耗预算进行了介绍。当利用常规雷达方程时，相对于采用给定孔径面积理想实现的总的损耗，通常是20 dB或更高，在搜索雷达方程中接近30 dB。对损耗预算的详细分析，为能最好地利用新技术以提高雷达系统性能提供了指导。如果没有一个详细的损耗因子模型，雷达的模型或分析都是不完善的，而且这些损耗数据在多数雷达指标数据、专业论文和报告中都没有。最后一章中的材料可使目的明确的系统分析师能够填补由于大力推动其喜爱的雷达技术和设计而很少注意损耗的人们而留下的空白。

没有一本教科书（当然也包括本书）能够描述进入雷达系统性能的所有因素。没有一种计算机模型可预见性能估计方面必须考虑的各种元件、电路、分系统、环境和工作步骤。本书和相关的个人计算机程序中采用的方法是要提供一种分析和建模方法，作为分析师改进、精心设计和发展的起始点，以满足新雷达系统和技术所提出的要求。已经采用了Mathcad计算引擎，因为它能够显示所有方程、中间步骤以及最终结果，以便用户检验不寻常特性。用户可轻易地进行所需要的修改，使程序适应新的不寻常的，或未曾料到的系统情况和曾经碰到过的情况。这些程序可应用于许多现有的和建议的雷达设计和工作条件中，无须修改或只需完成对Mathcad中的曲线重新定标这一简单过程。

本书的大多数图表和举例都是利用Mathcad生成的，程序可通过华信教育资源网（www.hxedu.com.cn或www.huaxin.edu.cn）下载，详见本书封底。对于那些更喜欢另一种计算引擎的人来说，每个程序还以HTML格式进行了表述。Mathcad方程格式对于任何一个具有工程或数学背景的人来说都是透明的，而程序可由用户录入到任何一个替代平台。在README文本文件中给出了一些对Mathcad符号的指导，并且下载文件中包含的完整的学术评估版Mathcad 11，在首次安装于计算机的四个月内可供用户使用，同时还提供参考使用的手册。对许多程序来说工作量较大，因此，建议采用Mathcad引擎方法。用户将不会对学习使用这一卓越工具所付出的努力而后悔。

每章的末尾附有习题，并包括了对这些习题的解。用于解题的所有程序均可通过下载获得。

感谢雷达领域中几十年来通过发表论文或个人通信为我提供本书材料的许多同事。我已尝试让他们的贡献通过指名出现在本书中，如果有任何遗漏的话，在此事先道歉。还要非常感谢我的前雷声公司合作伙伴Hal Ward和Paul Hamilton博士，除了提供素材外，他们还对手稿进行了审稿，并提供了有用的建议和校正。还要感谢Mathsoft工程和教育公司为我提供了Mathcad 11学术评估版的软件。

目　录

第 1 章　雷达距离方程 1
1.1　雷达基础 1
1.1.1　基本功能 1
1.1.2　雷达应用 3
1.1.3　雷达频段 3
1.2　距离方程的推导 5
1.2.1　接收到的信号功率 5
1.2.2　双基地雷达方程 6
1.2.3　应答机和电子战方程 6
1.2.4　接收机噪声 7
1.2.5　信噪比 8
1.2.6　射频损耗因子 9
1.2.7　最大作用距离的解 10
1.2.8　利用 Blake 图进行距离计算 10
1.2.9　一般解法 10
1.3　搜索雷达方程 13
1.3.1　均匀搜索的推导 13
1.3.2　搜索雷达方程的重要性 13
1.4　有源干扰时的雷达作用距离 14
1.4.1　远距离噪声干扰的等效温度 14
1.4.2　干扰有效性 15
1.4.3　欺骗性干扰 16
1.4.4　自屏蔽和护卫干扰 16
1.5　有杂波时的雷达作用距离 17
1.5.1　空域杂波：降雨或箔条 17
1.5.2　空域杂波中的探测距离 19
1.5.3　距离上模糊的杂波 20
1.5.4　表面杂波：陆地和海面 21
1.6　组合干扰下的探测距离 23
参考文献 24
附录 1A：关于雷达方程的习题 24
附录 1B：提供的 Mathcad 工具 26
附录 1C：习题的解 27

第 2 章　目标检测理论 28
2.1　噪声统计 29
2.2　对伴有噪声的信号的一个采样进行检波 30
2.2.1　理想的相参检波过程 30
2.2.2　实际检波过程 31
2.2.3　相对于理想系统的检波器损耗 33
2.2.4　匹配滤波器及匹配损耗 33
2.3　脉冲串的积累 34
2.3.1　相参积累 35
2.3.2　视频信号积累 36
2.3.3　二进制积累 38
2.3.4　累积积累 39
2.3.5　积累器加权损耗 40
2.3.6　虚警时间 40
2.3.7　折叠损耗 41
2.4　起伏目标的检测 43
2.4.1　单个采样检测 43
2.4.2　起伏损耗 43
2.4.3　情况 1 信号的积累 43
2.4.4　其他目标模型 45
2.4.5　分集增益 47
2.4.6　χ^2 目标的通用方程式 48
2.4.7　起伏目标的二进制积累 49
2.4.8　起伏目标的累积积累 49
2.5　顺序检测 50
2.5.1　两步顺序探测概率 50
2.5.2　有快速确认的顺序检测 50
2.5.3　延迟确认顺序检测 51
2.5.4　顺序检测的能量和时间要求 51
2.6　恒虚警率检测 52
2.6.1　单元平均的 CFAR 52
2.6.2　双参数 CFAR 54
2.6.3　时间平均 CFAR 55
2.6.4　非参量 CFAR 55
2.7　有效可检测性因子 55
参考文献 56
附录 2A：关于目标检测的习题 58
附录 2B：提供的 Mathcad 工具 60
附录 2C：习题的解 60

第 3 章 目标和干扰 61
3.1 雷达横截面积的定义 61
3.1.1 等效球体 61
3.1.2 等效天线 62
3.2 简单物体的雷达横截面积 63
3.2.1 峰值 RCS 和波瓣结构 63
3.2.2 RCS 与波长和姿态角的关系 63
3.2.3 谐振现象 65
3.2.4 RCS 的极化依赖性 66
3.3 复杂目标的 RCS 67
3.3.1 Swerling 目标模型 68
3.3.2 通用目标模型 70
3.3.3 目标谱和相关时间 70
3.3.4 相关频率 71
3.4 横截面积的空间分布 71
3.4.1 目标闪烁 71
3.4.2 二元目标 72
3.4.3 角度、距离和多普勒闪烁 73
3.4.4 闪烁谱 74
3.5 双基地横截面积 75
3.5.1 前向散射 RCS 75
3.5.2 双基地增强的范围 75
3.6 雷达杂波 76
3.6.1 面杂波 77
3.6.2 海杂波 78
3.6.3 地杂波 79
3.6.4 面杂波幅度分布 81
3.6.5 面杂波的速度谱 82
3.6.6 降雨杂波 84
3.6.7 箔条 85
3.6.8 体杂波的空间和速度范围 85
3.6.9 体杂波的幅度分布 87
3.6.10 离散杂波源 87
3.7 干扰 88
3.7.1 噪声干扰 88
3.7.2 欺骗干扰 89
3.7.3 诱饵 89
参考文献 90
附录 3A：关于目标和干扰的习题 91

附录 3B：提供的 Mathcad 工具 94
附录 3C：习题的解 95

第 4 章　雷达天线 96
4.1　四个坐标上的雷达响应 96
4.1.1　雷达分辨力 96
4.1.2　可分离角度响应 97
4.1.3　天线方向图的互易性 99
4.2　天线和阵列 99
4.2.1　均匀照射孔径 99
4.2.2　锥削式孔径照射 100
4.2.3　椭圆形孔径和圆形孔径 103
4.2.4　天线副瓣 103
4.2.5　反射面天线 104
4.2.6　透镜天线 108
4.2.7　平面阵列天线 108
4.3　相控阵 109
4.3.1　单元和阵列因子 110
4.3.2　相扫 110
4.3.3　频率扫描 112
4.3.4　稀疏阵列 113
4.3.5　移相器 114
4.3.6　阵列馈电系统 115
4.3.7　放大器阵列 117
4.3.8　波束形成矩阵 118
4.3.9　相位和幅度误差效应 119
4.3.10　阵列带宽 121
4.4　超低副瓣天线 123
4.4.1　定义 123
4.4.2　扫描的超低副瓣天线系统设计 124
4.4.3　超低副瓣反射面天线 126
4.5　多波束天线 128
4.5.1　堆积波束系统 128
4.5.2　单脉冲天线 130
4.5.3　焦平面阵列馈源 133
4.5.4　数字波束形成 134
参考文献 135
附录 4A：关于雷达天线的习题 135
附录 4B：提供的 Mathcad 工具 138
附录 4C：习题的解 140

第 5 章　波形和信号处理 141
5.1 模糊函数 141
5.1.1 匹配滤波器的实现 142
5.1.2 矩形脉冲的响应 143
5.1.3 简单脉冲的分辨力特性 145
5.2 脉冲压缩 146
5.2.1 相位编码脉冲压缩 147
5.2.2 线性调频脉冲压缩 148
5.2.3 非线性调频脉冲波形 151
5.2.4 脉冲压缩波形的多普勒容差 154
5.3 动目标显示 157
5.3.1 脉冲串的频谱 157
5.3.2 脉冲串的模糊函数 159
5.3.3 最佳 MTI 滤波器 160
5.3.4 实用 MTI 滤波器的实现 161
5.3.5 参差 PRF 和 PRF 分集 MTI 163
5.3.6 带脉冲振荡发射机的 MTI 163
5.3.7 非相干 MTI 165
5.3.8 区域 MTI 165
5.3.9 相干 MTI 的性能 165
5.3.10 非相干 MTI 的性能 170
5.3.11 存在移动杂波时的 MTI 170
5.3.12 MTI 系统的损耗 170
5.3.13 MTI 系统中的可检测性因子 172
5.4 脉冲多普勒 172
5.4.1 定义 172
5.4.2 低 -PRF PD 雷达 174
5.4.3 中 -PRF PD 雷达 176
5.4.4 高 -PRF PD 雷达 179
5.4.5 振荡器对 PD 雷达性能的影响 180
5.4.6 滤波器副瓣对 PD 雷达性能的影响 183
5.4.7 PD 雷达中的损耗因子 184
5.4.8 PD 雷达的探测距离 186
参考文献 187
附录 5A：关于波形和信号处理的习题 188
附录 5B：提供的 Mathcad 工具 191
附录 5C：习题的解 194
第 6 章　雷达传播 195
6.1 大气衰减 195

6.1.1 晴朗的大气 195
6.1.2 气象衰减 199
6.1.3 穿过潮湿天线罩的衰减 201
6.1.4 电离层衰减 201
6.1.5 箔条的衰减 201
6.1.6 预测衰减时探测距离的 Blake 方法 202
6.1.7 大气噪声温度 202
6.1.8 大气透镜损耗 203
6.2 表面反射效应 204
6.2.1 传播因子 204
6.2.2 表面反射几何图 204
6.2.3 反射系数 206
6.2.4 粗糙表面 208
6.2.5 植被因子 210
6.2.6 方向图传播因子对雷达探测范围的影响 210
6.3 绕射 211
6.3.1 光滑球面绕射 211
6.3.2 从绕射区到干涉区的过渡 212
6.3.3 刀锋绕射 213
6.3.4 粗糙表面效应 215
6.4 大气折射 216
6.4.1 指数形式基准大气层 217
6.4.2 仰角和距离偏移误差 218
6.4.3 偏移误差的校正 220
6.4.4 对流层起伏 220
6.4.5 大气波导 221
6.4.6 电离层绕射 221
6.4.7 法拉第旋转 222
参考文献 224
附录 6A：关于雷达传播的习题 225
附录 6B：提供的 Mathcad 工具 226
附录 6C：习题的解 227
第 7 章 雷达监视 228
7.1 监视雷达基础 228
7.2 两坐标对空监视雷达 230
7.2.1 两坐标搜索问题的定义 230
7.2.2 驻留时间与波束宽度 232
7.2.3 孔径面积的限制 233

7.2.4 两坐标监视的最小平均功率 233
7.2.5 功率与孔径两者之间经济上的折中方案 233
7.2.6 两坐标雷达中传播与杂波上的考虑 233
7.2.7 中程两坐标空中交通管制雷达的实例 235
7.3 堆积波束三坐标监视雷达 237
7.3.1 三坐标搜索问题的定义 237
7.3.2 驻留时间与波束宽度 238
7.3.3 孔径面积与平均功率 238
7.3.4 堆积波束三坐标雷达中杂波方面的考虑 239
7.3.5 远程堆积波束三坐标雷达的实例 239
7.3.6 脉冲内扫描的三坐标雷达 241
7.4 波束扫描的三坐标监视雷达 241
7.4.1 扫描的波束驻留时间与波束宽度 242
7.4.2 孔径面积与平均功率 243
7.4.3 波束扫描三坐标雷达杂波上的考虑 244
7.4.4 波束扫描三坐标雷达的实例 244
7.4.5 多功能雷达的搜索模式 245
7.5 混合型三坐标监视雷达系统 247
7.5.1 多仰角扇区中的堆积波束 247
7.5.2 多重扫描波束 247
7.6 地平线扫描 248
7.6.1 帧时间与仰角波束宽度 248
7.6.2 典型的水平线扫描问题 248
7.7 海用导航雷达 250
7.7.1 搜索空域的定义 250
7.7.2 驻留时间与方位波束宽度 250
7.7.3 海用导航雷达的雷达方程 250
7.7.4 远程海用导航雷达的实例 251
7.8 表面监视雷达 252
7.8.1 战场监视 252
7.8.2 具有实孔径的机载表面监视 253
7.8.3 合成孔径雷达的机载表面监视 255
7.8.4 空对面目标瞄准 255
7.9 利用监视雷达数据进行跟踪 256
7.9.1 目标报告误差 256
7.9.2 边扫描边跟踪滤波器 257
7.9.3 跟踪的起始与保持 259
7.10 监视雷达的ECM与ECCM 260
7.10.1 监视雷达的噪声干扰 261

7.10.2 在噪声干扰中监视雷达的探测距离 262
7.10.3 对监视雷达的欺骗干扰 265
7.10.4 监视雷达采用的 ECCM 措施 266
7.10.5 监视雷达 ECCM 汇总 271
参考文献 271
附录 7A：关于监视雷达的习题 273
附录 7B：提供的 Mathcad 工具 278
附录 7C：习题的解 280
第 8 章 雷达跟踪和测量 281
8.1 测量的基本原理 281
8.1.1 基本测量过程 281
8.1.2 测量灵敏度 282
8.1.3 噪声环境的最佳估算器 283
8.2 角度测量 284
8.2.1 顺序和同时波束控制 284
8.2.2 圆锥扫描 285
8.2.3 扇区扫描 287
8.2.4 单脉冲雷达 288
8.2.5 单脉冲信号处理 293
8.3 距离跟踪和测量 301
8.3.1 对单个脉冲的最佳估算器 301
8.3.2 对单个脉冲失配的估算器 303
8.3.3 脉冲串测距 304
8.3.4 数字信号处理机中的距离测量 306
8.4 多普勒测量 307
8.4.1 对单个脉冲或采样的多普勒测量 307
8.4.2 对脉冲串的多普勒测量 309
8.4.3 解多普勒模糊 309
8.5 雷达误差分析 310
8.5.1 测量误差的分类 310
8.5.2 动态滞后误差 312
8.5.3 多路径反射误差 314
8.5.4 杂波引起的误差 323
8.5.5 雷达误差预算 324
8.6 跟踪雷达的目标截获 325
8.7 多功能阵列雷达 328
8.8 跟踪雷达的 ECM 和 ECCM 330
8.8.1 针对跟踪雷达的 ECM 的目标 330

8.8.2 防止截获 331
8.8.3 延迟截获 331
8.8.4 距离和多普勒数据的拒绝 332
8.8.5 引入距离和多普勒误差或破坏锁定 333
8.8.6 引入角度上大的误差或破坏锁定 333
参考文献 337
附录 8A：关于跟踪雷达的习题 339
附录 8B：提供的 Mathcad 工具 343
附录 8C：习题的解 344
第 9 章 雷达损耗预算 345
9.1 损耗分类 345
9.1.1 雷达－目标系统中损耗的位置 345
9.1.2 恒定损耗、与目标有关的损耗和统计损耗 346
9.2 射频馈线损耗 346
9.2.1 发射机馈线损耗 346
9.2.2 接收馈线损耗 348
9.3 传播损耗 348
9.3.1 大气和气象衰减 348
9.3.2 不是衰减的其他损耗 349
9.4 天线损耗 350
9.4.1 天线设计中固有的损耗 350
9.4.2 由于实际天线实现所引起的损耗 352
9.4.3 由于天线工作引起的损耗 355
9.4.4 总天线损耗 357
9.5 接收机 / 处理机损耗 357
9.5.1 确定性损耗 357
9.5.2 统计损耗 361
9.6 损耗在雷达方程中的分配 366
9.6.1 天线损耗 366
9.6.2 噪声温度 366
9.6.3 方向图－传播因子 367
9.6.4 可检测性因子 367
9.6.5 信号处理损耗 367
9.6.6 雷达方程中的独立损耗项 367
9.6.7 损耗预算程序 367
9.7 典型损耗预算 368
9.7.1 机械扫描二维监视雷达的损耗预算 368
9.7.2 机械扫描单脉冲跟踪雷达的损耗预算 369

9.7.3 空馈多功能阵列雷达的损耗预算 370
9.7.4 总结 372
参考文献 372
附录 9A：关于损耗预算的习题 373
附录 9B：提供的 Mathcad 工具 374
附录 9C：习题的解 376
附录 A 符号表 377
附录 B 缩略语和缩写 393

第1章　雷达距离方程

雷达是通过发射电磁信号，接收来自其威力覆盖范围内目标的回波，并从回波信号中提取位置和其他信息，以用于探测、定位以及有时进行目标识别的电磁系统[1,854页]。该定义是原始术语"无线电探测和测距"的逻辑扩展。由于雷达技术及其应用已有70多年的发展，所以对其性能的要求和预期已超出只是探测的范畴，并变得更加苛刻。雷达系统分析现在必须对各种复杂环境中各种目标类型提供所有雷达功能中性能的"量化"估计。本书的目的是对这些分析中所采用的方法和模型进行概述。

本章将对雷达的基本功能和分系统，以及建立可探测到目标的区域的距离方程进行讨论。后续章节将考虑噪声特性和进入接收机的其他干扰分量，执行特定功能所要求的目标信号与该干扰的比，以及在真实雷达工作环境中获得该信号干扰比的手段。

1.1　雷达基础

1.1.1　基本功能

雷达的两个最基本的功能固有地体现在缩略语中：探测和测距。角度测量也是多数雷达的一个基本功能，而多普勒速度通常直接作为第四个基本量来测量。从背景噪声和杂波中分辨出所希望的目标是探测和测量的先决条件，而对于测绘和雷达成像来说，对表面特点的分辨是必不可少的。雷达分辨单元是一个受天线波束宽度、处理后脉冲的宽度以及接收滤波器限制的四维空域。在每个分辨单元或每个相关单元组内，要决定目标是否出现，并且当目标出现时，要将其位置内插到分辨单元尺寸的几分之几以内。

典型脉冲式雷达的框图如图1.1所示。雷达各方框被任意分配给7个分系统，以对应于工程领域惯用的设计专业。雷达的工作由位于同步器或相关激励器块内的主时钟控制。同步器产生脉冲，脉冲启动雷达发射、接收机门或采样选通、信号处理功能和显示器扫描。当被同步器请求时，调制器为射频放大器提供一个高电压脉冲，同时有一个来自激励器的射频驱动信号。得到的高功率射频脉冲通过传输线或波导传送到双工器，双工器将该传输线与天线相连，以便将高功率射频脉冲辐射到空间。天线形成一个波束，以机械方式控制到天线孔径前的某一特定方向。

从目标反射后，回波信号重新进入天线，并由双工器与接收机相连。由激励器过来的本振信号将回波频率变换成中频，然后在接收机中进行放大和滤波，之后进行更精细的信号处理。处理后的信号通过一个包络检波器将脉冲波形恢复，并对该波形进行显示或用于进一步的视频处理。

针对具体的雷达应用，图1.1中的框图有许多种变化。例如，图1.2给出了由计算机控制的现代雷达系统的框图，该系统利用了无源相控阵。雷达同步器现在是一个专门的数字硬件单元，它接受控制计算机来的信息，并将它们转换成波形选择和定时控制，以及信号处理机采样选通。激励器和调制器也在数字控制下合成载频和波形调制。控制计算机还产生波束切换和处理机选通。波控处理机控制着建立发射波束与接收波束方向与形状的移相器的设置，接收机路径和增益设置也受计算机控制，以使由于干扰或杂波所引起的过载的机会最小。对于每次排定的雷达动作（即发射和接收某一特定波束位置上的一个或多个脉冲），选择波形和接收机－处理机配置，以使性能最佳。这类雷达的成功工作，无论是在时间还是在发射机能量方面，都需要有详细的环境和可用雷达资源的知识。

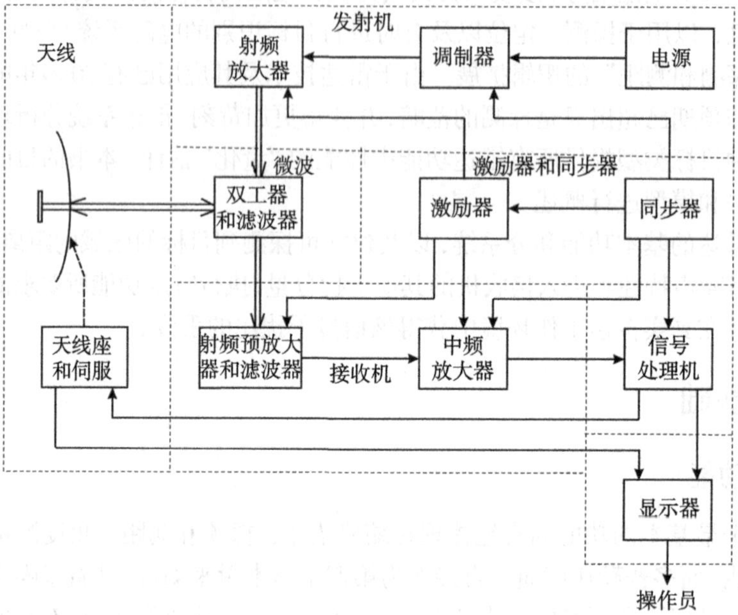

图 1.1 典型脉冲雷达框图

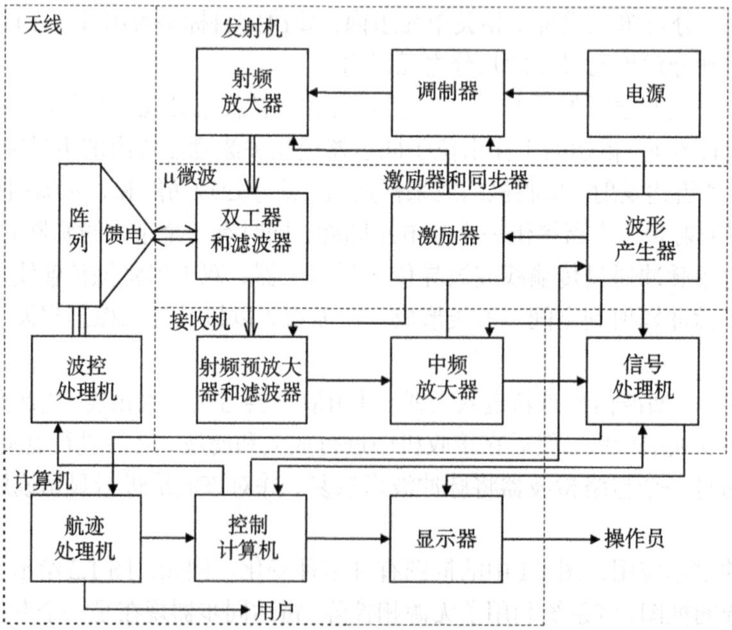

图 1.2 典型相控阵雷达框图

相控阵雷达近来的一种趋势是在阵列的每个单元（行、列或子阵）上放置一个收/发组件。每个组件由一个功率放大器、一个双工器和一部接收用低噪声放大器组成。有源电子扫描阵（简称 AESA）雷达的框图如图 1.3 所示，图中给出了激励器接入阵列的馈电网络。发射机末级放大器现在位于每个单元的收/发组件中。回波信号由每个组件的低噪声放大器通过馈电网络进入主接收机。进一步的发展和复杂度的进一步提高将一个完整的接收机与 A/D（模/数）变换器一起放在了每个组件中，A/D变换器通过一条总线将数字信号馈入含有数字波束形成功能的信号处理机中。

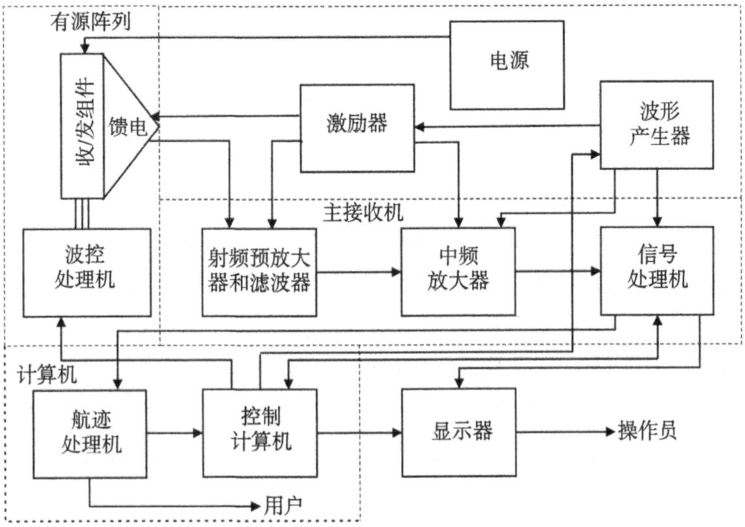

图 1.3　典型有源阵列雷达框图

1.1.2　雷达应用

雷达应用的完整目录将需要许多页，每年都增加新的条目。不过，应用的主要领域依然如表 1.1 所示。另外，可涉及到的其他还没有分类的应用有：鸟类迁移的监控、地面车辆控制和空间飞行器的对接。用适当的目标参数和分辨力的定义或测量要求，本书中要讨论的雷达基本原理就适用于所有这些系统。

表 1.1　雷达应用

空中监视	远程预警（包括机载预警）、地面控制的拦截、武器系统目标截获、测高和三坐标雷达、机场和空中航线监视
空间和导弹监视	弹道导弹告警、导弹截获、卫星监视
表面搜索和战场监视	海面搜索和导航、港口和航道控制、地面测绘、入侵检测、迫击炮和火炮定位、机场飞机跑道控制
跟踪和制导	高射炮火控、表面火控、导弹制导、靶场测量、卫星测量、精密进场和着陆
气象雷达	降雨和风的观察和预测、气象回避（对飞机）、晴空湍流探测、云能见度指示器
天文和大地测量	行星观测、地球勘测、电离层探测

1.1.3　雷达频段

雷达技术可用在从几兆赫兹至光学和紫外（$f > 3 \times 10^{15}$ Hz, $\lambda < 10^{-7}$ m）的任何一个频率上，但多数设备建造在 1 GHz ~ 40 GHz 之间的微波频段上。IEEE 已采纳频段字母系统作为标准，如表 1.2 所示，早已用于雷达和通信的工程文献中。

表 1.2 标准雷达频率字母频段命名

频段命名	标称频率范围	基于国际电信联盟为区域 2 命名的具体雷达频率范围
HF	3 MHz~30 MHz	
VHF	30 MHz~300 MHz	138 MHz~144 MHz, 216 MHz~225 MHz
UHF	300 MHz~1000 MHz	420 MHz~450 MHz, 890 MHz~942 MHz
L	1000 MHz~2000 MHz	1215 MHz~1400 MHz
S	2000 MHz~4000 MHz	2300 MHz~2500 MHz, 2700 MHz~3700 MHz
C	4000 MHz~8000 MHz	5250 MHz~5925 MHz
X	8000 MHz~12 000 MHz	8500 MHz~10 680 MHz
K_u	12 GHz~18 GHz	13.4 GHz~14.0 GHz, 15.7 GHz~17.7 GHz
K	18 GHz~27 GHz	24.05 GHz~24.25 GHz
K_a	27 GHz~40 GHz	33.4 GHz~36.0 GHz
V	40 GHz~75 GHz	59 GHz~64 GHz
W	75 GHz~110 GHz	76 GHz~81 GHz, 92 GHz~100 GHz
mm	110 GHz~300 GHz	126 GHz~142 GHz, 144 GHz~149 GHz,231 GHz~235 GHz, 238 GHz~248 GHz

没有采用更粗的国际电信联盟命名的VHF，UHF，SHF和EHF来识别这些分离的雷达频段的一个原因在于雷达的传播特性和应用往往在微波和毫米波频段变化很快。当以分贝值测量时，雨中衰减随f^4而变化，而雨和其他小颗粒的后向散射在微波区域的多数频段上也随f^4变化。电离层影响随f^{-2}变化，而在低于大约 3 GHz 频率上其影响是重大的。对于给定天线尺寸和信号的百分比波段宽度，雷达分辨单元的尺寸随f^{-1}变化。利用波段字母的第二个原因是它们允许对军用雷达的工作频率进行粗略描述，因为军用雷达的精确频率属敏感信息。

传播与分辨力的频率依赖性导致对利用不同波段的优先选择和限制，如表1.3所示。当然，在许多情况下使用的波段得到了扩展，例如，在L波段采用很大的天线和针对电离层传播效应的补偿来提供精确跟踪，或者采用抑制雨杂波干扰的专门多普勒处理和用高功率克服大气衰减以及有限孔径尺寸在C波段或X波段进行搜索。不过，一旦雷达波段、总的尺寸和功率建立了起来，搜索和跟踪功能的潜力就会受到极大的制约。

表 1.3 雷达频段用法

频段	用法
HF	超视距雷达，以实现很远的作用距离，但具有低空间分辨力和精度
VHF 和 UHF	远程视线监视（约 200 km~500 km），具有中等分辨力和精度，无气象效应
L 波段	远程监视，具有中等分辨力和适度气象效应
S 波段	中程监视（约 100 km~200 km）和远程跟踪（约 50 km~150 km），具有中等精度，在雪或暴雨情况下有严重的气象效应
C 波段	近程监视、远程跟踪和制导，具有高精度，在雪或中等雨情况下有更大气象效应
X 波段	明朗天气或小雨情况下的近程监视；明朗天气下高精度的远程跟踪，在雨条件下减为中程或近程（约 25 km~50 km）
K_u- 和 K_a- 波段	近程跟踪和制导（约 10 km~25 km），专门用在天线尺寸很有限且不需要全天候工作时。更广泛应用于云雨层以上各高度的机载系统中
V 波段	当必须避免在较远距离上信号被截获时，很近距离跟踪（约 1 km~2 km）
W 波段	很近距离跟踪和制导（约 2 km~5 km）
更高的毫米波波段	很近距离跟踪和制导（< 2 km）

1.2　距离方程的推导

实战系统由雷达、目标、连接这两者的传播路径，以及各种外部噪声和干扰源组成。基本雷达方程将回波信号的能量与雷达、传播路径和目标参数关联起来。在良好条件下，这一关系扩展成表示在雷达接收机输出端处的信号功率与噪声功率之比（简称SNR或信噪比），并且正是通过这一信噪比，可估算出雷达作为一种探测或测量装置预期的性能。后面将介绍补充的雷达方程，它将热噪声之外的干扰影响包括在信号 – 干扰比（简称 SIR）之内。用于这些方程参数的精确知识将给出精确的 SNR 和 SIR 值，但实际上，我们的知识只是近似的，且受统计性的变化。

一系列损耗因素，其中一些具有统计特征，包括在方程中以考虑实战系统特性的不完善和不确定性，而这些损耗的建模（见第 9 章）是评估系统性能的一个基本的步骤。在下文中我们从工作于自由空间的理想系统的基本物理关系开始，逐步对实际系统进行更复杂的分析和建模。我们一直以基本公制单位来表示方程中的系统参数（例如，功率以瓦特表示，线性尺寸以米表示），而在课文中则频繁地使用其分贝值，偶尔将结果进行单位转换，如距离单位转换成千米。来自公开出处的一些图表采用英制单位。

1.2.1　接收到的信号功率

对接收信号功率方程的推导是利用一些关键术语的定义所进行的纯几何上的练习。假设雷达发射机的功率 P_t 由天线各向同性辐射。离雷达半径为 R 的球体的表面积为 $4\pi R^2$，而发射功率在该表面上的均匀分布将产生如下功率密度：

$$I_{s0} = \frac{P_t}{4\pi R^2} \quad \text{W/m}^2 \tag{1.1}$$

用功率增益为 G_t 的发射天线替代各向同性天线，则沿其波束轴的功率密度增大到

$$I_s = \frac{P_t}{4\pi R^2} G_t \quad \text{W/m}^2 \tag{1.2}$$

现在考虑波束轴上距离为 R、半径为 a 的一个球形目标反射器。该目标的投影面积 $\sigma = \pi a^2$ 拦截一部分雷达功率

$$P_i = I_s \sigma = \frac{P_t G_t}{4\pi R^2} \sigma \quad \text{W} \tag{1.3}$$

该功率反过来由球体各向同性再辐射，在雷达上产生的功率密度与位于目标处功率为 P_i 的各向同性辐射器产生的功率密度相同，称为

$$I_r = \frac{P_i}{4\pi R^2} = \frac{P_t G_t \sigma}{\left(4\pi R^2\right)^2} \quad \text{W/m}^2 \tag{1.4}$$

以特定视角观察到的一个真实目标，可由将相同功率密度返回到雷达的一个等效球形目标替代。于是，该目标可表征为雷达横截面积（简称 RCS），用 σ 表示。该面积描述了目标将功率返回雷达的能力，而不是其物理面积。正如将在第 3 章指出的那样，σ 与发射天线和接收天线的极化方向，以及与目标的形状和姿态角有关。

雷达接收天线可表征为有效孔径面积 A_r，它从再辐射波捕获信号，该信号的功率为

$$S = I_r A_r = \frac{P_t G_t \sigma}{\left(4\pi R^2\right)^2} A_r \quad \text{W} \tag{1.5}$$

这是输入雷达接收机可得到的功率，可重新表述为如下三项的乘积：

$$S = \left(P_t G_t\right)\left(\frac{\sigma}{4\pi R^2}\right)\left(\frac{A_r}{4\pi R^2}\right) \quad \text{W} \tag{1.6}$$

式中，第1项为雷达发射的有效辐射功率（简称ERP），第2项为由目标RCS拦截并散射的部分ERP，而第3项为接收天线捕获的部分散射功率。需要注意的是，对于$R = 300$ km、$\sigma = 1$ m^2，式（1.6）中的第2项和第3项可能很小。第2项为10^{-12}或-120 dB，第3项可能只稍大一点，产生一个比雷达ERP低大约240 dB的一个回波信号。

我们最好通过接收天线的增益G_r来描述接收天线，将

$$A_r = \frac{G_r \lambda^2}{4\pi} \quad \text{m}^2 \tag{1.7}$$

代入式（1.6），则接收功率为

$$S = \frac{P_t G_t G_r \lambda^2 \sigma}{\left(4\pi\right)^3 R^4} \quad \text{W} \tag{1.8}$$

式（1.8）中出现了雷达波长，是因为孔径面积已根据式（1.7）的增益来表示了。

1.2.2 双基地雷达方程

针对双基地雷达，信号功率方程式（1.6）可轻易地进行修正。在双基地雷达中，接收站与发射机相距很远。对于RCS，我们现在采用一个双基地值σ_b来表示目标接受从发射机方向入射来的能量，并将其向接收机方向散射的能力。式（1.6）的第2项现在采用了发射机到目标的距离R_t，而第3项则采用了目标到接收机的距离R_r，给出

$$S = \left(P_t G_t\right)\left(\frac{\sigma_b}{4\pi R_t^2}\right)\left(\frac{A_r}{4\pi R_r^2}\right) \quad \text{W} \tag{1.9}$$

将$R_t R_r$替代为R^2，σ_b替代为σ，本章中所有后续方程就可适用于双基地雷达。引入第3条路径这一情况。在该路径上，能量在回到接收机之前，由一个目标向另一个目标散射。这种情况通过向式（1.9）中引入第4项（$\sigma_{b2}/4\pi R_s^2$）来配合，其中，σ_{b2}是第2个目标的RCS，R_s是第1个目标到第2个目标的路径长度，R_r现在是第2个目标到接收机的距离。

1.2.3 应答机和电子战方程

雷达应答机用于增强返回到雷达的信号并提供目标识别。应答机和电子战设备（如侦察接收机和干扰机）的工作具有相同形式的表达式。由电子战接收机有效拦截或应答机询问的信号功率为

$$S_i = P_t G_t \frac{A_i}{4\pi R^2} = P_t G_t G_i \frac{\lambda^2}{\left(4\pi R\right)^2} \quad \text{W} \tag{1.10}$$

式中，下标i表示拦截接收机或应答机的孔径面积或增益。雷达接收的干扰或应答响应为

$$J = P_j G_j \frac{A_r}{4\pi R^2} = P_j G_j G_r \frac{\lambda^2}{(4\pi R)^2} \quad \text{W} \tag{1.11}$$

式中，下标 j 表示干扰机或应答机功率或增益。

即便机载天线小到与简单偶极子一样，即此时 $G \approx \pi$，$A \approx \lambda^2/4$，在每个方程中也只有一个大稀释因子，而不是像雷达方程中有两个大稀释因子。单程路径的优点可表示成

$$\frac{S_i}{S} = \frac{A_i}{A_r}\frac{4\pi R^2}{\sigma} \quad 和 \quad \frac{J}{S} = \frac{P_j G_j}{P_t G_t}\frac{4\pi R^2}{\sigma} \tag{1.12}$$

而这些一般在 10^{10} 或 100 dB 左右。因此，利用应答机很有好处，而电子战装置的出现则对雷达非常有害。

1.2.4 接收机噪声

雷达检测目标回波的能力与信号功率 S 和接收机中出现的竞争噪声有关。该噪声源位于雷达内部和外部环境中（如图 1.4 所示）。

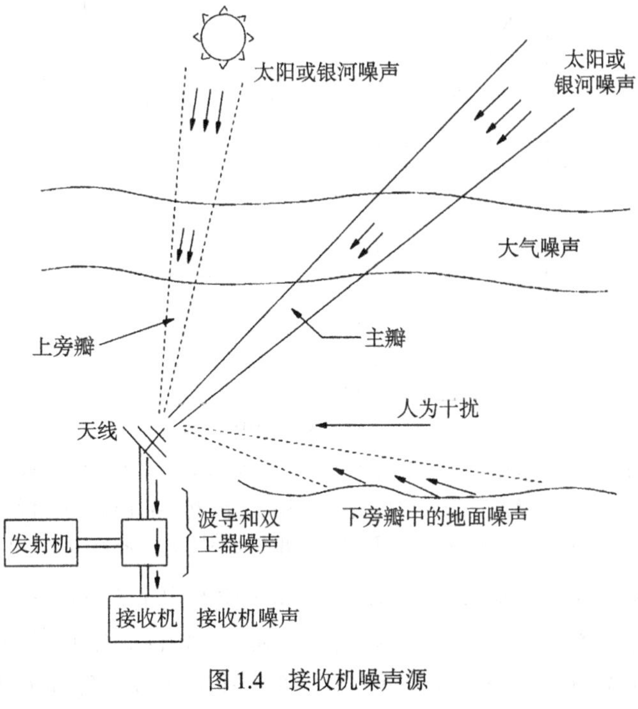

图 1.4 接收机噪声源

用天线输出端的单个噪声源来归纳这些噪声分量的影响是很方便的，它用一个温度为 T_s 的端接收电阻表示，使谱密度 $N_0 = kT_s$ 的噪声传到接收机，其中，$k = 1.38 \times 10^{-23}$ J/K 是玻尔兹曼（Boltzmann）常数，T_s 是热力学温度，N_0 用 W/Hz 或 J 表示。利用 Blake 方法[2,第4章]，该系统输入噪声温度可分为 3 个主要分量：

天线温度： $$T_a = \frac{(1-G_s)(T_a' - T_0)}{L_a} + T_0$$

接收线温度： $$T_r = T_{tr}(L_r - 1)$$

$$\text{接收机温度：} \quad T_e = T_0(F_n - 1)$$
$$\text{总噪声温度：} \quad T_s = T_a + T_r + L_r T_e \tag{1.13}$$

式中，T_a'是在雷达频率上看到的天空视在温度（如图1.5所示），L_a是天线内的耗散损耗，T_{tr}和L_r是接收射频线和双工器的物理温度和损耗，$T_0 = 290\ \text{K}$是基准温度，F_n是接收机的噪声系数。假设总天线副瓣方向图的一部分G_s指向温度为T_0的表面。天线温度$T_a = 290\ \text{K}$表示天线直接指向一个吸收性地表面，如果射频元件温度$T_{tr} = T_0$，则输入温度$T_s = 290L_rF_n$。不过，对于观察凉爽空间的天线而言，输入温度$T_s \to 290(L_rF_n - 1)$。当$L_rF_n < 10$时，在系统性能方面的差别是很大的，而对于$L_rF_n = 5.0$，则相差为1（或7 dB）。式（1.13）中的各项均以热力学温度或功率比表示，而不以分贝数表示（例如，当用于这些方程时，损耗$L = 1.0\ \text{dB}$必须表示成一个比值1.26）。

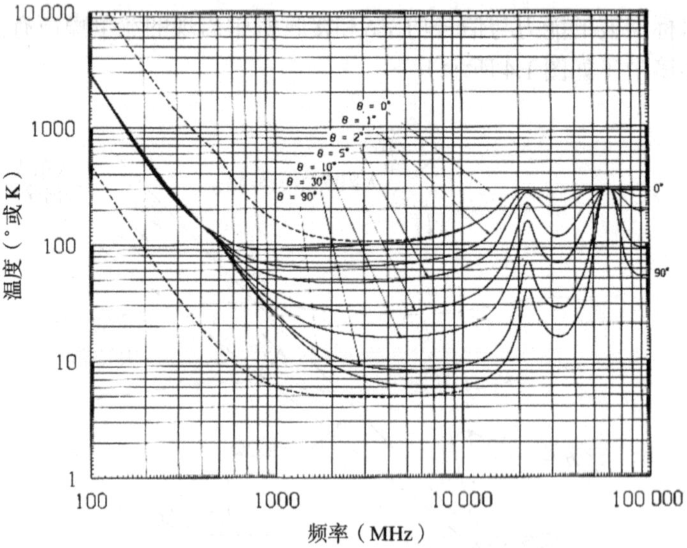

图1.5 天空温度与频率的关系。实线针对的是几何平均银河系温度，太阳噪声是进入单位增益副瓣的宁静电平的10倍。上面和下面的虚线是对这些噪声源所预期的极端情况（来源：[2, 170页]）

式（1.13）各方程通过一个温度为T_s的输入端接电阻给出了系统噪声，后接一个理想的（无噪声）接收系统，该接收系统具有真实系统的增益和带通特性。因此，我们无须知道接收机噪声源和增益结构的细节就可对该系统进行分析，噪声和增益归在F_n和T_e中。输出信噪比可通过输入信号S是与有效输入噪声功率$N = N_0B_n = kT_sB_n$进行竞争的这一假设进行计算，其中B_n是接收机的噪声带宽。

1.2.5 信噪比

当采用匹配滤波器（参见第5章）时，在接收机输出端就可获得最大信噪比。对于宽度为τ的单个脉冲，该信噪比为

$$(S/N)_{\text{mf}} = \frac{E_1}{N_0} = \frac{P_t \tau G_t G_r \lambda^2 \sigma}{(4\pi)^3 kT_s R^4} \tag{1.14}$$

式中，信号能量 $E_1 = S\tau$。若将该匹配滤波器的信噪比作为一个基准，则真实输出信噪比为 $S/N = E_1/N_0L_m$，其中 L_m 是接收机对脉冲频谱的匹配损耗 。当在观察时间 t_o 期间共有 n 个脉冲时，这些脉冲可利用非相干或相干处理进行积累以用于目标检测。前者在相加前涉及每个脉冲的包络检波，而后者指的是保留并处理回波信号的相位以获得 n 个相量相加的方法。相干接收机 / 处理机构成连续波或相干脉冲串发射的匹配滤波器，得到的输出信噪比为

$$(S/N)_{\text{mf}} = \frac{E}{N_0} = \frac{P_{av}t_f G_t G_r \lambda^2 \sigma}{(4\pi)^3 kT_s R^4} \tag{1.15}$$

式中，$t_f \leqslant t_o$ 是相干处理间隔（简称 CPI）。在实际情况下，现在还有第 2 个匹配损耗分量，如

$$\frac{S}{N} = \frac{E}{N_0 L_m L_{mf}} = \frac{nE_1}{N_0 L_m L_{mf}} \tag{1.16}$$

式中，L_{mf} 是在相干处理间隔上处理机对脉冲串或连续发射的匹配损耗。在距离计算中，采用接收到的能量比是重要的，因为确定噪声功率电平需要知道一个带宽，而该带宽可能不对应于雷达系统中的任何物理电路或处理过程。

1.2.6　射频损耗因子

前面的一些方程是基于理想雷达信号在自由空间传播的，我们必须对其进行修正，以包含下列对真实接收到的射频能量产生影响的 4 种因素（更详细讨论参见第 9 章）：

（1）**发射线损耗**。是指在通常定义 P_t 的发射机输出端和定义 G_t 的发射天线端之间的损耗 L_t。

（2）**大气和降雨衰减**。双程损耗 $L_\alpha = 10^{0.1k_\alpha R}$，其中 k_α 是衰减系数，以 dB/km 为单位，R 是距离，以 km 为单位（参见第 6 章），该损耗作为一个独立项包含在雷达方程中。

（3）**表面反射和绕射效应**。波瓣传播因子 F 在第 6 章中给出了定义，以考虑单程场强与适用于沿天线波束轴进行自由空间传播的值的差别。雷达方程中可能需要单独的 F_t^2 和 F_r^2 值，以分别表示对发射和接收路径中功率的影响。

（4）**极化因子**。在接收回波没有被接收天线有效捕获时，F_p^2 因子对目标 RCS 进行修正，以考虑发射和接收天线的极化（参见第 3 章）。通常，该极化因子设为 1 并在距离方程中略去，但在这里我们强调需要考虑极化问题。

于是，由式（1.14）得到的在接收机处真正可获得的单个脉冲能量比为

$$\frac{E_1}{N_0} = \frac{P_t \tau G_t G_r \lambda^2 \sigma F_p^2 F_t^2 F_r^2}{(4\pi)^3 kT_s R^4 L_t L_\alpha} \tag{1.17}$$

而由式（1.15）可得相干信号的总能量比为

$$\frac{E}{N_0} = \frac{P_{av} t_f G_t G_r \lambda^2 \sigma F_p^2 F_t^2 F_r^2}{(4\pi)^3 kT_s R^4 L_t L_\alpha} \tag{1.18}$$

对于相干脉冲式雷达，式（1.18）给出能量比为 nE_1/N_0，其中，$n = t_f f_r$ 是相干处理间隔中的脉冲数，f_r 是脉冲重复频率。这可从平均功率表达式 $P_{av} = P_t \tau f_r$ 导出。

1.2.7 最大作用距离的解

式（1.17）或式（1.18）关于最大探测距离的解通常是用其所需要的值，即定义为有效可检测性因子 D_x（参见第2章）来代替 E_1/N_0 或 E/N_0 而获得的。对于 n 个脉冲的非相干处理，给出了最大探测距离

$$R_m^4=\frac{P_t\tau G_t G_r\lambda^2\sigma F_p^2F_t^2F_r^2}{(4\pi)^3kT_sD_x(n)L_tL_\alpha} \tag{1.19}$$

式中，$D_x(n)$表示向n个脉冲非相干积累器馈电的接收机输出端的每个脉冲的要求。对于相干处理，则

$$R_m^4=\frac{P_{av}t_f G_t G_r\lambda^2\sigma F_p^2F_t^2F_r^2}{(4\pi)^3kT_sD_x(n')L_tL_\alpha} \tag{1.20}$$

式中，$D_x(n')$是对每个CPI所要求的能量比，$n'=t_o/t_f$是接收后续非相干积累的相干处理器的输出端数。由于第2章讨论的原因，纯相干积累（$t_f=t_o$且$n'=1$）是不可能的，甚至是不希望的。

应用式（1.19）或式（1.20）的一个问题是方程的右边各项是R_m本身的函数，从而导致超越或不可解的方程。对于大气层内的目标，L_α与R_m有关，并且，通常因子F也与距离有依存关系。下面两节讨论解决这些问题的其他方法。

1.2.8 利用Blake图进行距离计算

基于式（1.19）或式（1.20）的一种有用且通常被人们接受的距离计算方法，是Blake脉冲雷达距离计算工作表[2, 383页]，其改良版如图1.6所示。在第1步中，根据式（1.13）计算系统输入噪声温度。参数录入在第2步、第3步中进行，图上所示的值描述了一个非相干雷达的例子，已经录入了其峰值功率和脉冲宽度，并且乘积$DML_pL_x=D_x(n)$包括在式（1.19）中。基本可检测性因子D是根据在Blake图顶部录入的P_d, P_{fa}, n和目标起伏情况的值，在理论上建立的所要求的信噪比（参见第2章）。在后续3项录入中，M对应于匹配损耗L_m，如2.3.7节中所述的那样进行了稍微的修正；L_p是波形损耗；L_x是信号处理损耗，它包括几个非最佳过程的分量。步骤4~6得到值40 lg $R_{0\text{km}}$，它在步骤7中变换到自由空间距离$R_{0\text{km}}$，对应于式（1.14）中关于R的解，此时$E_1/N_0=L_tD_x(n)$。

Blake图的剩余部分根据偏离自由空间传播条件进行了必要的调整。步骤8对由用户分别确定的$F=(F_tF_r)^{1/2}$的值进行了调整，假设该因子仅与在Blake图顶部录入的天线高度h_r和目标仰角θ有关，而与R无关。本例中任意录入了一个值$F=1.0$。由于在式（1.19）的分母中出现了$L_\alpha=10^{0.1k_\alpha R_m}$，所以步骤9~14采用两步迭代法解该超越方程。如果在距离R处的目标不处于衰减系数很大的大气层区域，并且如果雷达天线高度是目标高度的一小部分，则该求解方法是适当的，在地面雷达中这种条件经常是满足的。

1.2.9 一般解法

当传播条件违反Blake图内固有的假设时，可用解最大探测距离的更一般的方法来避免潜在的问题，并且当出现杂波和干扰时，提供距离计算的起始点。在采用该方法时，如果有数字计算机就最方便了，但用图形实现[3,第1章]也是可能的。图1.7展示出信号功率随举例雷达的距离变化的一个例子，该举例雷达的参数录入在举例Blake图中，雷达工作在明朗的天气、风平浪

静的海面上空。在本章中，该图和类似的图是利用随书提供的Mathcad程序画出的。除了录入Blake图的那些参数外，必须规定许多雷达和环境参数，以便对典型环境中碰到的方向图－传播因子和降雨衰减进行建模。在图 1.7 所画的情况下，选择了恒定的目标仰角来与Blake图中采用的值 $F = 1.0$ 相匹配，而得到的探测距离与计算方法所得到的结果相一致。对恒定高度的目标的作用距离不能通过简单的计算来预测，因为它需要利用第6章叙述的步骤对F进行计算。

脉冲雷达距离计算工作表

计算是对记录在表上顶部两行的参数所进行的。

1. 按部分 A 中的步骤计算系统输入噪声温度 T_s；
2. 用部分 B 中的基本单元录入距离因子；
3. 将这些因子换算成 dB 并录入部分 C。

探测概率P_d	***0.9***	虚警概率P_{fa}	***10^{-6}***	目标情况	***1***	n	***24***
		雷达天线高度h_r(m)	***10***	目标仰角θ°			***1***

A. 计算T_s: $T_s = T_a + T_r + L_rT_e$					B. 距离因子		C. 分贝值	+	−
					P_t或P_{av} (W)	***10^5***	10 lg P (dBW)	***50.0***	
(a)	计算T_a				τ或t_f(s)	***10^{-6}***	10 lg τ (dBs)	lg	***60.0***
	对$T_{tg} = T_{ta} = 290$ K, $T_g = 36$:				G_t	***10^4***	G_t(dB)	***40.0***	
	$T_a = (0.876T_a' - 254)(1/L_\alpha) + 290$				G_r	***10^4***	G_r(dB)	***40.0***	
	L_α(dB)	***0.2***	L_α:	***1.047***	σ (m²)	***1.0***	10 lg σ (dBm²)	***0.0***	
	T_a' (K)	***65***			λ (m)	***1.0***	20 lg λ (dBm²)		***20.0***
		T_a (K)		***102***	T_s (K)	***967***	−10 lg T_s (dBK)		***29.9***
(b)	计算 $T_r = T_{tr}(L_r - 1)$				D	***12.6***	−D(dB)		***11.0***
	L_r(dB)	***1.0***	L_r:	***1.26***	M	***1.2***	−M(dB)		***0.8***
			T_r (K)	***75***	L_p	***1.35***	−L_p(dB)		***1.3***
(c)	计算 $T_e = T_0(F_n - 1)$				L_x	***2.0***	−L_x(dB)		***3.0***
	F_n(dB)	***5.0***	F_n:	***3.16***	L_t	***1.26***	−L_t(dB)		***1.0***
	T_e (K)	***626***	L_r:	***1.26***	以dB（J/K）表示的距离方向常数			75.62	
			L_rT (K)	***790***	4. 得到总列值			***205.6***	***127.0***
(d)	加：T_s (K)			***967***	5. 录入低于大值的小总值			***127.0***	

6.	相减获得净分贝数 $X = 40\lg R_{km}$ (dBm⁴)	***78.6***	
7.	计算 $R_0(\text{km}) = 10^{X/40}$	R_0(km)	***92.3***
8.	计算方向图－传播因子 $F = (F_tF_r)^{1/2}$	F	***1.0***
9.	将 R_0 与方向图－传播因子相乘，得到 $R' = R_0 \times F$	R'	***92.3***
10.	确定大气衰减，对应于 R' 的损耗 L_α(dB)。即 $L_\alpha(\text{dB})_{(1)}$	$L_\alpha(\text{dB})_{(1)}$	***1.3***
11.	找出距离因子，$\delta_1 = 10^{-L_\alpha(\text{dB})_{(1)}/40}$	δ_1	***0.9279***
12.	将 R' 与 δ_1 相乘。这是第一距离近似，R_1	R'	***85.6***
13.	如果 R_1 与 R' 差别很大，找出一个新的与 R_1 相对应的 L_α(dB)值。即 $L_\alpha(\text{dB})_{(2)}$	$L_\alpha(\text{dB})_{(2)}$	***1.2***
14.	找出与 $L_\alpha(\text{dB})_{(1)}$和 $L_\alpha(\text{dB})_{(2)}$之间的差相对应的距离增大因子 δ_2	δ_2	***1.0058***
15.	将 R_1 与 δ_2 相乘，得到最大雷达探测距离 R_m(km)	R_m(km)	***86.1***

图 1.6　修正的Blake工作表。粗斜体表示举例的数字录入。含空白图的PDF和DOC格式的文件包括在下载文件中

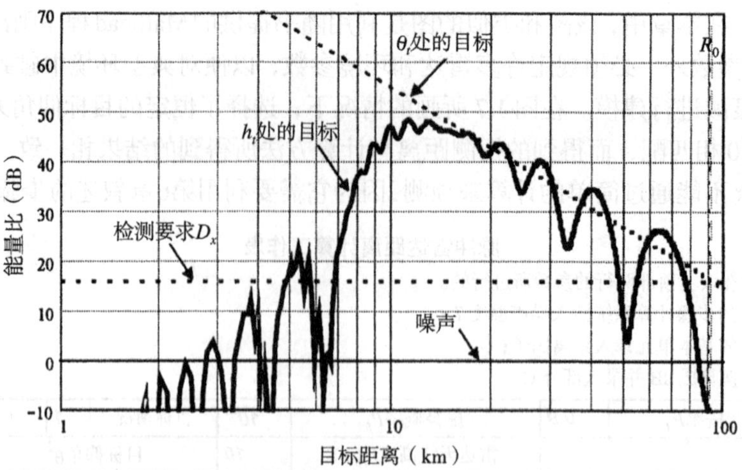

图 1.7 举例雷达的信噪比与作用距离的关系，举例雷达的参数示于图 1.6 中，工作于晴朗天气的平静海平面上空。对位于恒定仰角$\theta_t = 1.07°$的目标的探测距离为86.1 km（如图 1.6 的Blake图所示），而对位于恒定高度$h_t = 400$ m的目标的探测距离为 77.1 km

对于恒定高度目标，图 1.7 所示的成瓣效应在图 1.8 的垂直威力图中表现得更加清楚。当雷达波束的低缘照射一个反射表面时，会出现这种成瓣效应。通过在目标高度上画一条线，就能够直观地估算出在该高度处的探测距离，而所示的图形给出了一种很好的关于探测距离的直观度量。计算机程序 Range.mcd（见附录 1B）对以恒定高度或恒定仰角逼近的目标求出最大探测距离。

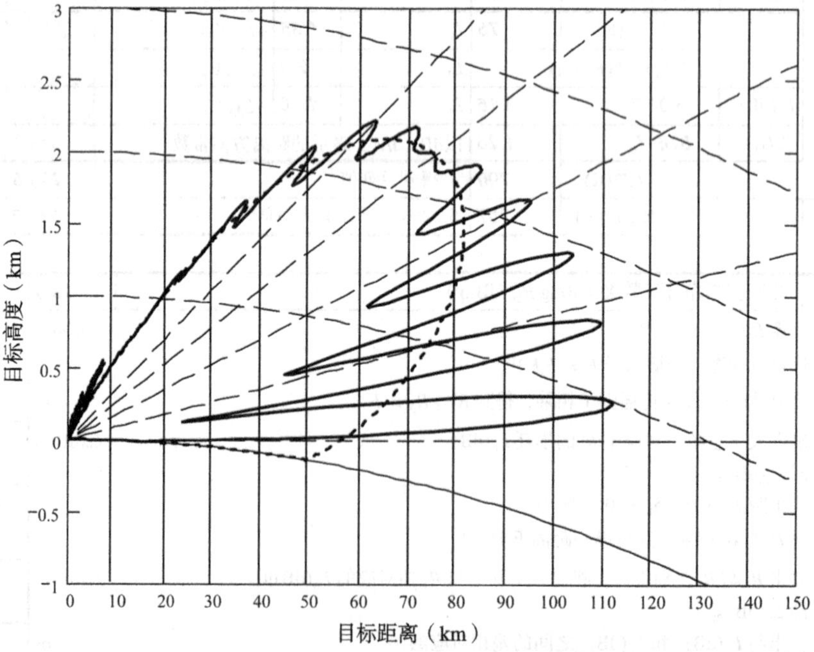

图 1.8 举例雷达的垂直威力图，其参数示于图 1.6 中，仰角线间隔为 0.5°，仰角波束宽度为 2°，轴倾角为 1°，虚线表示自由空间威力方向图

1.3 搜索雷达方程

将辐射能量均匀分布在一个指定立体角的搜索雷达的潜在性能，可根据其平均功率、有效接收孔径面积和系统温度进行估算，而不必顾及频率或波形。从式（1.18）开始，推导最佳搜索性能方程的步骤将在下面的章节中进行概述。估计相对于理想性能的损耗的方法将在第9章中给出。

1.3.1 均匀搜索的推导

我们从假设在搜索帧时间t_s内，利用矩形波束均匀搜索一个指定立体角ψ_s开始，搜索时该矩形波束覆盖这一立体角区域，无重叠或间隙。波束的立体角必须不超出ψ_s，为

$$\psi_b = \theta_a\theta_e = \frac{4\pi}{G_t L_n} \leqslant \psi_s = A_m\left(\sin\theta_m - \sin\theta_0\right) \tag{1.21}$$

式中，θ_a和θ_e是方位和仰角波束宽度，A_m是搜索的方位扇区，θ_m和θ_0是仰角搜索扇区的上限和下限，而L_n是考虑辐射到理想主瓣外（见第4章和第9章）的能量的一个波束宽度因子（L_n = 1.2 ~ 1.6）。利用 式（1.21）的搜索空域和波束的立体角，则对每个波束的观察时间为

$$t_o = t_s\frac{\psi_b}{\psi_s} = \frac{4\pi t_s}{G_t\psi_s L_n} \tag{1.22}$$

并且假设在该时间内由A_r接收到的所有能量对于检测是相干积累的：$t_f = t_o$。对于实际的天线波束，该能量被两坐标波形损耗减小，该波形损耗包括在下面定义的总搜索损耗L_s内。

现在，我们可将式（1.22）代入式（1.18）中，并将所有损耗，连同传播因子和极化因子，归到L_s中，以获得搜索雷达方程：

$$R_m^4 = \frac{P_{av}A_r t_s\sigma}{4\pi\psi_s kT_s D_0(1)L_s} \tag{1.23}$$

在式（1.23）中，总搜索损耗L_s包括：（1）源自式（1.22）的L_n；（2）源自雷达方程的射频损耗因子；（3）源自将有效可检测性因子$D_x(1)$与稳定目标的基本（理论上的）可检测性因子$D_0(1)$关联起来的方程的损耗因子；（4）在ψ_s上求平均得到的极化因子和双程方向图－传播因子。雷达损耗预算的详情将在第9章中给出，在那一章中，对不同类型雷达系统的损耗做了定义并进行了建模。

不论是波长还是波形都不直接出现在式（1.23）中，虽然波长和孔径尺寸的结合必须满足式（1.21）中的不等式，以使搜索能量集中于ψ_s内，但是L_s中的损耗分量则随波长、波形和扫描步骤的变化而变化。

1.3.2 搜索雷达方程的重要性

搜索雷达方程本质上阐述了雷达的性能（通过在帧时间内对每个目标产生的信噪比的度量）与平均功率和接收孔径的乘积除以搜索速率（立体弧度每秒）有关。

雷达性能还与目标横截面积、系统温度和探测性能质量（通过探测和虚警概率度量，它们决定了可检测性因子和一些损耗分量）等因素有关。除功率和孔径这些“强力”因素外，雷达特性主要通过总搜索损耗因子L_s的一些分量进入方程。

搜索扇区被分成的发射波束位置数并没有进入方程，因为由较窄的发射波束导致的较高增益被减小的积累时间抵消了。为了在短波长上采用给定的接收孔径，可能需要同时用一些较小的接收波束来覆盖发射波束扇区，但不论这些接收波束位置是由发射波束同时照射还是顺序照射，只要对反射能量进行了有效的收集和积累，就没有区别。原则上，单个发射波束可照射整个搜索扇区，并可用多个接收波束观察该扇区内的每个点，对在整个帧时间t_s上接收到的回波进行积累。实际上，在超过几十毫秒的时间周期上积累是困难的，并且可能伴有大的损耗。由于搜索雷达方程留下了选择波长和波形的余地，以实现理想条件下所要求的信噪比，所以我们必须注意其他要求，以建立主导系统设计过程的约束条件。这些要求主要由多数雷达工作时的杂波和多目标环境提出，以及由目标位置数据的精度提出。一旦由搜索雷达方程确定了雷达的一般尺度，则设计细节就由这些因素而不是由对信噪比的需要来决定了。

1.4 有源干扰时的雷达作用距离

有源干扰是一种电子对抗（简称ECM），其目的为下列三者之一：（1）通过加入随机干扰掩盖目标的存在；（2）在脉冲重复间隔或扫描间隔期间，通过在不同时间模拟雷达回波来产生虚假目标；（3）通过对回波或干扰脉冲进行调制，产生错误的目标位置。对于前面两种情况可写出雷达方程。

1.4.1 远距离噪声干扰的等效温度

一种掩盖性的ECM是在比雷达接收机带宽B_n更宽的带宽B_j上辐射随机噪声，随机噪声辐射可以是连续的，也可以选择时间间隔来掩盖真实的回波信号而不给出有用的距离延迟数据。其效果是要提高接收机中背景噪声的总的频谱密度从N_0到N_0+J_0，此时，接收到的干扰频谱密度为

$$J_0=\frac{P_jG_jG_r\lambda^2F_{pj}^2F_j^2}{(4\pi)^2B_jR_j^2L_{\alpha j}} \tag{1.24}$$

这里，P_jG_j表示干扰机的ERP，P_jG_j/B_j是雷达调谐到该频率的有效辐射功率密度（简称ERPD），F_{pj}^2是干扰的极化因子，F_j^2是由干扰机进入雷达天线的单程方向图−传播因子，R_j是干扰机距离，$L_{\alpha j}$是单程大气衰减。

对于基本上与雷达保持恒定距离的远距离干扰机（简称SOJ），我们将干扰考虑成一个恒定的加到接收机输入端T_s上的噪声温度分量是方便的：

$$\begin{aligned}T_j&=\frac{J_0}{k}=\frac{P_jG_jG_r\lambda^2F_{pj}^2F_j^2}{(4\pi)^2kB_jR_j^2L_{\alpha j}}\\T_s'&=T_s+T_j\end{aligned} \tag{1.25}$$

对于两个或更多个干扰机，计算各个T_{ji}值，得到总的输入温度为

$$T_s'=T_s+T_{j1}+T_{j2}+\cdots$$

雷达在SOJ噪声干扰环境中的目标探测距离可通过用T_s'替代式（1.19）、式（1.20）或Blake图中的T_s来计算。结果是由热噪声距离R_m乘以系数$(T_s/T_s')^{0.25}$近似给出的一个探测距离R_{mj}，但对于$R_{mj}<R_m$，由于大气损耗的减小可导致该值在一定程度上增大。

对于雷达天线主瓣内的干扰机（$F_j \approx 1$），T_j的值通常很大，从而使探测距离可忽略不计；但当干扰机处于副瓣（$F_j << 1$）内的搜索扇区中时，干扰机的影响 T_j 可与 T_s 相比，从而允许获得有用的探测距离。这种情况体现于图 1.9 中，此时，假设 SOJ 位于 –47 dB 副瓣（相对于主瓣的增益）中。干扰机噪声温度为2800 K，得到总的输入温度为3760 K，比热噪声高大约6 dB。采用这些值并使用式（1.25），再将 Blake 图根据$(T_s/T'_s)^{0.25}$ 比例缩放，就得到仰角为 1.07° 的目标的 61.3 km 的预测距离，这与精确结果非常接近。对更近的距离所进行的大气衰减调整，将使该值与 Blake 图所示的 61.9 km 距离相一致。

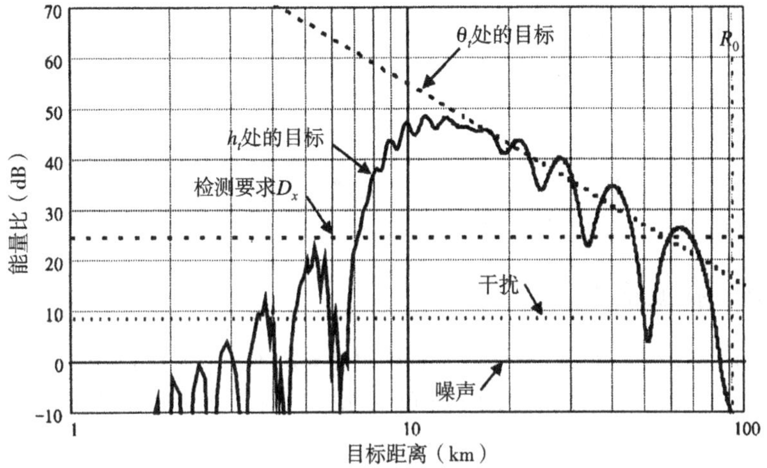

图 1.9　针对恒定仰角和恒定高度的目标，采用举例SOJ时的信号能量和干扰频谱密度。雷达参数来自图 1.6；SOJ 参数：$P_j = 10$ kW，$G_j = 10$，$B_j = 300$ MHz，$R_j = 200$ km，$H_j = 7$ km，$F_j^2 = -47$ dB，$F_{pj} = -3$ dB，仰角 = 1.3°，方位 = 10°；探测距离：$R_{mj\theta} = 61.9$ km，$R_{mjh} = 72.6$ km

1.4.2　干扰有效性

只要B_j至少涵盖雷达波形的带宽B，针对噪声干扰所做的接收机处理上的考虑，就与针对接收机噪声所做的接收机处理上的考虑相同。对于$B_j < B$，虽然干扰可能具有更大的频谱密度，但使检测失效的有效性较小，而且通过接收机的自适应滤波，干扰的有效性会更小。

干扰在幅度分布方面还与热噪声不同。如果干扰发射机工作于饱和模式，则噪声输出就不会遵守具有随机噪声特征的瑞利分布。虽然在该模式下，发射机可以具有更高的平均功率，但这种干扰对接收机的影响要比采用相同功率的随机噪声对接收机的影响要小。干扰有效性方面的变化将在第 3 章讨论。在采用式（1.24）或 式（1.25）时，干扰发射机的 ERP 应乘以一个 $Q_j \leqslant 1$ 的品质因子，以考虑干扰机带宽和实际采用的发射机的有效性。

可降低干扰机有效 ERP 的另一种因素是对极化分集的需要。指派用来将目标同时掩盖在一部以上雷达中的干扰机可在两个正交极化（例如，水平和垂直，或右手圆极化和左手圆极化）上辐射独立噪声分量，或者以 45° 线性极化辐射单个分量。雷达不接收与雷达接收天线相垂直的极化方向上辐射的干扰功率，从而减小了干扰机方向图 – 传播因子 F_{pj}（通常达 3 dB）。

1.4.3 欺骗性干扰

在有些情况下，不是发射噪声以迫使雷达检测门限增大，而是干扰机发射模拟目标回波的信号。这些虚假回波是由距离上的延迟产生的，并且具有不是真实目标的多普勒频移。当干扰足够强，能穿透雷达接收天线的副瓣时，虚假回波信号可出现在与干扰源角度相差很远的角度上。接收到的这类干扰的每个脉冲的能量通常称为重发干扰，由式（1.24）在 $B_j = 1/\tau_j$ 时给出，其中，τ_j 是干扰机复制的雷达脉冲宽度。在接收机中处理后，虚假回波的输出功率比为 $J/N = J_0/N_0L_m$，并且无法从目标回波中区分开来，除非复制的波形和隐含在方向图－传播因子 F_j^2 中可能的到达角信息不完善。重发脉冲可检测到的距离为

$$R_{rj}^2 = \frac{P_j \tau G_j G_r \lambda^2 F_{pj}^2 F_j^2}{(4\pi)^2 kT_s D_x(n) L_{\alpha j}} \tag{1.26}$$

式中，和式（1.19）一样，需要一些专门的步骤来解该方程，因为 F_j 和 $L_{\alpha j}$ 是 R_{rj} 的函数。识别和抑制这类干扰脉冲的方法将在第 7 章和第 8 章中讨论。

1.4.4 自屏蔽和护卫干扰

自屏蔽干扰机（简称 SSJ）位于目标上，从而 $R_j = R$, $F_j = F_r$，且 $L_{\alpha j} = \sqrt{L_\alpha}$。在计算目标回波高于噪声 SSJ（例如，为测距的目的）的可探测距离时，雷达必须获得满足下列要求的能量比：

$$\frac{E_1}{J_0} = \frac{P_t \tau G_t \sigma F_t^2 B_j}{4\pi P_j G_j F_{pj}^2 R_{bt}^2 L_t L_{\alpha j}} \geqslant D_x(n) \tag{1.27}$$

并且，对于相干处理可利用雷达能量 $P_{av}t_f$ 和 $D_x(n')$ 写出一个等效的形式。解出烧穿距离 R_{bt}，我们得到

$$R_{bt}^2 = \frac{P_t \tau G_t \sigma F_t^2 B_j}{4\pi P_j G_j F_{pj}^2 L_t L_{\alpha j} D_x(n)} \tag{1.28}$$

该关系式很少产生有用的烧穿距离。

护卫屏蔽干扰机（简称 ESJ）在距离上与目标相距很近，但可处于用于检测目标的主瓣之外。烧穿距离为

$$R_{bt}^2 = \frac{P_t \tau G_t \sigma F_t^2 F_r^2 B_j}{4\pi P_j G_j F_{pj}^2 F_j^2 L_t L_{\alpha j} D_x(n)} \tag{1.29}$$

式中，干扰机方向图－传播因子 $F_j^2 < F_r^2$，考虑了指向护卫干扰机的雷达接收机副瓣电平的减小。图 1.10 展示出以恒定高度飞行在目标旁的 ESJ 的典型结果，此时，干扰机建模为处于比主瓣增益低 40 dB 的方位副瓣区内。信号和干扰的方向图－传播因子在仰角上都会发生变化，但是很强的双程反射有助于雷达在波瓣峰值上的检测。

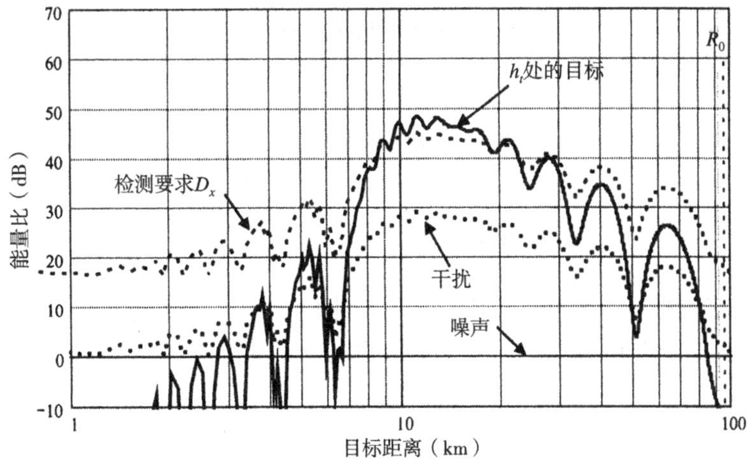

图 1.10 对于400 m恒定高度的目标和干扰机，采用举例ESJ的信号能量和干扰频谱密度。雷达参数来自图 1.6；ESJ 参数为：$P_j = 1$ kW，$G_j = 10$，$B_j = 300$ MHz，$F_j = -40$ dB；探测距离：$R_{bt} = 30.7$ km

1.5 有杂波时的雷达作用距离

杂波定义为：“不想要的回波，通常来自地面、海面、雨或其他降水、箔条、鸟、昆虫和极光”[1,166页]。杂波建模将在第 3 章中讨论，其中，反射率（每单位体积或面积RCS）通过空域杂波参数η_v（单位：m^2/m^3）和表面杂波参数σ^0或γ（m^2/m^2，无量纲）来描述。这些反射率参数在此用于推导在杂波分量将干扰电平设置成雷达输出电平情况下的距离方程。

杂波背景下目标探测距离的计算是进行精确计算的最困难的任务之一，其理由如下：

（1）杂波源的反射率和相应的传播因子只是近似知道；

（2）杂波功率随距离的变化是不确定的，特别对陆地杂波是这样；

（3）杂波的统计特性可能与瑞利分布随机噪声的统计特性存在大的差异，而D_x是对瑞利噪声确定的；

（4）杂波在动目标显示器（简称 MTI）或多普勒处理器中的衰减难以进行高精度预测。

鉴于所有这些因素，旨在预测目标在杂波中的可探测距离的距离方程必须小心使用，尽管如此，我们还是在这里介绍一些当接收机–处理机的输出主要受杂波控制时的一些有用的方程，以及采用这些方程时的一些建议。对于每种情况，用图说明了这些闭合形式的距离方程的局限性。

1.5.1 空域杂波：降雨或箔条

首先考虑空域杂波源，因为它们在空域分布上更均匀并且近乎于噪声（在幅度上基本上为瑞利分布）。在给定杂波距离R_c上，雷达分辨单元的特征是其体积（见图 1.11）：

$$V_c = \frac{R_c\theta_a}{L_p}\frac{R_c\theta_e}{L_p}\frac{\tau_n c}{2}\ \ \mathrm{m}^3 \tag{1.30}$$

式中，θ_a和θ_e是以弧度表示的方位和仰角波束宽度（二者都假设 << 1 rad），$L_p = 1.33$是波形损耗，τ_n是被处理的（例如，脉冲压缩后，如果采用该技术的话）脉冲的宽度，c是光速。如

果波束扩展到高度为h_{cmax}的云顶上方，或者如果在距离R_c处的表面大大低于水平面，则式（1.30）右手边的第 2 项由$(h_{max}-h_{min})/L_p$替代，其中，被照射的云在h_{min}和h_{max}之间：

$$h_{max}=\min\left[h_{cmax},R_c\sin\left(\theta_b+\frac{\theta_e}{2}\right)+\frac{R_c^2}{2ka}\right]$$
$$h_{min}=\max\left[\frac{R_c^2}{2ka},R_c\sin\left(\theta_b-\frac{\theta_e}{2}\right)\right] \tag{1.31}$$

式中，ka是地球有效半径。因此，上限或者是波束的上半功率点或者是云的顶部，而下限或者是水平面或者是位于仰角为θ_b的波束轴的波束的下半功率点。

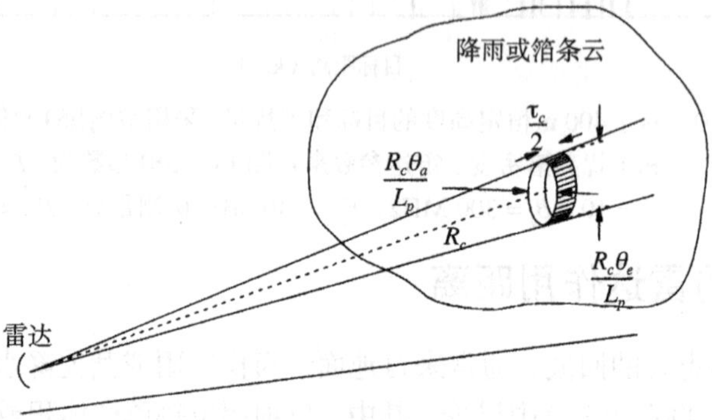

图 1.11 空域分辨单元

充填空域的杂波的雷达横截面积为

$$\sigma_c=V_c\eta_v \tag{1.32}$$

式中，η_v是空域杂波反射率（单位：m²/m³）。如果η_v和雷达参数已知，则对于扩展到整个波束的杂波，从该单元接收到的杂波能量为

$$C_0=\frac{P_t\tau G_tG_r\lambda^2\sigma_cF_{pc}^2F_c^4}{(4\pi)^3R_c^4L_tL_{\alpha c}}=\frac{P_t\tau G_tG_r\lambda^2\theta_a\theta_e(\tau_nc/2)\eta_vF_{pc}^2F_c^4}{(4\pi)^3R_c^2L_tL_{\alpha c}L_p^2} \tag{1.33}$$

式中，F_{pc}是杂波极化因子，F_c是从雷达到杂波往返路径的方向图－传播因子，$L_{\alpha c}$是该路径上的大气衰减。如果这些因子随仰角变化很大（如在反射成瓣的情况下），则必须对这些因子在分辨单元上进行平均。对于充填了杂波的上视窄波束，杂波方向图－传播因子为$F_c=1$，因为天线方向图形状的影响已作为L_p^2包括在式（1.33）中。不过，对于强烈照射下伏反射表面的波束，该因子取形式：

$$F_c(\theta)=2\sin\left(\frac{2\pi h_r}{\lambda}\theta\right) \tag{1.34}$$

产生平均值$F_c^4=6$。在1~6之间的中间值适用于稍高于水平面的倾斜波束，或者在完全没有反射的表面上方的工作。计算杂波能量的一般过程是替代式（1.33）中的$\theta_e\eta_vF_c^4/L_p^2$项，并用所有仰角上$\eta_vF_c^4$的积分代替后续方程。还需要注意的是，如果式（1.31）用于考虑没有充填波束的杂波，则式（1.33）中的θ_e和后续方程由$(h_{max}-h_{min})/R_c$替代。

每单元的杂波能量与探测距离计算中的噪声频谱密度的作用相同。因此，对于与距离R处的目标进行竞争的杂波，输入杂波－信号能量比为

$$\frac{C_0}{E_1}=\frac{R^4\theta_a\theta_e\left(\tau_n c/2\right)\eta_v F_{pc}^2F_c^4L_\alpha}{\sigma F_p^2F^4L_p^2R_c^2L_{\alpha c}} \tag{1.35}$$

式中，目标 RCS σ 必须考虑天线极化。从目标距离外来的杂波，由于波形的距离模糊，可能与目标信号竞争。此时，波形的响应以等于非模糊距离$R_u = ct_r/2 = c/2f_r$的间隔重复。因此，干扰杂波可能出现在距离$R_c = R \pm iR_u, i = 0, 1, 2, \cdots$上。在低脉冲重复频率（简称 PRF）雷达中，此时，目标和杂波均被限制在第一距离间隔上，$i = 0, R_c = R$，而$L_{\alpha c} = L_\alpha$，导致

$$\frac{C_0}{E_1}=\frac{R^2\theta_a\theta_e\left(\tau_n c/2\right)\eta_v F_{pc}^2F_c^4}{\sigma F_p^2F^4L_p^2} \tag{1.36}$$

我们已经通过杂波－信号比表达了前面两个方程，使得当杂波出现在多个距离模糊中时，我们可修正式（1.35），以便采用在j个模糊区上的杂波能量和：

$$\frac{C_0}{E_1}=\frac{R^4\theta_a\theta_e\left(\tau_n c/2\right)F_{pc}^2}{\sigma F_p^2F^4L_p^2}\sum_i\frac{\eta_{vi}F_{ci}^4}{R_{ci}^2L_{\alpha ci}} \tag{1.37}$$

式中，求和中的杂波因子在i个模糊中的每一个都可有独立的值（对于超过R_u的目标，可从$-i$开始）。在许多情况下，求和内的$1/R_c^2$因子允许我们忽略除第 1 项以外的所有项，并且，对于第一个距离间隔，即$i = 0$，式（1.35）可随杂波因子一起使用。

1.5.2　空域杂波中的探测距离

如果假设杂波在由MTI或多普勒处理得到减少后仍然是雷达输出端处的主导背景干扰源，那么我们可利用有效杂波频谱密度$C_0' = C_0D_{xc}/D_x$，写出目标检测的条件，以获得

$$\frac{C_0}{E_1}\leqslant\frac{I_m}{D_{xc}(n)}-\mathrm{SCV}\quad\text{或}\quad\left(\frac{E_1}{C_0'}\right)_{\mathrm{out}}=I_m\frac{E_1}{C_0'}\geqslant D_x(n) \tag{1.38}$$

式中，I_m是 MTI 或多普勒改善因子，$D_{xc}(n)$是杂波可检测性因子，定义为输入到包络检波器所要求的$(E_1/C_0)_{\mathrm{out}}$的值，以实现所希望的检测性能（参见第 2 章），SCV 是包括 MTI 或多普勒处理器在内的系统的杂波下可见度。例如，在无距离模糊$(R = R_c)$的低脉冲重复频率系统中，我们有

$$R_m^2=\frac{I_m\sigma F_p^2F^4L_p^2}{D_{xc}(n)\,\theta_a\theta_e\left(\tau_n c/2\right)\eta_v F_{pc}^2F_c^4} \tag{1.39}$$

当单个距离模糊是主导杂波源，与另一个距离间隔内的目标进行竞争时，式（1.39）变成

$$R_m^4=\frac{\sigma F_p^2L_p^2}{D_{xc}(n)\,\theta_a\theta_e\left(\tau_n c/2\right)F_{pc}^2}\left[\frac{R_c^2L_{\alpha c1}I_{m1}}{\eta_{v1}F_{c1}^4}\right] \tag{1.40}$$

当几个模糊是重要杂波源时，括号内的那项由下式替代：

$$\left[\sum_i\frac{\eta_{vi}F_{ci}^4}{R_{ci}^2L_{\alpha ci}I_{mi}}\right] \tag{1.41}$$

需要注意的是，改善因子经常与每个模糊内杂波的距离或频谱扩展有关，因此，必须包括在求和式内。

图 1.12 展示出在沿雷达波束距离 20 km~100 km 范围内延伸到 5 km 高度的雨云所得到的结果。雨衰减包括在内，并且假设无 MTI 改善。杂波可检测性因子 $D_{xc} = 21.1$ dB 用于考虑杂波回波在几个脉冲上的相关性（见2.7节关于对相关干扰调整可检测性因子的方法）。有效杂波频谱密度用于图中，使得检测要求 D_x 可用在所有距离上，而不管杂波或噪声是否占主导地位。利用式（1.39）进行简单计算就可达到如图所示的关于恒定仰角目标的探测距离，只要该方程中出现的正确平均 $F_c^4 = 2.5$ dB 是先通过杂波方向图–传播因子的波瓣结构在仰角上的积分求出的。在恒定高度情况下，由于反射波瓣分裂的缘故，信号在距离上是振荡的，因此，没有闭合形式的探测距离表达式。

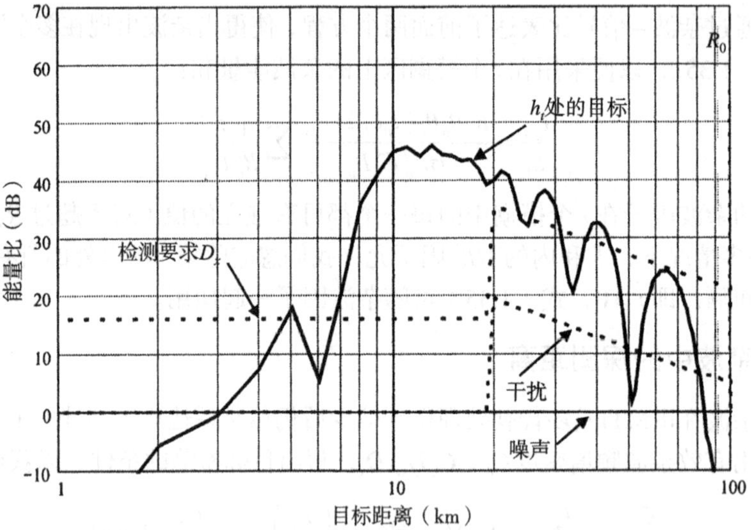

图 1.12 具有雨杂波的信号能量和干扰频谱密度。雷达参数来自图 1.6，采用 $\sigma = 0.79$ m² 以考虑 2 dB 目标极化损耗；雨参数：$R_{cmin} = 20$ km，$R_{cmax} = 100$ km；$h_c = 5$ km，$r = 3$ mm/h，极化因子 –20 dB；恒定高度时的探测距离：$R_{mch} = 44.3$ km；恒定仰角 $\theta_t \approx 1°$ 时：$R_{mc\theta} = 32.1$ km

1.5.3 距离上模糊的杂波

在波形的非模糊距离外出现杂波会妨碍对近距离目标的检测。图1.13展示出箔条云在距雷达 150 km~250 km 范围内扩展到 10 km 高的情况。杂波能量出现在真实杂波区内的图上，并且由于距离模糊（$R_u = 135$ km）的缘故，还出现在 15 km~115 km 之间的目标距离上。尽管杂波能量由于箔条云距离较远而大大减小，但它仍然足够高，防止了在热噪声环境下目标检测的要求在预期的距离上得到满足。在第 7 章中将看到，远距离杂波的出现对发射机类型、波形和处理方法有着重要的影响。

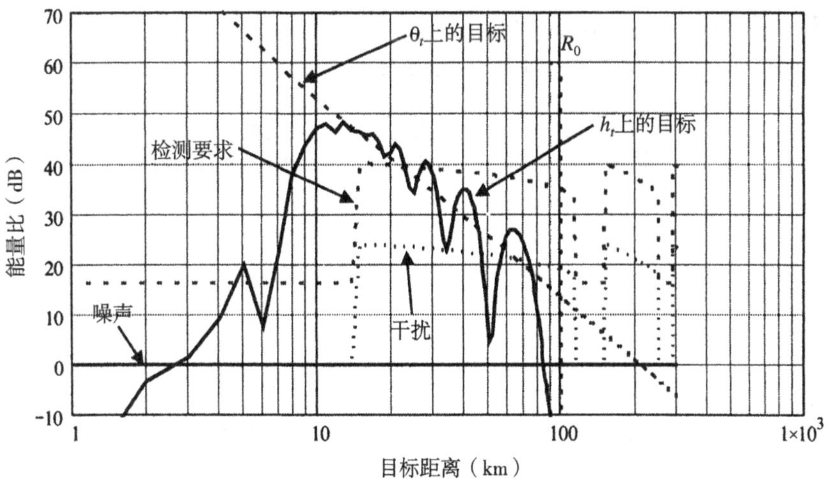

图 1.13　在非模糊距离外由箔条引起的信号能量和干扰频谱密度。雷达参数来自图 1.6；箔条参数：R_{cmin} = 150 km，R_{cmax} = 250 km，H_c = 10 km，$\eta_{chaff} = 10^{-8}\ m^{-1}$；恒定高度时的探测距离：$R_{mc\theta}$ = 22.1 km；恒定仰角 $\theta_t \approx 1°$ 时：R_{mch} = 29.3 km

1.5.4　表面杂波：陆地和海面

我们可采用简单、均匀的杂波模型来进行关于表面杂波环境的距离计算，在这一模型中，杂波在远到由下式给出的水平距离上填满方位波束宽度：

$$R_h = \sqrt{2kah_r} = 4130\sqrt{h_r} \qquad \text{对于} R \text{和} h\text{，单位为} m \tag{1.42}$$

式中，ka 是有效地球半径（8.5×10^6 m），h_r 是雷达天线在杂波表面上方的高度。陆地和海杂波的更精确的模型将在第 3 章中描述。雷达分辨单元内的表面面积（见图 1.14）为

$$A_c = \frac{R_c\theta_a}{L_p}\frac{\tau_n c}{2}\sec\psi \tag{1.43}$$

式中，ψ 是掠地角（对于面基雷达，sec ψ ≈ 1）。杂波横截面积为

$$\sigma_c = A_c\sigma^0 = A_c\gamma\sin(\psi) = \frac{h_r\theta_a}{L_p}\frac{\tau_n c}{2}\gamma \tag{1.44}$$

式中，σ^0 是表面杂波反射率（一个无量纲量），可简单建模为 $\gamma\sin\psi$，其中，γ 是归一化反射率，对于一个给定表面它是常数。对于陆地，γ ≈ 0.1（大约在 0.03~0.15 之间变化），而对于海面，则与风的条件和雷达波长有关（参见第 3 章）。当采用该模型时，根据式（1.44），杂波 RCS σ_c 是关于距离恒定的，但随天线高度的变化而变化。

在含有杂波的无距离模糊的系统中，恒定 γ 模型的杂波 – 信号能量比变为

$$\frac{C_0}{E_1} = \frac{h_r\theta_a(\tau_n c/2)\gamma F_{pc}^2 F_c^4 R^4 L_\alpha}{\sigma F_p^2 F^4 R_c^4 L_p L_{\alpha c}} \tag{1.45}$$

对于大多数类型的表面杂波，杂波极化因子 $F_{pc}=1$，并且通常从方程中略去。在处于地平线内的区域，此时 $F_c=1$，输出 S/C 比与作用距离无关（目标方向图－传播因子除外）：

$$\left(\frac{E_1}{C_0}\right)_{\text{out}}=I_m\frac{E_1}{C_0}=I_m\frac{\sigma F_p^2F^4}{\sigma_cF_{pc}^2}=\frac{I_m\sigma F_p^2F^4L_p}{h_r\theta_a\left(\tau_nc/2\right)\gamma F_{pc}^2} \tag{1.46}$$

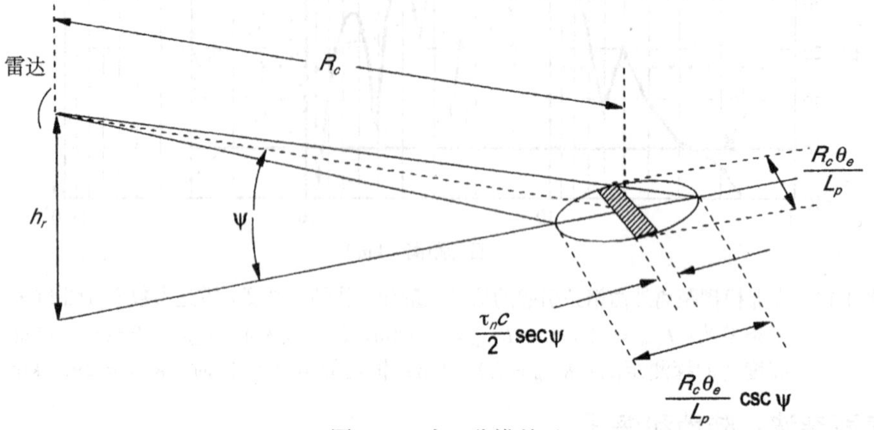

图 1.14　表面分辨单元

如果该 S/C 比超过可检测性因子 $D_{xc}(n)$，则目标在整个此区域中都是可检测的。如果目标在该 $F_c=1$ 区域中不可检测，则在较远距离上该目标可变得可检测，因为目标始终处在表面杂波的上方，导致当距离增大时，F_c 要比 F 减小得更快。预计这一效应的模型将在第 3 章中给出。

当距离模糊被杂波占据时，式（1.45）变成

$$\frac{C_0}{E_1}=\frac{h_r\theta_a\left(\tau_nc/2\right)\gamma F_{pc}^2R^4L_\alpha}{\sigma F_p^2F^4L_p}\sum_i\frac{F_{ci}^4}{R_{ci}^4L_{\alpha ci}} \tag{1.47}$$

就像空域杂波一样，通常是第一个模糊，即 $i=0$，主导着结果，于是，式（1.47）可随杂波因子一起用于该模糊度。当满足式（1.38）的条件时，就发生具有规定概率的检测：

$$\frac{C_0}{E_1}\leqslant\frac{I_m}{D_{xc}(n)}=\text{SCV}\quad 或\quad\left(\frac{E_1}{C_0'}\right)_{\text{out}}=I_m\frac{E_1}{C_0'}\geqslant D_x(n)$$

图 1.15 展示出从平坦地形上、阵地较低的雷达中观察到的陆地杂波的典型结果。在这种情况下，初始探测距离与热噪声情况相同（大大超出了杂波水平距离）。如果没有通过多普勒处理来减少杂波，则一旦目标到达杂波水平距离，检测能力就会丢失。超过非模糊距离的、高的表面杂波的出现，将如图 1.13 中所阐述的那样关于模糊空域杂波造成同样的问题。

在低掠地角上观察到的表面杂波，尤其是陆地杂波，具有与瑞利分布极为不同的概率密度函数。这就使杂波可检测性因子 D_{xc} 远远高于适用于噪声的值 D_x。此外，当没有某种形式的多普勒处理时，杂波相关时间可接近或超过积累时间 t_o，从而引起 D_{xc} 的进一步增大。这些问题将在第 2 章和第 3 章中探讨。

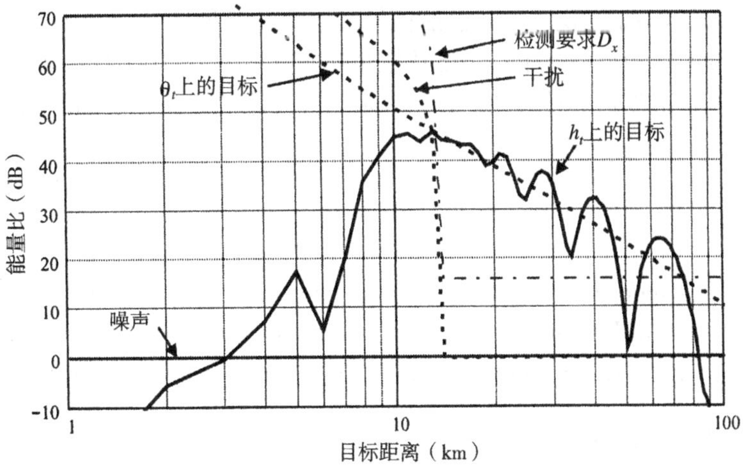

图 1.15 具有表面杂波的信号能量和干扰频谱密度。来自图 1.6 的雷达参数；陆地杂波参数：γ = −10 dB，均方根表面高度偏差 σ_h = 1 m；恒定高度时的探测距离：$R_{mc\theta}$ = 86.1 km；恒定仰角 $\theta_t \approx 1°$时：R_{mch} = 77.1 km

1.6 组合干扰下的探测距离

前面各图画出的是信号和干扰在存在噪声加单个干扰或杂波源时与作用距离的函数关系。当同时出现多个干扰源时，可定义组合有效干扰机–噪声比，它对于不同的干扰分量考虑不同的可检测性因子。

$$\frac{I_0'}{N_0}=1+\frac{J_{01}}{N_0}+\frac{J_{02}}{N_0}+\frac{C_{01}}{N_0}\frac{D_{xc1}}{D_x}+\frac{C_{02}}{N_0}\frac{D_{xc2}}{D_x} \tag{1.48}$$

这里，C_{01}和D_{xc1}适用于空域杂波，C_{02}和D_{xc2}适用于表面杂波，并且假设干扰是高斯（Gaussian）噪声。检测要求对应于$E_1/I_0'=D_x$。图 1.16 给出了主干扰是从远距离 ESJ 和近距离陆地杂波来的干扰的一个例子。在 19 km 和 13 km 的杂波水平距离之间只有一个小的区域满足检测要求。

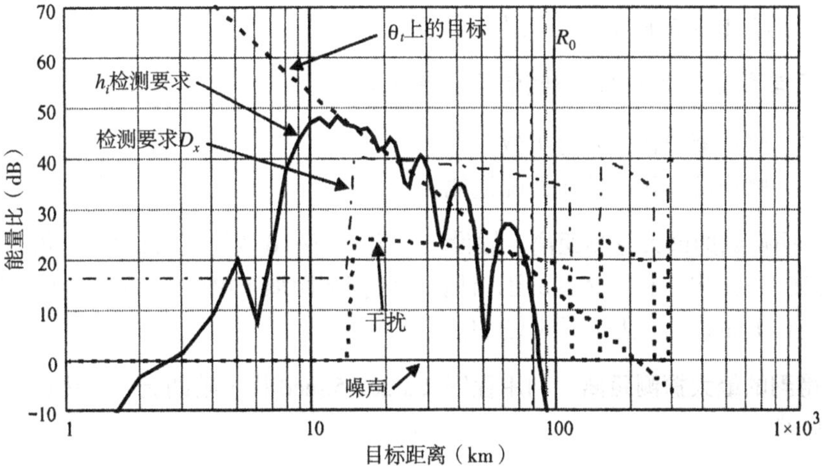

图 1.16 组合干扰的信号能量和干扰频谱密度。来自图 1.6 的雷达参数；干扰噪声，SOJ，ESJ，雨，陆地；恒定高度时的探测距离：R_{mih} = 19.2 km；恒定仰角 $\theta_t \approx 1°$时：$R_{mi\theta}$ = 89.3 km

显然，根据前图的曲线形状，不包括信号和干扰的方向图 – 传播因子的探测距离表达式，不太可能给出精确的结果，除非将雷达波束抬得足够高以消除表面反射效应。因此，通常需要采用诸如随本书提供的计算机程序，来求出探测距离或获得精确反映雷达性能的威力覆盖图。

参考文献

[1] *The IEEE Standard Dictionary of Electrical and Electronics Terms*, IEEE Std 100-1996.

[2] Blake, L. V., *Radar Range-Performance Analysis*, Norwood, MA: Artech House, 1986.

[3] Barton, D. K., *Modern Radar System Analysis*, Norwood, MA: Artech House, 1988.

附录 1A：关于雷达方程的习题

在下列习题中，假设在仰角波束峰值上目标和干扰机的方向图 – 传播因子为 1。计算这些因子的方程和方法涵盖在第 6 章中，并将用于该章和后续章节的习题中。

1.1 信号和噪声 利用图 1.6 的举例雷达和目标的参数，此时，假设作为副瓣来照射表面的天线方向图部分 $G_s = 0.124$，但采用低噪声接收机（$F_n = 2$ dB）和 100 km 目标距离，计算下列内容：

（a）信号功率 S（W 和 dBW）;

（b）信号能量 E_1（J 和 dBJ）;

（c）系统噪声温度 T_s（热力学温度）;

（d）噪声功率密度 N_0（W/Hz 和 dB(W/Hz)）;

（e）带宽 $B_n = 1$ MHz 内的噪声功率 N。

1.2 单程的优势 以分贝数计算 100 km 处具有下列特性的电子战设备可获得的单程优势：

（a）朝向雷达阵地的一个具有 10 dB 天线的截获接收机；

（b）一个具有 10 kW ERP 的点噪声干扰机。

1.3 自由空间信噪比 计算自由空间信号 – 噪声比：

（a）信号 – 噪声能量比及其分贝数；

（b）信号 – 噪声功率比，使用匹配损耗 $L_m = 1.2$。

1.4 由 Blake 图得到的最大探测距离 假设大气衰减由第 6 章的图 6.2 给出，雷达参数由习题 1.1 到习题 1.3 给出，利用 Blake 图，计算最大探测距离（单位：km）。（DOC 和 PDF 文件格式的空白 Blake 图包括在下载文件中。）

1.5 由程序得到的最大探测距离 利用程序 Range1-5.mcd 找出晴朗天气、热噪声条件下的最大探测距离。

1.6 搜索雷达方程　假设基本单个脉冲可检测性因子 $D_0(1) = 13.2$ dB，总搜索损耗 $L_s = 21$ dB，脉冲重复频率 $f_r = 1100$ Hz，搜索帧时间 $t_s = 6$ s，对于习题 1.1 到习题 1.3 中的雷达的功率、孔径和噪声温度，当所要求的搜索在方位上扩展到360°，在仰角上由水平到2°时，计算最大搜索距离 R_m。

1.7 远距离干扰下的作用距离　一部平均功率为 10 kW，天线增益为 10 dB 的远距离干扰机，在以 300 MHz 为中心的雷达频段上，发射高斯噪声干扰。该雷达是先前习题中采用的举例雷达。干扰机极化因子为 –3 dB。对于距离 200 km 处，仰角为 1°，$L_{\alpha j} = 1.9$ dB 的干扰机，计算下列内容：

（a）当干扰机位于雷达天线主瓣内时，其干扰谱密度和等效干扰温度；
（b）以功率比和分贝数表示的 J/N 比；
（c）存在主瓣干扰时的探测距离；
（d）当干扰机位于偏离主瓣的一个 –40 dB 的副瓣内时，其干扰谱密度和等效干扰温度；
（e）以功率比和分贝数表示的副瓣干扰时的 J/N 比；
（f）存在该副瓣干扰时的探测距离。

1.8 副瓣中的重发干扰机　与用于掩蔽的噪声干扰机不同的是，副瓣干扰机采用了一个重发机，将截获的信号存储在一个数字射频存储器中，并以脉冲串形式按雷达PRF对其进行重发，从脉冲串到脉冲串具有可变的延迟。对于在 $R_j = 200$ km 上天线增益为 10 dB、极化因子为 –3 dB 的干扰系统，假设它位于对应于雷达仰角波束峰值的一个仰角上，请计算下列内容：

（a）使每个重复机脉冲比雷达接收机噪声高 20 dB 的所需要的干扰机峰值功率和平均功率；
（b）在重发机输入端截获的雷达信号功率；
（c）瞬时带宽为 1000 MHz、噪声系数为 10 dB、接收线损耗为 3 dB 的截击接收机的信噪比。

1.9 空域杂波　假设有一降雨率为 10 mm/h 的雨区，范围从雷达阵地到 200 km 处，高度延伸到 5 km 处。雷达方位波束宽度为 1.3°，仰角波束宽度为 2°，没有采用脉冲压缩，但采用了线性极化（$F_{pc} = 1$）。计算下列内容：

（a）利用式（1.29）和式（1.30），计算距离 100 km 处的杂波空域；
（b）利用 3.6.50 节中的反射率，计算以 m^2 和 dBsm 表示的杂波 RCS（相对于 1 m^2 的分贝数）；
（c）杂波 – 信号能量比（简称 CSR），假设无模糊杂波响应并利用 $F_c^4 = 1$ 和 $F_c^4 = 6$ 的平均值（以建立上下限）；
（d）以能量比和分贝数表示的杂波 – 信号能量比，假设有 1100 Hz 脉冲重复频率（简称 PRF）的真实模糊杂波响应；

（e）包括模糊度在内的总 CSR 和仅由非模糊距离引起的总 CSR 之间的差的分贝数是多少？

（f）假设要求 D_{xc} = 21 dB 并且无多普勒处理改善，则在该雨区内的探测距离是多少？

1.10 **表面杂波** 举例雷达工作于船上，其天线离海面 20 m，而海浪条件为 4 级海态（γ = –24 dB）。依据 $F_{pc} = F_c = 1$ 的平坦地球假设，计算下列内容：

（a）10 km 处杂波的面积；

（b）以 m^2 和 dBsm 表示的杂波的雷达横截面积；

（c）对于一个低空目标，以能量比和分贝数表示的杂波 – 信号比；

（d）如果必须在该距离上满足要求 D_{xc} = 21 dB，则所要求的多普勒处理改善因子；

（e）以千米表示的杂波水平线距离（对于具有正常折射条件的弯曲地球）。

附录 1B：提供的 Mathcad 工具

读者可通过华信教育资源网（www.hxedu.com.cn 或 www.huaxin.edu.cn）下载包含 Mathcad 11 格式的适用于第 1 章的下列程序：

Blake Chart.mcd：利用 Blake 图的距离计算

Blake 图提供了一种方便地计算雷达探测距离和记录在计算中所采用的参数的方法。该图需要对方向图–传播因子、可检测性因子和一些损耗项分别进行计算。本程序实现了 Blake 程序，并包括了天空温度和大气衰减计算的子程序。程序中自动实现了应用大气衰减的两步迭代程序。

Range Benign：对热噪声的距离计算

本程序计算了在良好条件下雷达的最大探测距离，在该良好条件中，传播条件可不同于 Blake 图中固有的简化假设，并且可包括降雨引起的衰减。除了 Blake 图中输入的参数以外，还必须提供仰角波束宽度和波束轴角、阵地高度和当地表面条件，以及有关降雨、雪率和其范围方面的数据。不包括降雨杂波的影响。

Range.mcd：距离计算的一般方法

本程序从良好条件开始计算雷达的最大探测距离，在该良好条件中，传播条件可不同于 Blake 图中固有的简化假设。除了 Blake 图中输入的参数以外，还必须提供仰角波束宽度和波束轴角、阵地高度和当地表面条件，以及有关降雨、雪率和范围方面的数据。然后，将计算扩展到具有噪声干扰和杂波的环境。为节约计算时间，提供了可对每种干扰进行跳跃计算的可选方案。

图 1.7、图 1.9、图 1.10、图 1.12、图 1.13 和图 1.16 是用本程序生成的。

NoiseTemperature.mcd：系统输入噪声温度

本程序计算指向规定仰角的窄波束雷达的系统输入噪声温度。

Search Equation.mcd：距离搜索雷达方程

本程序解出了搜索雷达方程的探测距离，它是雷达和目标参数的函数。第5部分和第6部分给出了补充关系，作为规定某些雷达参数的指导。

Power-Aperture Product：所要求的功率－孔径乘积

本程序解出了搜索雷达方程中作为所要求的探测距离和目标参数函数的功率孔径乘积。在程序的第2节、第5节和第6节给出了补充关系，用于雷达参数的推导。

附录 1C：习题的解

文件夹 Appendix1A 中包括的程序，可用于解答附录 1A 中的习题。获取方法详见封底。

第2章 目标检测理论

雷达信号可表示为正弦载波射频信号，通常有经发射机、天线和目标叠加的信号幅度和相位的窄带调制。这里窄带是指调制带宽为载频的一小部分。目标检测要求对接收机输出（由信号、噪声和其他干扰信号组成）进行处理，以使规定的概率（概率通常是高的）输出所希望得到的信号（告警信号），而噪声和其他干扰信号则以低概率产生随机虚警。探测概率和虚警概率取决于噪声和其他干扰信号，以及由这些信号伴随的目标信号的幅度分布（概率密度函数）。在这一章里，我们将主要讨论热（高斯）噪声加到正弦信号上的概率密度函数。

本章将推导出在已知信噪比SNR和虚警概率P_{fa}的情况下，计算探测概率P_d的方法。将给出在已知所需P_d和P_{fa}值 的情况下，求得SNR或可检测性因子D的方法。可检测性因子的基本定义[1,277页]是：

> 在脉冲雷达中，可检测性因子是指采用与单个脉冲相匹配的中频滤波器，在中频放大器里所测得的，并随后对视频信号进行优化积累的，能提供给定探测和虚警概率的单个脉冲信号能量与单位带宽的噪声功率的比。

SNR指的是包络检波器输入端信号与噪声的功率比。SNR与D之间的区别在于，SNR是根据雷达方程式［式（1.14）和式（1.16）］求得的结果，其中包括匹配损耗，而D是为达到P_d和P_{fa}值而计算出来的所需值（对于匹配滤波器而言）。为考虑滤波器适配、波形损耗以及处理过程中其他非理想的情况，每个脉冲或由天线方向图所调制的脉冲组中的中心脉冲实际所需要的能量比，都会根据式（1.19）和式（1.20）增加到值D_x。

在计算检测系统的性能或对其要求时。有好几种方法，这些方法的计算难度和精度都不一样。通过这些方法，可以对所采用的波形、目标和处理步骤的效果有不同的了解。我们选择一定的顺序来阐述这些方法，按这一顺序，我们对影响检测性能的几大因素可有所了解。首先是基于稳定信号的单次采样理论，在此基础上用简单的方法描述信号积累、信号波动的影响，最后是雷达或目标分集的介绍。在每一个阶段，将这一简单过程得出的近似结果与以前文献里的精确表达式进行比较。这些表达式现在完全在个人电脑的计算能力之内，但通常提供不了对结果中的物理过程的理解。

在基本检测理论讨论的最后，我们提出两个紧凑的方程式，在这些方程式中，χ^2分布的积分和它的反函数可提供信号检测的所有标准问题的解，包括非相干积累、信号波动和分集。这些基于前苏联作者早期研究的表达式在西方的文献和实践中似乎都未被利用过，但利用机内装入的χ^2统计法功能，在个人电脑里是很容易实现的。

本章以有关序列检测、恒虚警率系统（简称CFAR）的简要讨论和一系列处理损耗术项的列举结束。在将可检测性因子输入雷达距离方程之前，必须将这些处理损耗的项包括进去。

2.1　噪声统计

在 1.2.4 节中，热噪声是以当温度为 T_s 时，产生于接收系统输入端的等效输入谱密度 N_0 来表征的（见图 2.1）。热噪声被描述为白高斯噪声，“白”指的是在接收机通带上噪声有均匀的频谱密度，“高斯”指的是它的概率密度函数。为系统分析简便起见，将接收系统建模成一个理想的分系统的级连。这些分系统将夹杂着噪声 N_0 的输入信号能 E_1，在噪声带宽为 B_n，具有单位增益，不再增加其他噪声的滤波器中转化为中频信号。结果是中频系统输出端的噪声功率 $N = N_0B_n$。该噪声被描述为带限高斯噪声。当然，在实际的接收机中，信号分量和噪声分量都有大的增益，但将增益考虑成 1（单位增益）是方便的。这样，我们就可用代号 S 和 N 来表示加在相位或包络检波器上的分量。

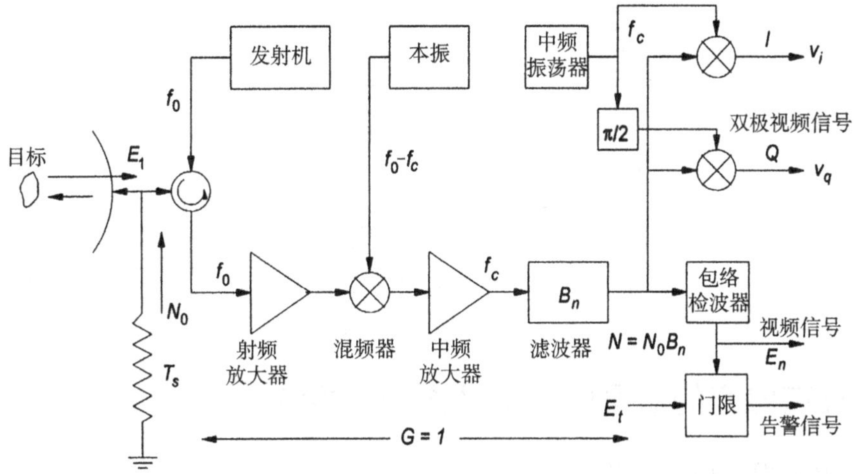

图 2.1　理想的接收机方框图

将相敏检波器与中频输出连接起来就可测得噪声统计值。同相（I）和正交（Q）检波器产生双极性噪声输出 v_i 和 v_q，每个输出由同一个高斯概率密度函数表征：

$$\mathrm{d}P_{vi} = \mathrm{d}P_{vq} = \mathrm{d}P_v = \frac{1}{\sqrt{2\pi N}}\exp\left(-\frac{v^2}{2N}\right)\mathrm{d}v \tag{2.1}$$

式中，$\mathrm{d}P$ 为噪声瞬时值处在 v 和 $v + dv$ 之间的概率，N 为平均噪声功率。对应的中频噪声包络 E_n 具有瑞利概率密度函数：

$$\begin{aligned}\mathrm{d}P_e &= \frac{E_n}{N}\exp\left(-\frac{E_n^2}{2N}\right)\mathrm{d}E_n\,, & E_n > 0\\ &= 0\,, & E_n \leqslant 0\end{aligned} \tag{2.2}$$

平方律包络检波器将产生一个正比于中频功率 $x = E_n^2$ 的输出，该输出具有一个指数型概率密度函数：

$$\begin{aligned}\mathrm{d}P_x &= \frac{1}{N}\exp\left(-\frac{x}{N}\right)\mathrm{d}x\,, & x > 0\\ &= 0\,, & x \leqslant 0\end{aligned} \tag{2.3}$$

这三种概率密度函数的曲线图如图 2.2 所示。

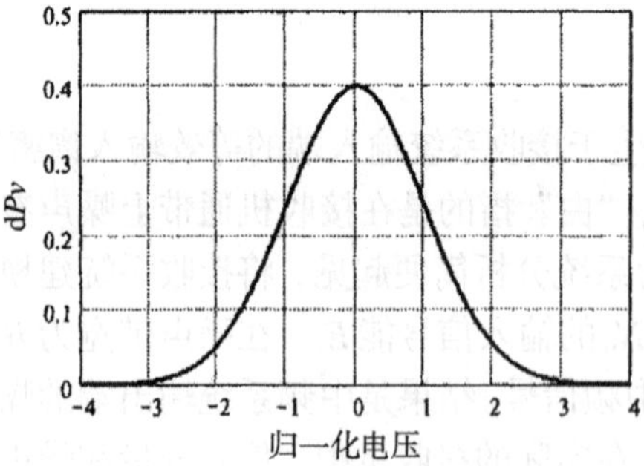

（a）中频噪声分量的高斯分布

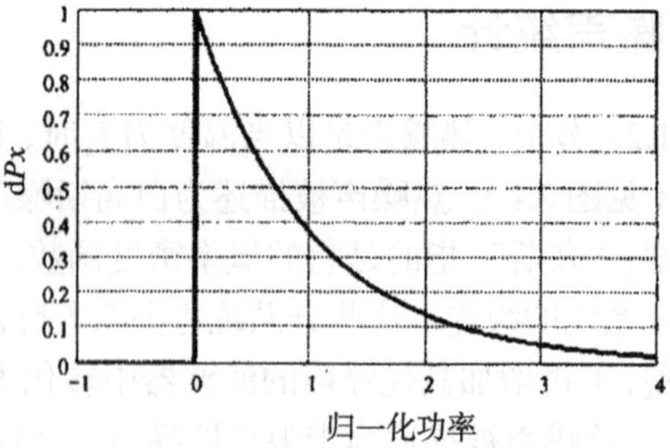

（b）中频噪声功率的指数分布

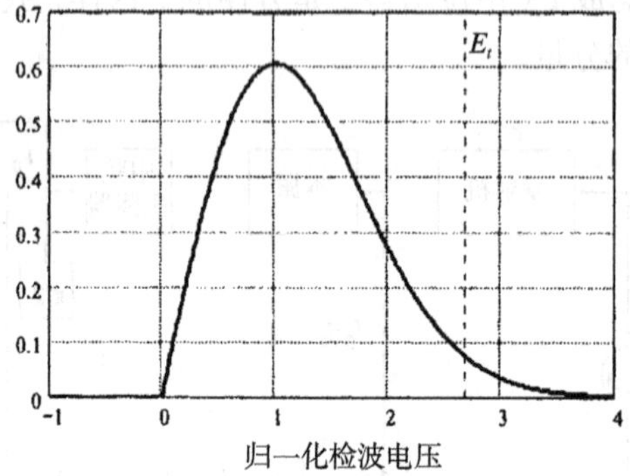

（c）检波噪声包络的瑞利分布

图 2.2　噪声的概率密度函数

2.2　对伴有噪声的信号的一个采样进行检波

2.2.1　理想的相参检波过程

理想检波过程的性能代表任何过程的上限。该检波过程采用图 2.1 右上方带中频振荡器的 I 通道检波器，中频振荡器与输入信号的相位匹配。噪声和信号加噪声的概率密度函数如图 2.3 所示。信号产生一个峰值为 $\sqrt{2}\,E_s$ 的正输出。同相噪声分量 v_i 将分布散开，如图 2.3 所示。只是噪声的分布以零为中心，而信号加噪声的分布向峰值信号电平两边延伸。正态分布的积分 $Q(E)$ 及其逆 $Q^{-1}(P)$ 被定义为

$$Q(E)=\frac{1}{\sqrt{2\pi}}\int_E^{\infty}\exp\left(-\frac{v^2}{2}\right)\mathrm{d}v=P$$
$$Q^{-1}(P)=E \tag{2.4}$$

利用这些函数，该理想相参系统的 P_{fa} 和 P_d 为

$$P_{fa}=\int_{E_{tc}}^{\infty}\mathrm{d}P_v=\frac{1}{\sqrt{2\pi N}}\int_{E_{tc}}^{\infty}\exp\left(-\frac{v^2}{2N}\right)\mathrm{d}v=Q\left(\frac{E_{tc}}{\sqrt{N}}\right)$$
$$E_{tc}=\sqrt{N}\,Q^{-1}\left(P_{fa}\right) \tag{2.5}$$

$$P_d = \int_{E_{tc}}^{\infty} dP_s = \frac{1}{\sqrt{2\pi N}} \int_{E_{tc}}^{\infty} \exp\left(-\frac{(v+E_s)^2}{2N}\right) dv$$
$$= Q\left(\frac{E_{tc}-\sqrt{2S}}{\sqrt{N}}\right) = Q\left[Q^{-1}(P_{fa}) - \sqrt{2S/N}\right] \tag{2.6}$$

单个脉冲的相参检波可检测性因子定义为，在给定虚警概率的情况下，要得到某个给定探测概率需要的信噪比。相参检测因子为

$$D_c(1) = \frac{1}{2}\left[Q^{-1}(P_{fa}) - Q^{-1}(P_d)\right]^2 \tag{2.7}$$

式（2.5）和式（2.7）是精确的，采用一般数学程序中包括的 Q 函数和逆 Q 函数很容易求得它们的值。

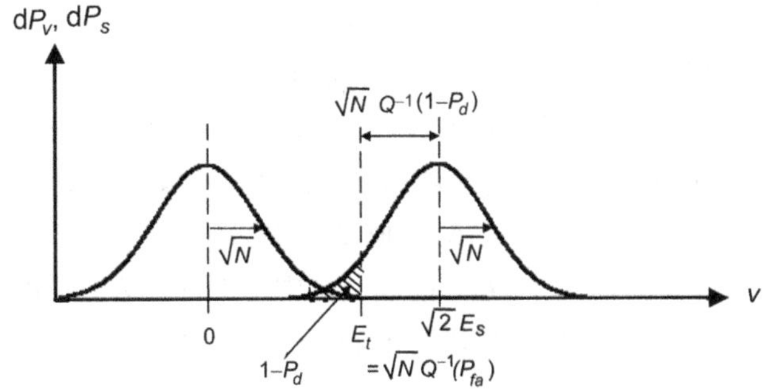

图 2.3　相参检波的概率密度函数

2.2.2　实际检波过程

由于新进来的信号的相位无法预知，因此实际的检波过程采用的是图 2.1 右下方所示的包络检波器和其后的幅度门限。在每个波束位置只发射一个脉冲的某些现代的雷达中，这种简单的检波过程是实际所使用的，或作为 2.3.3 节描述的二进制积累过程的第一步。在单个脉冲的检波过程中，要设置一个门限电平 E_{t1} 以得到所需的由噪声引起的低的虚警概率：

$$P_{fa} = \int_{E_{t1}}^{\infty} \frac{E_n}{N} \exp\left(-\frac{E_n^2}{2N}\right) dE_n = \exp\left(-\frac{E_{t1}^2}{2N}\right) \tag{2.8}$$

由此可求出非相参检波的门限电压

$$E_{t1} = \sqrt{2N \ln\left(1/P_{fa}\right)} \tag{2.9}$$

现在，在接收机输入端引入一个正弦信号 $E_s\cos(2\pi f_s t)$，该信号宽度使其在中频输出端的峰值幅度能达 E_s。信号加噪声的输出包络具有 Rician 概率密度函数（得名于 S. O. Rice, 他的早期工作[2]为现代信号检测理论奠定了基础）：

$$dP_s = \frac{E_n}{N} \exp\left(-\frac{E_s^2 + E_n^2}{2N}\right) I_0\left(\frac{E_n E_s}{N}\right) dE_n \tag{2.10}$$

式中，I_0 为第一类修正贝塞尔函数。对于不同的信 - 噪功率比 $S/N = E_s^2/2N$，该概率密度函数如图 2.4 所示。探测概率 P_d 为该概率密度函数下方和门限 E_{t1} 上方的面积，可对式（2.10）数值积分求出。

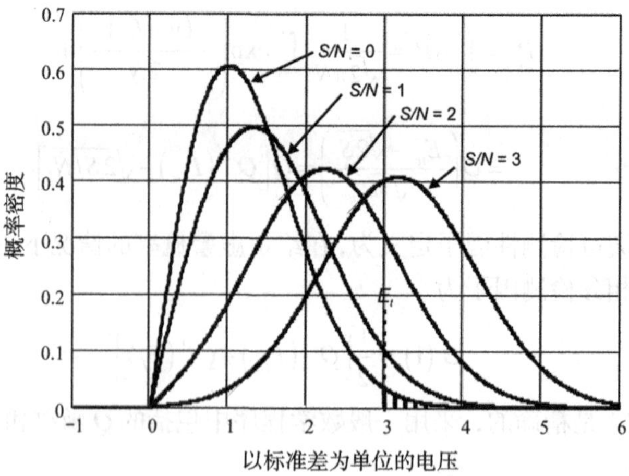

图 2.4 信号加噪声的包络概率密度方程

所得不同虚警概率的探测概率与SNR的关系曲线如图2.5所示。其中，每条曲线对应一个门限E_{t1}，这个门限是根据式（2.9）设置的，给定一个特定的虚警概率。该组曲线可直接用于单个脉冲检波过程，也可作为计算所有实际雷达的探测概率和可检测性因子以及检波步骤的起始点。比如，假设要求$P_d = 0.9$，且$P_{fa} = 10^{-6}$（典型的雷达要求）。对于稳定正弦信号的单个脉冲，所要求的SNR可用可检测性因子$D_0(1)$描述，其中，下标代表0情况（稳定）目标，自变量（1）表示单个脉冲过程。由图2.5，可求得$D_0(1) = 13.2$ dB。

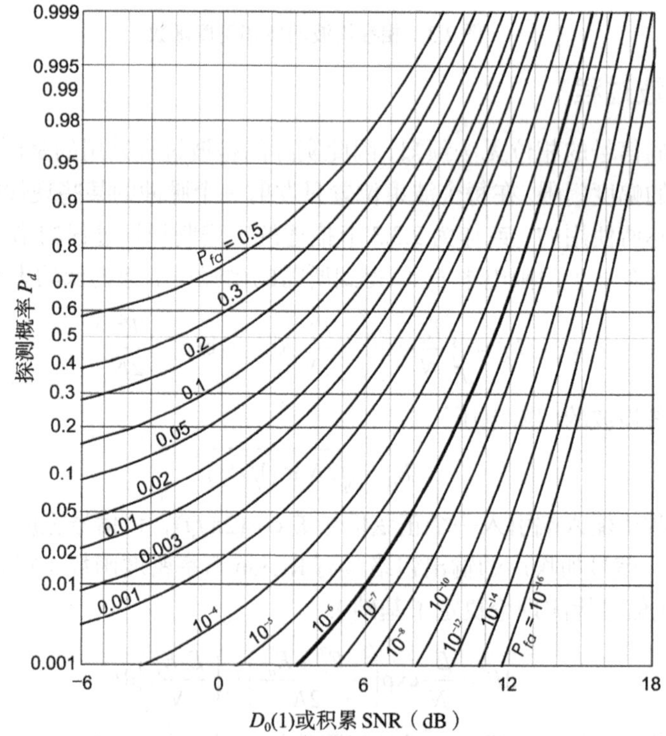

图 2.5 稳定目标的可检测性因子

在求单个脉冲可检测性因子的过程中，为避免数值积分，采用North提出的近似式是很方便的[3]：

$$P_d = Q\left[\frac{E_{t1}}{\sqrt{N}} - \sqrt{2\frac{S}{N}+1}\right] \tag{2.11}$$

该关系式的逆以闭合式给出了包络检波的单个脉冲可检测性因子：

$$D_0(1) = \frac{1}{2}\left[\frac{E_{t1}}{\sqrt{N}} - Q^{-1}(P_d)\right]^2 - \frac{1}{2} \tag{2.12}$$

对所有感兴趣的概率，这种近似式的精度都很高，因此不需要式（2.10）中精确的数值积分。

2.2.3　相对于理想系统的检波器损耗

对包络检波的理想的$D_c(1)$与$D_0(1)$进行比较发现，由于缺乏先验相位数据引起的性能下降可归因于检波器损耗$C_x(1)$，它表示目标检测损失掉的一些目标检测信息。这种损耗（描述包络检波器要求的稍高的输入SNR）可用下列方程式表示和定义[4]：

$$C_x(1) \equiv \frac{D_0(1)}{D_c(1)} \approx \frac{D_0(1)+2.3}{D_0(1)} \tag{2.13}$$

有时用小信号抑制来表示这种影响。在考虑小SNR脉冲的检波后积累时，这一点显得越来越重要。对于单个脉冲，这种损耗相当小：当$P_d = 0.5, P_{fa} = 10^{-4}$时为0.8 dB，当$P_d = 0.9, P_{fa} = 10^{-6}$时为0.4 dB。图2.6为检波器损耗作为包络检波器的SNR函数的曲线图。在表2.1中，将基于这种模型的检波器损耗的方程式与诺斯提出的近似方程以及参考文献[5]中采用的那些近似方程进行了比较。

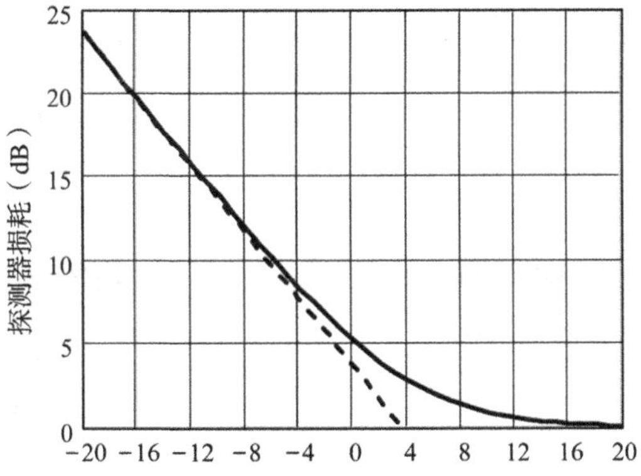

图2.6　包络检波器损耗与SNR的关系

2.2.4　匹配滤波器及匹配损耗

在包络检波器的输入端，探测概率方程式涉及电压比$E_s/\sqrt{2N}$和相应的功率比$S/N = E_s^2/2N$。正如1.2.5节讨论的那样，当中频滤波器与信号匹配时，该比值最大：

$(S/N)_{\mathrm{mf}} = E_1/N_0$（对单个脉冲）；

$(S/N)_{\mathrm{mf}} = E/N_0$（对与整个观测信号匹配的滤波器）。

对于其他滤波器，还存在关于脉冲频谱的失配损耗L_m；对于相参积累，还存在关于脉冲串（见第9章）包络频谱的进一步损耗L_{mf}。这时中频输出SNR为

$S/N = E_1/N_0L_m$（对单个脉冲）；
$S/N = E/N_0L_mL_{mf}$（对整个观测信号）。

失配损耗的影响是增加了为满足包络检波器的SNR要求所需的接收机输入端的能量比值D_x。然而，在很多情况下，有一低通滤波器置于包络检波器和门限之间,以减少门限处的噪声方差和Blake图（见2.3.7节）中使用的系统匹配因子M。

表2.1　单个脉冲非相参检波的方程式和近似式

中频噪声包络概率密度函数（2.2）	$\mathrm{d}P_e = \frac{E_n}{N_0}\exp\left(-\frac{E_n^2}{2N}\right)\mathrm{d}E_n,\ E_n>0$ $=0,\ E_n\leqslant 0$
虚警概率（2.8）	$P_{fa}=\int_{E_{t1}}^{\infty}\frac{E_n}{N}\exp\left(-\frac{E_n^2}{2N}\right)\mathrm{d}E_n=\exp\left(-\frac{E_{t1}^2}{2N}\right)$
门限电压（2.9）	$E_{t1}=\sqrt{2N\ln\left(\frac{1}{P_{fa}}\right)}$
中频信号加噪声包络概率密度函数（2.10）	$\mathrm{d}P_s=\frac{E_n}{N}\exp\left(-\frac{E_s^2+E_n^2}{2N}\right)I_0\left(\frac{E_nE_s}{N}\right)\mathrm{d}E_n$
采用不完整 Toronto 函数 T 的 Marcum[6]探测概率	$P_d=\int_{E_{t1}}^{\infty}\mathrm{d}P_s=1-\mathrm{T}_{\sqrt{\ln(1/P_{fa})}}\left(1,0,\sqrt{S/N}\right)$
探测概率和可检测性因子（2.11）、（2.12）的North近似式[3]	$P_d=Q\left[\frac{E_{t1}}{\sqrt{N}}-\sqrt{2\frac{S}{N}+1}\right]$ $D_0(1)=\frac{1}{2}\left[\frac{E_{t1}}{\sqrt{N}}-Q^{-1}(P_d)\right]^2-\frac{1}{2}$
使用检波器损失的探测概率和可检测性因子的近似式[4]	$P_d=Q\left[Q^{-1}(P_{fa})-\sqrt{\frac{2(S/N)^2}{(S/N)+2.3}}\right]$ $D_0(1)=\frac{D_c(1)}{2}\left[1+\sqrt{1+\frac{9.2}{D_c(1)}}\right]$
DiFranco 和 Rubin 近似式[5,316页]	$P_d=Q\left[\frac{E_{t1}}{\sqrt{N}}-\sqrt{2\frac{S}{N}}\right]$ $D_0(1)=\left[\frac{E_{t1}}{\sqrt{N}}-\frac{1}{\sqrt{2}}Q^{-1}(P_d)\right]^2$

2.3　脉冲串的积累

在观测时间t_o内，当收到来自目标的一串脉冲时，就有$n=f_rt_o$个脉冲可处理，如图2.7（a）所示。同样,在观测时间t_o内，如果接收机收到一个带宽为$B_n>1/t_o$的连续信号，就可得到$n=B_nt_o$个信号采样和独立的噪声。对这n个脉冲或采样进行处理以改进检测性能的方法有4种：

（1）相参积累（也称检波前积累）在包络检波之前要相加脉冲电压；

（2）非相参积累（也称视频或检波后积累）对每个脉冲进行包络检波，并在用于门限检波之前将得到的视频脉冲电压相加；

（3）二进制积累（也称 n 中取 m 积累）将每个脉冲送入门限，门限穿越的次数 m 用做输出告警信号的准则；

（4）累积检测是二进制积累的特例，其告警信号的准则为 $m = 1$。

这 4 种方法按积累效率的降低和实施难度的递减的顺序进行列举。

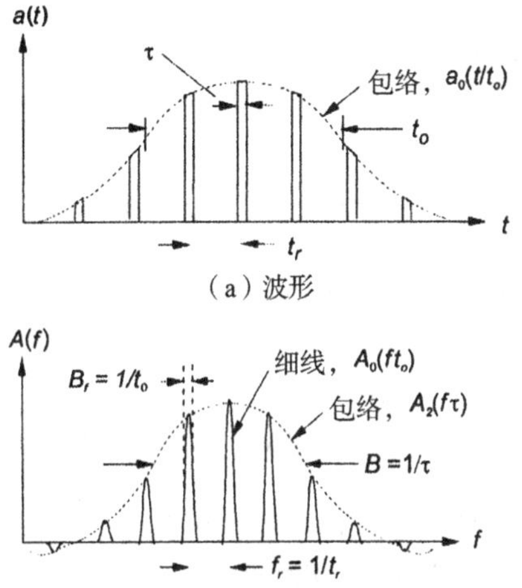

（a）波形

（b）频谱

图 2.7　相参脉冲串的波形和频谱

2.3.1　相参积累

如果中频滤波器与在时间 t_o 内观测的整个信号匹配，那么，该滤波器中就得到了相参积累。这要求信号在此周期内具有可预测的相位关系（相参），以及当信号叠加时，滤波器的相位响应需要将所有信号分量变成同相位。如果信号为一个脉冲串，滤波器就必须与目标的脉冲–脉冲相位变化（多普勒频率）匹配。重复率为 f_r 的相参矩形脉冲串的信号频谱是一系列窄线，如图 2.7（b）所示。对固定目标匹配滤波器在 $f = f_0 \pm if_r$ 时的响应带宽为 $1/t_o$，并伸展在 $\mathrm{sinc}(f\tau) = [\sin(\pi f\tau)]/\pi f\tau$ 形式的频谱包络区间。多普勒频移为 $|f_d| > 1/2t_o$ 的目标，在类似的响应带宽偏置了 f_d 的滤波器中积累。相参发射机、接收机和匹配滤波器的实现将在第 5 章中讨论。

式（2.6）和式（2.7）给出 $S/N = E/N_0$ 时理想相参系统的 P_d 和 $D_c(1)$。对相参脉冲串的每个脉冲的要求仅为 $D_c(n) = D_c(1)/n$ 以及相参积累增益（检测上有效的 SNR 与单个脉冲有效 SNR 之比）正好为 n。对于一个具有与脉冲频谱 $A_2(f\tau)$ 失配的滤波器频谱包络的系统，存在损耗 L_m，而对于一个具有与线形 $A_0(ft_o)$ 失配的通带系统，则存在进一步的损耗 L_{mf}。在检波后没有低通滤波的情况下（对于检波前过宽的带宽，检波后低通滤波会恢复一部分匹配损耗）所要求的总能量比为

$$\frac{E}{N_0} = D_c(1) L_m L_{mf} \tag{2.14}$$

式中，$D_c(1)$ 由式（2.7）给出。n 个相等脉冲中每一个脉冲的能量比必须为

$$\frac{E_1}{N_0}=\frac{1}{n}\frac{E}{N_0}=D_c(n)L_mL_{mf} \tag{2.15}$$

如果扫描天线方向图对脉冲串包络进行了调制（t_o 取在单程波束的半功率点之间的一点），那么中心脉冲所要求的能量比就会进一步增加，增加量为波束形状损耗L_p。1.2.6节和第9章将对波束形状损耗 L_p 进行介绍和分析。

2.3.2 视频信号积累

精确的解

Marcum[6]对n–脉冲视频积累的问题得到了精确解。解的过程从信号加噪声的n次采样的和的分布开始，这在参考文献［5, 346页，式（10.4-13）］中表示为

$$\mathrm{d}P_e=\left(\frac{E}{ns}\right)^{\frac{n-1}{2}}\exp(-E-ns)I_{n-1}\left(\sqrt{4nsE}\right)\mathrm{d}E \tag{2.16}$$

式中，I_{n-1}是$n-1$阶的第一类修正贝塞尔（Bessel）函数，s是信–噪比。式（2.16）中仅有噪声（$s=0$）时的积分使得P_{fa}为n和门限E_{tn}（Marcum的参数Y_b）的函数：

$$P_{fa}=\frac{1}{(n-1)!}\Gamma(n,E_{tn})\approx\sqrt{\frac{n}{2\pi}}\left(\frac{E_{tn}}{n}\right)^n\frac{\exp(-E_{tn}+n)}{E_{tn}-n+1} \tag{2.17}$$

式中，Γ是不完整的γ函数，近似式对大n有效。根据式（2.17）解得n–脉冲门限E_{tn}后，这个E_n就用做式（2.16）的积分下限以求出探测概率：

$$P_d(s)=1-\int_0^{E_{tn}}\left(\frac{E}{ns}\right)^{\frac{n-1}{2}}\exp(-E-ns)I_{n-1}\left(\sqrt{4nsE}\right)\mathrm{d}E \tag{2.18}$$

式中，s是信–噪比。根据式（2.18）解得对应于所需P_d的s，就可求出可检测性因子$D_0(n)$。Marcum用不完整Toronto函数来表示式（2.18）中的积分，但如果有用内置贝塞尔函数求式（2.18）的积分的数学程序，那么使用列表的函数就不再有好处了。我们可使用该积分的精确值来检查近似式的精确度。近似式将在下一节推导，在大多数雷达模拟和分析中采用近似式更方便。

n–脉冲积累的近似法

检波器损耗的概念可用于解释和分析n–脉冲视频积累。当将n个信号采样相加而没有受控的相位关系时，首先必须使采样通过包络检波器以去除随机相位。视频积累器中的有效（积累的）SNR将增加，增加量为系数n，但这只在脉冲经受了增大的检波器损耗由式（2.13）随着由$D_0(n)$表示的输入SNR的减少给出：

$$C_x(n)=\frac{D_0(n)+2.3}{D_0(n)} \tag{2.19}$$

式中，$D_0(n)$代表n–脉冲串每个脉冲的可检测性因子（所需SNR）。当n增加时，$D_0(n)$减少，小信号抑制损耗增加。随后的视频积累不能恢复用总信号能量比表示的SNR，因此，每个脉冲就需要比相参积累时更多的能量。增加量称为积累损耗。然而，损耗不是积累的结果，而是积累

器加在包络检波器后的结果和包络检波的非线性过程中小信号抑制增加的结果。该积累损耗定义为

$$L_i(n) \equiv \frac{nD_0(n)}{D_0(1)} = \frac{C_x(n)}{C_x(1)} \tag{2.20}$$

因此，积累损耗是在包络检波器前使用了与 n- 脉冲串匹配的滤波器，或者在发射和处理了一个单脉冲之后，所需的能量与 n- 脉冲串所需的总信号能量之比。

非相参处理的积累增益为

$$G_i(n) \equiv \frac{D_0(1)}{D_0(n)} = \frac{n}{L_i(n)} \tag{2.21}$$

脉冲串的有效 SNR 是 $D_0(1)_{\text{eff}} = D_0(n)G_i(n)$（图 2.5 用来得出检测性能）。因此，$n$- 脉冲可检测性因子为

$$D_0(n) = \frac{D_0(1)L_i(n)}{n} \tag{2.22}$$

计算 $C_x(n)$和积累损耗或增益时，式（2.19）要求先知道 $D_0(n)$。图 2.8 中的系列曲线表示在所需的 P_d，P_{fa}（由此推出 $D_0(1)$）以及 n 已知的情况下，这个问题的解。例如，假设已知 P_d = 0.9, $P_{fa} = 10^{-6}$, $n = 24$ 时。对于采用与每个脉冲频谱匹配的滤波器的系统，根据下面的图可求出总信号能量比与每个脉冲的比：

$\left.\begin{array}{l} P_d = 0.9 \\ P_{fa} = 10^{-6} \end{array}\right\}$　　图 2.5 → $D_0(1) =$ 13.2 dB

$n = 24$　　图 2.8 → $L_i(n) =$ 3.2 dB

总能量比　　$nD_0(n) =$ 16.4 dB

积累　　$-10\lg n =$ −13.8 dB

单个脉冲能量比　　$D_0(n) =$ 2.6 dB

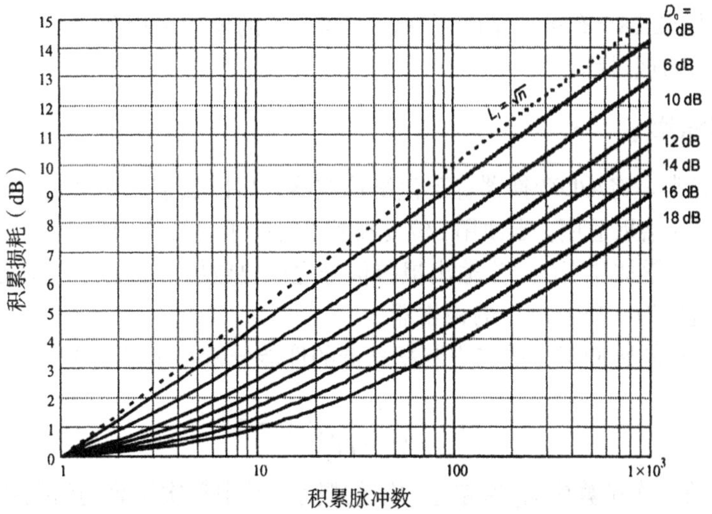

图 2.8　对输出可检测性因子 $D_0(1)$的不同值，包络检波后的积累损耗与积累脉冲数的关系

用近似式进行计算

不用图而利用参考文献[4]中描述的方法也很容易计算。我们注意到有效相参能量比为

$$D_c(n)=\frac{nD_0(n)}{C_x(n)}=\frac{nD_0^2(n)}{D_0(n)+2.3} \tag{2.23}$$

根据式（2.7）求出$D_c(1)$的值，再根据$D_c(1)$解出$D_0(n)$，我们得到

$$D_0(n)=\frac{D_c(1)}{2n}\left[1+\sqrt{1+\frac{9.2n}{D_c(1)}}\right] \tag{2.24}$$

所得$D_0(24)=2.44$ dB，可与用图表法求得的2.6 dB和精确值2.64 dB进行比较。对应的积累损耗为

$$L_i(n)=\frac{1+\sqrt{1+\frac{9.2n}{D_c(1)}}}{1+\sqrt{1+\frac{9.2}{D_c(1)}}} \tag{2.25}$$

从另一方向来解这个问题：已知SNR，求探测概率，用已知SNR来表示检波器损耗：

式（2.19）：$$C_x(n)=\frac{(S/N)+2.3}{S/N}$$

有效 $$D_c(n)=\frac{S/N}{C_x(n)}$$

有效 $$D_c(1)=\frac{nS/N}{C_x(n)}=\frac{n(S/N)^2}{(S/N)+2.3} \tag{2.26}$$

采用式（2.6）：$$P_d=Q\left[Q^{-1}(P_{fa})-\sqrt{\frac{2n(S/N)^2}{(S/N)+2.3}}\right]$$

在实际情况下，这种方法可精确到约0.3 dB，通过采用机内装有的函数Q和Q^{-1}的数学程序很容易实现。利用式（2.18）有可能精度更高，但简化了的推导过程和式（2.26）表达的是视频积累中所牵涉到的物理过程。

2.3.3 二进制积累

视频积累器通常是将A/D变换器置于包络检波器之后以数字形式来实现的。若变换器的粒度很好，则前一节的结果适用。当使用1位变换器（对应于直接作用于包络检波器输出的门限检波器）并紧跟一个累加器（在产生输出报警信号之前要数出多达m个门限交叉）时，就能简化设备。有时，这称为n个中m个的积累器。

以信号的n个相同脉冲工作的二进制积累器的性能分析基于二项式分布：

$$P(j)=\frac{n!}{j!(n-j)!}p^j(1-p)^{n-j} \tag{2.27}$$

式中，$P(j)$是正好在n次试算中有j次超过门限的概率，其中每次试算的门限超过概率为p。输出告警概率为

$$P(j\geqslant m)=\sum_{j=m}^{n}P(j) \tag{2.28}$$

令式（2.27）中的 p 为每次试算时仅噪声通过门限的概率，可求出输出虚警概率：

$$P_{fa}=\sum_{j=m}^{n}\frac{n!}{j!(n-j)!}p_{fa}^{j}\left(1-p_{fa}\right)^{n-j}$$
$$\approx\frac{n!}{m!(n-m)!}p_{fa}^{m}\left(1-p_{fa}\right)^{n-m},\ p_{fa}\ll 1 \tag{2.29}$$

给定积累器输出端的 P_{fa}，对式（2.29）求出单个脉冲的 p_{fa}，然后，给定单个脉冲的 SNR，由式（2.11）或图 2.5 求得单个脉冲的 p_d，将其代入式（2.29）以取代 p_{fa}，可得到输出 P_d。如果给定 P_d，必须对式（2.29）解出所需单个脉冲的 p_d，并利用式（2.11）或图 2.5 求出对应于 p_d 和 p_{fa} 的可检测性因子 $D_b(n)$。

最佳 m 的范围很宽，靠近施瓦兹（Schwartz）[7]确定的值：

$$m_{\text{opt}}=1.5\sqrt{n} \tag{2.30}$$

最佳二进制积累的积累损耗与视频积累损耗 $L_i(n)$ 的比较如图 2.9 所示。采用二进制积累超出视频积累的额外损耗为二进制积累器损耗，用 $L_b(n)$ 表示，当 $n>8$ 时，约为 1.6 dB。如用这个近似值，利用视频积累方程和将信号处理损耗增加 $L_b=1.6$ dB，就可避免根据方程（2.29）求解要求的单个脉冲概率的冗长过程。通常认为这一损耗是可以接受的，因为这样一是可使硬件不太复杂，二是1位A/D变换对大幅度随机脉冲的干扰有很好的保护作用。不论干涉脉冲有多大，它也只能在首批门限超过数的计数上增加。

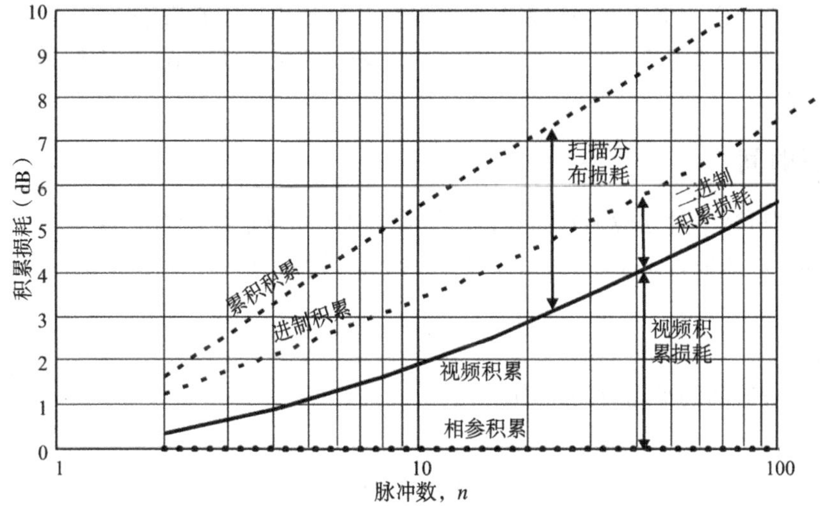

图 2.9　不同积累方法的积累损耗比较（对 $P_d=0.9$, $P_{fa}=10^{-6}$, $D_0(1)=13.2$ dB 所进行的计算）

2.3.4　累积积累

合成来自 n 次信号采样的信息效率最低的方法是，对每次采样进行单独检测判定以及根据检测的累积概率来达到所要求的输出值。这就相当于 $m=1$ 时的二进制积累。在这种情况下，单个脉冲虚警概率必须设定在 $p_{fa}=P_{fa}/n$，而单个脉冲 p_d 和累积 P_d 之间的关系表示为

$$P_d = 1-(1-p_d)^n$$
$$p_d = 1-(1-P_d)^{1/n} \tag{2.31}$$

该过程中的损耗也绘于图2.9中，对所有的n值约为5.5lg$n$（dB）。当n个脉冲分布在各次天线扫描内时，而不是（为积累）集中在一次天线扫描内时，与视频积累相比，累计过程中的额外损耗也可描述为扫描分布损耗，用L_d表示。很明显，对一个稳定目标的n个信号的累积检测增益比视频或最佳二进制积累小得多，但对于抖动的目标有很大好处。要检测在积累时间内跨越好几个分辨单元的快速移动的目标，就不得不采用这种低效的方法。

2.3.5 积累器加权损耗

采用视频积累时，n个脉冲的最优加权与它们各自的SNR匹配。前面关于积累增益和损耗的计算，是在脉冲串内脉冲具有均匀加权的并有相同SNR的基础上进行的。由于天线扫描产生的脉冲串包络有近似于高斯的形状：

$$a_0(t) = \exp\left(-\frac{2.77t^2}{t_o^2}\right) \tag{2.32}$$

当$t = \pm t_o/2$时，幅度为0.5。此脉冲串内的能量为nE_1/L_p。其中E_1为中心脉冲的能量，$L_p = 1.33$（或1.24 dB）为波束形状损耗。匹配视频积累器运用函数a_0（或对平方律检波器运用函数a_0^2）在移动窗过程中对信号进行加权。而实际的积累器更有可能对最近k个脉冲采用均匀加权（其中$k \leqslant n$）；或采用加权函数为指数型的递归过程；或采用两个指数函数的卷积（两极积累滤波器函数）。这种加权产生一个额外的积累器加权损耗L_w，如果时间常数选择得当[8]，这种损耗就小。波束形状损耗的常用值[9, 10] $L_p = 1.6$ dB 实际上表示波束形状和0.84n个脉冲均匀加权的合成加权损耗L_pL_w。

2.3.6 虚警时间

采用积累就可减少独立检测判断数目。在每个时间间隔t_o内，对每个距离–多普勒分辨单元进行一次判断。如果有n_t个距离门，n_f个多普勒滤波器，那么进行判断的速率为

$$\nu = \frac{n_t n_f}{t_o} \tag{2.33}$$

虚警率为νP_{fa}，虚警间的平均时间t_{fa}为

$$t_{fa} = \frac{1}{\nu P_{fa}} = \frac{t_o}{n_t n_f P_{fa}} \tag{2.34}$$

对于非相参系统，$n_f = 1$。当所有距离单元都用于检测时，得

$$n_t = \frac{t_r}{\tau} = \frac{1}{f_r \tau}$$
$$t_o = nt_r = \frac{n}{f_r} \tag{2.35}$$
$$t_{fa} = \frac{n\tau}{P_{fa}} \approx \frac{n}{B_n P_{fa}}$$

式中，最后的近似式适用于匹配滤波器系统。对于采用所有距离－多普勒单元的相参系统，有 $n_f = n$ 和

$$t_{fa} = \frac{\tau}{P_{fa}} \approx \frac{1}{B_n P_{fa}} \tag{2.36}$$

如果将距离和多普勒单元子集用于检测，就可减少单元数，增加虚警时间。

2.3.7　折叠损耗

到目前为止的分析，一直假定每个信号脉冲或采样是与一个噪声采样一起积累的。"折叠"一词指的是将m个额外的噪声采样加到积累器上进行处理的过程。当两个或多个接收机输出混在一起，其中仅有一个输出包含信号时，或当在每个脉冲期间，有过宽的中频带宽可通过不止一个噪声采样时，或当无法通过积累和门限处理来维持射频信号识别时，就会出现这种情况。"折叠损耗"一词用于描述当来自相邻分辨单元或通道的噪声与确实含有目标信号和噪声的通道合成在一起时所要求的输入 SNR 的增加。这时，信号加噪声的 n 个视频采样与额外的 m 个单独的噪声采样一起积累，给出折叠比 ρ，定义为

$$\rho = \frac{m+n}{n} \tag{2.37}$$

当采用平方率检波器时，效果就好像是在 $\rho n = n + m$ 个脉冲间重新分配了信号能量，从而将积累损耗增加到 $L_i(\rho n)$ 一样。表 2.2 给出了不同过程的折叠比方程。

表 2.2　折叠比方程 *

P_{fa}/ρ 保持恒定的情况：	
（a）有限的 CRT 扫描速度 s，其中 d 为点直径，τ 为脉宽	$\rho = 1 + \frac{d}{s\tau}$
（b）有限的视频带宽 B_v，其中 $B = 1/\tau$ 为中频信号带宽	$\rho = 1 + \frac{1}{2B_v\tau} = 1 + \frac{B}{2B_v}$
（c）显示器上坐标的折叠，其中 $2\Delta_r/c$ 为每个显示单元内显示的时延间隔，$\omega_e t_v$ 和 $\omega_a t_v$ 为积累时间 t_v 内的仰角和方位扫描，θ_e 和 θ_a 为波束宽度	$\rho = \frac{2\Delta_r}{c\tau}$ 或 $\rho = \frac{\omega_e t_v}{\theta_e}$ 或 $\rho = \frac{\omega_a t_v}{\theta_a}$
P_{fa} 保持恒定的情况：	
（d）过宽的中频带宽 $B > 1/\tau$，匹配视频紧随其后	$\rho = 1 + B\tau$，用 L_c 代替 L_m
（e）在视频上混合接收机输出，其中 m 为接收机的数量	$\rho = m$
（f）IF 滤波器，宽度为 τ_g 的波门和视频积累紧随其后	$\rho = B\tau\left(1 + \frac{\tau_g}{\tau}\right)$

* 折叠比 $\rho \equiv (m+n)/n$。

在虚警概率必须保持恒定的情况下，折叠损耗为

$$L_{c1}(\rho, n) = \frac{L_i(\rho n)}{L_i(n)} \tag{2.38}$$

如果在此过程中分辨力下降，那么检测判断次数就会减少ρ次，通过降低检测门限就可恢复一部分额外的积累损耗。通过将虚警概率增加ρ，就可保持给定的虚警时间，从而使式（2.34）中的积 $P_{fa}n_t n_f$ 保持恒定，得

$$L_{c2}(\rho,n)=\frac{L_i(\rho n)}{L_i(n)}\times\frac{D_0(\rho n)\text{对应}\rho P_{fa}\text{值}}{D_0(\rho n)\text{对应}P_{fa}\text{值}} \tag{2.39}$$

这些关系式适用于平方率检波器。采用线性检波器时，折叠损耗就会增加[11]。

通过将式（2.19）中的检波器损耗增加到

$$C_x(\rho n)=\frac{D_0(\rho n)+2.3}{D_0(\rho n)} \tag{2.40}$$

就可计算平方率检波器的折叠损耗，得

$$L_{c1}(\rho,n)=\frac{C_x(\rho n)}{C_x(n)}=\frac{(S/N)+2.3\rho n}{(S/N)+2.3n} \tag{2.41}$$

于是，式（2.11）和式（2.12）就变成

$$P_d=Q\left[Q^{-1}(P_{fa})-\sqrt{\frac{2n(S/N)^2}{(S/N)+2.3\rho}}\right]$$

$$D_0(n)=\frac{D_c(1)}{2n}\left(1+\sqrt{1+\frac{9.2\rho n}{D_c(1)}}\right) \tag{2.42}$$

折叠损耗可按

$$L_{c1}(\rho n)=\frac{1+\sqrt{1+\dfrac{9.2\rho n}{D_c(1)}}}{1+\sqrt{1+\dfrac{9.2n}{D_c(1)}}}$$

$$L_{c2}(\rho n)=L_{c1}(\rho n)\frac{D_{02}(\rho n)}{D_0(\rho n)}=\frac{D_{c2}}{D_{c1}}\frac{1+\sqrt{1+\dfrac{9.2\rho n}{D_{c2}(1)}}}{1+\sqrt{1+\dfrac{9.2n}{D_c(1)}}} \tag{2.43}$$

直接计算。式中，D_{c2} 和 D_{02} 是利用增加的虚警概率 ρP_{fa} 来计算的。

在中频带宽大于其匹配值，而视频带宽与脉冲匹配的情况下，应利用折叠损耗来计算所要求的能量比的增加量，用匹配因子 M 表示。根据表 2.2，我们有 $\rho=B\tau+1$，和

$$M=L_{c1}(\rho n)=\frac{1+\sqrt{1+\dfrac{9.2n(B\tau+1)}{D_c(1)}}}{1+\sqrt{1+\dfrac{9.2n}{D_c(1)}}} \tag{2.44}$$

对于这种情况，虚警概率与虚警时间的关系为式（2.36），但采用 $\tau\approx 1/2B_v$，而不是更小的值 $1/B_n$。

2.4　起伏目标的检测

2.4.1　单个采样检测

对于稳定目标信号，我们已经建立了检测性能的计算方法。现在，我们将结果扩展到可能性更大的起伏目标模型。从本质上讲，所有雷达目标都会产生幅度呈瑞利分布（功率或横截面的指数分布）的回波信号，Swerling[12]在其关于起伏目标的经典研究中将起伏目标分成两种情况：情况 1（慢起伏目标）和情况 2（快起伏目标）。瑞利分布是χ^2分布的特殊情况，有两个自由度。

噪声包络和P_{fa}如表 2.1 所示。对于单个脉冲，慢起伏目标的信号+噪声概率密度函数和检测方程为

$$\mathrm{d}P_s = \frac{E_n}{S+N}\exp\left[-\frac{E_n^2}{2(S+N)}\right]\mathrm{d}E_n \tag{2.45}$$

$$P_d = \int_{E_{t1}}^{\infty}\mathrm{d}P_s = \exp\left[-\frac{E_{t1}^2}{2(S+N)}\right] = \exp\left(\frac{\ln P_{fa}}{1+S/N}\right) \tag{2.46}$$

$$D_1(1) = \frac{\ln P_{fa}}{\ln P_d} + 1 \tag{2.47}$$

信号+噪声概率密度函数与仅有噪声的概率密度函数形状相同，但平均功率现在是$S+N$而非N。P_d和 $D_1(1)$的表达式既简单又精确。实际上，参考文献[13]中的分析就是以这些表达式开始的，然后通过分布的积分将它们扩展到n个脉冲积累，并当自由度→∞时接近稳定目标的情况。然而，正如我们将会明白的，在将目标起伏考虑进来之前，从稳定目标可检测性因子$D_0(1)$开始，继续进行n个脉冲积累计算是有优势的。

2.4.2　起伏损耗

情况 1、单个脉冲、式（2.47）给出的可检测性因子D_1与稳定目标（见图 2.5）的D_0的比较结果表明，起伏目标要获得大的P_d就需要更大的平均信号。额外的对信号的要求与通信信道中要求的衰落余量相似，但在雷达中，这种要求称为起伏损耗。它的定义[1,419 页]如下：

> 起伏损耗是给定平均回波功率的目标由于目标的起伏而产生的雷达可探测性或测量精度的视在损耗。它可度量为起伏目标要获得与具有恒定回波的目标一样的可探测性或测量精度而需要增加的平均回波功率。

因此，用我们的符号可表示为

$$L_f(1) \equiv \frac{D_1(1)}{D_0(1)} \tag{2.48}$$

图 2.10 中的起伏损耗曲线主要是P_d的函数，不过，它同时也与P_{fa}和n有一点关系。

2.4.3　情况 1 信号的积累

情况 1 目标的n个脉冲积累的精确解

起伏的信号+噪声的n个脉冲或采样的积累结果，取决于累积时间内所收到的独立信号采样数。如果n脉冲串的目标幅度保持恒定（这是情况 1 或慢起伏目标模型的定义），那么仅能

获得一个目标采样。然后，就像稳定目标一样，采用视频积累或相参积累。相参积累提供一个为n的增益。利用Swerling的结果[12]，就可求得情况1起伏目标的n个脉冲视频积累的探测概率精确值，在参考文献[5,390页，式（11.2-38）]中表示为

$$P_{d1}=\frac{\Gamma(n-1,E_{tn})}{(n-2)!}+\left(1+\frac{1}{ns}\right)^{n-1}\left[1-\frac{\Gamma\left(n-1,\frac{E_{tn}}{1+1/ns}\right)}{(n-2)!}\right]\exp\left(\frac{-E_{tn}}{1+ns}\right) \tag{2.49}$$

式中，E_{tn}是用式（2.17）确定的n脉冲的门限，s是信−噪比。在这种情况下，必须通过式（2.49）解出对应于给定的P_d的s以求出可检测性因子$D_1(n)$。

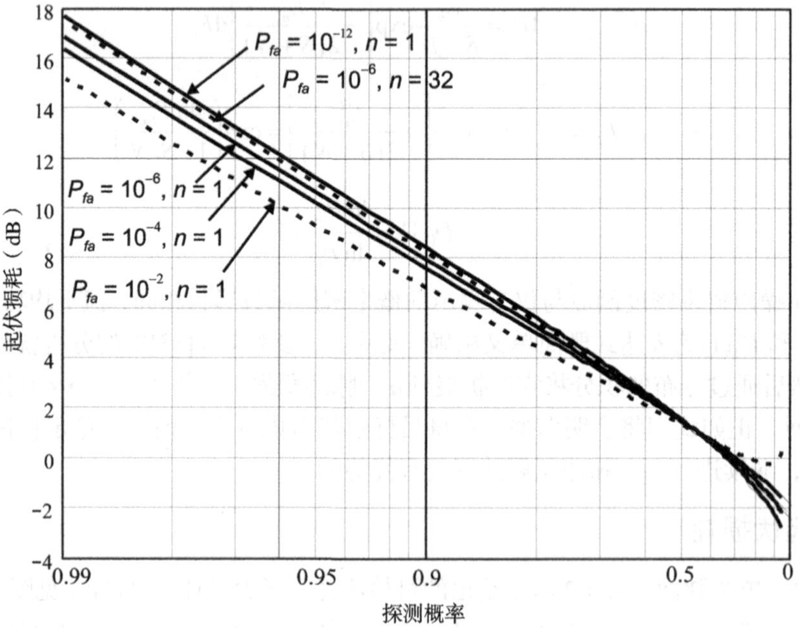

图2.10 情况1目标的起伏损耗

情况1目标的n脉冲积累的近似解

在近似方法中，我们从稳定目标n脉冲积累的可检测性因子$D_0(n)$开始。其积累增益与稳定目标情况相同，即$G_i=n/L_i(n)$，其中，相参积累时$L_i=1$，或视频积累时与式（2.20）给出的L_i相同。特别要注意的是，图2.8中的积累损耗并不取决于起伏目标的平均积累的SNR $D_1(1)$，而是取决于由等式$D_0(1)=D_1(1)/L_f(1)$给出的等效的稳定目标值。这是因为当目标衰落时，检波器损耗会增加。要获得大的P_d，因目标衰落而减少的信号必须足量，而不仅仅是它的平均值。

为了与Swerling的n-脉冲积累的精确结果匹配，由式（2.48）定义的单个脉冲起伏损耗必须修改为

$$L_f(n)=L_f(1)^{(1+0.0351\lg n)} \tag{2.50}$$

$$L_f(n)_{\mathrm{dB}}=L_f(1)_{\mathrm{dB}}(1+0.0351\lg n)$$

然后，我们就可将情况1目标的n脉冲可检测性因子的近似方程式写成

$$D_1(n) = D_0(n)\,L_f(1) = \frac{D_0(1)\,L_i(n)\left[L_f(1)\right]^{1+0.035\lg n}}{n}$$

$$D_1(n)_{\mathrm{dB}} = D_0(1)_{\mathrm{dB}} + L_i(n)_{\mathrm{dB}} + (1+0.035\lg n)\,L_f(1)_{\mathrm{dB}} - 10\lg n \tag{2.51}$$

例如，我们按照 2.3 节中的步骤来计算 $P_d = 0.9$, $P_{fa} = 10^{-6}$, $n = 24$ 时情况 1 可检测性因子，但还要加上起伏损耗：

$$\left.\begin{array}{l}P_d = 0.9\\ P_{fa} = 10^{-6}\end{array}\right\}\qquad \text{图 2.5} \rightarrow \quad D_0(1) = 13.2\ \mathrm{dB}$$

$n = 24$　　图 2.8 → $L_i(n) = \underline{3.2\ \mathrm{dB}}$

总能量比	$nD_0(n) = 16.4\ \mathrm{dB}$
积累增益	$-10\lg n = \underline{-13.8\ \mathrm{dB}}$
单个脉冲能量比	$D_0(n) = 2.6\ \mathrm{dB}$
起伏损耗	$L_f(n) = \underline{8.4\ \mathrm{dB}}$
平均单个脉冲	$D_1(n) = 11.0\ \mathrm{dB}$

注意，情况 1 目标的总平均能量比（以 dB 为单位）增加到 $nD_0(n) + L_f(n) = 24.8$ dB。

如果要求根据平均输入 SNR 来计算 P_d，问题就更难了。起伏损耗和积累损耗都依赖于最终的 P_d 值，而最终的 P_d 值开始时只是个未知数。人工计算的一个简便方法是计算 $P_d = 0.5$ 时的 $D_1(n)$，并将它与已知的 S/N 比较，再进一步进行一次或两次 P_d 大于或小于 0.5 时的计算，得包括输入 SNR 在内的 $D_1(n)$。绘出这些值（最好绘在概率纸上），用内插法很快就可得出已知 SNR 的正确的 P_d 值。也可利用参考文献[5,406~407 页]中的解析近似式或参考文献[14]中的许多曲线。本书所附的 Mathcad 程序利用式（2.51）的根函数来解 P_d。利用 2.4.6 节给出的表达式或采用 Swerling 的理论，在附录 2B 所列出的 Mathcad 程序中实施计算，就可获得精确的结果。

2.4.4　其他目标模型

当积累快起伏目标（情况 2）的 n 个独立采样时，概率密度函数就变成具有 $2n$ 个自由度的分布。Swerling 还考虑了情况 3 目标（具有 4 个自由度）和情况 4 目标（具有 $4n$ 个自由度），但这些模型的合理应用仅限于用情况 3 目标代表双分集雷达观察到的目标，用情况 4 目标代表有 n 次频率捷变的双极化雷达观察到的目标。在遇到的其他实际情况中，独立目标采样数居于 1 到 n 之间（部分相关）。

Swerling 模型 2，3，4 的精确解

Swerling 模型有 4 种情况，在每一种模型中，目标幅度的概率密度函数都呈自由度为 $2K$ 的分布。Marcum 的稳定目标提供对应于 $K \rightarrow \infty$ 的情况 0：

情况 0（稳定目标）：	$K \rightarrow \infty$
情况 1 目标（慢起伏）：	$K = 1$
情况 2 目标（快起伏）：	$K = n$
情况 3 目标（慢起伏）：	$K = 2$
情况 4 目标（快起伏）：	$K = 2n$

情况 1 和情况 3 对应于积累期间的恒定信号，从一次观测（扫描）到下一次观测（扫描）呈瑞利起伏。而情况 2 或情况 4 对应于每个脉冲有 $K=1$ 或 2 的脉间起伏。

情况 2，3，4 的精确探测概率由参考文献［5, 404 页式（11.3-21a），421 页式（11.4-24）和 427 页式（11.5-19）］给出：

情况 2
$$P_{d2}=\frac{1}{(n-1)!}\Gamma\left(n,\frac{E_{tn}}{1+s}\right) \tag{2.52}$$

情况 3
$$P_{d3}=\left(1+\frac{2}{ns}\right)^{n-2}\left(1+\frac{E_{tn}}{1+ns/2}-\frac{n-2}{ns/2}\right)\exp\left(\frac{-E_{tn}}{1+ns/2}\right) \tag{2.53}$$

情况 4
$$P_{d4}=1-\frac{n!}{(1+s/2)^n}\sum_{k=0}^{n}\frac{(s/2)^k}{k!(n-k)!}\left[1-\frac{\Gamma\left(n+k,\dfrac{E_{tn}}{1+s/2}\right)}{(n+k-1)!}\right] \tag{2.54}$$

相应的可检测性因子 $D_2(n)$, $D_3(n)$ 和 $D_4(n)$ 跟以前一样，通过解方程（2.52）到方程（2.54）中的 s 求得。和稳定目标一样，可用这些表达式来检验更便于进行雷达分析与建模的近似式的精度。

Swerling 和中间情况的近似式

虽然 Swerling 解决了慢起伏和快起伏情况的问题，但他并没有解决 n_e 个独立信号采样（$1<n_e<n$）与 n 个噪声采样一道积累的一般情况。为了有可能对这些情况进行计算，开发出了一个经验表达式[4]。通过分析 Swerling 情况 2 的结果以及双分集接收系统的有限数据，得到情况 1 目标 n_e 个独立信号采样的起伏损耗方程式：

$$\begin{aligned}L_f(n,n_e)&=\left[L_f(n)\right]^{\frac{1}{n_e}}=\left[L_f(1)\right]^{\frac{1+0.035\lg n}{n_e}}\\ L_f(n,n_e)_{\mathrm{dB}}&=\frac{1}{n_e}L_f(n)_{\mathrm{dB}}=\frac{1+0.035\lg n}{n_e}L_f(1)_{\mathrm{dB}}\end{aligned} \tag{2.55}$$

同样，如果每个脉冲提供一个自由度为 $2K$ 的信号，那么

$$\begin{aligned}L_f(n,Kn_e)&=\left[L_f(n)\right]^{\frac{1}{Kn_e}}=\left[L_f(1)\right]^{\frac{1+0.035\lg n}{Kn_e}}\\ L_f(n,Kn_e)_{\mathrm{dB}}&=\frac{1}{Kn_e}L_f(n)_{\mathrm{dB}}=\frac{1+0.035\lg n}{Kn_e}L_f(1)_{\mathrm{dB}}\end{aligned} \tag{2.56}$$

因子 K 代表为形成每个目标信号脉冲而求和的独立高斯分量数的一半，而 n_e 则代表在 n 个脉冲期间积累的独立信号数。

利用式（2.56），我们就可求出呈广义 χ^2 分布的目标的可检测性因子，使用的是起伏损耗的经验表达式。具有 n_e 次独立信号采样的 n 个脉冲可检测性因子的一般表达式就变成

$$\begin{aligned}D_e(n,n_e)&=D_0(n)L_f(n,n_e)=\frac{D_0(1)\,L_i(n)\,L_f(n,n_e)}{n}\\ D_e(n,n_e)_{\mathrm{dB}}&=D_0(1)_{\mathrm{dB}}+L_i(n)_{\mathrm{dB}}+\frac{1}{n_e}L_f(n)-10\lg n\end{aligned} \tag{2.57}$$

这与 $n_e = n$ 时情况 2 的结果很一致，同时也允许对中间情况（部分相关）进行估计（中间情况在其他文献中未提及）。在 2.4.3 节的例子中，如果 n 个脉冲期间（情况 3）有 $n_e = 2$ 个独立信号采样，那么，用分贝作为单位的起伏损耗就要减半，从而所需能量比减少 4.2 dB 至 6.8 dB。对于 $n_e = 24$ 的情况 2 信号，要得到 $D_e(24,24) = D_2(24) = 3.0$ dB，损耗仅为 0.4 dB。Kanter[15]进一步的工作提供了一个精确解，证实了式（2.55）和式（2.57）所表示步骤的准确性。

2.4.5　分集增益

起伏损耗理论为确定目标检测分集的有益影响提供了一个量化方法。对于在时间或频率里分开采样或采用正交天线极化采样的系统，起伏损耗的减少可被视为分集增益，分集增益可定义为

$$G_d(n,n_e) \equiv \frac{L_f(n)}{L_f(n_e)} = \left[L_f(n)\right]^{1-\frac{1}{n_e}}$$
$$G_d(n,n_e)_{\mathrm{dB}} = \left(1-\frac{1}{n_e}\right)L_f(n)_{\mathrm{dB}} \tag{2.58}$$

分集可分成 5 种情况：

（1）**时间分集，**在等于或大于目标相关时间间隔上接收独立采样；
（2）**频率捷变，**通过改变发射机频率快速而连续地获得独立采样；
（3）**频率分集，**采样平行通道获得独立采样；
（4）**极化分集，**同时或先后采用两个正交极化使独立采样数翻倍；
（5）**组合分集，**通过时间、频率和极化分集的某种组合来增加采样数。

有效的时间分集要求积累间隔超过目标的相关时间 t_c。可得到的采样数为

$$n_e = 1 + \frac{t_o}{t_c} \leqslant n \tag{2.59}$$

固定目标的相关时间可估计为

$$t_c = \frac{\lambda}{2\omega_a L_x} \tag{2.60}$$

式中，λ 为波长，ω_a 为目标绕视线旋转的速率，L_x 为垂直于视线和旋转轴的目标尺寸。对于一般的飞机，ω_a 大概有每秒百分之几弧度，L_x 大概有十到几十米。甚至是在微波频率（如 $\lambda = 0.03$ m），所得相关时间为几十毫秒。如果不采用长驻留时间（$t_o >> t_c$），就几乎不存在时间分集效应。情况 2 目标要求 $t_c < t_r = 1/f_r$，而飞行受控制目标几乎并不满足这个条件。当对天线几次扫描进行积累时，时间分集就更实用些。不过，对于在几次扫描之间移动的目标，就难以在狭窄的距离单元或多普勒单元里进行积累，正如 2.3.4 节提到的那样，只能用累积检测过程。

如果发射机的捷变带宽足够大，并且如果引入脉间频率捷变，那么，频率捷变雷达就接近情况 2 的条件。调谐带宽 Δf 里得到的独立目标采样数为

$$n_e = 1 + \frac{\Delta f}{f_c} \leqslant n \tag{2.61}$$

其中，目标的相关频率为

$$f_c = \frac{c}{2L_r} \tag{2.62}$$

这里，c 是光速，L_r 是目标的径向长度。对于一般的飞机，L_r 为 15 m 到 30 m, f_c = 10 MHz 至 5 MHz。前面例子中要获得 n = 24 的情况 2 目标，捷变带宽将为 230 MHz 至 115 MHz，且脉冲均匀地分布在该带宽范围内。如果不要求采用MTI或多普勒处理来抑制杂波的话，那么，这在微波雷达里是很有可能的。如果要求采用MTI，那么捷变可以以脉冲串－脉冲串为基础，且独立采样数为 $n_e \leqslant n/m$，其中，用的是含 m 个脉冲的脉冲串。

频率分集雷达提供了一种能大大减少起伏损耗而又不必降低MTI或多普勒性能的方法。间距至少为f_c，但仍然在雷达工作频带内的许多（通常为两个）通道上并行工作。然后，在每个通道里接收脉冲并进行包络检测，接着一起积累。因此，由于波动损耗的降低，积累增益就增加（积累损耗也增加）。

同时在时间和频率上采样的组合分集给出总的采样数：

$$n_e = \left(1+\frac{t_o}{t_c}\right)\left(1+\frac{\Delta f}{f_c}\right) \leqslant n \tag{2.63}$$

必须确保发射能量的均匀分布在时间－频率空间以避免采样相关，因采样相关会减少 n_e。应该注意的是，如果系统在不分集的情况下有起伏损耗，才可能有分集增益。从图2.10可以看出，$P_d < 0.33$ 时，分集并无益处。而另一方面，当要求高概率时，某种形式的分集几乎又是不可缺少的。

2.4.6 χ^2 目标的通用方程式

可采用Bakut[13]方法来获得探测概率的闭合形式的表达式和χ^2起伏目标的可检测性因子的逆式。这两个方程式采用χ^2分布的积分，这里表示为 $K_m(x, m)$，该积分的逆式为$K_m^{-1}(p, m)$，其中，噪声或信号的自由度分别为 $m = 2n$ 或 $2n_e$：

$$\begin{aligned} P_d\left(\frac{S}{N}, P_{fa}, n, n_e\right) &= K_m\left[\frac{K_m^{-1}\left(P_{fa}, 2n\right) - 2\left(n - n_e\right)}{\left(n/n_e\right)\left(S/N\right)+1}, 2n_e\right] \\ D_e\left(P_d, P_{fa}, n, n_e\right) &= \left[\frac{K_m^{-1}\left(P_{fa}, 2n\right) - 2\left(n-n_e\right)}{K_m^{-1}\left(P_d, 2n_e\right)} - 1\right]\frac{n_e}{n} \end{aligned} \tag{2.64}$$

在参考文献[13]中，这些方程式并不以这种通用形式出现，通用形式包含好几种特殊情况。这两个表达式采用K_m和函数能迅速估计本节中所描述的所有目标的情况。K_m和K_m^{-1}函数作为通用的数学程序已设置在个人电脑里。对于稳定目标，由于不能估算 $n_e = \infty$ 时的 K_m，利用 $n_e = 12\sqrt{n}$ 就可得到精确到 1 dB 内的结果。如果遇到真正的稳定目标，稳定目标的方程式（2.24）和式（2.26）所给出的结果就会更精确。

由于用式（2.64）能获得实际所遇到的所有起伏目标的探测概率和可检测性因子，所以，人们可能对先前就近似方法进行的大量推导和讨论的必要性提出质疑。然而，我们正是通过这些方法和曲线图的绘制，如检波器损耗图（见图2.6）、积累损耗图（见图2.8和图2.9）、情况1起伏损耗图（见图2.10）才认识到实际波形和处理方法是如何偏离理论上最优性能的。通过研究积累结果和起伏损耗，我们发现，在相参和非相参处理之间（后者与波形分集结合）有一个最佳的折中方法，这个折中方法取决于所要求的探测概率。图2.11说明了这一点，它示出了非相参积累分集采样的范围很大的最佳数，最佳数随探测概率的增加而增加。可以看出，当 $P_d > 0.5$ 时，如果没有至少两个采样进行非相参积累，那么就会有损失；当 $P_d \geqslant 0.9$ 时，应当积累 4 个或 4 个以上的采样以确保有效的工作。

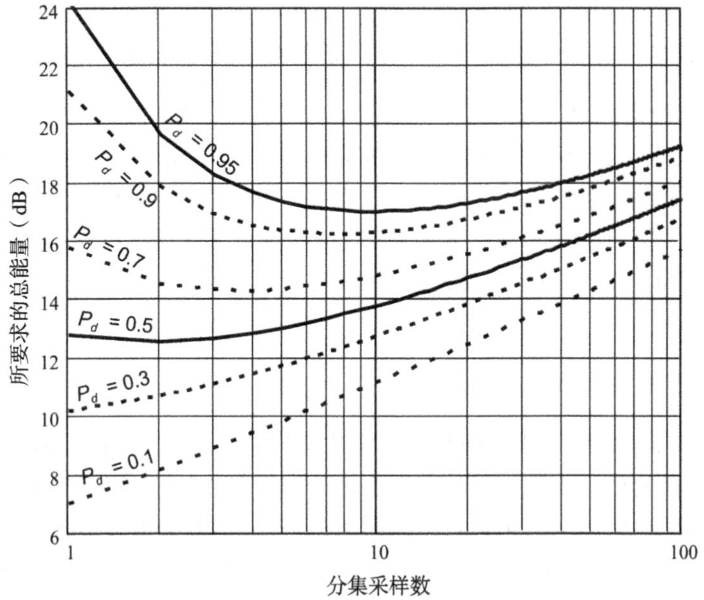

图 2.11　不同探测概率的 n 个脉冲总能量要求与积累的分集采样数的关系

2.4.7　起伏目标的二进制积累

在式（2.29）中，首次门限通过的发生假定是独立的。虽然对于稳定目标或噪声中的情况2目标这是对的，但对于其他起伏目标就不对了。这样一来，就出现了一个问题，即应该怎样来确定起伏目标的二进制可检测性因子$D_b(n)$或探测概率P_d呢？确定$D_b(n)$的一个直截了当的方法是用二进制积累法计算稳定目标，然后根据所需 P_d 值对要求的 SNR 增加起伏损耗值。然而，跟视频积累的情况一样，由于起伏损耗和积累损耗都取决于最终的 P_d 值，因而不能直接根据已知的平均 SNR 来确定 P_d。解决的办法是进行视频积累计算，并假设二进制过程中的额外积累损耗与图 2.9 所示的相同。Mathcad 程序提供了一个采用根函数的解决办法。

2.4.8　起伏目标的累积积累

在2.3.4节中，我们注意到，与视频积累或二进制积累相比，累积积累的效果较差。不过，对于起伏目标，累积探测概率的逐行积累有一个很大的优点，即可减少起伏损耗，而不必在一个移动的距离单元内进行积累。为早期预警，低至0.33的单次扫描的探测概率可在6次扫描后产生 $P_c > 0.9$ 的累积概率，甚至更低的P_d值都有用。然后，去掉起伏损耗或实际上将它转化为增益。

2.5 顺序检测

顺序检测的定义如下[1,970页]：

顺序检测是一种自动检测方法，它分成两个步骤或多个步骤，正常情况下，第一步采用大的虚警概率，最后一步采用低的虚警概率。在可控扫描的雷达中，可利用首次检测使扫描返回到可疑目标位置，停留在可疑目标位置或在可疑目标处停留更长的时间。

对于顺序检测，在20世纪50年代和60年代进行过大量的分析，但这项技术直到部署了电扫雷达之后才得以有效的开发和利用。该类雷达通常采用简单的两步顺序检测，称为检测-确认法。

通过顺序检测法获得的灵敏度的提高，取决于目标可以处于的距离－多普勒检测单元数、扫描程序的灵活性和在第一步产生告警信号的那些波束位置进行反复观察的可用时间。灵敏度的提高范围从4.4 dB（每个波束有30个检测单元）到3.2 dB（每个波束有300个检测单元）[16,121页]。

2.5.1 两步顺序探测概率

在两步顺序检测法的设计中，通常将固定的脉冲数n_1和n_2分配给驻留在特定位置的两个波束。只有在首次检测产生告警信号的情况下才会出现第二次波束停留。目标检测要求两次停留时都有通过门限。在采用窄波束进行空域搜索的三坐标雷达和多功能雷达里，时间安排的限制通常要求只安排一个首次驻留脉冲（$n_1 = 1$），而二次驻留（确认）的更多能量是在$n_2 > 1$或$n_2 = 1$以及有更大脉冲能量的情况下获得的。波束位置中输出虚警的概率由下式给出：

$$P_{fs} = P_{f1}P_{f2} = \left[1-\left(1-p_{fa1}\right)^{n_{d1}}\right]\left[1-\left(1-p_{fa2}\right)^{n_{d2}}\right] \approx n_{d1}p_{fa1}n_{d2}p_{fa2} \qquad (2.65)$$

式中，P_{f1}和P_{f2}为第一次和第二次驻留的虚警概率，p_{fa1}和p_{fa2}为第一次和第二次驻留每个检测单元的虚警概率，$n_{d1} = n_{t1}n_{f1}$和$n_{d2} = n_{t2}n_{f2}$［如式（2.33）中一样］为观测的距离－多普勒检测单元数。第一次驻留必须对所有可能的目标距离-多普勒单元进行观测，但第二次驻留可将灵敏单元限制在第一次驻留所产生告警信号的邻近一个或几个单元里，其数量取决于响应第一次驻留所产生的告警信号的滞后时间t_x。在1000或更多波束位置扫描期间，要使虚假输出少于1次，通常要求P_{fs}在10^{-3}到10^{-4}的数量级上。这时，虚警概率$n_{d1}P_{f1}$和$n_{d2}P_{f2}$将位于0.001和0.1之间。对于第一次驻留，通常会选择高的值。

两步法的探测概率P_{ds}是第一步探测概率P_{d1}和第二步探测概率P_{d2}的乘积，第二步在第一步检测之后。由于起伏目标的两次概率并不是独立的，所以并不可总采用简单的概率的乘积，下面两节将给出其计算方法。由于观测少些单元（$n_{d2} << n_{d1}$）允许的门限低，并在第二步中的能量足够，所以整个探测概率通常接近第一步的探测概率：$P_{ds} \rightarrow P_{d1}$。

2.5.2 有快速确认的顺序检测

对顺序检波器的分析必须考虑起伏目标的特性和对第一步告警信号响应的滞后时间t_x。如果目标正在起伏（这种情况几乎不可避免），那么最好立即采用相同的载波频率做出响应，以确保在第一次驻留中检测到的信号不在获得确认（$t_x << t_c$）前衰落。当两步的信号之间相关时，就不能简单地采用所选的两个探测概率P_{d1}和P_{d2}之积来计算得到给定的联合探测概率P_{ds}所需的SNR。实际步骤如下：

（1）选择两个探测概率，使 $P_{ds}=P_{d1}P_{d2}$ 使用稳定目标的假设（其概率是独立的）开始计算；

（2）根据式（2.24）求出两个对应的可检测性因子 $D_{01}(P_{d1}, p_{fa1}, n_1)$ 和 $D_{02}(P_{d2}, p_{fa2}, n_2)$，这两个可检测性因子是概率和每一步脉冲数的函数；

（3）根据式（2.48）求出适用于联合概率 P_{ds}（没有必要对 n 个脉冲调整起伏损耗）的起伏损耗 $L_f(P_{ds})$；

（4）将两个稳定目标的可检测性因子增加 $L_f(P_{ds})$，以获得起伏目标的SNR所要求的 D_{11} 和 D_{12}；

（5）若有必要，利用不同的概率对，重复这一过程以平衡两次驻留之间的能量要求。

从另一方向入手，当给定了两个输入 SNR 值时，可根据下列步骤求得联合概率：

（1）根据式（2.26）求出稳定目标的输入 SNR 所提供的探测概率 $P_{d1}(S_1, p_{fa1}, n_1)$和 $P_{d2}(S_2, p_{fa2}, n_2)$；

（2）以下面的表达式来表示联合概率：

$$P_{ds}=P_{d1}\left(\frac{S_1}{L_f(P_{ds})}, p_{fa1}, n_1\right)P_{d2}\left(\frac{S_2}{L_f(P_{ds})}, p_{fa2}, n_2\right) \tag{2.66}$$

式中，起伏损耗由式（2.48）和式（2.50）推导；

（3）用一个解方程式的程序来解输出探测概率 P_{ds}。

2.5.3　延迟确认顺序检测

如果对第一步告警信号的响应延迟了 $t_x \geqslant t_c$，那么就可认为第一步及接下来各步的探测概率是独立的。现在，我们对列于 2.5.1 节的各步进行一些改动，以利用各个独立的起伏损耗的值。起伏损耗的值是以探测概率 P_{d1} 和 P_{d2} 而不是以输出 P_{ds} 为基础的。给定输入 SNR 后，要解的方程式为

$$\begin{aligned} P_{d1}&=P_d\left(\frac{S_1}{L_f(P_{d1})}, p_{fa1}, n_1\right) \\ P_{d2}&=P_d\left(\frac{S_2}{L_f(P_{d2})}, p_{fa2}, n_2\right) \\ P_{ds}&=P_{d1}P_{d2} \end{aligned} \tag{2.67}$$

2.5.4　顺序检测的能量和时间要求

两步顺序检测的每个波束位置的总能量比要求为

$$E=n_1D_{11}+p_{f1}n_2D_{12} \tag{2.68}$$

其中，假定真实目标数量少，以至于大多数第一步告警信号都是虚假的。单步过程的性能提高取决于第一步告警信号概率 p_{fa1} 的可检测性因子（见图 2.5），与在没有确认步骤即 $P_{fa}=P_{fs}/n_{d1}$ 时适用的可检测性因子之间的差。对于低探测概率和高虚警概率（图 2.5 曲线的左下部），可检测性因子间的差最大。随着检测单元数 n_{d1} 的增加，P_{fa} 和 p_{fa1} 都会降低，但可检测性因子之间的差也减小了，相应的检测性能的改进幅度也小些。一般情况下可提高 1 dB 或 2 dB。

2.6 恒虚警率检测

雷达的恒虚警率（简称CFAR）的定义如下[1,206页]：

CFAR是专门为抑制由不同电平的噪声、杂波或ECM引起的虚警而设计的门限或增益控制装置的性能。

如果输出数据直接传送给通信信道或自动数据处理器，就十分有必要应用CFAR。当由操作员进行检测和跟踪起始时，人脑也能起到等效的CFAR的作用，虽然这里避免显示器饱和的电路也是很有用的。基本的CFAR过程是对需要进行目标检测的单元内的噪声和干扰电平进行估计，并根据估计值而不是操作前预设的某个恒定电平来设置门限。进行这种估计有两种基本方法：

（1）将距离、多普勒、角或雷达坐标的某种组合的相邻参考单元进行平均来估计电平；

（2）将几次扫描的检测单元本身的输出进行平均来估计电平。

估计可能只涉及平均电平或利用更高阶的干涉概率密度函数矩。在某些情况下，可设计检测步骤使其与概率密度函数的形式独立（非参数CFAR）。

2.6.1 单元平均的CFAR

通常对距离参考单元进行平均，因为在大多数雷达里，距离坐标的分辨力比角坐标的分辨力高。用模拟方法实现的典型的单元平均CFAR如图2.12所示。从抽头延迟线可同时获得m个相邻距离单元的包络检测输出，抽头延迟线上的中心抽头代表检测单元。对这m个参考抽头进行平均来获得雷达波束中目标附近的噪声和干扰的估计值w。检测单元幅度x^s与该平均值的比用做视频输出。实际上，门限电平E_t按本地噪声的估计值确定，而不是按前面讨论过的先验值设定。

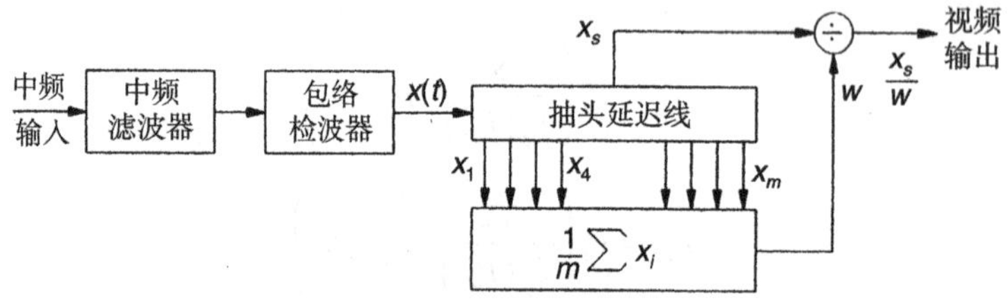

图2.12 距离单元平均CFAR（来源：[17]）

如果参考单元数目足够大，并且实际的噪声电平恒定或变化缓慢，那么估计值的精确度就会足够精确，以使检测性能与上文的结果匹配。不过，实际上，限制单元数是必要的，以使门限可随改变的噪声电平变化，估计值也可围绕一个适当的值变动。当估计值偏向低值时，为避免过多的虚警，必须增加门限乘数$E_t/\sqrt{N}$，探测概率也就降低了。为恢复想要的P_d，所要求的SNR的增加称为CFAR损耗，这是m, P_{fa}和在较小程度上其他参数的函数。Gregers-Hansen[17]给出了一条通用的CFAR损耗曲线（见图2.13）。图2.13将该损耗L_g作为CFAR比x/m_{eff}的函数给出，其中，$x=-\lg P_{fa}$。确定m_{eff}的规则见图下部分的说明。在大多数情况下，企图控制P_{fa}到约10^{-4}以下是不现实的。在那种情况下，$m=8$导致$L_g<3$ dB。

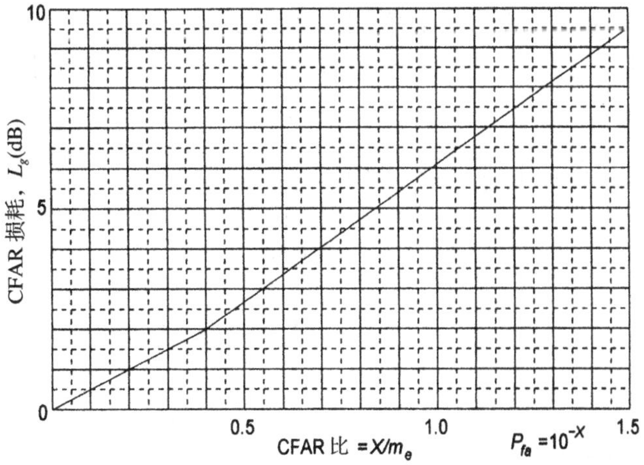

图 2.13　稳定目标或瑞利目标单次照射检测的通用 CFAR 损耗曲线（来源：[17]）有效的参考采样数 m_{eff} 计算如下，其中 m 为图 2.12 中的抽头数

对 m 个单元平均，如图 2.12 所示：

$m_{eff}=m$，对平方律检波器，

$=(m+k)/(1+k)$，其中 $k=0.09$ 对于包络检波器，

$k=0.65$ 对于对数检波器。

当利用选择最大值时，如图 2.14 所示：

$k=0.37$ 对于平方律检波器，

$=0.5$ 对于包络检波器，

$=1.26$ 对于对数检波器。

对于使用硬限制幅的 CFAR，加上 1dB 限制损耗，和

$m_{eff}=(B_w/B_n)-1$，对于宽 – 限 – 窄接收机，

$=B\tau-1$，对于色散或脉冲压缩 CFAR。

当采用 n 个脉冲积累时，噪声的参考和大多数干扰采样数增加到 nm。结果是可采用较少数量的参考单元不会产生大的损耗。不过，杂波干扰背景在 n 个脉冲重复间隔内可能依然相关，这种好处就不存在了。因此，通常的做法是利用 $m>10$ 和放慢对不同干扰电平的响应。在干扰机开关或海用雷达接收到海岸杂波时，干扰电平会突然改变，此时就会出现一个特殊的问题。只有当延迟线充满新的电平干扰时，图 2.12 的单元平均 CFAR 才能给出正确的门限设置。当延迟线第二段充满新的干扰电平时，高电平就出现在检测单元里，此时出现一串虚警信号。为避免这种情况，可将延迟线分成前面部分和后面部分，可用两个单独的平均值中较大的值来控制门限（见图 2.14）。当新的干扰电平只占据一半的参考单元时，虚警率仅有少量增加。付出的代价即损耗也不大，正如图 2.13 下面的说明所显示的那样，m_{eff} 减少了不到两倍。

利用单元平均 CFAR 的风险之一是，当目标在参考窗中是一个编队时，它们会以某种形式互相仰制。如果编队占据了足够多的参考单元，那么所得门限就会很高，以至于无法检测出目标。为避免这种情况以及由其他强随机信号引起的抑制现象，对参考单元的输出进行编辑以去掉最大的输出信号，然后对剩下的单元进行平均以控制门限。当然，这会减少 m_{eff} 值，增大虚警率。在多普勒雷达里，单元平均可在多普勒滤波器里，而不是在距离门进行，或者同时利用距离和多普勒来增加 m 值，而不会在任何方向过分延长参考窗。有名的宽 – 限 – 窄接收机（可防某些类型的干扰）是单元平均 CFAR 的又一个特殊情况，在这种情况下，我们从围绕信号带

宽 B_n 的一个频带 B_w 的频率提取参考采样。另一种形式的 CFAR 采用对色散的宽度为 τ 的脉冲进行硬限幅，接下来进行脉冲压缩，使输出脉宽为 $1/B$。这就等效于距离单元平均 CFAR。

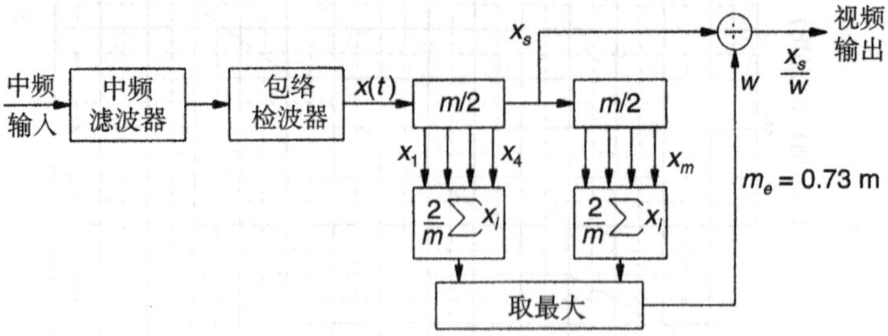

图 2.14 取最大值 CFAR（来源：[17]）

2.6.2 双参数 CFAR

标准型单元平均CFAR 在概率密度函数接近瑞利分布的杂波中工作得很好。不过，从地基雷达（参见第3章）上看到的地面杂波的分布通常宽得多，它以对数 – 正态或韦布尔（Weibull）概率密度函数[18, 第5章]为特征。图 2.15 展示出平均 – 中值 RCS 比和对数 – 正态分布（以标准偏差 σ_y 度量）或韦布尔分布（通过其扩展参数 a 度量）之间的关系。地面杂波的扩展会宽至对数 – 正态 $\sigma_y = 16$ dB 或等效于韦布尔参数 $a = 5$（两者的平均 – 中值比都接近 30 dB）。

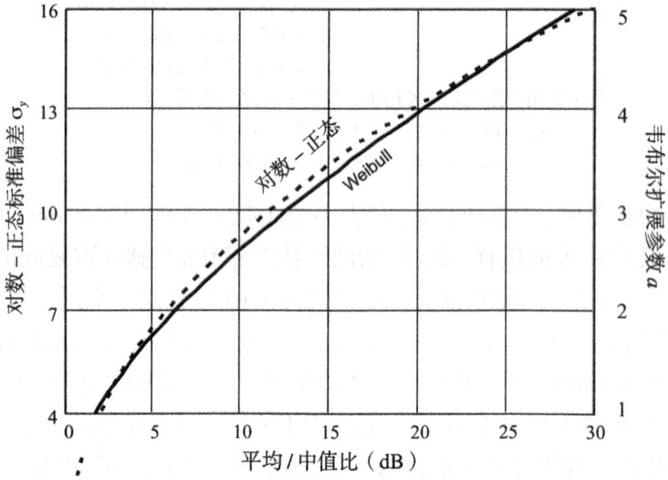

图 2.15 对数 – 正态和韦布尔杂波分布的平均与中值比

在出现非瑞利杂波时，设置在平均杂波电平的门限就会通过大量的虚警。在这样的情况下，虚警控制就要求测量干涉概率密度函数的第二阶矩量，并用它来调整门限乘数[19]，但这样一来，检测性能就会大大降低。对于非瑞利分布的杂波，恒定 P_{fa} 的正确门限设置导致杂波分布损耗如图 2.16 所示。当 $P_{fa} = 10^{-4}$ 时，相应的 L_{cd} 可超过 15 dB，对于大多数雷达而言，这种损失是无法承受的。结果是双参数CFAR 提供的雷达性能并不比在含严重地杂波区域内抑制所有告警信号的简单抑制器好很多。

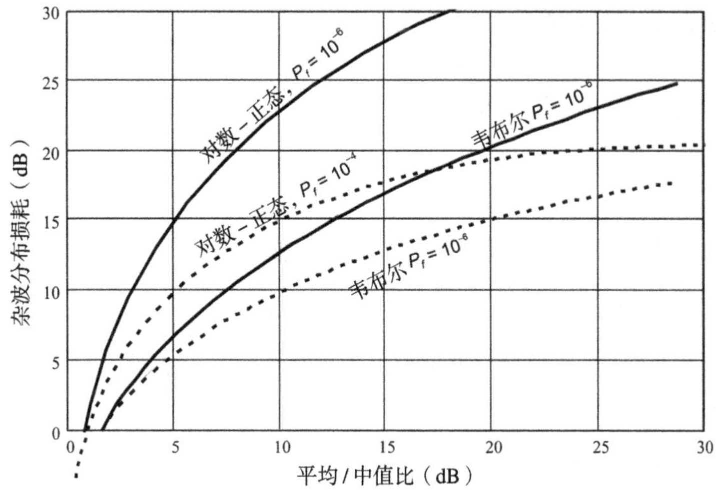

图 2.16　对数－正态和韦布尔杂波分布的杂波分布损耗

2.6.3　时间平均 CFAR

随着数字处理和大存储能力的出现，在杂波图中存储大量的数据成为可能，其中，可对几次天线扫描的每个分辨单元中的干扰进行平均。是在几次扫描期间观察单元本身，并设置适当的门限而不必考虑相邻的单元[20]，而不是对相邻的单元进行平均来估计检测单元的干扰电平。这对地杂波特别有好处，因为从一个单元到下一个单元的杂波幅度空间相关很小。很显然，该技术对ECM而言是不适当的，因为ECM在单次扫描期间可能会发生变化。此外，除非采用高的空间分辨力或长的扫描周期，否则，时间平均技术会导致慢速运动目标的抑制。

2.6.4　非参量 CFAR

解决出现非瑞利干扰时CFAR的另一种方法是采用非参量CFAR[20]。这种技术同样存在严重损耗的问题，但以简单的中值检波器[21]形式得到了应用。中值检波器就是一种具有第二门限 $m = n/2$ 的二进制积累器。由于这个值偏离热噪声最佳检测值不远，所以检测性能不会大大下降。问题是要获得足够的独立杂波采样数而不延长积累时间。其他非参量CFAR也得到有效的应用，但所得性能与常规方法所得的性能差别不大。一般而言，在不同环境中CFAR越稳定，目标检测损耗就越大。

2.7　有效可检测性因子

为了计算探测距离，由雷达方程式得到的接收信号能量比设置成与有效可检测性因子 D_x 相等。在本章头几节中，基本可检测性因子是由检测要求得来的。做法是从稳定目标单脉冲值 $D_0(1)$开始，接下来是进行起伏目标n个脉冲的积累情况。一般情况下，即对包含n_e个独立目标采样的n个脉冲进行积累，可检测性因子包括积累损耗和起伏损耗，用$D_e(n, n_e)$表示。为了确定雷达方程式中使用的有效可检测性因子D_x，我们必须把在接收和处理过程中引入的损耗加到基本因子上：即加上滤波器匹配系数 M、波束形状损耗 L_p 和以 L_x 表示的处理损耗。本章还推导了 L_x 的一些分量：

（1）二进制积累器损耗 L_b（见 2.3.3 节）；
（2）扫描分布损耗 L_d（见 2.3.4 节）；
（3）积累器加权损耗 L_v（见 2.3.5 节）；
（4）折叠损耗 L_c（见 2.3.7 节）；
（5）CFAR 损耗 L_b（见 2.6.1 节）。

这些损耗以及下面几章将要推导的其他损耗增加了对输入信噪比的要求：

$$D_x = D_e\left(n,n_e\right)ML_pL_x = D_e\left(n,n_e\right)ML_pL_bL_dL_vL_cL_g\cdots \tag{2.69}$$

当我们在杂波背景下进行目标检测时，必须采用有效的杂波可检测性因子 D_{xc}，它包括式（2.69）中的损耗以及与杂波统计数据有关的另外两个分量：

（6）杂波分布损耗 L_{cd}（见 2.6.1 节）；
（7）杂波相关损耗 L_{cc}（参见第 3 章）。

如果匹配系数 M 是噪声带宽 $B_n\tau > 1$ 过大的结果，那么由这些系数引起的 D_{xc} 的增加会因缺少匹配系数 M 而发生部分抵消。因此，我们可写成

$$D_{xc}\left(n\right) = D_x\left(n\right)\frac{L_{cc}L_{cd}}{M} \tag{2.70}$$

两个可检测性因子相等的唯一的情况是

（1）在输出端由频率捷变或多普勒处理（MTI 或脉冲多普勒）提供非相关杂波剩余时；
（2）根据噪声统计数据来设置检测门限时；
（3）由于接收机的非线性，杂波不抑制信号时。

在搜索雷达和跟踪雷达（参见第 7 章和第 8 章）各章中，我们将讨论使损耗降到最小的方法，并且在第 9 章中将讨论损耗的建模和计算的细节。

参考文献

[1] IEEE *Standard Dictionary of Electrical and Electronic Terms*, ANSI/IEEE Std. 100-1996.

[2] Rice, S. O., "Mathematical Analysis of Random Noise," *Bell System Technical Journal*, Vol. 23, No. 3, July 1944, pp. 282-332, and Vol. 24, No. 1, January 1945, pp. 46-156.

[3] North, D. O., *An Analysis of the Factors Which Determine Signal/Noise Discrimination in Pulsed Carrier Systems*, RCA Labs. Tech. Rep. PTR-6C, June 23, 1943; reprinted in *Proc. IEEE*, Vol. 51, No. 7, July 1963, pp. 1015-1027.

[4] Barton, D. K., "Simple Procedures for Radar Detection Calculation," *IEEE Trans. Aerospace and Electronic Systems*, Vol. 5, No. 5, September 1969, pp. 837-846; reprinted in D. K. Barton (Ed.), *Radars*, Vol. 2, *The Radar Equation*, Dedham, MA: Artech House, 1974.

[5] DiFranco, J. V., and Rubin, W. L., *Radar Detection*, Englewood Cliffs, NJ: Prentice-Hall, 1968; Dedham, MA: Artech House, 1980.

[6] Marcum, J. I., *A Statistical Theory of Target Detection by Pulsed Radar*, Rand Research Memo. RM-754, December 1947, with Appendix, RM-753, July 1948; reprinted in *IRE Trans. Information Theory*, Vol. 6, No. 2, April 1960.

[7] Schwartz, M., "A Coincidence Procedure for Signal Detection," *IRE Trans. Information Theory*, Vol. 2, No. 4, December 1956, pp. 135-139.

[8] Cantrell, B. H., and Trunk, G. V., "Angular Accuracy of a Scanning Radar Employing a Two-Pole Filter," *IEEE Trans. Aerospace and Electronic Systems*, Vol. 9, No. 5, September 1973, pp. 649-653.

[9] Blake, L. V., "The Effective Number of Pulses Per Beamwidth for a Scanning Radar," *Proc. IRE*, Vol. 41, No. 6, June 1953, pp. 770-774.

[10] Hall, W. M., "Antenna Beam-Shape Factor in Scanning Radars," *IEEE Trans. Aerospace and Electronic Systems*, Vol. 4, No. 3, May 1968, pp. 402-409.

[11] Trunk, G. V., "Comparison of the Collapsing Losses in Linear and Square-Law Detectors," *Proc. IEEE*, Vol. 60, No. 6, June 1972, pp. 743-744.

[12] Swerling, P., *Probability of Detection for Fluctuating Targets*, Rand Research Memo. RM-1217, March 17, 1954; reprinted in *IRE Trans. Information Theory*, Vol. 6, No. 2, April 1960.

[13] Bakut, P. A., et al., *Problems in the Statistical Theory of Radar*, Vol. 1, Moscow: Soviet Radio Publishing House, 1963 (in Russian; translation available as AD608462).

[14] Meyer, D. P., and Mayer, H. A., *Radar Target Detection*, New York: Academic Press, 1973.

[15] Kanter, I., "Exact Detection Probability for Partially Correlated Rayleigh Targets," *IEEE Trans. Aerospace and Electronic Systems*, Vol. 22, No. 2, March 1986, pp. 184-196.

[16] Nathanson, F. E., *Radar Design Principles: Signal Processing and the Environment*, 2nd ed., New York: McGraw-Hill, 1991.

[17] Gregers-Hansen, V., "Constant False Alarm Rate Processing in Search Radars," *Radar-Present and Future*, IEE Conf. Pub. No. 105, October 1973, pp. 325-332.

[18] Billingsley, J. B., *Low-Angle Radar Land Clutter*, Norwich, NY: William Andrew Publ., 2002.

[19] Sekine, M., et al., "Suppression of Weibull-Distributed Clutter Using a Cell-Averaging Log/CFAR Receiver," *IEEE Trans. Aerospace and Electronic Systems*, Vol. 14, No. 5, September 1978, pp. 823-826.

[20] Farina, A. and Studer, F. A., "A Review of CFAR Detection Techniques in Radar Systems," *Microwave J.*, September 1986, pp. 115-128.

[21] Trunk, G. V. and George, S. F., "Detection of Targets in Non-Gaussian Sea Clutter," *IEEE Trans. Aerospace and Electronic Systems*, Vol. 6, No. 5, September 1970, pp. 620-628.

附录2A：关于目标检测的习题

2.1 单个脉冲检测 将基于North近似的包络检测的计算结果与相参检测和由Rician分布积分计算的精确包络检测结果比较。

（a）采用North近似，在相参检波器输入端，计算探测概率 $P_d = 0.01, 0.02, \cdots, 0.99$ 和虚警概率 $P_{fa} = 10^{-6}$ 时的单个脉冲可检测性因子 $D_c(1)$（dB）；

（b）通过Rician分布，积分计算相应的包络检测的可检测性因子 $D_0(1)$的精确值；

（c）采用North近似计算 $D_0(1)$相应的值；

（d）在一幅曲线图上绘出（a），（b）和（c）的结果以进行比较。绘出North近似和精确值之间的差，以显示出近似的质量；

（e）在另一幅曲线图上绘出包络检测所需的额外SNR，并与相参检测进行比较。注意，这个差表示在包络检波器处 snr = $D_0(i)$ 时的检波器损耗。

（f）采用（1）相参检测（2）Rician分布的精确积分和（3）包络检测的North近似，计算中频信噪比为12.0 dB，门限设置使 $P_{fa} = 10^{-8}$ 所得的探测概率。

2.2 积累检测 用检波器损耗模型（取代North近似）的计算结果，与用相参积累及对式（2.18）给出的噪声和信号的 n 个脉冲分布的积分的精确计算结果进行比较。

（a）对随后相参检测的相参积累，用习题2.1（a）规定的概率（取 $n = 24$）计算可检测性因子；

（b）利用式（2.12）计算后随包络检测的24个脉冲相参积累的可检测性因子；

（c）通过分布式（2.18）的积分计算 $D_0(n)$ 的精确值；

（d）用24个脉冲视频积累的近似表达式（2.24）计算可检测性因子（dB），将这些可检测性因子画出并与（a），（b），（c）的结果比较。注意，（a）和（b）曲线之间的间距表示检波器损耗，而（b）和（c）或（d）曲线之间的间距表示积累损耗；

（e）绘出作为探测概率函数的近似中的误差；

（f）采用（1）包络检测的近似（2）n 脉冲分布的精确积分来计算中频信噪比为3.0 dB，门限设置为使 $P_{fa} = 10^{-8}$ 时所得的探测概率。

2.3 二进制积累

（a）计算 $n = 24$ 个脉冲的二进制积累的Schwartz最佳二次门限 m_{opt}；

（b）采用该门限，计算使输出概率 $P_{fa} = 10^{-8}$ 的所需单个脉冲虚警概率 p_{fa}；

（c）计算使输出概率 $P_d = 0.90$ 的所需单个脉冲探测概率 p_d；

（d）计算得到 p_d 的单个脉冲可检测性因子；

（e）将它与视频积累的相应值比较以求出二进制积累器损耗 L_b。

2.4 累积积累

（a）当采用累积积累（$m = 1$）时，计算使输出概率 $P_{fa} = 10^{-8}$ 的所需单个脉冲虚警概率 p_{fa}；

（b）计算使输出概率 $P_d = 0.90$ 的所需单个脉冲检测概率 p_d；

（c）计算得到该 p_d 的单个脉冲可检测性因子；

（d）将它与视频积累的相应值比较，以求出累积积累器损耗 L_{cum}。

2.5 虚警时间　第 1 章中讲到的雷达例子采用的脉宽 $\tau = 1\ \mu s$，PRF $f_r = 1100$ Hz，视频上的积累脉冲数 $n = 24$。

（a）如果企图在所有可分辨距离单元中以 $P_{fa} = 10^{-6}$ 进行检测，根据式（2.34）计算虚警时间；

（b）如果在每 24 个脉冲期间都进行相参积累，计算 $P_{fa} = 10^{-6}$ 时的虚警时间。

2.6 折叠损耗

（a）假设举例雷达采用扫描长度（中心到边缘）为 200 mm，分辨力（点尺寸）为 1 mm 的 PPI 显示器。当所需 $P_d = 0.9$，并假设在 $P_{fa} = 10^{-6}$，未经折叠计算的虚警时间保持恒定时，计算显示距离为 100 km 的由显示分辨力引起的折叠比和折叠损耗；

（b）假设该雷达采用的接收机带宽 $B = 2$ MHz，后随匹配视频带宽 $B_v = 500$ kHz。当想要的探测概率为 $P_d = 0.90$，虚警概率为 $P_{fa} = 10^{-6}$ 时，采用式（2.44）的折叠损耗法计算匹配因子 M（dB）。

2.7 情况 1 目标检测　要求举例雷达所检测的情况 1 目标用 24 个脉冲视频积累获得 $P_d = 0.9$，$P_{fa} = 10^{-6}$。

（a）计算该检测要求下的精确可检测性因子；

（b）采用式（2.51）的近似，计算可检测性因子。

近似的误差是多少呢？

2.8 其他起伏目标模型　按与习题 2.7 相同的检测要求，计算下列目标模型精确的和近似的可检测性因子以及近似的误差：

（a）Swerling 情况 2；

（b）Swerling 情况 3；

（c）Swerling 情况 4；

（d）观察情况 1 目标的雷达具有 4 个频率通道，每个通道有 6 个脉冲（无精确解）；

（e）观察情况 1 目标的雷达具有 4 个频率通道，这 4 个频率通道利用 24 个脉冲中的每一个脉冲的 4 个子脉冲工作（无精确解）。

2.9 目标的通用方程式的应用　采用目标的通用方程进行习题 2.7 和习题 2.8 中的计算，并将所得结果与精确的计算结果比较。对相同目标情况的通用模型误差和近似模型误差进行比较。

2.10 两步顺序检测　雷达将采用两步顺序检测法（检测和确认）来使输出虚警概率 $P_{fs} = 10^{-3}$ 并按下列参数工作：

脉宽 $\tau = 1\ \mu s$，　　脉冲重复频率 $f_r = 1100$ Hz

积累脉冲数 $n = 24$　　多普勒单元 $n_f = 1$

在第二次驻留时间内观察的距离单元数 $n_{d2} = 4$

每个脉冲的信噪比 $S_1 = S_2 = 10$ dB

假设第一次驻留时每个波束位置的虚警数设置为10乘以第二次驻留（确认）时的虚警数。计算下列项目：

（a）在第一次驻留时间内观察的距离单元数；
（b）第一次驻留和第二次驻留允许的虚警概率；
（c）快速确认的情况1目标的探测概率 P_{ds}；
（d）每个波束的总能量比；
（e）达到相同检测性能的单步法的每个波束的能量；
（f）上面规定的两步顺序法优于单步法的地方；
（g）当确认驻留的延迟时间超过目标的相关时间时的探测概率 P_{ds}。

附录 2B：提供的 Mathcad 工具

Detection Short.mcd：可检测性因子和探测概率

可检测性因子的定义为，对于特定的目标类型和给定的积累脉冲数n为获得特定的探测概率P_d和虚警P_{fa}所要求的输入信噪能量比。该程序是在n个脉冲视频积累时将基本的可检测性因子（不包括匹配、波束形状和“各种信号处理损耗”）作为P_d，P_{fa}，n和目标类型的一个函数来计算的。并将探测概率作为SNR，P_{fa}，n和目标类型的一个函数来计算。

Detection Complete.mcd：可检测性因子和探测概率

可检测性因子的定义为，对于特定的目标类型和给定的积累脉冲数n为获得特定的探测概率P_d和虚警P_{fa}所要求的输入信噪能量比。该程序将相参、视频（非相参）、二进制和累积积累的基本的可检测性因子（不包括匹配、波束形状和“各种信号处理损耗”）作为P_d，P_{fa}，n和目标类型的一个函数来计算，并用这些积累方法计算特定输入SNR，P_{fa}，n和目标类型的探测概率。目标类型包括稳定目标、Swerling 情况1至情况4目标以及在积累期间提供n_e个独立采样的一般目标。

也包括了稳定目标、Swerling 情况1至情况4目标的精确方程式，在方程里采用根函数求可检测性因子。给出了对稳定目标、情况1目标、起伏目标的近似计算，在此基础上，根据Barton[4]开发的和参考文献[2]中使用的方法，通过将起伏目标损耗的分贝值设为n_e的倒数来进行其他情况的计算。程序还包括了对目标的通用方程，它采用分布的机内内置的积分及其逆函数，以闭合的形式再现精确结果。

Diversity.mcd：最佳分集采样数

该程序采用可检测性因子的精确表达式来计算对整个能量的要求，作为一个所需探测概率和以非相参形式积累的分集采样数的函数。利用该程序产生了图2.11。

附录 2C：习题的解

文件夹 Appendix2A 中包括的程序，可用于解答附录 2A 中的习题。获取方法详见封底。

第3章　目标和干扰

只有在能用模型正确地代表目标和环境情况时，我们才能有信心地建模和分析雷达系统的检测和测量性能。由于遇到的目标是各种各样的，我们必须找到足够大范围的目标模型，来适应单个目标在各个特定时刻特性上大的变化。前两章已经论述了信噪比和能量比的重要性。了解目标的雷达横截面积（简称RCS）在这些计算中很关键。尽管在少数情况下，目标的RCS是常数，然而在一般情况下，随着姿态角的改变、目标的内在运动对外形的改变以及雷达频率或极化方式的变化，RCS有相当大的变化。这些变化迫使我们用统计的方法来描述RCS。从杂波（所希望目标之外的物体）后向散射的干扰信号的功率也是统计建模的，并且是雷达至杂波的路径几何、雷达波长、极化方式和杂波类型的函数。

在测量雷达目标的位置和速度时，除了回波幅度外，目标的特性也是重要的。回波信号由分布在目标表面上的点的散射分量组成。每个分量的幅度和相位都是随时间、姿态角和雷达频率的函数而变化的，并且这些分量的相互作用影响雷达测量的过程。这一章归纳了这些目标的特性，并且以允许用精确的建模和分析雷达性能的方式对其进行了描述。

3.1　雷达横截面积的定义

任何雷达目标的首要特性就是它的返回能量到接收天线的能力。用来描述这种能力的参数是目标的RCS，也称为有效反射面积或后向散射（或前向、双向散射）系数。这在参考文献[1, 854页]中定义如下：

> 对一个给定的在其表面上入射一个平面波的散射体，对应于散射波特定极化分量的散射截面积的那一部分。

散射截面积的定义如下[1, 948页]：

> 要求能截取并作为一个散射体目标朝着接收机各向同性地辐射相同功率的投影面积。注：散射截面积等于4π乘以在一个特定方向上散射波的辐射强度与入射平面波的功率流密度之比。

如果目标在所有角度均匀地散射功率，它的RCS将等于从入射波提取功率的面积。由于球体具有等方向散射的能力，因此用等效球体来解释RCS是比较方便的。

3.1.1　等效球体

一个半径为a，大小可以与雷达波长相比的球体截取入射波前包含在面积πa^2内的功率，并且在4π的立体角上均匀地散射这些功率。因此，用先前的定义，球体的RCS等于球体的投影面积πa^2。于是，对于足够大的目标，其RCS的物理解释可以描述如下：

当把导体球像目标一样放在相对于雷达相同的位置，且导体球能产生和目标相同的信号时的投影面积。

对于小目标，等效球体的半径很小，以至于出现了谐振现象。这时，用这种物理解释就不合适了。

球体的 RCS 正好是总表面积的 1/4，在参考文献[2, 467 页]中证明了由连续曲面组成的任何大的物体的平均截面积都是其总表面积的1/4。这种关系可用于估算扁长的或没有尖锐的边、直角的不规则的物体，或者结构上与雷达波长谐振的物体的 RCS。然而应该记住的是，平均 RCS 也许主要被一个或多个具有大峰值幅度的窄瓣所决定，致使在大部分姿态角上的 RCS 值很低。

3.1.2 等效天线

RCS的另外一个可以从等效球体得到的物理解释，将它与能提供相同回波信号能量的平板面积 A_p 相关联，如果这个平板位于目标位置并且与雷达波束垂直的话（或者朝向双基地雷达双路径的平分线的方向）。由于球体的任何一部分实际上都不是平面，所以我们应考虑当波前到达球体时位于波前前后 $\lambda/4\pi$ 之内的面积（见图3.1）。实际把功率返回单基地雷达的表面部分位于接近波首先碰到球体的那个点，在这里表面平行于波前。这是一个半径为 $a_1=\sqrt{a\lambda/2\pi}$ 的圆盘，面积为 $A_p=\pi a_1^2=a\lambda/2$。它截取雷达发射的功率，并且作为一个增益为 $G=4\pi A_p/\lambda^2$ 的天线朝着雷达再次辐射功率。所得的 RCS 是截取面积与增益的乘积：

$$\sigma = A_p G = \frac{a\lambda}{2}\frac{4\pi a\lambda}{2\lambda^2} = \pi a^2 \tag{3.1}$$

可以证明当波前首先和一个平滑物体接触时，位于波前前后 $\lambda/4\pi$ 内的面积近似等于该物体的平板面积 A_p，于是 RCS 可以从式（3.1）计算得到，这个面积由物体的形状决定。

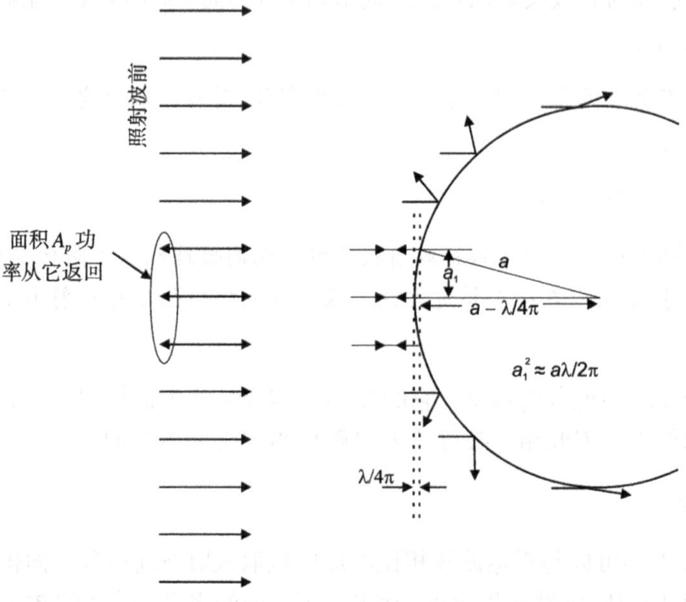

图 3.1 球体的有效平板面积

基于等效平板面积的分析演示了如何用天线理论来描述目标再次辐射的特性。只要建立了正确的相位关系，不管照射到目标表面的功率源于雷达还是其他的点，在导致的辐射方向图上都没有区别。因此，朝着雷达波束方向、矩形面积为A的平板可以等同于一个具有固定相位的均匀辐射的孔径，产生一个朝着雷达方向的辐射瓣。由于姿态角通过角度θ而变化，RCS的瓣在相反的方向上运动2θ，所以这些瓣和相同尺寸孔径的天线方向图相比，在θ坐标上具有一半的宽度。垂直入射的RCS为

$$\sigma(0) = AG = \frac{4\pi A^2}{\lambda^2} \tag{3.2}$$

RCS方向图符合矩形天线的$(\sin^2 x)/x^2$方向图

$$\sigma(\theta) = \sigma(0)\left[\frac{\sin(kL\sin\theta)}{kL\sin\theta}\cos\theta\right]^2,\ (k = 2\pi/\lambda) \tag{3.3}$$

这个方向图如图3.2所示，半功率点主瓣宽度为$\Delta = 0.44\lambda/L$，零点宽度为$2\Delta_\theta = \lambda/L$，接近侧射方向的副瓣宽度$\Delta_\theta = 0.5\lambda/L$。等效天线方向图能用于其他形状面，但对于雷达路径上的姿态角，角度标尺要加倍。

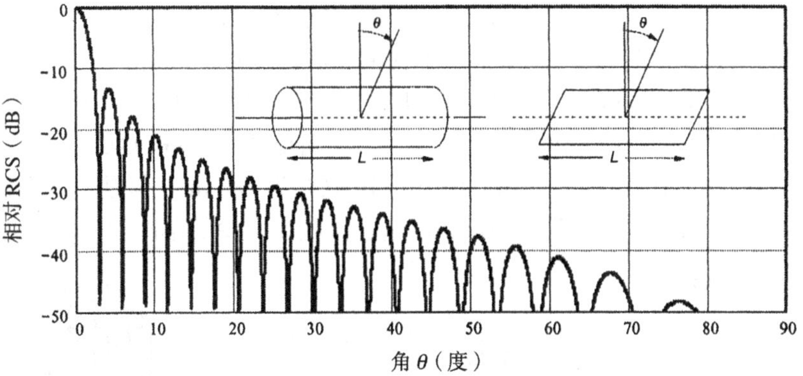

图3.2　平板或圆柱体的RCS波瓣图

3.2　简单物体的雷达横截面积

3.2.1　峰值RCS和波瓣结构

表3.1给出了描述目标旋转一周的峰值RCS、瓣宽度和总瓣数的方程。除偶极子以外，这些方程受到目标尺寸或曲率半径必须大于波长的限制。更复杂的目标可以用那些形状近似于实际表面的简单物体的组合来表示，至少可以得到RCS特性的近似值。例如，圆柱体可以用图3.2所描述的瓣结构，这是一个包含长轴并依赖于长度L的平面瓣结构，再加上一个由于平的末端导致的和依赖于直径D的末端瓣结构，在侧边和末端姿态之间的区域，将这两个方向图矢量相加，产生依赖于长度与直径比的不规则的干涉瓣。

3.2.2　RCS与波长和姿态角的关系

表3.1所示的峰值RCS值与雷达的波长λ有不同的依赖关系。平板或角反射体（从雷达的任一观察角看都像一个平板）的RCS随λ^{-2}变化。圆柱体的RCS随λ^{-1}变化，大的双曲率物体的RCS与波长无关。偶极子或点目标的RCS随λ^2变化。在参考文献[3, 178~179页]中还证明

了弯曲的边的RCS随着λ的变化而变化，同时曲率半径的不连续性使RCS随着λ更高次幂的变化而变化。

表 3.1　简单目标的 RCS

目标	σ_{max}	σ_{min}	瓣个数	主瓣宽度（rad）
球体（半径 a）	πa^2	πa^2	1	2π
椭球体（半轴 $a \geqslant b \geqslant c$）	$\pi a^2b^2/c^2$	$\pi b^2c^2/a^2$	2	$\approx c/a$
圆柱体（半径 a，长度 L）	$2\pi aL^2/\lambda$	0	$8L/\lambda$	λ/L
平板（面积 A）	$4\pi A^2/\lambda^2$	0	$8L/\lambda$	λ/L
谐振偶极子（长度 $\lambda/2$）	$0.86\lambda^2$	0	2	$\pi/2$
无限圆锥体（α = 半角）	$(\lambda^2\tan^4\alpha)/16\pi$	0		
凸表面（曲率半径 a_1, a_2）	πa_1a_2			
矩形角反射器（侧边长 a）	$12\pi a^4/\lambda^2$		4	$\pi/4$
三角形角反射器（侧边长 a）	$4\pi a^4/3\lambda^2$		4	$\pi/4$

表中列出的角反射器提供了关于物体的RCS可以比其物理面积大得多的有趣的例证。反射体三个相互垂直的表面的作用是，朝着源的方向反射入射能量，而不管姿态角如何（见图3.3）。角反射器起一个平板的作用，它始终对着入射线的方向，但是其尺寸随着经历三次弹跳的射线反弹面积的变化而变化。当从平行于其中一个表面的方向观察时，两次或单次弹跳取代了三次弹跳，得到了图中强的、窄的瓣，但是在大部分角的范围，三次反射瓣占据了方向图的大部分。在这个瓣的中心，RCS是（对于一个三角形的角）$4\pi a^4/3\lambda^2$。安装在海上浮标中的角反射器 a = 0.5 m，在X波段（λ = 0.03 m）其RCS为280 m²。但是，这个目标却可以放在一个直径只有1 m的球体内。具有圆极化的雷达接收非常少的单次和三次弹跳回波。

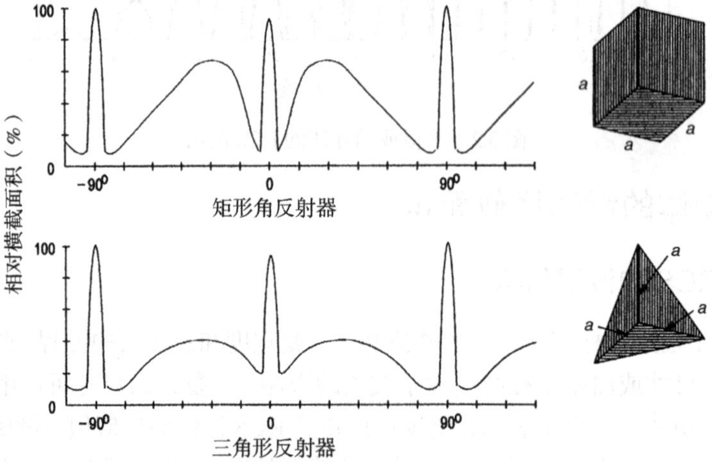

图 3.3　角反射器的 RCS

另外一个极端是典型的导弹鼻锥体，其直径也许还是1 m，长度2 m，锥形角大约30°。在表3.1中由无限大的圆锥体给出的顶端方向的RCS在X波段大约为10^{-6} m²。圆形基底当它和锥形结合时在曲率上有不连续性，导致前向区域的RCS接近$0.1a\lambda$（在X波段为0.0015 m²），而平板基底甚至在接近鼻向的姿态给出了更高的值，这是锥形和基底相遇处的不连续性的结果。只有在观察角接近指向垂直锥形表面（这里它的RCS近似为半径为基底一半的圆柱体）和观察角指向后方区域时，鼻向锥形才提供接近或超过目标的物理面积的RCS（见图3.4）。

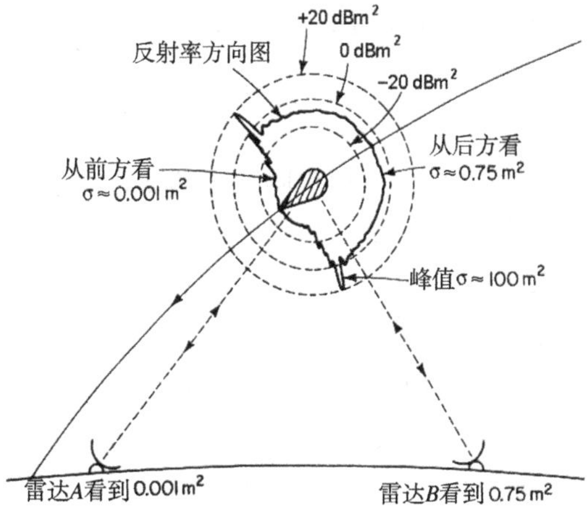

图 3.4　典型的再入飞行器的 RCS 图

3.2.3　谐振现象

谐振现象也引入波长依赖性，甚至对于我们先前考虑到的具有恒定RCS的球体都是这样。图 3.5 示出了导体球的 RCS 对其周长与波长之比的依赖关系。可以分出 3 个波长区域：

（1）光学区（大的球体，$2\pi a/\lambda > 10$），此时 RCS 很接近投影面积；

（2）谐振区（$1 < \pi a/\lambda < 10$），RCS 有大的振荡，当周长满足 $2\pi a = \lambda$ 时达到 $3.7\pi a^2$ 的峰值；

（3）瑞利区（小球体，$2\pi a/\lambda < 1$），RCS 快速下降。

谐振区物理上可以解释为入射波和爬行波之间的干涉，爬行波绕过球体，和前表面的场相加或相减。瑞利区对应的波长足够长，以至于只有一部分场的梯度能够在表面上激励电流。

金属球经常在雷达标度中使用。典型的标度球被设计成被一个小气球携带，半径为 a = 7.6 cm，光学区的 RCS 为 0.018 m²，或者 −17.4 dBsm。在 C 波段（λ = 5.3 cm）比值 $2\pi a/\lambda$ 为 9，RCS 值大约在其光学区值的 15%（0.7 dB）以内。为了能在 C 波段或者更长的波长进行精确的校准，必须知道确切的波长，图 3.5 或它的生成方程可被用来修正光学 RCS。在 X 波段和更短的波长不需要进行校正。

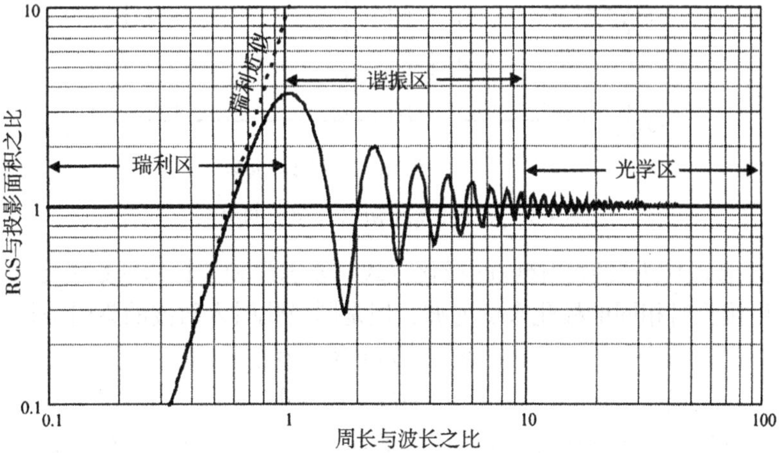

图 3.5　导体球的归一化 RCS

对于在瑞利区的小的球体，其RCS随半径的六次方变化，并和波长的四次方成反比：

$$\frac{\sigma}{\pi a^2}=14\ 000\left(\frac{a}{\lambda}\right)^4=9\left(\frac{2\pi a}{\lambda}\right)^4,\ (\lambda>10a) \tag{3.4}$$

这个关系解释了在毫米波段以下，雨的反射率随波长的变化而急速变化。小圆盘有类似的关系，但是和入射波相互作用的体积减少了，具有更小的RCS：

$$\frac{\sigma}{\pi a^2}=1125\left(\frac{a}{\lambda}\right)^4=0.72\left(\frac{2\pi a}{\lambda}\right)^4,\ (\lambda>10a) \tag{3.5}$$

作为一个小球体的RCS的例子，我们有时考虑将其作为用于灵敏的CW雷达的一个测试目标。在接近雷达处发射一个气枪子弹（$a = 2.2$ mm），它有足够的速度通过杂波抑制滤波器。从式（3.4）可以得到它在X波段的RCS是$\sigma = 6\times 10^{-6}\ \text{m}^2$。在多数情况下，单个雨滴甚至有更小的RCS值，但是有大量雨滴处于雷达的分辨单元以内，并对雨杂波的RCS做出了贡献。

3.2.4 RCS 的极化依赖性

如图3.6所示，长圆柱体也显示出依赖于周长和入射极化方式的谐振现象。当电场矢量垂直于轴时，在$2\pi a/\lambda$等于0.85处存在谐振。对于水平极化，随着a/λ的减少，RCS与长圆柱体的值$2\pi aL^2/\lambda$的比值稳定增加，尽管RCS的绝对值是减少的。如图3.7所示，短、细圆柱体存在与其长度有关的谐振现象。主谐振峰值对应的表3.1给出的σ值为$0.86\lambda^2$，在更高频率有较小的谐振出现。在3.6.7节，当我们讲到箔条杂波的时候，会进一步讨论细偶极子。

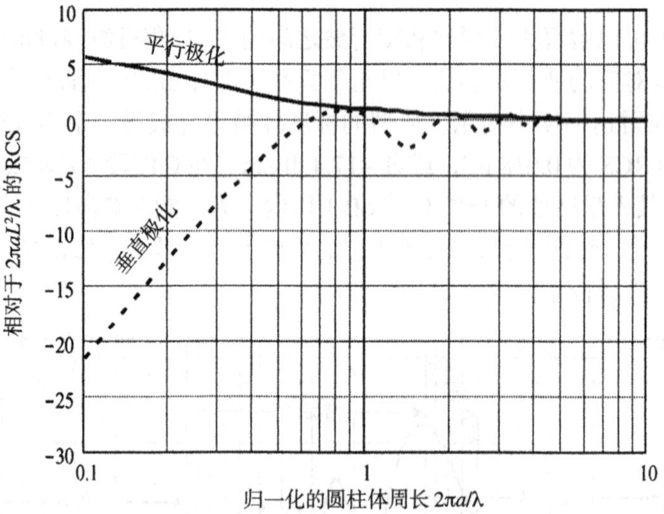

图3.6 大圆柱体的RCS与波长的关系

目标的RCS必须作为发射和接收的极化方式、姿态角和波长的函数来定义和估计。球体和平滑的表面用接收时相同的极化来反射波，但是圆极化时入射波的旋向是相反的：

$$\begin{aligned}\sigma_{hh}&=\sigma_{vv}=\sigma_{rl}=\sigma_{lr}=\sigma_{\max}\\ \sigma_{hv}&=\sigma_{vh}=\sigma_{rr}=\sigma_{ll}\approx 0\end{aligned} \tag{3.6}$$

这里下标表示发射和接收的极化方式（水平、垂直、右旋、左旋圆极化），$\sigma_{\max}$是表3.1中给出的球体、椭球体、细圆柱体、平板、凸表面和角反射体的值。

细圆柱体或在伸展表面的尖锐边缘以平行线极化方式散射，因此对这些目标可以写出：

$$\begin{aligned} &\sigma = \sigma_{\max} \quad 对水平极化 \\ &\sigma \approx 0 \quad 对垂直极化 \\ &\sigma \approx \frac{\sigma_{\max}}{4} \quad 对圆极化 \end{aligned} \tag{3.7}$$

对于典型的飞行器（尺寸明显大于波长），有平均值：

$$\begin{aligned} &\sigma_{hh} = \sigma_{vv} = \sigma_{rl} = \sigma_{lr} = \sigma_t \\ &\sigma_{hv} = \sigma_{vh} \approx \sigma_t/10 \\ &\sigma_{rr} = \sigma_{ll} \approx \sigma_t/2 \end{aligned} \tag{3.8}$$

式中，对于所考虑的飞行器的类型，σ_t 是 RCS 通常所规定的值。

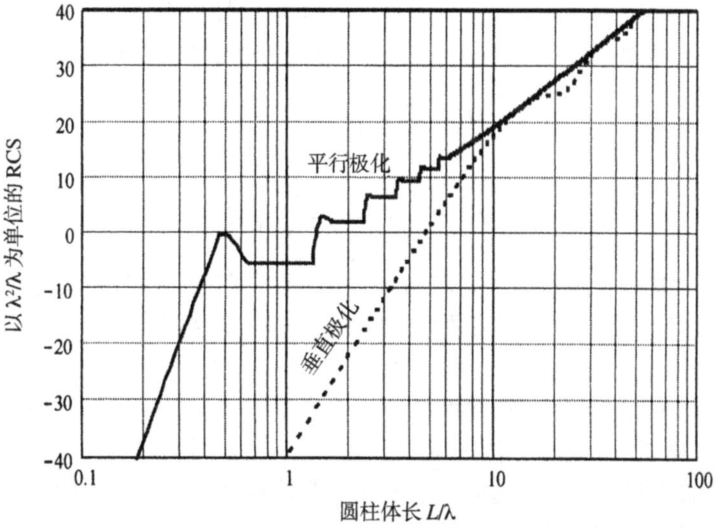

图 3.7　细偶极子的 RCS 与波长的关系（$a/\lambda = 0.01$）。此图是由一个设计用来近似参考文献[3，图 6.14，169 页]中数据的程序产生的

3.3　复杂目标的 RCS

我们已经看到简单物体的 RCS 和其物理面积之间没有简单的关系。许多感兴趣的目标甚至具有更为复杂的关系，因而企图写出基于物理尺寸的方程式是很少成功的。当运用物理光学理论、几何绕射学和物理绕射理论时，基于复杂计算机程序的预测技术能得到有用的结果[3~5]。然而在大多数情况下，人们通过测量实际目标的 1∶1 模型或小模型[6, 第 13 章]来确定 RCS，或者至少来验证预测程序的结果。

用 X 波段的雷达观察典型的小飞机目标，在绕过其鼻端和尾部的大圆上具有大约 4000 个 RCS 瓣，而在所有的立体角上大约有 200 万个瓣。为了精确描述 RCS 瓣的图，要在不同的感兴趣的极化方式下的许多频率点上，对每个瓣至少测 4 个数据点，这种测量方法仅仅在一个雷达波段就会导致一个巨大的数据库。如果这样一个数据库用数字方法测量并且存储在磁带上，对许多涉及到雷达性能分析的情况，其价值将是有限的，除非用统计的形式来归纳。对许多感兴趣的目标已经这样做了，得到了一些简单的特性：在姿态角的不同区域内的平均 RCS 和概率密度函数。

3.3.1 Swerling目标模型

在 Swerling 的关于目标建模的经典论文中[7]，他建立了 4 个统计目标 RCS 模型：

情况 1 和 2：指数型概率密度函数，对于RCS，为具有两个自由度的χ^2概率密度函数，对于信号幅度，为瑞利型概率密度函数：

$$\mathrm{d}P_\sigma = \frac{1}{\bar{\sigma}}\exp\left(-\frac{\sigma}{\bar{\sigma}}\right)\mathrm{d}\sigma$$

$$\mathrm{d}P_e = \frac{E_s}{S}\exp\left(-\frac{E_s^2}{2S}\right)\mathrm{d}E_s \tag{3.9}$$

式中，$\mathrm{d}P_\sigma$是RCS处于σ和$\sigma+\mathrm{d}\sigma$之间的概率，$\bar{\sigma}$是平均RCS，$\mathrm{d}P_e$是包络检波的信号电压处于E_s和$E_s+\mathrm{d}E_s$之间的概率，$S=\overline{E_s^2}$是正比于σ的平均信号功率。

情况 3 和 4：对于RCS，为具有 4 个自由度的χ^2分布的概率密度函数：

$$\mathrm{d}P_\sigma = \frac{4\sigma}{\bar{\sigma}^2}\exp\left(-\frac{2\sigma}{\bar{\sigma}}\right)\mathrm{d}\sigma$$

$$\mathrm{d}P_e = \frac{2E_s^3}{S^2}\exp\left(-\frac{E_s^2}{S}\right)\mathrm{d}E_s \tag{3.10}$$

情况 1 和 3 属于慢起伏，在观察时间t_o内的n个脉冲积累期间，信号样本保持恒定，而对于情况 2 和 4，在n个脉冲之间信号样本是相互独立的。对应于这四种情况的检测性能在第 2 章已经讨论过了。

物理上，情况 1 或 2（瑞利）的模型对应于由许多散射点以随机相位相加的目标。幅度概率密度函数具有和随机噪声包络相同的形式[见图2.2(c)]，图3.8画出了用分贝值表示的曲线。均值超过 10 分贝的非常少，同时均值低于 10 dB 或更多的概率大约是 10%。几乎所有现实存在的目标非常接近这个模型，因为存在许多散射源。

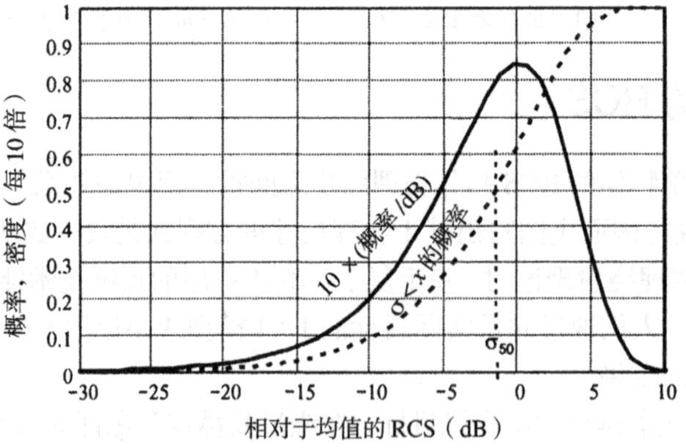

图 3.8 RCS 指数分布图（瑞利电压分布）(dB)

Swerling 情况 3 模型目标的概率密度函数在其平均值周围的分布没有情况 1 宽。这将导致较小的衰减和起伏损失，但是这种概率密度函数并不对应于测量的实际目标。在图 3.9 中我们给出了两种类型的飞机在L，S和X波段的测量数据[8]。数据在几个飞行段的10°的方位扇区内，拟合具有$2K$个自由度的χ^2概率密度函数，K和平均RCS画在了图中。对于两种飞机

$K \approx 1.0$，在所有的 3 个波段内对应于瑞利目标，除了靠近侧面的姿态角之外。平均 RCS 随姿态角的变化如同我们所预料的，在侧边附近具有高值，在其他姿态角的具有较低的近似恒定的 RCS 均值。应该指出的是，在接近侧边的扇区内平均值有大的增加，这就使得用单个的概率密度函数在所有的姿态角上对目标建模比较困难，除非用到比瑞利更宽的分布。然而，多数情况下在统计描述中没有必要（并不希望）包括侧面区域，因为这样做将会使在最感兴趣区域内的探测概率不准。大量目标的测量结果和在图 3.9 中的显示类似，表明情况 3 模型不适用于实际目标，除非作为双重分集操作的结果（见 3.3.3 节）。

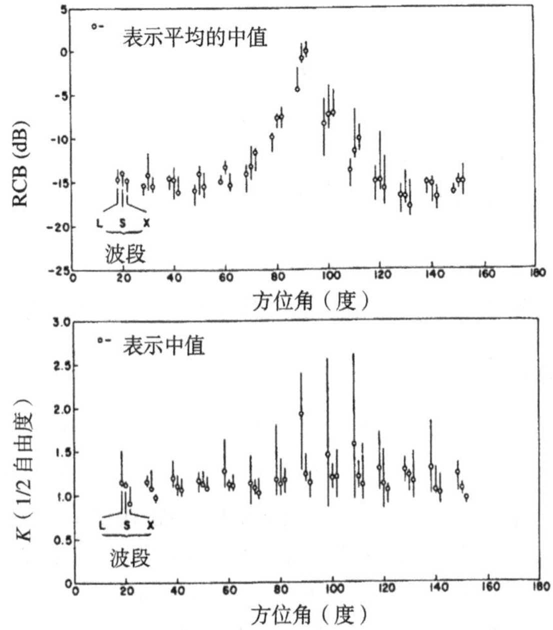

（a）螺旋桨飞机

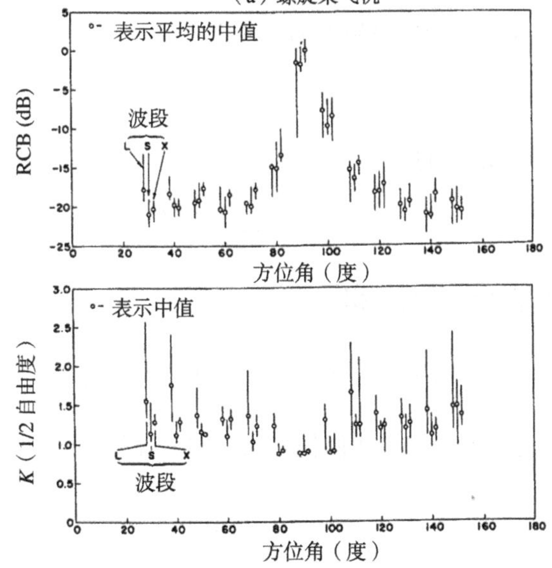

（b）喷气式飞机

图 3.9　RCS 统计螺旋桨飞机和喷气式飞机目标。每 10° 方位扇区对 3 个雷达波段的 RCS 和 K 进行显示，圆圈表示均值，条表示标准偏差（来源：[8]）

3.3.2 通用目标模型

在一些分析中也许希望使用基于χ^2或对数－正态分布族的更通用的目标模型。具有$2K$个自由度的χ^2概率密度函数由下式给出：

$$\begin{aligned} \mathrm{d}P_\sigma &= \frac{K}{\overline{\sigma}(K-1)!}\left(\frac{K\sigma}{\overline{\sigma}}\right)^{K-1}\exp\left(-\frac{K\sigma}{\overline{\sigma}}\right)\mathrm{d}\sigma \\ \mathrm{d}P_e &= \frac{KE_s^K}{(K-1)!S}\left(\frac{KE_s}{2S}\right)^{K-1}\exp\left(-\frac{KE^2}{2S}\right)\mathrm{d}E_s \end{aligned} \tag{3.11}$$

随着K的增大，在平均值周围的概率密度函数变窄，当$K\to\infty$时，得到稳定的目标（情况0）。另外，Weinstock[9]证明了具有比瑞利目标更大起伏的目标可以用$K<1$建模。

在对数－正态模型中RCS的分贝值具有标准方差为σ_y dB的正态概率密度函数。可以通过测量RCS的中值σ_{50}和平均值用下式得到近似的σ_y：

$$10\lg\overline{\sigma} = 10\lg\sigma_{50} + 0.015\sigma_y^2 \tag{3.12}$$

由于大多数目标接近瑞利概率密度函数，因此除了描述雷达杂波外，这些通用分布很少应用。

3.3.3 目标谱和相关时间

在检测和测量方面，目标RCS的变化率和相应的目标相关时间t_c都是重要的。当信号在整个观察时间t_o上积累时，输出的概率密度函数取决于观察到的是一个样本（$t_c >> t_o$）还是几个独立的样本（$t_c < t_o$）。当只有一个样本时（情况1），输出的衰落是非常明显的。当要确定被$t_s > t_c$分开的几个扫描期间检测的累积概率时，间隔为t_s的连续累积次数（trial）之间是独立的。在顺序取样测量过程中，如果目标在整个测量（$t_c >> t_o$）期间保持恒定，就能得到最好的性能。

目标的起伏率是RCS瓣通过雷达视线的速率。对于在垂直视线方向上尺度L_x内的散射体均匀分布的目标，其接收信号的谱是矩形的，宽度为

$$f_{\max} = \frac{2\omega_a L_x}{\lambda} \tag{3.13}$$

式中ω_a是姿态角变化率。信号的相关函数是

$$\rho(t) = \frac{\sin(\pi f_{\max} t)}{\pi f_{\max} t} \tag{3.14}$$

包络检波后的谱是矩形输入谱的自卷积：

$$S(f) = S(0)\left(1-\frac{|f|}{f_{\max}}\right),\quad |f| < f_{\max} \tag{3.15}$$

相关函数是式（3.14）的平方。如果我们把相关时间表征为$(\sin x)/x$函数降到零点的值，那么

$$t_c = \frac{\lambda}{2\omega_a L_x} \tag{3.16}$$

对非均匀分布的散射源可定义一个等效L_x值，以便使用这些等式时表征目标起伏[10, 174页]。使用式（3.11）时，我们用$K = n_e = 1 + t_o/t_c$。

3.3.4 相关频率

沿着雷达视线延伸距离L_r的目标，其RCS随着雷达频率的变化而变化。散射体在L_r上均匀分布的目标的脉冲响应是下列持续时间的矩形函数：

$$\tau_r = \frac{2L_r}{c} \tag{3.17}$$

相应的频率相关函数为

$$\rho(\delta_f) = \mathrm{sinc}(\pi\tau_r\delta_f) = \mathrm{sinc}\left(\frac{2\pi L_r\delta_f}{c}\right) = \mathrm{sinc}\left(\frac{\pi\delta_f}{f_c}\right) \tag{3.18}$$

式中δ_f是从其初始值开始的载频的频率改变量，且$f_c = c/2L_r$是目标的相关频率。这是造成在最近和最远散射元之间双向路径变化$\lambda/2$的频移，因此用目标回波与之相关。正如横向距离坐标一样，非均匀散射体分布可用L_r的等效值来描述。

3.4 横截面积的空间分布

目标位置和速度的雷达测量是对目标任意取的参考点进行的。小目标（相对于雷达波长）被看做是点源，在所有坐标中相对于这个点测量。然而大目标的位置和多普勒频率测量存在明显的误差，这些误差是改变的姿态角和波长的函数。和目标的幅度或RCS一样，这些误差可以从统计意义上建模[11]。

3.4.1 目标闪烁

闪烁定义如下[1,455页]：

> 在测量复杂目标的位置和/或多普勒频率时，由于来自目标不同部分的反射的干涉而形成的内在的随机误差分量。

尽管信号分量之间的干涉导致了闪烁，同时又造成了在一些跟踪系统中出现幅度起伏和相关的闪烁误差，但这两种效应影响是完全不同的。闪烁误差来自在一些测量系统中用到的顺序采样过程，必须作为单独的分量考虑。

闪烁有时被误认为是从目标上一个散射体到另一个散射体的主导反射点的漂移，但事实上它可能导致雷达指向角远远超过目标的物理范围。在任何雷达坐标中闪烁误差的概率密度函数可用具有两个自由度的Student分布来描述：

$$\mathrm{d}P_\varepsilon = \frac{\mu}{2\left(1+\mu^2\varepsilon^2\right)^{3/2}} \tag{3.19}$$

式中，ε是对目标跨度归一的误差，μ是关于散射体聚集在质心周围程度的度量。如图3.10所示，μ的值越大，相应的分布越窄。Student分布具有无限大的峰值和方差，尽管实际应用中受到硬件和处理方法的限制。已经证明[11,14页，51页]这种概率密度函数在所有坐标上适用于所有扩展目标，并且散射体在目标上的分布仅仅改变参数μ。假设散射体具有随机幅度和相位，我们发现：

$\mu = 1$ 对应一个两点的目标；
$\mu = \sqrt{3}$ 对应均匀的散射点分布；

$\mu > \sqrt{3}$ 对应散射体聚集在接近目标的中心。

在任何雷达坐标中，μ物理上的解释是目标的跨度L与两倍的散射电压电源的旋转半径的比值。

因为Student分布不能用标准偏差来表征，如图3.10所示，用正态分布来近似地表示它的中心区域是方便的，这里标准偏差被选择成使分布的一半处在目标范围之外。于是，对在目标跨度L上均匀分布的散射体，得到与其等效的闪烁标准偏差，由下式给出：

$$\sigma_g \approx \frac{L}{3} \tag{3.20}$$

对于一个具有这样标准偏差的正态分布误差，位于目标跨度外的概率是0.134，这与具有均匀散射体分布的Student分布的精确计算是一致的。对于我们发现的大多数飞机$L/6 < \sigma_g < L/4$，L是从鼻端和尾部观察的翼展或者从侧面看的机身长度。

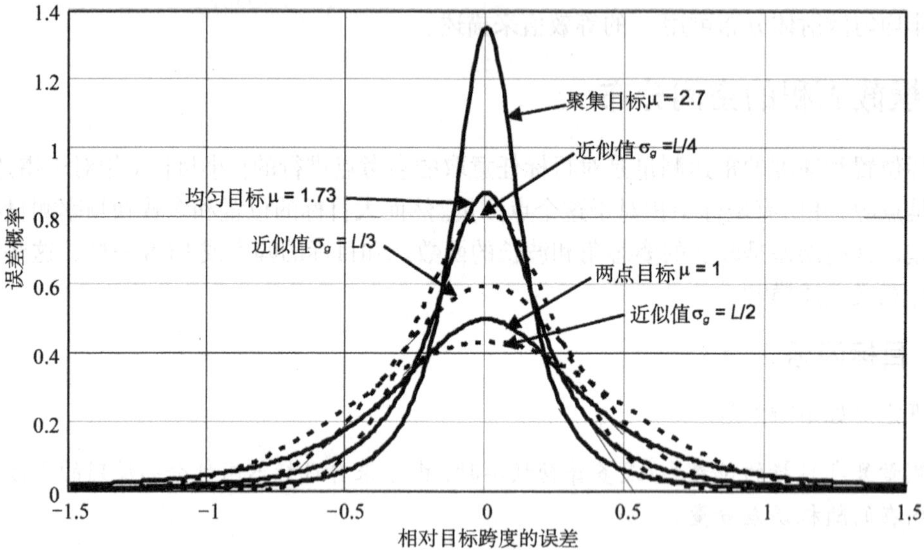

图3.10 散射体聚集程度不同的目标的闪烁分布

3.4.2 二元目标

用由两个球体或其他恒定幅度的点源组成的目标来说明闪烁效应，是有指导意义的。这两个元以间隔L牢固相联，并在包含视线的平面上旋转。假设源1的信号幅度为单位1，源2的为k。则接收信号的电压为

$$E_s = \sqrt{1+k^2+2k\cos\phi} = \sqrt{1+k^2+2k\cos\left(\frac{4\pi L}{\lambda}\cos\alpha\right)} \tag{3.21}$$

式中，ϕ是两个信号分量之间的相位角，α是连接源的轴和视线之间的角。相对于目标对中心点的闪烁误差，对目标宽度的投影归一化后为

$$\delta = \frac{\varepsilon}{L\sin\alpha} = \frac{1}{2}\left(\frac{1-k^2}{1+k^2+2k\cos\phi}\right) \tag{3.22}$$

式中，ε是目标的线性度量误差，δ是归一化误差。图3.11画出对相对幅度k的不同值。对于一个给定的k，闪烁的极值出现在φ为0°和180°。当$k\rightarrow 1$，跟踪点位于这对源的中心，除$\phi\rightarrow 180°$外的所有相位角$\delta = 0$，在$\phi = 180°$时它突然变化为$\delta = (1 + k)/2(1 - k)$。对于小的$k$值，跟踪点在源1的位置处正弦振荡，$\delta = 0.5 - k\cos\phi$。一个重要的结果是平均跟踪点位于较强的源处，在源的两个方向都有偏离。随着第二个目标变强，平均跟踪点突然向它偏移，但具有第一个目标造成的偏离。注意，该二元模型和画在图3.10中的不同，图3.10中假设每个元都是起伏的。Student分布的无限大峰值误差对应于很少见的两个信号分量等幅、反相的时间。

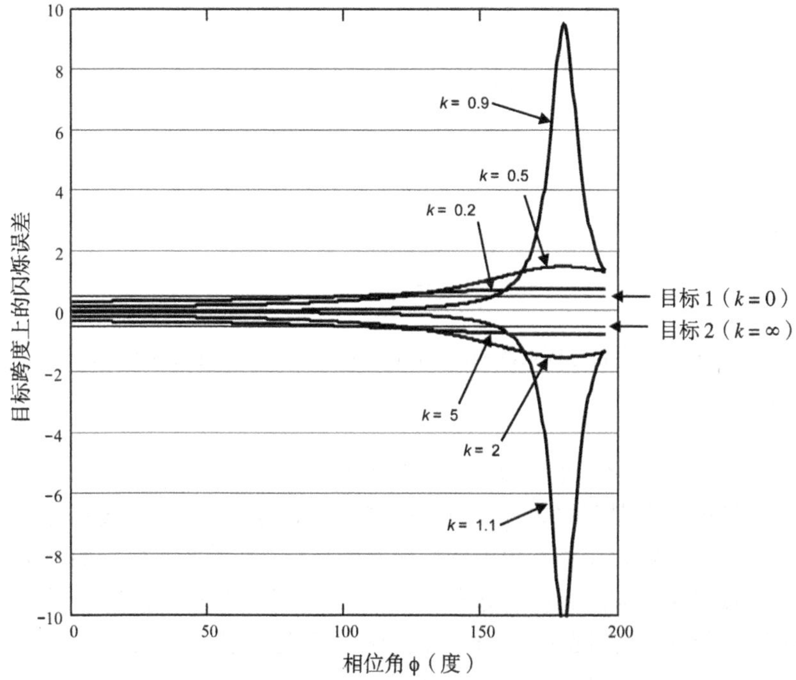

图3.11 具有恒定幅度的二元目标的闪烁误差和相位角之间的关系

3.4.3 角度、距离和多普勒闪烁

角度上的闪烁误差归一化到距离R处目标的跨度的张角L_x/R。如图3.12所示，先前章节中描述的偏离可以归因于到达雷达天线的相位波前上的波纹[12]。当目标信号在RCS图的瓣之间通过深度衰落时，就出现了这些相位波前陡的不连续和相应的闪烁峰值。基本的均方根闪烁误差用弧度表示为$\sigma_{\theta g} \approx L_x/3R$。当然，这个值可以由处理步骤和跟踪系统的动态响应而改动，以至于当目标衰落时电路也许不跟随闪烁的尖峰。这个值在一定程度上也取决于雷达天线相对于目标的张角L_x/R的波束宽度λ/D。随着目标宽度接近雷达波束宽度，目标的边缘不再接收全部照射或者被天线方向图加权，因此它们对闪烁的影响减少了。假设天线相位波前是平滑的，目标宽度接近波束的情况等效于天线宽度接近达到雷达的RCS瓣宽的情况。这种效应也适用于多普勒闪烁。然而应该记住的是，闪烁减少的条件又对应于峰值误差超过波束宽度的情况，尽管归一化闪烁的值减少了，如果天线允许跟随误差信号，则会导致跟踪丢失。

距离闪烁误差具有相同的形式，当信号衰落时也产生峰值。均方根距离闪烁误差是$\sigma_{rg} \approx L_r/3$，这里$L_r$是沿着雷达视线径向测量的。当处理的雷达波形的距离分辨单元接近目标的径向长度时，闪烁噪声误差以类似于角度上波束宽度效应的方式减少。目标的多普勒谱宽$f_{max} = 2\omega_a L_x/\lambda$，如式（3.13）所示，给出均方根闪烁误差为$\sigma_{fg} \approx 2\omega_a L_x/3\lambda$。

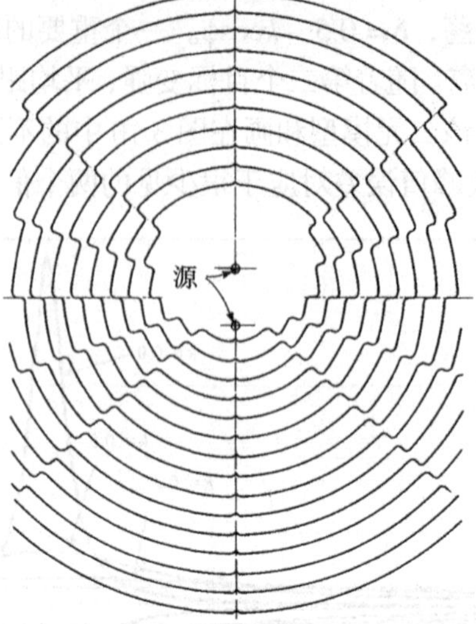

图 3.12　二元目标辐射的相前（D.D. Howard, 海军研究实验室提供）

3.4.4　闪烁谱

造成闪烁的目标散射源之间的干涉也是幅度起伏的源，在3.3节给出了幅度起伏的谱宽和相关时间。雷达测量过程把固有的非线性引入误差信号通道，引起输出误差的尖峰，使闪烁误差谱展宽。对于以匀速旋转和在姿态角上随机振荡的目标，其谱展宽分别如图3.13所示。这些闪烁谱的半功率宽度约是相应的起伏谱宽度的1.7倍。起伏谱和相关函数的表达式［式（3.13）~式（3.16）］必须在用到闪烁情况时进行相应的修改。匀速旋转目标误差检测器输出的闪烁谱近似为最大宽度为$3.4f_{max}$的三角形，相关时间为

$$t_c = \frac{1}{1.7f_{max}} = \frac{\lambda}{3.4\omega_a L_x} \tag{3.23}$$

当目标随机旋转，用式（3.23）计算有效的f_{max}和时间t_c时，均方根速率σ_ω取代恒定的ω_a。注意，闪烁误差的相关时间小于式（3.16）给出的RCS起伏的相应时间。

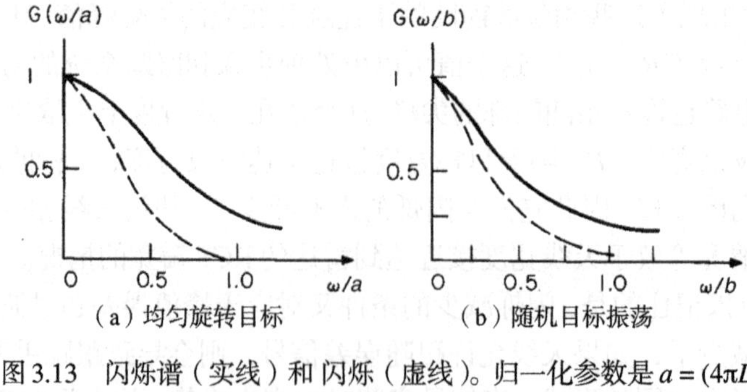

（a）均匀旋转目标　（b）随机目标振荡

图 3.13　闪烁谱（实线）和闪烁（虚线）。归一化参数是$a = (4\pi L/\lambda)\omega_a = 2\pi f_{max}$，其中$\omega_a$是目标的均匀旋转率，$b = (4\pi L/\lambda)\sigma_\omega$，其中$\sigma_\omega$是随机目标旋转率的均方根（来源：[11, 109页]）

3.5　双基地横截面积

双基地雷达系统的发射和接收天线处在不同的位置。从一个方向到达目标的波朝着在另一方向的接收机离开，因此单基地 RCS 不能度量回波信号。对简单目标情况，双基地的 RCS 可以通过把目标作为天线，其上的相位通过入射波建立，并且计算出在接收阵地方向天线辐射波瓣的结果而得到。对于双基地角小于 90°（发射和接收路径之间的夹角），可以使用单 / 双基地假设：在角平分线上测量的单基地RCS和双基地RCS是一样的。这一点不适用于角反射体情况。

对于复杂目标，双基地和单基地雷达的 RCS 统计（平均和起伏模型）是相似的。在双基地角小于 90° 情况下，这一点可根据单 / 双基地假设得到，并可扩展到更大的角度，因为波瓣结构的统计度量比详细的结构改变慢。因此，对于如飞机、导弹、船和车辆，或者包含明显的角反射体源的目标，双基地 RCS 只有在角度接近 180° 时才需要分别估计。

3.5.1　前向散射 RCS

当双基地角接近 180° 时，另一种散射现象在确定 RCS 时变得重要了。刚刚通过任何不透明物体的波前，包含物体的一个洞或阴影，这里场强为零。如果把在目标后面某个距离形成的场和没有目标情况下存在的场进行比较，那么前者包括一个阴影辐射的场，这个场被认为是相对于没有受到干扰的平面波前为负照射（180° 相位）的天线的辐射。结果是如图 3.14 所示的前向散射波瓣。这个瓣的峰值 RCS 为

$$\sigma_f = \frac{4\pi A^2}{\lambda^2} \tag{3.24}$$

式中，A 是阴影的面积（从发射机看物体的投影面积）。波瓣图是一个阴影形状的被均匀照射的平板天线的方向图，平板垂直于发射波束轴。在波瓣峰值处，沿着原来的发射线，RCS 的这个分量可以非常大，但是却伴随着更强的看起来像一个不能分辨的干扰源的直接发射。双基地前向散射的明显特征是，被直接发射信号屏蔽的稍微偏离这条线的接收机，即使只有前向散射瓣的副瓣到达接收位置，也可看到目标的明显散射信号。

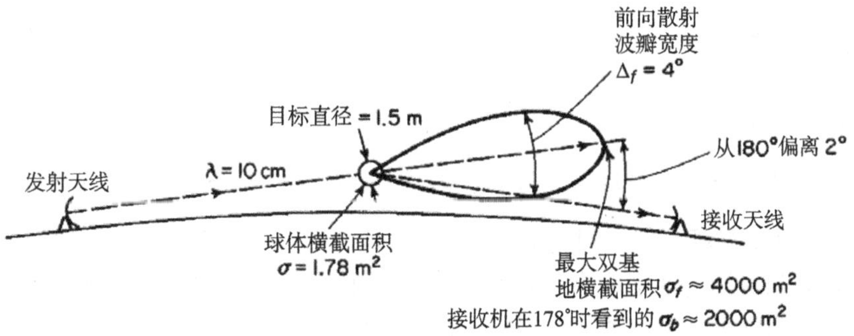

图 3.14　前向散射 RCS 波瓣

3.5.2　双基地增强的范围

因为前向散射RCS的峰值与目标形状、从目标表面的反射或吸收无关，所以在单基地RCS相对目标的物理尺寸较小的情况下，RCS的双基地增强变得重要了。大多数飞机甚至在L波段产生具有数百万平方米的前向峰瓣，副瓣扩展在整个前半球内。甚至在低于主瓣60 dB 的副瓣

处都能接收到大的双基地信号。对于矩形阴影，这些瓣在每一个主平面（包含矩形的边缘）都遵循(sin$x$)/x方向图：

$$\sigma_f(\theta,\phi)=\sigma_f(0,0)\left[\frac{\sin^2(\pi\theta/\theta_0)}{(\pi\theta/\theta_0)^2}\right]\left[\frac{\sin^2(\pi\phi/\phi_0)}{(\pi\phi/\phi_0)^2}\right] \tag{3.25}$$

式中，$\theta_0=\lambda/L_x$是平面内包含目标宽度L和角度θ的主瓣宽度（在–4 dB处），$\phi_0=\lambda/L_z$是平面内包含目标垂直跨度L_z和角度ϕ的主瓣宽度。椭圆目标阴影的波瓣图具有下面的形式：

$$\sigma(\theta,\phi)=\sigma_f(0,0)\left\{\frac{2J_1\left[\pi\sqrt{(\theta/\theta_0)^2+(\phi/\phi_0)^2}\right]}{\pi\sqrt{(\theta/\theta_0)^2+(\phi/\phi_0)^2}}\right\}^2 \tag{3.26}$$

式中，J_1是第一类贝塞尔函数，主瓣宽度为–3 dB处的宽度。

在主瓣区域的外面，对于矩形阴影，在角度θ，ϕ处的平均副瓣电平为

$$\overline{\sigma_f(\theta,\phi)}=\frac{\sigma_f(0)}{2(\pi\theta/\theta_0)^2(\pi\phi/\phi_0)^2}=\frac{2\lambda^2}{\pi^3\theta^2\phi^2} \tag{3.27}$$

对于椭圆阴影，则为

$$\overline{\sigma_f(\theta,\phi)}=\frac{\sigma_f(0)}{\pi^3\left[(\theta/\theta_0)^2+(\phi/\phi_0)^2\right]^{3/2}}=\frac{\lambda L_x^2L_z^2}{8\left[(L_x\theta)^2+(L_z\phi)^2\right]^{3/2}} \tag{3.28}$$

对于一个直径为D的圆形阴影，在主瓣外任何平面内角度θ处的平均电平为

$$\overline{\sigma_f(\theta)}=\frac{D\lambda}{2\pi\theta^3} \tag{3.29}$$

椭圆阴影的双基地RCS比倾斜平板的RCS大，但是比矩形阴影主平面内的RCS小。对于这两种形状，主瓣外的结果显示出在双基地雷达系统中较长的波长是有利的，与式（3.24）表明的主瓣双基地RCS中的趋势相反。

3.6　雷达杂波

雷达杂波定义如下[1,166页]：

不想要的回波，一般来自地面、海面、雨或其他降水、箔条、鸟、昆虫和极光。

在有些情况下，车辆可加入到这个列表中。这是典型空中监视雷达对杂波的定义，但是在雷达系统中杂波和目标的区别取决于雷达的用途。例如，地面测绘雷达把地球表面（杂波）作为目标。雷达气象学者把大气源作为目标，而把飞机作为杂波源。

杂波可以分为分布在表面（陆地和海）、在体的内部（气候或箔条）或者集中在离散点（建筑物、鸟类或车辆）的源。分析雷达对这三类杂波的响应的方法是不同的。无论对一个特定用途的雷达的定义如何，在分析雷达性能时，如果要把杂波包括在内，那么就必须规定许多参数：

- 杂波RCS，或者在表面或体内的RCS（反射率）的密度；
- 离散源的个数；

- 源的空间范围和分布；
- 速度范围和分布（谱）；
- RCS 的波长依赖性；
- 幅度分布（概率密度函数）；
- 幅度的空间相关；
- 极化特性。

沿着雷达到杂波的路径的传播因子 F_c 对确定雷达接收的杂波功率很重要，认识到这一点非常重要。这个因子经常包含在RCS的测量或它的密度中，如果想要建模的路径与那些用在测量程序中的路径不同，则这个因子必须要修改。

在雷达分析中，包括分布式杂波的过程在1.5节已经概述过了。在雷达分辨单元内的体积 V_c 或表面积 A_c 可从式（1.30）或式（1.43）中得到，然后乘以反射率（或RCS密度）η_v 或 σ^0，以得到每单元的杂波RCS。对于离散源，RCS直接从与雷达分辨力无关的模型取得。然后将杂波的方向图传播因子 F_c^4 加到雷达方程中，以求出杂波功率或 C/S 比。雷达的天线方向图和分辨力的考虑将在第4章和第5章讨论，这里我们关心的是反射率、杂波传播因子及上面列出的其他参数。这里只能从关于杂波的数百篇论文、许多章节和几本书中给出一些简短的归纳，引证最重要的背景文献。

3.6.1 面杂波

估计面杂波的方便的出发点是恒定 γ 模型，其中反射率 σ^0 的模型是

$$\sigma^0 = \gamma \sin\psi \tag{3.30}$$

式中，ψ 是相对于面的掠射角，γ 是描述面散射特性的一个参数。在角度不是十分接近90°并足够大，以至于 $F_c \approx 1$ 时，这个模型和许多测量值非常一致。由于传播因子使得在低掠射角时测量值低于模型值。接近天顶时测量值增加，这是来自稍微倾斜于水平面的表面的类似镜面反射造成的。

对于低的掠射角，雷达天线和起伏的、随机的地表面杂波之间路径的传播因子可以写成[13, 299页]

$$F_c \approx \frac{\psi}{\psi_c} = \psi\frac{4\pi\sigma_h}{\lambda} \approx \frac{R_1}{R},\ (\psi < \psi_c) \tag{3.31}$$

式中，σ_h 是偏离平均高度的均方根表面高度，R 是距离，$R_1 = 4\pi\sigma_h h_r/\lambda$ 是达到临界掠射角 ψ_c 的距离，h_r 是天线相对于表面的高度。因此，在低于 ψ_c（超过距离 R_1）时，测量值 $\sigma^0 F_c^4$ 应随着 ψ^5 变化（用小角假设）而不是随着 ψ 变化。这种关系可能由于大 σ_h 值的绕射而改变。

当接近垂直入射时，小表面特征的反射率被从表面上随机倾斜面的类似镜子的反射率 σ_f^0 补充：

$$\sigma_f^0 = \left(\frac{\rho}{\beta_0}\right)^2 \exp\left(-\frac{\beta^2}{\beta_0^2}\right) \tag{3.32}$$

式中，ρ 是表面反射系数（见6.2.3节），$\beta = (\pi/2) - \psi$ 是偏离垂直方向的角，$\beta_0 \approx 0.05$ rad 是表面倾斜率的均方根的 $\sqrt{2}$ 倍。这导致了在接近垂直入射时 σ^0 值大的增加。大多数测量数据并

不显示出式（3.32）预测的大的峰值，这是因为测量天线的波束宽度观察到一个接近或超过β_0的扇区表面，在这个离开真实峰值的区域上把测量的σ^0平均。测量的波束宽度θ_3和表面斜率的卷积导致了测量的反射率：

$$\sigma_f^0 = \frac{\rho^2}{\beta_0^2 + 0.36\theta_3^2}\exp\left[-\frac{\beta^2}{\beta_0^2 + 0.36\theta_3^2}\right] \tag{3.33}$$

接近垂直入射的杂波反射率模型主要用在机载雷达和高度计的分析中。

3.6.2 海杂波

海表面的情况可以用海态数SS、蒲福（Beaufort）风级K_B或本地表面风v_w的值、均方根高度偏差σ_h和斜率β_0等来描述。海态数和风级有关，SS ≈ $K_B - 1$。从参考文献[14,270页]得到的值转换为公制单位后，如表3.2所示。

表3.2 从0到8的海态数的海面参数

海态数	蒲福风级K_B	风速v_w（m/s）	均方根高度偏差σ_h（m）	斜率β_0（rad）
0	1	1.5	0.01	0.055
1	2	2.6	0.03	0.063
2	3	4.6	0.10	0.073
3	4	6.7	0.24	0.080
4	5	8.2	0.38	0.085
5	6	10.8	0.57	0.091
6	7	13.9	0.91	0.097
7	8	19.0	1.65	0.104
8	9	28.8	2.50	0.116

下面的近似式给出了表面参数的值，它们和表中的非常接近：

$$v_w \approx 1 + 1.8\text{SS} + (0.193\text{SS})^6 = 1.8K_B + \left[0.193(K_B - 1)\right]^6 - 0.8 \tag{3.34}$$

$$\begin{aligned}\sigma_h &\approx \left(\frac{v_w}{15}\right)^2 \approx (0.158\text{SS})^2 + (0.11\text{SS})^6 + (0.13\text{SS})^{12} \\ &\approx \left[0.158(K_B-1)\right]^2 + \left[0.11(K_B-1)\right]^6 + \left[0.13(K_B-1)\right]^{12}\end{aligned} \tag{3.35}$$

$$\beta_0 \approx 0.055 + 0.007\text{SS} = 0.062 + 0.007K_B \ \text{rad} \tag{3.36}$$

均方根斜率增加缓慢的原因是波长和波的高度都随着风速增加。

当模型（3.6.1）应用于海杂波时，对相对于风的所有方向和极化方向平均后，发现γ和海态或蒲福风级K_B及雷达波长有关：

$$10\lg\gamma = 6\text{SS} - 10\lg\lambda - 58 = 6K_B - 10\lg\lambda - 64 \tag{3.37}$$

这里，波长的单位是m。$\sigma^0 F_c^4$的值画在图3.15中，用的是基于均方根高度的传播因子，如表3.2所示。

海杂波的距离范围主要由雷达天线的高度决定，但也由能导致超折射和大气波导的大气条件决定。水平线距离可以表示为雷达天线高度h_r和有效地球半径ka的函数：

$$R_h = \sqrt{2kah_r} = 4130\sqrt{h_r} \tag{3.38}$$

式中，$a = 6.378 \times 10^{-6}$ m，系数 4130 对应于 $k = 4/3$，h_r 和 R_h 单位为 m。甚至在到达地平线之前，减小的 F_c^4 通常使杂波低于噪声电平。

研究者们已经研究过 σ^0 随着极化和风的方向的变化，并提出了考虑到这些因素的详细模型。然而，这些变化通常足够小，以至于它们被风级或海浪的不确定性掩盖，因此在大多数模型和分析中不需要考虑。

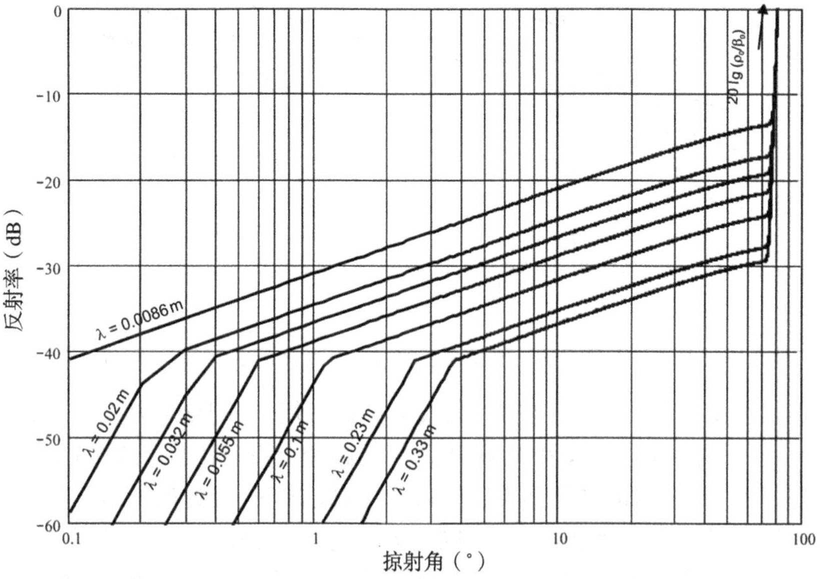

图 3.15　中级海面的海杂波的反射率（$K_B = 5$，海态 4）

3.6.3　地杂波

地杂波的反射率比海杂波更难描述。对超过临界角 ψ_c 的掠射适用恒 γ 模型，γ 的值如表 3.3 所示。这些值几乎与波长无关。

表 3.3　地表面参数

表面描述	平均反射率系数 γ（dB）	均方根高度偏差 σ_h（m）	斜率 β_0（rad）
山	−5	100	0.1
城市	−5	10	0.1
树木覆盖的丘陵	−10	10	0.05
起伏的丘陵	−12	10	0.05
农田、沙漠	−15	3	0.03
平地	−20	1	0.02
平滑的表面	−25	0.3	0.01

对适用于地基雷达的低掠射角，传播上的考虑变为了主要因素。一项研究[15]表明实际上在充满植被的地形上测量的反射率值中所有的变化都可归因于传播因素，因而允许用一个恒定的 $\sigma^0 = -30$ dB 去复制测量的均值和概率密度函数，至少在微波波段是这样的。事实上，对于观察典型地形的地面雷达，掠射角的定义或计算变得相当不确定。

一种简单的建模方法[16]是对每一种类型的陆地（见表 3.3）都假设一种给定了 σ_h 和 γ 的均匀表面，并假设雷达天线安放在高于平均地面 $2\sigma_h$ 的点上。这导致天线相对平均地面的高度为 $h'_r = h_r + 2\sigma_h$。于是可得到一簇 σ^0 的曲线（见图 3.16），对不同波长的传播因子可以对它进行修改。

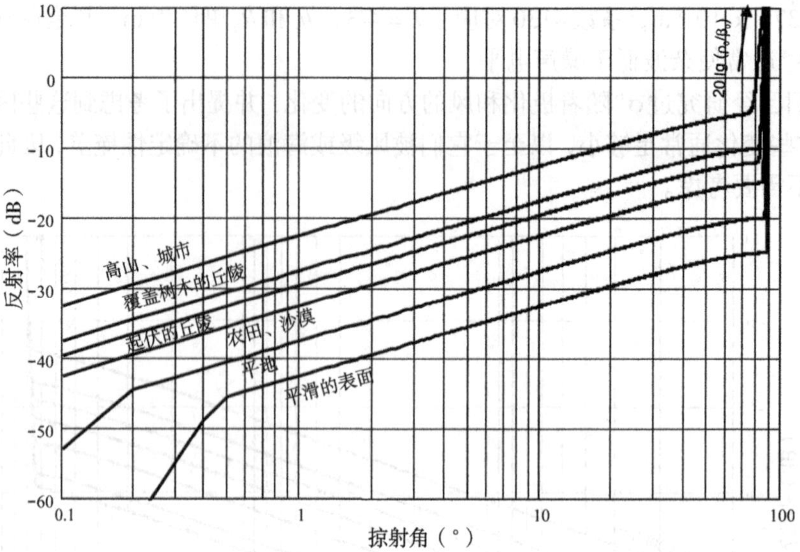

图 3.16　地杂波反射率与入射余角。传播因子的过渡距离 R_1 已经计算得到：$\lambda = 0.1$ m, $h_r = 10$ m

依赖于传播模型，在距离上存在3个明显的杂波区域。对于 $R < R_1$，至表面的自由空间传播适用：$F_c \approx 1$。反射－干涉现象在 R_1 和 R_h 之间的路径上占有优势，式（3.31）给出了 F_c。在超过地平线处，可以在平滑的球体和尖锐的边缘绕射之间进行选择（见6.3节），任何一个选择都导致 F_c 随着距离进一步快速衰减。对不同的天线高度，有效反射率是距离的函数，如图3.17所示。这里的传播因子是用一个比式（3.31）更为精确的方法计算得到的，它在接近 R_1 处平滑过渡。水平线距离从式（3.38）计算得到，而地平线之外的传播用平滑的球体或尖锐的边缘绕射近似来计算。这样就得到了传播的平均效应，同时也得到了在掠射角随着距离的增加时的平均减少。所观察到的地杂波反射率随波长的变化，主要可由传播因子解释。

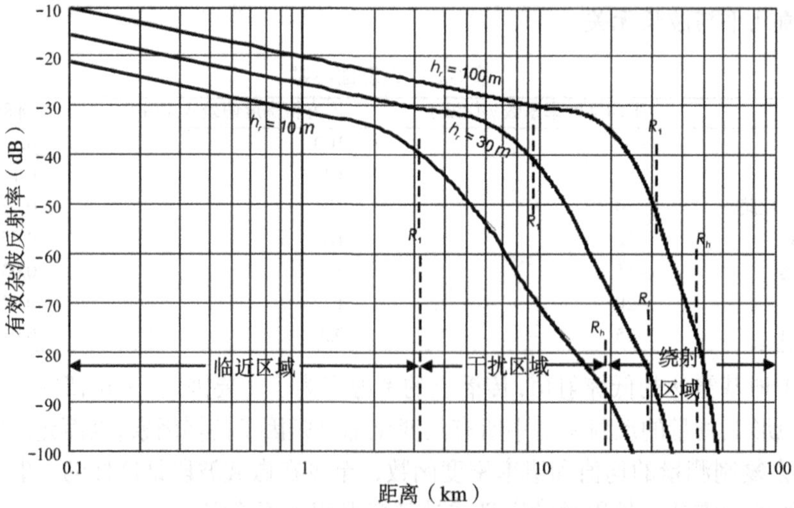

图 3.17　不同天线高度的相对于距离的典型面杂波反射率 $\sigma^0 F_c^4$

地杂波的空间扩展范围不仅仅依赖于天线高度、阵地和传播条件，还和地面的粗糙程度有关。高度5000 m的山脉通常可以在300 km之外看到，但有大气波导时能在500 km之外看到。

正常的起伏地形（$\sigma_h = 15$ m）的杂波可在从天线高度计算出的地平线之外 15 km 处看到，但是在大气波导条件下可以扩展到数百公里。

3.6.4　面杂波幅度分布

当掠射角超过 ψ_c 时，海杂波的幅度分布近似为瑞利分布，同样在有许多波的顶端对杂波功率有影响的大分辨单元内，当低角度时也是瑞利分布。随着分辨力的增加，分布偏离瑞利分布，这对应于有杂波非常低的区域存在，但在较大的波的顶端被尖峰打断。当用水平极化时，这种现象尤其显著。在这些情况下，概率密度函数可用对数正态模型[17]建模。对于较高掠射角，相关函数在海波波长上近似为正弦，但在该海波波长及其倍数－时对于较低掠射角变为尖峰。

在对地杂波建模、分析和处理时，一个主要的问题就是它的幅度分布。平均杂波的知识并不足以预测它对雷达的影响，除非概率密度函数是已知的。当掠射角大大超过临界角时，这个概率密度函数近似瑞利分布，但是在等于 ψ_c 和低于 ψ_c 时，它扩展成对数－正态或韦布尔分布，后者由下式给出：

$$dP_\sigma = \frac{\sigma^{1/a}}{a\alpha\sigma}\exp\left(-\frac{\sigma^{1/a}}{\alpha}\right)d\sigma \tag{3.39}$$

式中，α 决定了均值，a 给出了概率密度函数的扩展：

$$\begin{aligned}\bar{\sigma} &= \alpha^a\Gamma(1+a)\\ \sigma_{50} &= (\alpha\ln 2)^a\end{aligned} \tag{3.40}$$

Γ 是 Γ 函数，注意此函数通常用来描述 σ^0 的概率密度函数，实际上是在描述 σF_c^4 的有效值。对于 $a = 1$，产生功率的（瑞利幅度）指数概率密度函数，而对于其他的 a 值，幅度的 a 次根是瑞利分布。在对数尺度上，概率密度函数的扩展变为直接与 a 成正比，而均值从中值移得更远（见图 3.18）。对数－正态和韦布尔分布都能用均值与中值的比来表征，如图 2.15 所示。和瑞利分布的 1.6 dB 的比值相比，低掠射角时用高分辨力雷达观察的地杂波，10 分贝和 20 分贝之间的比值是常见的。

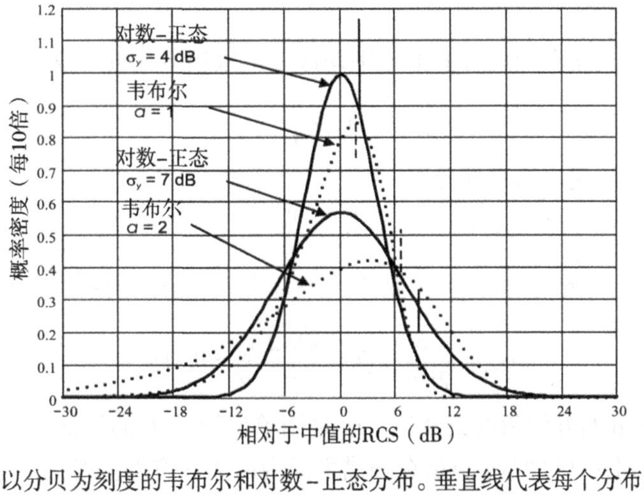

图 3.18　以分贝为刻度的韦布尔和对数－正态分布。垂直线代表每个分布的平均值：1.6 dB 和 6.2 dB 对应于 $a = 1$ 和 2，1.8 dB 和 7.4 dB 对应于 $\sigma_y = 4$ dB 和 7 dB

雷达和个别地块及地形特征之间的传播因子造成地杂波概率密度函数的广阔分布，但概率密度函数的峰值（例如，这个值超过10^{-4}的概率）一直到最远的杂波对小于分辨单元几乎是常数。F_c作为距离的函数、平稳变化的简单模型，不能反映杂波在单元之间实际的变化，而只能仅仅给出平均杂波与距离的关系。当$F_c \to 0$时，对应于增加的韦布尔参数a或对数、正态σ_y，平均值来自于总的单元中贡献越来越小的部分。对于大的和小的分辨单元，一种建模方法是把从简单模型计算得到的F_c和韦布尔参数a相关联，如图 3.19 所示。用这种形式的模型，系统的相对性可以作为分辨单元尺寸和杂波衰减的函数来评估。剩下未建模的是杂波在不同条件下的相关特性，它决定不同 CFAR 方法的效果。这些相关特性在不同的地面情况下变化很大。

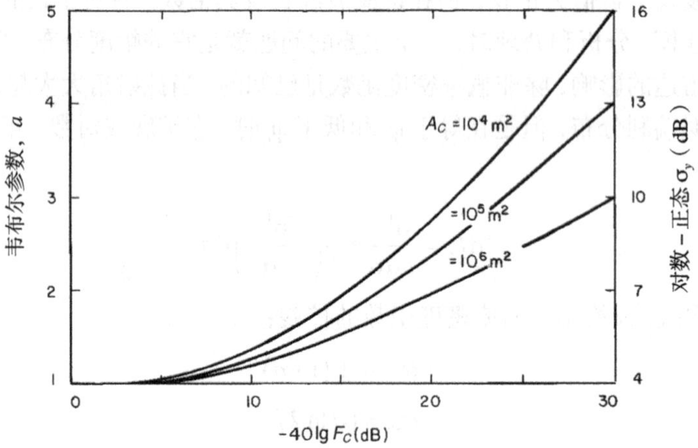

图 3.19 杂波概率密度函数扩展随平均传播因子的变化

3.6.5 面杂波的速度谱

为了计算杂波对雷达目标检测或测量的影响，我们不仅要考虑它的幅度分布，还要考虑它的时间或谱特性。这些特征最好用杂波的速度谱来描述，包括它内在的运动、雷达天线扫描的影响和可能的横向运动（如果雷达在一个运动的平台上）。

海杂波谱

对于风速v_w，海杂波在顺风方向上的平均速度可以用下式近似给出[14,284～291页]：

$$v_s \approx \frac{v_w}{6} \tag{3.41}$$

它的谱是具有下列标准偏差的高斯分布：

$$\sigma_{vi} \approx \frac{v_w}{9} \tag{3.42}$$

当天线扫描时，谱会有附加的展宽，再加上一个具有下面给出的标准偏差σ_{va}的分量：

$$\sigma_{va} = \frac{\sqrt{\ln 2}}{2\pi\theta_a}\omega_s\lambda = \frac{\sqrt{\ln 2}}{\pi}\frac{v_b}{n} \approx 0.11\omega_s w \tag{3.43}$$

式中，θ_a是单位为 rad 的方位角波束宽度，ω_s是用单位为 rad/s 的扫描速率，$v_b = f_r\lambda/2$是盲速，n是每个波束宽度的击中脉冲数，w是在扫描平面内的天线宽度。当扫描是由被离散分开的固定波束驻留组成时，这个分量不存在。

当雷达工作在一个运动的平台上时，平均速度偏移到一个值：

$$v_0 = v_p \cos\left(A_p - A_b\right) - v_s \cos\left(A_w - A_b\right) \tag{3.44}$$

（朝雷达的速度方向为正），式中，v_p是幅值，A_p是雷达平台速度的方位角，A_b是波束轴的方位角，v_w是幅值，A_w是在包含杂波的分辨单元上平均风速的方位角。还有一个附加的扩展分量：

$$\sigma_{v\theta} = 0.3\theta_a \left| v_p \sin\left(A_p - A_b\right) - v_s \sin\left(A_w - A_b\right) \right| \tag{3.45}$$

谱总的展宽是3个分量平方和的平方根：

$$\sigma_v = \sqrt{\sigma_{vi}^2 + \sigma_{va}^2 + \sigma_{v\theta}^2} \tag{3.46}$$

地杂波谱

地杂波的速度谱窄，对在有风情况下的植被，可以$\sigma_v < 0.5$ m/s用高斯分布建模。然而，由具有大动态范围[18]的相干杂波测量系统收集到的数据表明，实际的谱具有指数形状（见图3.20）。图3.20中所有谱的总功率都进行了归一化。有风条件下指数谱94%的功率在±0.5 m/s的速度范围内，这可以和σ_v为0.20 m/s的高斯谱95%的能量相比较。无论哪种类型的谱都不能展示出具有形如$1/[1 + (f/f_a)^n]$的幂律方程所预示的功率谱的展宽，这里$n = 2$或3。报道的具有这样谱的杂波数据，可以由用来进行测量的接收机存在非线性（例如，对数特性）来解释。

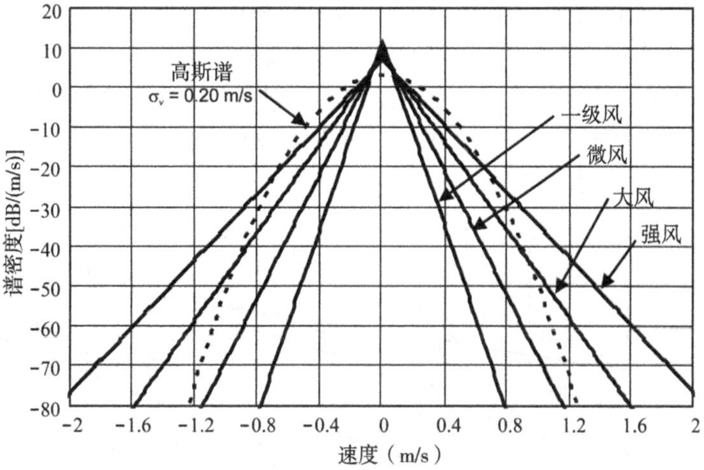

图3.20　从参考文献[17, 表6.1, 578页]的模型中得到的在4种风情况下被风吹的树的指数谱，与$\sigma_v = 0.2$ m/s的高斯谱相比较

测量的数据也表示出一个直流对交流功率比为r的直流分量，r由参考文献[18, 式（6.4），580页]给出，但改为米制单位：

$$r = \frac{140}{v_w^{1.55} f_{\mathrm{GHz}}^{1.21}} \tag{3.47}$$

这里分子中的常数适用于单位为m/s的v_w。天线扫描（3.43）和平台运动［式（3.45），$v_s = 0$］产生的扩展分量，必须通过卷积与图3.20的谱和直流分量相结合。除非内在的运动分量占主导地位，结果近似具有高斯分布，标准偏差由式（3.46）给出。

杂波相关损失

由于是窄带谱，海杂波和地杂波在多个连续脉冲回波间具有相关性。如式（2.70）中定义的那样，这将减少积累增益和增加杂波可检测性因子。积累可用的有效独立杂波样本的个数为

$$n_c = 1 + \frac{t_o}{t_c} = 1 + \frac{2\sqrt{2\pi}\sigma_v t_o}{\lambda} \leqslant n \tag{3.48}$$

相应的损失（对于随机噪声，相对于 D_x 的 D_{xc} 增加）是

$$L_{cc} \equiv \frac{D_0(n_c)}{D_0(n)} \tag{3.49}$$

当采用MTI或多普勒处理时，这个损失被减少，这是因为输出的剩余杂波变得更像噪声。

3.6.6 降雨杂波

体杂波的反射率可以用因子 η_v 描述，用 m^2/m^3 或 m^{-1} 表示。从式（3.4）中，在对雨滴的介电常数进行调整后，对于 $\lambda > 0.02$ m 时的降雨，这个因子可用下式表示：

$$\eta_v = 5.7\times10^{-14}\frac{r^{1.6}}{\lambda^4} \tag{3.50}$$

这里 r 是用 mm/h 表示的降雨速率。在这些波长上对干雪有

$$\eta_v = 1.2\times10^{-13}\frac{r^2}{\lambda^4} \tag{3.51}$$

式中，r 是按含水量表示的降雪的速率。对于比较短的波长[19]，散射特性偏离纯瑞利RCS预计，如图3.21的上面部分所示。画出的反射率的值是对于线极化雷达的，或者是对于发射和接收相反旋向的圆极化系统的。对于同向的圆极化，雨的反射率（在雨滴是扁圆时，降速慢的情况下大一些，而在降速快的情况下小一些）可预期减少20 dB。因不同类型的雨具有不同的雨滴尺寸分布，这些数据必然是近似的。

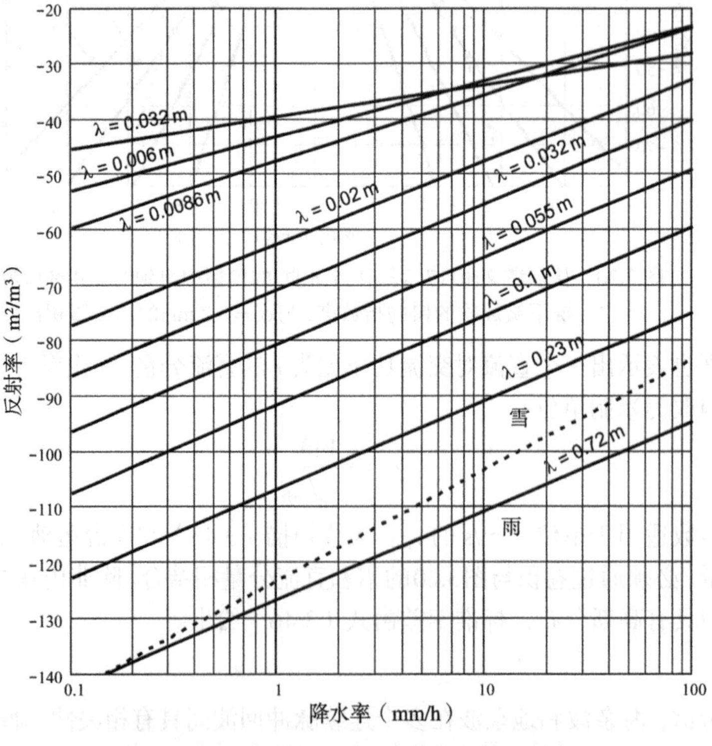

图3.21 雨（实线）和雪（虚线）的体反射率

3.6.7　箔条

表 3.1 给出了从侧面看单个箔条偶极子的 RCS 为 $0.86\lambda^2$。对所有姿态角上的平均，使其下降到 $0.15\lambda^2$。铝箔条的早期数据给出了总 RCS，作为其重量 W(kg)的函数关系：

$$\sigma = 6600\frac{W_{\text{kg}}}{f_{0\text{GHz}}} = 22\,000\lambda_{\text{m}}W_{\text{kg}}\ \ \text{m}^2 \tag{3.52}$$

这里箔条偶极子切割成使其在 λ 谐振，而下标表示使用的单位。更新的数据[20,187页]表明现代的箔条能在两倍频带达到这个 RCS（见图 3.22），这时在式（3.52）中 λ 取几何平均值。对于 λ > 0.3 m，谐振偶极子让位给长带，对同样重量产生更低的 RCS，但是不容易断掉。由于箔条下降速度慢，倾向于使单个偶极子的走向是随机的，因此对雷达的极化方式不敏感，水平极化看起来有更强的响应，尤其是在展开后的较短的时间内。

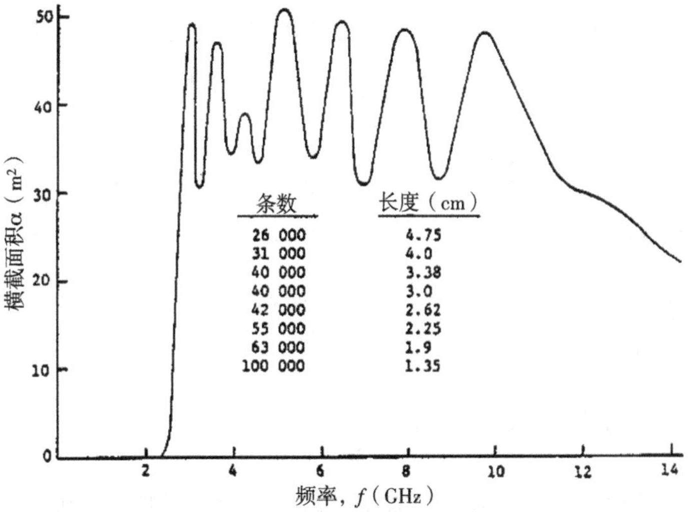

图 3.22　箔条包的 RCS（来源：[20]）

3.6.8　体杂波的空间和速度范围

雨的空间范围受到它的顶部高度的限制，通常是 3 km 到 7 km，但是在雷暴时可以扩展到 10 km。在 5 km 高度下分布广泛的雨能在所有方向上扩展到地平线：对地基雷达大约 300 km 的距离。大的降雨在水平方向上受到更多的限制，但是能扩展到更大的高度。箔条受到散布它的设备的操作高度的限制，通常大约 12 km（这时，水平距离是 450 km）。箔条的水平范围只依赖于飞机的航线和散布以后的时间。风使箔条云在相当大的水平距离上扩散，已观察到箔条云能持续很多小时甚至好几天。

雨或箔条的速度谱与风的状况、雷达平台以及波束运动有关。平均杂波速度 v_0 近似等于雷达和位于波束中心的气团的相对径向速度，适用一个类似于式（3.44）的方程，但增加了一个对下落速度 v_z 有影响的项：

$$v_0 = v_p\cos\left(A_p - A_b\right) - v_w\cos\left(A_w - A_b\right) + v_z\sin\theta_b \tag{3.53}$$

式中，θ_b 是波束轴仰角，其他符号同式（3.44）中的定义。

Nathanson[14,239~348页]给出了一个固定雷达速度谱的标准偏差的表达式，但对于在运动平台上的雷达，我们加了一个分量，得到

$$\sigma_v = \sqrt{\sigma_{vs}^2 + \sigma_{va}^2 + \sigma_{vt}^2 + \sigma_{vz}^2 + \sigma_{v\theta}^2} \tag{3.54}$$

这5个分量是：σ_{vs}来自风切变，σ_{va}来自雷达波束的扫描，σ_{vt}来自风湍流，σ_{vz}来自下落速度在穿过仰角波束宽度方向上的投影，σ_{vp}来自雷达平台相对于气团的运动。

（1）切变分量。对填满仰角波束的体杂波，速度扩展的切变分量是

$$\sigma_{vs} = 0.3k_{sh}R\theta_e\cos(A_w - A_b) \tag{3.55}$$

R是用km表示的距离，仰角波束宽度θ_e用rad表示（为了用传统的3 dB波束宽度，这个方程中的常数已进行了调整）。通常k_{sh}的值在2 m/s和4 m/s每km之间，在表面和最高的杂波之间总的速度改变量可以达到40 m/s。图3.23示出了一个用二维监视雷达观察到的典型雨的谱。当只有一部分仰角波束宽度包含杂波时，平均风速和它的标准差可以通过用二维天线方向图对垂直速度剖面加权计算得到。

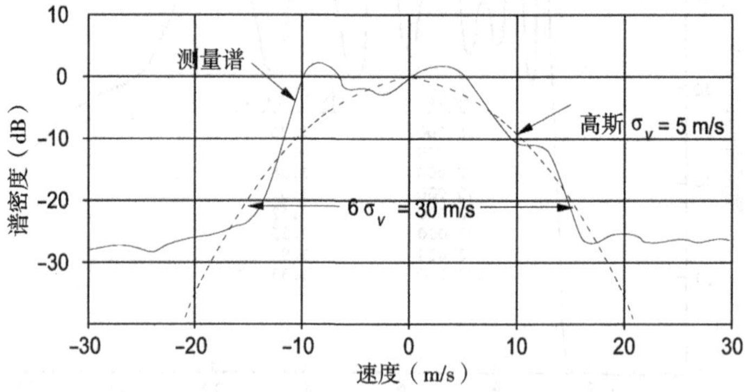

图3.23 用两坐标监视雷达测量的雨杂波谱，近似于高斯谱

（2）天线扫描分量。和表面杂波一样，式（3.43）给出了波束的连续机械或电扫描的天线扫描分量。

（3）湍流分量。湍流部分的典型值接近1 m/s，在平稳大气下减少，在暴风雨和其他恶劣天气情况下增加。

（4）下落速度分量。这个分量是由具有不同直径的雨滴的下落速度的扩散和平均下落速度在仰角波束宽度上的不同投影产生的。Nathanson[14,245~346页]给出了雨滴速度扩散的均方根σ_z值约为1 m/s，平均下降速度v_z为4 m/s ~ 6 m/s。应包含式（3.54）中的分量为

$$\sigma_{vz} = \sqrt{(\sigma_z\sin\theta_b)^2 + (0.3v_z\theta_e\cos\theta_b)^2} \tag{3.56}$$

式中，θ_b是波束轴的仰角，θ_e是仰角波束宽度。对于波束指向接近水平线和以任何方向慢速下降的箔条，这个分量可以忽略不计。

（5）平台运动分量。这个分量是由平台相对于气团的速度v_{pw}在方位角波束宽度上的不同投影产生的，由式（3.45）给出。

和一个特殊目标竞争的体杂波的速度谱，不仅依赖于风和波束宽度，还与雷达响应中距离模糊的存在有关。例如，图3.24示出了来自在4个分开的距离模糊处穿透扩展杂波云的窄仰角波束的谱。尽管每个杂波的宽度被波束宽度变窄，但是总的扩展和用具有宽仰角波束的两坐标地面雷达看到的相同。

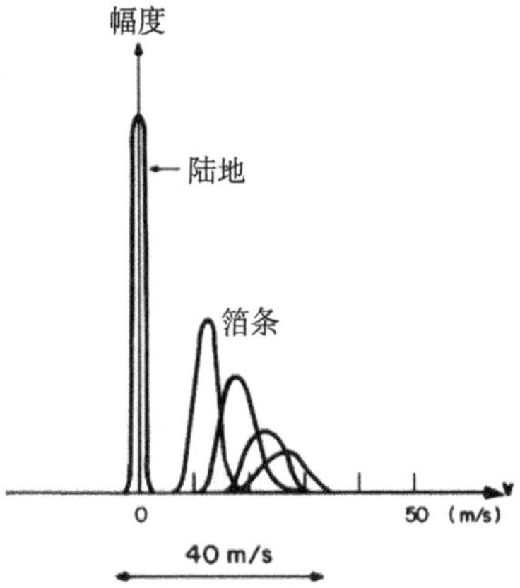

图3.24　距离模糊的箔条杂波的谱

3.6.9　体杂波的幅度分布

体杂波的幅度分布通常假设是瑞利分布。然而，雨和箔条都有局部的变化，导致了有些峰值的幅度比那些瑞利分布预计到的幅度要大。具有空间变化的均值，并在数百米到几千米范围上相关的瑞利分布，可以作为大多数环境下的近似模型。

3.6.10　离散杂波源

几种类型的离散杂波源中，建筑物（包括塔和水箱）有最大的RCS，而鸟类在空间和速度上范围最大。取自参考文献[21～24]的离散地杂波的不同模型如表3.4所示，还有一个通常使用的推荐模型。大的硬的源可以看做是具有非常小的空间扩展（一般只有1米或几米）和宽度接近零的谱。它们确定了多数系统的接收机输入动态范围，并对控制虚警的方法提出了特殊的要求。

表3.4　离散点杂波模型

参数	RRE [21]	Ward [22]	Mitre 郊区 [23]	Mitre 城市 [24]	建议值
RCS密度（每 km^3）					
$\sigma_c = 10^2\ m^2$	3.5	1.8			2
$\sigma_c = 10^3\ m^2$	0.8	0.36	0.02	2	0.5
$\sigma_c = 10^4\ m^2$	0.15	0.18	0.002	0.2	0.2
得到的中值 σ^0	–26	–26	–44	–24	–26
在0～5 km之间					
每1°波束的点数：					
$\sigma_c = 10^2\ m^2$	0.7	0.35			0.4
$\sigma_c = 10^3\ m^2$	0.16	0.07	0.004	0.4	0.1
$\sigma_c = 10^4\ m^2$	0.03	0.035	0.004	0.04	0.04

鸟类尽管具有小得多的RCS，但对于必须探测低高度小目标的雷达是个严重的问题。对于在微波波段中段的鸟的RCS，可以建模为对数－正态概率密度函数，中值为 $\sigma_{50} = -30$ dBsm，标准差 $\sigma_y = 6$ dB。这意味着只有 0.13%的鸟类超过 −12 dBsm。然而，在雷达周围 50 km 范围内也许存在着 100 000 只鸟，其中 130 只超过了 −12 dBsm。在参考文献[14,184 页; 24~26]中讨论了雷达 RCS 随着波长和鸟的类型的变化而变化。鸟的 RCS 对极化方式不敏感，大鸟的 RCS 的值对波长也不敏感（至少对 $\lambda < 0.3$ m 是这样）。小鸟的尺寸接近波长并产生谐振，而对于更长的波长则处于瑞利区。更大的鸟在超高频波段谐振，但是在甚高频和更低频段的所有的鸟都处于瑞利区。

在现代多普勒雷达系统中鸟类的最大危害是它的速度分布。鸟类在空气中的运动速度可高达 25 m/s，参考文献[26,27]示出了均值为 15 m/s、标准差为 5 m/s 的近似高斯分布。

迁徙中的鸟通常在高度上具有指数分布，标度高度接近1000 m，有时候达到5 km或更高，尽管许多地方鸟处在比较低的高度。这意味着在足够高度的鸟经常提供自由空间传播，$F_c = 1$，或者甚至在反射瓣内具有 $F_c \to 2$。因此，鸟具有 RCS 为 −12 dBsm 的这一事实并不妨碍它在雷达中看起来 $\sigma F_c^4 = 0$ dBsm。这一点以及鸟群中各种鸟的存在，使得不可能基于信号门限去消除鸟类的影响，除非所期望的目标位于 0 dBsm 以上。

同样的因素适用于昆虫，在微波波段对数－正态分布的均值可以是 −70 dBsm ± 10 dB。$\sigma_y = 6$ dB 时均值为 −66 dBsm，但是数千只昆虫组成的云使这个值增加到 −30 dBsm。平均为 8 dB 的传播因素可使现代雷达能够检测到这些昆虫。

对于许多空中监视雷达，地面车辆变成了杂波，因为它们的RCS和飞机的差不多，它们的速度位于 MTI 和许多多普勒雷达系统的通带内。这里，至少传播因子几乎一直对期望的飞行目标是有利的，因为它们位于比地面车辆高的高度。然而，当几十或上百辆地面车辆位于雷达的视线内时，除非速度滤波把速度低于 40 m/s 的目标滤除掉，否则虚警是不可避免的。

3.7 干扰

3.7.1 噪声干扰

最常见的的电子对抗（ECM）类型是噪声干扰，它通过提高接收机的噪声电平企图阻止对回波信号的检测。对雷达的影响是增加有效输入温度，从由接收机和自然环境下决定的 T_s 到 $T_s' = T_s + T_j$，这里干扰机温度由下式给出：

$$T_j = \frac{P_j G_j A_r F_j^2}{4\pi k B_j R_j^2 L_{\alpha j}} \tag{3.57}$$

式中，$P_j G_j$ 是干扰机的有效辐射功率（ERP），F_j 是雷达接收天线在干扰机方向上的方向图传播因子，B_j 是干扰机谱的带宽，R_j 是干扰机距离，$L_{\alpha j}$ 是来自干扰机的单程传播损失。当存在不止一个干扰机时，每个干扰机的温度单独计算，然后把这些温度加到 T_s 上得到 T_s'。

当有由远处平台来的噪声干扰（远距离干扰）时，雷达在检测目标回波的距离时最好通过式（3.57）计算输入温度的增加来估计。当干扰机随着目标（自卫干扰，或自屏蔽干扰）的距离减小时，可以计算烧穿距离，在此距离上雷达回波变得可见。在 1.4.4 节中给出了这种计算，这里不再重复。

在阻塞式噪声干扰中，带宽B_j扩展到整个雷达的调谐范围，一般是雷达频率的10%。选择式噪声干扰机，在稍微比雷达的瞬时信号带宽宽的频带中，集中发射它的功率，冒着丢失雷达实际接收的频率的危险获得更高的噪声密度。选择式干扰机和其他特殊的干扰机都要求有截获接收机来控制它们的频率，这些接收机必须工作在干扰不发射的安静的（观察的）周期。当在干扰平台视线内有几个可调频的雷达工作在相同的频段中时，为了避免丢失潜在的威胁，通常用阻塞式干扰。

除了用ERP和带宽描述干扰外，噪声的质量也应该考虑。对宽带噪声源直接进行放大，产生具有接近高斯幅度分布的干扰，但是其平均功率远远低于干扰机输出放大器的能力。通过增加干扰电平使放大器达到饱和，以切掉噪声峰值的代价可以得到更高的平均输出功率。切割过的噪声对屏蔽雷达目标和增加虚警的效率变低。许多干扰机通过在频带上快速扫频产生宽带噪声，同时通过噪声调频函数使噪声信号随机化。用这个方法得到全饱和输出。此外，依赖于扫描时间和噪声调频的范围，与纯随机噪声相比对雷达的作用效力也许会降低。无论用哪种方法，干扰机的ERP都应由噪声品质因子$Q_j < 1$而减少。

典型的战术ECM发射机工作的平均功率在100 W和数千瓦之间。通过使用定向天线可增加ERP，一直到在部署干扰机的载体上可能的程度。例如，如果波束宽度和要求覆盖范围一致，SOJ能用相当大的天线（如$D = 0.5$ m）。为了对几部雷达同时干扰，方位角波束宽度必须大于60°，这一要求与垂直空间尺寸受限制相结合，通常限制天线的增益为10 dB到15 dB。SOJ相应ERP的典型电平为1 kW到100 kW。对于SSJ，所用的天线增益接近5 dB，导致ERP电平为0.3 kW到10 kW。这些值通常认为是由噪声质量减少后的有效值。

噪声干扰机能屏蔽目标回波，但在这个过程中干扰机允许雷达得到干扰机角度的精确读数（对两坐标搜索雷达是方位角；对三坐标和跟踪雷达是方位角和俯仰角）。搜索雷达中的角度定位程序导致了一个干扰机闸门，而在跟踪系统中角度定位提供对干扰跟踪的数据。如果干扰机正成功地屏蔽其他目标（SOJ或ESJ），或者在没有干扰平台的距离和多普勒信息时使使用雷达数据的系统不能工作，干扰机的目的就达到了。因为大多数导弹的引导系统都设计成在干扰跟踪的模式下工作，所以作为SSJ技术的噪声干扰就无效了。

3.7.2　欺骗干扰

欺骗干扰机用专门的波形产生多个虚假目标或者产生一个角度不在干扰机角度处的目标。在许多情况下，干扰机的波形是放大了的或重复了的雷达入射信号。针对搜索雷达，多个虚假目标的意图是使雷达输出端的数据系统饱和（见7.10.3节）。针对跟踪和引导雷达，虚假目标使获得的实际目标延时，并阻止对干扰平台的精确的火控或引导。在多数情况下，欺骗干扰机使雷达中自然存在的问题恶化。这也许是目标起伏、目标回波的去极化或目标闪烁的影响。关于欺骗干扰对跟踪系统的影响的信息将在第8章中叙述。

3.7.3　诱饵

诱饵是欺骗干扰的一种特殊形式，这时信号源在干扰机平台之外。诱饵可以是无源的，如反射雷达的发射，也可以是有源的，如重发器或噪声干扰机。基本目的是使防御系统的效果下降、延迟获得实际目标数据，或者使导弹或炮火转向诱饵从而保护目标。和其他欺骗干扰技术一样，诱饵对付雷达的一种自然响应。这种技术的一个例子就是所谓的地面弹跳干扰机，它把反射指引到地表面来产生夸大的多径误差。因为这些效果和目标信号的自然多径反射相似，在第 8 章的相关内容中，我们将对这个主题要进一步讨论，并给出定量分析。

参考文献

[1] *IEEE Standard Dictionary of Electrical and Electronic Terms*, 6th ed., IEEE Std. 100-1996.

[2] Kerr, D. E., *Propagation of Short Radio Waves*, Vol. 13 of MIT Radiation Laboratory Series, New York: McGraw-Hill, 1951; Norwood, MA: Artech House (CD-ROM edition), 1999.

[3] Knott, E. F., Shaeffer, J. F., and Tuley, M. T., *Radar Cross Section*, Dedham, MA: Artech House, 1985.

[4] Shirman, Y. D., (ed.), *Computer Simulation of Aerial Target Radar Scattering, Recognition, Detection, and Tracking*, Norwood, MA: Artech House, 2002.

[5] Gorshkov, S. A., et al., *Radar Target Backscattering Simulation Software and User's Manual*, Norwood, MA: Artech House, 2002.

[6] Currie, N. C., (ed.), *Radar Reflectivity Measurement*, Norwood, MA: Artech House, 1989.

[7] Swerling, P., *Probability of Detection for Fluctuating Targets*, RAND Corp. Research Memo. RM-1217, March 17, 1954; reprinted in *IRE Trans. Information Theory*, Vol. 6, No. 2, April 1960.

[8] Wilson, J. D., "Probability of Detecting Aircraft Targets," *IEEE Trans. Aerospace and Electronic Systems*, Vol. 8, No. 6, November 1972, pp. 757-761.

[9] Weinstock, W., "Target Cross Section Models for Radar Systems Analysis," Doctoral Dissertation, University of Pennsylvania, Philadelphia, 1964.

[10] Barton, D. K., and Ward, H. R., *Handbook of Radar Measurement*, Englewood Cliffs, NJ: Prentice-Hall, 1969; Dedham, MA: Artech House, 1984.

[11] Ostrovityanov, R. V. and Basalov, F. A., *Statistical Theory of Extended Radar Targets*, Moscow: Soviet Radio Publishing House, 1982; Dedham, MA: Artech House, 1985.

[12] Howard, D. D., "Radar Target Angular Scintillation in Tracking and Guidance Based on Echo Signal Phase-Front Distortion," *Proc. NEC*, Vol. 15, 1959, pp. 840-849.

[13] Long, M. W., *Radar Reflectivity of Land and Sea*, Dedham, MA: Artech House, 1983.

[14] Nathanson, F. E., Reilly, J. P., and Cohen, M. N., *Radar Design Principles*, 2nd ed., New York: McGraw-Hill, 1991.

[15] Trunk, G. V., "Radar Properties of Non-Rayleigh Sea Clutter," *IEEE Trans Aerospace and Electronic Systems*, Vol. 8, No. 2, March 1972, pp. 196-204.

[16] Ayasli, S., "Propagation Effects on Radar Ground Clutter," *Proc. IEEE National Radar Conference*, 1985.

[17] Barton, D. K., "Land Clutter Models for Radar Design and Analysis," *Proc. IEEE*, Vol. 73, No. 2, February 1985, pp. 198-204.

[18] Billingsley, J. B., *Low-Angle Radar Land Clutter*, Norwich, NY: William Andrew Publishing, 2002.

[19] Crane, R. K., *Microwave Scattering Parameters for New England Rain*, MIT Lincoln Laboratory Tech. Rep. 426, October 3, 1966.

[20] Schleher, D. C., *Introduction to Electronic Warfare*, Dedham, MA: Artech House, 1986.

[21] Edgar, A. K., Dodsworth, E. J., and Warden, M. P., "The Design of a Modern Surveillance Radar," *IEE Conf. Pub. No. 105, Radar-73*, October 1973, pp. 8-13.

[22] Ward, H. R., "A Model Environment for Search Radar Evaluation," *IEEE Eascon Record*, 1971, pp. 164-171.

[23] McEvoy, W. J., *Clutter Measurements Program: Operations in Western Massachusetts*, Mitre Corp. Rep. MTR-2074, March 1972, DDC Doc. AD742297.

[24] McEvoy, W. J., *Clutter Measurements Program: Operations in the Metropolitan Boston Area*, Mitre Corp. Rep. MTR-2085, March 1972, DDC Doc. AD742298.

[25] Pollon, G. E., "Distributions of Radar Angels," *IEEE Trans. Aerospace and Electronic Systems*, Vol. 8, No. 6, November 1972, pp. 721-727.

[26] Moon, J. R., "A Survey of Bird Flight Data Relevant to Radar Tracking Systems," *IEE Radar-2002*, Edinburgh, October 15-17, 2002, pp. 80-84.

[27] Moon, J. R., "Effects of Birds on Radar Tracking Systems," *IEE Radar-2002*, Edinburgh, October 15-17, 2002, pp. 300-304.

[28] Barton, D. K. and Barton, W. F., *Modern Radar System Analysis Software and User's Manual, Version 2.0*, Norwood, MA: Artech House, 1993, p. 118.

[29] Battan, L. J., *Radar Observation of the Atmosphere*, Chicago, IL: Chicago University Press, 1973.

[30] Sauvageot, H., *Radar Meteorology*, Norwood, MA: Artech House, 1992.

附录 3A：关于目标和干扰的习题

3.1 有效平板方法的使用

（a）对于一个在 x, y 和 z 坐标系中，从末端（沿着 x 轴）看，具有半轴 $a = 1$ m, $b = 0.5$ m, $c = 0.5$ m 的长椭球体，在 X 波段（$\lambda = 0.03$ m）用有效平板方法计算 RCS；

（b）同一个椭球体，由曲率半径计算其 RCS，并把这个结果和（a）及表 3.1 中适用方程的结果相比较；

（c）计算从侧面（y-z 平面上的点）看的这个椭球体的 RCS，用曲率半径的方法；

（d）用曲率半径的方法，从垂直于它的平面（沿 x 轴）和垂直于它的边缘（沿 y 轴）看，计算扁的椭球体的 RCS（$a = 0.5$ m, $b = 1$ m, $c = 1$ m）。

3.2 简单物体的 RCS　计算用 S 波段的雷达观察的几个物体的 RCS，这几个物体能装在货舱尺寸为 1 m × 1 m × 2 m 的小货车或者旅行车上。用 m^2 和 dBsm 表示结果。

（a）半径为 0.5 m 的金属球；

（b）从垂直于轴和末端平面看的半径为 0.5 m，长度为 2 m 的封闭圆柱体；

（c）从垂直于表面方向看的 1 m × 2 m 的平板；

（d）从飞机上投放出的一个含有 100 kg 重的铝箔条的包裹，箔条长度被切为 5 cm；

（e）由一个 1.5 m 长的圆锥构成的金属再入飞行器，圆锥具有 15° 的半角和半径为 0.5 m 的球的截面端，从头部、尾部和垂直于锥形面方向观察；

（f）一组边长为 0.7 m 的三角形反射体；从最适合三次弹跳的方向和沿着垂直于一个面的方向观察。

3.3 **小球体的 RCS** 一个小气球用来携带一个 6 英寸（7.6 cm）的球升空，用以进行雷达测试。这个方法已经成功用于 C 波段雷达。计算这个球的 RCS：

（a）在光学区（$\lambda < 0.01$ m）高端；

（b）在 C 波段，频率为 5500 MHz 和 5600 MHz；

（c）画出作为频率函数的 RCS，$5000 \text{ MHz} < f < 6000 \text{ MHz}$；

（d）计算在 L 波段的 RCS，频率为 1250 MHz 和 1350 MHz；

（e）画出作为频率 $1200 \text{ MHz} < f < 1400 \text{ MHz}$ 函数的 RCS。

把两个半球组成一个球，赤道处的连接有时被压缩，使相对于赤道直径而言的两极之间的直径被减少大约 2 mm。

（f）当从赤道平面方向观察目标时，组合处稍微有点椭圆的部分对 RCS（光学 RCS 和对 $\lambda = 0.24$ m 的 RCS）的影响有多少？

3.4 **飞机在 K_a 波段的 RCS 分布** 用 K_a 波段的雷达（$\lambda = 0.0086$ m）观察飞机，其翼展 $L_x =$ 15 m，机头和雷达位置成 30° 角，以速度 V_t 250 m/s 飞行，距离 $R = 10$ km，雷达的 PRF 为 5 kHz。

（a）目标相关时间是多少？

（b）如果观察时间为一个周期 $t_o = 20$ ms，RCS 分布的 K 值是什么？

（c）如果目标在距离上的扩展范围是 $L_r = 15$ m，并且雷达在中心频率 5% 的带宽内能频率捷变，从频率移动可得多少个样本？

3.5 **飞机的双基地 RCS** 建立一个在发射和接收机之间基线为 100 km 的工作在 300 MHz 的双基地雷达栅。飞机在高度 5 km，以垂直于基线的速度 250 m/s 飞过基线的中心。将飞机机身考虑成一个中心直径为 3 m，长度为 15 m 的椭球体，并用平板近似，求：

（a）沿着从发射阵地到空中的直线，最大的前向散射 RCS；

（b）当目标穿过基线上方时，用 m^2 和 dBsm 表示双基地 RCS；

（c）画出 RCS 作为跨越基线后时间的函数；

（d）对高度 10 km 的目标，重复（b）和（c）；

（e）加上画出用式（3.28）预测的平均 RCS 值。

3.6 **海杂波** 波束宽度 2° 的 X 波段机载雷达工作在海上，蒲福风级是 5。风向直接朝着雷达，天线指向飞机的侧边，飞机速度是 100 m/s，天线以 20 r/min 扫描。

（a）计算垂直入射的海杂波反射率；

（b）画出反射率用 dB 表示的、掠射角用度数（线性刻度）表示的曲线，分别示出由于海表面前向散射的分量；

（c）包括杂波传播因子，画出它和从（b）得到的值在对数尺度上与掠射角的关系曲线；

计算以下值：

（d）风速；

（e）径向杂波速度均值；

（f）杂波速度的扩展；

（g）画出杂波谱。

3.7 **地杂波**　现在同样的雷达在覆盖树木的丘陵上飞行，风速和先前习题中的相同。

（a）计算垂直入射的地杂波反射率；

（b）画出在对数刻度上杂波反射率与掠射角的关系曲线；

（c）计算平均径向杂波速度；

（d）用程序 Spectrum.mcd 计算杂波速度的标准偏差；

（e）用高斯模型和 Billingsley 模型计算固有扩展的谱密度，画出这些杂波谱；

（f）计算这个杂波的直流功率与总功率之比；

（g）使用程序 Spectrum.mcd 并忽略平台分量，用高斯和 Billingsley 模型计算从用相同天线扫描的地基雷达看到的杂波谱。

3.8 **雨杂波**　有一部针状波束宽度为 2° 的 X 波段地基雷达（$\lambda = 0.03$ m），其波束轴的仰角在 0° 方位角高于水平 1°，以 10 r/min 扫描。处理后的脉宽为 2 μs，PRF 是 1 kHz。雨从最大高度 3 km 处以 4 mm/h 速度降落，垂直速度为 5 m/s，从雷达处扩展到最大距离 200 km 的范围。在 150° 方位，表面风速为 10 m/s，切向风为每千米 2 m/s。风内部的湍流扩展是 1 m/s。

（a）用式（1.30）计算用 m^2 和 dBsm 表示的与 120 km 处目标 RCS 相竞争的雨杂波 RCS 的第一近似值；

（b）用式（1.31）计算用 m^2 和 dBsm 表示的与 120 km 处目标 RCS 相竞争的雨杂波 RCS 的第二次近似值；

（c）用程序 VolClut.mcd 计算用 m^2 和 dBsm 表示的与 120 km 处目标 RCS 相竞争的雨杂波 RCS 的第三次近似值；

（d）计算平均径向速度；

（e）计算速度分布；

（f）画出雨杂波的谱。

3.9 **箔条杂波**　用习题 3.8 中相同的雷达，在相同风的情况下，观察密度为 $\eta_v = 10^{-8}\ m^2/m^3$，距离上从 100 km 扩展到 400 km 的箔条云，箔条云高度上达到 15 km。

（a）用程序 VolClut.mcd 计算用 m^2 和 dBsm 表示的与 120 km 处目标 RCS 相竞争的箔条杂波的 RCS；

（b）计算平均径向速度；

（c）画出箔条杂波谱。

3.10 鸟杂波

（a）在X波段雷达周围50 km空间范围内，可发现多少RCS超过0.01 m^2的鸟？

（b）把速度门限设置到哪里能排除除10只以外的这些鸟类？

附录3B：提供的Mathcad工具

SimpleRCS.mcd：简单物体的RCS

这个程序计算在表3.1中列出的简单物体的RCS，结果用m^2或dBsm表示。用m或频率（MHz）表示的波长都可以输入。

PlateRCS.mcd：平板或圆柱体的反射率

对于给定的长度、高度和波长，计算了平板或圆柱体的峰值RCS和反射率方向图。相同的方向图可用于给定长度的圆柱体。这里假设尺寸超过了波长一个合理的倍数。如果输入用m表示，RCS就是m^2。

SphereRCS.mcd：导体球的RCS

这个程序计算了给定半径和波长时的导体球的精确RCS，画出了作为归一化周长的函数的归一化RCS。

Ellipsoid.mcd：椭球体的RCS

这个程序计算了椭球体的RCS，计算时使用的是其有效平板面积和曲率半径。结果和表3.1中给出的方程进行了对比。用曲率半径的方法计算了从所有3个轴看的值。计算的值都是对于光学区域（$a, b, c > \lambda$）的。

CylinderRadius.mcd：圆柱体的RCS

这个程序计算了长圆柱体（$L/\lambda > 3$）的RCS，从大的半径开始（$r > \lambda/2$），到小的半径的情况，这时雷达的极化方向变得重要。计算了平直端的影响，并加到了总的RCS之中。给出了下列的图：

对于规定的波长和尺寸，RCS与姿态角的关系；

在规定的波长，可变半径的半径因子；

对于规定的波长和圆柱体长度，RCS与半径的关系。

CylinderLambda.mcd：圆柱体镜面RCS与波长关系

这个程序计算了圆柱体的RCS，从小波长的关系开始，到波长大于直径的情况，这时雷达极化变得重要了，最终到波长大于谐振出现处的长度，下面的曲线给出了：

半径和归一化周长的关系；

对于变化的波长，归一化RCS和归一化长度的关系；

对于特定圆柱体尺寸，用dBsm表示的RCS和用m表示的波长的关系。

RCSDistributions.mcd：目标和杂波的RCS分布

这个程序计算了瑞利分布目标（功率或RCS指数分布，两个自由度的χ^2）的RCS分布，以及情况3目标（4个自由度的χ^2）的韦布尔和对数－正态分布，它们都以对数刻度画出。计算了每种分布的90%的值。

Glint.mcd：闪烁误差

这个程序用可变宽度参数的Student分布画出了闪烁的概率密度函数。对于两个幅度为常数的目标，画出了作为相位角和相对目标幅度的函数的误差。

SeaClut.mcd：海杂波的反射率

计算了不同雷达频段和海状态下的杂波的反射率和谱。这个模型给出了对所有极化方式和顺风、逆风角的平均值。反射率用恒γ模型计算，对这个模型加上了一个接近垂直入射的分量，这个垂直入射是由来自表面倾斜面的类似镜子的反射造成的。

LandClut.mcd：地杂波的反射率

计算了作为地形参数函数的地杂波的反射率。提供了对7种地形的一组参数，如参考文献[28]中所用到的，当在规定波长观察时，画出了作为这些地形掠射角函数的反射率。反射率用恒γ模型计算，对这个模型加上了一个接近天顶入射的分量，这个天顶入射是由来自表面倾斜面的类似镜子的反射造成的。用两个模型计算杂波谱：Billingsley 指数模型[18]与来自天线扫描和平台运动的高斯分量的卷积，以及用高斯模型近似的指数模型。

ClutterProp.mcd：地杂波方向图传播因子

这个程序计算了包括反射、干涉和衍射因子的传播因子，作为杂波距离和雷达天线高度的函数。

VolClut.mcd：空域杂波的反射率

这个程序计算了对规定波长和降雨速率的雨和雪的反射率，产生了 9 个在从 0.72 m 到 0.0032 m内选定的波长的反射率与降雨速率的关系。反射率用参考文献[29]中的简单表达式来建模，对不同降雨速率和波长的参数从参考文献[30]报告的数据中得到。

BirdRCS.mcd：鸟类的 RCS 分布

这个程序用参考文献[25]中的模型计算了RCS超过某些特定值的鸟的个数，以及同时超过给定 RCS 和速度门限的鸟的个数。

附录 3C：习题的解

文件夹 Appendix3A 中包括了 10 个单独的程序，用于解答附录 3A 中的习题。获取方法详见封底。

第4章 雷达天线

4.1 四个坐标上的雷达响应

4.1.1 雷达分辨力

雷达在四坐标空间中观测目标：两个角度坐标（通常指方位角和俯仰角）、时延坐标（与距离成比例）和频率坐标（多普勒频移，与目标径向速度成比例）。如果在雷达的输出端，目标信号至少能够在这4个坐标的一个坐标中与其他目标的信号分离开来，那么就说该目标已经被“分辨”。例如，监视雷达可在方位和仰角坐标上进行波束扫描，并在特定的距离门和多普勒滤波器中把目标检测出来。如果另一目标的信号位于一个不同的方位或俯仰波束的位置，那么该目标就被分辨出来了。目标分辨的一个有用准则是，所需目标的位置应能由雷达以小的误差测出来。如图4.1所示，第二个目标的相对相位/幅度会影响目标的分辨过程。但是，如果两个目标的幅度相等而且相位随机，那么当两个目标之间相隔近似为半功率波束宽或处理后脉冲半功率宽或多普勒滤波器半功率宽时，通常分辨是可能的。

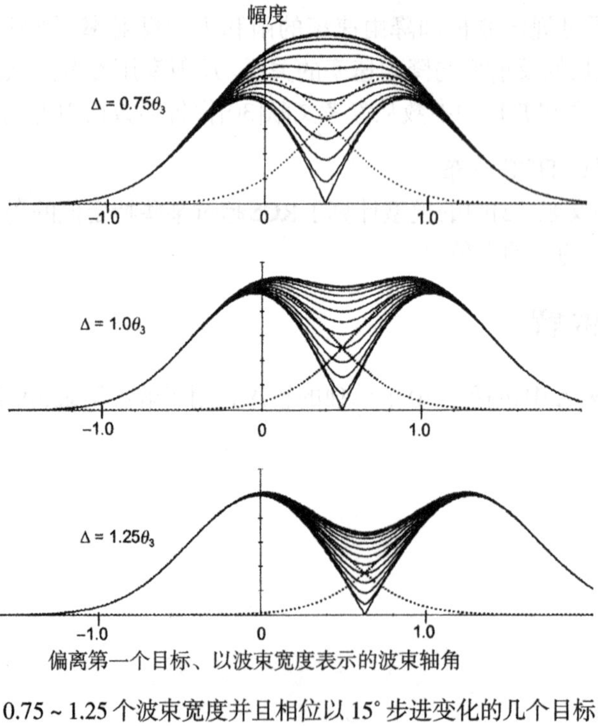

图4.1 间隔Δ = 0.75 ~ 1.25个波束宽度并且相位以15°步进变化的几个目标回波信号的分辨

这样，通过雷达对所指向或匹配的目标与其他相隔开的目标的相对响应的不同，分辨力就确定了。对在特定角度、距离延迟和频率上的目标，天线和接收机的响应最大。而对在其他位置的目标来说，雷达以减少的增益响应。这个响应函数可以表示为五维坐标系统中的一个曲面：输出电压 χ 表示成四个坐标中目标偏移匹配点的一个函数 $\chi(\theta, \phi, t_d, f_d)$。雷达距离方程中的参数在匹配点确定这个电压，其中 χ 是归一化的。

4.1.2　可分离角度响应

大多数情况下，雷达在两个角度上的响应可以认为是与延时－多普勒响应相独立的：

$$\chi(\theta,\phi,t_d,f_d)=\chi(\theta,\phi)\chi(t_d,f_d) \tag{4.1}$$

角度响应 $\chi(\theta, \phi)$ 就是天线的双程电压增益方向图，在雷达方程式（1.17）中，它以方向图传播因子 F^2 的方向图分量 $f^2(\theta, \phi)$ 表示。如果发射天线和接收天线的方向图不同，则双程电压增益方向图就是两个单程方向图的乘积：

$$\chi(\theta,\phi)=f_t(\theta,\phi)f_r(\theta,\phi) \tag{4.2}$$

图 4.2 给出了用于天线计算的球坐标系统。天线孔径位于 x-y 平面内，而侧射波束指向 z 坐标方向。角度 θ 表示偏离侧边的角度，而 ϕ 则代表偏离的方向。单程增益方向图，或者代表功率增益方向图的二次幂，通常是所规定的或可测出的以表征天线系统的分辨力特性。为了使副瓣电平看得更清楚，可以用分贝刻度描绘功率增益方向图 $G(\theta, \phi) = G(0, 0)f^2(\theta, \phi) = G_m f^2(\theta, \phi)$。

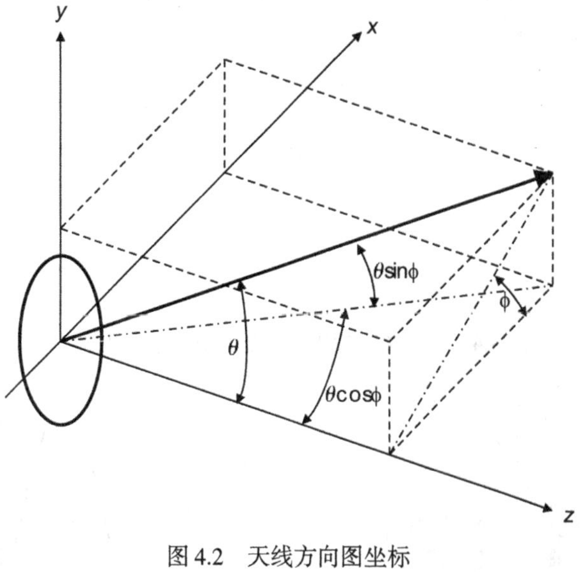

图 4.2　天线方向图坐标

对于地基雷达的天线系统，我们通常用方位和仰角坐标系表示天线方向图。将天线孔径置于垂直面内（见图 4.3），沿 x 轴宽度为 w、沿 y 轴高度为 h，而 z 轴指向正北，那么方位角 A 和仰角 E 的定义见 4.3 图。在本章以后的部分，我们将把方向图表示成这两个角的函数，如果只考虑一个坐标，那么两个角中的其中一个将用 θ 代替。

典型的笔形波束跟踪天线方向图通常用分贝绘制，见图 4.4。有其他一些天线方向图的绘制方法，如图 4.5（a）所示的等值线法，还有一个主平面（如方位或仰角）上的增益－角度法，如图 4.5（b）所示。需要指出的是，当由一个副瓣到下一个副瓣时，电压增益方向图中的副瓣会出现倒相。

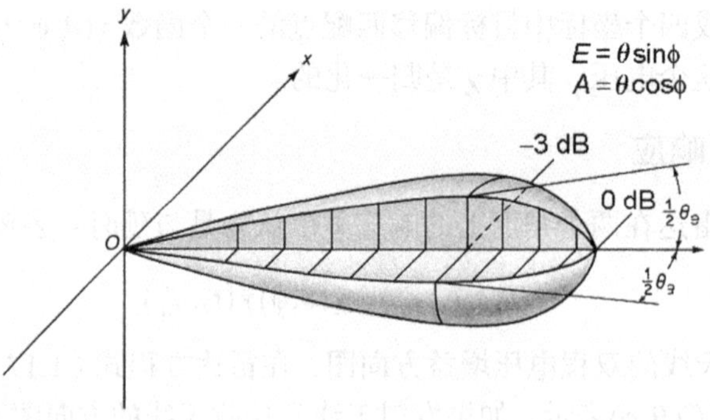

图 4.3 水平方向波束所用的坐标，图中示出方位角 A 和仰角 E 与图 4.2 中所用坐标的关系

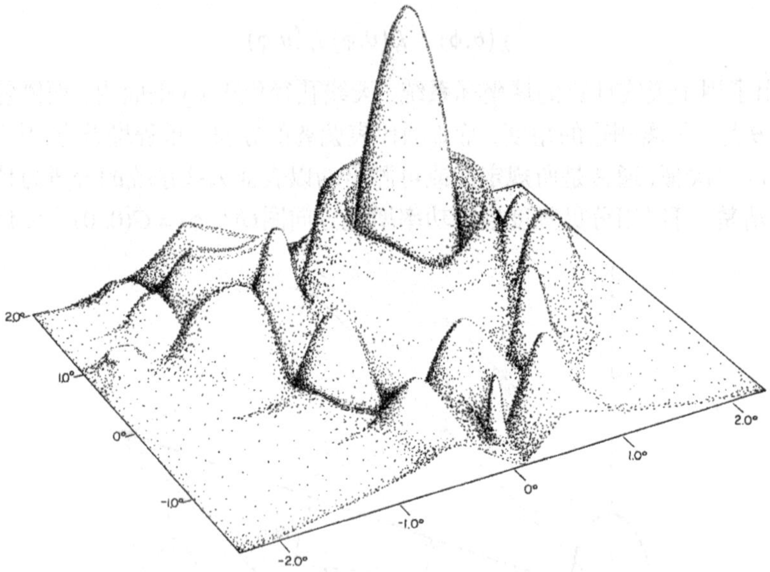

图 4.4 两个角坐标中的增益（dB）（来源：[1]）

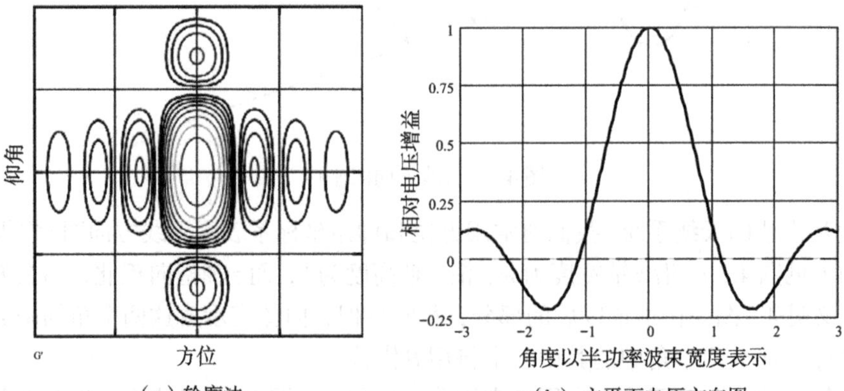

（a）轮廓法　　（b）主平面电压方向图

图 4.5 矩形口径天线在均匀照射条件下的天线方向图

一般来说，天线的电压增益是一个复数，其幅度和相位角相对角轴上的电压进行测量。然而，在众多类型的天线最终生成的方向图中，主瓣上的相位角基本为零，而副瓣上的相位角则

在0°和180°之间交替。同时，增益也是极化的函数，$f_t(A, E)$由发射时的极化确定，而$f_r(A, E)$则由接收时的极化确定。极化分集系统要求对使用的每个极化分量有各自的函数。

4.1.3　天线方向图的互易性

互易性原理是天线理论中的一个重要概念。简单来说，给定天线的发射和接收方向图是相同的。可在离天线的任何距离上，通过天线辐射并测量作为角度函数的场强度，来测定方向图。也可以在同样的距离上，通过较小辐射源的辐射并测量天线端接收到的电压，将方向图测定为偏离辐射源的偏角的函数。如果采用前一种方法，我们可以认为发射机通过馈电系统照射天线孔径，使天线向空间发射波束。如果天线孔径是由离散单元组成的，那么可以说，这些单元是由发射机通过馈电系统进行激励的。如果采用后一种方法，由于采用了较小的远距离辐射源，天线孔径上的场强度比较均匀，而且在形成接收波束的方向图时，馈线系统会对该场的分量进行加权。但不管采用哪一种方法，对应于孔径不同部分的信号分量的幅度和相位均受馈电系统的控制。为简单起见，我们将这个过程称为天线在接收和发射模式下的"照射"过程。如果照射均匀，并且相位与垂直于所需波束方向上的平面波相匹配，那么这个方向上的增益最大。

只有当电路中使用了铁磁器件，比如环流器或铁氧体移相器，或使用了非线性器件，如充气管双工器，那么天线的互易性将不复存在。

4.2　天线和阵列

最早期的雷达天线和最近的一些天线都采用了半波偶极子阵列（见图4.6）。偶极子的方向图是环绕偶极子轴的一个圆形，任何与该轴方向上成正交的增益近似为$\pi/2$。当偶极子被放在接地面前方的$\lambda/4$处时，环形的后半部分将反射到前半球，从而增强了前向波瓣，在A坐标上的宽度变窄，而增益则增至$G_e \approx \pi$。

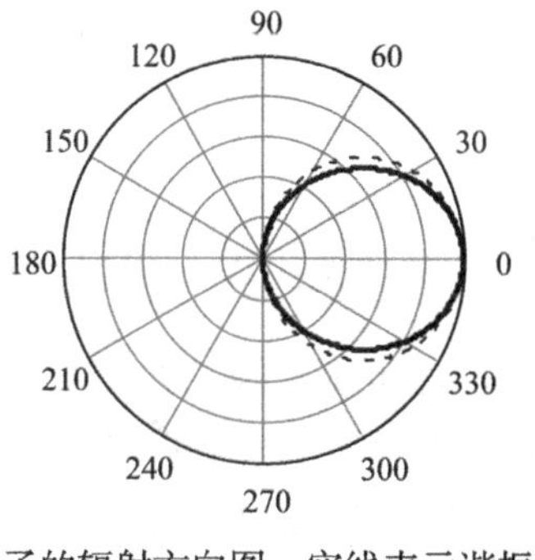

短偶极子的单元方向图：

$$f(\theta) = \cos\theta$$

谐振偶极子的单元方向图：

$$f(\theta) = \frac{\cos\left(\frac{\pi}{2}\sin\theta\right)}{\cos\theta}$$

图4.6　偶极子的辐射方向图。实线表示谐振偶极子（半波），虚线表示短偶极子（来源：[2]）

4.2.1　均匀照射孔径

把任何天线都看做是具有$N_e = n_a \times n_e$个单元的阵列是方便的，每个$\lambda/2$方格的增益为π。这样的单元可看成是小偶极子，在两个方向上的间距为$\lambda/2$，并安装在连续接地面的前方。除了偶极子外，其他形成单元也可以使用，或者天线实际上是一个受到喇叭馈源照射的连续反射面或透镜，在这种情况下，各单元为阵面上的小区域($\lambda/2$)的方格。如果各单元均匀并且同相照射，那么天线增益为

$$G_0 = G(0,0) = G_e N_e = \pi N_e \tag{4.3}$$

式中，z 轴（$A = E = 0$）与地平面垂直。对于面积 $A_p = w \times h$ 的矩形孔径来说，其单元的列数为 $n_a = 2w/\lambda$，行数为 $n_e = 2h/\lambda$，总单元数为 $N_e = 4A_p/\lambda^2$。相应的增益为

$$G_0 = \frac{4\pi A_p}{\lambda^2} \tag{4.4}$$

此时，波束方向图可以用两个(sin$x$)/x 函数的乘积来表示：

$$f(A,E) = \frac{\sin\left(\dfrac{\pi w}{\lambda}\sin A\right)}{\dfrac{\pi w}{\lambda}\sin A}\frac{\sin\left(\dfrac{\pi h}{\lambda}\sin E\right)}{\dfrac{\pi h}{\lambda}\sin E} \tag{4.5}$$

在这种情况下，不仅天线方向图可以从距离分辨力响应中分离开，而且方位方向图和仰角方向图均可以互相分离。这种响应见图 4.5，其中角度标尺对 3 dB 波束宽度归一化。在主瓣边上，第一个零值出现在 $\sin A = \lambda/w$ 和 $\sin E = \lambda/h$，而其他零值则出现在这两个角度的整数倍处。通过对式（4.5）分别在方位上和仰角上的半功率波束宽度 θ_a 和 θ_e 求解，可得

$$\sin\theta_a \approx \theta_a = 0.886\frac{\lambda}{w}\ (\theta_a\text{单位：rad}) = 50.8\frac{\lambda}{w}\ (\theta_a\text{单位：°})$$

（均匀照射）（4.6）

$$\sin\theta_e \approx \theta_e = 0.886\frac{\lambda}{h}\ (\theta_e\text{单位：rad}) = 50.8\frac{\lambda}{h}\ (\theta_e\text{单位：°})$$

在方位坐标上，如果存在近似关系 $\sin\theta = \theta$，那么在 $\theta = \pm 1.4\lambda/w$ 和 $\theta/\theta_a = \pm 1.6$ 处出现的第一副瓣的值为 −0.21 dB 或 −13.3 dB。副瓣峰值以$(\pi w/\lambda)\sin\theta$的幅度下降，并保持在 −30 dB 以上，直到 $\theta = 10.5\lambda/w = 11.9\theta_a$ 时出现的第 10 个副瓣为止（仰角方向图类似，只要用 h 取代 w）。单元数与波束宽度之间的关系为

$$N_e = \frac{3.14}{\theta_a\theta_e}\ (\theta\ \text{单位：rad}) = \frac{10\,300}{\theta_a\theta_e}\quad (\theta\ \text{单位：°})\quad(\text{均匀照射}) \tag{4.7}$$

增益与波束宽度的关系则可以表示为

$$G_0 = \frac{9.84}{\theta_a\theta_e}\ (\theta\ \text{单位：rad}) = \frac{32\,300}{\theta_a\theta_e}\quad (\theta\ \text{单位：°})\quad(\text{均匀照射}) \tag{4.8}$$

常量 9.84 表示在增益 − 波束宽度关系式（1.21）中的波束宽度因子 $L_n = 1.28 = 1.1$ dB。下面我们将看到，当孔径照射因副瓣较低而呈锥削形状时，或者为了与喇叭馈源的照射相匹配，孔径呈椭圆状时，增益、波束宽度和单元数（或单元区域）之间的基本关系如何发生变化。

4.2.2 锥削式孔径照射

均匀照射天线生成的高副瓣通常不可接受，可以通过锥削照射而减少，锥削是离孔径中心的距离 x 和 y 的函数。对于矩形孔径内的均匀照射，相对照射幅度（在中心处电压归一化的）可以表示为函数 $g(x, y)$：

$$\begin{aligned} g(x,y) &= 1,\ |x| \le \frac{w}{2}\ \text{且}\ |y| \le \frac{h}{2} \\ &= 0,\ |x| > \frac{w}{2}\ \text{或}\ |y| > \frac{h}{2} \end{aligned} \tag{4.9}$$

而对于锥削的照射来说，则 $0 \leqslant g(x, y) \leqslant 1$。对于任何给定的照射函数，天线方向图为该函数的二维傅里叶（Fourier）变换：

$$f(A,E)=\frac{1}{A'}\int_{-h/2}^{h/2}\int_{-w/2}^{w/2}g(x,y)\exp\left[\mathrm{j}\frac{2\pi}{\lambda}(x\sin A+y\sin E)\right]\mathrm{d}x\mathrm{d}y \tag{4.10}$$

式中，$A'=\iint g(x, y)\mathrm{d}x\mathrm{d}y$ 为将 $f(0, 0)$ 归一化为1的增益。锥削孔径的增益（更精确地说，应该是方向性）可以表示为

$$G_m=\frac{4\pi}{\lambda^2}\frac{\left|\iint g(x,y)\mathrm{d}x\mathrm{d}y\right|^2}{\left|\iint g^2(x,y)\mathrm{d}x\mathrm{d}y\right|}=G_0\eta_i \tag{4.11}$$

式中，η_i 为照射效率。对于并未扩展到离 z 轴太远角度的方向图来说，$\sin\theta\approx\theta$，方位和仰角方向图可以表示为 $f(A, E)\Leftrightarrow g(x, y)$，其中 $\Leftrightarrow$ 表示傅里叶变换。

在矩形阵列中，照射和方向图函数通常可以分离成在两个主平面内的两个函数：

$$g(x,y)=g(x)g(y),\quad f(A,E)=f(A)f(E)$$

方位角上的方向图为

$$f(A)=\frac{1}{A_x}\int_{-w/2}^{w/2}g(x)\exp\left(\mathrm{j}\frac{2\pi}{\lambda}x\sin A\right)\mathrm{d}x \tag{4.12}$$

式中，$A_x=\int g(x)\mathrm{d}x$ 将在方向图峰值方向上归一化。此表达式同样适用于仰角方向图，只是 A，x 和 w 分别变成了 E，y 和 h。图4.7给出了一个面上的傅里叶变换关系。根据式（4.9），将 $g(x)=g(y)=1$ 代入式（4.10），得到式（4.5）。对于锥削照射，波束宽度和照射效率随第一副瓣电平的变化而变化，如图4.8所示。在照射可分离的矩形孔径中，照射效率为

$$\eta_i=\frac{G_m}{G_0}=\frac{G_m\lambda^2}{4\pi A_p}=\eta_x\eta_y \tag{4.13}$$

这样，在两坐标上都呈余弦锥削的孔径可以描述为

$$\eta_i=0.64\ \text{或}\ -1.9\ \text{dB},\quad \theta_a=1.19\frac{\lambda}{w},\quad \theta_e=1.19\frac{\lambda}{h}$$

$$\text{第一副瓣}\quad G_s/G_m=0.005=-23\ \text{dB}$$

表4.1列举了用于线性阵列和矩形阵列的常见锥削函数的第一副瓣比、波束宽度常量和照射效率。更远的副瓣与角度 θ 的平方，更精确地说，与值 $(2.4\theta/\theta_a)^2-1$ 成反比。对于余弦照射来说，只有第一副瓣超过了 −30 dB。

在所有实际的照射中，增益和波束立体角的关系几乎保持不变：

$$G_m=\frac{11.3}{\theta_a\theta_e}\ (\theta\ \text{单位：rad})=\frac{37\,100}{\theta_a\theta_e}\ (\theta\ \text{单位：°}) \tag{4.14}$$

这对应于式（1.21）中 $L_n=1/K_\theta^2\eta_i=1.1=0.5$ dB。注意，波束宽度因子 L_n 在均匀照射时较小，因此使用锥削时，波束立体角的增加度要大于增益的减少度。这是因为，副瓣的功率转移到了主瓣内。式（4.14）中的常量 37 100 可以与反射天线中常用关系式 $G_m=25\,000/\theta_a\theta_e$ 中的常量进行比较，此时 $L_n=1/K_\theta^2\eta_a=1.65$ 或 2.2 dB，其中 η_a 为孔径效率，它包括溢出分量 η_s、遮挡

分量η_b以及η_i。当这些分量均包括在内时，前面描述为增益的方向性将变成雷达分析中常见的功率增益。增益或波束宽度给定时所需的孔径面积将随$1/\eta_a$的变化而变化，如同覆盖该区域的、间距为$\lambda/2$的单元数量的变化一样。

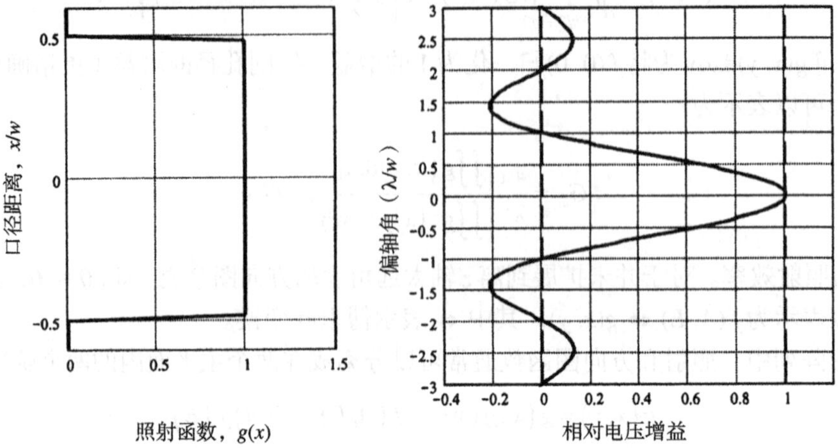

图 4.7　均匀孔径照射和波束方向图之间的傅里叶变换关系

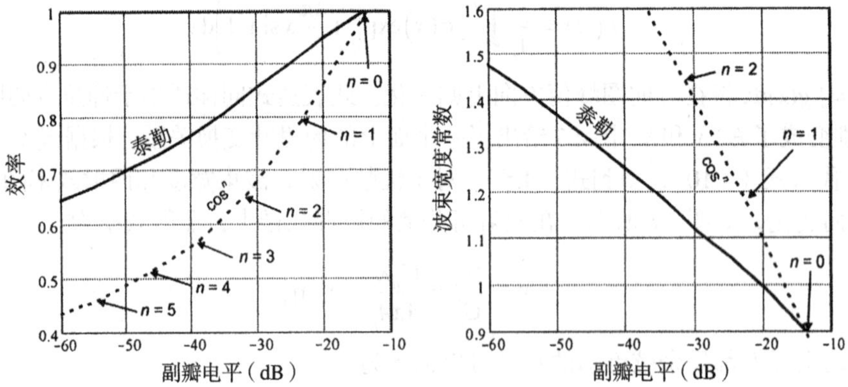

图 4.8　孔径效率和波束宽度常量与第一副瓣电平的关系

表 4.1　锥削矩形孔径的天线参数

照射函数 $g(x)$	副瓣比 G_s/G_m (dB)	波束宽度常量 $K_\theta=\theta_3 w/\lambda$	效率 η_x (dB)	效率 η_x (比率)	效率 $\eta_x\eta_y$ (dB)	效率 $\eta_x\eta_y$ (比率)
$\cos(\pi x/w)$	−23.0	1.19	−0.9	0.80	−1.8	0.64
$\cos^2(\pi x/w)$	−32.0	1.44	−1.8	0.66	−3.6	0.44
$1-(2x/w)$	−21.0	1.18	−0.8	0.83	−1.6	0.68
$[1-(2x/w)]^2$	−27.5	1.37	−1.6	0.69	−3.2	0.48
$1-\|2x/w\|$	−27.1	1.27	−1.3	0.74	−2.6	0.55
泰勒，$\bar{n}=3$	−25.0	1.05	−0.5	0.90	−1.0	0.81
泰勒，$\bar{n}=4$	−30.0	1.12	−0.7	0.85	−1.4	0.72
泰勒，$\bar{n}=5$	−35.0	1.18	−0.9	0.80	−1.9	0.64
泰勒，$\bar{n}=6$	−40.0	1.25	−1.2	0.76	−2.4	0.58

注：泰勒（Taylor）$\bar{n}$照射中，主瓣的每边均具有几个G_s电平的副瓣，在此之外的角度越大，副瓣电平将减小[3]。

4.2.3 椭圆形孔径和圆形孔径

当 $g(x)$和 $g(y)$采用了低副瓣锥削时，孔径边缘角度附近的 $g(x,y)$将非常小，孔径的角单元或边角部分对性能的影响较小，可以忽略不计。结果是椭圆形孔径的增益和方向图与那些具有相同宽度 w 和相同高度 h 的矩形孔径的增益和方向图基本相同，如图 4.9 所示。椭圆的面积和单元数为矩形面积和单元数的 $\pi/4$ 倍，因此照射效率 η_i 也高了大约 $4/\pi = 1.05$ dB。

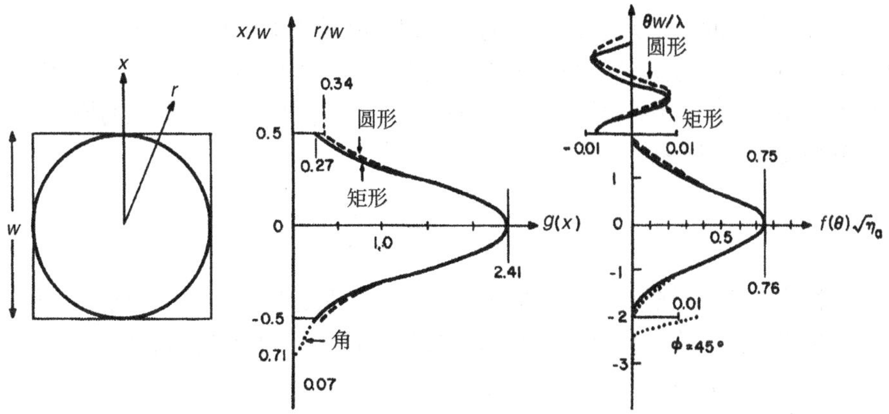

图 4.9　从正方形演变来的圆口径的照射和方向图

假设一个直径为 D 的圆形孔径为无边角的正方形，$w = h = D$，在两个坐标上的泰勒权重均设计为 −40 dB（见图 4.9）。正方形的初始孔径的结果为

$$\theta_3 = 1.25\frac{\lambda}{w}\ ,\ \eta_x = \eta_y = 0.763\ ,\ \eta_i = 0.582$$

当圆孔径照射被稍稍调整为 −40 dB 副瓣时，该圆口径有

$$\theta_3 = 1.29\frac{\lambda}{D}\ ,\ \eta_i = 0.706\ ,\ (\pi/4)\eta_i = 0.555$$

考虑到圆的孔径面积减小，那么圆形孔径将比方形孔径的效率高 0.84 dB，而波束宽度仅增大了 3%。另一方面，主副瓣所占的立体角要比矩形孔径大，但是在很多情况下，主瓣之外的实际电平是由照射中的随机误差而不是由 $g(x,y)$确定的。增益与波束宽度之间的关系基本上与矩形孔径相同。表4.2对常见的圆形锥削函数的参数和矩形阵列锥削函数的参数进行了比较。

表 4.2　矩形孔径和椭圆孔径比较

副瓣电平	矩形孔径		椭圆孔径		
(dB)	K_θ	η_i	K_θ	η_i	$(\pi/4)\eta_i$
−25	1.05	0.81	1.12	0.91	0.71
−35	1.18	0.65	1.23	0.77	0.61
−45	1.30	0.53	1.33	0.65	0.51

注：$K_\theta = \theta_3 w/\lambda$ 或 $\theta_3 D/\lambda$。在所有情况下，$L_n = 4\pi/G_m\theta_3^2 = 1.11$。

4.2.4 天线副瓣

理想上，天线的副瓣电平是根据式（4.10）设计出的照射函数 $g(x,y)$来确定的。但是实际上，由于产生照射的误差，很多副瓣会因误差而使其电平变高。对反射面天线来说，溢出、反射面边上的电流、因馈电结构而造成的孔径遮挡以及发射面的形状，同样会导致照射误差的产生。对阵列来说，单元的照射相位和幅度也会因为馈电网络和移相器、边缘电流效应以及单元位置的偏差而产生误差。

很久以来，人们习惯于将天线的副瓣特性根据副瓣峰值（通常是在主瓣两边的一对）来规定，但经常最重要的是，远离主瓣扇区的副瓣的平均电平（rms电压）（见图4.10）。这种远区副瓣电平，在进行预定照射产生误差时，可以作为由孔径所产生的叠加到方向图的平均增益来计算。比如，如果孔径的小单元（$\lambda/2$）上的相位误差是独立的，并且其rms值$\sigma_\phi \ll 1$ rad，那么将产生一个较宽的随机误差方向图，其整个球形上的平均功率增益（相对于单元增益）为$G_s = \sigma_\phi^2$。在前半球中，平均电平大约是该值的两倍。在阵列侧射方向，单元的增益最大（$\approx \pi$），其增益与主瓣增益G_m的比为

$$\frac{G_s}{G_m} = \frac{G_e \sigma_\phi^2}{G_0 \eta_a} = \frac{\sigma_\phi^2 \lambda^2}{4 A_p \eta_a} \tag{4.15}$$

如果阵列上的相位误差不是随机的，而是在行上、列上或组上（比如子阵列上）彼此相关，那么平均副瓣电平仍保持不变，但是某些特殊波瓣的值将比平均值要高得多。

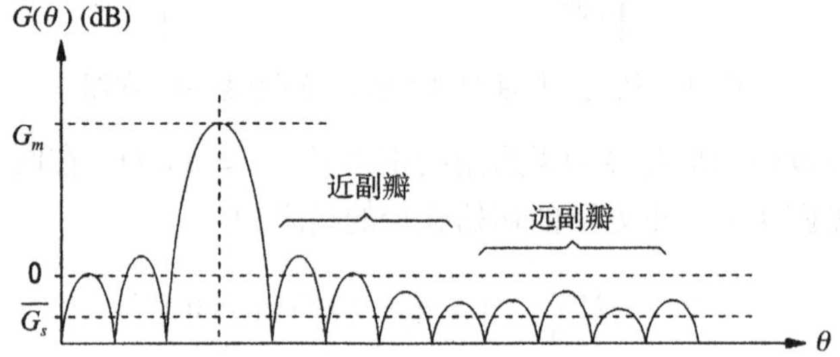

图4.10 显示远近副瓣电平的典型天线方向图

4.2.5 反射面天线

由在焦点处馈源照射的旋转抛物面可以沿着自己的轴反射出平面波（见图4.11）。如果测量的场刚好在馈源之外的一个平面中，那么似乎该平面受到了照射函数为$g(x,y)$的平面阵的照射，但是有3点不同：

（1）受到馈源及支持结构遮挡的孔径部分不会对口径场产生影响，而在前半球生成较宽的遮挡波瓣图；

（2）被馈源结构拦截的功率扩散很广，大部分在反射面的后半球；

（3）部分馈源辐射的功率漏过反射面，从而在后半球生成第二个溢出方向图。

这样，远场天线方向图包括期望的方向图$f(\theta,\phi) \Leftrightarrow g(x,y)$和3个不期望的方向图：遮挡、馈源散射和溢出的和。实际上，照射锥削仅确定主要副瓣的电平，遮挡则控制了前半球中大部分的副瓣电平，而馈源散射和溢出则控制了后半球的电平（在后半球反射面的边缘效应也会对电平产生影响：衍射、电流沿着边缘流到反射面后面）。直接馈源溢出产生的副瓣可以从喇叭的方向图直接算出，但是其他副瓣通常需要测量。

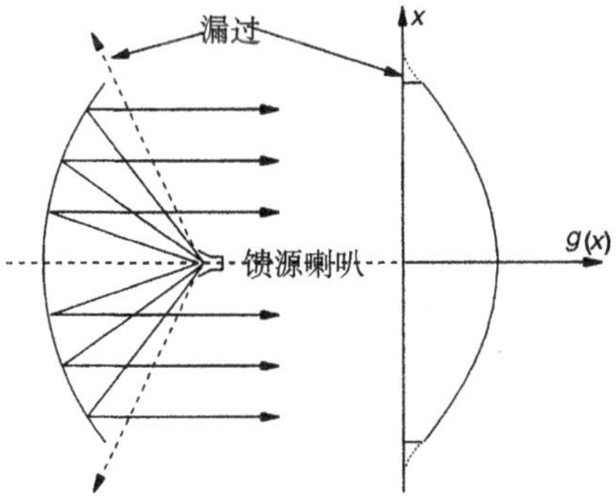

图4.11　反射抛物面和等价的平面孔径照射

孔径遮挡

遮挡方向图可以作为孔径面积A_b的辐射方向图来估算，该孔径可以用馈电结构的光学阴影来表示，但该辐射方向图呈反相，因此要从基本反射面的方向图中减去（见图4.12）。对于无遮挡反射面方向图使用式（4.10），并假设遮挡区域在范围A_b上完全照射$g(x,y)=1$，则遮挡方向图的轴上电压（对无遮挡主瓣的电压归一化）为

$$f_b(0,0)=-\frac{A_b}{A'}=-\frac{A_b}{\iint g(x,y)\mathrm{d}x\mathrm{d}y}\approx-\frac{2A_b}{A_p} \tag{4.16}$$

遮挡波瓣幅度（不是其功率）与遮挡面积成正比例，因为遮挡所拦截的功率和得到的方向图的功率增益与该面积成比例。不同照射函数的A_p/A'值可以用参考文献[4，附录A]中的表格查出。在式（4.16）的最终近似值中用到的典型值2，适用于副瓣值大约为−25 dB的圆形孔径，而且该值会随着较低副瓣的锥削而变大。遮挡波瓣的半功率宽度大约为λ/w_b，其中w_b为遮挡面积的宽度。这个瓣扩展在原先的主瓣和最初的几个副瓣上，从而降低了主瓣和奇副瓣的幅度，同时提高了偶副瓣。遮挡主瓣方向图的幅度为

$$f'(0,0)=1+f_b(0,0)\approx1-\frac{2A_b}{A_p} \tag{4.17}$$

在角度$\theta_s\approx1.6\theta_3$的第一副瓣为负，其$f(\theta_s,0)=-0.056$（对副瓣为−25 dB处）。遮挡之后，其幅度增至

$$f'(\theta_s,0)=f(\theta_s,0)+f_b(\theta_s,0)\approx-0.056-\frac{2A_b}{A_p} \tag{4.18}$$

比如，如果馈源遮挡了圆形孔径中心的一个直径为$d=D/10$的圆，那么遮挡波瓣的相对幅度为$f_b(0,0)=2/10^2=0.02$（或−34 dB）。与未遮挡值相比，主瓣电压增益减至0.98（或−0.2 dB）（相对于未遮挡值），第一副瓣的典型幅度从−0.056（或−25 dB）增至−0.076（或−22.4 dB）。

在很多情况下，馈电结构沿反射面轴扩展较远距离，通过端射耦合现象，增加其有效遮挡。在这种情况下，采用几何阴影来估算遮挡效果是乐观的。在确定遮挡时，也必须考虑到馈源的支持结构。

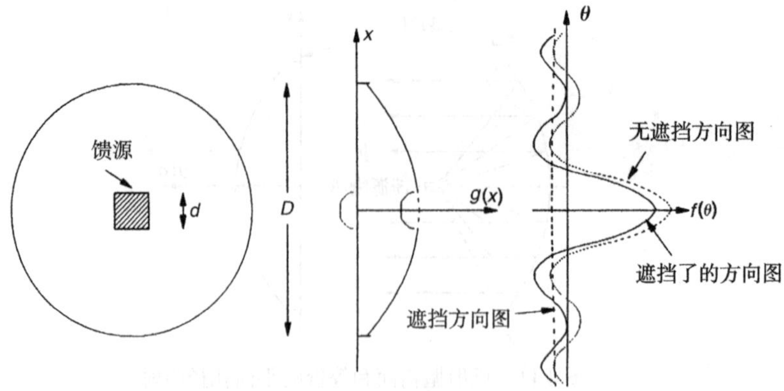

图 4.12 遮挡效应

卡塞格林（Cassegrain）发射体天线

图 4.13（a）中的卡塞格林天线是最常见的折叠式光学反射面系统。直径为d的双曲面子反射面接收来自馈源的辐射，并将其反射到直径为D的主反射面上，就好像它位于主反射面的焦点上一样。将馈源连接到发射机和接收机的波导可以比前馈设计得短些，子反射面的支持结构可以轻些，这样遮挡较小。子反射面的直径一般大约为主反射面的1/10，波瓣的遮挡效果与前面的例子相同。

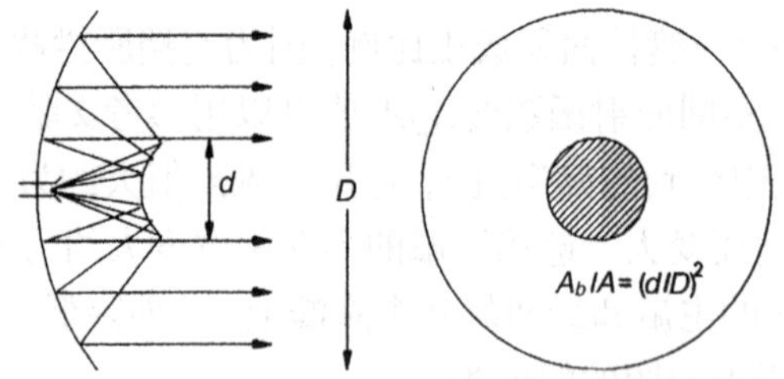

（a）采用实子反射面

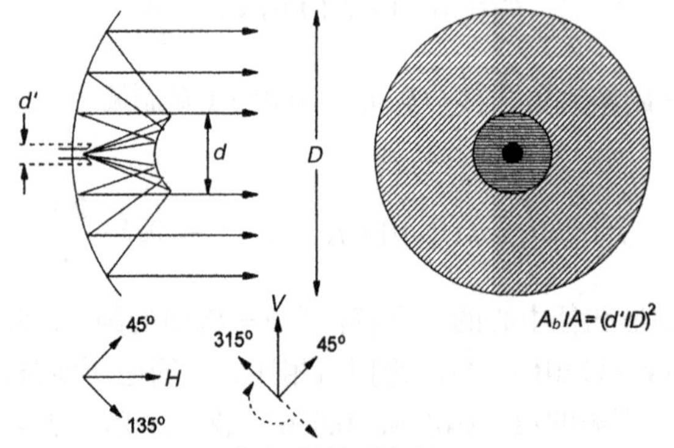

（b）采用极化扭转

图 4.13 卡塞格林反射面型式

如果采用图 4.13（b）中的极化扭转卡塞格林天线，那么子反射面的尺寸可增大，而不会导致遮挡。在这种情况下，子反射体是由嵌入到形成双曲面形状的塑料曲面上的细导线组成的。在一个典型的跟踪天线中，这些导线呈水平放置，馈源是水平极化。当水平极化的照射信号到达主反射面的表面时，由一个指向45°并位于实反射面前方$\lambda/4$处的线栅把照射信号旋转成垂直极化。通过无遮挡子反射面，辐射到空间中的信号将变成垂直极化。返回的信号将反过来重复上述步骤，最终在馈源上形成水平极化。遮挡面积只受馈源喇叭本身面积的限制。

余割平方反射面天线

在二维搜索雷达中，所需的覆盖方向图通常如图4.14（a）所示，其中远波瓣覆盖了从地平线到 θ_1 的角度，而增宽的主瓣边缘则扩展至 θ_2。为了得到在恒定高度从 θ_1 到 θ_2 的探测等高线，天线增益的方程式如下：

$$G(\theta)=G(\theta_1)\frac{\csc^2\theta}{\csc^2\theta_1},\theta_1<\theta<\theta_2 \tag{4.19}$$

因为能量被分散到上方仰角，与宽度为 θ_1 的简单扇形波束的增益 G_m 相比，得到的余割平方天线方向图在 $\theta<\theta_1$ 范围内的峰值增益 G_{cs} 有所降低。通过对上部分能量的积分，我们发现

$$G_{cs}=\frac{G_m}{L_{cs}}=\frac{G_m}{2-\theta_1\cot\theta_2}=G_m\eta_{cs} \tag{4.20}$$

式中，L_{cs} 为余割平方损耗，η_{cs} 为相应的效率因子。为了覆盖上部分，孔径效率被降低了至多3 dB（通常为2 dB ~ 2.5 dB）。人们使用不同于 $\csc^2$ 的函数来使覆盖范围匹配于不同于雷达处切平面上方等高度的情况（见7.2.1节）。

在采用简单喇叭馈电的反射面天线中，通过抛物面的变形，反射面将反射面下方至少1/3的能量转到余割平方扇区，见图4.14（b）。为了使反射面尺寸最小，可使用无变形的抛物面和多喇叭馈源，功率被分摊到各个馈源喇叭，来生成所需的方向图。

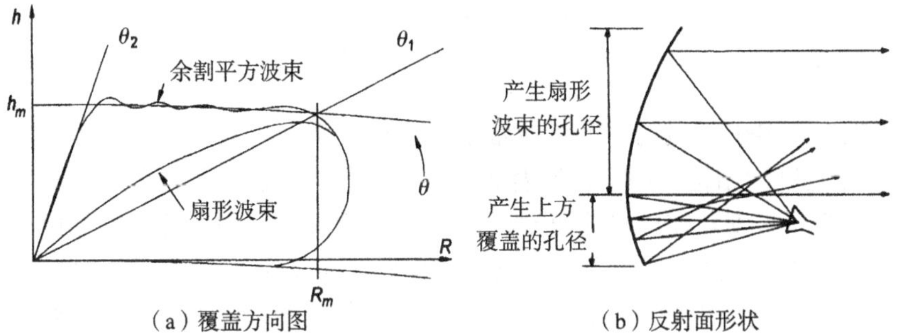

（a）覆盖方向图　　（b）反射面形状

图4.14　余割平方搜索雷达天线的覆盖方向图和反射面形状

反射面天线的效率

反射面天线的效率可以看成是照射函数、遮挡、溢出、表面容差和余割平方损耗（如果有的话）等各个因子的乘积：

$$\eta_a=\eta_i\eta_b\eta_s\eta_t\eta_{cs} \tag{4.21}$$

对于无余割平方覆盖的天线来说，η_a 值一般在0.5 ~ 0.63或 −3.0 dB ~ −2.0 dB之间，照射锥削损耗接近1.5 dB，其他损耗分散到其他因子上。除了 D/λ 非常大的天线（波束宽度窄于0.5°）之外，表面容差所造成的损耗一般来说很小。在大多数设计中，有必要在照射效率、遮挡和溢出之间进行平衡，因为较大的喇叭结构可以对照射进行控制，且有较小的溢出，但大尺寸会导致孔径中心出现更多的遮挡。采用偏馈抛物面或极化扭转卡塞格林设计，馈电遮挡现象将降至最低，而且还可以使用较大的馈电结构对照射函数进行控制。

4.2.6 透镜天线

透镜天线是折射望远镜的等效。望远镜透镜的玻璃镜片换成了介质材料，形状制作成可以对来自馈电喇叭的射线进行聚焦，见图4.15（a）。一个常见的变种，采用金属片来形成人造介质，其中波相速度要大于在真空中的速度。这时透镜为凹透镜，如图4.15（b）所示，经常构造成平板金属片，形成菲涅耳（Fresnel）透镜，如图4.15（c）所示。虽然现代雷达中很少看到这种类型的透镜天线，但是很多相控阵天线还是采用这种透镜结构，为了聚焦并进行波控，固定的介质材料则换成了有移相的单元。

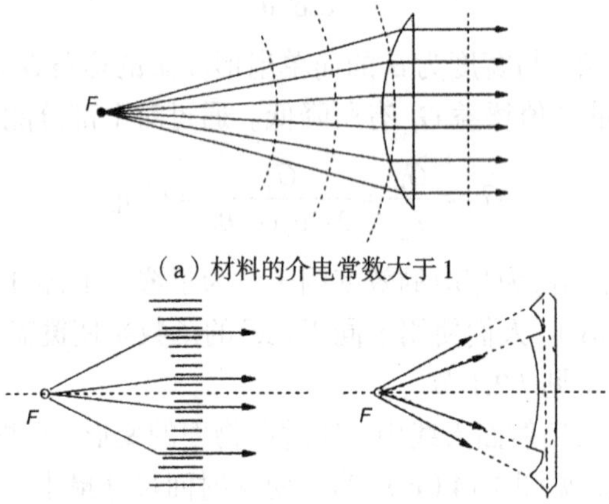

（a）材料的介电常数大于1

（b）波导介质透镜　　（c）阶梯形菲涅耳透镜

图4.15　介质和金属透镜天线

4.2.7 平面阵列天线

工作在VHF和UHF波段的早期雷达常采用相位关系固定的离散辐射单元阵列。这些波段的天线通常采用阵列结构，而不是反射面或透镜，其半波偶极子辐射器就安装在接地面上（见图4.16）。偶极子被安装在离接地面$\lambda/4$处，从而由接地面反射的能量的相位加上反射时的180°相移会和前方辐射同相相加。偶极子之间的间距必须低于λ，以防止生成栅瓣，栅瓣会产生辐射并且在距离侧射波束约90°的角度可以接收到。传输线馈电网络为所有偶极子提供同相馈电，从而生成一个垂射波束，并且在每个偶极子具有相同功率的情况下，增益和波束宽度的关系见式（4.6）~式（4.8）。如果需要降低副瓣并且有足够的单元满足离散阶梯锥削的要求，也可以设计出馈电网络来形成所需的照射函数。

如果偶极子被替换成如八木端射阵列（见图4.17）那样的定向单元，那么用于获得给定孔径面积的增益和填充阵列的辐射单元数目可降低。由于一个端射单元可以从大于其自身物理尺寸的区域捕获能量，因此这类型的单元可以彼此间距较远，而不会在照射函数中生成“洞”，这些洞允许在阵列方向图中形成栅瓣。如果接地面的尺寸或物理孔径受限制的话，那么与采用简易的偶极子单元相比，采用这种方法生成的增益较大而且波束宽度较窄。

还有一种平面阵设计采用裂缝波导作为辐射单元（见图4.18）。这种天线采用波导和耦合器网络从背后进行馈电，这种天线非常轻薄，很容易在机载雷达和寻的器的万向固定架上转动，进行寻的制导。每个裂缝可以看成是接地面上的一个等效偶极子。

图 4.16 二战时期的跟踪雷达：采用偶极子平面阵的 SCR-268

图 4.17 当代中国的 JY-27 VHF 雷达天线，该雷达采用八木端射单元

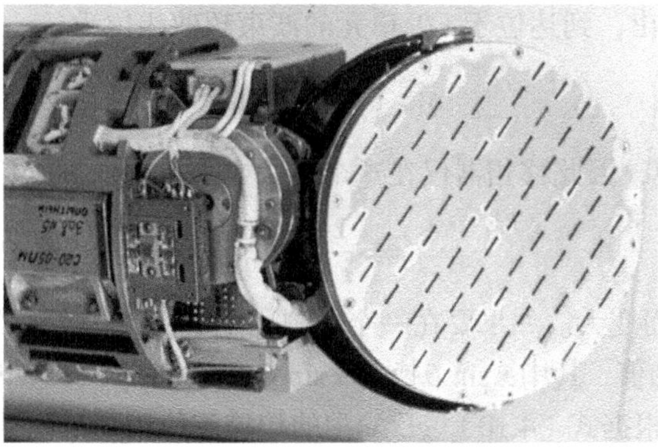

图 4.18 制导寻的器的波导裂缝平面阵

4.3 相控阵

相控阵通常被理解是电控扫描阵列天线，其中每个单元（或单元的行或列）的移相均受到计算机指令的控制。馈电网络和辐射单元与固定阵列一样，只是单元必须紧密排列，以抑制波束在向垂射之外方向扫描时产生栅瓣。相控阵的主要分类见表 4.3。

表 4.3 相控阵的分类

扫描坐标 *	仅在仰角（在方位上为机扫）
	方位和仰角
波控方法	相扫
	频扫
	可切换波束形成网络
馈电方法	强制（组合馈电）
	空馈（光学）
放大器位置	在馈电输入端
	在行或列
	在子阵
	在各个单元上
放大器功能	仅负责接收
	发射和接收

* 方位 – 仰角坐标可以替换为方向余弦、偏航 – 俯仰或者选定的任何一对角度。

4.3.1 单元和阵列因子

距离垂射方向（与孔径正交的线）的θ角处，相控阵的增益方向图取决于两个因子的乘积：

$$f(\theta)=f_a(\theta)f_e(\theta) \tag{4.22}$$

式中，$f_a(\theta)$为取决于复数的照射函数$g(x,y)$的阵列方向图因子，而$f_e(\theta)$为单元方向图因子。阵列方向图因子见式（4.10）和式（4.12），它对孔径效率、波束宽度和副瓣电平的影响已经考虑过。但是当天线为电扫阵列时，可以对孔径上的相位梯度进行控制，从而将波束扫描在以垂射方向为中心的一个较宽区域内。

4.3.2 相扫

在前一节中，$g(x,y)$被认为是一个实数对称函数，产生的实数方向图的波束与孔径面垂直。在相控阵中，$g(x,y)$是一个对称照射实数函数和一个控制波束的线性相位函数的乘积。从图 4.19 中，我们可以看出，到达位于x处单元的波束超前相位为

$$\phi(x,\theta)=\frac{2\pi x}{\lambda}\sin\theta \tag{4.23}$$

该相位通常采用2π求模，因此移相器仅在这个范围内受控制。插入单元之间的相位延迟为

$$\Delta\phi=\frac{2\pi d}{\lambda}\sin\theta \tag{4.24}$$

相位延迟随着x的变大而变大。如果要在一个倾斜面上进行扫描，那么可以从式（4.23）中计算得出相位$\phi(x,y,\theta_x,\theta_y)$的值，其中$x\sin\theta$换为$x\sin\theta_x+y\sin\theta_y$（在这里，角度$\theta_x$和$\theta_y$是由$x$和$y$面的侧射轴确定的）。根据式（4.10），$g(x,y)$中的扫描相位用来抵消因偏离垂射的角$\theta$而导致的孔径上每个点的相应相位超前，并使天线与传向或来自该角的信号相匹配。结果，阵列全增益$f_a=1$均聚集在那个角度。波束宽度（在包含阵列法线和扫描方向的面内）随着扫描角的增大而增大：

$$\theta_3(\theta)=\theta_3(0)\sec\theta \tag{4.25}$$

理想情况下，单元方向图为$f_e^2(\theta)=\cos\theta$，从而从波束轴的方向看，阵列增益与投射的孔径面积成正比。较短的偶极子有$f_e^2(\theta)=\cos^2\theta$，而半波偶极子将生成较窄的方向图。因此，采

用偶极子的辐射单元通常均带有其他结构，以让方向图扩展到所需的扫描扇区。当波束扫描时，为了获得正确的匹配并控制单元之间的互耦，经常有必要将辐射单元设计成

$$f_e^2(\theta)=\cos^{3/2}\theta \tag{4.26}$$

这时单元增益为 $G_e \approx 1.6\pi$（或 7 dB）。如果对单元匹配进行折中，那么 $f_e^2 \to \cos\theta$，在垂射方向上的单元增益将降至 π（或 5 dB）。

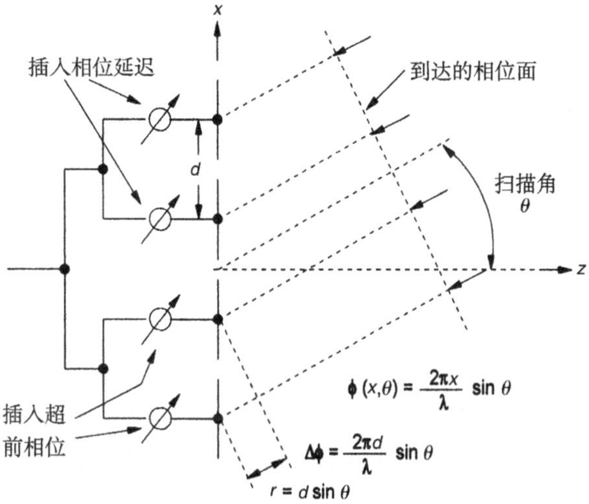

图 4.19　波束扫描的相位关系

两坐标扫描阵列中通常采用偶极子辐射器、交叉偶极子（绕杆式）或开口波导。如果在一个坐标上阵列采用机械旋转或进行频扫时，那么就可采用裂缝波导辐射器。单元的间距取决于将功率只限制到所需主瓣内的要求，从而在扫描整个场时抑制栅瓣。当单元之间的间距 d 为

$$d=\frac{\lambda}{1+|\sin\theta|} \tag{4.27}$$

时，在实空间中（离垂射方向 90°）的栅瓣将开始出现峰值。

这样，当最大扫描角 $\theta_m = 60°$ 时，为了抑制栅瓣，$d < \lambda/1.866 = 0.54\lambda$。将单元分布成三角网格状有助于抑制栅瓣而无须增加阵列中的单元数，使其非常接近 $4A/\lambda^2$，这个数是在两个坐标中单元的间距为半个波长时得出的。由于辐射波瓣为阵列方向图和单元方向图之积，而单元方向图在 90° 时基本为零，因此，间距接近 0.63λ 不会有大的栅瓣问题。如果阵列扫描的角度接近 60°，则单元数可以估算为

$$N_e = n_a \times n_e = \frac{1.58w}{\lambda}\times\frac{1.58h}{\lambda}=\frac{2.5A}{\lambda^2} \tag{4.28}$$

对于 $K_\theta = \theta_3 w/\lambda = 1.2$ 的锥削照射（见图 4.8），将 N_e 表示成波束宽度的乘积，我们发现

$$\begin{aligned} N_e &= \frac{2.5K_\theta^2}{\theta_a\theta_e} \approx \frac{3.6}{\theta_a\theta_e}\text{（}\theta\text{ 单位：rad）} \\ &\approx \frac{12\ 000}{\theta_a\theta_e}\text{（}\theta\text{ 单位：°）} \end{aligned} \tag{4.29}$$

当均匀照射且间距为 λ/2 时，该结果比式（4.7）中给出的值要大 15%。当扫描区域为有限扇区时（$\theta_m < 20°$），可以使用较大的定向单元如从单个移相器馈电的子阵、大喇叭、八木天线或者其他端馈定向单元等。此时由于波束之间的间距变窄，即

$$\sin\theta_i - \sin\theta_0 = i\lambda/d$$

式中，i 为整数，以及单元数量的减少都使得控制栅瓣变得困难。

4.3.3 频率扫描

在包含 x 轴的面上，如果平面阵需要扫描到 θ 角，那就要求在单元之间插入相同的相位增量 $\Delta\phi$，如式（4.24）所给出的。有一个简单方法可以控制相移，那就是将馈电裂缝沿波导定位（见图4.20），使其间距为 $s<\lambda$，并且通过改变雷达频率进行波束扫描。矩形波导的截止波长为 $\lambda_c=2a$，其中 a 为波导宽度。只有波长小于 λ_c 的波才能在波导中传播，并且随着 $\lambda\to\lambda_c$，相位速度 c_g 随之增加，关系式为

$$\frac{c}{c_g}=\frac{\lambda}{\lambda_g}=\sqrt{1-\left(\frac{\lambda}{\lambda_c}\right)^2} \tag{4.30}$$

式中，λ_g 为波导内的波长。沿波导距离为 s 的裂缝之间的相位增量为

$$\Delta\phi=-\frac{2\pi s}{\lambda_g} \tag{4.31}$$

式中，负号表示波导中出现相位延迟。对于直波导来说，单元间距为 $d=s$。相间的裂缝通常具有额外的相移 π，这是由裂缝相对于波导壁的倾斜角或位置确定的，因此单元间的增量相位延迟为

$$\Delta\phi=\frac{2\pi d}{\lambda_g}-\pi \tag{4.32}$$

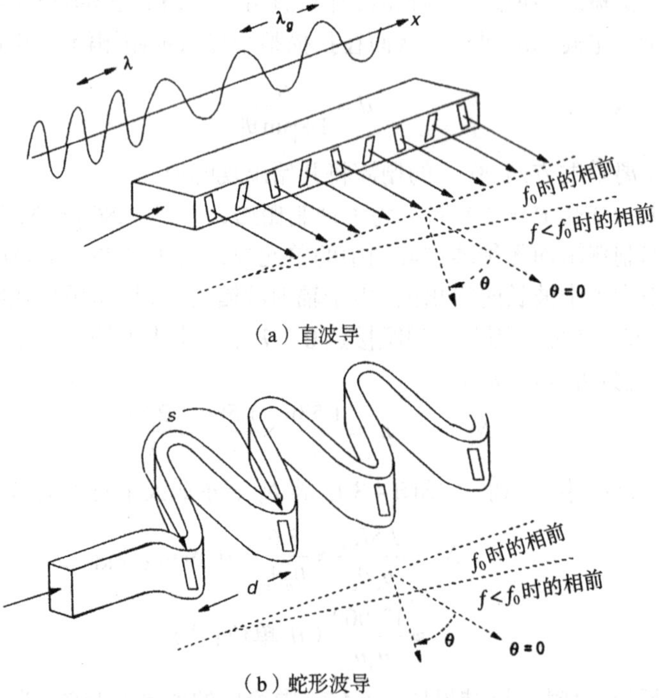

图4.20 采用直波导和蛇形波导的频扫天线

当雷达额定频率为f_0时，选择波导宽度使波导内的波长为λ_{g0}。当频率不再是f_0时，波束会倾斜一个角度：

$$\theta(\lambda) = \arcsin\left(\frac{\lambda}{\lambda_g} - \frac{\lambda}{\lambda_{g0}}\right) \tag{4.33}$$

一般波导选用截止波长大约是额定波长的140%。频率若变动1%，波束将移动0.014 rad或0.8°。

为了扫描较宽的角度（比如在5%谐振波段内扫描45°），波导馈电线将制作成蛇形，如图4.20（b）所示，以得到$s = n\lambda_{g0} >> d$，其中n对相同裂缝为整数，而对异相裂缝为整数1/2。为了获得所需的扫描角而不产生栅瓣，辐射单元的间距选为d。频扫方程现在变成了：

$$\theta = \arcsin\left[\left(\frac{s}{d}\right)\left(\frac{\lambda}{\lambda_g} - \frac{\lambda}{\lambda_{g0}}\right)\right] \tag{4.34}$$

如果采用上例中的波导，但是为了获得$s = 10\,d$而具有一个蛇形环，那么频率每变动1%，垂射方向附近的波控灵敏度将达到0.13 rad或7.4°，这足以实现所需扫描覆盖的要求。

如果阵列的行采用了裂缝波导，并且为了仰角扫描而与蛇形线耦合，波束实际上会在两个坐标上进行圆锥形扫描，圆锥顶点与裂缝波导对齐并且具有半角arctan(s/d)，而不是成平面扫描（此时，$s/d \to \infty$）。阵列也可以倾斜一定角度，以获得在水平方向和最高仰角之间保持近似垂直的扫描。只要最大仰角大致不超过20°，就不会出现大的问题。进行较大仰角扫描时，可以在雷达的数据计算机中算出正确的方位。

4.3.4　稀疏阵列

为了降低辐射单元和移相器的数量（以及有源阵列中的放大器数量），有时在阵列的随机位置上会放上无源单元。一部分有源单元F_a可以随机分布，从而在形成所需的平均锥削照射的同时，避免在特殊方向上产生较大的副瓣。与式（4.29）相比，在稀疏阵列中获得给定波束宽度所需的有源单元的总数减少了，变成为

$$\begin{aligned} N_f &\approx \frac{3.6F_a}{\theta_a\theta_e}\ (\theta\ \text{单位：rad}) \\ &\approx \frac{12\,000F_a}{\theta_a\theta_e}\ (\theta\ \text{单位：°}) \end{aligned} \tag{4.35}$$

式中，F_a为填充因子（<1）。

稀疏阵列中生成的窄波束具有分辨近距离分布的目标、获得较高的跟踪精度并减少主瓣中的杂波等方面的优点。但是，同时也存在着3个主要的缺点：

（1）与具有相同尺寸、完全充满的阵列的增益值G_0相比，该阵列的增益值较低。垂射方向上的增益为

$$G_f(0) = G_0F_a = G_eN_eF_a = G_eN_f \approx 5N_f \tag{4.36}$$

式中，N_e为具有N_f个有源单元的阵列中单元位置的总数。用来获得给定的近区副瓣电平的填充因子$F_a = N_f/N_e$低于该副瓣电平的照射效率η_i。因此，增益也低于具有锥削照射的全填充阵列。

（2）无源单元的存在导致副瓣平均电平的增加，相当于在均值等于单个单元的辐射功率的随机方向图中只辐射（$1-F_a$）的功率。相对于垂射方向上的主瓣增益，该平均副瓣电平为

$$\frac{\overline{G_s(\theta)}}{G_f(0)}=\frac{(1-F_a)f_e^2(\theta)}{N_eF_a} \tag{4.37}$$

式中，$f_e(\theta)$ 为单元方向图因子，在表达式的分子或分母中出现的单元增益都抵消了。高度稀疏阵列的平均副瓣电平接近于各向同性电平，只有当 N_e 非常大而且无干扰的情况下才能使用。

（3）如果是一部搜索雷达或者是一部处于截获模式的跟踪雷达，发射和接收的增益均降低，但是比起增益相同的较小的天线，增益的降低不一定会伴随着波束宽度的增加，较小的天线有时会得到相同的增益。因此，式（1.23）中的效率因子 A_r 必须要降低 F_a^2，而不是 F_a。当立体扫描成为雷达的一项重要功能时，将不可采用稀疏阵列，因为后者会导致搜索效率的急剧下降。

4.3.5 移相器

单元的相位可以通过二极管切换射频路径或者通过铁磁作用改变波导相速进行控制。表4.4给出了两种类型移相器的一般特征。图4.21（a）给出了二极管移相器的基本框图。相对于通过开关的直接路径来说，当几个PIN二极管关闭时，它们的旁路传输线有180°、90°、45°和22.5°相移选定段。在这种4位的器件中，相位可以在0～337.5°之间变动，增量为22.5°。为了精细量化，生产过6位二极管移相器。对铁氧体移相器的控制则是由通过线圈的电流完成的，见图4.21（b），而该电流可以由具有任何合适位数的A/D变换器进行控制。在上述两种情况下的控制输入均是数字的，但是对于铁氧体来说，D/A变换过程则用来控制电流或剩余磁化强度（通过对$\int i\mathrm{d}t$的控制）。上述两种方法没有一种在所有方面均很优越，每种方法均有各自的优点和缺点。

表4.4 移相器特性

可控单元	切换路径	相速可调
控制输入	固有的数字式	固有的模拟式，通过D/A变换器
开关速度	快	比二极管慢
功率限制	表面密度	体积密度
额定功率	较低	较高
互易性	可逆	不可逆，互逆但损耗较大，或法拉第旋转器（见下文）
损耗	较高	较低
控制电流	连续	锁定或连续
成本、尺寸和重量	较低	较高

虽然对特殊类型的移相器列出的特性也适用于一般情况，但是专门的设计可以克服某些不良特性，而同时也会减低另一种特性。铁氧体移相器依然是无单元放大器的高功率雷达的首选，而在低功率系统、接收阵列以及有源放大器阵列中一般还是采用二极管（这些二极管出现在末级功率放大器的输入端和低噪声接收放大器的输出端）。

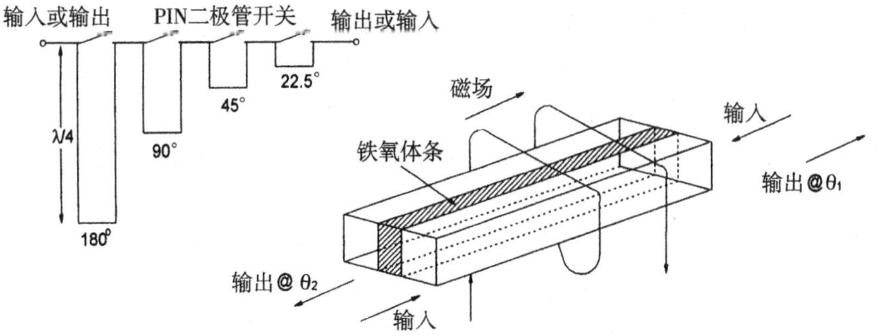

（a）二极管移相器　　（b）铁氧体移相器

图 4.21　常见类型的二极管和铁氧体移相器

有一种铁氧体移相器可以进行互逆操作且具有最小的损耗，这种移相器就是法拉第旋转器（图4.22）。这种移相器可逆指的是，在一个方向上应用时加上右旋圆极化的相位与在相反方向上应用时加上左旋圆极化的相位相同。这样可以确定波束的位置，在该位置上具有各种PRF的脉冲串的极化旋向可以进行交换，只要在使平滑表面的 RCS 最大的单次弹跳模式中，采用了圆极化方式。为了抑制雨水，在需要同样旋向的圆极化时，就不可采用这种移相器。

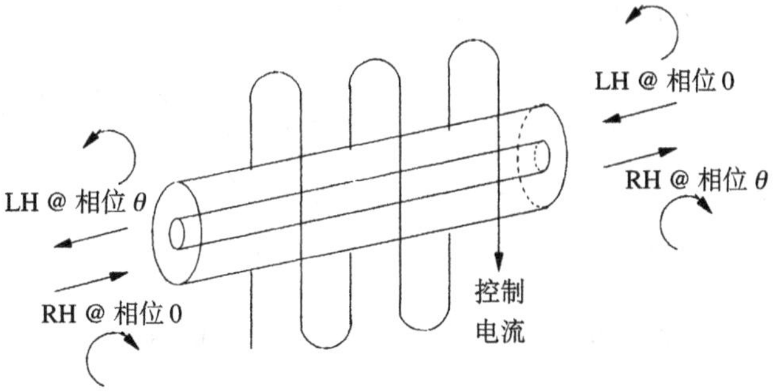

图 4.22　法拉第旋转移相器，当采用相反旋向的圆极化时对于发射和接收可逆

4.3.6　阵列馈电系统

将发射机功率耦合到阵列单元上（或者从阵列单元中采集接收功率）有两种基本的方法：

（1）强制馈电，此时信号被限制在波导内、带状线内或具有连接各单元分支的同轴结构内；

（2）空馈，此时信号从喇叭辐射，然后通过空气或介质媒介以波的形式传送到各个单元。

这两种馈电系统的特征归纳在表 4.5 内。

表 4.5　馈电系统特性

强制馈电（组合）	空馈（光学）
馈电通过闭路	馈电通过空间辐射
照射由耦合器控制	照射由馈电喇叭方向图控制
需要复杂的耦合器网络	馈电溢出带来损耗和副瓣
耦合器带来损耗和失配	馈源和单元之间出现失配
紧凑、平板安装	馈源和阵列之间需要圆锥形空域
单脉冲的和多波束的网络较复杂	很容易在焦平面内实现单脉冲喇叭组和多波束馈源

一度认为，需要强制馈电来生成超低副瓣天线所需的精确锥削照射（见4.4节）。但是，随着馈电喇叭和网络，包括焦平面阵列馈源（或变换馈源）等技术的发展，空馈阵列甚至是抛物反射面天线也可以设计成超低副瓣。因此，上表内并没有列出副瓣性能的差别。

强制馈电可分成串联网络或并联网络。串联馈电较简单，可以用裂缝波导或大量串联的耦合器实现，每个耦合器可以分出和它相关单元或单元组所需的功率，见图4.23（a）。常见的串联馈电是频率的函数，会将波束倾斜（如果是端馈的话）或者散焦（如果是中心馈电的话）。图4.23（b）中的并联馈电网络则将输入功率分成两个或多个部分，并对这些部分再次分割，直到达到每个单元的电平为止。每种类型的馈电到单元的路径长度都可设计成相同，这样带宽非常宽，但是这种方法在并联馈电中更常见些。

空馈阵列可以是反射面或透镜，如图4.23（c）和图4.23（d）所示。馈源可以是一个简单的喇叭、一个单脉冲的或能够生成多个波束的复杂喇叭阵列。透镜是由一个具有360°移相器并且在两面均有辐射单元的平面阵构成，一面与馈源耦合，而另一面则与波束空间耦合。反射阵列中具有180°移相器的一面短路，而在另一面则与馈源喇叭和波束空间耦合。通过移相器（必须可逆）到两路信号的信息可以相移达360°。空馈平面阵是一种二维系统，可以形成笔形波束。通过在阵列的焦平面中添加更多的馈电喇叭，在有限的角度扇区内也可以同时形成多个其他波束。在这种情况下，移相器同时扫描整个波束组。

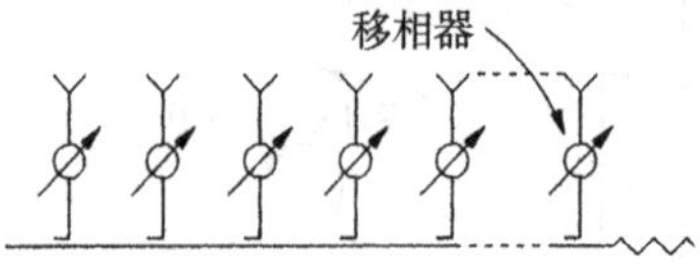

（a）串联馈电

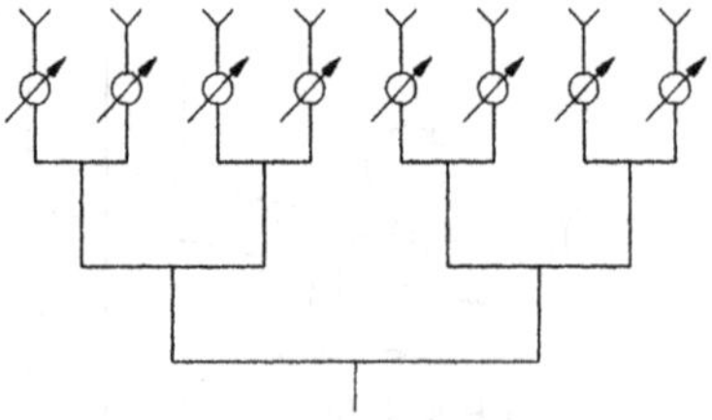

（b）并联馈电

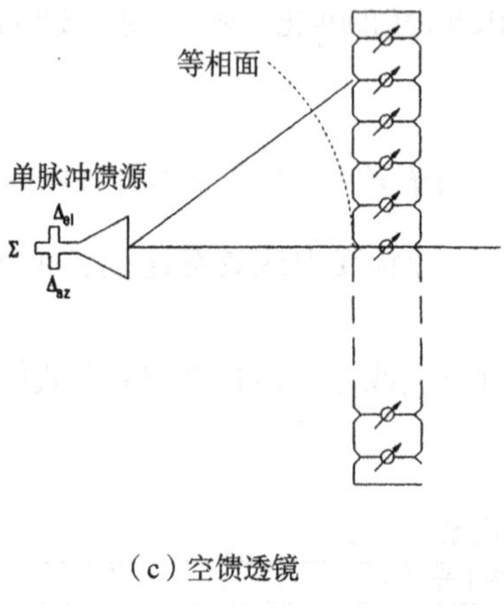

（c）空馈透镜

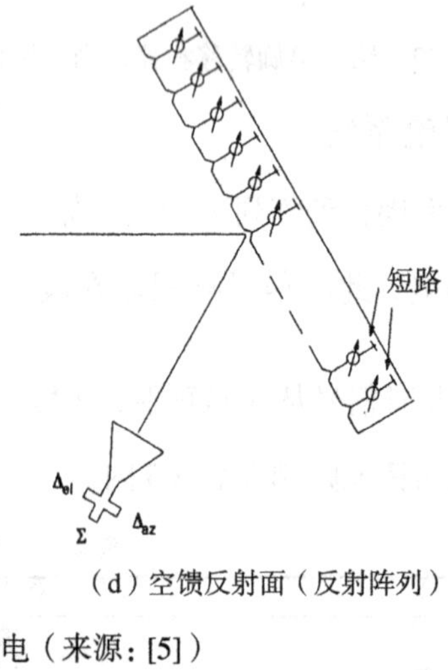

（d）空馈反射面（反射阵列）

图4.23　相控阵馈电（来源：[5]）

空馈在成本上具有很大的优势，因为在体积形的介质媒介（通常是空气）中发生功率分配。在馈源方向，阵列单元必须有效地与该媒介耦合，同时在阵面另一面对空间耦合。空馈还有一个优势，那就是很容易生成平滑的分布函数（尤其是对于单脉冲工作），并且空馈容易在单脉冲、多波束和其他应用中生成多波束端口。就这方面来说，空馈与强制馈电的对比非常明显。

但空馈也存在不足，那就是将波发射到媒介中的馈源喇叭结构必须要为实现低副瓣具有所需的照射函数，而且不得有过度的信号溢出。

4.3.7　放大器阵列

不管馈电结构如何，总可以将末级发射机放大器和接收用低噪声放大器放到阵列单元中。而在强制馈电系统中，这些放大器可以放到分配网络中的任一级中，如子阵或行、列中，而不是放在各个单元中。将放大器放在单元中（或放在一维扫描阵列的行中）的好处是，移相器位于放大器的馈电端，可以降低自身的额定耐功率，避免输出功率的损耗和接收机噪声系数的增加（见图4.24）。只有末级双工器（开关或环流器）和连接辐射单元的短电缆或波导对发射损耗L_t有影响，而这个损耗和限幅器或其他保护设备会影响接收损耗L_r。在组合馈电模块化阵列中，分离的馈电网络可以为发射提供均匀照射和为较低副瓣接收提供锥削照射。另外，在单元接收机中，在低噪声放大器的后面，还可以使用衰减器，形成锥削照射。

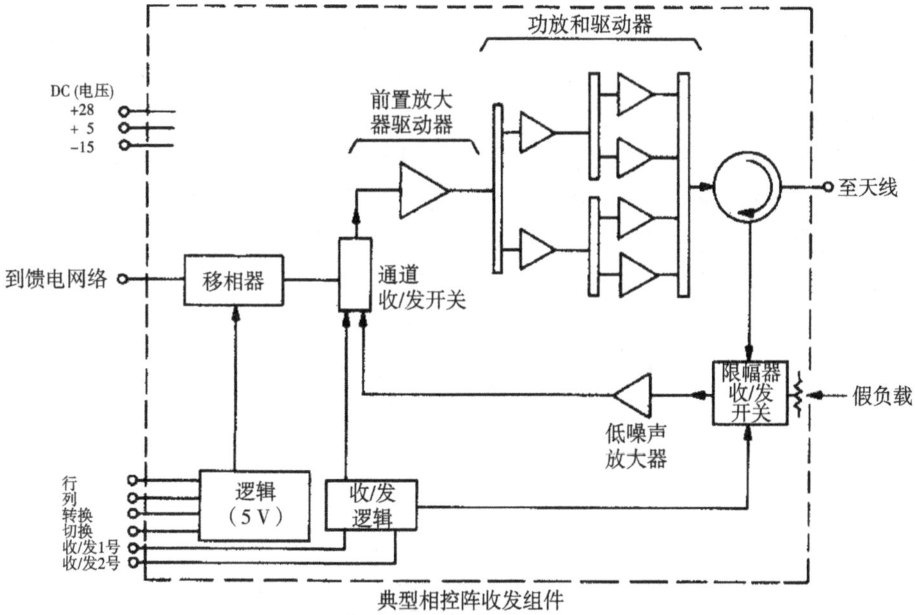

图4.24　典型的相控阵收/发组件（来源：[6]）

放大器阵列的总功率仅受可用的初级电源、单元体积内能够生成的射频功率、该单元体积内散发的热量和成本等因素的限制。对于微波阵列，可用的单元体积偏向于使用封装在组件内的固态功率放大器，其横截面积大约为$\lambda^2/2$。其次，棘手的技术问题就是散热问题，因为生成效率为η_t的射频功率P_{av}需要进行散热，作为热耗散的功率P_{heat}为

$$P_{\text{heat}} = P_{av}\left(\frac{1}{\eta_t} - 1\right) \tag{4.38}$$

如果热交换技术能够以功率密度H_d（W/m^2，天线孔径的）散发热量，那么阵列中的固态组件的最大发射机平均功率将为

$$P_{av} < \frac{H_d A_p \eta_t}{1-\eta_t} \approx \frac{H_d N_e \lambda^2 \eta_t}{2(1-\eta_t)} \tag{4.39}$$

式中，与前述一样，N_e为单元总数。海平面上的空气冷却可以散发$H_d \approx 2\ \mathrm{kW/m^2}$。在X波段（$\lambda = 0.032$ m）、组件效率$\eta_t = 0.17$时，能够达到的最大的平均射频功率将为$P_{av} = 0.18N_e$。这种限制可以与无源移相阵列的1 dB的移相器损耗相提并论。这种比较的前提为移相单元的$\eta_t = 1/L = 0.794$，于是在X波段$P_{av} = 3.5N_e$，热耗散为$2\ \mathrm{kW/m^2}$。

4.3.8 波束形成矩阵

为了避免使用可控的移相器或频扫，可以用波束形成矩阵和开关得到电控阵列。典型的例子是（模拟）Rotman透镜和（离散）Butler和Blass矩阵[3, 330~342页]。在任何一个例子中，孔径为$A_p \approx N_e\lambda^2/2$的阵列可在空间生成$N_e$个波束，这些波束可以通过切换进行选择。问题是，当进行高功率发射时如何实现开关。在矩阵和辐射单元之间使用放大器可以更容易解决这个问题，但是即使在这种结构下，与每个单元的移相器相比，很难得到最快的微波纵横式开关，而且这种元件非常昂贵。

用波束矩阵，可以通过在波束之间按顺序切换发射机和接收机来完成搜索和跟踪任务，或者用发射方向图照射整个扇区，然后接收和并行处理所有波束来进行目标检测和跟踪。关于这个问题，将在4.5节中进行进一步讨论。仅用于接收的波束矩阵可以在中频或以数字形式（见图4.25）实现，以取代射频网络。在该网络中生成的并行波束的数量M，仅受前级放大器的增益和波束通道之间所需隔离度的限制。这种方法特别适用于在一维系统（如多层波束三坐标监视雷达）中生成堆积波束。等效的数字方法可以轻易形成二维的波束矩阵，而波束数仅受处理器吞吐量的限制。在任何情况下，所需的吞吐量都非常高，因为N_e个单元输出的具有不同权重的和M，必须在以至少等于信号带宽的速率下获得。

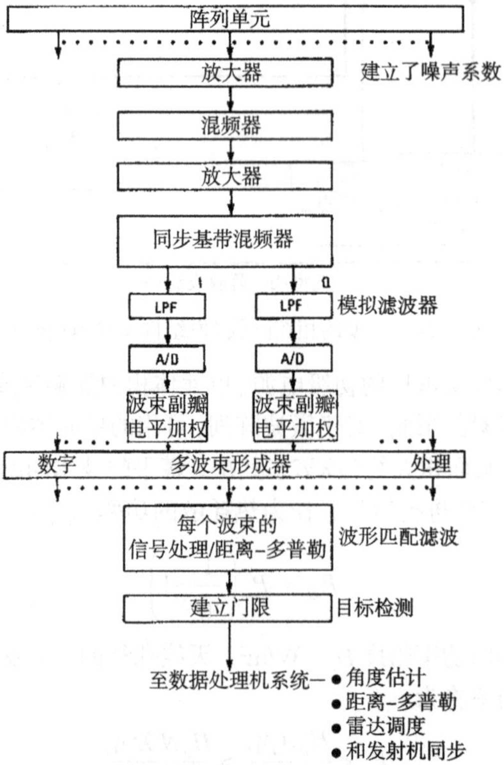

图4.25 数字式接收波束形成系统（来源：[7]）

在放大之后形成接收波束具有一个优点，那就是无须考虑射频网络中的损耗，可以生成任意的波束形状或间距。通过以适当权重融合临近的几个基本波束，可以生成低副瓣波束，而且可以实现自适应置零和时空自适应处理（简称STAP）。其中，STAP对机载MTI和脉冲多普勒雷达具有特别重要的意义。动态范围以及多个波束位置发射的问题限制了数字波束形成技术在地基雷达中的应用。多个发射波束必须要按顺序生成，因为饱和的功率放大器不能同时生成独立的波束。

4.3.9　相位和幅度误差效应

馈电网络和移相器的相位和幅度误差将增大阵列系统的损耗、副瓣和波束指向误差。假设相位和幅度误差为随机误差并且标准偏差为 σ_ϕ 和 σ_a，那么这些误差将导致损耗和副瓣电平如下：

$$L_{\phi a} = \exp\left(\sigma_\phi^2 + {\sigma_a}^2\right) \approx 1 + \sigma_\phi^2 + {\sigma_a}^2$$

$$10\lg L_{\phi a} = \left(10\lg e\right)\left(\sigma_\phi^2 + {\sigma_a}^2\right) \approx 4.3\left(\sigma_\phi^2 + {\sigma_a}^2\right) \tag{4.40}$$

$$\overline{G_s} = G_e\left(\sigma_\phi^2 + {\sigma_a}^2\right)\text{（相对于各向同性）}$$

$$\frac{\overline{G_s}}{G_m} = \frac{1}{N_e\eta_a}\left(\sigma_\phi^2 + {\sigma_a}^2\right)\text{（相对于主瓣增益）} \tag{4.41}$$

式中，σ_ϕ 为与期望相位的标准偏差，单位为rad，而 σ_a 为期望幅度的标准幅度偏差，$G_e \approx 5$ 为垂射方向附近的单元增益。如果以分贝表示的话，那么较小的 σ_a 的幅度误差将为 $10\lg(1+\sigma_a)$。

对于具有合理误差（比如，$N_e = 4000$，$\sigma_\phi = 15° = 0.26$ rad，幅度误差为1 dB，或者 $\sigma_a = 0.23$）的较大阵列，损耗很小（0.53 dB），而且主瓣附近的误差副瓣将低于各向同性增益（dBi）–2 dB，或者对于大多数照射函数比主瓣低–43 dB。然而，在线性阵列（$N_e < 100$）或者远区副瓣非常低的位置，误差容差非常严格。阵列中的有源放大器将在相位和幅度上均产生额外的误差，因此要想维持较高的工作性能，需要监控和校正电路。

相位量化误差

在精确到 m 位的数/相转换过程中出现相位误差，如图4.26（a）所示，此时标准偏差为

$$\sigma_\phi = \frac{2\pi}{2^m\sqrt{12}} = \frac{\pi}{2^m\sqrt{3}} \tag{4.42}$$

该相位量化误差将对阵列雷达系统产生三方面影响：

（1）量化损耗和效率为

$$L_q = \exp\left(\sigma_\phi^2\right) \approx 1 + \sigma_\phi^2 = 1 + \frac{\pi^2}{3\times 2^{2m}}$$

$$\eta_q = \exp\left(-\sigma_\phi^2\right) \approx 1 - \sigma_\phi^2 = 1 - \frac{\pi^2}{3\times 2^{2m}} \tag{4.43}$$

效率 η_q 要乘上因为照射和其他因素产生的孔径效率 η_a。

（2）副瓣变大：在主平面或线性阵列进行扫描的栅瓣副瓣为

$$\frac{G_p(i)}{G_m}=\left(\frac{1}{i2^m}\right)^2 \qquad (4.44)$$

式中，i 为栅瓣数［如图 4.26（b）所示］。这些栅瓣位于$(2^m \sin\theta_s)/2\pi$角度的整数倍位置，其中θ_s为扫描角。独立相位误差的平均副瓣为

$$\frac{\overline{G_s}}{G_m}=\frac{L_q-1}{N_e\eta_a}=\frac{\sigma_\phi^2}{N_e\eta_a}=\frac{\pi^2}{3\times 2^{2m}N_e\eta_a} \qquad (4.45)$$

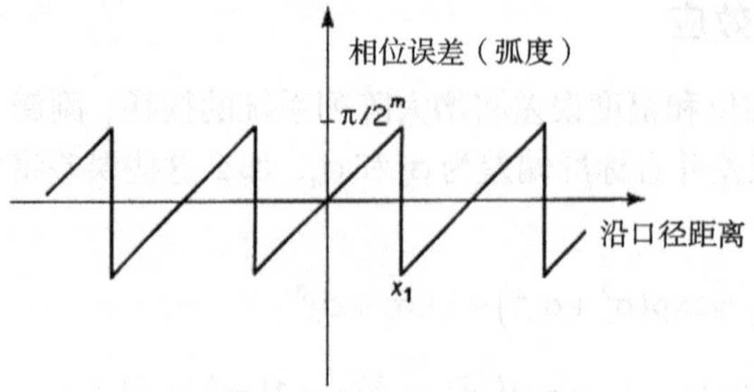

（a）相位量化误差

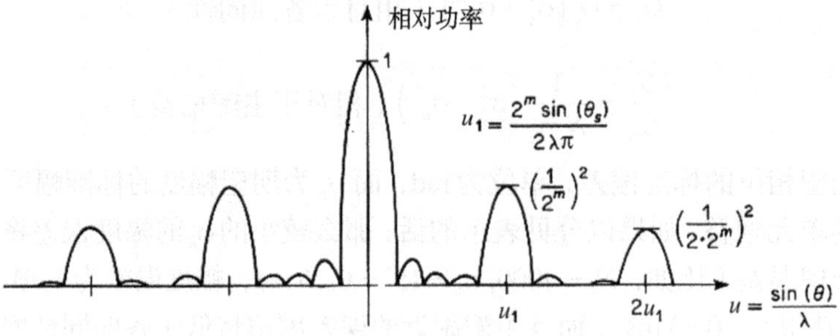

（b）得到的天线方向图

图 4.26 阵列上进行相位量化的效应（来源：[4, 193~195 页]）

（3）波束扫描误差：只有当发送到边缘单元的相位指令从 0 切换到 ±1 位、并且等于转向角时，在主平面和线性阵列中的最大扫描角度误差才会出现：

$$\varepsilon_0=\pm\frac{\lambda}{2^m w}=\pm\frac{\theta_3}{2^m K_\theta} \qquad (4.46)$$

在空馈阵列或者随机相位切换点的其他阵列中[4, 196~197页]，将不会出现这些问题。除去这样的区域后，独立相位误差的平均角度误差为

$$\sigma_\theta=\frac{\theta_3\sigma_\phi}{1.61\sqrt{N_e}} \qquad (4.47)$$

比如，当在主平面或者线性阵列中用 3 位移相器进行扫描时，我们得到（假设 $K_\theta = 1.25$）

$$\sigma_\phi=\pi/\left(8\sqrt{3}\right)=0.23\ \text{rad}$$

$$L_q=1+0.23^2=1.053=0.22\ \text{dB}$$

$G(u_1)/G_m=1.053/64=-17.8$ dB（u_1 在图 4.26 中定义）

$G(u_2)/G_m=1.053/256=-23.9$ dB（u_2 在图 4.26 中定义）

$\varepsilon_0=\pm\theta_3/10$ 在 $\theta=\pm\theta_3/10$ 时（还没有产生波束移动）

在具有 $N_e = 4000$ 个单元的典型二维扫描阵列中，在垂射方向上 $\theta_3 = 0.028\ \text{rad} = 1.6°$。而在主平面间（其中量化误差随机）进行扫描时，我们得到（对于一个3位移相器，$m = 3$ 而且 $\eta_l = 0.7$）

$$\overline{G}/G_m = 0.023/(4000\times0.7\times0.977) = 2.04\times10^{-5} = -46.9\ \text{dB}$$

$$\sigma_\theta = (0.028\times0.23)\Big/\left(1.61\cos\theta\sqrt{4000}\right) = 0.062\times10^{-3}/\cos\theta\ \text{rad}$$

（对应于垂射方向附近0.062 mrad或 在接近60°扫描时0.124 mrad）

实际中使用的移相器和馈电设计将会引入附加的随机误差，其值相当于量化所导致的σ_θ。于是损耗（dB）接近翻倍，副瓣功率和指向误差方差均将如此。在单元间距规则的组合馈电阵列中，通常对每行和每列计算相位指令，然后将适当的行/列值加在一起，来获得既定单元的指令。在光馈平面阵中，如果在电路径中采用固定的相移将阵列聚焦到馈源上（去掉因阵列几何而导致的球/平面相位项，见图4.29），那么可以通过同样的方法获得指令。从性能方面考虑，更好的方法就是在指令舍位至m位之前，在每个单元以数字形式进行聚焦校正，然后在行和列指令内加上校正。这会导致在所有指向角上的相位误差几乎完全为随机误差，从而避免了在其他情况下可能产生的峰值误差和峰值量化副瓣。

4.3.10　阵列带宽

通过相控阵时无失真的信号带宽取决于馈电结构和阵列的扫描角。在垂射方向，阵列可以通过馈电网络的脉冲响应来表征，即单元权重的和，每个权重都因距离公共天线端口的电路径长度而延迟。接收到的信号波形都会发生两次和馈电脉冲响应的卷积，一次是在进行发射后，一次是在接收后。如图4.27所示，有意延长的频扫馈电的脉冲响应最长，端馈串馈阵列的脉冲响应次之，空馈阵列的脉冲响应最短。直径为D、焦距为L的脉冲响应扩展在$D^2/8Lc$时间之内，延迟的分量因锥削照射而减小。线长相等的强制馈电的脉冲响应持续时间为零。

当离开垂射方向扫描时，每个单元都将出现额外的和馈电延迟串联的阵列延迟。在很多情况下，正是这种阵列延迟决定了雷达的瞬时信号带宽。阵列脉冲响应$h_a(t)$形状与孔径照射函数的形状相同。对于包含x轴的平面中相位或频扫来说，有

$$h_a(t) = \left(\frac{x}{c}\sin\theta\right)g'(x) \tag{4.48}$$

式中，$g'(x)$为折叠到x轴上的孔径照射。当在包含y轴的平面中进行扫描时，将出现相同的关系，只是x换成了y。这样，对于扫描到$\theta = 30°$的圆阵列来说，单程脉冲响应将扩展在$D/2c$的时间上，并由于照射函数在尾端受到锥削。

在端馈串馈的馈电中，根据扫描的方向，这种阵列延迟可以加到馈电网络的延迟上或从中减去。

$$h_a(t) = \frac{x}{c}\left(\frac{\lambda_g}{\lambda}+\sin\theta\right)g'(x) \tag{4.49}$$

式中，λ_g为波导内波长，该波长一般要比空间中的波长长20%～30%［如式（4.30）所示］。在具有蛇形馈电线的频扫阵列中，项(λ_g/λ)将乘以s/d，如图4.20（b）所示。

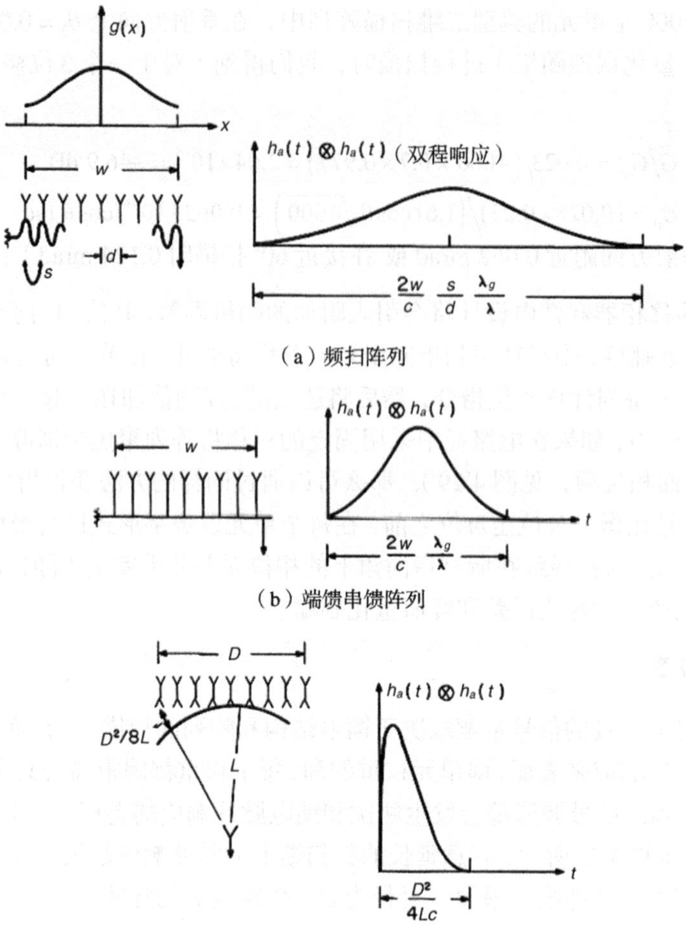

（a）频扫阵列

（b）端馈串馈阵列

（c）空馈阵列

图 4.27　垂射方向上的阵列的脉冲响应

阵列的双程脉冲响应由发射和接收阵列响应的卷积给出。当发射和接收使用同一部天线时，其脉冲响应将与自身进行卷积，总时间扩展将翻倍，但是一般只会使有效宽度增加$\sqrt{2}$。当响应接近高斯形状并且标准偏差为σ_t时，可求出一个等效的 3 dB 带宽：

$$B_a = \frac{0.265}{\sigma_t} \tag{4.50}$$

如果我们假设馈电的带宽比指向垂射方向之外的阵列的带宽要宽，那么我们可以利用式（4.50）以及照射函数和垂射方向带宽之间的关系，得到工作频率为f、直径为D的阵列的单程带宽：

$$B_a = \frac{\theta_3 f}{\sin\theta} = \frac{cK_\theta}{D\sin\theta} \tag{4.51}$$

这样，不管照射函数如何，扫描阵列的相对带宽B_a/f将局限在其波束宽度θ_3除以扫描角的正弦之内，于是双程带宽将是该值的 0.7 倍。任何能够生成 1°（$\theta_3 = 0.018$ rad）波束的阵列的双程带宽都限于中心频率的 1.2% 除以扫描角的正弦之内。

用时延扫描器件替代移相器（或者作为补充），就可以得到较宽的带宽。单元或子阵均通过可调时延网络进行馈电，而该时延网络可以补偿 $h_a(t)$和内部馈电脉冲响应。

对于具有处理过的信号带宽为B_3的系统来说，有限的阵列带宽对于SNR的影响引入阵列损耗如下：

$$L_z = 1 + \frac{2B_3^2}{B_a^2} \tag{4.52}$$

当阵列带宽为 $B_a = 2.8B_3$ 时，该损耗为 1 dB。比如，一个直径为 $D = 3.4$ m 的阵列将在 S 波段生成 2° 的波束。当扫描至 $\theta = 30°$ 时，阵列带宽为 $B_a = 200$ MHz，$B_3 = 70$ MHz（比如发射带宽为 100 MHz，并用 100 MHz 的匹配滤波器进行接收）的信号将损耗 1 dB。输出脉冲则被下面的因子展宽：

$$\tau_x/\tau_3 = \sqrt{1+2\left(B_3/B_a\right)^2} \tag{4.53}$$

4.4 超低副瓣天线

4.4.1 定义

目前尚无定义低副瓣、极低副瓣和超低副瓣天线（简称ULSA）的标准，但是表4.6可以作为一个引导。用来描述副瓣电平的度量方法包括相对主瓣的峰值电平与平均电平，以及相对各向同性（单位增益）的平均电平。

表 4.6 副瓣电平的定义

天线描述	副瓣电平 低于 G_m（dB）		低于各向同性（dB）
	峰值电平	平均电平 *	平均电平 *
常规	> −25	> −30	> −3
低副瓣	−25 ~ −35	−35~ −45	−3 ~ −10
极低副瓣	−35 ~ −45	−45 ~ −55	−10 ~ −20
超低副瓣	< −45	< −55	< −20

* 平均电平适用于与主瓣间隔 10° ~ 30° 的最差扇区范围。

极高增益天线在大多数立体角上的平均副瓣G_m一定很低，因为主瓣的辐射功率至少包含了总辐射功率的 80%（通常为 90% ~ 99%[3, 111页]）。留给所有副瓣的辐射功率不超过 20%，使得相对于各向同性增益的平均副瓣电平< −7 dB。因此，为了符合既定的描述内容，所有的3个副瓣标准必须要满足。

如果没有幅度误差的话，那么利用式（4.41），用来得到−20 dBi平均副瓣的随机相位误差必须为 $\sigma_\phi < 0.056$ rad = 3.2° rms。如果相位和幅度误差允许有等同的影响，那么对于0.34 dB的误差来说，要求就变成了 $\sigma_\phi < 0.04$ rad = 2.3° 和 $\sigma_a < 0.04$。在电扫阵中，特别是采用有源T/R组件的阵列中，这些公差是很难满足的。

最早的超低副瓣阵列的例子就是AWACS阵列，该阵列采用了裂缝波导辐射线（见图4.28）。该阵列和后续的AN/TPS-70三坐标雷达的阵列，副瓣设计得如此低，出于保密因素的考虑，制造商不能透露其具体数值。然而，这些天线都没有采用二维电扫。两部天线在方位上均采用机扫，而AWACS在俯仰角上采用电扫，AN/TPS-70则具有仰角波束形成矩阵。对于这样的阵列，因仰角网络或移相器而引起的相位和幅度误差在单元的行上均是一样的，从而导致了仰角面上的较大副瓣。只有在方位面和倾斜面上，才能获得超低副瓣性能。对某些需要超低副瓣的雷达来说，天线的周围环境和阵地选址对副瓣的影响较大。

图 4.28 AWACS 波导式超低副瓣天线（来源：西屋防务和电子系统公司）

4.4.2 扫描的超低副瓣天线系统设计

在二维扫描系统中，每个单元都采用移相器的阵列很难设计成ULSA性能。馈电网络、移相器、收/发组件中或是在辐射单元中的放大器会产生随机相位和幅度误差。总误差中主要部分要归属于移相器或收/发组件，于是对馈电和辐射器的公差要求很高。考虑一个可以获得 –20 dBi 的平均副瓣的无源阵列的误差分配，误差被平均分成了 8 个部分，对应着以下 4 个元件的相位和幅度：移相器固定值、移相器控制、馈电网络和辐射单元。4个相位误差必须达到 $\sigma_\phi \leqslant 0.02\ \mathrm{rad} = 1.1^\circ\ \mathrm{rms}$，而幅度差≤ 2% 对应于 0.17 dB。6 位移相器不可能符合要求，如式（4.42）所示。

峰值副瓣至少达到 –45 dB 的要求也很难满足，除非阵列非常大。考虑一个具有 4096 个单元的阵列，均匀照射的增益 G_0 为

$$G_0 = G_e N_e \approx 20\ 480 = 43.1\ \mathrm{dB}$$

表 4.3 指出，对于 –45 dB 的泰勒函数，其照射效率为 $\eta_i = 0.53$。加上馈电和移相器 1 dB 的额外损耗，孔径效率为 $\eta_a = 0.42$，于是天线增益为

$$G_m = G_e N_e \eta_a \approx 8600 = 39.4\ \mathrm{dB}$$

峰值副瓣必须低于 –5.6 dBi 或者高于平均值（–20 dBi）14.4 dBi。因为随机副瓣呈瑞利分布，该要求在照射副瓣远低于 –45 dB 的区域内可以得到满足。然而，在接近主瓣的区域，–45 dB 照射副瓣和随机波瓣峰值之间的干扰，要求有接近 –50 dB 副瓣的锥削照射，以便使峰值副瓣低于指定的 –45 dB。

当采用组合馈电照射具有$n_a \times n_e = 64 \times 64$个单元的阵列时，发射机和接收机通常连接到列网络上，而列网络则分出64个行网络。在行网络中，随机误差很难达到1.1°的容差，但是列馈电中的容差要严格得多，仅为其1/8，因为它影响每行上相关的误差分量。另外，当阵列在一个主平面中扫描时，峰值副瓣会因周期相位量化误差而变大［如式（4.44）所示］。对于低相干的误差，要求很难满足，导致设计者不得不将第一馈源放在了仰角平面，这里的副瓣要求没有方位上的副瓣要求严格。当阵列扫向超出了主平面时，方位和倾斜面上的副瓣将低于指定值。

在空馈阵列中，相位的误差问题大大降低，因为系统几何结构会避免出现相关的误差。没有仰角列馈在单元的行上引起相关误差。另外，发送给指定单元的相位指令为下面三项的和：行指令、列指令和聚焦修正。最后一项与单元离阵列中心的距离的平方成正比，这一点使量化误差具有随机性（见图4.29）。结果，在空馈阵列中，根据式（4.45），来自不是照射函数的副瓣误差源是随机的。

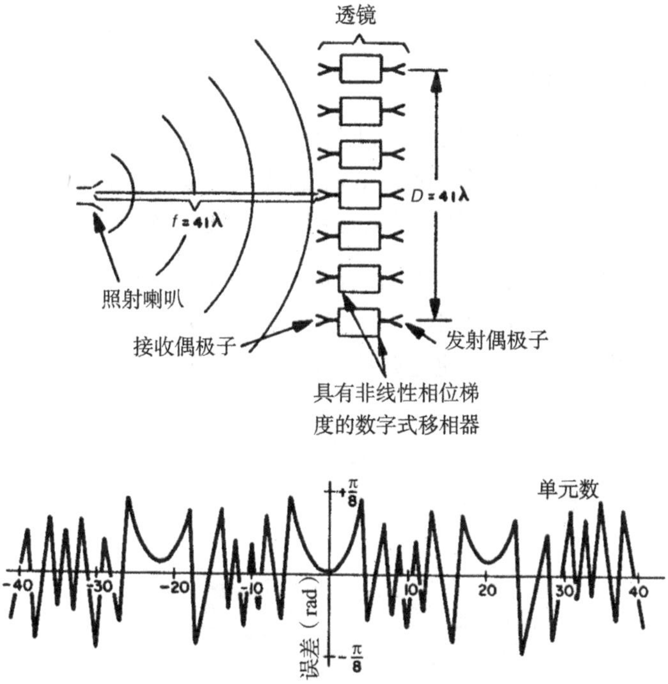

图4.29　空馈阵列中的相位误差随机化

在空馈阵列系统中，简易喇叭生成的照射函数不会具有ULSA性能，原因有二：喇叭方向图的近似余弦形状与泰勒或类似的低副瓣照射函数的复杂曲率不匹配，且溢出（见图4.11）可能会辐射到空间或者从阵列单元周围的结构中反射回来。要得到所需的照射，需要更复杂的馈电系统（比如，波纹形喇叭或喇叭的焦平面阵列）。图4.30给出了一个焦平面阵列的例子。焦平面阵列还能生成单脉冲方向图，关于这点将在下一节讨论。

图 4.30　ARSR-4 天线采用了焦平面阵列，以得到多个波束和低副瓣（来源：西屋防务和电子系统公司）

4.4.3　超低副瓣反射面天线

采用喇叭馈源和双曲整形抛物面的常规反射面天线系统，被设计成在效率和副瓣电平之间进行合理的折中。这些天线可以获得 50% ~ 60% 的效率，第一副瓣大约是主瓣峰值的 –25 dB，溢出信号的副瓣接近 –35 dB。有两种设计方法用来获得 ULSA 性能。

（1）**线性馈源的抛物柱面设计**。在该设计中，强制馈电的线馈用来生成低副瓣照射函数（通常是在方位面）。馈源照射抛物柱面，为了使溢出信号达到最小，该抛物柱面要比馈源宽（见图 4.31）。为了避免遮挡，抛物反射面是从偏离仰角的位置进行馈电的。

图 4.31　线馈抛物柱面天线（来源：马可尼雷达系统有限公司）

（2）**具有复杂馈源的双曲反射面设计**。精确的反射表面受到超大的馈源（比如波纹喇叭或图 4.30 中的阵列）照射。为了避免遮挡，馈源必须偏置放置，而且必须设计成具有接

近 –45 dB 的泰勒或类似的照射函数。图 4.32 给出了一个例子。接近 120° 的溢出波瓣大约为主瓣的 –15 dBi 或 –53 dB。在该设计中，第一副瓣被替换为大约 –40 dB 的主瓣肩，而第一个分开的副瓣则为 –42 dB。图 4.33 给出了另一个采用格雷戈里（Gregorian）结构的例子，其中第一副瓣接近 –40 dB，平均副瓣低于 –30 dBi，相对于主瓣为 –78 dB。在反射面 ULSA 系统方面，卫星通信天线的设计者们已经走在了雷达同行的前面。

（a）在测试转台上的天线

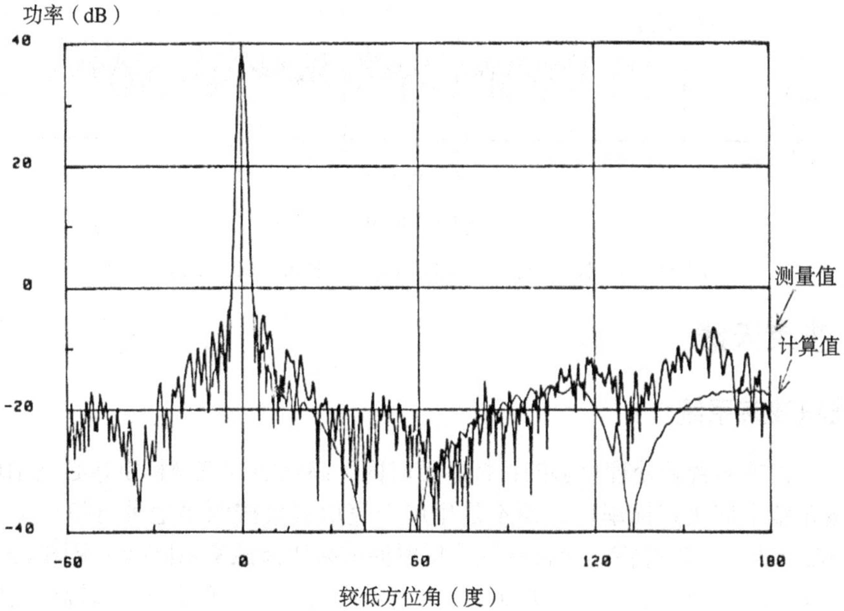

（b）方位波束方向图

图 4.32 ULSA 反射面天线（来源：L.M.爱立信公司）

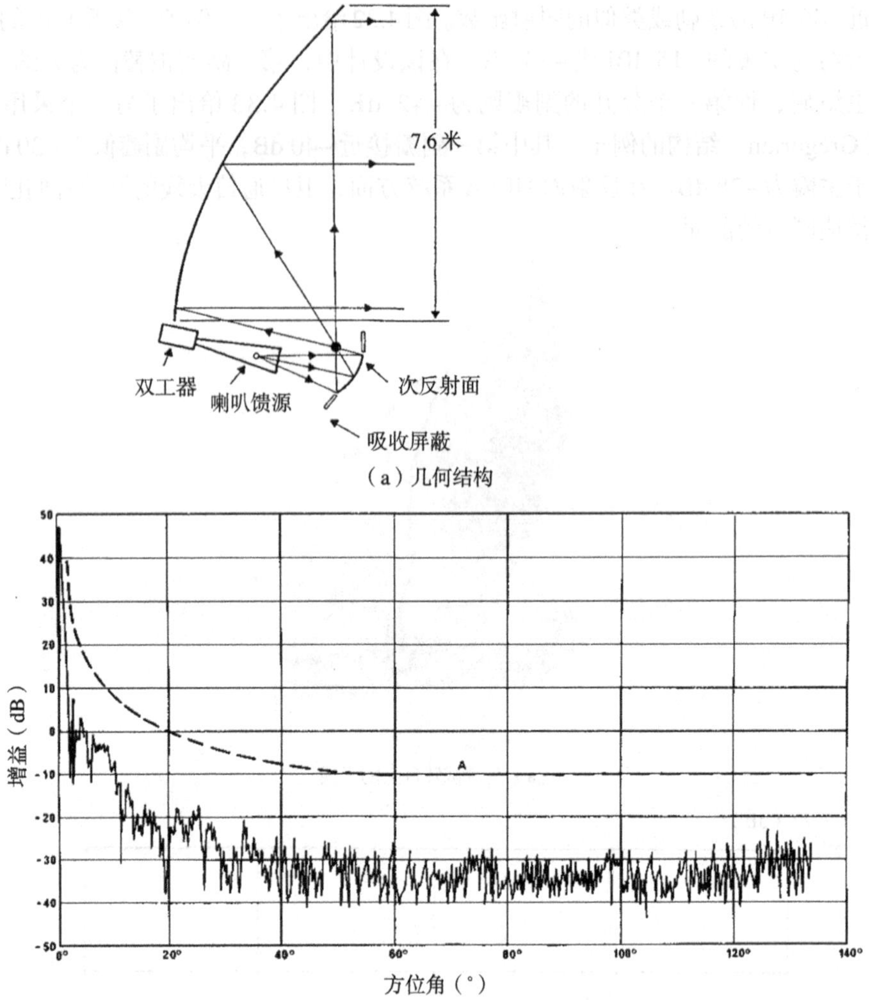

（a）几何结构

（b）方向图

图 4.33 采用格雷戈里结构的 ULSA 反射面天线（来源：[9]）

4.5 多波束天线

4.5.1 堆积波束系统

为了给 MTI 或多普勒处理足够的目标驻留时间，高性能的三坐标雷达必须用堆积波束结构平行地覆盖整个仰角扫描扇区，而不是用单个笔形波束按顺序地进行扫描（见第 7 章）。1945 年~1975 年期间，这种雷达通常在双曲反射面前采用馈源喇叭阵列（见图 4.34）。在仰角扇区的下部分，每个喇叭都照射整个反射面，从而生成高增益的波束。而在较高的仰角扇区内，两个或更多的喇叭的输出相加，以生成较宽的波束，这与要求的 csc^2 接收增益近似相符。发射机通过功分网络和双工器与每个波束端口耦合，从而生成了带 csc^2 扩展的单个扇形波束。这类天线有一个基本问题，就是垂直扩展的馈电结构的遮挡区域会导致方位副瓣较大。因为大多数喇叭的遮挡和离轴位置等原因，仰角副瓣同样是一个不容忽视的问题。

图4.34 AN/TPS-43 堆积波束天线（来源：西屋防务和电子系统公司）

大多数现代堆积波束天线均采用了平面阵，成行的辐射单元由一个仰角波束形成矩阵馈电。天线在方位上采用机扫。行馈电和辐射单元可以由裂缝波导（见图4.35）或带有辐射偶极子的组合馈电网络（见图4.23）组成。仰角波束形成矩阵可以是以射频、中频或者是以数字处理的形式存在（见图4.25）。因为使用的只是一个仰角矩阵，仰角副瓣不能非常低，除非在耦合至 n_e 行辐射单元时能够保持非常高的精度。另一方面，既然单个矩阵并不是成本的主要部分，那么可以精心制造出矩阵来。

图4.35 AN/TPS-70 堆积波束阵列（来源：西屋防务和电子系统公司）

在某些系统中，特别是那些采用中频或数字波束形成技术的系统中，放大器被放置在阵列的每行和矩阵之间。如果将放大器放在射频矩阵之前，那么将很容易设计矩阵，因为可以允许损耗而不会影响系统的噪声温度。但是在确定仰角副瓣电平时，这些放大器的增益和相位稳定性很重要。在数字波束形成器中，这种放大器的每一个都包含一部完整的接收机，通过相位检波器和A/D转换器进行输出。这又使得维持低仰角副瓣所需的相位和增益稳定性变得很困难。另外，无论何时使用放大器，如果一个行放大器发生故障，那么将导致仰角副瓣很大，即使它对每个仰角波束通道的增益的影响微不足道。

4.5.2 单脉冲天线

常规单脉冲雷达的天线系统必须同时形成3个波束：一个和（∑）波束和两个差（Δ）波束，其中一个差波束用于方位，另一个则用于仰角（对于在方位上采用机扫的三坐标雷达，只需∑和Δ_e波束）。早期的单脉冲跟踪器采用的是一组4个喇叭，分别分布在反射面或透镜天线的焦点周围。每个喇叭都能在空间生成一个笔形波束，与天线轴保持倾斜（见图4.36）。这些4个喇叭的输出可以合成起来，以形成3个方向图：

$$\Sigma = A+B+C+D$$

$$\Delta_a = A+D-(B+C)$$

$$\Delta_e = A+B-(C+D)$$

这种天线的一个基本问题就是在∑和Δ方向图中副瓣电平（尤其是在差方向图中）和效率之间的折中。调整4个喇叭的宽度，可以得到更有效率的低副瓣∑方向图，但这将Δ的照射在孔径外扩展得更远（见图4.37），高边缘的照射将形成较大的溢出波瓣和高副瓣。扩大馈源的宽度将校正Δ方向图中的问题，但这是以∑方向图的效率低下为代价的。

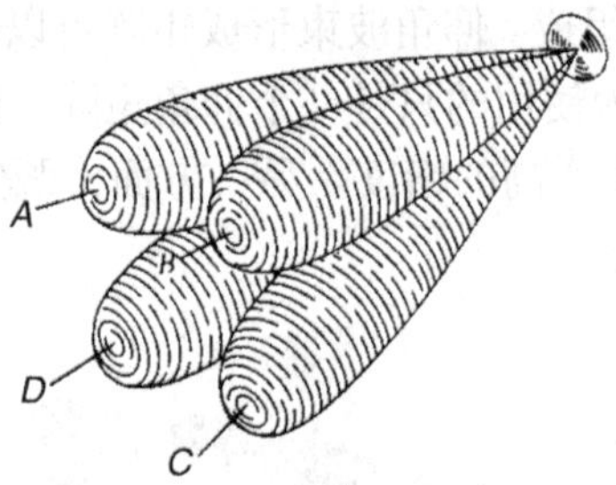

图4.36　具有4个喇叭馈源的天线的波束（来源：[10]）

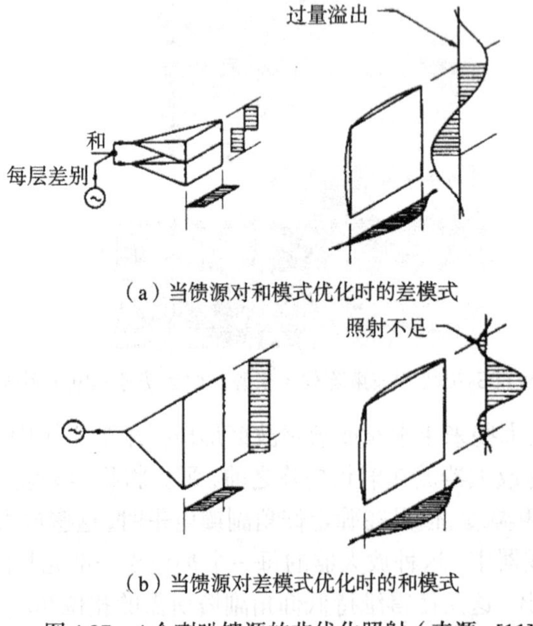

（a）当馈源对和模式优化时的差模式

（b）当馈源对差模式优化时的和模式

图4.37　4个喇叭馈源的非优化照射（来源：[11]）

更先进的馈电系统（见图4.38）采用12喇叭组或者多层的多模式喇叭，可以单独对∑和Δ照射进行优化。到1960年，在所有的3个方向图中均实现了低副瓣和高效率设计[11]，后来该设计又用到了空馈阵列天线中。

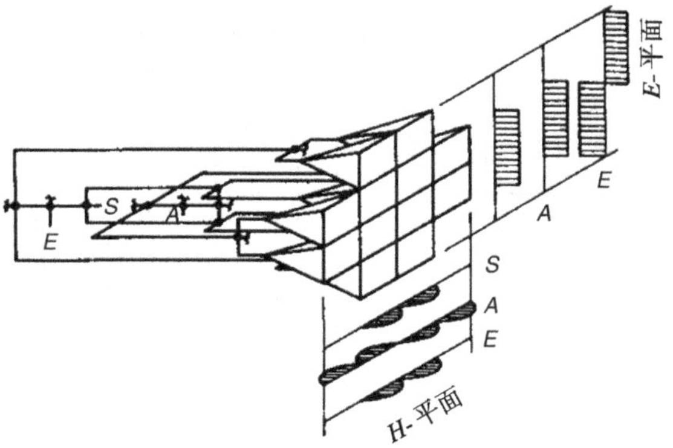

（a）12喇叭馈源

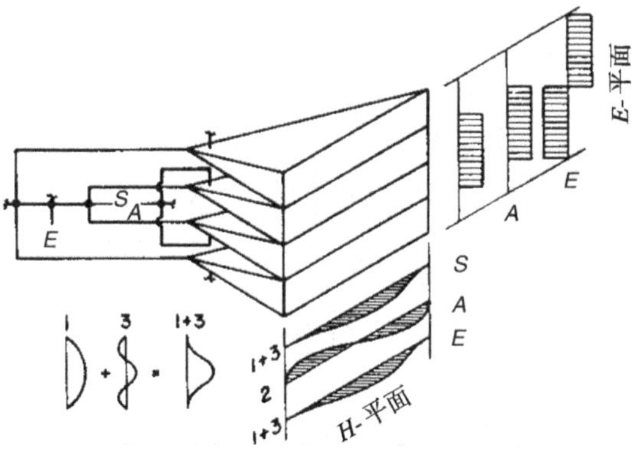

（b）4喇叭3模馈源

图4.38 优化的单脉冲馈源设计（来源：[11]）

Lopez[12]指出，在强制馈电阵列中生成单脉冲方向图是一个比较困难的问题。在线性阵列（或平面阵的行）中，中心处的混合接头将导致Δ照射中出现尖锐的不连续性（见图4.39），从而生成非常高的Δ副瓣。这种天线的差方向图完全不适合在杂波、ECM或多路径反射的环境中使用。通过进一步将阵列分成多个组件（子阵），并对Δ通道加入额外的耦合器，可以得到部分的缓解［见图4.40（b）］。这样会形成所需平滑照射函数的阶梯式的近似。但是，相对于平滑函数，幅度误差可以生成不可接受的高副瓣，除非单元分成了大量的组件。在串联馈电中，可以对单个单元的耦合进行调整，从而满足匹配所需的∑或Δ照射函数，但是不能同时满足。

在子阵组成的二维阵列中，可以采用模块化方法在∑和Δ照射之间进行折中。一个子阵的所有单元均具有相同的照射，而子阵可以按照不同的系数与∑和Δ通道进行耦合。比如，假设有一个具有4096个单元并包含64个矩形栅格形子阵的阵列，那么在每个坐标中都有8个组件来逼近所需的照射函数。对于−45 dB泰勒照射函数，图4.41示出了∑和Δ通道的近似。∑通道对阵列中心照射归一的rms误差为

$$\sigma_a = 0.07$$

如果该误差为随机的，那么可以在式（4.41）中用子阵增益代替单元增益，得到平均副瓣：

$$\overline{G_s} = 64G_e\sigma_\phi^2 = 64\times\pi(0.07)^2 = 0.98 = -0.1\ \text{dBi}$$

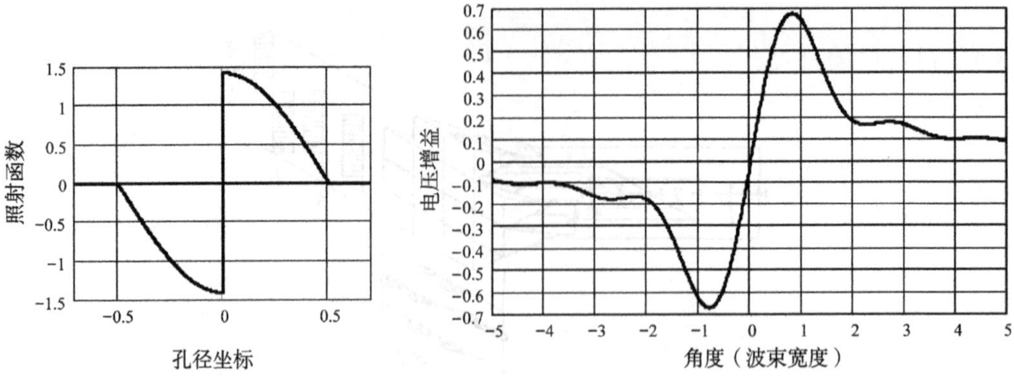

图 4.39　中心混合接头的阵列的照射和方向图

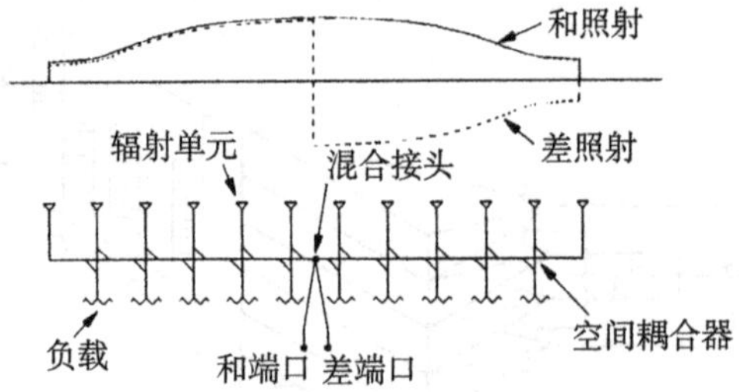

（a）具有两个组件的4组件串联馈电

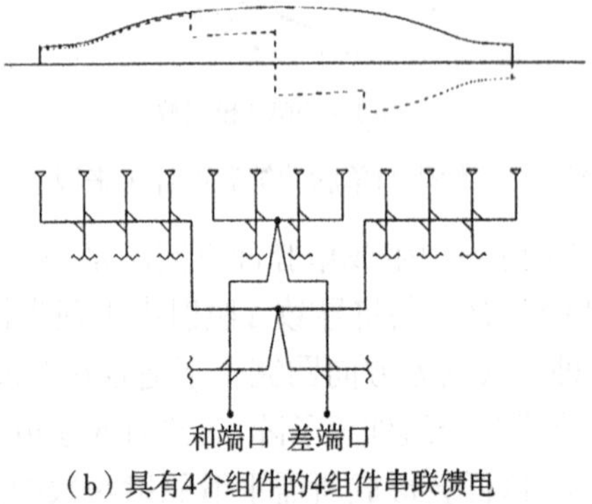

（b）具有4个组件的4组件串联馈电

图 4.40　4 组件串联馈电（来源：[12]）

然而，幅度误差在整个阵列上呈周期性，会产生少量但较大幅度的峰值波瓣。在所示情况下，峰值副瓣大约为主瓣的 −30 dB，在4096单元阵列中则为7 dBi。在Δ通道中，幅度误差大得多。图 4.41 示出了 −45 dB 泰勒派生方向图（如果采用连续照射函数，那么副瓣将接近 −35 dB）的 8 组件近似。Δ 照射函数峰值的 rms 误差为 0.14，而相对于 ∑ 函数峰值的 rms 误差则为

$$\sigma_a = 0.125$$

平均副瓣电平为

$$\overline{G_s} = 64G_e\sigma_\phi^2 = 64 \times \pi(0.125)^2 = 3.1 = 4.9\ \text{dBi}$$

峰值副瓣则接近∑主瓣的–25 dB或者12 dBi。通过参差平面阵中的组件，这些波瓣可以降低，接近平均值。但是，副瓣电平依旧大大高出原先预定照射的副瓣电平值，尤其是当考虑到其他误差源的时候。将64个子阵耦合到3个单脉冲输出的单脉冲馈电网络的设计不是一个简单的事情，并且将阵列分成更多子阵以降低副瓣的方法也会造成很多严重的问题。

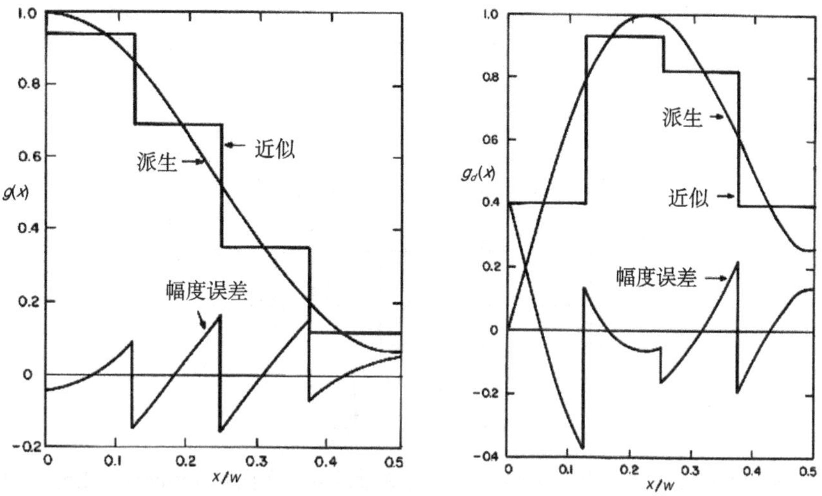

（a）和通道　（b）差通道

图4.41　类似–45 dB泰勒照射函数的8组件近似

相控阵的单脉冲馈源设计还可以采用双梯馈电方法（见图4.42）。在这里，一次线的耦合器生成∑照射函数。二次线则耦合到Δ通道，改变一次线馈至该通道的函数。一次线的中心混合接头引起的Δ照射的不连续性会因为二次线的相反不连续性而抵消，导致两个通道均达到了所需的平滑函数。每个单元需要两个精确耦合器，从而在雷达的工作频段上保持电公差。与单线只在∑通道内生成低副瓣馈源相比，通过该方法在Δ通道获得低副瓣的成本相对较高。然而，在放大器阵列中，耦合器和网络允许具有一定的损耗，而且放大器的固有误差可以掩盖网络的这些误差，因此该方法更加可行。

4.5.3　焦平面阵列馈源

空馈技术本身所固有的简单性，尤其是对较大阵列（具有成千上万个单元），可以很好地解决副瓣和溢出信号控制的问题。对于图4.38中超过12个喇叭或4层多模馈源来说，一种方法就是将主阵列的焦平面中的馈源扩展成多个喇叭或波导端口的阵列。图4.30给出了一个阵列馈源的例子。与常规的喇叭馈源相比，支持低副瓣单脉冲方向图耦合器的排列要复杂得多，但是与耦合孔径平面上的子阵或单元的网络相比则不值得一提。基本的不同是在焦平面和空馈系统孔径之间的空间内所进行的宽带二维傅里叶变换。采用焦平面阵列对较大孔径进行馈电的方法并不仅限于空馈相控阵天线。同样的方法用到偏置馈源抛物反射面能够生成其他具有合理的成本和复杂度的ULSA性能、单脉冲方向图、多层波束或其他方向图。

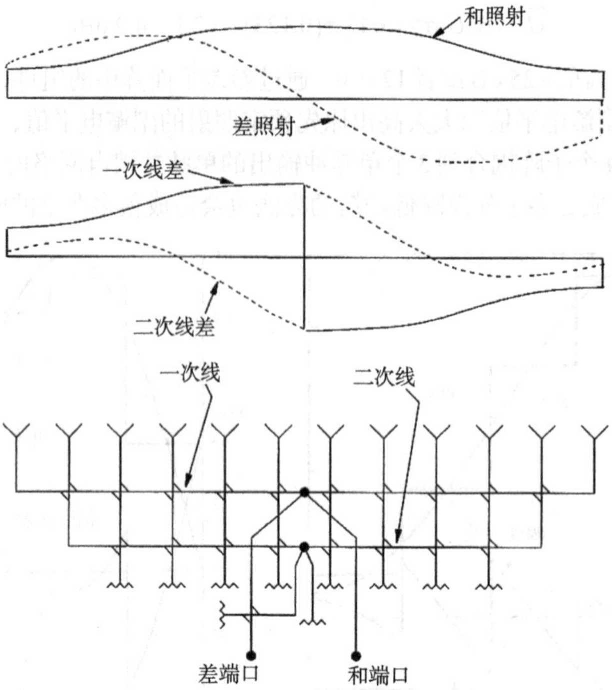

图 4.42 Lopez 馈源：用于线性阵列和 / 差激励的分别优化的双梯网络（来源：[12]）

4.5.4 数字波束形成

接收阵列灵活性的顶点是由数字波束形成系统提供的（见图4.25）。N_e个单元的每一个都将自身信号通过低噪声接收机和$2N_e$个检波器进入A/D转换器，该转换器的工作速度与在I和Q基带输出上的信号带宽B相等。数字字速率为$2N_eB$的这些输出信号，经处理可以得到$M \leqslant N_e$正交波束。这些波束可以进一步进行加权合成，以生成任意数目的重叠波束，每个波束均具有全信号带宽，而且其方向图和副瓣特性由N_e、数字中的位数、由单元通道和数字加权系数中的误差决定。

比如，以4.4节中的ULSA要求为例，8个误差源中的每一个均分配有0.02的相位或幅度误差。所有相位分量的总误差为$\sigma_\phi = 0.04$ rad，而幅度分量的总误差为$\sigma_a = 0.04$，产生的平均副瓣达到–20 dBi。考虑一个具有4096个单元的阵列。在数字系统中，如果所有来自辐射单元的相位和幅度源均通过A/D变换器，那么每个I和Q通道的误差为0.04。馈电网络或移相器不再存在，因此，如果设计者在进行数字操作时想用足够的位数来避免系统以后出现误差，那么所有误差可在接收机和A/D变换器之间分配。如果接收机增益误差能保持在2.8%以下，也就是0.24 dB rms，那么分配给A/D变换器的增益误差也将需要5位，但是设计时可能是6位。全部相位误差$\sigma_\phi = 0.04$ rad = 2.5° 可以分配给接收机。

如果数字系统工作的频带宽度为1 MHz，那么就需要4096部接收机，为工作在1 MHz、精度为5位的8192个A/D变换器提供馈电。然后，计算机每微秒进行一次完整的二维傅里叶变换，将4096个复数的输入变换成M复数输出，位数足够多，从而可以避免误差叠加。通过对相邻的波束进行合理的加权，计算机就可以形成最终的输出波束。单脉冲$\sum$和Δ通道、堆积波束或其他任何形式的波束组合均可实现。即使假定可以满足精度和副瓣电平指标，接收机和数字吞吐量的成本将在最终得到灵活性付出的成本中占很大一部分。出于以上原因，大多数应用更多地采用常规类型的阵列。但机载雷达除外，因为机载雷达需要进行时空自适应处理，这必须包含对单个单元输出的数字化。

参考文献

[1] Howard, D. D., *Analysis of the 29-Foot Monopulse Cassegrainian Antenna of the AN/FPQ-6 and AN/TPQ-18 Precision Tracking Radars*, U.S. Naval Research Laboratory Memo. 1776, June 1967, DDC Doc. AD 816772.

[2] Elliott, R. S., *Antenna Theory and Design*, Englewood Cliffs, NJ: Prentice-Hall, 1981.

[3] Hansen, R. C., *Phased Array Antennas*, New York: John Wiley & Sons, 1998, pp. 64-70.

[4] Barton, D. K., and Ward, H. R., *Handbook of Radar Measurement*, Dedham, MA: Artech House, 1984.

[5] Cheston, T. C., and Frank, J., "Array Antennas," Chapter 11 in *Radar Handbook* (M. I. Skolnik, ed.), New York: McGraw-Hill, 1970.

[6] Dodson, B. C., Jr., "L-Band Solid State Array Overview," in *Radar Technology*, E. Brookner, (ed.), Dedham, MA: Artech House, 1977, pp. 265-273.

[7] Ruvin, A. E., and Weinberg, L., "Digital Multiple Beamforming Techniques for Radar," *IEEE Eascon '78 Record*, pp. 152-163.

[8] Kahrilas, P. J., "HAPDAR – An Operational Phased Array Radar," *Proc. IEEE*, Vol. 56, No. 11, November 1968, pp. 1967-1975.

[9] Schrank, H. E., "Low Sidelobe Reflector Antennas," *IEEE APS Newsletter*, April 1985, pp. 5-16.

[10] Hannan, P. W., "Optimum Feeds for All Three Modes of a Monopulse Antenna," *IRE Trans. Antennas and Propagation*, Vol. 9, No. 5, September 1961, pp. 444-461.

[11] Rhodes, D. R., *Introduction to Monopulse*, Dedham, MA: Artech House, 1980.

[12] Lopez, A. R., "Monopulse Networks for Series Feeding an Array Antenna," *IEEE Trans. Antennas and Propagation*, Vol. 16, No. 4, July 1968, pp. 436-440.

附录4A：关于雷达天线的习题

4.1 分辨靠近大目标的小目标 调用Resolution.mcd程序，

（a）绘出RCS分别为−10 dBsm和0 dBsm的两个目标的组合响应，与波束轴角成函数，目标间隔$\Delta = 1.00$，1.25和1.50个波束带宽，相位以45°步进。

（b）当两个目标同相，并且低于较小目标处的峰值1 dB时，求出两个目标之间能够存在倾角的间距。

4.2 主瓣内功率 调用PatternIntegration.mcd程序，对于均匀照射、$w = 5$ m、$h = 5$ m且$\lambda = 0.1$ m的方形天线，请找到在主瓣以下部分内的辐射功率部分。

（a）在半功率等值线内；

（b）在第一个零值等值线内；

（c）绘出在圆形等值线内，功率与半径间的函数，在方形等值线内，功率与半边长间的函数。

4.3 余弦照射图 调用Pattern.mcd程序，绘出习题4.2中孔径的方位增益方向图，在后瓣电平为 –50 dB 时采用cos$x$照射：

（a）电压图与 –5 ~ 5 波束宽度的角度成函数；

（b）增益与 –180° ~ 180° 的角度成函数，以dB表示；

（c）对于基本余弦照射图的功率与 –50 dB 常量副瓣的和的方向图来说，增益与 –30° ~ 30° 的角度成函数，以dB表示。

4.4 圆形和矩形孔径的比较 X波段天线（$\lambda = 0.03$ m）设计用于安装在不大于 3 m × 3 m 的空间内。最大的副瓣电平不得超过 –23 dB。

（a）调用Antenna Patterns.mcd和Circular.mcd程序，比较两坐标余弦照射和Hansen圆形照射的增益；

（b）比较两种照射的波束带宽；

（c）绘出照射函数；

（d）当电压偏离波束轴±2°时，绘出波束图，并用较大增益天线的最大电压增益作为参考；

（e）绘出偏离波束轴 ±10° 时的波束图，并用较大增益天线的最大电压增益作为参考。

4.5 孔径遮挡 C波段跟踪雷达（$\lambda = 0.055$ m）的矩形孔径达到2.5 m并采用余弦照射。调用Blockage.mcd程序，当附近高10 m、直径达0.15 m的通信天线支撑柱从上到下遮挡住孔径中心时，请计算天线方向图，并与未遮挡的方向图在以下方面进行对比：

（a）主瓣增益，以dB表示；

（b）来自主瓣增益的第一副瓣电平，以dB表示；

（c）超过 ±90° 以及偏离波束轴 ±10° 的方向图。

4.6 圆形阵列参数 C波束相控阵（$\lambda = 0.055$ m）设计用于得到一个直径 $D = 2.8$ m、并且单元间隔为 0.63λ 的圆形孔径。假设采用Hansen照射函数，并且副瓣为 –25 dB。请计算下列天线参数：

（a）阵列中单元 N_e 的数量；

（b）当没有馈电和移相器损耗时，照射效率 η_i 和（方向性）增益 G_m，并以dB表示；

（c）波束宽度常量 K_θ 和波束宽度 θ_3，以rad和°表示；

（d）式（4.3.7）中用到的常量 $N_e\theta_a\theta_e$；

（e）假设移相器损耗为1 dB、馈电网络损耗为1.5 dB，请求出在侧射方形和扫描角为45°时的阵列功率增益。

4.7 海用雷达频率倾斜 X波段海用雷达（通常 $f_0 = 9.5$ GHz）的天线采用端馈和裂缝波导。波导为RG-68U，宽度为 $a = 0.0285$ m。调用FrequencyScan.mcd程序，计算以下内容：

（a）在 9 GHz 时产生垂射波束的裂缝间距；
（b）当雷达从 9 GHz 调谐到 10 GHz 时，垂射方向的倾斜角，以°表示。

4.8 **频扫阵列** S波段舰载三坐标雷达在地平线至45°的仰角范围内进行频扫，舰船则要翘起±10°。雷达可以在 3.1 GHz ~ 3.3 GHz 范围内进行电子调谐。馈线采用宽度为 $a = 0.072$ m 的 RG75 波导，阵列则向甲板倾斜 15°。调用 FrequencyScan.mcd 程序，计算：

（a）辐射裂缝的间距 d，以便将波束置放在中心频率的垂射方向；
（b）每个裂缝之间蛇形回路的长度 s，以便达到扫描上限和下限。

4.9 **稀疏阵列** 大型的 X 波段阵列（$\lambda = 0.032$ m）设计用来获得宽度 $w = 8$ m、高度 $h = 4$ m、扫描范围为±60°扇形的矩形孔径，其每个单元都占据$(0.63\lambda)^2$的空间。主瓣的最大副瓣电平达到 −40 dB。调用 ThinnedArray.mcd 程序，计算：

（a）每个填充阵列的单元数；
（b）采用泰勒照射的填充阵列的增益，以 dB 表示；
（c）稀疏阵列的单元数，阵列孔径的中心已填满，并且照射锥削通过稀疏获得；
（d）稀疏阵列的增益，以 dB 表示；
（e）填充阵列中在主瓣下方且距离主瓣 5° ~ 15° 区域内的副瓣电平，以 dB 表示；
（f）稀疏阵列中在主瓣下方且距离主瓣 5° ~ 15° 区域内的副瓣电平，以 dB 表示。

4.10 **有源阵列的散热** 习题 4.6 中的阵列换成是一个有源阵列，其平均有效辐射功率（简称 AERP）与受到一个平均输出功率为 10 kW，并且效率达到 40% 的由发射机驱动的原始无源阵列相同。假设无源阵列系统中的传输线损耗达到 1 dB，那么在有源系统中的损耗将降至 0.5 dB，有源收/发组件的总体效率将达到 20%。调用 HeatDissipation.mcd 程序，求出：

（a）雷达在垂射方向上的 AERP；
（b）原来发射机的输入功率；
（c）有源阵列需要的总平均射频功率；
（d）有源阵列的输入功率；
（e）每个组件的平均射频功率；
（f）有源阵列中作为热量而散发的功率；
（g）有源阵列的孔径中每平方米散发的热量。

4.11 **阵列误差效应** 习题 4.6 和 4.11 中的阵列性能会因为馈电网络、移相器和（有源阵列中）收/发组件的有源放大器出现相位和幅度误差而有所降低。假设两个系统的参数如下：

源	无源		有源	
	σ_ϕ	σ_a	σ_ϕ	σ_a
馈电网络误差	10°	0.5 dB	10°	0.5 dB
移相器误差	10°	0.5 dB	10°	0.5 dB
放大器误差（补偿后）	0	0	10°	0.5 dB
移相器位数	$m = 3$		$m = 4$	

假设单元间的所有误差均无关联，调用 ArrayErrors.mcd 程序，计算

（a）阵列主瓣增益的减小值，以 dB 表示；
（b）与主瓣相关的评估副瓣电平，以 dB 表示；
（c）波控误差，以 mrad 表示。

4.12 **阵列带宽** 假设习题 4.6 和习题 4.10 中的阵列变成一个强制馈电，它采用宽度 $a = 0.04$ m 的波导从孔径中心进行串联馈电。调用 ArrayBandwidth.mcd 程序，计算：

（a）馈电波导的波长；
（b）馈电网络的带宽；
（c）45° 扫描角的阵列带宽；
（d）具有 20 MHz 带宽的信号的带宽损耗；
（e）从垂射方向扫描到 45° 的平均损耗。

附录 4B：提供的 Mathcad 工具

Resolution.mcd：对两个目标的响应

该程序将对相对于单向、半功率波束宽度来说间隔一定距离的两个目标产生天线响应。该响应可以绘成不同的相对相位值。该程序生成的图见图 4.1。

PatternIntegration.mcd：天线方向图集成

该程序可以计算波束轴周围特定限制内的功率。它可以用来计算天线主瓣内的功率，作为半功率等值线或第一个零值的等值线，或主瓣和副瓣特定范围内的功率的极限。方向图输入为均匀照射孔径的输入，但是其他方向图的输入可以被替换。

Pattern.mcd：矩形孔径的天线方向图

该程序可以计算并绘制照射函数及雷达天线常用的天线方向图。具有均匀、$\cos x$、$x\cos x$、$\cos^2 x$ 和汉明（Hamming）照射的矩形孔径的方向图可以计算出来。因为如果当天线图覆盖的角度超过 $\pi/6$ rad 时，较小角度的假设将变得无效。计算可以在正弦空间中用归一化的参数 u（单位为 λ/w）进行，然后转换成真实的角度 θ，但是限定在前半球 $-\pi/2 < \theta < \pi/2$。输入归一化孔径的尺寸 w/λ 需要确定前半球的极限 u。当后瓣电平被用来获得后半球的增益时，还需要指派并使用一个远副瓣电平。

Circular.mcd：圆形孔径的天线方向图

均匀照射的圆形孔径的方向图可以用贝塞尔函数算出。该方向图见该程序的第一部分。对于锥削孔径来说，Hansen[1]给出了一个简单的方向图模型，其中给出了一系列具有特定电平的第一副瓣的圆形孔径照射函数。在程序的第二部分，给出了这个系列照射函数的效率和波束宽度函数，而在程序的第三部分，则给出了 −17.57 dB ~ −60 dB 之间的第一副瓣电平的方向图。利用这些方向图，可以轻易地估算出效率和波束宽度，而且可以生成不同类型的圆形天线的方向图。

AntennaPatterns.mcd：**典型照射的天线图**

该程序将把电压和dB表示的天线方向图看成是波束宽度与离轴角的函数，并采用了雷达分析中经常用到的几个照射函数：均匀矩形、cos x、$\cos^2 x$、汉明、高斯、均匀圆形、抛物面、切比雪夫（Chebyshev）、泰勒$\bar{n}$、cosine^{4}主瓣电压图近似、不同照射近似，以及“典型反射体”近似。在假设波束宽度较小时，可以计算出角度。每种类型照射的副瓣电平、波束宽度常量、方向图常量和单坐标照射效率也可以计算出来。在计算方向图常量时，假设两个坐标中均采用了特定的照射函数。在计算波束宽度常量和效率时，需要运用简单的分析近似法。

Blockage.mcd：**天线增益和方向图的遮挡效应**

在反射器天线中出现的遮挡是因为馈电元件放在了孔径的前方，在其他类型的天线中，如果有其他东西位于这个区域也会发生遮挡。将馈电喇叭或者子反射器偏离反射体中心放置，那么馈电遮挡就会减小，如果偏离程度超过了反射体宽度的一半，那么就会完全避免馈电遮挡。如果馈电元件或者其他物体确实位于孔径投射的圆柱体内，那么必须考虑因遮挡通过“端射”效应而产生的投射区域及其深度。

该程序可以计算因天线孔径的遮挡而产生的副瓣电平损耗和增加。可以将遮挡结构建模成三维形状，在孔径上形成矩形或椭圆形投射（孔径反过来也可能是矩形或椭圆形）。天线尺寸、形状、第一副瓣电平、中心照射场强度/平均照射的比、遮挡结构的尺寸、形状和位置都由用户定义。

FrequencyScan.mcd：**频扫阵列的特性**

该程序可以计算标称频率、波导宽度、辐射体裂缝间距和裂缝之间的波导长度所给定的频扫阵列的特性。

ThinnedArray.mcd：**稀疏阵列的特性**

该程序可以计算具有特定的稀疏常量（中央孔径填充部分）F_0，并且具有典型照射函数的稀疏阵列的特性。在特定的稀疏常量在0和1之间，并且孔径的其他部分可以生成特定的照射函数，可以计算出填充部分。采用余弦和泰勒照射（在两个坐标上是相同的）的矩形孔径可以建模，然而圆形孔径则采用Hansen单参数照射。

HeatDissipation.mcd：**无源和有源阵列的散热**

该程序可以计算无源和有源阵列的散热，这两个阵列生成的平均有效辐射功率相同，或者在接收端生成的回波功率相同。在后一种情况下，接收路径上的移相器、馈电和线路损耗等于相应的发射损耗，而且两种类型阵列之间的噪声温度差可以忽略不计。

ApertureErrors.mcd：**孔径误差对增益、副瓣和精度的影响**

该程序可以计算天线在辐射时相位和幅度误差产生的影响。这些误差来源于m位移相器的相位量化，以及馈电网络、移相器、辐射单元和阵列或反射器天线的表面形状。假设误差在大于$\lambda/2$的距离外无关联。计算体现出规定误差的影响和特定的阵列性能所要求的容差。

ArrayBandwidth.mcd：**相控阵天线的带宽**

该程序可以计算阵列天线的带宽以及传送特定带宽的信号时产生的损耗。当天线从垂射方向扫描时，该损耗适用于阵列天线，当信号带宽和端部单元之间端时延<< 1时，该损耗适用于

所有扫描角的馈电路径长度不等的阵列。在±1.5σ处（≈ –10 dB边缘锥削）的截尾Gaussian照射函数，可以用来对延迟的扩展进行建模。假设采用双程操作，那么阵列带宽就会采用独立的计算方法：一种方法用于馈电结构，而另一种方法用于垂射外扫描。当存在其他影响时，阵列带宽将为两种倒数的平方和的平方根（简称rss）值的倒数。馈电可能为强制馈电或空馈，强制馈电可能为组合馈电（相等的路径长度）、从端部串联馈电或从中心进行串联馈电。

附录4C：习题的解

文件夹Appendix4A中包括了12个单独的程序，用于解答附录4A中的习题。获取方法详见封底。

第5章　波形和信号处理

5.1　模糊函数

第4章介绍了覆盖方位、仰角、距离（通过时延 t_d 测量）和径向速度（通过多普勒频率 f_d 测量）4个特殊区域的四维雷达分辨单元的概念。大多数雷达系统通过 t_d 和 f_d 呈现其可与方位和仰角分辨特性区分开的分辨特性。这些特性可通过响应函数或交叉模糊函数 $\chi(t_d, f_d)$ 来描述，其数学表达式为

$$\begin{aligned}\chi(t_d,f_d) &= \int_{-\infty}^{\infty} A(f-f_d)H(f)\exp(\mathrm{j}2\pi f t_d)\mathrm{d}f \\ &= \int_{-\infty}^{\infty} a(t-t_d)h(-t)\exp(\mathrm{j}2\pi f_d t)\mathrm{d}t\end{aligned} \tag{5.1}$$

式中，$A^2(f)$ 为对发射信号调制的能量频谱，$a(t)$ 为相应的波形，$H(f)$ 为接收滤波器的响应，$h(t)$ 为其脉冲响应。一般来说，这些函数为复函数（具有相位和幅度变化）。在式（5.1）对频率积分的公式中，函数 $A(f-f_d)$ 为有多普勒频移的回波信号的频谱，而 $\exp(\mathrm{j}2\pi f t_d)$ 为在频率 f 上发射的频谱分量的相移。式（5.1）中对时间的积分包含延迟波形 $a(t-t_d)$ 和 $h(-t)$ 的乘积，以及通过滤波器加在时间 t 时到达的，相移为 $\exp(\mathrm{j}2\pi f_d t)$ 的，信号分量上的加权函数。输出电压 χ 与时间延迟 t_d 和多普勒频移 f_d 呈函数关系变化，两者都相对于雷达所“调谐”（调整到峰值响应）到时间－频率空间中的任意一点来进行测量。

对一均匀噪声谱，产生可能的最大输出信噪比的匹配滤波器，可通过频率响应 $H(f)$ 和脉冲响应 $h(t)$ 来定义：

$$H(f)=\frac{1}{A(0)}A^*(f),\quad h(t)=\frac{1}{A(0)}a^*(-t) \tag{5.2}$$

式中，常数 $A(0)$ 是为了归一化，并使所得积分在量纲上正确而引入的。将这些滤波器函数代入式（5.1）中，就得到从目标反射的时延为 t_d、多普勒频移为 f_d（相对于雷达调谐点）的给定发射信号的匹配滤波器电压响应：

$$\begin{aligned}\chi_0(t_d,f_d) &= \frac{1}{A(0)}\int_{-\infty}^{\infty} A(f-f_d)A^*(f)\exp(\mathrm{j}2\pi f t_d)\mathrm{d}f \\ &= \frac{1}{A(0)}\int_{-\infty}^{\infty} a(t-t_d)a^*(t)\exp(\mathrm{j}2\pi f_d t)\mathrm{d}t\end{aligned} \tag{5.3}$$

这一匹配滤波器电压响应的平方值 $|\chi_0(t_d, f_d)|^2$ 定义为模糊函数[1, 27~28页]，由 Woodward[2]首创，但这里是用延迟的和多普勒频移的信号（在接收机处理，与零延迟和多普勒相匹配）来表示的。模糊函数的一个重要特性是，当波形发生变化时，曲面 $|\chi_0(t_d, f_d)|^2$ 以下的体积保持恒定。对非匹配滤波器，$|\chi(t_d, f_d)|^2$ 以下的体积也保持恒定，但峰值响应低于匹配滤波器，且主瓣宽度或副瓣电平有所改变。

5.1.1 匹配滤波器的实现

通过跟随图5.1框图中的信号流向，可以获得匹配滤波器的工作视图，图中采用了相关器（时域）实现。频谱为$A(f)$的复调制$a(t)$用做射频载波（用$\exp(j2\pi f_0 t)$表示）的调制，来产生输出频谱$A(f_0+f)$。它通过天线辐射出去，然后从一距离为R，径向速度为v_t的目标反射回接收机。回波信号的频谱为$A(f_0+f-f_d)$，波形为$a(t-t_d)$，按比例缩小到信号幅度，且每个频率分量的相移为$\exp(j2\pi f t_d)$。为了将接收机调谐到多普勒频移的频谱，本振器以估计的多普勒值$\hat{f}_d$偏移其标称频率f_0-f_c，以使中频信号中心在$f_c+\hat{f}_d-f_d$。如果估值正确，则频谱中心在f_c。

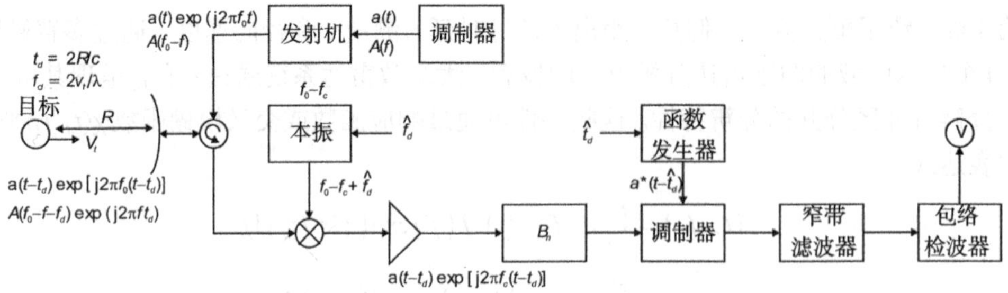

图5.1 雷达波形的发射、接收和处理

中频信号放大后，通过一带宽为B_n的宽带中频滤波器送至相关器，该相关器由一个平衡调制器和一窄中频带通滤波器组成，它对调制器函数$a^*(t-t_d)$的持续时间进行积分。此函数在估计的信号时间延迟$\hat{t}_d$处进行触发。如果估计的延迟正确，则各信号分量的相位被均衡，并给与其发射幅度相等的加权。当这些分量在窄带滤波器中进行积分并进行包络检波时，输出电压V和信噪比就达到最大。通过将调制器换成响应为$A^*(f_c+f)$的无源匹配滤波器，可完成等效运算，包络检波所得输出，并在适当估计的延迟处（考虑匹配滤波器中固定的任意延迟）对输出进行取样。

相对于估计值，当真实多普勒频移和时间延迟发生变化时，输出电压将在频率和时间延迟域内描划出匹配滤波器的响应函数。当使用线性包络检波器时，输出电压表示响应函数（见式5.3）的值$|\chi_0|$。

时间和频率函数之间的傅里叶变换关系，与天线方向图和孔径照射函数之间的关系类似，但在波形分辨力和天线分辨力的极限间，存在两个主要的差别：

（1）在天线中，两个分辨力坐标相互独立，原因是傅里叶变换在孔径宽度和高度上将天线方向图和相应的照射函数联系起来。在波形情况下，两个分辨力坐标通过时间到频率的傅里叶变换，建立了相互关系，反之亦然，因此，分辨单元的体积（由响应或模糊函数确定的）是恒定的。

（2）在天线中，从目标到孔径的入射场是均匀的，所以方向图只取决于孔径照射函数（由馈电系统确立）。在波形情况下，信号和滤波器一般通过不同函数来描述（对匹配滤波器，它们彼此为复共轭）。

North[3]对匹配滤波器理论进行了开发研究。他证明，存在白噪声时，匹配滤波器将产生信噪比的最大值。匹配滤波器的输出信噪功率比等于信号能量与滤波器输入端的噪声谱密度的比值：

$$(S/N)_{\mathrm{mf}} = E/N_0 \tag{5.4}$$

5.1.2　矩形脉冲的响应

通过考虑图5.2中的波形及其频谱，可以导出正弦载波（通过矩形脉冲调制）的模糊函数。该脉冲期间的均方根电压为 a_0，频率 f 相对于载频 f_0 表示的频谱为

$$A(f)=a_0\tau\frac{\sin\pi\tau f}{\pi\tau f}\ \text{V-s} \tag{5.5}$$

峰值谱密度 $A(0)=a_0\tau$，频谱的有效宽度 B 为 $1/\tau$。脉冲能量为

$$E=\int_{-\infty}^{\infty}\left|A(f)\right|^2\mathrm{d}f=\int_{-\infty}^{\infty}\left|a(t)\right|^2\mathrm{d}t=a_0^2\tau\ \text{W-s} \tag{5.6}$$

匹配滤波器频率响应为 $H(f)=(\sin\pi f\tau)/\pi f\tau, f_d=0, t_d=0$ 处的峰值输出为

$$\chi_0(0,0)=\frac{1}{A(0)}\int_{-\infty}^{\infty}\left|A(f)\right|^2\mathrm{d}f=\frac{a_0^2\tau^2}{A(0)}\int_{-\infty}^{\infty}\frac{\sin^2\pi\tau f}{(\pi\tau f)^2}\mathrm{d}f=a_0\ \text{V} \tag{5.7}$$

假设一个 1 Ω 的电路，则峰值输出功率为 1 W，输入密度为 N_0 W/Hz 的噪声输出功率为

$$N=N_0\int_{-\infty}^{\infty}\left|H(f)\right|^2\mathrm{d}f=N_0B_n=\frac{N_0}{\tau}\ \text{W} \tag{5.8}$$

式中，B_n 为滤波器的有效噪声带宽。在输出峰值处，根据式（5.4）的要求，信噪功率比为

$$\frac{S}{N}=\frac{\left|\chi_0(0,0)\right|^2}{N}=\frac{a_0^2\tau}{N_0}=\frac{E}{N_0}$$

通过 $a(t)$ 与 $h(t)$ 的卷积，或通过 $A(f)\ H(f)$ 的傅里叶变换，所获得的输出波形为三角形包络函数，如图5.3中虚线所示。偏离匹配点的目标包络检波输出电压的变化如图5.4所示。如图5.5所示，此响应函数沿时间轴 $f_d=0$ 具有三角形状，而沿频率轴 $t_d=0$ 则具有 $(\sin x)/x$ 形状。

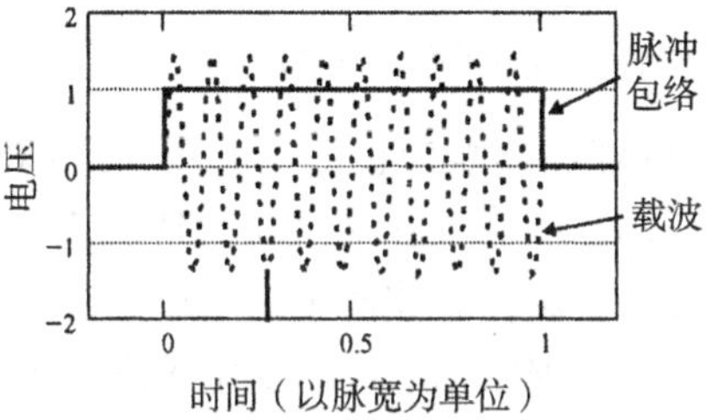

（a）具有恒载频矩形脉冲的波形

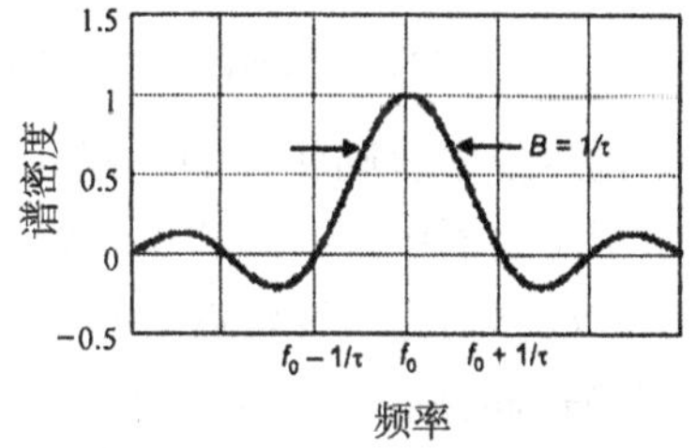

（b）具有恒载频矩形脉冲的频谱

图 5.2　波形电压刻度对 a_0 归一化。频谱中心处于载频，其谱密度对 $A(0)=a_0\tau$ 归一化

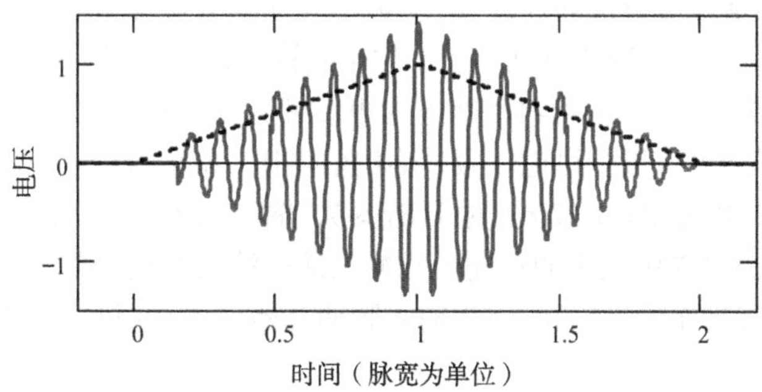

图 5.3　$(\sin x)/x$ 滤波器输出端矩形脉冲的波形

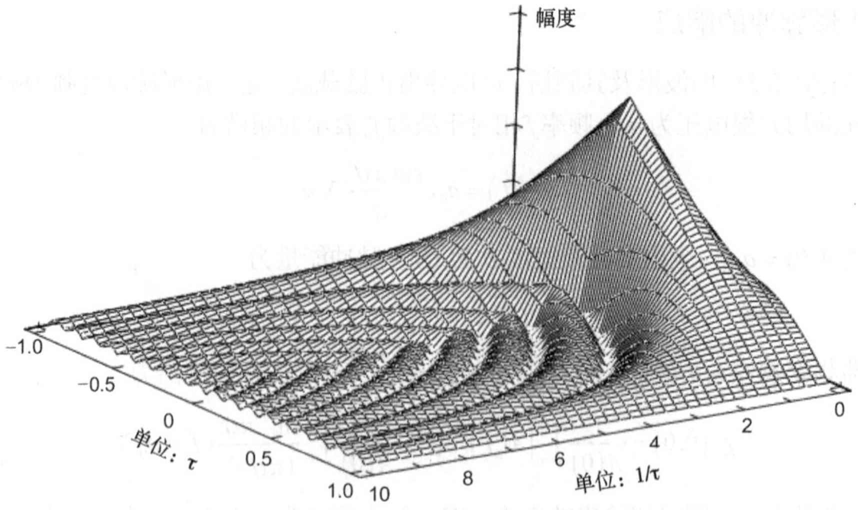

图 5.4 延迟－多普勒平面内，矩形脉冲的匹配滤波器响应。图中仅绘出了正的半个频率空间，响应对 $f_d = 0$ 对称

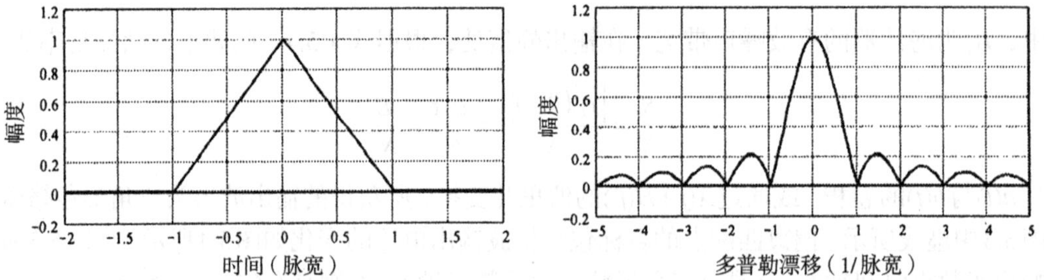

（a）$f_d = 0$ 时，输出电压与时间的关系　　（b）$t_d = 0$ 时，输出电压与频率的关系

图 5.5 在时间－频率平面内，沿各主轴的匹配滤波器响应

具有时间延迟或多普勒频移的目标的相同匹配滤波器响应也适用于图 5.1 的相关器系统。在相关器的窄带滤波器中，振荡的建立如图 5.6 所示，在输入脉冲尾端达到峰值。如果相关器的波门调制函数被移到比回波延迟时间早的时刻，则振荡在滤波器中的出现比在波门中的出现要晚，而且波门后端的幅度与波门和信号之间重叠的量成正比。这一变化还适用于相对于回波脉冲而延迟的波门。如果偏移比脉冲宽度 τ 大，则窄带滤波器中将不会出现信号振荡。作为波门延迟的函数，波门后端输出取样的电压将描绘出匹配滤波器响应的时间变化，如图 5.5（a）所示。为获得未知时间延迟对目标的性能，必须实现具有多距离波门通道（以脉宽分数分隔的）的相关器系统，以保证有一个通道可基本上产生全部输出，无论实际距离延迟是什么。

下面考虑非匹配滤波器。一系列典型响应为矩形带通滤波器的响应（见图 5.7）。其他类型滤波器的相关性能将在 9.5 节进行讨论。假设输出信噪比（S/N）比匹配滤波器的值低 0.4 dB，则最佳的矩形滤波器带宽为 $B = 1.37/\tau$。对于 $B\tau > 5$，输出波形接近矩形函数，但有非零上升和下降时间 $\tau_e = 1/B$。图 5.7 中显示的在输入脉冲之前的波纹响应表明，对矩形滤波器的可实现的近似必须在其输出中有显著延迟，因为输入脉冲开始后，这些早先的波纹必须代表一个响应。

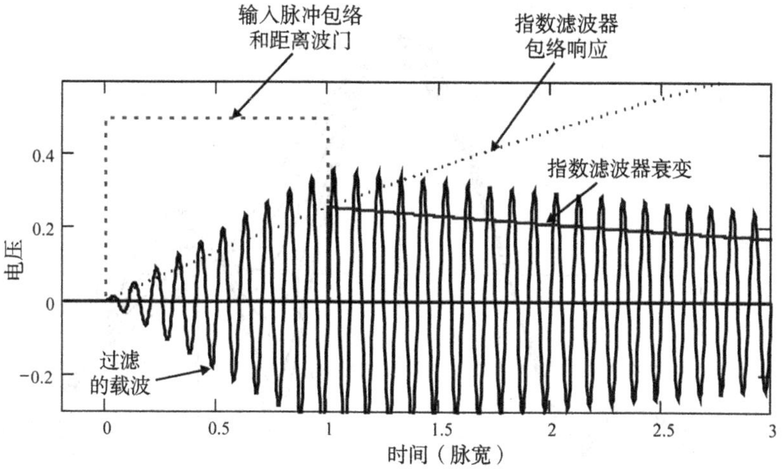

图5.6　在距离选通的窄带滤波器通道中矩形脉冲的波形

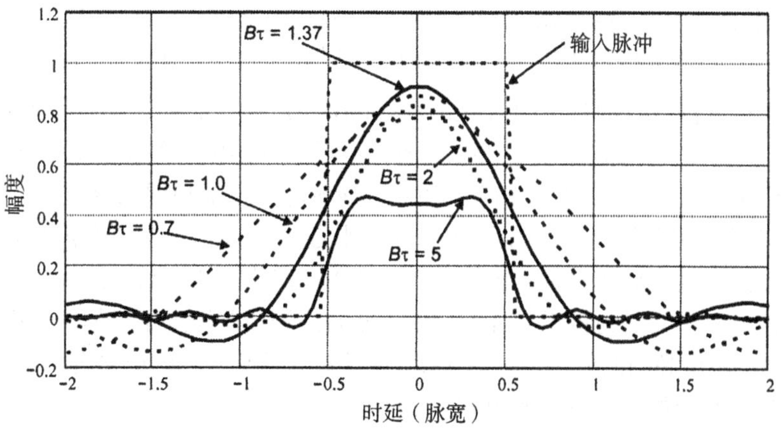

图5.7　矩形滤波器对矩形脉冲的响应。输出是对每个带宽的均方根噪声电平的归一化，并以输入脉冲为中心构画出来

根据波形特性和目标被检测的时间间隔，最方便的实现方法既可以在频域（使用匹配滤波器），也可以在时域（使用一个或多个匹配相关器）进行。使用频域匹配滤波器的好处是能够在其输出端提供连续时间采样流，从而允许在很大距离范围内进行目标检测。在跟踪一个距离已确定的目标时，相关器或波门方法比较简单。

5.1.3　简单脉冲的分辨力特性

雷达中用矩形脉冲，原因在于它们允许发射机作为一个饱和振荡器或放大器工作，并可以在接收延迟超过脉宽的信号时完全关闭。当通过一矩形滤波器进行处理时，一个非常明确的（点）目标可以产生如图5.7所示的响应。幅度为第一个目标一半的另一个目标（时间延迟上以τ分隔），根据相对信号相位φ，可产生如图5.8所示的任意响应包络。对大多数相位角，第二个峰值的位置和大小是可辨识的，所以两个目标被认为是可分辨的。相同的目标更易于分辨，但要分辨更小的另一个目标，则需要有更大的间隔或带宽。

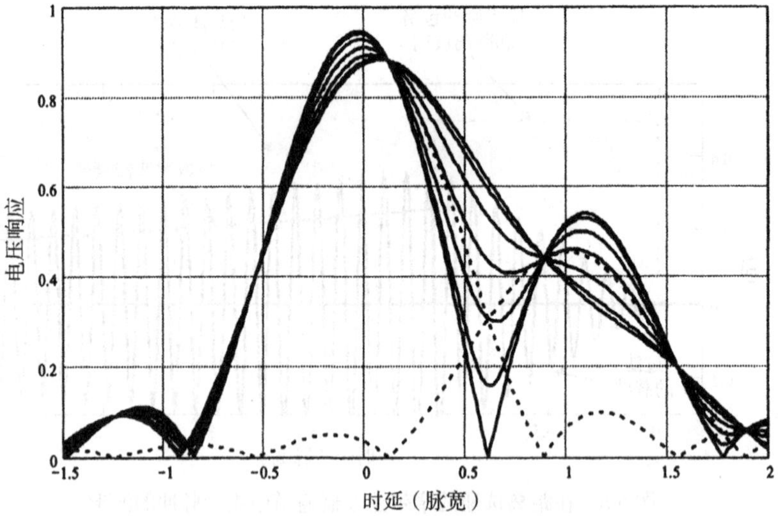

图 5.8　通过最佳矩形滤波器的，间隔为一个脉冲宽度的两个目标的分辨。目标的幅度比为 2∶1，相对相位在 0 ~ π 间变化，虚线示出了单个目标的响应

在频域，匹配滤波器的输出频谱形式为$(\sin^2\pi\tau f)/(\pi\tau f)^2$，能够分辨多普勒频移间隔约为 $1/\tau$ 的目标。因此，在两种坐标中，分辨要求目标间隔约为输出响应的宽度（在 -6 dB 电平上）。在时间-频率平面，对于有恒定载波相位的发射，该轮廓的主轴和副轴乘积（这是波形的分辨面积）总是约等于 1。当脉宽变化时，该轮廓的形状也发生变化，但该面积保持不变。

也可以生成其他形状的脉冲（比如高斯脉冲）。参考图 4.1 中高斯波束方向图的分辨特性，我们可以看出，对于间隔为输出脉冲 -6 dB 宽度的信号，在任意相对相位上都可以进行分辨。对于高斯脉冲，所得椭圆的分辨面积为0.88，并且对于带有匹配的或接近匹配的滤波器的所有简单脉冲波形，其面积可保持在此值和 1 之间。

5.2　脉冲压缩

使用恒定频率波形 $a(t)$会对模糊函数的形状有两个严格的限制：

（1）如前一节所述，延迟和多普勒分辨力的乘积保持接近 1；

（2）脉冲能量与延迟分辨单元的宽度成正比。为获得小目标的适当信噪比，有必要使发射脉宽超过靠近目标的延迟间隔，从而会阻止它们被分辨。

如果允许对 $a(t)$进行相位调制，这两个限制都可以避免，这一调制过程称为脉冲压缩。脉冲压缩的两个基本方法是：（1）将发射脉冲分成宽度为τ_n的子脉冲组，对每个施加一个伪随机相位；（2）给发射脉冲引入一个连续相位调制，比如二次函数。相位编码脉冲的相位步进可为任意大小，但最常使用的是二相编码（0 或 180°）。这一编码方式使得在延迟上，距离分辨单元的宽度减小到 $\tau_n = 1/B$，而在多普勒单元，它保持为 $B_0 = 1/\tau$，将 -6 dB 轮廓内的分辨面积从 1 减小到 $1/B\tau \ll 1$。连续单调的相位调制，常常称为调频脉冲压缩，可使分辨椭圆面积保留为 1，但对接近 $f_d = 0$ 的信号，可获得延迟分辨宽度 $\tau_n = 1/B$，而不是τ。在这两种情况下，发射脉冲的能量都与τ成正比，根据发射机的限度及短程目标的遮盖情况，可以做得尽可能大。由于在模糊函数以下，总面积必须是恒定的，因此，相位编码系统主瓣中的体积较小，而在副瓣中的体积则较大。调频脉冲压缩波形将体积集中在对角主瓣内，并在时间 - 频率平面的其他地方获得较低的副瓣。

5.2.1　相位编码脉冲压缩

一种简单的相位编码脉冲压缩系统如图 5.9 所示。Barker 二相编码波形有 $m = \tau/\tau_n$ 个单元，它们要么为正（0° 相位），要么为负（180° 相位）。图中示出的是五元 Barker 码 11101。匹配滤波器由一个与子脉冲长度 τ_n（其带宽 $B = 1/\tau_n$）相匹配的 $(\sin x)/x$ 滤波器，后面接有 5 个抽头（间隔为延迟 τ_n）的延迟线。抽头 0，1，2，3，4 由时间反转的编码 10111 进行加权，并在包络检波前进行求和。输出如图所示，有 $m-1$ 个幅度为 a_0 的时间副瓣和幅度为 ma_0 的主瓣，在 1/2 电压电平上，所有宽度都为 τ_n。相对副瓣功率电平为 $1/m^2 = 1/(B\tau)^2$。发射脉冲宽度与输出宽度比值为 $\tau/\tau_n = B\tau$，即脉冲压缩比。多个功率为 N_0B 和随机相位的噪声分量在功率上相加给出总功率 $mN_0B = mN_0/\tau_n$。对一个信号电压 $a_0 = 1\text{V}$，输出信噪比为

$$\frac{S}{N} = \frac{m^2\tau_n}{mN_0} = \frac{m\tau_n}{N_0} = \frac{E}{N_0} \tag{5.9}$$

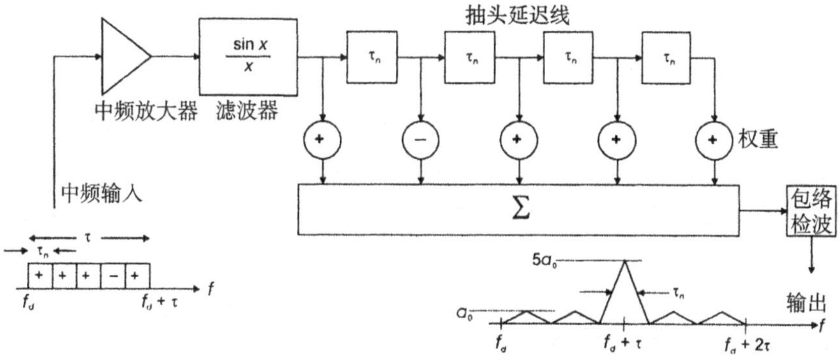

图 5.9　相位编码脉冲压缩示例：五元 Barker 码

Barker 码是唯一能使时间副瓣在单位电平上保持相等且仅沿着零多普勒轴的编码。最长 Barker 码有 $m = 13$，图 5.10 绘出了该编码的 $|\chi_0(t_d, f_d)|$ 的图形。较低相同电平的副瓣（相对于主瓣功率为 $1/m^2 = -22$ dB）可以看出是沿轴 $f_d = 0$ 山谷中的三角形波峰，大的峰值在两边扩展至延迟多普勒平面上。相位编码脉冲压缩的基本缺点是对多普勒频移的敏感性，这样主瓣的快速下降（给出多普勒分辨力）会伴随着增加的副瓣。在时间 - 频率平面上的平均副瓣功率为 $1/m$，而不是沿轴 $f_d = 0$ 所获得的 $1/m^2$ 电平。

当脉冲压缩比大于 13 时，有几种伪随机编码可获得沿轴 $f_d = 0$、接近 $1/B\tau$ 的峰值副瓣电压，而且对 $B\tau$ 没有限制。甚至还存在所谓的补码序列对，对它们两个分开处理的响应之和沿此轴的副瓣为零。但是，实际上，要想分开处理而不出现叠加的干扰分量，两个序列必须在连续脉冲重复周期内发射，从而对目标和杂波的多普勒频移产生很高的灵敏度。因此，一般假设，在主瓣峰值以下，一个长伪随机码在功率电平为 $1/B\tau$ 处广泛分布着副瓣，在所选的多普勒频移上也可能存在着低电平凹口。

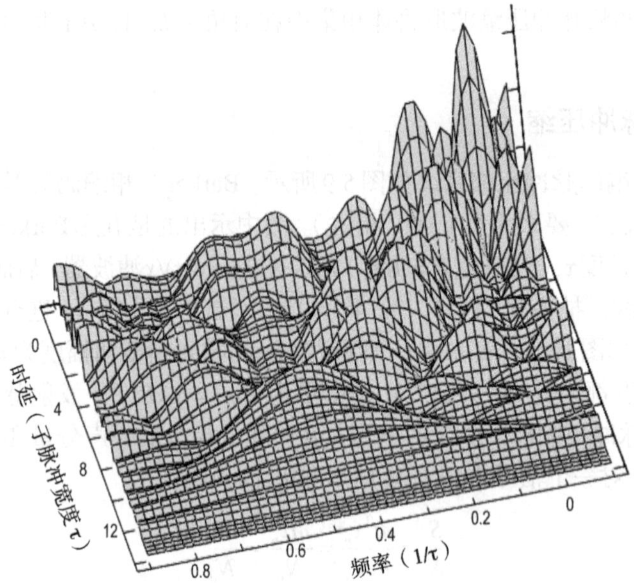

图 5.10　在十三元 Barker 编码波形的匹配滤波器响应图中仅绘出了正的半个频率平面，响应沿 $f_d = 0$ 对称

5.2.2　线性调频脉冲压缩

基本的调频脉冲压缩波形为线性调频脉冲（简称 Chirp）：它将线性频率调制（二次相位调制）加在幅度恒定的脉冲上（见图 5.11）。以相等的时间发射占据范围 B 内的每个频率，所产生的频谱在范围 B 内名义上是均匀的。但实际上，边缘效应会产生波纹，如图 5.11（d）中的频谱图所示。

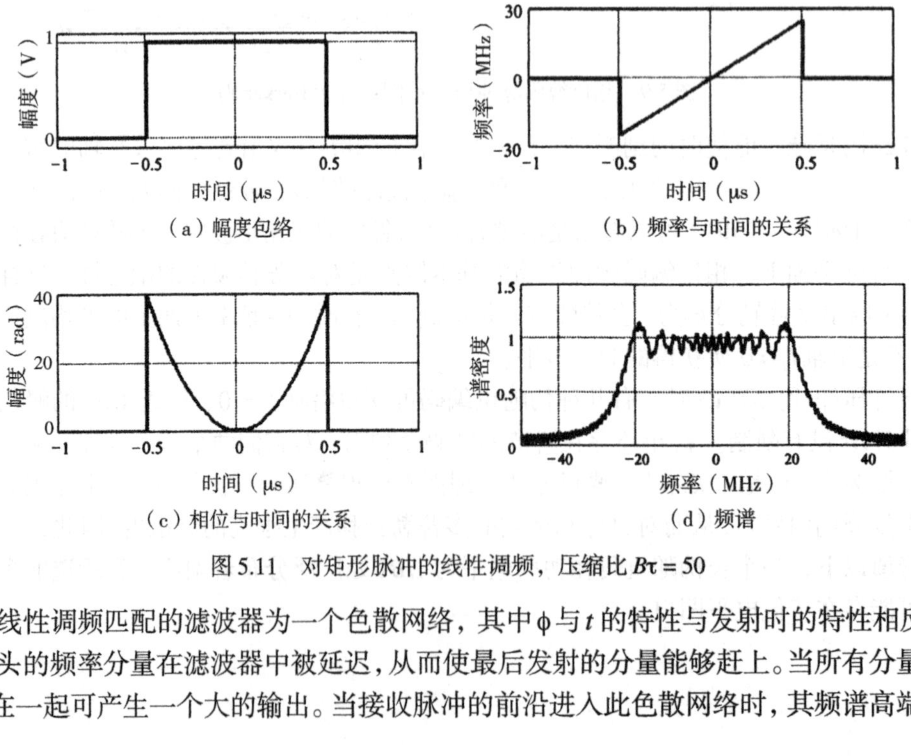

图 5.11　对矩形脉冲的线性调频，压缩比 $B\tau = 50$

对线性调频匹配的滤波器为一个色散网络，其中 ϕ 与 t 的特性与发射时的特性相反。接近脉冲开头的频率分量在滤波器中被延迟，从而使最后发射的分量能够赶上。当所有分量被接收时，加在一起可产生一个大的输出。当接收脉冲的前沿进入此色散网络时，其频谱高端的边带

在主输出之前出现，从而产生时间副瓣，如图 5.12 所示。类似地，出现在脉冲后沿的频谱低端边带被延迟 τ，以时间副瓣形式在主输出之后才出现。输出波形为

$$a_x(t) = a_x \frac{\sin \pi B\tau}{\pi B\tau}$$

式中，当接收输入脉冲幅度为 a_0 时，$a_x = a_0\sqrt{B\mathrm{t}}$。−4 dB 脉宽为 $\tau_n = 1/B$，输入谱密度为 N_0 的噪声以功率为 N_0B 出现在输出端，从而在信号主瓣的峰值上产生输出功率信噪比：

$$\frac{S}{N} = \frac{a_0^2 B\tau}{N_0 B} = \frac{a_0^2 \tau}{N_0} = \frac{E}{N_0} \tag{5.10}$$

为减小标称矩形频谱产生的 $(\sin x)/x$ 副瓣，色散滤波器的频率响应可以故意失配，从而当 $f \neq 0$ 时，$|H(f)|$ 被锥削。这对输出波形 $a_x(t)$ 的影响与对矩形天线（有锥削照射）电压方向图的影响类似。如图 5.12 所示，当副瓣降低时，主瓣波峰的幅度降低，并被展宽。图 5.13 示出了效率 η_f 和脉宽因子 $K_\tau = \tau_n B$（其中，τ_n 是在 −3 dB 电平时测量的）与副瓣电平的关系。匹配损耗为 $L_m = 1/\eta_f$。

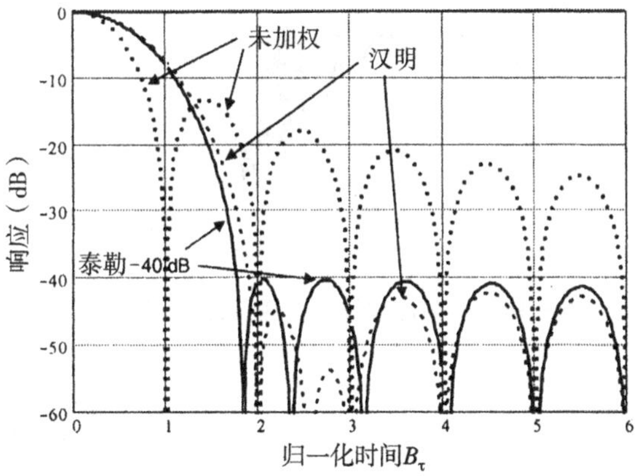

图 5.12　加权后和未加权的脉冲压缩响应（来源：[4]）

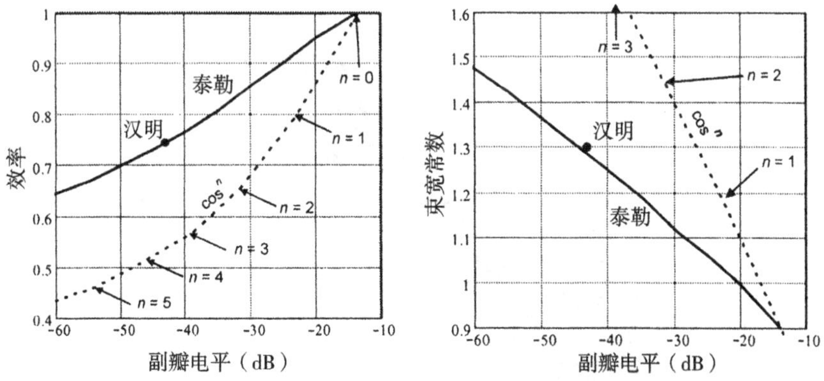

图 5.13　对于泰勒和 $\cos^n$ 加权函数，效率 η_f、脉宽常数 $K_\tau = B\tau_n$ 与副瓣电平的关系

线性调频脉冲压缩的模糊函数

对用汉明加权处理的线性调频脉冲，其响应 $|\chi(t_d, f_d)|$，即交叉模糊函数的平方根如图 5.14 所示。此函数几乎所有的体积都集中在脊下（此脊对角地通过矩形响应区域 $2\tau \times 2B$）。此脊的

斜率为 $-\tau/B$ Hz/s（对于有正斜率的线性调频脉冲）。从调谐点有多普勒偏移f_d的目标，在距真正延迟 $\Delta=-\tau(f_d/B)$的时刻会产生一个峰值输出。因此，在（Δ, 0）的目标和在（0, f_d）的目标之间有模糊。由于 $|\Delta| << \tau$，所以这对 $|f_d| << B$ 不会构成重大问题。例如，在 S 波段，采用 τ = 50 μs 和 B = 2 MHz，一个亚音速目标（v_r = 300 m/s）的多普勒频移为f_d = 6 kHz 和 Δ = 0.15 μs。这比输出脉宽的三分之一要小，而且如果不进行校正，其所引起的目标位置误差仅为22 m。扩展的对角响应进一步显示在图 5.15 的轮廓图中。在该图中，–3 dB 轮廓图将距离的三分之一扩展到延迟和频率的极限。

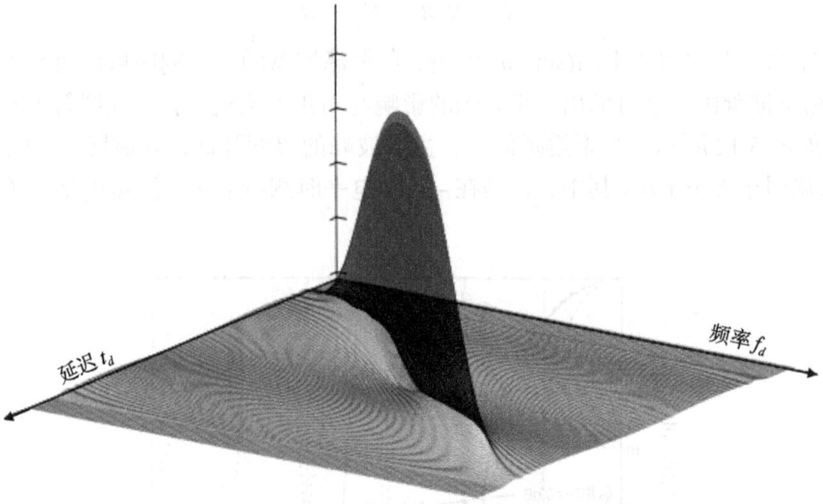

图 5.14　汉明加权线性调频脉冲压缩的响应

图 5.15　在 –3 dB 到 –36 dB 之间，步进为 3 dB 的加权线性调频脉冲的响应图

5.2.3　非线性调频脉冲波形

几种有利用价值的非线性度可引入到调频扫描中来。扫描沿着非线性曲线进行，可提供频谱的锥削，并降低副瓣而不会引起匹配损耗。从一个子脉冲到另一个子脉冲，频率可分步改变，从而在频带 B 上产生一均匀频谱。另一方法是，根据近似线性或步进频率扫描的编码，在子脉冲之间相位进行步进变化。

非线性调频

在非线性调频中，在发射脉冲尾部附近，扫描速率提高，而在接近中心位置，扫描速率则降低，如图 5.16 所示。其结果是使发射频谱锥削，并使匹配滤波器响应有低的副瓣。例如，如果使调频斜率与汉明加权函数的平方根成反比变化，则在接收机中使用匹配滤波器会产生接近汉明加权的线性调频脉冲的响应，但没有匹配损耗。与表示汉明加权函数平方根的理想频谱相比，图 5.16 中非线性函数产生的频谱如图 5.17 所示。

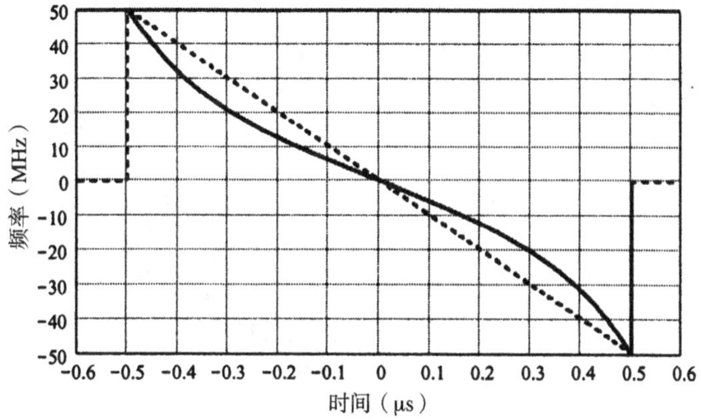

图 5.16　与有相同偏移的线性扫描相比，对汉明加权响应函数的非线性调频脉冲

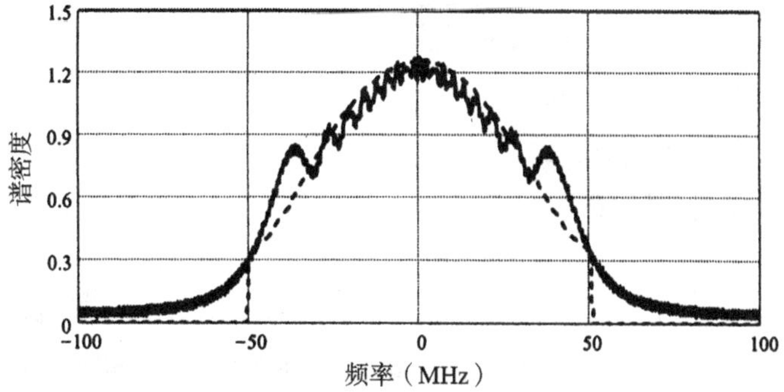

图 5.17　与理想频谱（汉明加权函数的平方根）相比，非线性调频波形的频谱

非线性调频脉冲频谱中的菲涅耳波纹可使副瓣比接收机中仅用汉明加权所获得的电平提高几个分贝。响应函数有一个与线性调频脉冲类似的对角脊背，但在其中心有一个尖锐的峰（见图 5.18）。

与线性调频脉冲中延伸距离的一半相比，汉明加权非线性调频（见图 5.19）的 −6 dB 轮廓图将距离的四分之一延伸到延迟和频率极限。幅度低于 −12 dB 时，主响应脊背稍有弯曲。

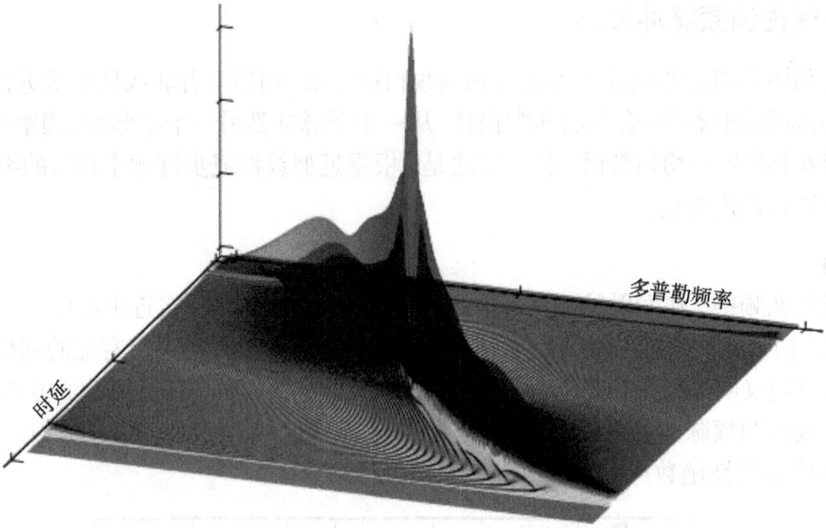

图 5.18 汉明加权的非线性调频脉冲的响应

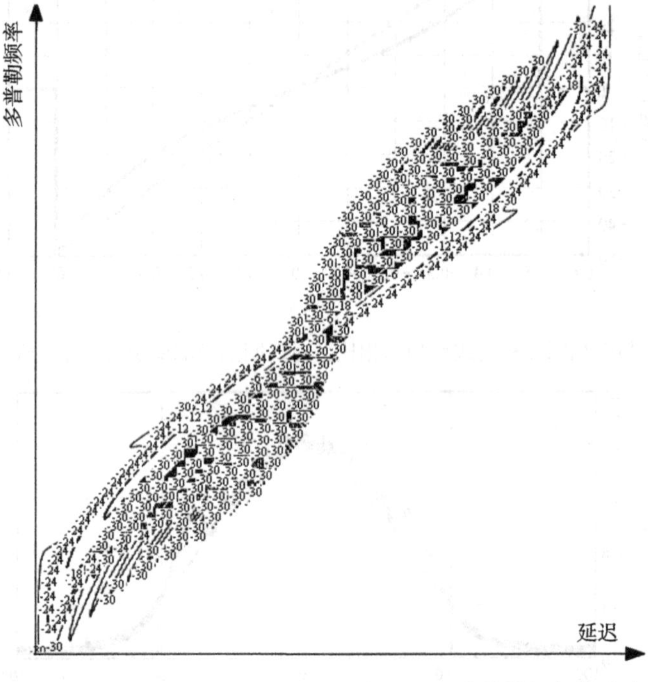

图 5.19 在 –6 dB 到 –30 dB 之间，步进为 6 dB 的非线性调频脉冲响应图

步进频率调频

在步进频率调频中，发射机频率在连续子脉冲上离散跳动来覆盖带宽B，如图5.20（a）所示。图5.20（b）中的相位与时间关系图成一直线分段，接近如点划曲线所示的线性调频特性。图5.20（c）中所示的频谱接近线性调频的矩形频谱。步进频率和线性函数之间锯齿形差异的存在会在时间响应中产生栅瓣，但如果频率步进值B/m小于步进周期（即例如，$m^2 > B\tau$）的倒数m/τ的话，则这些栅瓣很小。除了这些栅瓣外，图5.21和图5.22中所示的响应函数与线性调频脉冲相似。

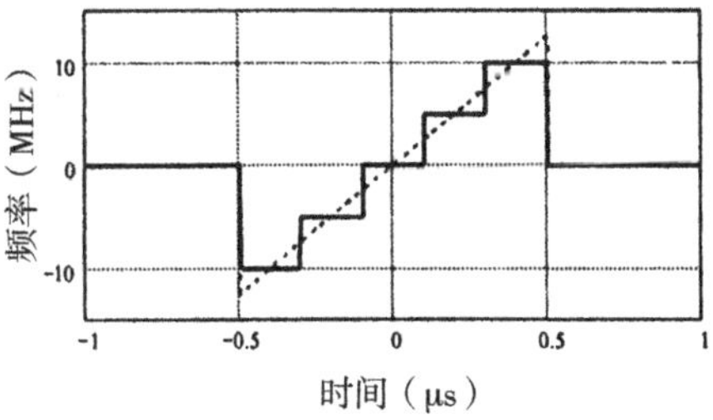

（a）频率与时间关系

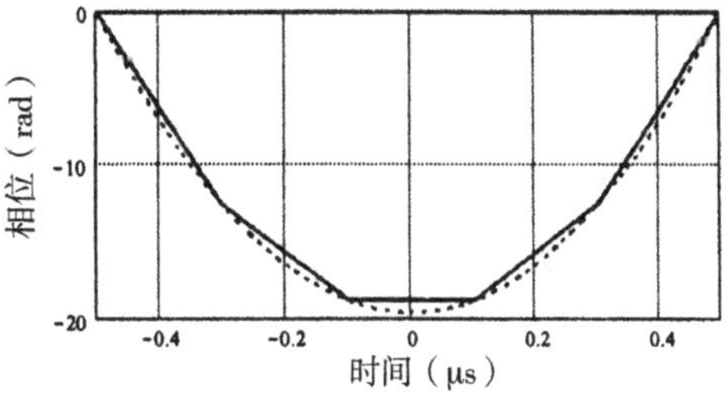

（b）相位与时间关系

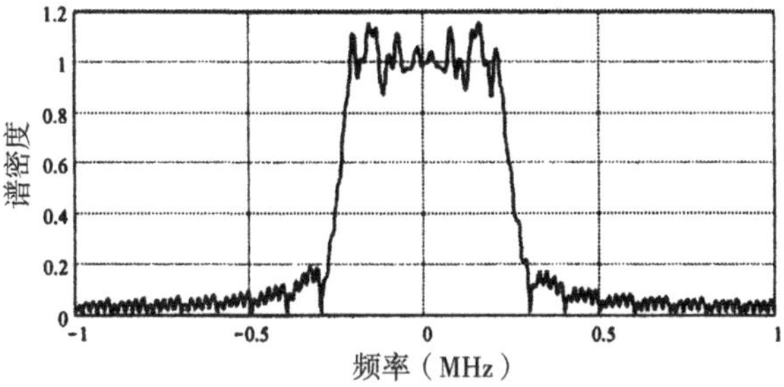

（c）频谱

图 5.20　步进频率调频波形

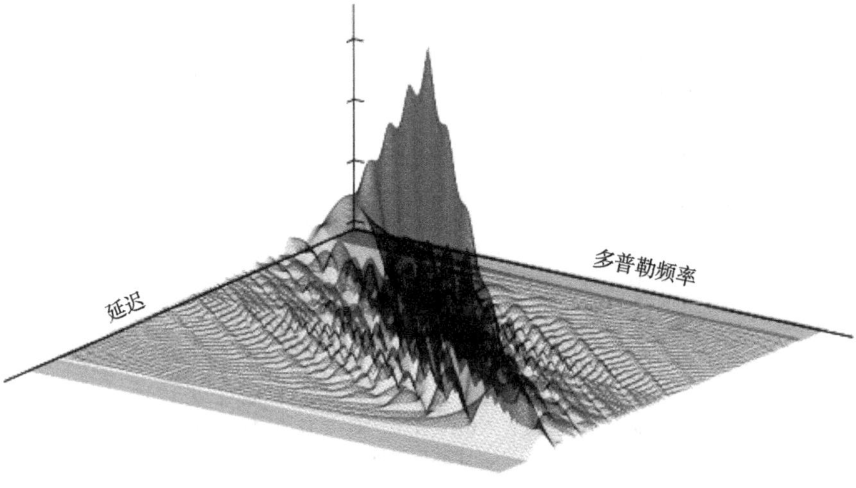

图 5.21　步进频率调频波形的响应函数

步进相位调频

和线性调频进一步不同的是相位步进信号，如图 5.23 所示，它逼近步进调频波形的线性相位部分。这种编码相应于 Frank 多相编码[5, 255 页]或 Lewis 和 Kretschmer 所描述的一种相关的 NRL P 编码[6, 15 页]。时间延迟上的典型响应如图 5.24 所示。延迟 – 多普勒空间上的响应函数如图 5.25 所示，响应图如图 5.26 所示。在最后一个图中，可以看到对角脊背在延迟和多普勒上从峰值响应（左上角）进行延伸，并带有 –18 dB 的瓣。在两个坐标中，在峰值响应 6 dB 范围内的主瓣及周围区域都很窄。

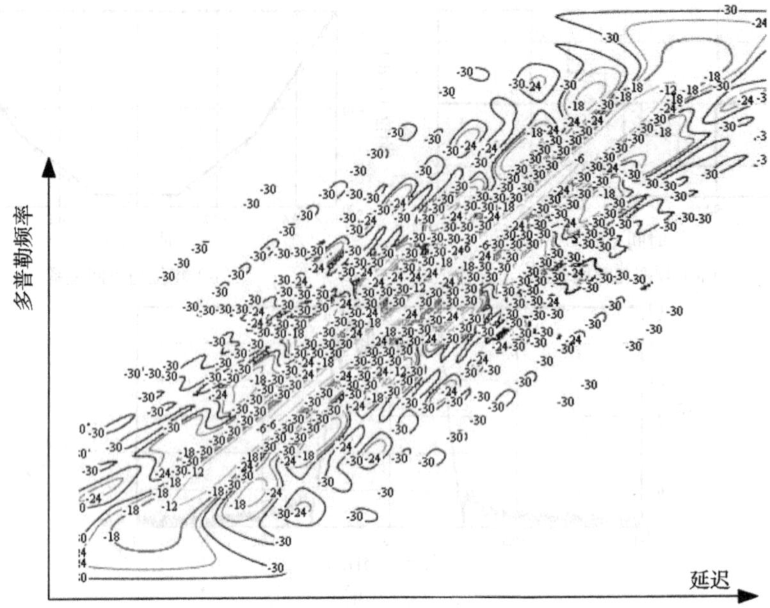

图 5.22　在 –6 dB 到 –30 dB 之间，步进为 6 dB 的步进频率调频响应图

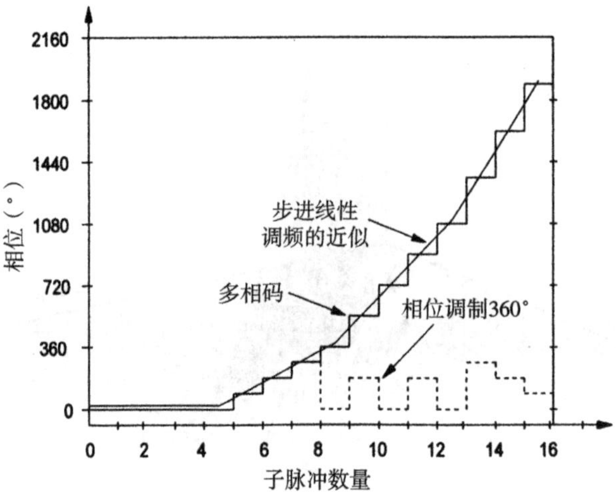

图 5.23　与步进调频波形相位相比较的 Frank 多相码

如果相位量化和频率步进做得非常细小，则步进相位波形及其模糊函数就难以从线性调频脉冲中区分。对比较粗糙的步进，沿 $f_d = 0$ 轴的峰值副瓣降低至约 –30 dB，如图 5.24 所示。这种波形以及步进调频都可以进行修改，以逼近非线性调频函数来产生低副瓣而不引起匹配损耗。

5.2.4　脉冲压缩波形的多普勒容差

在搜索雷达的应用中，人们希望能够探测各种速度的目标，而无须采用与许多不同多普勒频移相匹配的滤波器。线性调频波形能够很好地满足这一需求，如图 5.27 所示。当多普勒与调谐频率的差 $|f_d| < B/10$ 时，带有匹配滤波器的线性调频的峰值响应下降小于 1 dB。此时，相对于峰值响应来说，副瓣仅稍稍提高。例如，S 波段的一个线性调频脉冲压缩系统，带宽为 $B =$

0.5 MHz，给出 $\tau_n = 2\ \mu s$，不论发射脉冲长度如何，它允许的目标速度可达 ±2500 m/s。当与线性调频的偏离增大时，非线性调频波形的容许力更小，但等于信号带宽百分之几的多普勒偏移还是允许的。

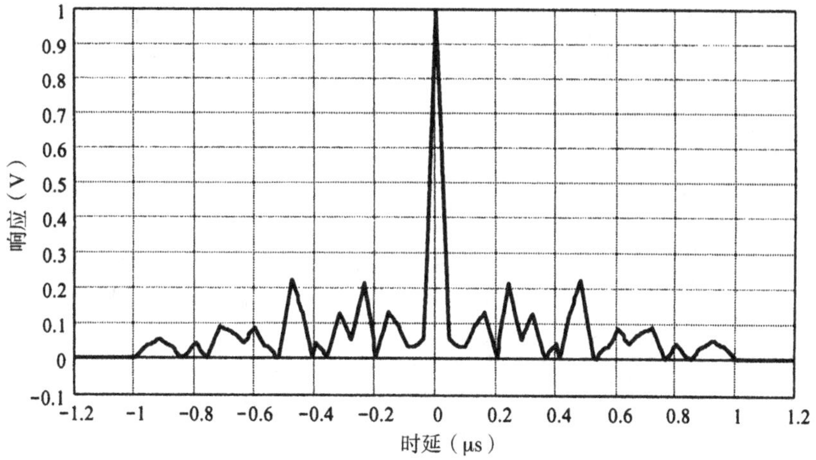

图 5.24　多普勒频移为零时，时间延迟中五相 Frank 码的响应

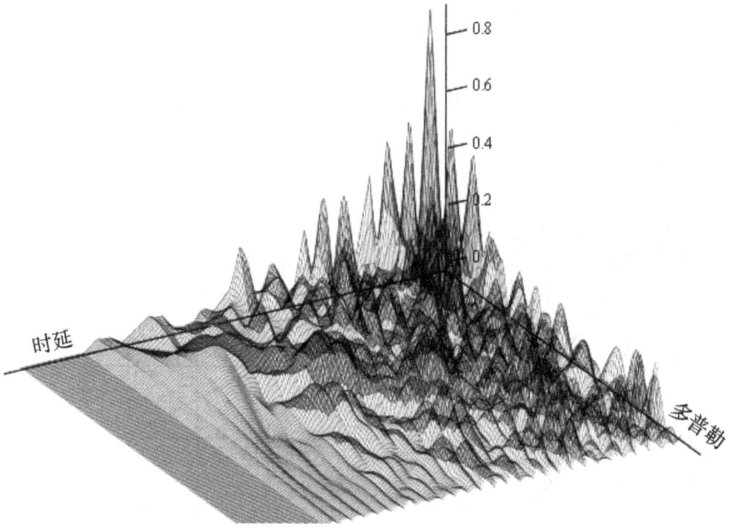

图 5.25　五相 Frank 码的响应函数

当乘积 $|f_d\tau| > 0.2$ 时（例如，当发射脉冲上的累积相位误差 $2\pi f_d\tau$ 达到 1 rad 时），相位编码波形更难以承受多普勒偏移，这时峰值输出会出现很大损耗，副瓣电平被抬高。

相位编码波形的容差大约是线性调频容差的 $B\tau/2$（脉冲压缩比的一半）。当使用长脉冲时，问题是严重的。例如，如果用一个十三元 Barker 码来将一个 26 μs 的脉冲压缩到 2 μs，系统可以容许的多普勒频移约为 ±8 kHz，在 S 波段对应于 400 m/s。较长的相位编码序列必须在多个接收机通道（调谐成可覆盖所期望目标的速度）中进行处理。在抑制带外目标回波时，这种灵敏度是有用的，可以将它们从强主瓣转换成一系列副瓣。但是，在存在连续杂波的情况下，不管接收机调谐如何，平均响应几乎保持相同。这就排除了用这一分辨特性来抑制杂波的可能性。

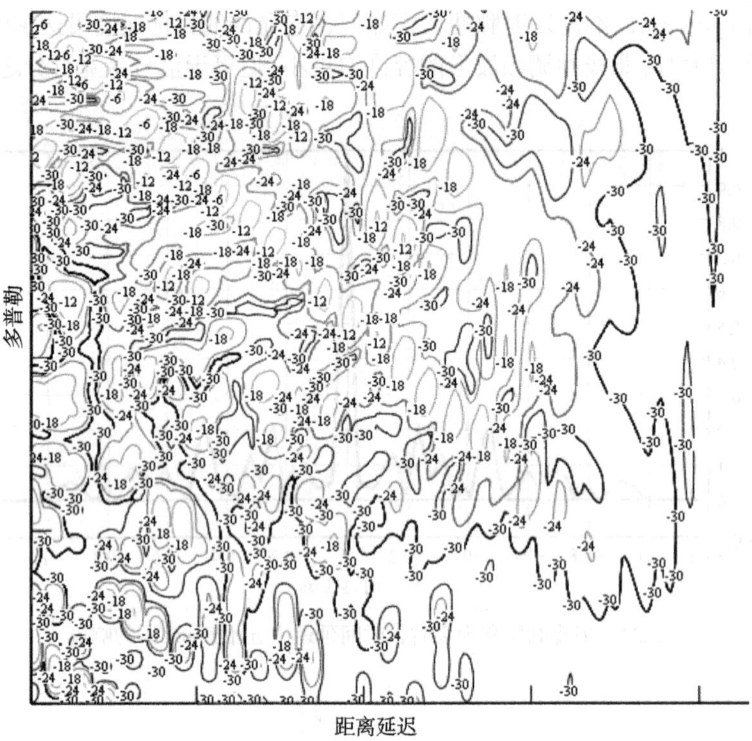

图 5.26　在 –6 dB 到 –30 dB 之间，步进为 6 dB 的五相 Frank 码响应图

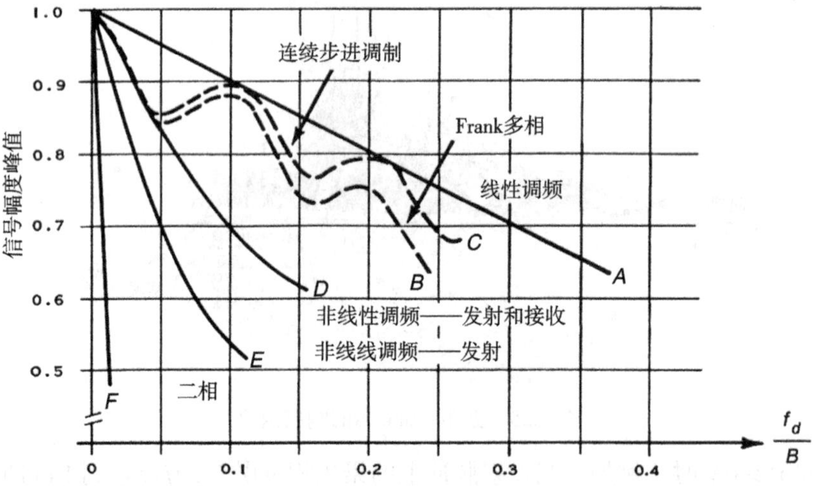

图 5.27　对不同脉冲压缩波形的峰值响应和多普勒频移的关系（来源：[7，379 页]）

对不同的脉冲和脉冲压缩波形，主响应波瓣的形状及被大的副瓣所占据的区域如图5.28所示。没有相位调制的脉冲，其波瓣从圆形变化到椭圆形，分辨面积接近 1。对长脉冲，延迟上主轴加长，对短脉冲，频率上主轴加长。副瓣仅出现在频率坐标中，对峰值延迟超过±τ时，响应降低到零。对这些脉冲，分辨面积保持恒定。

相位调制脉冲分为两类：

（1）**相位编码**，其分辨面积为 $1/B\tau$，在整个面积 $4B\tau$ 上，有很大的副瓣；

（2）**调频（连续相位）**，沿对角线有延伸的主瓣（分辨面积为 1）。在此情况下，尽管副瓣也会在区域 $4B\tau$ 的其余部分扩展，但与相位编码波形相比，副瓣能量要小得多。

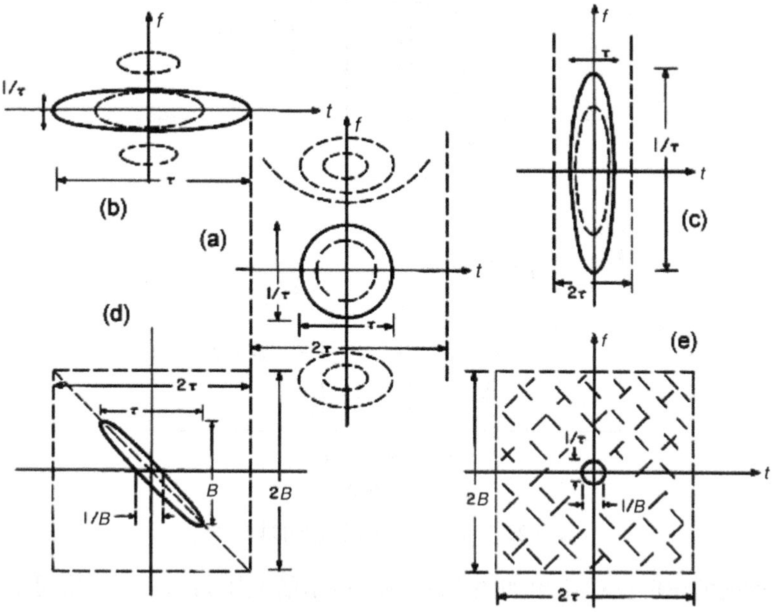

图 5.28　单个脉冲的分辨力图：（a）中等脉冲宽度；（b）长脉冲宽度；（c）短脉冲宽度；（d）线性调频长脉冲；（e）相位编码长脉冲

5.3　动目标显示

5.3.1　脉冲串的频谱

单个脉冲的多普勒分辨力不足以抑制掉在传输飞机或地面车辆回波时出现的杂波，除非非常长且未进行相位调制。为增加分辨力必须发射一串具有一致相位关系（相干）的脉冲。考虑图 5.29（a）中的波形，它是在天线用高斯波束扫描一个固定目标时所获得的。接收脉冲串包络是一个由天线方向图所建立的宽的时间函数：

$$a_0\left(\frac{t}{t_0}\right)=\exp\left[-2.77\left(\frac{t}{t_o}\right)^2\right] \tag{5.11}$$

式中，$t_o=\theta_3/\omega$ 为在单程、半功率波束宽内测得的观测时间（目标的驻留时间），$t=0$ 对应于目标在波束中心的时刻。此包络由宽度为 τ，重复周期为 t_r 的单个脉冲来取样。取样可表示为包络乘上重复函数和载频为 f_0 的单个脉冲波形的卷积：

$$a(t)=a_0\left(\frac{t}{t_0}\right)a_1\left(\frac{t}{t_r}\right)\otimes a_2\left(\frac{t}{\tau}\right)\cos(2\pi f_0 t) \tag{5.12}$$

式中，$a_1(t/t_r)$ 为 $t=it_r$, $i=0,\pm1,\pm2\cdots$ 时的一个脉冲；$a_2(t/\tau)$ 为脉冲包络（$0<t<\tau$ 时，矩形函数 $a_2=1$）；$\otimes$ 表示卷积。

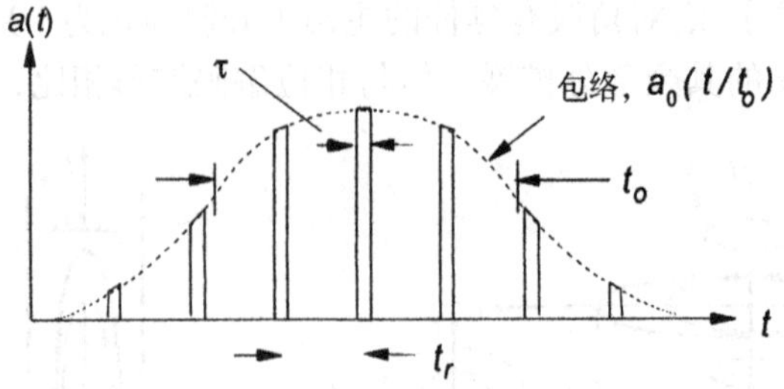

（a）波形

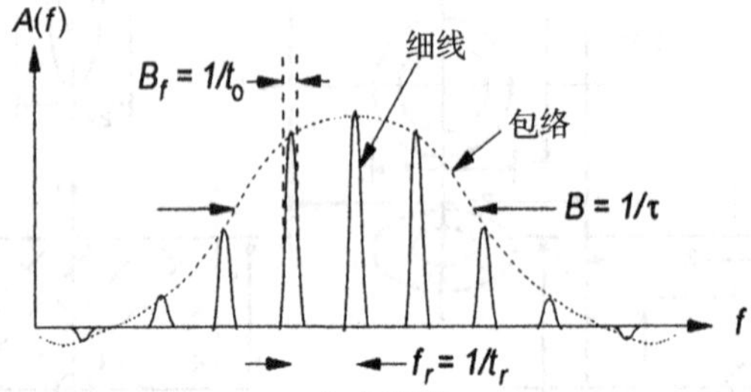

（b）频谱

图 5.29　从扫描波束接收到的脉冲串

该采样波形的傅里叶变换给出如图 5.29（b）所示的电压频谱。此频谱可描述为两个函数的乘积：（1）与脉冲频谱包络 $A_2(f\tau)$ 卷积的载频线 $\delta(f_0)$，$A_2(f\tau)$由式（5.7）给出；（2）与在重复频率为$f_r=1/t_r$时重复的线$A_1(ft_r)$和由天线扫描产生的频谱包络$A_0(ft_o)$卷积所得的细线频谱。最终所得频谱为

$$A(f)=\left[\delta(f_0)\otimes A_2(f\tau)\right]\left[A_1(ft_r)\otimes A_0(ft_o)\right] \tag{5.13}$$

时间函数的乘积被频谱卷积所替代，反之亦然。作为傅里叶变换关系的结果，频谱包络的宽的宽度B为脉冲宽度τ的倒数，细频谱线的窄的宽度B_f为天线照射目标时间t_o的倒数，谱线间隔f_r为脉冲重复周期t_r的倒数。

如果在发射脉冲串中，每个脉冲载频f_0的幅度和相位都相同，且当$t_o >> t_r$时，$a_0(t)$为一平滑函数，则在接收杂波频谱中，有些区域仅存在接收机噪声。在动目标回波产生的频谱中，由于多普勒偏移f_d，其线偏离由杂波产生的线。这样，即便比占据相同空间分辨力单元的杂波要弱得多，动目标也能被检测到。能进行必要的滤波以抑制固定杂波，同时能保留动目标的接收机和处理器结构称为动目标显示（简称MTI）或脉冲多普勒（简称PD）系统。在PD系统中，具有特定速度的目标通过窄带滤波器进行选择，而在MTI中，有一个宽带滤波器响应动目标，并抑制杂波（见图5.30）。当只有几个脉冲要处理时，作为MTI和PD之间的折中措施，可选用有限脉冲响应（简称FIR）滤波器[8]，其零深置于显著的杂波速度上。

在图5.29（b）中，值得注意的是，固定杂波的线所占据的频谱部分与比值$t_r/t_o = 1/n$成正比，其中$n = f_rt_o$为雷达每次扫描的击中次数。由此，雷达提取移动目标的能力直接与n有关。在电扫描雷达中，波束步进到每一个位置，并对n个脉冲保持停留不变，在这些脉冲的批处理期间，信号幅度不变，而MTI会形成一个槽口，其深度仅取决于雷达和杂波的不稳定性。在扫描雷达中，这些不稳定性还能展宽这些线，但扫描常常是确定线的宽度和系统性能的主导因素，这将在5.3.9节中证明。

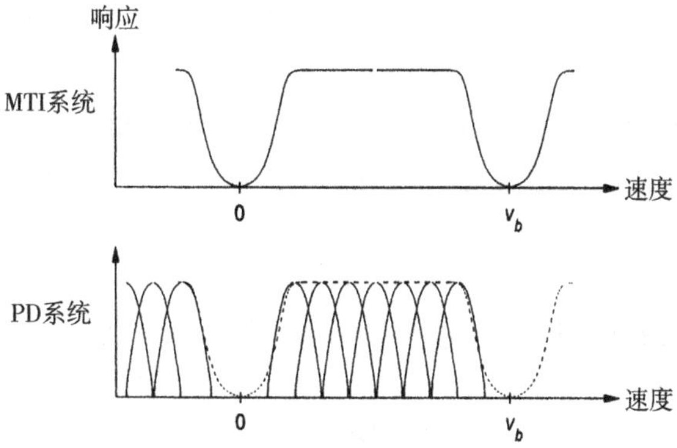

图 5.30　确定 MTI 和脉冲多普勒处理的响应

5.3.2　脉冲串的模糊函数

图 5.29 中给出的波形和频谱，通过式（5.3）确定了用于检测任意给定速度目标的匹配滤波器的特性。在比 t_o 大几倍的时间间隔并在频率间隔 $2/\tau = 2B$（副瓣超出此值）上，这种滤波器的响应有很高的电平。在接近该区域的中心（见图 5.31），−6 dB 电平的响应由时间宽度为 τ，时间间隔为 t_r 及频率宽度为 B_f，频率间隔为 f_r 的窄波瓣组成。每个这样的波瓣的分辨面积为 $B_f\tau = 1/Bt_o$，而有效波瓣数（考虑到在偏离中心点区域中的幅度减小以及宽度扩大）为 $Bt_o = 1/B_f\tau$。因此，模糊函数的体积得以保持。

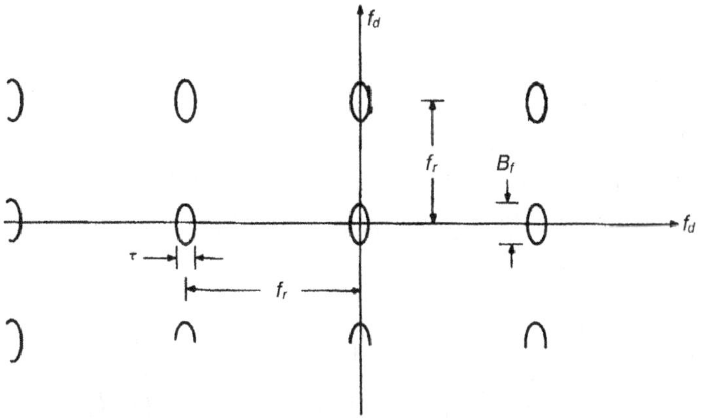

图 5.31　脉冲串模糊函数的中心部分

脉冲重复周期 t_r 决定着波形的非模糊距离：

$$R_u = \frac{ct_r}{2} = \frac{c}{2f_r} \tag{5.14}$$

虽然信号无法来自负的距离，但它常常来自 $R > R_u$，且出现在视在距离 $R' = R - iR_u$ 上，其中 i 为得到正 R' 的最大整数。当 R_u 超出最大目标距离时，此波形称为低脉冲重复频率。类似地，脉冲重复频率和发射波长确定着非模糊速度，即波形的盲速：

$$v_b = \frac{f_r\lambda}{2} \tag{5.15}$$

当 v_b 大于所期待目标和杂波的最大速度时，此波形称为高脉冲重复频率。在一些情况下，接近的目标和远离的目标间的模糊是可以接受的，高 PRF 操作的条件是 $v_b > |v_t|_{\max}$。对机载雷达来

说，其速度范围包括从迎面来的目标的最大接近速度到最大远离目标速度或飞机后部杂波的最大后退速度。

时间–频率平面面积可分成面积为$t_r \times f_r = 1$的矩形，每个都以模糊函数的响应波瓣为中心。当PRF发生变化时，矩形形状发生变化，但面积不变，而且非模糊距离和盲速的乘积保持恒定：

$$R_u v_b = \frac{c}{2f_r}\frac{f_r\lambda}{2} = \frac{c\lambda}{4} \tag{5.16}$$

对一给定的λ，可以获得较远的非模糊距离，但其代价是低盲速，反之亦然。这种不变的关系对各种雷达的设计具有深远的影响。从式（5.16）我们可以看出，对一给定类型的目标，如果λ足够大，则可使雷达在距离和速度上都不会出现模糊。例如，如果一固定雷达可以清晰地观察到距离为200 km，速度为600 m/s的飞机，那么能够同时提供低PRF和高PRF性能的最小λ为

$$\lambda_{\min} = \frac{4R_u v_b}{c} = 1.6\ \text{m}$$

在现代雷达中，这样的波长选择是不寻常的，结果是，大多数系统在一个或另一个坐标中是模糊的。距离和速度上都出现模糊的PRF称为中PRF。

5.3.3 最佳MTI滤波器

当输入干扰由噪声和杂波组成时，用于目标检测的最佳滤波器不再是式（5.2）所描述的匹配滤波器，而根据参考文献[9]有

$$H(f) = \frac{A^*(f)}{U(f)} \tag{5.17}$$

式中，$U(f)$为合成的噪声和杂波的电压谱。这种滤波器被称为Urkowitz滤波器，它可以由一个预白化滤波器$1/U(f)$（使干扰频谱均匀），后接一传统的匹配滤波器来实现。对于速度未知的目标来说，最佳MTI滤波器取如图5.32所示的形式。杂波抑制槽足够深，可将剩余杂波谱密度降低到热噪声电平。滤波后进行包络检波和非相干积累，从而在t_o上提取目标能量。

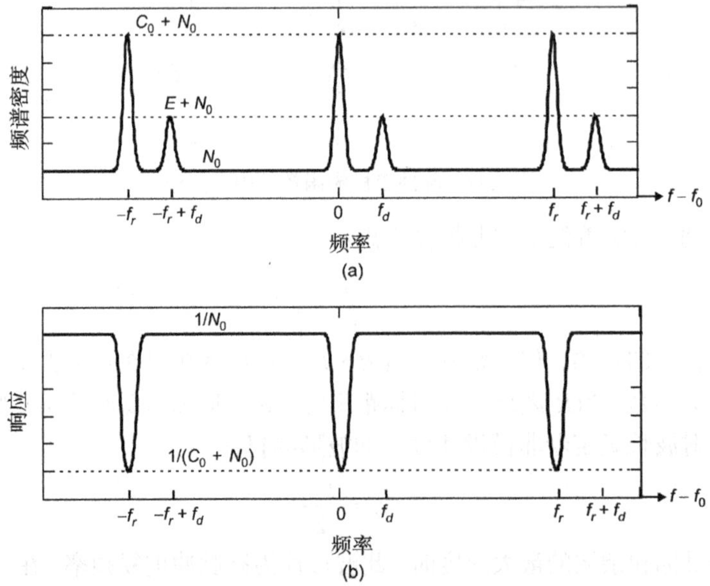

图5.32 （a）杂波和目标的扩展频谱图；（b）最佳的MTI滤波器响应

5.3.4　实用 MTI 滤波器的实现

通过延迟线对消器来传递基带视频信号，经典的 MTI 系统（图 5.33）形成对 Urkowitz 梳形滤波器的粗略近似。为获得相干的发射，在频率 f_s 上使用稳定本地振荡器（简称 STALO），通过中频相干振荡器（简称 COHO）使 STALO 频率 f_c 偏移，可获得发射频率 f_0。发射频率为 $f_0=f_s+f_c$。接收回波信号经 STALO 下变频后出现在 f_c+f_d 处，并处在以 f_c 为中心的中频通带 B 内。它们被放大并通过相位检波器下变频到基带，在相位检波器输出端以双极视频形式出现，如图 5.34 所示。该输出在正负幅度间以 $f_d'=f_d-if_r$ 振荡，其中 i 为 f_d' 在 $-f_r/2$ 和 $f_r/2$ 之间的整数。在框图中，I 和 Q 相位检波器用来提取信号的两个分量，并避免杂波频谱的折叠。如果只使用一个相位检波器，则正负频率折叠到 0 到 $f_r/2$ 的频带内。出现在相位检波器中与 COHO 参考信号正交的信号不传给输出端（盲相现象，见 9.5.2 节）。

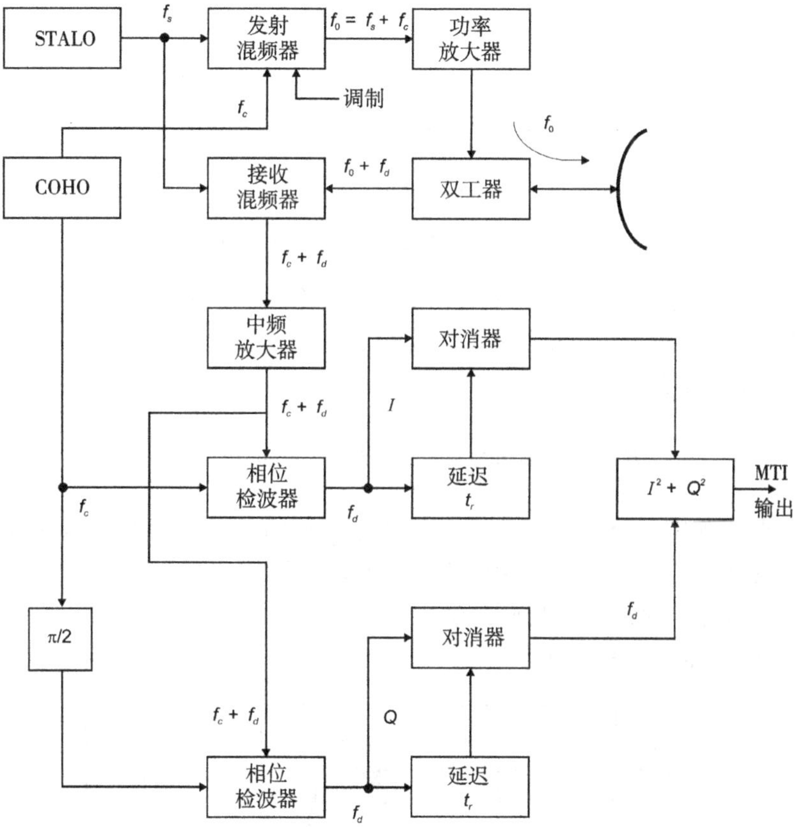

图 5.33　相干 MTI 雷达系统的框图

从相位检波器的直接输出中减去通过长度为 t_r 的延迟线的延迟视频，对所得到的双极输出进行全波整流。当使用 I 和 Q 对消器时，输出视频形成为 $\sqrt{I^2+Q^2}$。在许多周期 t_r 上保持相同相位的固定回波被对消掉。动目标在周期 t_r 上有相位变化，以响应为

$$H_1(f_d)=2\left|\sin\left(\frac{\pi f_d}{f_r}\right)\right|,\quad H_1(v_t)=2\left|\sin\left(\frac{\pi v_t}{v_b}\right)\right| \tag{5.18}$$

通过。径向速度为零或为盲速整数倍的目标（$v_t = 0$ 或 $v_t = v_b + if_r\lambda/2$）也在MTI滤波器中产生零响应。

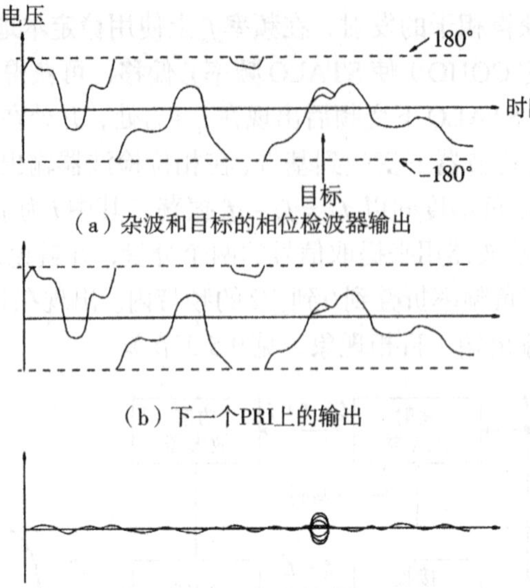

（a）杂波和目标的相位检波器输出

（b）下一个PRI上的输出

（c）对消后的双极视频

图 5.34　MTI 系统中的双极视频波形

对于正好处于零速的杂波，单个延迟对消器有一个零深，但不能对消由于天线或杂波运动，或雷达内部不稳定性所引起的分量。大多数MTI雷达设置有与第一个对消器相级联的第二个对消器，可获得下列响应：

$$H_2(f_d) = 4\sin^2\left(\frac{\pi f_d}{f_r}\right),\quad H_2(v_t) = 4\sin^2\left(\frac{\pi v_t}{v_b}\right) \tag{5.19}$$

这些速度响应曲线如图 5.35 所示，图中还绘出了一些雷达所采用的三延迟对消器的响应。这里的响应对在速度响应上分布均匀的噪声的平均功率增益进行了归一化。也可以采用更多的对消器，但这样会使目标的响应频带变窄，而且还会使适当探测那些不接近最佳速度 $v_t = (2i-1)v_b/2$ 的目标变得更加困难。

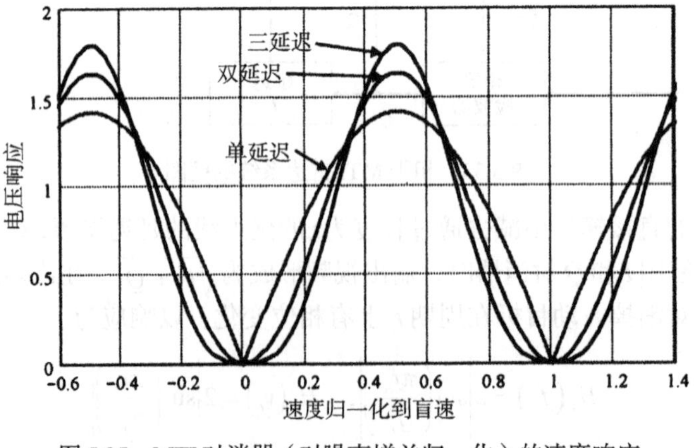

图 5.35　MTI 对消器（对噪声增益归一化）的速度响应

5.3.5　参差 PRF 和 PRF 分集 MTI

低-PRF雷达必须能够检测径向速度从接近零到几倍v_b的目标。为避免无法检测到接近盲速及其倍数关系的目标，惯用做法是对重复周期t_r引入脉间参差，从而产生如图5.36所示的响应。保留了$v=0$时的深零深，但其他盲速时的响应则增加了。延迟线的长度随脉冲重复周期（简称PRI）的增量一样递增，以便在对消点处排齐后续发射的脉冲。

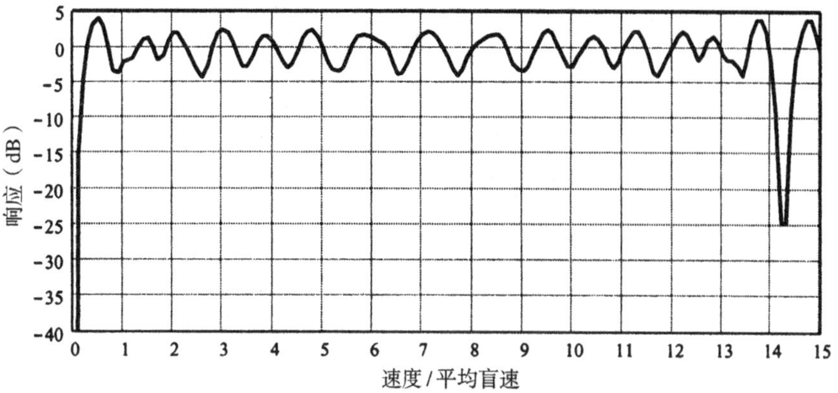

图 5.36　参差 PRF MTI 的响应

这一方法对于所有杂波都在非模糊距离R_u内的雷达来说是可行的，但在$R_c > R_u$范围内的任何杂波，其到达对消点的延迟不对，于是不能对消掉。这一问题在PRF分集MTI中可以避免，这时PRI在足够长的脉冲串中（可以接收到最远距离的杂波回波，并通过延迟线进行处理）保持恒定。此PRI在脉组间变化。每个恒定PRI的脉冲串在对消器中进行批处理，但在包含下一个脉冲串的最长距离回波的第一个周期通过对消器之前禁止有输出。后续脉冲串的包络检波输出可以进行累积，或者对每个制订单独的检测策略，但在累积检测概率中组合起来效率会低些。

5.3.6　带脉冲振荡发射机的 MTI

如果发射机是一个脉冲振荡器（例如，磁控管），那么就无法保证输出脉冲间的相位相干性。于是，发射和接收频谱都是连续的，而不是像图5.29中所示的那样，以PRF间隔分解为一些线。但在图5.37所示的相位检波器的输出端，依然能够产生相干线频谱。为此，我们有必要为每个PRI存储在$f_s + f_c$时发射机脉冲偏离参考正弦信号的随机相位。图中给出的方法是通过STALO将一个发射脉冲样本下变频，并在f_c上产生一个COHO锁定脉冲。COHO刚好在发射前关闭，当COHO恢复振荡时，脉冲取锁定脉冲的相位，并在PRI的其余时间也保持它。当在相位检波器上接收到每个有随机相位的回波时，发射的随机相位被减去，从而产生一个相干的双极输出信号。这一输出在对消器中，用与图5.33中相干系统相同的方法进行处理。这种MTI系统称为“接收时相干”，以把它和使用相干发射机的系统区分，以及和下面将要描述的非相干MTI区分。

采用数字处理技术的磁控管雷达可使用如图5.38所示的处理过程。在由连续STALO和COHO信号下变频后，在基带上，发射（参考）相位通过I和Q相位检波器进行测量。在进行数字对消前，此相位从接收信号相位以数字方式减去。如果A/D变换有足够精度，则结果通常要比通过锁定COHO所得到的要好，原因在于连续工作COHO的稳定性比每次发射都要开和关好。

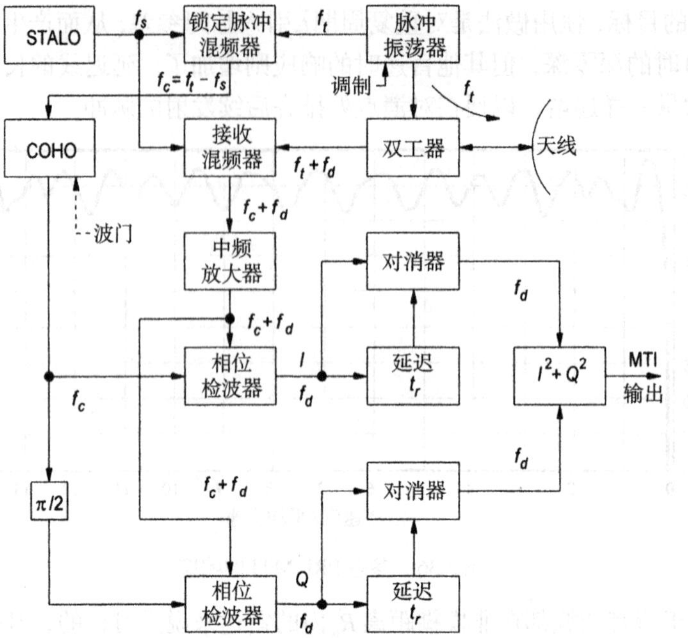

图 5.37 接收时相干 MTI 系统框图

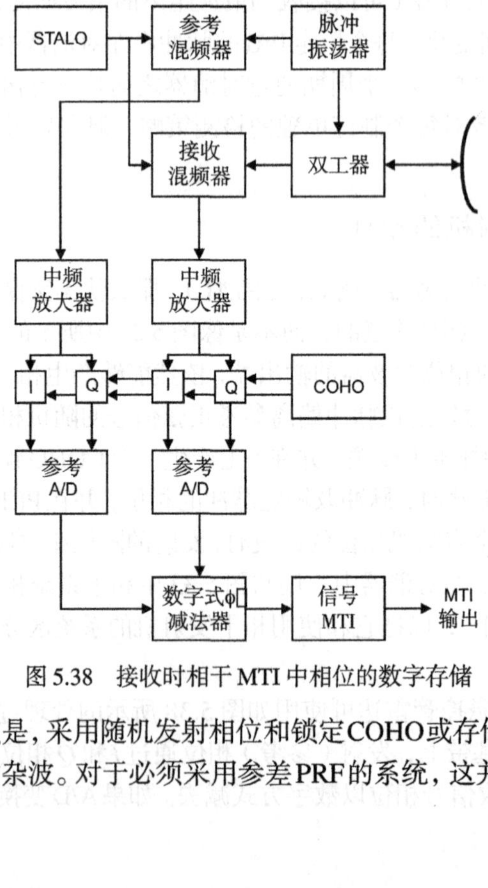

图 5.38 接收时相干 MTI 中相位的数字存储

值得注意的重要一点是，采用随机发射相位和锁定COHO或存储相位数据的MTI系统，不能对消非模糊距离以外的杂波。对于必须采用参差PRF的系统，这并未提出附加的问题，因为在任何情况下，模糊杂波都无法进行对消。但是，如果模糊杂波需要被对消掉，则必须采用PRF分集的相干发射机（而非参差）来填补盲速。

5.3.7　非相干 MTI

另一种 MTI 处理过程使用杂波本身作为动目标检测的相位参考。发射机可以是一个放大器，或一个脉冲振荡器，而接收机中则采用 STALO。中频信号采用包络检波，所以不需要 COHO。在一个固定杂波的区域中，接续的视频输出是一样的，因而可以采用常用的延迟线对消器来进行对消（因为没有正交输出，所以仅需要一个通道）。在频率f_d上，表示目标和杂波间多普勒频差的$S+C$脉冲的幅度调制，证明有动目标的存在。和相干 MTI 一样，通过对消器的调制具有同样的响应［见式（5.18）和式（5.19）］。这种处理方法的一个局限性是，在一个没有杂波的动目标回波区域，动目标回波没有调制，于是被对消掉。当存在杂波时，可用杂波波门将输出从正常（不对消的）视频转换成对消视频，但是，当杂波间歇地出现时，这种转换过程难以很好地控制。

图5.39给出了一个省去杂波波门的非相干MTI处理过程。这里，使用一个相位检波器，其参考值是从邻近信号单元距离单元的硬限幅输出中导出的。如果这些单元中有杂波，则它将提供零多普勒参考值，于是f_d上的目标相位变化可以被检测，并传送给对消器。如果只有噪声，则目标输出有随机相位，并通过对消器。

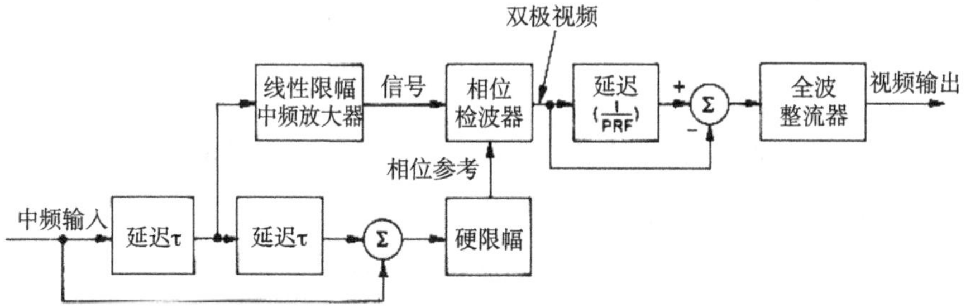

图 5.39　将邻近距离单元用做相位参考的非相干 MTI（来源：[10]）

5.3.8　区域 MTI

通过存储正常的包络检波雷达视频在地图中（以数字形式实现），我们也可以对固定回波进行抑制。天线每扫描一次，新的视频就逐个单元地与地图中的内容进行比较，两者幅度之差被输出。新的数据存储在地图中，要么通过替换旧数据，要么通过递归滤波过程（对几次扫描数据进行平均）进行数据添加。这一过程对多普勒频移不敏感，但对地图上的距离和角度信号包络的移动非常敏感。因此，这一过程对速度低的目标不敏感，除非采用非常高的空间分辨力。另一方面，区域 MTI 可对目标的非径向运动产生响应，并且在长扫描周期内工作可对低速产生很好的灵敏度。

5.3.9　相干 MTI 的性能

改善因子和杂波衰减

MTI 改善因子定义为输出功率比$(S/C)_o$和输入功率比$(S/C)_i$的比值（对所有目标速度进行平均）：

$$I_m \equiv \left.\frac{(S/C)_o}{(S/C)_i}\right|_{\text{all } v_t} \tag{5.20}$$

改善因子近似等于归一化杂波衰减CA，CA被定义为输入$(C/N)_i$和输出$(C/N)_o$之比：

$$\text{CA} \equiv \frac{(C/N)_i}{(C/N)_o} \tag{5.21}$$

对噪声的归一化考虑了所有频率上对消器的平均功率增益。对于单个对消器，$\overline{G}=2$；对于双对消器，$\overline{G}=6$。如果在所有多普勒频率上目标是均匀分布的（$v-iv_b$从0到v_b是均匀的），则两个性能的度量相等$I_m=\text{CA}$。

杂波下可见度（SCV）

SCV定义为在给定探测概率和虚警情况下，目标依然能被检测到的最大输入$(C/S)_i$。SCV可通过改善因子和杂波检测因子D_{xc}来表示，D_{xc}定义为检测所需的输出$(S/C)_o$。

$$\text{SCV} = \frac{I_m}{D_{xc}} \tag{5.22}$$

图5.40展示出改善因子、杂波下可见度和信号/杂波电平之间的关系。注意，SCV意味着目标和杂波在距离延迟上是相同的，因而任何接收机非线性的影响都会在测量中暴露出来。

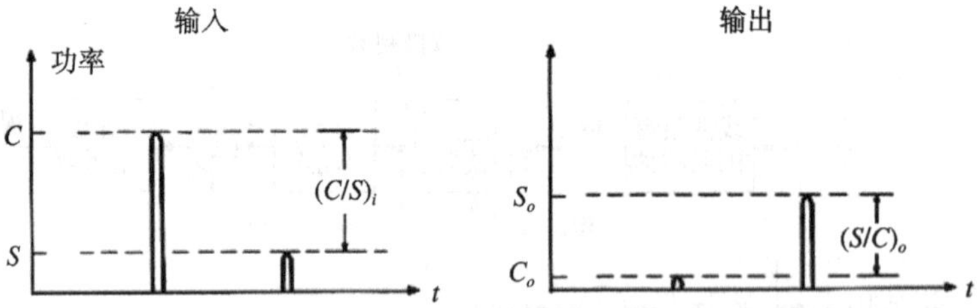

（a）改善因子 $I_m=(S/C)_o/(S/C)_i$

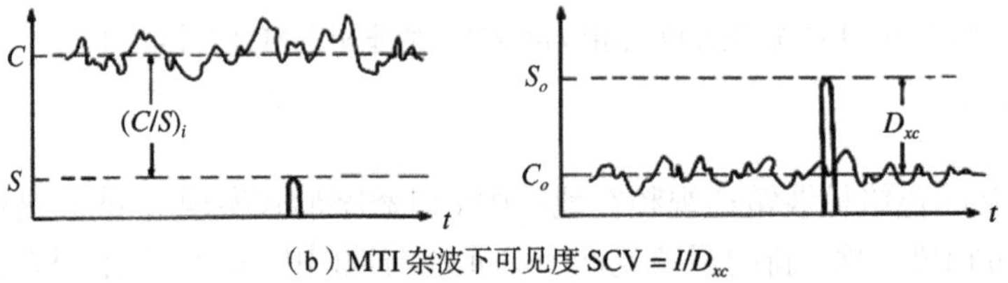

（b）MTI杂波下可见度 $\text{SCV}=I/D_{xc}$

图5.40　MTI这一术语中信号和杂波的关系

杂波速度对改善因子的影响

MTI雷达可得到的改善因子取决于杂波速度的平均和标准偏差（v_c和σ_v）与盲速度v_b的比值。定义归一化值$v_z=2\pi v_c/v_b$和$\sigma_z=2\pi\sigma_v/v_b$是方便的。如果频谱是天线扫描引起的，则归一化标准偏差只取决于每次扫描对目标的照射次数：

$$\sigma_{za} = \frac{2\sqrt{\ln 2}\,\omega}{f_r\theta_3} = \frac{1.665}{n} \tag{5.23}$$

式中，ω为扫描速率（rad/s）。在前面有线性处理的1个、2个和3个延迟的对消器的改善因子，可以作为归一化平均和扩散速度的函数[11,306页]求出：

$$I_1(v_z,\sigma_z)=\left[1-\exp\left(-\frac{\sigma_z^{\ 2}}{2}\right)\cos v_z\right]^{-1}$$

$$I_1(0,\sigma_z)\approx\frac{2}{\sigma_z^{\ 2}}\leqslant 0.72n^2 \tag{5.24}$$

$$I_2(v_z,\sigma_z)=\left[1-\frac{4}{3}\exp\left(-\frac{\sigma_z^{\ 2}}{2}\right)\cos v_z+\frac{1}{3}\exp\left(-2\sigma_z^{\ 2}\right)\cos 2v_z\right]^{-1}$$

$$I_2(0,\sigma_z)\approx\frac{2}{\sigma_z^{\ 4}}\leqslant 0.26n^4 \tag{5.25}$$

$$I_3(v_z,\sigma_z)=\left[1-\frac{3}{2}\exp\left(-\frac{\sigma_z^{\ 2}}{2}\right)\cos v_z+\frac{3}{5}\exp\left(-2\sigma_z^{\ 2}\right)\cos 2v_z\right.$$
$$\left.-\frac{1}{10}\exp\left(-\frac{9}{2}\sigma_z^{\ 2}\right)\cos 3v_z\right]^{-1}$$

$$I_3(0,\sigma_z)\approx\frac{4}{3\sigma_z^{\ 6}}\leqslant 0.063n^6 \tag{5.26}$$

式中，含有 n 的表达式指示出扫描雷达的极限。

一般来说，杂波速度的扩散可以作为几个分量的 rss 和求出:

$$\sigma_v=\sqrt{\sigma_{va}^{\ 2}+\sigma_{vs}^{\ 2}+\sigma_{vt}^{\ 2}+\sigma_{vp}^{2}+\sigma_{vi}^{\ 2}+\cdots} \tag{5.27}$$

式中，σ_{va} 由天线扫描引起，σ_{vs} 由杂波空域式（3.55）上的风切变引起，σ_{vt} 由杂波内部扰动引起，σ_{vp} 由雷达平台的运动引起，σ_{vi} 由雷达系统的不稳定性引起。

内部扰动测量结果如下（见 3.6.5 节）:

覆盖树木的小山：σ_{vt} = 0.05 m/s ~ 0.32 m/s；
海面回波：$\sigma_{vt}=v_w/8$（风速 v_w 时）;
雨或箔条：σ_{vt} = 1 m/s ~2 m/s。

雷达平台的运动也会导致频谱扩散，给出一个分量：

$$\sigma_{vp}=\frac{\theta_a v_p}{2.36}\sin\alpha \tag{5.28}$$

式中，α 为方位波束（宽度为 θ_a）与平台速度矢量（v_p）之间的角度。

限幅器对 MTI 改善因子的影响

许多雷达没有足够的动态范围来传递杂波峰值而不饱和,或者没有足够的改善因子来将这些峰值降低到噪声电平以下。在这些情况下，为避免产生虚警，在相位检波器前放置一个中频限幅器，以将峰值杂波控制在 A/D 范围内或电平 I_mN（此电平以下其剩余都降低到噪声电平）以下。人们已证明，此限幅器（设置在峰值杂波下任意电平上）将对杂波频谱进行扩散，并降低 MTI 性能。标准偏差 $\sigma_f=2\sigma_v/\lambda$ 的高斯输入频谱有半功率带宽 $B_3=2.35\sigma_v$。图 5.41 表明，当平均杂波功率高于限幅电平 20 dB 时，限幅器输出频谱虽具有基本相同的半功率宽度，但在 −30 dB 电平上将谱扩散 5 倍，而在 −50 dB 电平上扩散 35 倍。

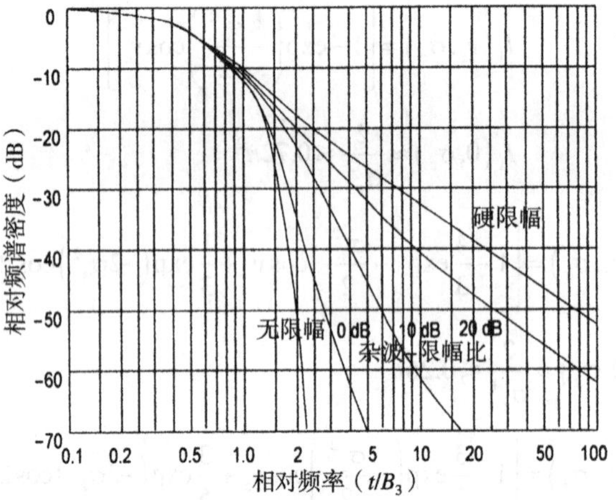

图 5.41　由限幅器引起的频谱发散（来源：[12]）

图5.42给出了采用一个、两个和三个对消器的MTI系统在采用和不采用限幅时的性能。采用限幅时，两个和三个延迟对消器所获得的性能比式（5.24）所预计的单个延迟对消器在线性工作条件下的性能要差。这意味着，如果剩余处于噪声电平上，则限幅电平必须设置得高于噪声 $2/\sigma_z^2$。限幅电平以上的杂波以杂波和限幅电平之比对目标进行抑制。当每次扫描，$n = 15$ 到 20 时，这样的 MTI 无论是采用双或三对消器，可获得的实际改善因子为 20 dB 到 25 dB。

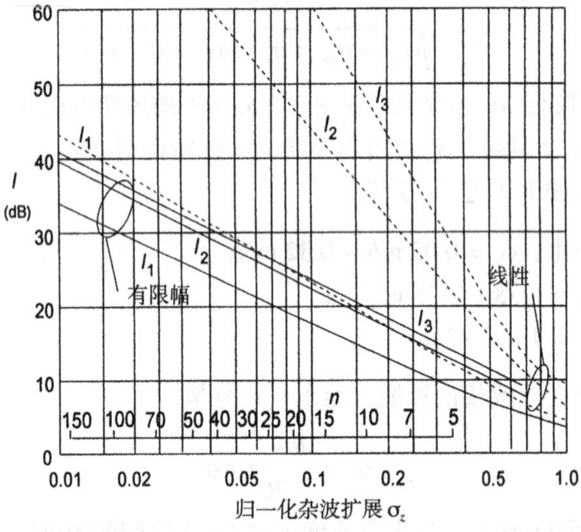

图 5.42　有和没有硬限幅时，单、双和三延迟对消器的 MTI 改善因子（来源：[12]）

结果已经表明，在实际地面杂波条件下，带限幅器的系统工作状态良好，但是，由于大部分分辨单元包含高于噪声 20 dB 以上的杂波，即便目标在较强的杂波单元中被抑制掉，目标在这些单元中依然是可见的。这种工作模式取决于在具有良好空间分辨力[13]的雷达的杂波之间可见度特性。7.2.6 节将讨论如何用杂波图来控制进入 MTI 的信号的动态范围。杂波图也能提供对处于盲速的目标杂波之间的可见度。

限制改善因子的其他因素

雷达系统的不稳定性常常在脉冲之间随机变化，在此情况下可用表 5.1 中的关系。其他限制条件是参差 PRI 和 A/D 变换器中信号量化的结果[8]。对每次扫描 n 次击中，或杂波速度扩散为 σ_v 的雷达来说，参差的极限为

$$I_s = \left(\frac{2.5n}{\gamma-1}\right)^2 = \left[\frac{2.5\sqrt{\ln 2}\, v_b}{(\gamma-1)\pi\sigma_v}\right]^2 \tag{5.29}$$

式中，γ 为 PRI 参差比（最大/最小 PRI），当其他扩展分量可忽略时，含有 n 的表达式适用。对应于此限制条件的随机剩余，被加到在推导式（5.24）~（5.26）时含有的分量上。

表 5.1　不稳定性对改善因子的限制

脉冲间不稳定性	改善因子的极限
发射机频率	$I_1 = -20\lg(\pi\,\Delta_f\tau)$
STALO 或 COHO 频率	$I_1 = -20\lg(\pi\,\Delta_f t_d)$
发射机相移	$I_1 = -20\lg(\Delta_\phi)$
COHO 锁定	$I_1 = -20\lg(\Delta_\phi)$
脉冲定时 *	$I_1 = -20\lg(\sqrt{2B\tau}\,\Delta_t/\tau)$
脉冲宽度	$I_1 = -20\lg(\sqrt{B\tau}\,\Delta_\tau/\tau)$
脉冲幅度	$I_1 = -20\lg(A/\Delta_a)$

其中：Δ_f = 脉冲间频率变化；
τ = 发射脉冲宽度；
t_d = 距离延迟；
Δ_ϕ = 脉冲间相位变化；
Δ_t = 计时抖动；
$B\tau$ = 脉冲压缩系统的时间带宽积；
Δ_τ = 脉宽抖动；
A = 脉冲幅度（V）；
Δ_a = 脉冲间幅度变化（V）；

* 对一些重要的定时脉冲（例如，A/D 变换器选通脉冲），成为 $I_1 = -20\lg(\sqrt{2}B\Delta t)$。

来源：[8]

改善因子的另一个限制条件来源于数字处理中的数字量化。量化极限为

$$I_q = 0.75\left(2^m - 1\right)^2 \approx 6m - 1\ \text{dB} \tag{5.30}$$

式中，m 为位数，包括符号位。

对改善因子的综合限制条件

必须使用一种与系统中对消器数目相适应的方法来估计MTI剩余的所有来源的累积影响。当单个剩余分量不相关时，它们可以被相加，以获得总的改善因子：

$$I = \left(\frac{1}{I_x} + \frac{1}{I_i} + \frac{1}{I_s} + \frac{1}{I_q} + \cdots\right)^{-1} \tag{5.31}$$

式中，I_x 是由单延迟对消器杂波频谱的标准偏差所施加的极值，由式（5.24）给出；I_i 是雷达的不稳定性极值，为表 5.1 中分量倒数和的倒数。如果不稳定性剩余分量之间具有相关性，则对于表 5.1 列出的相关不稳定性，我们必须计算对应于 I_1 的速度扩展值 σ_z，并且这些速度扩展分量必须以 rss 的方式相加，以便在式（5.25）或式（5.26）的使用中获得改善因子。

5.3.10 非相干 MTI 的性能

当杂波本身被用做目标检测的参考时，杂波的中心处在抑制槽口（$v_z = 0$），但其频谱由于包络检波器（或图 5.37 的相位检波器）而被扩展。单延迟和双延迟对消器所得的改善因子如下[14，494~495 页]：

$$I_{1n}(v_z, \sigma_z) = 2\left[1 - \exp\left(-\sigma_z^2\right)\right]^{-1} \approx \frac{2}{\sigma_z^2} = 0.72n^2 \tag{5.32}$$

$$I_{2n}(v_z, \sigma_z) = 2\left[1 - \frac{4}{3}\exp\left(-\sigma_z^{\,2}\right)_z + \frac{1}{3}\exp\left(-4\sigma_z^{\,4}\right)\right]^{-1} \approx \frac{1}{\sigma_z^{\,4}} \leqslant 0.13n^4 \tag{5.33}$$

非相干 MTI 的优点是，它可以对消平均速度不为零的杂波、单个模糊距离间隔内的杂波，甚至在用非相干发射机时都行。虽然发射机必须相当稳定，但在对消距离模糊杂波时，并不需要脉间相干，条件是这一杂波不覆盖包含来自其他模糊的杂波的距离单元。

5.3.11 存在移动杂波时的 MTI

机载杂波源（雨、箔条和鸟类）的频谱集中在它们所嵌入的气团的平均速度 v_w 周围。雷达平台的运动也对雷达杂波径向速度分量有影响。当 $v_z \neq 0$ 时，这些情况下的改善因子可由式（5.24）到式（5.26）给出。例如，对以 v_w = 10 m/s 径向移动的杂波，当 v_b = 50 m/s 时，双对消器改善因子小于 5 dB。为将槽口置于移动杂波频谱上，有必要对抑制槽口中心进行自适应控制。

自适应 MTI 处理器测量槽口前和后的相对杂波剩余，并移动槽口（或 COHO），以使总剩余最小化。如果这种自适应以快速响应方式进行，则在短距离上可用零速槽口抵消地面杂波，而在远距离上可用移动槽口抵消移动的雨或箔条。对式（5.24）到式（5.26）给出的高斯杂波谱，槽口的适当自适应可以保持改善因子不变。还可以对一个双对消器的槽口进行自适应而使另一个槽口固定在零，或通过可控反馈扩展槽口来同时对消两个杂波分量。但是，当采取这些措施时，目标响应的损耗使得无法保持高的探测概率。

5.3.12 MTI 系统的损耗

除了一般的处理损耗外，使用 MTI 处理还会带来目标探测概率的损失。这些损失必须包含在 Blake 图（见图 1.6）的损耗因子 L_x 中，或用来提高其他形式雷达方程式中的可检测性因子 D_x。

噪声相关损耗 $L_{mti(a)}$

使用 MTI 不会改变广泛分布于速度中的目标平均信噪比（S/N），但要求更大输入信号，这提高了可检测性因子 D_x。通过 x 脉冲对消器的噪声会使 x 个接续输出产生部分相关[15]。这将使后续处理中用于积累的独立噪声取样数目从 n 降低到 an，其中：

$$\begin{aligned} a &= 2/3 && \text{对 } x = 2 \\ &= 18/35 \approx 1/2 && \text{对 } x = 3 \\ &= 20/47 \approx 0.43 && \text{对 } x = 4 \end{aligned} \tag{5.34}$$

对应的损耗为 an 个脉冲积累的可检测性因子与 n 个脉冲积累的可检测性因子之比：

$$L_{\text{mti(a)}}=\frac{D(an)}{D(n)} \tag{5.35}$$

如果线路中不包括正交对消支路，则积累的独立噪声取样数减少到二分之一：

$$L_{\text{mti(a)}}=\frac{D(an/2)}{D(n)} \tag{5.36}$$

当使用批处理时，在不同的 PRF，x 脉冲对消器对 n/x 批次进行处理，可用于积累的输出数变为 n/x，有

$$L_{\text{mti(a)}}=\frac{D(n/x)}{D(n)} \tag{5.37}$$

批处理一般不仅仅用于 I 路对消器，但在应用情况下有效取样数将从 n/x 减少到 $n/2x$。

盲相位损耗 $L_{\text{mti(b)}}$

仅使用同相双极视频将抑制噪声和信号二者的正交分量。对积累的影响由式（5.36）给出，但还有目标波动损耗的提高。具有 χ^2 分布（$2K=2$ 个自由度）的瑞利目标变换为高斯目标（$K=1$）。如果在 t_o 期间的某些时刻上，目标相位有足够的变化，从而以全幅度出现在 I 通道输出上，则波动损耗不会显著提高。但是，在只有一个输出取样的批处理系统中，自由度为 $2Kn_e$ 的目标的波动损耗（dB）将增加一倍：

$$L_{\text{mti(b)}}=\frac{L_f(Kn_e/2)}{L_f(Kn_e)} \tag{5.38}$$

速度响应损耗 $L_{\text{mti(c)}}$

当对所有目标速度进行了平均后，在通过对消器时，信噪比保持不变，但接近零响应的个别目标可能会被对消掉或被MTI显著抑制掉。所得损耗作为探测概率的函数如图5.43所示，并定义为为了保持检测概率不变而对所要求的输入信号的提高。由于高 P_d 时，该损耗值较高，所以几乎总是采用PRF参差或分集。在计算图 5.43 曲线时，所假设有的参差响应是如图 5.36 所示的。

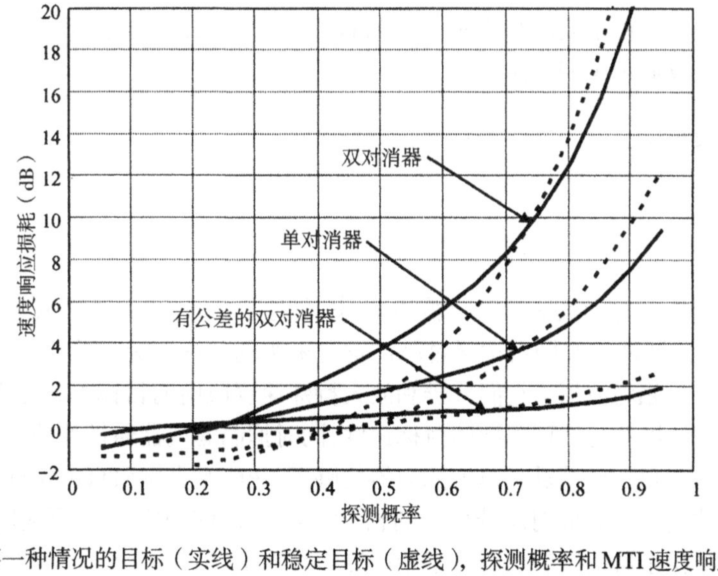

图 5.43　对第一种情况的目标（实线）和稳定目标（虚线），探测概率和MTI速度响应损耗的关系

距离跨越损耗 L_{er}

当在处理器输入端使用距离波门或数字取样时，取样可能不发生在峰值信号的时刻。对如图 5.44 所示的一种典型情况，所得的损耗并不是MTI所独有的，在处理时使用波门或取样视频，这种情况均会发生。

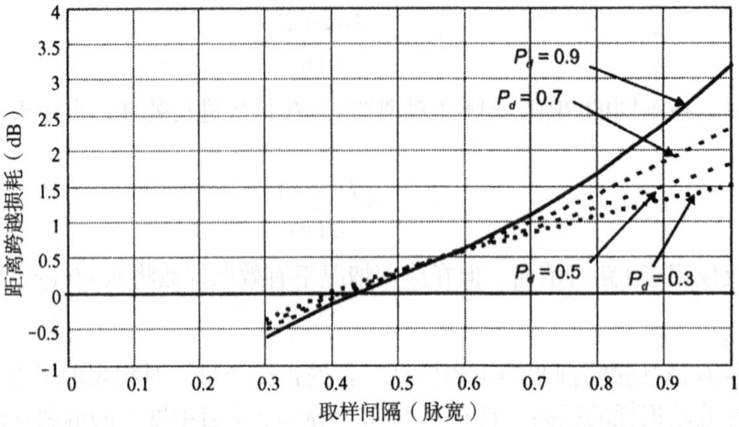

图 5.44　对通过矩形滤波器的矩形脉冲（$B\tau = 1.5$），取样间距和距离跨越损耗的关系

5.3.13　MTI 系统中的可检测性因子

在目标信号通过MTI系统的区域中，可检测性因子 $D_x(n) = D(n)ML_pL_x$ 必须包括作为 L_x 分量的 L_{mti} 损耗（它是上述 $L_{\text{mti(a)}}$、$L_{\text{mti(b)}}$和 $L_{\text{mti(c)}}$分量的乘积，一般总值为 3 dB 到 4 dB）。其结果是，甚至在目标区域实际不存在杂波情况下，探测距离也会显著下降。此外，在存在杂波的一些其他区域，其剩余必须作为干扰分量包括进来，并对包括在式（1.48）中的比值 D_{xc}/D_x 进行适当调整。在用式（2.70）计算 D_{xc} 时，使用了 MTI 输出端杂波剩余的相关时间。在随机不稳定性是剩余的原因的程度上，脉冲间剩余是非相关的，后续积累将提供全增益 $G_i(n)$。除非要求有高的 P_d 值，当杂波峰值因受限幅而降低时，杂波分布损耗（见 2.6.2 节）是低的。受到概率为 P_p 的杂波峰值抑制的目标，其探测概率为 $P'_d = P_d(1 - P_p)$，这使得获得高探测概率较为困难。现代雷达系统使用杂波图来识别需要 MTI 处理的区域，对于清晰区域的目标，转换为正常的视频处理，以避免 MTI 损耗。

5.4　脉冲多普勒

5.4.1　定义

脉冲多普勒雷达

多普勒雷达利用多普勒效应来确定雷达-目标相对速度的径向分量，或选择具有特殊径向速度的目标[1, 313页]，脉冲多普勒雷达通过脉冲发射来实现这一功能[1, 837页]。因此，脉冲多普勒雷达通过窄带相干积累滤波器（它们分辨和放大特殊速度段内的目标）来处理一串接收脉冲。通常一组这样的滤波器并行处理不同的目标速度，同时抑制滤波器通带外的杂波和其他物体回波。在跟踪时，一旦目标已截获，单个滤波器就够了。PD 方法与 MTI 的不同在于，多普勒滤波器在一个窄带滤波器中完成对所选信号的相干积累，而MTI则通过一宽响应频带传递目标，并依靠后续的视频积累器从扩展的脉冲串中恢复信号能量。当在一个宽的速度带上使用一组多普勒滤波器来传递目标时，如果忽略掉包含杂波的滤波器，那么滤波器响应的包络可能非常接近图 5.30 到图 5.32 中的最佳 MTI 滤波器响应。

低 -PRF、中 -PRF 和高 -PRF 脉冲多普勒雷达

根据式（5.14）~式（5.16）的定义，PD 雷达可进一步描述为低 -PRF、中 -PRF 或高 -PRF 的。高 -PRF 和中 -PRF 雷达主要用于机载应用，在此情况下，杂波谱扩展到每秒几百米，而由于飞机高度的原因，短距离杂波则被最小化。由于短距离杂波的存在，它会对远距离目标形成竞争，而且根据式（1.35）中的 R^4/R_c^2，或式（1.47）中的$(R/R_c)^4$ 项，它比目标具有更大的功率，所以在地面雷达中使用这些距离上模糊的波形比较困难。低 -PRF PD 处理器（也称为 MTD 处理器）在现代地面监视雷达中的重要性越来越高，原因在于其杂波抑制性能优于 MTI，而且在采用现代数字处理器时价格也比较合理。

杂波衰减和杂波下可见度

PD 雷达的性能可用杂波衰减和杂波下可见度来描述。脉冲多普勒系统的杂波衰减 CA 可定义为对某一速度的目标输入比$(C/S)_i$ 与 输出比$(C/S)_o$ 的比值：

$$\mathrm{CA}(v_t)=\left.\frac{(C/S)_i}{(C/S)_o}\right|_{v_t} \tag{5.39}$$

这在图 5.45 中有说明，其中输入杂波和信号功率是在接收机宽带部分基于单个脉冲测量得到的，而输出电平则在包含此信号的窄带滤波器之后测量得到。输出杂波剩余来自目标多普勒滤波器的副瓣响应，以及杂波频谱对滤波器的渗透（由于其肩部响应和雷达系统的不稳定性）。在一个稳定的系统中，CA 由滤波器响应来确定，并等于速度 v_t（从零开始算）时的肩部或副瓣抑制电平。在一个具有理想滤波器的系统中，CA 由系统的不稳定性确定，用距载波 $f_d = 2v_t/\lambda$ 处的噪声边带电平来度量。

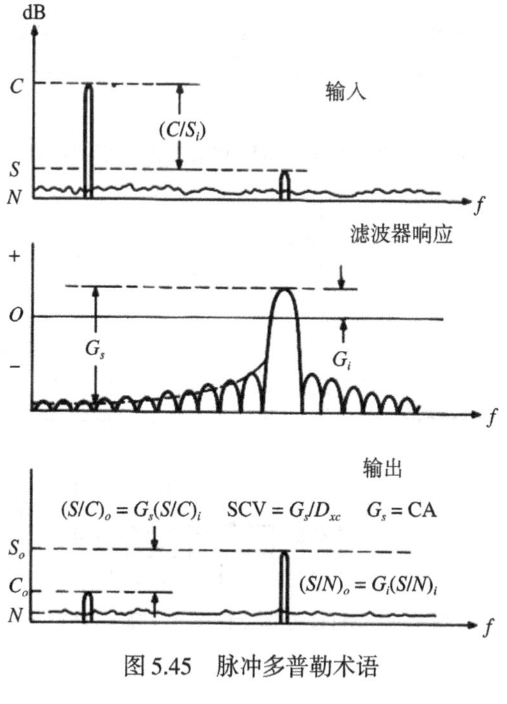

图 5.45　脉冲多普勒术语

杂波下可见度用与式（5.22）中MTI情况下一样的方式定义，但只对某一速度带内的目标：

$$\mathrm{SCV}(v_t)=\frac{\mathrm{CA}(v_t)}{D_{xc}} \tag{5.40}$$

式中，D_{xc}为当已知有后续处理（可能包括后续滤波器输出的非相干积累）时，检测所需的$(S/C)_o$。

其他必须定义的PD雷达特性为相对于与发射波形匹配的滤波器的损耗。这些损耗将在5.4.7节中讨论。

5.4.2 低-PRF PD雷达

林肯实验室于20世纪70年代开发的动目标检测器（简称MTD）是应用于空中监视雷达的低-PRF PD处理的一个例子[16]。在其最初应用中，波形由两个脉组组成，每组10个脉冲，有其恒定PRI，这些脉冲由二坐标扫描雷达的磁控管或相干发射机产生。脉组间的PRI分集用来填充盲速（见图5.46）。每个脉组通过两个并行通道进行处理：一个零速通道，一个用于动目标的通道（见图5.47）。动目标通道是与8点离散傅里叶变换（简称DFT）级联的一个MTI滤波器，可产生7个在零速时响应很低的滤波器（每个间隔$v_b/8$）。零速通道是一个以零多普勒为中心的10点DFT。该通道通过一个递归滤波器馈送给杂波图，从而为目标在动目标通道的抑制槽口形成一个区域MTI处理器。

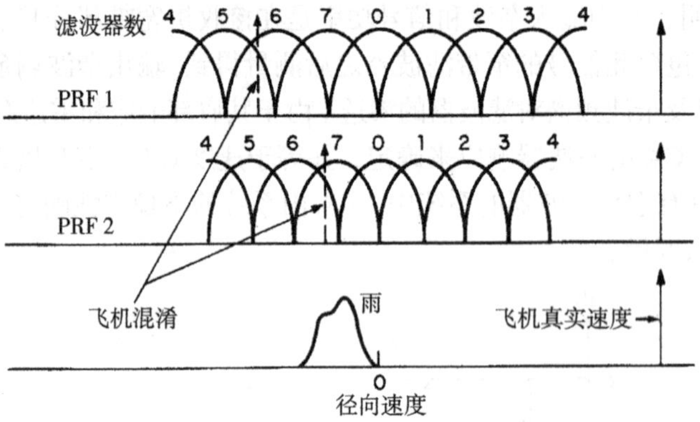

图5.46 MTD滤波器响应和杂波谱（来源：[16]）

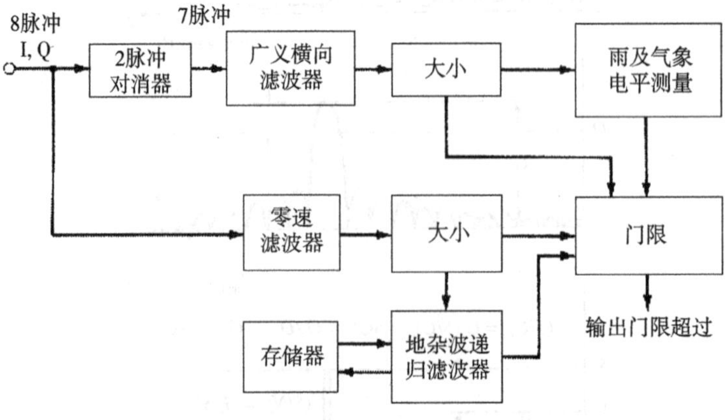

图5.47 MTD处理器框图（来源：[16]）

对图5.47中的7个动目标通道进行包络检测，并加在距离单元平均CFAR门限上，这些门限使系统响应自适应于任何距离广泛的杂波（雨和箔条）。例如，在图5.46中，刚好在零速以下有雨的存在，由于门限提高，使得滤波器0，6和7的灵敏度下降，让滤波器1至5通过目标。对两个PRI的选择是要使处于两个脉组灵敏度都下降滤波器中的目标数最少。只要杂波频谱相对于脉组的平均盲速不是太宽，速度响应损耗就会减少到最小。新型的MTD省略了MTI预对消器，并对每个脉组的脉冲加权进行了优化以在零速时获得低响应。

脉组中的脉冲数可以变化，但要很好地控制响应需要很多的脉冲数。例如，在时间间隔t_f上接收到n_c个脉冲的低副瓣滤波器，禁带（例如，在–40 dB）和通带（–6 dB）间的过渡占据了频率间隔$1/t_f \approx B_f$（对应于速度间隔v_b/n_c，见图5.48）。对于宽度为Δ_c的一个禁带，对有效目标检测的带损失为

$$\Delta_v = \Delta_c + \frac{2v_b}{n_c} \tag{5.41}$$

对一个16脉冲的脉组，即便$\Delta_c = 0$，至少有1/8的速度其响应在–6 dB以下。如果杂波抑制要求有$\Delta_c \approx 4\sigma_v = v_b/8$，那么这一比例会升至1/4。

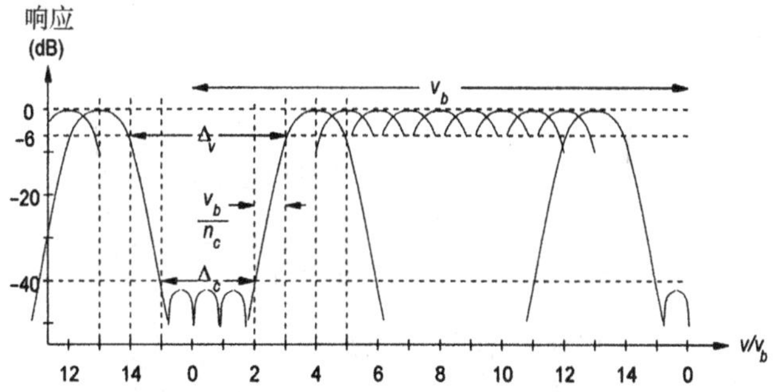

图5.48　16点FFT处理器中杂波抑制槽宽度

有利于长脉组的另一个因素是需要对消来自波形非模糊距离以外的杂波。甚至用于MTD中的低–PRF也不足以低到能避免来自雨和箔条的多次往返杂波，而且由于大气波导效应，地面杂波可来自很远距离以外。当处理具有低副瓣加权的n_c个脉冲的脉组时（见图5.49），第二次往返的杂波回波有一个额外的时间延迟t_r，第一个回波接收第二个加权，最后一个回波丢失了，或者包含在下一个处理的脉组中（延迟不正确）。

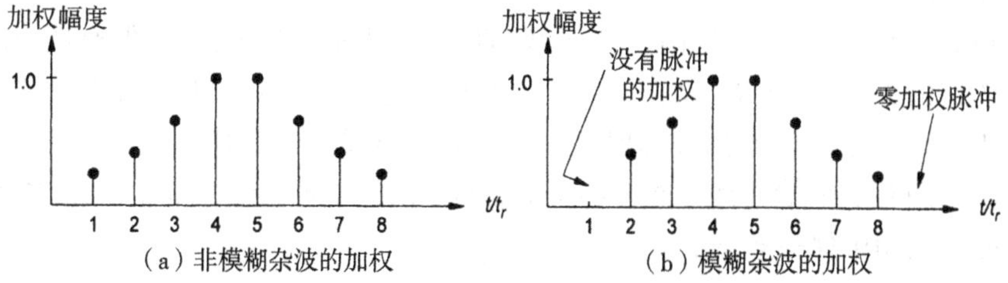

图5.49　8点FFT处理器中非模糊与模糊杂波的加权

对二次和三次往返的杂波所获得的速度响应如图5.50所示，其副瓣远高于对非模糊杂波的设计值。在恒定射频下工作的一个PRI分集系统，前一个脉组的一个杂波脉冲会产生如图所示的输出电平，并且由于当前脉组第一个回波缺失，会产生另一个独立的输出。

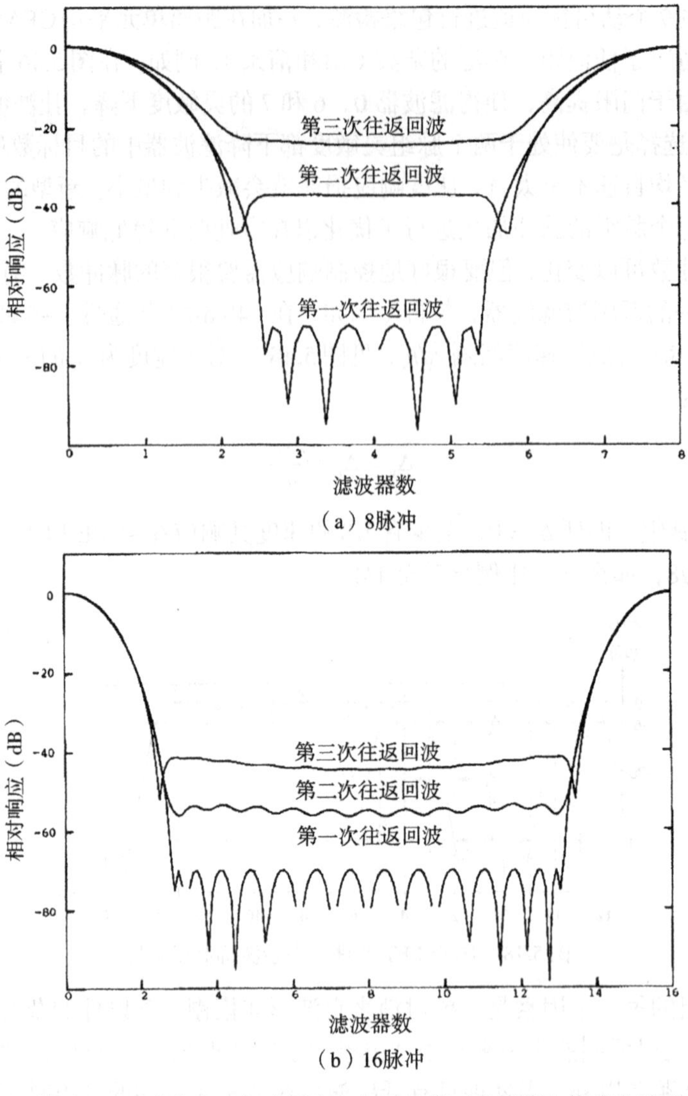

图 5.50　8 脉冲和 16 脉冲 70 dB 多尔夫 – 切比雪夫加权滤波器对非模糊和模糊杂波的响应（来源：[17]）

如果在每个脉组的开头填加“填充脉冲”，并在未收到最远距离杂波的回波之前禁止处理器输入，则此问题可以避免。

对更远距离杂波所要求的抑制小于对非模糊距离内类似杂波的抑制，但对填充波束的体杂波，其差距的比值关系为$[R/(R+R_u)]^2$。因此，对可能存在的模糊杂波，必须保证有足够的杂波衰减。这要求要么发射每个脉组除处理的n_c个脉冲之外的填充脉冲，要么使得n_c足够大，从而使模糊杂波的副瓣电平抬高到所能够容忍的程度。无论哪种情形，都需要长脉冲组，以在时间和发射机能量利用中保持效率。

5.4.3 中 –PRF PD 雷达

在存在宽杂波频谱情况下，当要在通带中保持合理部分的目标时，低 –PRF的盲速可能不能高到抑制掉杂波的程度。例如，当雨或箔条具有很大风切变时，杂波谱宽度可能会超过

30 m/s，如图 3.23 所示，这就要求盲速超过 120 m/s，以在采用 PRF 分集时可以保持目标检测性能。在机载雷达中，当波束扫描到速度矢量的任一边时，天线方向图主瓣（见图 5.28）中的杂波扩展可能会导致 σ_{vp} = 5 m/s ~ 10 m/s，从而给出 $2\pi\sigma_{vp}$ = 30 m/s ~ 60 m/s。当 PRF 设得足够高以在这些情形下获得杂波抑制能力时，距离模糊几乎肯定会引入到微波雷达中。

地面中 –PRF 雷达中 PRF 的选择

地面中–PRF雷达的主要问题在于，要获得检测与近距离杂波相竞争的远距离目标所需要的杂波衰减。式（1.37）和式（1.47）给出了占据多个距离模糊的体和面杂波的输入 *C/S* 比。根据式（1.36）和式（1.45），通常来自第一个距离间隔的杂波占主导地位。发射脉冲后的前几个距离单元含有很强的杂波，在CA有限的情况下，可能会掩蔽目标，除了发射机产生的掩蔽之外。这会产生宽度为 Δ_r 的频带，其中目标视在距离 $R - iR_u$ 出现在掩蔽区域内（见图 5.51），该区域穿过由盲速引起的宽度为 Δ_v 的频带。为使在每个观察时间内能获得高的探测概率，t_o 必须分成具有不同 PRF 的 m 个脉组，平均脉组持续时间为 $t_f = t_o/m$。数字 m 取决于距离 – 速度空间的清晰部分：

$$F_a = \left(1 - \frac{\Delta_r}{R_u}\right)\left(1 - \frac{\Delta_v}{v_b}\right) \tag{5.42}$$

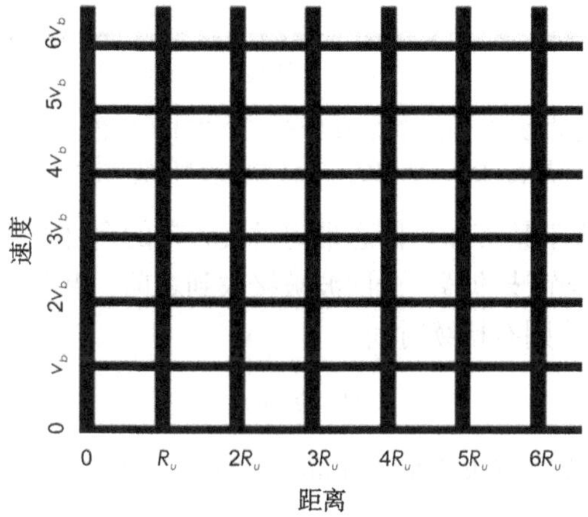

图 5.51　中 –PRF PD 雷达的盲区

PRF 分集

为搜索广泛分布于模糊区域的目标，每个脉组的探测概率 P_1 近似为 F_aP_d，其中 P_d 为净区域中的探测概率。在 $t_o = mt_f$ 期间，在适当选择分集条件下，积累探检测概率近似为

$$P_c \approx 1 - (1 - P_1)^m = 1 - (1 - F_aP_d)^m \tag{5.43}$$

在 m 个分集的脉组之间，目标落在盲区中的概率实际上不是独立的，但对 PRF 的典型选择，其结果与式（5.43）预测的又有些许差别。图 5.52 给出了一种典型 PRF 分集的结果，其中阴影区域表示盲 PRF 的数目（3 个以内），除了沿零距离和速度轴外，只在很少一部分区域中（黑色），目标在所有 3 个 PRF 上都无法被探测到。

观察时，随着 F_a 的减小，数目 m 必须提高，以获得高的 P_c。在此过程中，可能的积累增益 n_c 及杂波衰减降低，而 Δ_r 和 Δ_v 两者都提高，从而使 F_a 进一步降低。这时，波形优化和处理取决于杂波密度和雷达系统的稳定性。

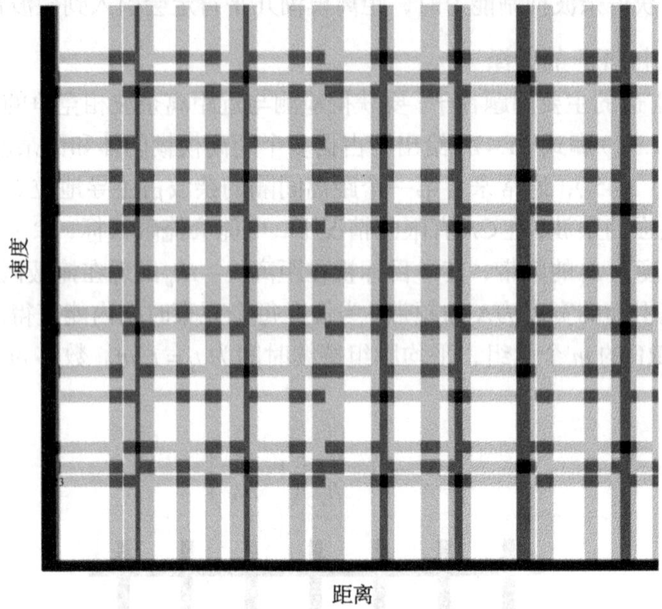

图 5.52 PRF 分集的影响。阴影区域在所有三个 PRF（黑色）都是盲区，三个中的两个（深灰）是盲区，三个中的一个（浅灰）盲区，三个中一个也不是盲区（白）

相干脉组的长度 t_f 取决于禁带和目标通带间过渡频带的允许宽度，以及最大杂波时间延迟 $t_{md} = 2R_{cm}/c$。直到最大距离杂波的第一个回波被接收到之前，相干处理不能开始。对处理后的输出有影响的脉组的一部分则有持续时间

$$t_f' = t_f - t_{md} \tag{5.44}$$

于是，滤波器带宽和过渡带宽取决于 t_f'，而非 t_f 本身。为了效率，应使 $t_f > 4t_{md}$。

机载中 -PRF 雷达

在机载中 -PRF 雷达中，目标可被检测到的速度区域更多地取决于天线的副瓣电平，而不是雷达的稳定性。图 5.53（a）中的典型地面杂波频谱展示出宽度为 $2.36\sigma_{vp}$ 的主瓣，以及占据了速度空间其他位置的副瓣。副瓣频谱的宽度是飞机速度 v_p 的两倍，通过对距离和速度模糊与表面相交的区域的积分，可以计算出频谱密度。每个区域被双程天线方向图进行加权。如果这些副瓣电平足够低，则可检测出动目标，除非它落在杂波主瓣中（即当目标径向速度在盲速的 $\pm\pi\sigma_{vp}$ 中）。和地面雷达一样，根据式（5.42）可求出部分的净区域 F_a，于是对 PRF 分集的要求由式（5.43）来控制。由于机载雷达能从很远距离接收到很强的杂波，当天线波束扫描地平线时，为满足 $t_f > 4t_{md}$ 的限制条件，可能要求采用长脉组。

如果 PRF 连续自适应于目标距离和速度，则不用长分集脉组也可以在中 -PRF 进行跟踪。在任何时刻，都可以找到能将目标置于净距离和速度区域的 PRF，而且在此 PRF 上，每次观察只须发射一个脉组。

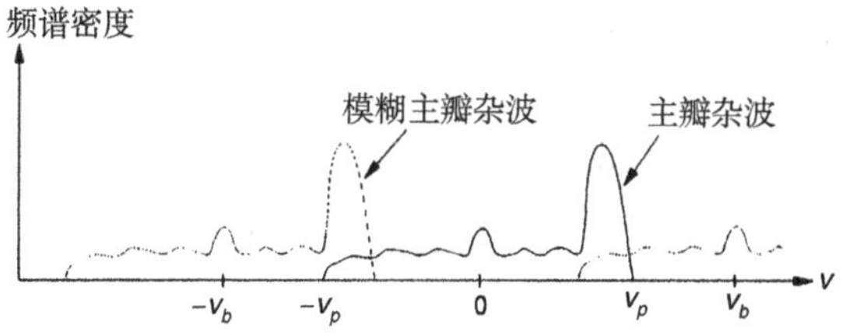

（a）使用中-PRF

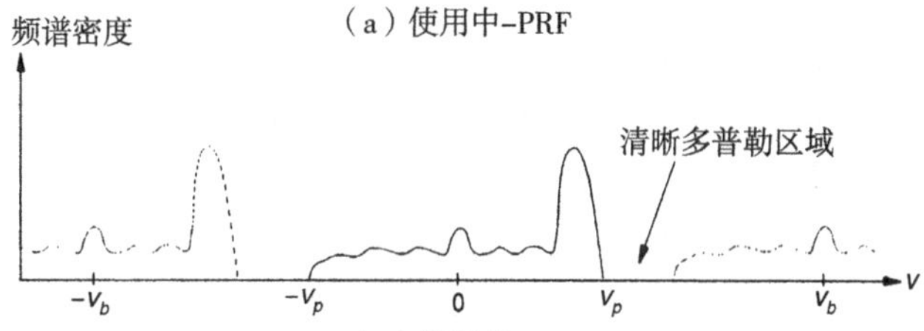

（b）使用高-PRF

图 5.53　机载 PD 雷达中的杂波谱

5.4.4　高 -PRF PD 雷达

当通过径向速度可以将目标和杂波区分开来，并且能够提供适当的杂波衰减时，高 -PRF 波形能够提供最高的能量和时间效率。例如，在一个径向速度低于40 m/s的物体可被认为是杂波的地面雷达中，通过用覆盖 ±40 m/s 的杂波槽处理的高 -PRF 波形可以看到所有不在被遮挡的距离单元中的目标。在有足够CA的情况下，只有与发射脉冲重叠的单元需要被遮挡住，给出一个清晰的分数：

$$F_a = 1 - \frac{\tau}{t_r} = 1 - D_u \tag{5.45}$$

式中，D_u为波形的占空比。高 -PRF模式用于机载雷达，以保证接近的目标能在没有杂波的速度区域被检测到，如图5.53（b）所示。用于微波机载雷达的高 -PRF一般足够高，以至于天线波束在开始几个模糊区无法达到杂波表面，因此，杂波功率在所有距离单元上几乎是均匀的。对于水平波束，杂波功率这时可以通过将连续波雷达的杂波[18, 339页]与PD 雷达的占空因子相乘来获得：

$$C = D_u \frac{P_t G_t A_r \theta_a \sigma^0}{(4\pi)^2 L_p} \int_0^\infty \frac{\left[F(R)\right]^4}{R^3} \mathrm{d}R = D_u \frac{P_t w \lambda \sigma^0}{427 h_r^2} = \frac{P_{av} w \lambda \sigma^0}{427 h_r^2} \tag{5.46}$$

式中，雷达方程中各项与第 1 章中所用的相同，$F(R)$为到距离为 R 处表面的路径的传播因子，w 为孔径宽度，h_r 为天线的相位中心高于表面的高度。对于γ为常数的杂波反射率模型，对水平波束，杂波区域上的积分有

$$C = D_u \frac{P_t G_t A_r \theta_a h_r \gamma}{(4\pi)^2 L_p} \int_0^\infty \frac{\left[F(R)\right]^4}{R^4} \mathrm{d}R = D_u \frac{P_t w \lambda^2 \gamma}{944 h h_r^2} = \frac{P_{av} w \lambda^2 \gamma}{944 h h_r^2} \tag{5.47}$$

式中，h 为孔径高度（对圆形天线，$h = w$）。前面一个方程给出了对于低位置雷达所有距离单元的杂波功率平均。

例如，一地面 X 波段雷达有如下参数：

圆形天线 $h = w = 1$ m　　天线高度 $h_r = 10$ m
峰值功率 $P_t = 10$ kW　　占空比 $D_u = 0.1$
CPI $t_f = 1$ ms　　噪声温度 $T_s = 1000$ K
PRF = 100 kHz　　杂波反射率 $\gamma = 0.1$

根据式（5.47），可获得如下结果：

每个距离单元的峰值杂波功率 $C = 9.5 \times 10^{-7}$ W
每个距离单元的平均杂波功率 $C_{av} = CD_u = 9.5 \times 10^{-8}$ W
一个 CPI 接收到的杂波能量 $C_0 = 9.5 \times 10^{-11}$ W-s
在与 t_f 匹配的滤波器输出端，$(C/N)_o = C_0/N_0 = 6.9 \times 10^9 = 98$ dB
零速处的滤波器副瓣，$(C/N)_o = 0$ dB 时：$G_s = -98$ dB
零速处的滤波器副瓣，$(C/N)_o = -6$ dB 时：$G_s = -104$ dB

CA = 104 dB 的要求可以保证对应于 $(C + N)/N = 1.25$ 的性能的下降小于 1 dB。这一杂波衰减的要求难以满足，因而，除特殊情况以外，一般不鼓励使用高 -PRF 的地面 PD 雷达。对陆基高 -PRF PD 雷达的动态范围，要求也苛刻。为避免短程杂波引起饱和，不能使用灵敏度时间控制（简称 STC）。

而对机载雷达的要求则没有这么严格。当雷达天线以一个比天线波束宽度大的俯角向下看着杂波表面时，对接收的杂波功率的积分给出：

$$C = \frac{P_t wh\gamma}{62R_b^2} D_u \tag{5.48}$$

式中，R_b 为波束轴到达表面的距离。一部机载雷达有如上例子的参数，当它俯视一个 $R = 10$ km 远的目标时，可根据式（5.48）获得如下结果：

每个距离单元的峰值杂波功率 $C = 1.6 \times 10^{-8}$ W
每个距离单元的平均杂波功率 $C_{av} = 1.6 \times 10^{-9}$ W
在与 t_f 匹配的滤波器输出端，$(C/N)_o = C_0/N_0 = 8 \times 10^7 = 79$ dB
零速处的滤波器副瓣，$(C/N)_o = -6$ dB 时：$G_s = -85$ dB

尽管不像地基情况那样压力大，但 CA = 85 dB 的要求在机载环境里也仍然是难以满足的。

5.4.5 振荡器对 PD 雷达性能的影响

影响 PD 雷达性能的主要问题有杂波输入电平、杂波衰减以及目标检测效率。对杂波衰减的两个主要限制是，杂波频谱扩散到目标滤波器主瓣中（由于雷达的不稳定性引起），以及对应于杂波频谱主瓣速度的滤波器副瓣电平。由于天线扫描、平台运动、脉冲幅度和相位的随机变化所引起的杂波频谱扩散已在前面有关 MTI 的章节中讨论过。

可达到的振荡器稳定度

对有很高的 PRF 和 CA 要求的 PD 系统，STALO（发射机和接收 LO 信号都由此派生）的稳定性是基本限制条件。由于发射机饱和能够去除幅度变化，且常用类型的接收机混频器也能对消幅度噪声，所以振荡器的相位噪声是输出剩余的主要贡献。通过放大晶体源获得的高质量

X 波段 STALO 会产生图 5.54 中曲线（a）或（b）所描述的相位噪声边带。噪声边带被绘成载频线下每赫兹的频谱密度（dB）。最好的性能曲线（c）由直接工作在 X 波段的腔体稳定的速调管振荡器（功率电平测量用 W 表示）提供。这种类型的振荡器适用于连续波雷达，也可以被用于高 –PRF 地基雷达。

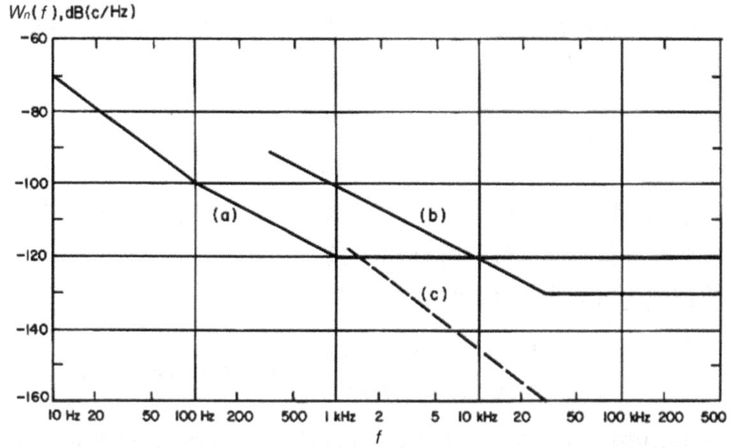

图 5.54　X 波段 STALO 上的噪声边带：（a）（b）倍频晶体源；（c）腔体稳定速调管（来源：[19, 90 页]）

发射机和接收机 STALO 通用振荡器的使用

使用高 –PRF 或中 –PRF 波形的脉冲多普勒雷达，其接收机使用 STALO，并以中频偏移用于发射载波。这时从 STALO 来的相位噪声边带在发射和接收间是相关的，并至少能够对消掉引起最严重问题的短距离杂波。直接乘以相位噪声密度 $W_n(f_d)$的相关因子 $A(f_c, R_c)$可表达为

$$A\left(f_d, R_c\right)=\left(2\sin\pi f_d t_d\right)^2=\left(2\sin\frac{2\pi f_d R_c}{c}\right)^2=\left(2\sin\frac{R_c}{2R_1}\right)^2 \qquad (5.49)$$

式中，距离 R_1 定义为 $c/4\pi f_d$。图 5.55 绘出了相关因子与 R/R_1 的函数关系。图中还绘出了通过对杂波（由一宽度为 θ_e 的波束从天线高度 h_r 上照射）的积分而获得的 A 的平均值。这个波束的低 3 dB 点在距离 $R_b = 2h_r/\theta_e$ 处接触表面，于是此距离用于图中横坐标的归一化。当该波束在 $R_b >> R_1$ 处接触表面时，有带有时间延迟的杂波出现，使接收和发射噪声分量去相关，从而使得有效噪声边带功率翻倍。

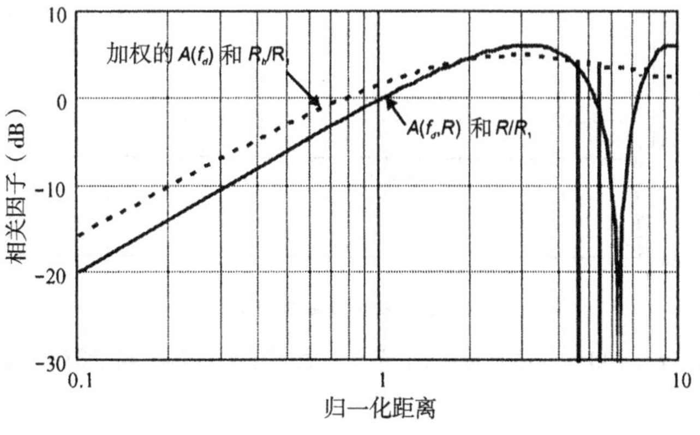

图 5.55　PD 雷达中通用振荡器的相关因子

距离 R_c 处的杂波在频率为 f_d 目标滤波器中的输出杂波功率为

$$C_o\left(f_d,R_c\right)=K_1B_f\sum_{j=-B/2f_r}^{B/2f_r}\sum_{i=i_0}^{i_m}\left[W_n\left(f_d+jf_r\right)A\left(f_d+jf_r,R+iR_u\right)\left[\frac{f\left(R+iR_u\right)}{R+iR_u}\right]^4\right] \tag{5.50}$$

式中，B_f 为多普勒滤波器带宽，$W_n(f)$ 为距载波频率 f 处的相位噪声密度，$A(f, R)$ 为根据式（5.49）得到的相关因子，$f(R)$ 为距 R 处杂波的天线电压增益。常数 K_1 包含雷达方程项［在式（5.47）中积分外面的项］：

$$K_1=D_u\frac{P_tG_tA_r\theta_ah_r\gamma}{(4\pi)^2L_p} \tag{5.51}$$

距离模糊指数 i 从最接近雷达处的 i_0（常在目标距离内，并有负值）变化到杂波水平线的 i_m。在信号带宽 B 内，多普勒模糊指数 j 覆盖所有 PRF 线。

可达到的杂波衰减为输入杂波 $C(R)$ 与 $C_o(f_d, R)$ 之比：

$$\mathrm{CA}=\frac{C(R)}{C_o\left(f_d,R\right)}=\frac{1}{C_o\left(f_d,R\right)}\sum_{i=i_0}^{i_m}\left[f\left(R+iR_u\right)\right]^4\left(R+iR_u\right)^{-4} \tag{5.52}$$

图 5.56 绘出了低 -PRF（MTD）雷达的 CA 和目标多普勒频率的典型关系曲线。对占空因子低的低 -PRF 雷达，很短距离上的杂波常常不是很重要的，而且不存在距离模糊。对 $A(f_d - jf_r) < 2$ 的最低边带，其影响可以忽略，而且在 f_d 上进入目标滤波器的杂波噪声为许多具有较高模糊的边带（$A \approx 2$）的和。假设有一部雷达，其 $B = 1$ MHz, f_r =1000 Hz, B_f =100 Hz。有 B/f_r = 1000 个边带混入滤波器，且对除了在零多普勒处之外的滤波器来说，对于振荡器（a），大部分杂波功率来自密度为 $W_n(f) = W_0 = 10^{-12}$ (c/Hz)的平坦频谱。如图所示，杂波剩余为

$$\frac{C_o}{C}=B_f\left(\frac{B}{f_r}\right)\left(2W_0\right)=100\times1000\times2\times10^{-12}=2\times10^{-7}=-67\ \mathrm{dB}$$

如果对剩余值没有其他的影响因素，则 CA 的极值为 67 dB。对于振荡器（b），CA ≈ 73 dB 是基于 W_0 值介于 −125 dB(c/Hz)到 −130 dB(c/Hz)之间的。由于其他不稳定性带来的限制以及杂波对目标滤波器的渗透，将高性能速调管振荡器（c）用于低 -PRF 系统没有什么意义。

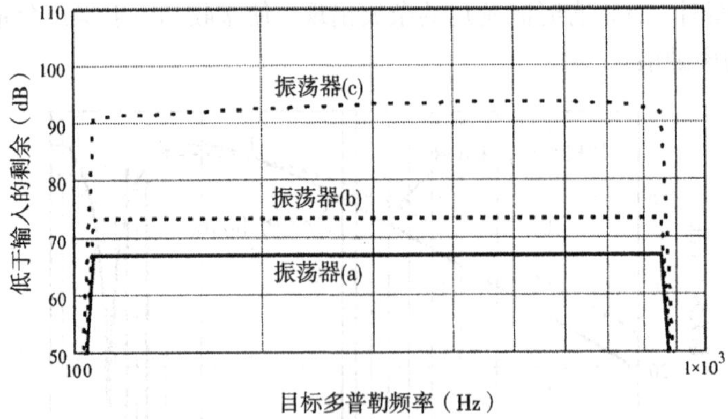

图 5.56　f_r = 1 kHz，对于低 -PRF 系统，目标多普勒频率与杂波衰减的关系

随着PRF的提高，对一给定的信号带宽，PRF线将较少，但有更多距离模糊对此剩余有影响。最近的线（对距杂波不是太近的滤滤器）距载波更远。典型的中-PRF结果如图5.57所示。例如，当$f_r = 10$ kHz，$B = 1$ MHz，$B_f = 100$ Hz时，有100个边带渗入滤波器，对于振荡器（a），CA = 77 dB。对于振荡器（b），对处于第一个距离模糊中的杂波，CA ≈ 83 dB。在下列情形下振荡器（c）的高性能可能会得到保证：高发射功率或其他因素使产生的输入杂波功率比噪声电平高90 dB或以上。

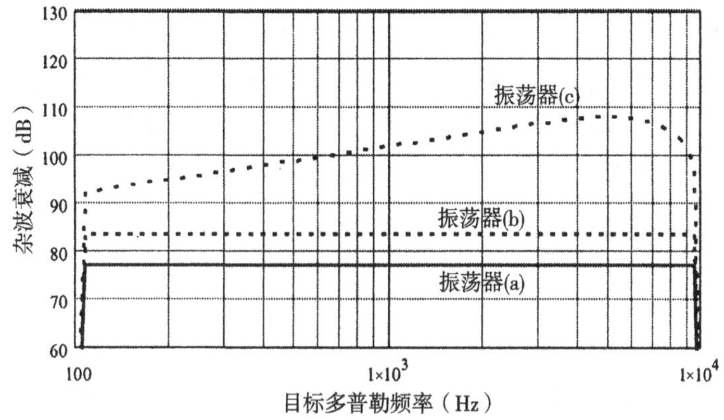

图5.57　$f_r = 10$ kHz，对于中-PRF系统，目标多普勒频率与杂波衰减的关系

图5.58绘出了高-PRF的杂波衰减曲线。当$f_r = 100$ kHz，$B = 1$ MHz，$B_f = 100$ Hz时，有10条线有影响。最强的杂波源处于第一个距离模糊中，这里，相关系数将噪声降低很多倍。对于振荡器（a），CA = 87 dB；对于振荡器（b），CA为97 dB。用振荡器（b）可获得较好的结果，原因在于其混淆的线的影响减小（由于相关因子使其较高的低频噪声得以降低）。假设在开始少数几个距离模糊里产生的杂波电平较高，尽管其他的不稳定因素可能使总的CA保持在110 dB以下，但振荡器（c）的性能还是比较重要的。

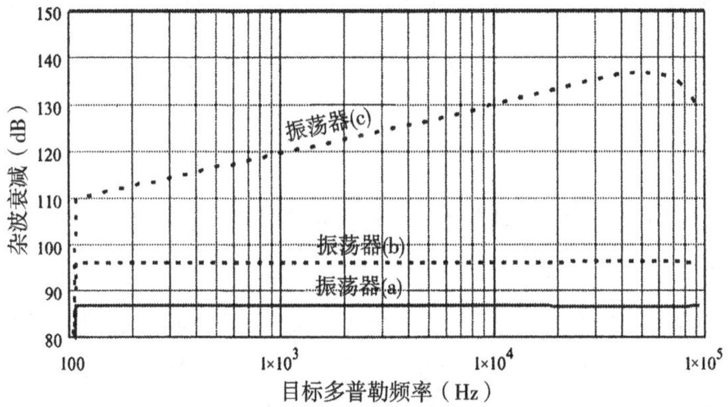

图5.58　$f_r = 100$ kHz，对于高-PRF系统，目标多普勒频率与杂波衰减的关系

5.4.6　滤波器副瓣对PD雷达性能的影响

滤波器副瓣的主要来源是对输入脉冲串的加权，以及数字处理段输入端（ADC模数变换器）引入的量化。脉冲压缩效率和脉冲宽度展宽与副瓣电平的关系曲线（见图5.13）也适用于

滤波器，只需用滤波器带宽替换脉冲宽度。可以用模拟滤波器网络或在ADC后将时变加权施加于输入脉冲串来实现低副瓣加权。在后一种情形中，变换器的位数是影响性能的关键因素。对采用m位（包括符号位）处理n_c个相干采样的系统，其最大杂波衰减的估值为

$$CA = 6(m-2) + 10\lg n_c \tag{5.53}$$

将有效位数减掉2，主要源于两种考虑：（1）变换器必须通过杂波峰值；（2）rms剩余必须对应于变换器低端两个或三个量化值，以保持检测的统计特性。

对$n_c = 10$个脉冲进行后续积累的12位ADC可支持CA = 70 dB，足以满足大多数低–PRF系统的要求。对于中–PRF雷达，积累的脉冲数随着所需CA的增加而提高，但处理12位数据还是足够的。高–PRF机载系统也可以用ADC来实现，但对于地基系统，已经证明需要在每个距离波门中的ADC前使用模拟杂波滤波器，以降低动态范围。

5.4.7 PD雷达中的损耗因子

和MTI系统一样，在PD雷达处理中有几种损耗因子。

滤波器匹配损耗 L_{mf}

这是相对于图5.29（a）中的与输入脉冲串$a_0(t/t_o)$的脉冲包络相匹配的滤波器的损耗，脉冲串是在相干积累时间t_f'［由式（5.44）给出］期间接收到的。它取决于在t_f'期间为获得所需的滤波器副瓣而施加的加权。对一给定的副瓣电平，滤波器性能可使用图5.13中的曲线来得到，在此要用滤波器带宽因子代替脉宽因子，并根据所绘的效率值计算得到损耗，公式为

$$L_{mf} = \frac{1}{\eta_f} \tag{5.54}$$

距离波门匹配损耗 L_m

当在多普勒滤波器输入端采用一距离波门时，该波门与前面的中频滤波器（见图5.1）的合成响应应该与发射脉冲匹配。如果使用一个矩形波门和宽带中频，则距离波门损耗为

$$\begin{aligned} L_m &= \frac{\tau_g}{\tau}, \quad \tau_g > \tau \\ &= \frac{\tau}{\tau_g}, \quad \tau > \tau_g \end{aligned} \tag{5.55}$$

如果用短取样选通代替距离波门，则与其他类型的雷达一样，L_m由前面的中频滤波器确定。

距离跨越损耗 L_{er}

距离波门或选通的间距约为τ，但是，峰值不在波门或选通中心到达的信号，其不能以全幅度通过。跨越损耗的大小取决于脉冲形状、波门长短以及间距。对通过一矩形中频滤波器的矩形脉冲，其损耗如图5.44所示（作为窄选通间距的函数）。

滤波器跨越损耗 L_{ef}

信号还可能处于多普勒滤波器之间的频率的中心，从而引入了滤波器跨越损耗。当使用很强的加权滤波器时，它们在–3 dB点内出现重叠，从而使这一损耗不明显，如图5.59所示。

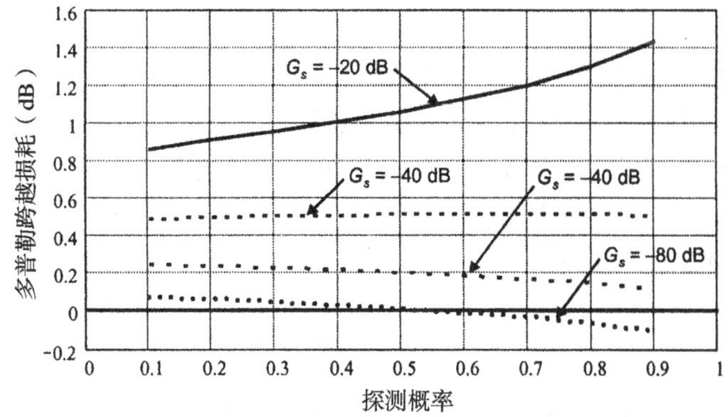

图 5.59　对加权以获得副瓣电平 G_s 的脉组，滤波器跨越损耗与探测概率的关系

角度跨越损耗 L_{ea}

当天线连续扫描，并使用脉组处理时，脉组中心可以不与目标角度相吻合。结果是，回波包络的峰可以跨越两个处理周期，从而引入一个角度跨越损耗。这一种损耗将在 9.5.2 节中讨论。把观察时间分成两个或两个以上的处理周期可以将跨越损耗降低到可以忽略的水平。重叠的处理周期也可以使用，但由于这样就排除了脉组间 PRF 或 RF 捷变，所以常用选择是使 $t_f \leq t_o/2$，以将这一损耗最小化。

掩蔽损耗 L_{ec}

由于受到发射脉冲（有时也可能是短程杂波）的掩蔽，所以在某些距离上进行搜索时，中 -PRF 和高 -PRF 系统会丢失目标回波。平均而言，能量损耗的分数为 Δ_r/R_u，如式（5.42）中用来计算可见目标分数一样。通过对所有目标距离上的 P_d 进行积分，并提高输入信号功率直到获得所需要的 P_d，可以求出图 5.60 中绘出的损耗与探测概率的函数关系。当系统中使用脉组间捷变时，每个 PRF 所需的 P_d 降低，从而导致掩蔽损耗较低，这样就可以使用图 5.52 中提供的数据，从一个或多个 PRF 中通过检测的累积探测概率计算得到。

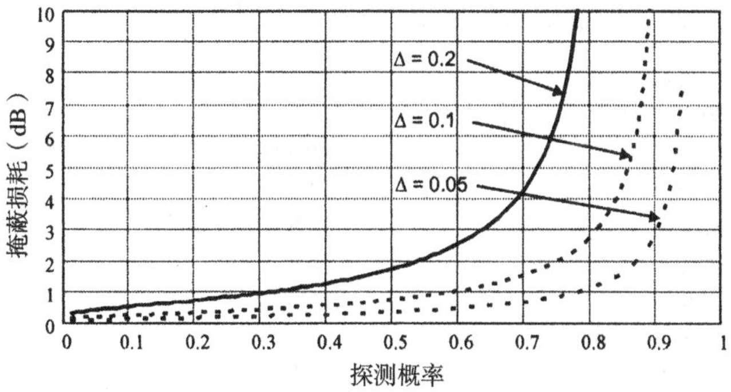

图 5.60　作为掩蔽的距离分数 $\Delta = \Delta_r/R_u$ 的函数，掩蔽损耗与探测概率的关系。如使用在抑制槽口内的目标速度的分数，这些曲线也适用于速度响应损耗

速度响应损耗 L_{ev}

低 -PRF 和中 -PRF 系统在杂波抑制槽中会丢失一些目标。计算方法与掩蔽损耗的方法类似，图 5.60 中的曲线也可以使用。

瞬变选通损耗 L_{eg}

在每个脉组开始时和处理开始前，PD系统必须发射填充脉冲，以确保接收最大距离上的杂波回波。在这些发射过程中，处理器波门必须关闭，以防止给加权的输出加上一个没有杂波回波的取样，如图5.49所示。当在A/D变换前使用模拟滤波器来降低杂波时，时间t_t也必须加到式（5.44）中的t_{md}上，以允许滤波器输出端的初始瞬变衰减。用总的瞬变选通时间t_g和总的脉组周期t_f，瞬变选通损耗可表示为

$$L_{eg} = \frac{t_f}{t_f - t_g} \tag{5.56}$$

式中，$t_g = t_{md} + t_t$。这一损耗表现为多普勒滤波器相干积累增益的降低。选通时间t_g通常大约为1 ms，在此情形下，短约5 ms的脉组，其选通损耗很大。

PD系统的其他损耗

其他损耗（例如，由于坐标折叠、多普勒滤波后进行非相干积累、二进制积累引起的损耗）与MTI及其他系统中的类似。

5.4.8 PD雷达的探测距离

图1.6中举例雷达将被用来说明地面PD雷达的性能，并与5.3节中所描述的MTI性能进行比较。表5.2列出了在低-PRF（MTD）和高-PRF工作时，假设的S波段监视雷达的一些参数。

值得注意的是，高-PRF系统的积累增益比低-PRF系统要高12.6 dB，正好补偿了其峰值功率的降低。用带有平均功率和相干积累时间t_f的改进的Blake图表来计算距离，对两个系统来说，结果是一样的，不同点在于损耗预算。将表5.2与图1.6中非相干雷达的值（这里，积累增益为10.6 dB）进行比较可发现，PD系统的效率要高2.5 dB。此增益是否转变为作用距离的增加，取决于可损耗预算的比较损耗以及对杂波和目标的响应。

表5.2 S波段脉冲多普勒雷达参数

参数	低-PRF	高-PRF
峰值功率 P_t（kW）	100	5.5
脉冲宽度 τ（μs）	1	1
脉冲重复频率 f_r（Hz）	1.1	20
占空因子 D_u	0.0011	0.02
平均功率 P_{av}（W）	110	110
非模糊距离 R_u（km）	136	7.5
非模糊速度 v_b（m/s）	55	1000
目标照射时间 t_o（s）	0.022	0.022
每次扫描击中目标次数 n	24	440
相干积累时间 t_f（s）	0.0072	0.0072
相干积累脉冲 n_c	8	144
相干积累增益 G_c（dB）	9	21.6
非相干累积取样 n'	3	3
非相干积累增益 G_i（dB）	4.1	4.1
总的积累增益（dB）	13.1	25.7

两个PD系统的处理损耗预算如表5.3所示。对于低-PRF，速度响应损耗值适用于槽口宽度Δ_v = 10 m/s；对于高-PRF，适用于槽口宽度为60 m/s。相比于典型MTI处理器的3.5 dB，

多普勒处理的总损耗分别为2.9 dB和2.5 dB。因此，两种PD系统都比MTI系统的效率要稍微高一些。以相对小的目标抑制，低PRF PD系统可以对消地面杂波，但其窄的槽口不足以对消雨、箔条或鸟类。高-PRF系统在只压缩那些径向速度小于30 m/s的目标时，能抑制所有类型的杂波。但是，由于存在许多距离模糊，高-PRF系统必须在所有距离单元中使用多普勒处理，而与之相反，低-PRF系统则只将MTI或PD处理局限于实际有杂波的区域。在高-PRF系统中，每次观察时，有必要在一个以上的脉组上获得目标检测，以解决距离模糊的问题。这将会提高每个脉组所需的探测概率，并降低效率。

表 5.3　PD 雷达的损耗预算

参数	低-PRF	高-PRF
滤波器匹配损耗 L_{mf}	1.4	1.5
速度响应损耗 L_{ec}	0.9	0.3
角度跨越损耗 L_{ea}	0	0
掩蔽损耗 L_{ec}	0	0.1
瞬变选通损耗 L_{eg}	0.6	0.6
总的多普勒损耗	2.9	2.5

参考文献

[1] *IEEE Standard Dictionary of Electrical and Electronic Terms*, Std. 100-1984, 1984.

[2] Woodward, P. M., *Probability and Information Theory with Applications to Radar*, New York: McGraw-Hill, 1953; Dedham, MA: Artech House, 1980.

[3] North, D. O., *An Analysis of the Factors Which Determine Signal/Noise Discrimination in Pulsed Carrier Systems*, RCA Laboratories Tech. Rep. PTR-6C, June 25,1943; reprinted in *Proc. IEEE*, Vol. 51, No. 7, July 1963, pp. 1016-1027.

[4] Famett, E. C., Howard, T. B., and Stevens, G. H., "Pulse-Compression Radar," Chapter 20 in *Radar Handbook*, M. I. Skolnik, (ed.), New York: McGraw-Hill, 1970.

[5] Cook, C. E., and Bemfeld, M., *Radar Signals*, New York: Academic Press, 1967; Norwood, MA: Artech House, 1993.

[6] Lewis, B. L., Kretschmer, F. F., Jr., and Shelton, W. W., *Aspects of Radar Signal Processing*, Norwood, MA: Artech House, 1986.

[7] Nathanson, F. E., *Radar Design Principles*, New York: McGraw-Hill, 1969.

[8] Shrader, W. W., and Gregers-Hansen, V., "MTI Radar," Chapter 15 in *Radar Handbook*, 2nd ed., M. I. Skolnik, (ed.), New York: McGraw-Hill, 1990.

[9] Urkowitz H., "Filters for Detection of Small Signals in Clutter," *J. Appl. Phys.*, Vol. 24, No. 8, August 1953, pp. 1024-1031.

[10] Shrader, W. W., "MTI Radar," Chapter 17 in *Radar Handbook*, M. I. Skolnik, (ed.), New York: McGraw-Hill, 1970.

[11] Raemer, H., *Radar Systems Principles*, New York: CRC Press, 1997.

[12] Ward, H. R., "The Effect of Bandpass Limiting on Noise with a Gaussian Spectrum," *Proc. IEEE*, Vol. 57, No. 11, November 1969, pp. 2089-2090.

[13] Barton, D. K. and Shrader, W. W., "Interclutter Visibility in MTI Systems," *IEEE Eascon Record*, 1969, pp. 294-297.

[14] Steinberg, B. D., "MTI Radar Filters," Part IV, Chapter 2 in *Modern Radar*, R. S. Berkowitz, (ed.), New York: John Wiley & Sons, 1965.

[15] Hall, W. M. and Ward, H. R., "Signal-to-Noise Loss in Moving Target Indicator," *Proc. IEEE*, Vol. 56, No. 2, February 1968, pp. 233-234.

[16] Cartledge, L., and O'Donnell, R. M., *Description and Performance Evaluation of the Moving Target Detector*, MIT Lincoln Laboratory Project Rep. ATC-69, March 8, 1977.

[17] Ward, H. R., "Doppler Processor Rejection of Range-Ambiguous Clutter," *IEEE Trans. Aerospace and Electronic Systems*, Vol. 11, No. 4, July 1975, pp. 519-522.

[18] Barton, D. K., ed., *Radars, Vol. 7, CW and Doppler Radar*, Dedham, MA: Artech House, 1978.

[19] Robins, W. P., *Phase Noise in Signal Sources*, London, England: Peter Peregrinus, 1982, p. 90.

附录 5A：关于波形和信号处理的习题

5.1 对梯形脉冲的响应 在程序 ResponseFunction.mcd 中定义一个梯形脉冲，其上升和下降时间为 1 μs，半幅度时宽度为 5 μs。

（a）信号的噪声带宽是什么？

画出如下匹配滤波器响应函数的图形：

（b）$\chi_0(t_d, 0)$；
（c）$\chi_0(0, f_d)$；
（d）$\chi_0(t_d, f_d)$的曲面图；
（e）$\chi_0(t_d, f_d)$的轮廓图。

5.2 宽带接收机对矩形脉冲的响应 对一宽度为 $\tau = 1$ μs 的矩形脉冲，矩形接收机通带 $B =$ 5 MHz，画出如下图形：

（a）$\chi_0(t_d, 0)$；
（b）$\chi_0(0, f_d)$；
（c）$\chi_0(t_d, f_d)$的曲面图；
（d）$\chi_0(t_d, f_d)$的轮廓图。

5.3 Barker 二进制波形的速度覆盖范围 S 波段监视雷达（$\lambda = 0.1$m），用一个十三元 Barker 二进制相位码波形将一个 52 μs 的脉冲压缩到 4 μs。接收机只有一个与零速目标相匹配的通道。在什么样的径向速度时，目标响应能从其匹配滤波器值下降 1 dB？

5.4 线性调频脉冲波形的距离－速度耦合 X 波段雷达（$\lambda = 0.03$ m）发射一个宽度为 $\tau = 50$ μs 的脉冲，带有频带为 $B = 1$ MHz 的上扫线性调频。回波信号用汉明加权滤波器进行处理。对接近速度为 0 到 2000 m/s 的目标，计算并画出下列图形：

（a）距离误差（测量的距离 – 真实距离）；

（b）相对于速度 $v_t = 0$ 的目标的响应，对加权滤波器，画出峰值信号电平损耗（dB）与 v_t 的关系；

（c）相对于 $v_t = 0$ 的匹配滤波器响应，对加权滤波器，画出损耗（dB）与 v_t 的关系；

（d）相对于 $v_t = 0$ 的响应，对匹配滤波器，画出损耗（dB）与 v_t 的关系。

5.5 **非线性调频脉冲波形的距离 – 速度耦合**　对于设计用来产生汉明加权输出响应的非线性调频脉冲波形，重复前面的习题，并画出下列图形：

（a）距离误差（测量距离减去真实距离）；

（b）相对于速度 $v_t = 0$ 的目标响应，画出峰值信号电平（dB）损耗。

5.6 **步进调频波形的距离 – 速度耦合**　用 $m = 7$ 步来与 1 MHz 带宽相匹配，对于步进线性调频脉冲波形，重复前面的习题，并画出下列图形：

（a）距离误差（测量距离减去真实距离）；

（b）相对于速度 $v_t = 0$ 的目标响应，画出峰值信号电平（dB）的损耗；

（c）相对于速度 $v_t = 0$ 的响应，对匹配滤波器，画出损耗（dB）与 v_t 的关系；

（d）验证此波形有单个、对角模糊脊的出现。

5.7 **Frank 码波形的速度灵敏度**　X 波段雷达（$\lambda = 0.03$ m）发射一个 Frank 编码的 50 μs 脉冲。回答下列问题：

（a）能够提供最接近 1 MHz 总带宽的相位值的数 M 是多少？

（b）使用此种类型编码，最接近 1 MHz 的带宽是多少？

（c）所需子脉冲宽度是多少？

（d）匹配滤波器的主瓣响应是否显示出任何距离 – 多普勒耦合？

（e）在 –3 dB 延迟和多普勒电平时，匹配滤波器输出端所产生脉冲的宽度是多少？

（f）输出下降 3 dB，所对应的目标速度是多少？

（g）导致响应在主瓣响应 3 dB 内的其他速度是多少？

5.8 **最佳 MTI 滤波器**　确定 X 波段雷达（PRF 为 2000 Hz）的最佳 MTI 滤波器响应，其海杂波如附录 3A 中习题 3.6 所述，当杂波 – 噪声比为 15 dB 时，

（a）画出速度范围 ±70 m/s 内杂波加上噪声的频谱图；

（b）画出此范围上最佳 MTI 滤波器响应；

（c）相对于全滤波器响应来说，目标速度有多大部分落在 –6 dB 响应电平以下？

5.9 **具有 PRF 分集的监视雷达 MTI**　近程 X 波段监视雷达（$\lambda = 0.03$ m），其 PRF 为 3000 Hz，波束宽度为 1.5°，旋转速度为 30 r/min。山地地形所产生的地杂波从雷达附近一直伸展到 150 km，从而无法采用参差 PRF。

（a）画出单延迟对消器（对平均增益归一化，速度范围为 –30 m/s 到 30 m/s）的响应和速度关系曲线；

（b）计算速度的“模糊”分数区域（距平均值响应低于 –6 dB）；

（c）假定目标必须在50 km的距离量程（最大PRF为3000 Hz）上不模糊地显示出来，在20 m/s到300 m/s的速度范围内，找出其他能够对目标进行分集覆盖的PRF，且不会同时出现模糊区域；
（d）有多少个填充脉冲必须与每个PRF相连？
（e）为了提供20 m/s到300 m/s的速度覆盖范围，每个驻留周期最少需要多少个脉冲？
（f）假设在每个PRF中脉冲数相同，那么可用多少个脉冲？
（g）为了对每个脉组进行积累，可有多少个输出脉冲？
（h）假设杂波和雷达都稳定，每个PRF上的改善因子（dB）是多少？

5.10 双延迟MTI的PRF分集要求 对双延迟对消器响应重复习题5.9。

5.11 参差PRF的MTI L波段远程监视雷达（$\lambda = 0.23$ m），要求非模糊地显示出一直到400 km远的目标，并使用带脉间参差的双延迟MTI系统。假设参差比采用图5.36中使用的由Shrader推荐的值。

（a）画出MTI响应（dB）与速度（m/s）的函数关系，从零到第一个合成盲速度。
（b）如果主要的杂波来自长满树木的小山，内部速度扩散$\sigma_{vt} = 0.3$ m/s，由于内部运动，对改善因子的限制是多少（dB）？
（c）如果天线旋转速率为6 r/min，方位波束宽度为1.2°，由于扫描，对改善因子的限制是多少（dB）？
（d）由于参差对改善因子的限制是多少（dB）？
（e）假设没有其他大的不稳定因素，系统的MTI改善因子是多少（dB）？

5.12 MTI改善因子 习题5.11中的L波段雷达，其平均PRI为3.455 ms。它有一个以1°为中心，其仰角波束宽度为4°的天线。MTI是相干的，并对气象杂波使用一自适应槽，气象杂波假设扩展到最大高度3 km，表面风速为10 m/s，风切变为2 m/s/km，内部湍流为1 m/s。计算下列值：

（a）气象杂波扩展范围σ_v；
（b）双延迟对消器的改善因子（dB）；
（c）使用三延迟对消器时的改善因子。

5.13 动目标检波器槽口宽度 L波段雷达平均盲速为33.3 m/s，杂波扩散约$\sigma_v = 2$ m/s，对气象杂波，MTI改善因子被限制到约20 dB。每次扫描击中目标9次。如果使用MTD处理器，并想使用8点FFT获得30 dB的杂波衰减，则计算下列值：

（a）CA = 30 dB，所需的槽口宽度Δ_c（m/s）；
（b）当目标速度扩展到远远大于v_b的范围上时，响应小于–6 dB的目标的比例是多少？
（c）MTD处理器适用于此种雷达情况吗？

5.14 PRF分集MTD对盲速的要求 L波段雷达扫描速率为6 r/min，提供的观测时间t_o = 0.033 s。通过提高PRF，并在t_o时间内用两个脉组来填补达500 m/s的盲速度，提出了一种可以提供40 dB气象杂波衰减的模式。计算下列值：

（a）在可用观测时间内，满足 40 dB CA 要求的一对盲速、每个脉组的脉冲数以及槽口宽度 Δ_c；

（b）这些盲速的 PRF；

（c）两种 PRF 上，可以观测到目标的非模糊距离。

5.15 高 -PRF 雷达的杂波 - 噪声比　5.4.4 节中讨论的 X 波段陆基雷达具有如下参数：

圆天线 $h = w = 1$ m	天线高度 $h_r = 10$ m
峰值功率 P_t =10 kW	占空因子 $D_u = 0.1$
CPI t_f =1 m/s	噪声温度 T_s =1000 K
PRF = 100 kHz	杂波反射率 $\gamma = 0.1$

相对于热噪声性能，下降控制在 1 dB，假设由高斯波束方向图计算得到的所需的杂波衰减为 104 dB。

假设将峰值功率提高到 100 kW，天线波束向上倾斜半个波束宽度，然后计算下列值：

（a）波束轴仰角；

（b）热噪声性能下降 1 dB 时所需的 CA。

5.16 高 -PRF 雷达的振荡器选择　前面习题中的 X 波段高 -PRF 雷达，需要具有快速调谐能力，这要求将多个晶体的振荡器用做STALO。假设信号带宽为1 MHz，要求探测到50 km远、速度为 150 m/s 的靠近的目标，热噪声性能（要求 CA = CNR = 93 dB）有 3 dB 下降。计算下列值：

（a）根据图 5.54 采用振荡器型（a）或（b）可获得的杂波衰减；

（b）使用两种类型中较好的振荡器类型，以满足目标探测要求的相干积累时间 t_f。

附录 5B：提供的 Mathcad 工具

ResponseFunction.mcd：特定波形的匹配滤波器响应

该程序计算并画出特定复杂波形的响应函数（交叉模糊函数的平方根）和滤波器响应。生成沿几个主轴的图和三维图。对某些波形，通过使用程序 ResponseFunctionS.mcd 可以更快速获得结果，在此时波形在离散点上进行取样，响应函数通过对这些点的求和计算获得，而不是通过积分来获得。

ResponseFunctionS.mcd：特定波形的匹配滤波器响应

该程序计算并画出特定复杂波形的响应函数（交叉模糊函数的平方根）和滤波器响应。在此程序中，波形在时间上的离散点确定，以形成FFT 函数和三维绘图所需的矢量。频谱响应函数使用对这些点的求和来计算，而不是用ResponseFunction.mcd 中所使用的积分来获得。对某些波形，用这种方法，可以更快捷地生成沿主轴的图和三维图。

FilterResponse.mcd：不同滤波器对矩形脉冲的响应

此程序计算并画出具有恒定载频相位的不同滤波器（矩形、单极和高斯）对矩形脉冲作为带宽-脉宽乘积的函数的响应。对每种类型滤波器找出最佳滤波器带宽和响应（相对于匹配滤波器）。

PulseResolution.mcd：矩形脉冲的分辨力

此程序计算并画出对两个目标（使用矩形脉冲及一个优化矩形滤波器）的响应。此程序用来生成图 5.7 和图 5.8。

Barker.mcd：Barker 码的模糊函数

此程序计算并画出Barker相位编码波形的匹配滤波器响应函数（模糊函数的平方根）。波形首先定义为时间的连续函数，然后在时间的离散点上取样以形成FFT函数和三维绘图所需的矢量。频谱和模糊函数使用对这些点的求和来计算。可以生成沿主轴的图和三维图。此程序用来生成图 5.10。

Chirp.mcd：线性调频脉冲压缩的响应函数

此程序计算并画出具有特定宽度和带宽的线性调频脉冲（加权或未加权）的频率与时间、相位与时间、频谱和响应（交叉模糊函数的平方根）。如果加权函数为1，则获得的匹配滤波器响应为模糊函数的平方根。波形起先定义为时间的连续函数，然后在离散点上进行取样以形成 FFT 函数和三维绘图所需的矢量。频谱和响应函数使用对这些点的求和来计算，而不是用 ResponseFunction.mcd 中所使用的积分来获得。对线性调频脉冲波形，用这种方法，可以更快捷地生成沿主轴的图和三维图。此程序用来生成图 5.11、图 5.14 和图 5.15。

NonlinearFM.mcd：非线性调频波形及响应

此程序导出对应于特定加权函数平方根的非线性扫频，从而匹配滤波器系统产生与应用于均匀频谱的加权函数相对应的响应。画出了频率、相位与时间的关系，用一近似式拟合理想函数，并使用此近似式计算频谱。此程序用来生成图 5.16 到图 5.19。

StepChirp.mcd：步进线性调频波形及响应

此程序计算并画出步进线性波形的频谱，以及时间和频率轴上的匹配滤波器响应，并将这些函数与具有相同时宽和带宽的线性调频波形的函数进行比较。波形用对载波的调制和时间偏移（从任意的零时间参考）进行规定。此程序用来生成图 5.20、图 5.21 和图 5.22。

FrankCode.mcd：Frank 编码波形的响应

此程序生成具有 M 个相位值（步进为 $2\pi/M$ 弧度）且总共有 M^2 个子脉冲的 Frank 多相码。生成了相位与时间的关系图。绘出了通过匹配滤波器响应函数主轴的频谱图和剖面图。此程序用来生成图 5.24、图 5.25 和图 5.26。

OptimumMTI.mcd：最佳 MTI 速度响应

此程序计算并画出信号、噪声和杂波的复合频谱，以及最佳 MTI 对消器对其输入的速度响应。假设信号和杂波的频谱宽度相同，正如天线扫描是扩散的主要因素的情形一样。此程序用来生成图 5.32。

Canceler.mcd：MTI对消器的速度响应

作为归一化于盲速的速度的函数，计算出m延迟对消器的响应。电压用相对单个输入脉冲的电压来表示，并计算出了整个速度谱上的rms响应。生成了相对于单个脉冲和对平均增益归一化的响应图。此程序用来生成图5.35。

MTIStagger.mcd：三脉冲参差的MTI的响应

使用Skolnik主编的《雷达手册》一书中的四周期参差序列，计算出了双延迟对消器的速度响应。此程序用来生成图5.36。

MTIImprovement.mcd：MTI改善因子

计算出了工作在特定杂波环境下具有单、双和三延迟对消器的MTI雷达的改善因子。假设工作时，在PRF固定的情况下，具有线性接收机响应。假设用雷达的不稳定性来表示随机噪声，它加到由杂波频谱扩展引起的剩余上。

NotchWidth.mcd：获得杂波衰减的槽口宽度

此程序用来计算在脉冲多普勒滤波器组中（作为工作在给定数量输入脉冲上的加权FFT来实现）获得给定杂波衰减所需的多普勒槽口宽度。所有的计算对杂波扩展σ_v的均方根归一。

MTDResponse.mcd：双分集MTD的响应

给定最大目标速度、杂波槽口宽度和相干处理的脉冲数，此程序计算所要求的平均盲速、每个PRF的盲速、每个PRF上滤波器组的响应包络以及分集系统（设计用来避免从第一个盲速到最大目标速度的槽口的重叠）的平均响应。

PRFDiversity.mcd：延迟－多普勒空间的PRF分集覆盖

此程序计算三个特定PRF的掩蔽距离和速度盲区，并生成距离上和速度上在所有三个PRF或两个PRF上都是盲的区域的二维轮廓图。如果PRF的选择可以给出独立的盲区的话，则除所期望的清晰部分外，利用文中式（5.42）可以计算出每个PRF上距离－速度空间的清晰分数部分。通过对距离－多普勒空间上实际清晰单元数求和，可以更精确地找到清晰分数部分。通过指定的占空比和每个PRI中的掩蔽单元数（允许近程杂波不被多普勒处理器抑制掉），可以计算出掩蔽的距离。对需要抑制杂波的速度槽口用m/s表示。此程序用来生成图5.51和图5.52。

PDClutter.mcd：脉冲多普勒雷达杂波输入

此程序用来计算一脉冲多普勒雷达（工作在平坦地面上指定高度上）的杂波输入功率。假设在球形地面水平线之外不存在杂波。通过天线尺寸，导出了杂波功率的简单表达式式（5.46）、式（5.47）和式（5.48），并通过波束宽度常数、波束形状损耗和孔径效率来计算这些方程中的常数值。

PhaseNoise.mcd：振荡器相位噪声影响

此程序用来生成下列类型的X波段振荡器的相位噪声频谱：

（1）5 MHz晶体振荡器倍乘1600倍，可提供8 GHz的输出；

（2）120 MHz晶体振荡器倍乘72倍，可提供8.64 GHz的输出；

（3）X波段腔体稳定速调管振荡器。

考虑到发射和接收时振荡器噪声间的相关性，分析了相位噪声对脉冲多普勒雷达的影响。根据用户指定的雷达参数，生成杂波衰减与目标多普勒频率的关系图。此程序用来生成图5.55到图5.58。

PDRadarLosses.mcd：脉冲多普勒掩蔽损耗

作为探测概率的函数，对于情况1的波动目标，此程序可计算由于掩蔽或盲速区域而产生的损耗。此程序用来生成图5.60。

附录5C：习题的解

文件夹Appendix5A中包括了16个单独的程序，用于解答附录5A中的习题。获取方法详见封底。

第6章 雷达传播

已有几本优秀的著作[1~4]介绍了波传播的一般理论及其在雷达和通信系统中的应用,其后尚未有新作增加进一步理解传播现象的内容。本章将概要地介绍可直接应用于雷达系统的设计、分析及建模的内容，并给出能帮助雷达工程师解决最普通类型问题的研究成果。

本章将从以下 4 个方面来讨论传播条件对雷达性能的影响。

（1）**大气衰减**：由于传播媒质（如空气、云层和降水）的吸收作用而造成的雷达能量的损耗。同时也讨论了对噪声温度的影响。

（2）**表面反射**：修正自由空间场以考虑来自直通路径下方的表面的波反射。这些反射造成目标探测时的多路径波束效应，以及跟踪与测量时的多路径误差。

（3）**绕射**：修正自由空间场，以考虑波与直通路径下方或堵塞该路径的表面和障碍物之间的互作用。绕射对检测与测量均有影响。

（4）**折射**：由于传播媒质的折射指数变化而造成的射线弯曲。对对流层折射和电离层折射均进行了研究。雷达探测范围和测量精度都受折射的影响。

本章给出了各领域内的基本理论表达式,以及可应用于常用雷达频率和雷达–目标路径的列表及图形结果。

6.1 大气衰减

6.1.1 晴朗的大气

雷达波在晴朗大气中的衰减,在最低的雷达频率上是可以忽略的,但在微波波段将变得明显，而在毫米波波段将会严重限制雷达的工作。

在海平面内雷达双向传播的大气衰减系数$k_{\alpha0}$（单位为dB/km）作为频率的函数如图6.1所示。绘制的曲线分别表示氧气、水汽以及这两种因素综合的影响。雷达波段以垂直虚线表示。在1 GHz以下，衰减值低得足以使波束在零仰角以低于3 dB的双向衰减值穿透整个地球大气。在5.5 GHz（C波段），这一数值慢慢升至5 dB。当考虑在X及其以上波段工作时，晴朗大气的衰减必须被看做是雷达分析中的一个主要问题，而当在K_a波段以上较低大气层工作时，探测距离将受到严重限制。

在微波及毫米波区域上部的工作频段主要由大气中存在的所谓“大气窗”(可定义为衰减系数的最小值）确定。如图6.1所示，这些大气窗是不透明的。表6.1给出了标准条件下海平面衰减系数，同时给出了在雨量为3 mm/h时和两种条件并存时的衰减系数，以及遭受6 dB衰减的距离（这是一个建议在更低的频率段工作的损耗）。预计大多数雷达都能在雨量达3 mm/h的情况下有效地工作。

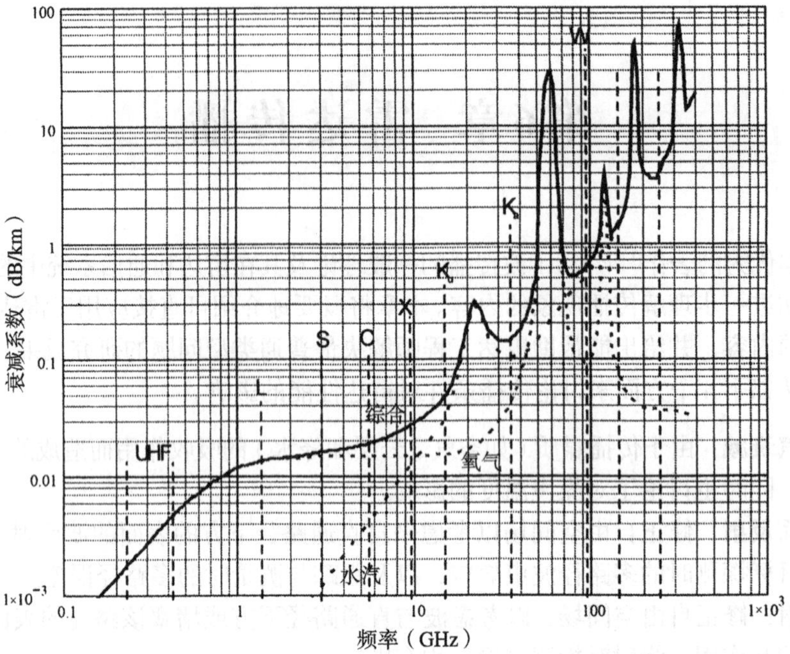

图 6.1 在海平面内晴朗大气（水汽密度为 7.5 g/m³）条件下双向衰减系数 $k_{\alpha0}$ 与频率的关系曲线（数据是根据[4, 22.80 页,图 22.64]给出的曲线重新绘制的）

表 6.1 在海平面及 3 mm/h 雨量条件下空气的衰减系数

雷达波段	中心频率（GHz）	衰减系数（dB/km） 空气，$k_{\alpha0}$	雨，$k_{\alpha r}$	总，k_α	6 dB 衰减时的距离（km）
L	1.3	0.013	0.0004	0.013	
S	3	0.016	0.0039	0.020	
C	5.5	0.019	0.021	0.04	150
X	10	0.028	0.094	0.122	49
K_u	15	0.048	0.23	0.278	22
K	22	0.32	0.52	0.84	7.1
K_a	35	0.14	1.32	1.46	4.1
V	60	30	3.0	33	0.18
W	95	0.62	4.5	5.1	1.2
	140	1.4	5.3	6.7	0.90
	240	3.5	5.5	9.0	0.67

对离开雷达时仰角为 θ_0，延伸距离为 R，高度为 h_t 的路径，其衰减值可通过沿射线跟踪路径的与高度相关的衰减系数的积分求得[5，209 页]：

$$
\begin{aligned}
L_\alpha &= \int_0^R k_\alpha(h)\mathrm{d}R = k_{\alpha0}\int_{h_0}^{h_t}\frac{\exp(-h/h_a)\mathrm{d}h}{\sqrt{1-\left\{n(h_0)\cos\theta_0/\left[n(h)\left(1+(h-h_0)/a\right)\right]\right\}^2}} \\
&\approx k_{\alpha0}\int_0^R \exp\left[-\frac{1}{h_a}\left(h_0+\sqrt{(ka)^2+r^2+2kar\sin\theta_t}-ka\right)\right]\mathrm{d}r
\end{aligned} \tag{6.1}
$$

式中，$k_{\alpha0}$ 为前面已给出的海平面衰减系数，n_0 为海平面折射指数，$h_a = 6.95$ km 为标准指数型折射率模型的标度大气高度，h_0 为海平面以上的雷达高度，$n(h)$为在高度 h 时的折射指数（见 6.4 节），所有距离单位均为 km，k_α 的单位为 dB/km。式（6.1）的近似式使用了地球的有效半径常数 k 和地球的半径 $a = 6378$ km。这是以地球有效半径模型所预测的路径上的高度变化为基础的，其精确性满足所有实际应用并且更易于计算。

衰减作为距离函数的曲线，对不同目标仰角和频率的衰减曲线见图6.2和图6.3。应该指出的是，图上所标的目标仰角是目标的真实仰角，比 6.4 节中所得的波束仰角在数值上小一些。这些损耗比那些画成随波束轴仰角函数的损耗值稍小。这些曲线的起始斜率代表的是海平面衰减系数，当距离较远时，曲线变平，这是由于波束离开高大气密度区域的结果。图 6.3 中给出了 6 dB 衰减电平以供参考。对于宇宙空间目标，贯穿整个大气层的大气损耗作为波束仰角的函数如图 6.4 所示。

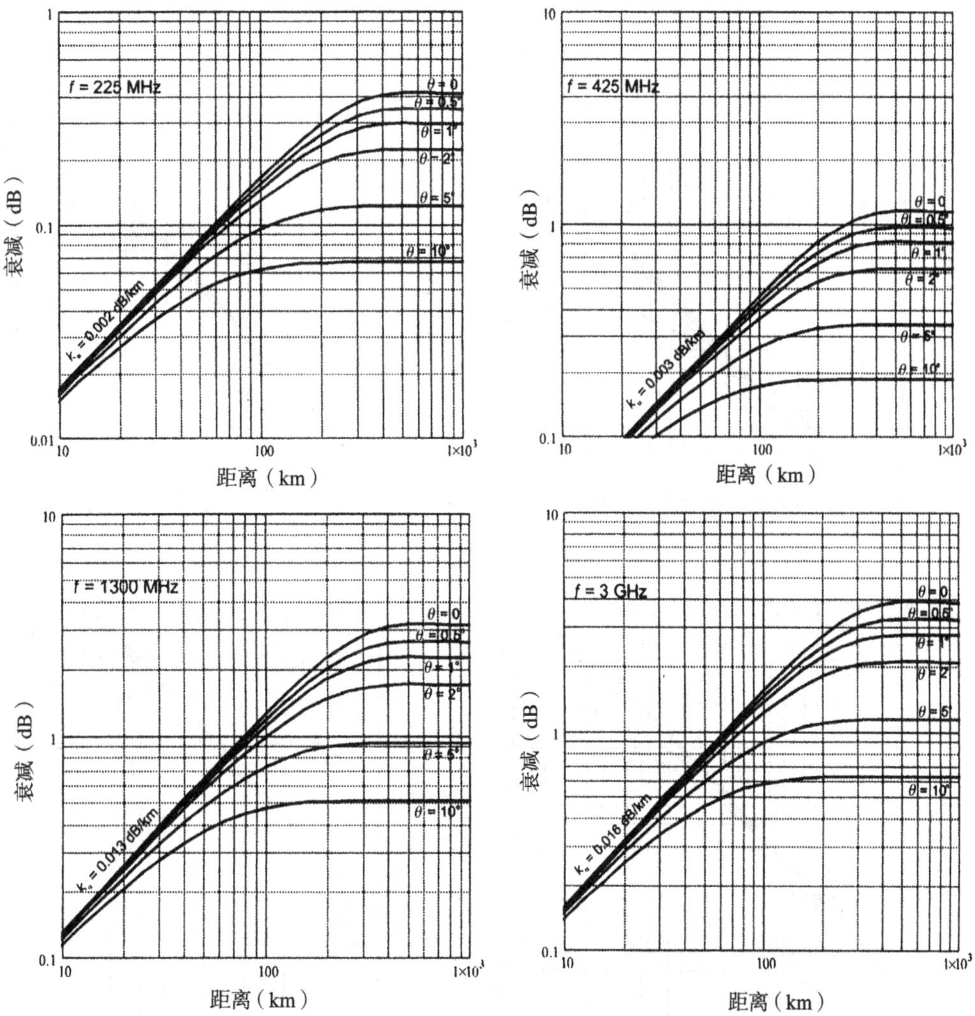

图 6.2　0.2 GHz ~ 3 GHz 频段不同波束仰角的双向大气衰减值与距离的关系曲线

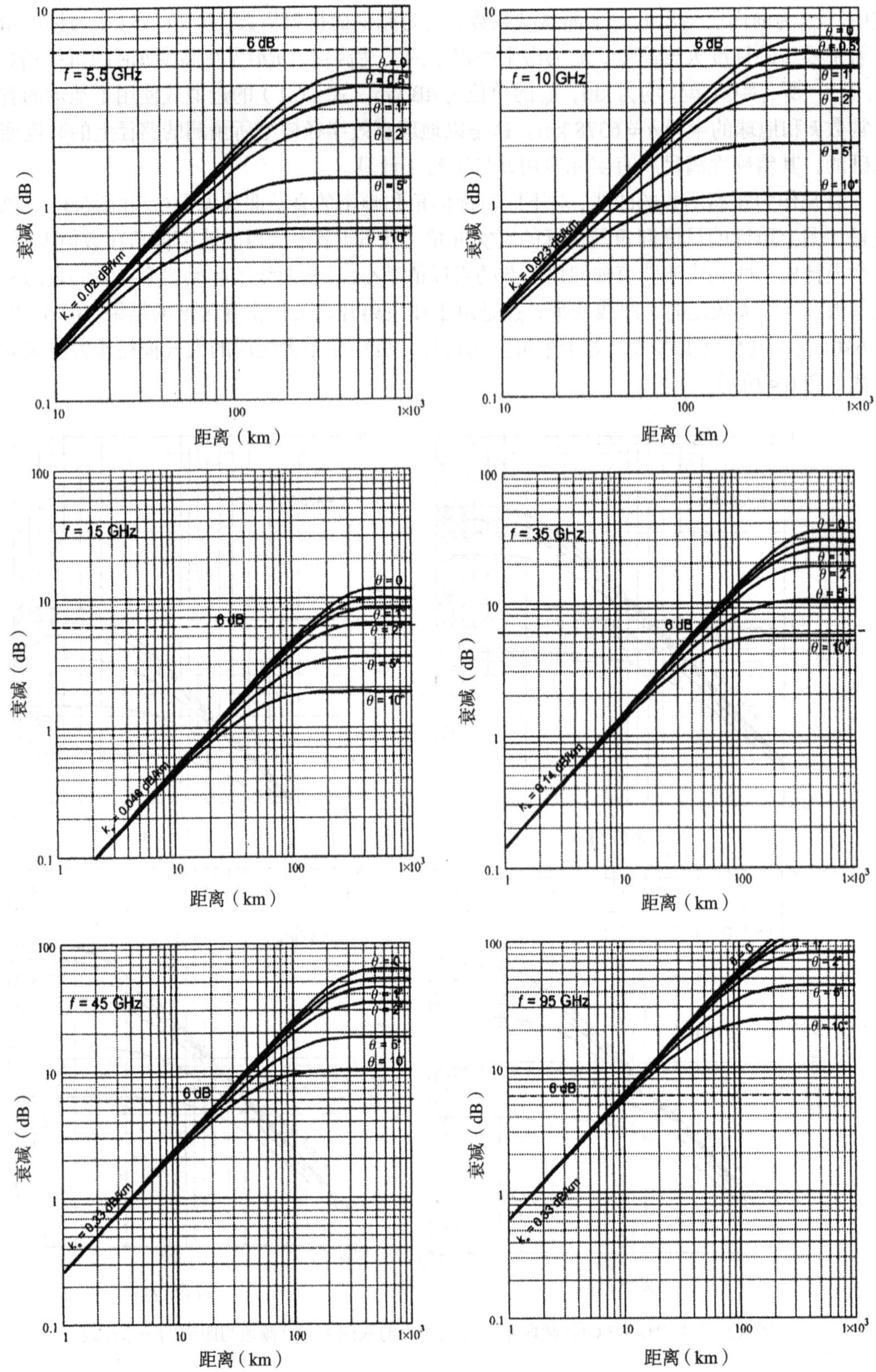

图 6.3　5.5 GHz ~ 95 GHz 频段不同波束仰角的双向大气衰减值与距离的关系曲线

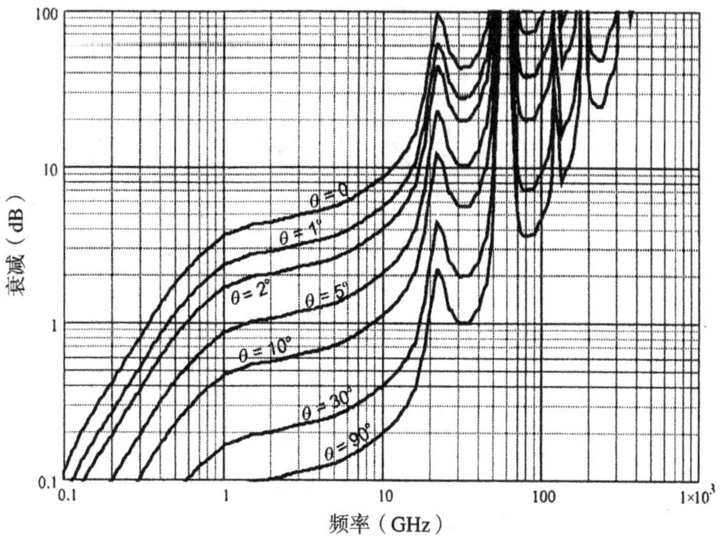

图 6.4　不同仰角的从海平面穿过整个大气层的雷达波束双向衰减值与频率的关系曲线

6.1.2　气象衰减

雨和湿雪会造成雷达波的明显衰减，而干雪、云和雾的影响则较小。降雨的衰减系数可表示为

$$k_{\alpha} = a_r r^{b_r} \tag{6.2}$$

式中，a_r和b_r是根据经验确定的频率的函数。图6.5所示的是，在不同雨量r（单位为mm/h）的情况下，雨的衰减系数随频率的变化关系。在L波段，只有最强降雨才与晴朗大气中的衰减系数相当，而这样的雨量在实际路径长度的大部分上并不延伸。在S波段，晴朗大气值与10 mm/h降雨（可称为中等降雨量）相当，是具有这一降雨强度区域的衰减的两倍。S波段以上的频率（但吸收谐振频率除外）受雨的影响比受晴朗大气的影响大得多。

天气效应的一个经验法则就是，在4 km高度范围内、3 mm/h雨量情况下，雷达性能不应受到严重削弱。在华盛顿特区发生这种情况的概率大约是1.2%，即每年约100小时。降水以液态水滴形式出现的最高高度随季节和纬度的不同而改变，从热带地区的将近5 km到北极地区的接近0。由图6.5可以看出，只有低于结冰点高度的路径长度才易发生雨致衰减，而在此高度以上，雪和冰粒所造成的衰减则低得多（图中以虚线表示）。仰角为θ时，从海平面到一给定高度h的最大路径长度可由下式得出：

$$R_{p\max} = ka\left(\sqrt{\sin^2\theta + 2h/ka} - \sin\theta\right) \tag{6.3}$$

对于0°仰角、$h = 4$ km的波束，这一距离为263 km。

当总衰减达到6 dB左右时，雷达分析变成主要受不能很精确预测的气象效应的控制，因而性能预测必定被认为是粗略的估计。表6.1给出了在$r = 3$ mm/h时低空路径上6 dB的衰减距离可以作为一个导引。

干雪的衰减比雨小得多，如图6.5中虚线所示。当波束穿过一个熔化层（在一个一般为几百米厚的窄层内衰减值显著增大）时，雪变成雷达波衰减的一个重要影响者[6, 305~308页]。

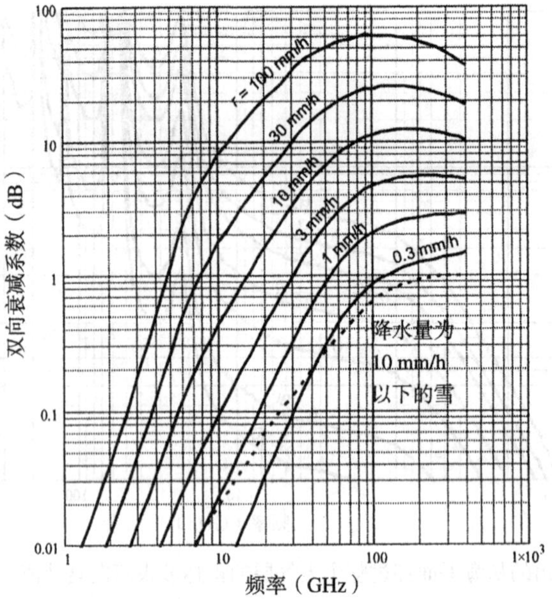

图 6.5 衰减系数与降雨率的关系曲线。用于计算这些曲线的系数 a 和 b 的值取自[8，228 页]，为减小曲线的不规则性已将曲线平滑

悬浮的小微粒，如云或雾，影响较小。Goldstein[7]建立了冷凝水小水滴的模型：

$$k_{\alpha} = 4.38\times10^{5}\frac{M}{\lambda^{2}} = 4.87\times10^{-4} Mf_{\text{GHz}}^{2} \tag{6.4}$$

式中，M 为冷凝水密度，单位为 g/m³；这里的常数是 λ，单位为 m。Goldstein 还给出了 M 与"光学可见度" d 的关系，为

$$M = 303.6d^{-1.43} \tag{6.5}$$

这里的常数为 d，单位是 m。更近一些资料[8，230 页]导出了毫米波衰减系数表达式为

$$k_{\alpha} = M\left(-2.694 + 22.304f^{-1} + 0.12f - 0.044T\right),\ f > 30\ \text{GHz} \tag{6.6}$$

式中，f 的单位为 GHz，T 表示温度，单位为 ℃。这些关系如图 6.6 所示。

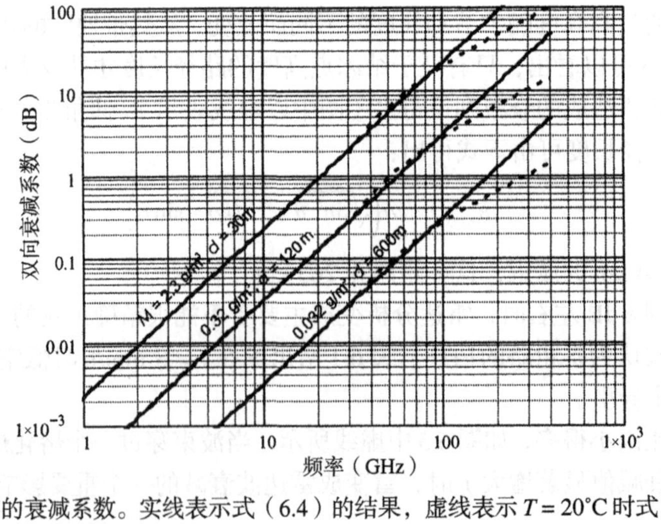

图 6.6 云层和雾的衰减系数。实线表示式（6.4）的结果，虚线表示 T = 20℃ 时式（6.6）的结果

对于密度 $M = 0.32\ g/m^3$（可见度 120 m）的冷凝水，其在微波频段的衰减系数稍低于 3 mm/h 雨量下的衰减系数。然而，云层衰减在毫米波频段持续增大，并且在大约 150 GHz 以上时，0.32 g/m³ 条件下的衰减要大于 3 mm/h 雨量下的衰减。

雨和云层的衰减系数均与温度有关，但在正常距离内温度所引起的变化小于在大气环境中所固有的不确定性，并且采用在 0°C 时计算所得的衰减值是通常的做法。

6.1.3　穿过潮湿天线罩的衰减

考虑雨效应时，也应包括射线在穿过天线罩上的一层水薄膜时的衰减。表 6.2 给出了不同水膜厚度下在两个频率上测得的衰减值。天线罩通常以不易被水沾湿的表面作为覆层，以防止形成连续的水薄膜，但是由于材料的老化、暴露在大气污染物中，以及受沙石、雨水的侵蚀（特别是在机载天线罩上），从而将水分转化为液滴的能力将降低，于是天线罩在下雨时会出现由于凝结而成的一层薄膜。如果水流成条地流过天线罩表面，或雷达罩表面形状是不对称的，则垂直和水平极化时的衰减是不等的，这阻止了传输纯圆极化以对消雨杂波。表中还给出了在反射器表面水薄膜的数据。由于在反射器表面电场降为零，因此，几乎没有与水分子的耦合，于是相对于具有同样薄膜厚度的天线罩，其损耗也小。实际上，大多数雷达的信号都必须通过一个电介质窗或露天的天线罩，并在其表面会形成一层水薄膜。

表 6.2　水薄膜的损耗

薄膜厚度（mm）	天线罩损耗（dB）		反射器损耗（dB）	
	f = 3.675 GHz	f = 16 GHz	f = 3.65 GHz	f = 16 GHz
0.05	—	3.2*	—	—
0.13	1.1	5.3	≤ 0.01	0.03
0.25	1.1	5.3	≤ 0.01	0.2
0.38	4.2	10.9	≤ 0.01	0.9
0.5	5.6	12.3	≤ 0.01	2.7

注：理论数据取自参考文献[9]。* 指参考文献[10]提供的实验数据。

6.1.4　电离层衰减

电离层中的衰减对工作于 HF 和 VHF 频段的雷达是一个问题，但对在 100 MHz 以上的频率，衰减值很少超过 1 dB。比衰减更严重的问题是，信号穿透电离层时的极化旋转（法拉第旋转）效应，其讨论见 6.4 节。

6.1.5　箔条的衰减

有时假定除后向散射效应之外（或取代后向散射效应），箔条能造成衰减。然而，产生明显衰减所要求的箔条密度非常高。例如，一个高密度箔条走廊可用具有 $\eta_v = 10^{-6}\ m^2/m^3$ 的体反射率来表征。这意味着进入 1.0 m³ 的箔条，其功率的 10^{-6} 被散射，而剩余的功率以相干波通过。对理想吸收偶极子箔条，这一小部分功率转换为热能，而不是后向散射。在一个布满这种箔条的 10 km 路径上，有 1% 的输入功率被吸收，得到一个 0.09 dB 或 0.009 dB/km 的双向损耗。尽管小的区域可被极高密度的箔条屏蔽，但还没有什么切实可行的方法来使一个大的箔条体所具有的衰减效应接近雨或雾中通常遇到的衰减。

6.1.6 预测衰减时探测距离的Blake方法

在Blake图（见图1.6）中，首先计算了自由空间距离R_0，然后用传播因子F调整，得出：

$$R' = R_0 F \tag{6.7}$$

对于低空目标，其衰减系数沿路径基本上是不变的。可由下式计算距离R'的大气衰减（单位：dB）：

$$L_{\alpha 1} = R' k_\alpha \tag{6.8}$$

式中，k_α为在雷达高度上大气的衰减系数，单位为dB/km。衰减时雷达距离的一次估计为

$$R_1 = R' \times 10^{-L_{\alpha 1}/40} \tag{6.9}$$

利用R_1可得第二次估计$L_{\alpha 2}$，并求出$\Delta L_\alpha = L_{\alpha 1} - L_{\alpha 2}$，从而得到二次距离估计为

$$R_2 = R_1 \times 10^{\Delta L_\alpha/40} \tag{6.10}$$

利用这一方法，经过n次迭代后，在衰减的估计中剩下的误差如图6.7所示，这个误差是在R'距离处的初始衰减$L_{\alpha 1}$的函数。0.5 dB的衰减误差将导致3%的探测距离误差，并且可以看出，这一精度在$L_{\alpha 1} < 3.2$ dB时在无迭代情况下即可获得，而在$L_{\alpha 1} < 7$ dB时经过一次迭代后可获得。如果距离R'的衰减系数k_α小于整个路径上的平均值，则这个方法的精确性就更高，这将减小每一步的衰减调整值ΔL_α。

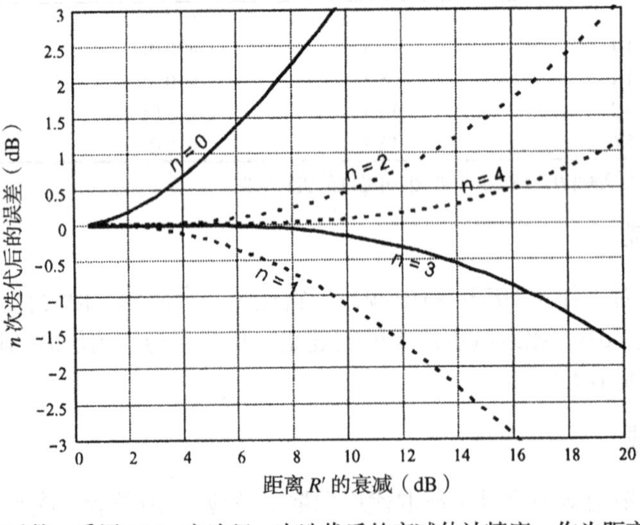

图6.7 对常衰减系数，采用Blake方法经n次迭代后的衰减估计精度，作为距离R'的衰减值的函数

6.1.7 大气噪声温度

雷达波与引起雷达波衰减的大气分子的耦合，由于互易关系，导致分子热能与雷达接收机的耦合。这种天空温度分量T_a'是计算系统输入温度［见式（1.13）］时的一项。晴朗大气条件下天空视在温度曲线在图1.5中给出。在有降水或云层的情况下，T_a'的增大为

$$\Delta T_a' - T_p\left(1-\frac{1}{\sqrt{L_{at}}}\right) \tag{6.11}$$

式中，$T_p \approx 290$ K，$\sqrt{L_{at}}$ 是有损耗介质的实际温度，是穿过整个大气层时的单向气象衰减，包括雨、云层和可能的潮湿天线罩表面。在 S 波段，$\theta = 0°$ 时 $T_a' = 110$ K（如图 1.5 所示），相应的 $L_{at} = 4.1$ dB，如图 6.4 所示。如果在 L_{at} 上加上 3 dB 的双向雨致衰减，则天空温度将增加 $\Delta T_a' = 52$ K 至 $T_a' = 162$ K。这对具有低噪声接收机的雷达的探测距离将产生显著影响。

6.1.8　大气透镜损耗

雷达在低仰角发出的波被折射向地球，所产生的路径通常可用4/3的有效地球半径乘以实际值来描述。随着仰角的减小而增加的折射使波束宽度变宽，并稀释了这一区域中的能量。这种透镜损耗首先是由 Weil[11]分析的。透镜损耗对于所有雷达波段都一样，并且是距离和仰角的函数，如图 6.8 所示。透镜损耗不是对天空温度有影响的耗散性损耗，而是场强的降低，正确地说可以看做是传播因子的一个分量。只有对远距离低空目标，透镜损耗才是明显的，且由于损耗随距离的变化缓慢，因此没必要应用 Blake 提出的用于大气衰减的迭代方法。

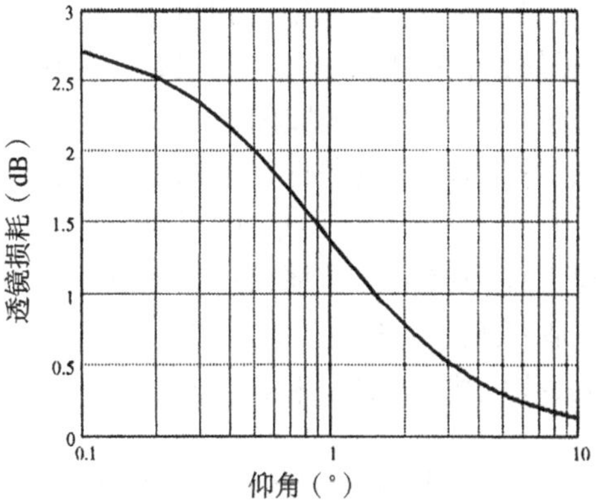

（a）在进入宇宙空间的路径上损耗与仰角的关系曲线

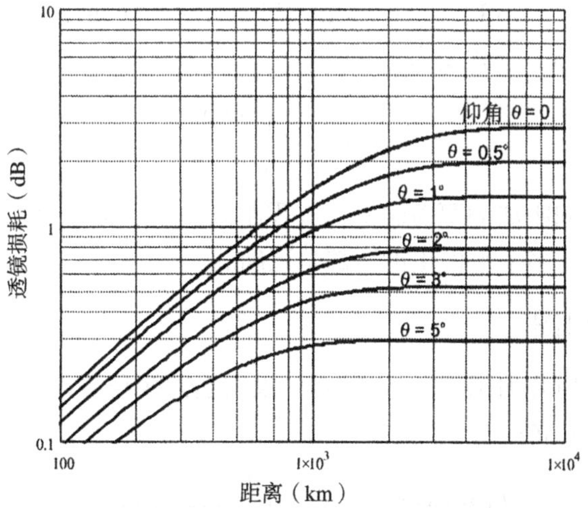

（b）仰角不同时损耗与距离的关系曲线

图 6.8　标准大气中的双向透镜损耗（来源：[11]）

6.2 表面反射效应

6.2.1 传播因子

方向图传播因子F的定义[1, 35页]是“当发射波束指向给定点时，规定条件下在给定点的电场幅度与在自由空间时的电场幅度之比”（但认为不包括媒质的衰减效应）。对于雷达，用F的4次方F^4描述双向功率比。来自表面的反射是影响传播条件的几个因素之一。本节将介绍反射现象以及地面和海面的反射特性。

由表面反射引起的干涉方向图传播因子为

$$F_i = \left| f(\theta_t) + f(-\psi)\rho D \exp(-j\alpha) \right| \tag{6.12}$$

这里$f(\theta)$为天线的电压方向图，相对于轴向增益；θ_t为目标仰角，ψ为掠射角，ρ为表面反射系数的量值，D为球形地面发散因子[1, 113页]，α为反射波的相角，由下式给出：

$$\alpha = \frac{2\pi\delta_0}{\lambda} + \phi \tag{6.13}$$

式中，δ_0为反射的额外路径长度，ϕ为反射系数的相角。

在计算中，包括发散因子使F_i在掠射路径上（这里F_i应向0值下降）增大并趋于1。不过，式（6.12）只适用于$\delta_0 > \lambda/6$的区域，这个区域称为干涉区。对于较小的路径差，如6.3节所述，绕射效应占优势。因此，导致$D < 1$的条件几乎总是与绕射区相符合，而在式（6.12）中包括D的作用仅仅是提醒分析者必须考虑弯曲地面几何条件。

为了不用一个特定天线方向图来描述传播效应，对在直达和反射路径上$f(\theta)$基本相等的情况，定义一个传播因子是方便的。于是，应用式（6.16）θ_t的近似式以及$h_t >> h_r$，将由式（6.18）得出的δ_0的近似式代入式（6.12）和式（6.13）中，写出F_i的结果，我们得到

$$F_i^2 = 1 + \rho^2 + 2\rho\cos\left(\frac{4\pi h_r \theta_t}{\lambda} + \phi\right) \tag{6.14}$$

这样，传播因子在$F_{i\max} = 1 + \rho$和$F_{i\min} = 1 - \rho$之间就有一个周期性的变化，仰角的周期间隔$\theta_n = \lambda/2h_r$。假设$\rho \approx 1, \phi = \pi$，上式变为

$$F_i = 2\left|\sin\left(\frac{\pi\theta_t}{\theta_n}\right)\right| \tag{6.15}$$

这给出了两倍于自由空间距离的覆盖波瓣，有零距离的零点将瓣分开。这里对反射系数的假设，正如下文指出，对许多水平极化雷达都是正确的。

6.2.2 表面反射几何图

平坦地面的表面反射几何图如图6.9所示。设雷达天线高度为h_r，目标斜距为R，目标高度为h_t，则下列关系式成立：

$$目标仰角\ \theta_t = \arcsin\left(\frac{h_t - h_r}{R}\right) \approx \frac{h_t - h_r}{R} \tag{6.16}$$

$$\text{掠射角}\ \psi = \arcsin\left(\frac{h_t + h_r}{R}\right) \approx \frac{h_t + h_r}{R} \tag{6.17}$$

$$\text{程差}\ \delta_0 = R\left(\frac{\cos\theta_t}{\cos\psi} - 1\right) \approx \frac{2h_r h_t}{R} \tag{6.18}$$

$$\text{到反射点距离}\ x_0 = \frac{h_r}{\tan\psi} = \frac{Rh_r}{h_r + h_t} \tag{6.19}$$

球形地面的关系式较复杂，但可利用等效地球半径模型方便地导出，并且具有足够的精确性。在这种方法中，穿过半径为a的真实地球大气层的无线电波的传播公式，可在假设射线路径是一条地球上半径为ka的直线的前提下推导出，其中对标准大气层低空和中空路径的半径因子为$k \approx 4/3$。

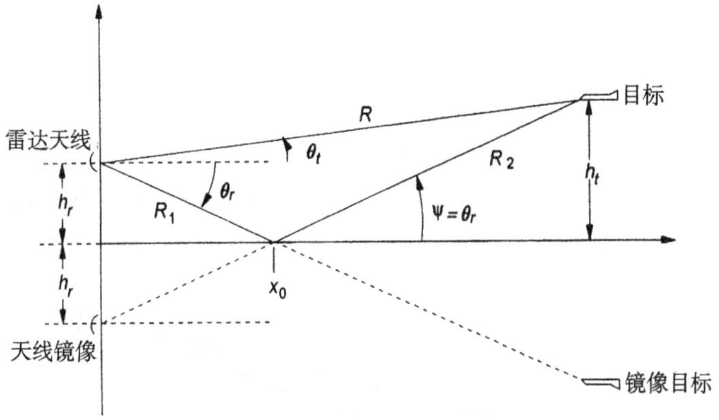

图6.9 平坦表面的镜面反射几何图

球形地球上雷达至目标路径的几何图如图6.10所示。给定雷达天线高度h_r、目标距离R和目标高度h_t，则地面距离为

$$G = ka\arccos\left[\frac{(ka+h_r)^2 + (ka+h_t)^2 - R^2}{2(ka+h_r)(ka+h_t)}\right] \approx ka\arcsin\frac{R}{ka} \tag{6.20}$$

式中的近似式是基于目标离地平面不是很高的假设得出的。

利用下列两个中间参数，通过求解一个三次方程式[1, 113页]可获得反射点的位置：

$$p = \sqrt{\frac{4ka(h_r + h_t) + G^2}{3}} \quad \text{和} \quad \phi = \arccos\left[\frac{2ka(h_t - h_r)G}{p^3}\right] \tag{6.21}$$

雷达到反射点的地面距离为

$$g_1 = \frac{G}{2} - p\cos\left[\frac{\phi + \pi}{3}\right] \tag{6.22}$$

对于在反射点与表面相切的平面，雷达与目标的高度为

$$h_r' = h_r - \frac{g_1^2}{2ka}$$

$$h_t' = h_r'\left(\frac{G}{g_1} - 1\right) \tag{6.23}$$

掠射角为

$$\psi_0 = \arctan\left(\frac{h'_r}{g_1}\right) \tag{6.24}$$

对于地面距离为 G 的一个目标，球形表面对与雷达站表面相切的平面的下倾角为

$$\delta_h = ka\left(\sqrt{1+\left(\frac{G}{ka}\right)^2}-1\right) \approx \frac{G^2}{2ka} \tag{6.25}$$

其近似式在 $G << a_e$ 时有效。相对于雷达处水平面测得的目标仰角为

$$\theta_t = \arcsin\left[\frac{h_t - h_r}{R} - \frac{R}{2ka}\right] \tag{6.26}$$

而反射线的超出路径长度为

$$\delta_0 = \frac{2h'_r h'_t}{G} \tag{6.27}$$

应用这些表达式可获得表6.3所示的结果，以和那些由平坦地面模型获得的关于20 km距离低空目标的结果进行比较。由于在仰角、掠射角，以及镜面反射的超出路径长度值上都存在明显差异，因而在这种和在许多通常会遇到的情况下需要使用球形地面模型。

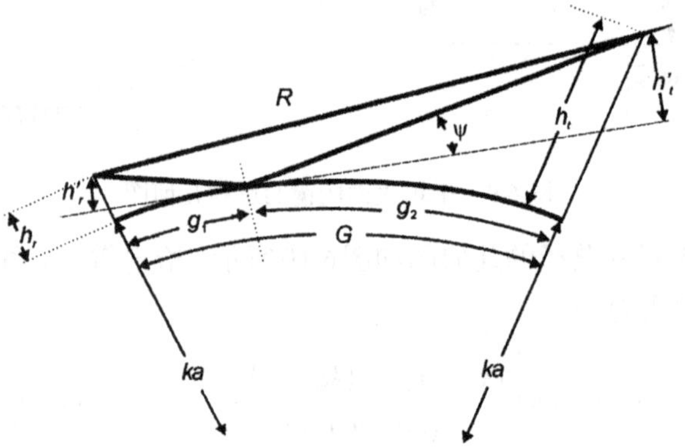

图 6.10 球形地面的镜面反射几何图

表 6.3 平坦地面和球形地面模型的比较

参量	符号	单位	平面地面	球形地面
距离	R	km	20	20
雷达高度	h_r, h'_r	m	20*	19.21**
目标高度	h_t, h'_t	m	100*	84.67**
目标仰角	θ_t	rad	0.0040	0.0028
掠射角	ψ_0	rad	0.0060	0.0052
反射点	x_0	m	3333	3699
超出路径长度	δ_0	m	0.2000	0.1627

* 在平坦地面以上，见图6.9。 ** 在反射点处的切平面以上，见图6.10。

6.2.3 反射系数

表面反射系数可写成3个因子的乘积：

$$\rho = \rho_0 \rho_s \rho_v \tag{6.28}$$

式中，ρ_0是表面物质的菲涅耳反射系数，ρ_s是粗糙表面的镜面散射系数，ρ_v是覆盖表面的植被的吸收系数。

水平极化的复反射系数为

$$\Gamma_h = \rho_0 \exp(-\mathrm{j}\phi) = \frac{\sin\psi - \sqrt{\varepsilon_c - \cos^2\psi}}{\sin\psi + \sqrt{\varepsilon_c - \cos^2\psi}} \tag{6.29}$$

式中，ε_c是复介电常数，$\varepsilon_c = \varepsilon_r - \mathrm{j}60\lambda\sigma_e$，其中$\varepsilon_r$是相对介电常数，$\sigma_e$是表面物质的传导率，单位为 S/m。表 6.4 中给出了ε_r和σ_e的典型值。对于垂直极化，反射系数为

$$\Gamma_v = \rho_0 \exp(-\mathrm{j}\phi) = \frac{\varepsilon_c \sin\psi - \sqrt{\varepsilon_c - \cos^2\psi}}{\varepsilon_c \sin\psi + \sqrt{\varepsilon_c - \cos^2\psi}} \tag{6.30}$$

图 6.11 所示为水平极化的ρ_0和ϕ值，图 6.12 绘出了垂直极化的ρ_0和ϕ值。

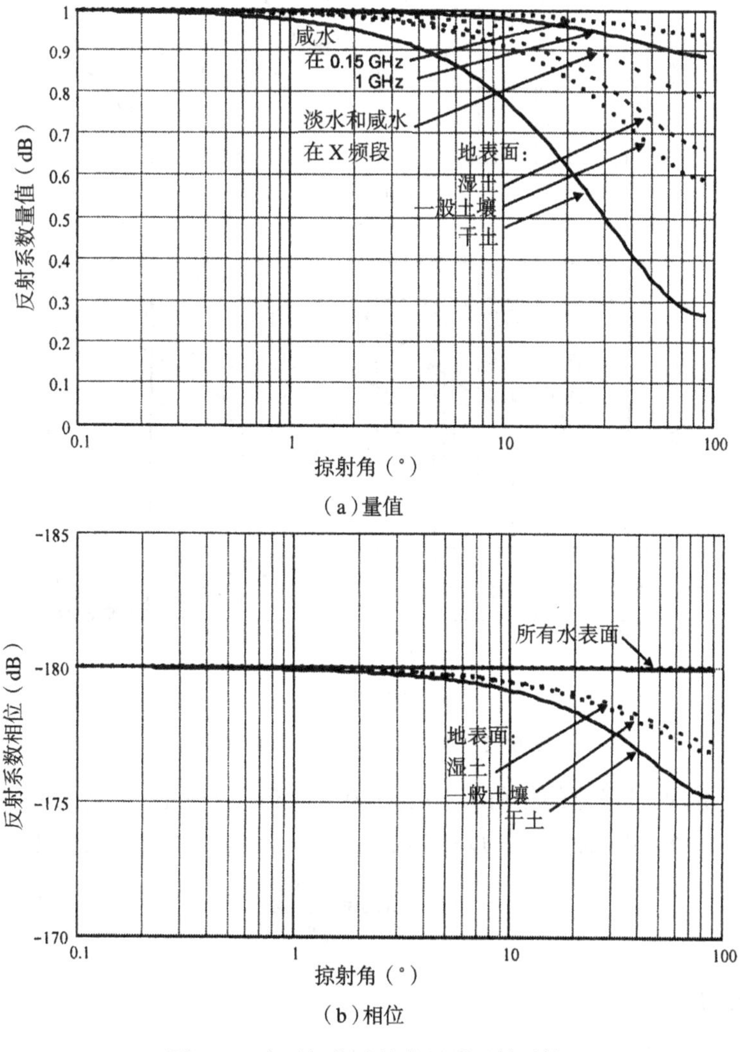

（a）量值

（b）相位

图 6.11　水平极化时的菲涅耳反射系数

表 6.4 典型表面的电特性

物质	ε_r	σ_e
优质土壤（湿）	25	0.02
一般土壤	15	0.005
劣质土壤（干）	3	0.001
雪、冰	3	0.001
淡水（λ = 1 m）	81	0.7
（λ = 0.03 m）	65	15
咸水（λ = 1 m）	75	5
（λ = 0.03 m）	60	15

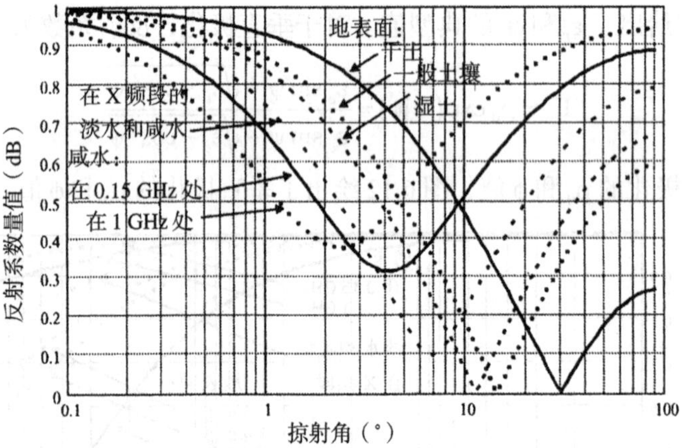

（a）量值

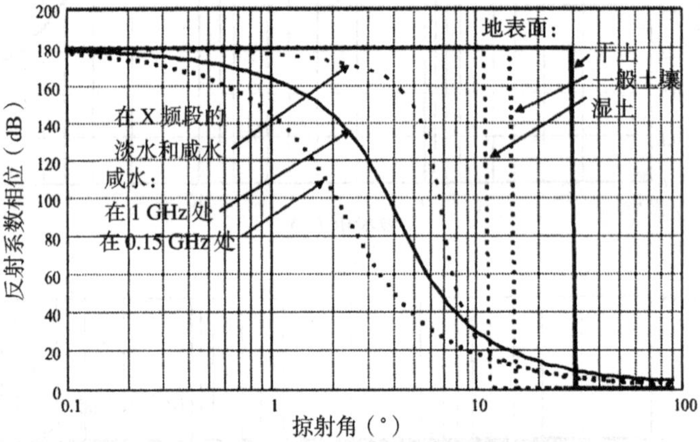

（b）相位

图 6.12 垂直极化的菲涅耳反射系数

对于低掠射角，两种极化的相角φ均接近180°。对于垂直极化，在接近布儒斯特（Brewster）角 ψ_b 时相位有一个突然的改变，在那个角度以上相位接近零，且 ψ_b 是介电常数的函数：

$$\psi_b = \arcsin\frac{1}{\sqrt{\varepsilon_r - 1}} \tag{6.31}$$

6.2.4 粗糙表面

对于粗糙表面，偏离光滑表面的均方根差为 σ_h，镜面散射系数为

$$\rho_s = \exp\left[-\frac{1}{2}\left(\frac{4\pi\sigma_h}{\lambda}\sin\psi\right)^2\right] \tag{6.32}$$

这个系数是掠射角（单位：mrad）的函数，绘于图6.13中。从反射波中去除反射射线的功率后剩下的反射功率表现为一个弥散分量，详细讨论见第8章。瑞利粗糙度准则通常表示为 $\sigma_h = \lambda/8\sin\psi_0$ 对应于 $\rho_s \approx 0.3$，使得在镜面反射分量中只留下大约1/10的入射波功率。

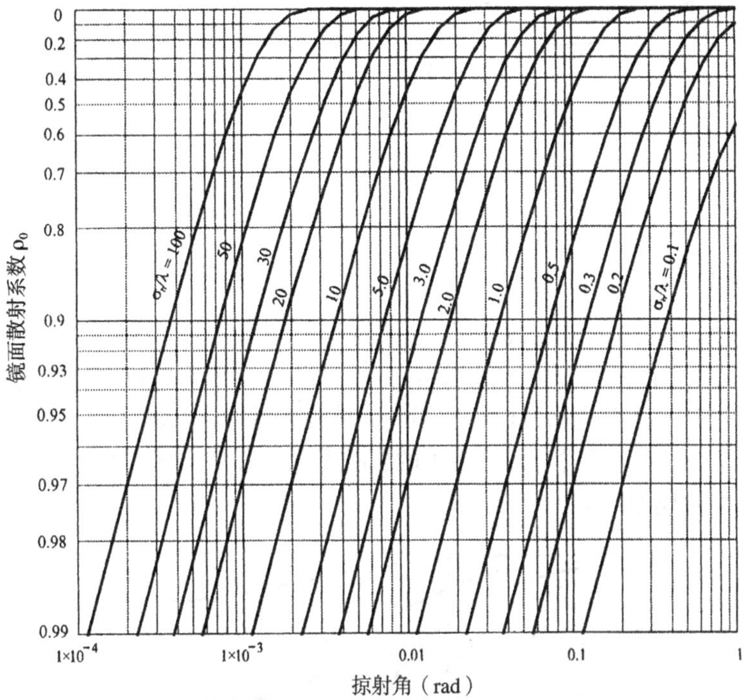

图6.13　归一化表面粗糙度不同时，镜面散射系数与掠射角的关系曲线

需估算均方根粗糙度σ_h的表面部分是反射点周围的第一菲涅耳区，菲涅耳区的第n个区的边界定义为具有比镜面反射路径长$n\lambda/2$的反射路径。第n区的中心点x_{0n}及半轴x_{1n}和y_{1n}[1, 414页]的表达式可表示为

$$x_{01} = \frac{G}{2}\frac{q_n + h_1^2 + h_2^2}{q_n}, \quad 其中\ q_n = n\lambda G + \left(h_1 + h_2\right)^2 \tag{6.33}$$

$$x_{1n} = x_{0n} + \frac{G^2}{2}\frac{p_n}{q_n}, \quad 其中\ p_n = n\lambda\sqrt{1 + 2\delta/n\lambda} \tag{6.34}$$

$$y_{11} = \frac{G}{2}\frac{p_n}{\sqrt{q_n}} \tag{6.35}$$

图6.14绘出了表6.3中采用的雷达－目标几何图的头三个菲涅耳区。注意，直角坐标中的区域距离上比横向的拉长了许多，但在角度空间中从雷达的角度看它们表现为圆环状。第一菲涅耳区中的表面条件（粗糙度、物质、植被覆盖）控制着镜面反射的量值。

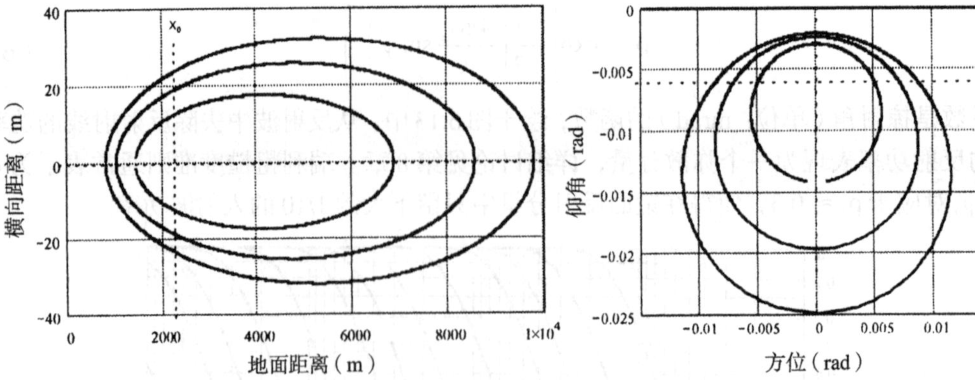

（a）在直角坐标中　（b）在角坐标中

图 6.14　典型低空目标情况下头三个菲涅耳区边界

6.2.5　植被因子

影响反射系数ρ的第3项是植被因子ρ_v。覆盖于表面的一层植被吸收了大量的雷达入射波功率，并将剩余的能量以不规则方式散射出去。几乎没有什么资料可用于确定ρ_v，但当植被层厚度大于一个波长，并且雷达和目标均看不到无植被区域时，发现其值一般介于0.03 ~ 0.3之间。除薄植被层以外，表面反射对传播因子的影响都大大降低。图6.15绘出了两个雷达波段中三种类型植被的经验模型结果。

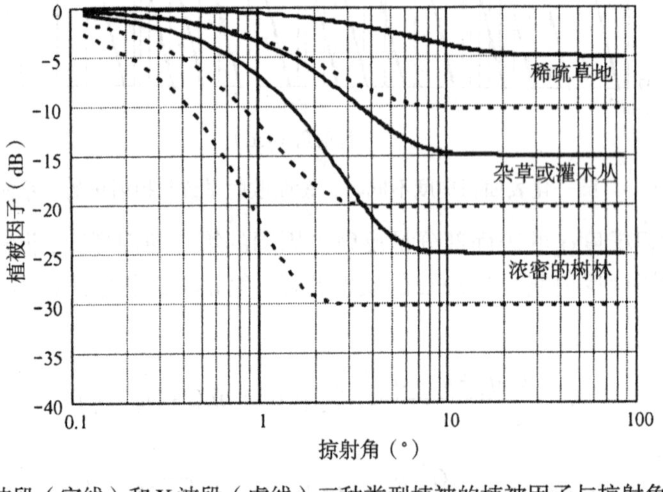

图 6.15　S 波段（实线）和 X 波段（虚线）三种类型植被的植被因子与掠射角的关系曲线

6.2.6　方向图传播因子对雷达探测范围的影响

雷达探测区图是在给定波束轴探测距离R_0和仰角电压方向图$f(\theta)$情况下通过标绘$R_0F(\theta_t-\theta_b)$［其中θ_b是波束轴仰角，$F_i(\theta)$由式（6.12）确定］而产生的。图6.16给出了一个示例。作为参考所绘制的自由空间方向图是$f(\theta_t-\theta_b)$。各个瓣的峰值紧随方向图$f(\theta_t-\theta_b)+\rho f(-\psi_t-\theta_b)$之和之后出现，而零点位置紧接着$f(\theta_t-\theta_b)-\rho f(-\psi_t-\theta_b)$出现。实际的各瓣是周期性的，仰角间隔$\theta_n=\lambda/2h_r$，且曲线在$\theta_n/6$和$5\theta_n/6$处与自由空间曲线相交，在这两处，直达和反射场矢量及它们的合矢量构成一个等边三角形。

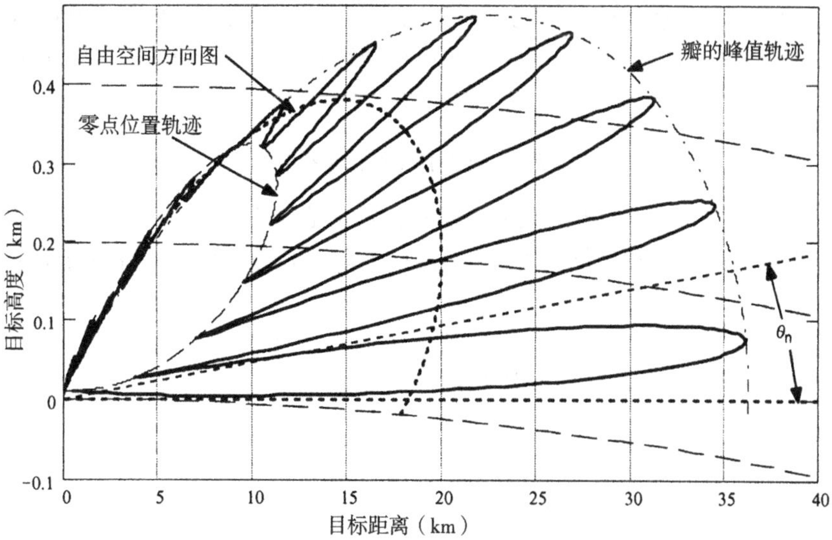

图 6.16　在波瓣分裂情况下的探测区图

6.3　绕射

6.3.1　光滑球面绕射

在弯曲的地球表面附近传播的雷达波与表面相互作用降低了场强，即使射线未从表面反射回来或被表面阻挡。从反射形成的波束分裂控制状态到绕射状态的过渡发生在反射路径的超出长度降到低于 λ/6 左右时（这与低于波束分裂的方向图第一个峰值的仰角相对应）。图 6.17 所示的例子是在不同频段一个工作于海面上的近程雷达在第一个波瓣之下的雷达探测区图。几何水平线是对有效地球半径 *ka* 画出的，这决定了当雷达频率增加到毫米波区域以上时探测范围的极限。

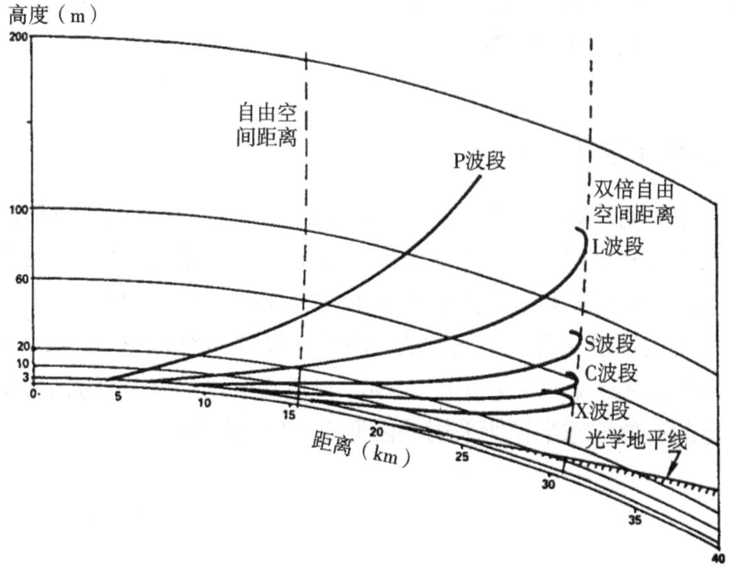

图 6.17　第一波瓣之下的雷达探测区域（$h_r = 20$ m, $R_0 = 15$ km）

对于光滑地面，计算绕射区传播因子所采用的各种方法见参考文献[1，95~130页]或[12]。Blake[5，271~274页]采用Kerr的图解法[1，122~129页]在小型计算机上进行计算。绕射因子可表示为三个项的乘积：

$$F_d = V(X)U(Z_1)U(Z_2) \tag{6.36}$$

式中，$V(X)$是归一化距离$X = R/L$的衰减因子；$U(Z)$是地球表面以上归一化高度$Z = h/H$的高度增益因子，是由雷达高度和目标高度计算出的；而随波长改变的归一化因子（所谓的距离与高度的自然单位）由下式给出：

$$\begin{aligned} L &= \left[\frac{(ka)^2}{\pi n_0}\lambda\right]^{1/3} = 2.844\times 10^4 \lambda^{1/3} \\ H &= \left[\frac{ka}{8\pi^2 n_0^2}\lambda^2\right]^{1/3} = 47.57\lambda^{2/3} \end{aligned} \tag{6.37}$$

式中，n_0是表面折射指数，长度单位为m。

一般是通过将三个项的分贝值相加来完成计算。标准大气的衰减因子是

$$V(X) = 2\sqrt{\pi X}\exp(-2.02X) \ \text{dB} \tag{6.38}$$

Blake求出了高度增益因子的一个经验近似式：

$$\begin{aligned} U_{\text{dB}} &= 20\lg Z, & Z \leqslant 0.6 \\ &= -4.3 + 51.04\left(\lg\frac{Z}{0.6}\right)^{1.4}, & 0.6 < Z < 1 \\ &= 199.85\left(Z^{0.47} - 0.9\right), & 1 \leqslant Z \end{aligned} \tag{6.39}$$

这种只使用第一种绕射模式的计算方法仅在$F_d < -6$ dB时是有效的。

Blake指出，尽管该方程式是推导用于水平极化的，但用于100 MHz（$\lambda = 3$ m）以上的垂直极化时几乎没有变化。在垂直极化情况下，表面波分量可增强较低频率时水面路径上的场强。

6.3.2 从绕射区到干涉区的过渡

用只考虑一种模式的计算方法得到的绕射因子F_d在路径离开表面以前都被认为是有效的。从那一点起直到在直达和反射射线之间的间隙产生$\delta_0 \approx \lambda/6$（第一个反射瓣$F_i$达到其自由空间值）的那一点，必须在绕射和反射因子之间插值。图6.18给出了一个结果示例，其中，在过渡区内使用了一个简单的插值函数。精确方法（涉及计算球形地面绕射的级数展开式中的许多项[12]）可避免两区域之间出现不均匀过渡，但是，单模式解法的误差可能小于由于大气折射指数分布偏离了确定的有效地球半径所采用的模型而产生的误差。

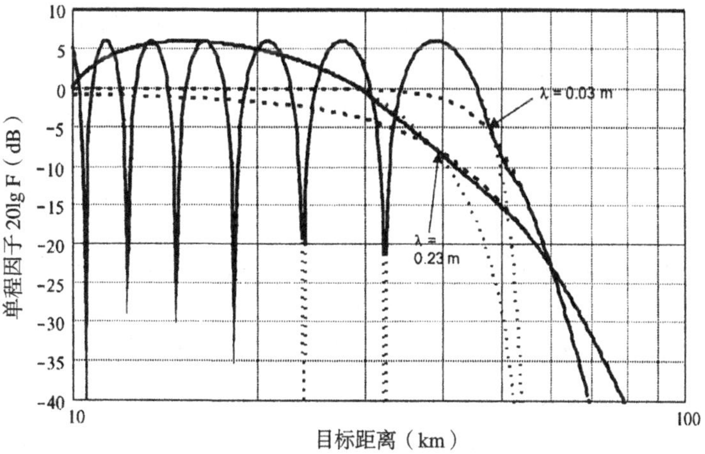

图 6.18 在干涉因子（点线）和绕射因子（虚线）之间插值的方向图传播因子（实线）示例

6.3.3 刀锋绕射

突出在地球表面上的障碍物产生另一种效应：刀锋绕射效应。物体不必有清晰的轮廓，因为对于不同雷达波长，在低掠射角，几乎任何表面特征都像刀锋一样绕射。树木、建筑，甚至低矮的山脊和隆起的暗礁都能在光滑球形表面以上的一个屏蔽角形成一条水平线。在该水平线处的传播因子 $F = 0.5$，因而双向传播时 $F^4 = -12$ dB。在屏蔽角以下，F 降至 0 的速度比在光滑球面情况下慢得多（见图 6.19），这使得某些雷达能够检测到阴影区中的目标。虽然这一性能对于较长的波长且障碍物在表面上高高突出时才最为显著，但即使在微波频段在通信系统中人们已应用了该性能（通过使用山脉或山脊的障碍物增益）。

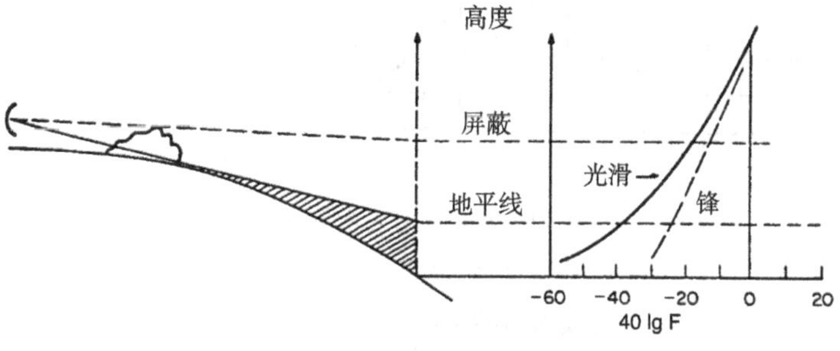

图 6.19 绕射效应的比较

刀锋绕射的传播因子依赖于从障碍物顶部到雷达与目标间直达路径的垂直距离 h（见图 6.20）。绕射参数 v 定义为

$$v = \sqrt{\frac{2h\theta}{\lambda}} = h\sqrt{\frac{2}{\lambda}\left(\frac{1}{d_1} + \frac{1}{d_2}\right)} \tag{6.40}$$

式中，正的 v 是指一条遮挡了的路径。刀锋绕射的传播因子用菲涅耳积分表示为

$$F(v) = \frac{1}{\sqrt{2}}\left|C(v) - 0.5 + i\left[S(v) - 0.5\right]\right| \tag{6.41}$$

式中，

$$C(v)=\int_0^v \cos\left(\pi t^2/2\right)\mathrm{d}t \quad 和 \quad S(v)=\int_0^v \sin\left(\pi t^2/2\right)\mathrm{d}t$$

对 F 的近似可写为

$$\begin{aligned} &20\lg F(v)=-(6+8v), \quad -1<v<1 \\ &20\lg F(v)=-\left[6.4+20\lg\left(\sqrt{v^2+1}+v\right)\right], \ v\geqslant 1 \end{aligned} \tag{6.42}$$

当这一因子大于没有障碍物时光滑球面绕射的对应值时，就会出现障碍物增益。重要的是要确定自由空间场中障碍物的顶部。例如，图6.21给出了一个独立障碍物的典型的绕射情形。在这种情况下，对于来自雷达和障碍物之间的地形的反射，由式（6.18）可得超出路径长度 δ_0 为0.6 m。刀锋绕射描述的应是 $\lambda<6\delta_0=3.6$ m时超出障碍物后的场。在波长更长或天线及障碍物高度更低时，障碍物顶部将不能完全受照，于是，由于来自居间地形的反射干涉或光滑球面绕射而使刀锋对 F 的影响降低。

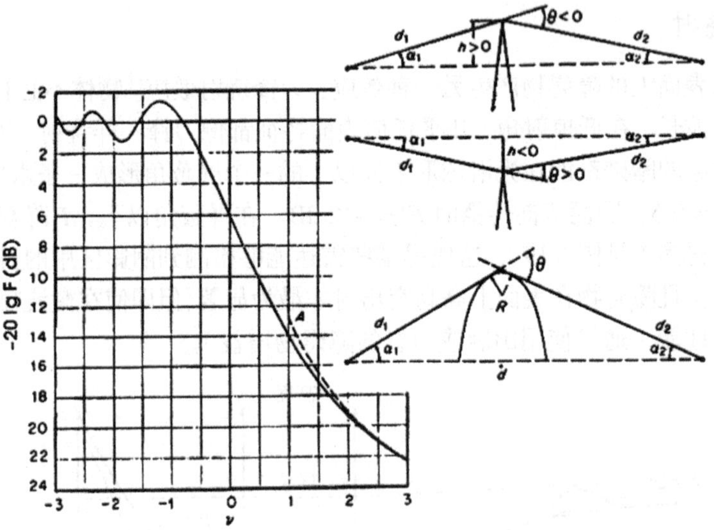

图6.20 刀锋绕射（来源：[13]）

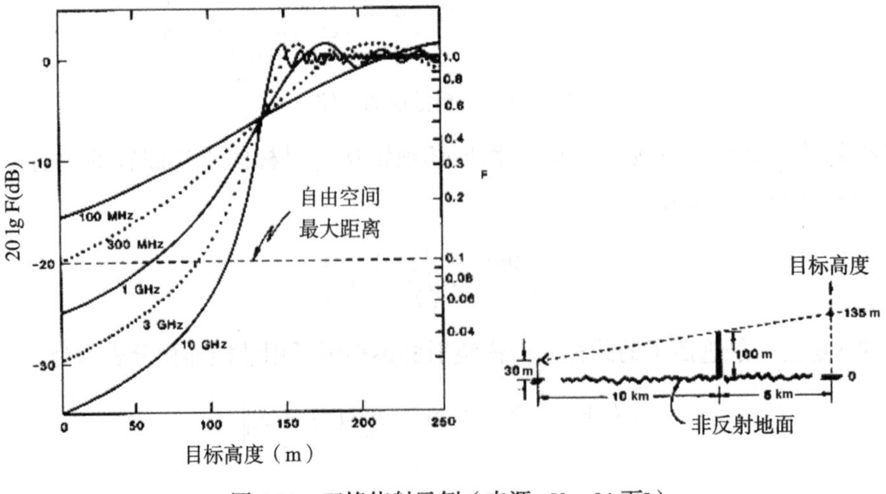

图6.21 刀锋绕射示例（来源：[3，31页]）

障碍物不必为了绕射而使其像“刀锋”一样尖锐。不同半径柱面上的绕射分析[14]确定，当障碍物的曲率半径满足以下准则时，绕射场基本上处于其刀锋值：

$$r < 0.0024\sqrt{R_2^3/\lambda} \tag{6.43}$$

式中，R_2是通向障碍物的两条路径中较短的一条，所有长度单位均是m。对于图6.21所示的例子，障碍物的曲率半径可大到4.9 km（X波段）或1.8 km（L波段），从而不会使在被障碍物屏蔽的目标处所产生的场明显减弱。

6.3.4　粗糙表面效应

许多海面和地面都具有球形地球外形，但同时也具有如波浪这样小规模的粗糙，以及在地面上相似的波状起伏。在障碍物的仰角上，这个出现在第一菲涅耳区的粗糙度一般足以使镜面反射散开，否则这些镜面反射将会引起波瓣分裂。随着仰角的降低，传播条件就成为光滑球面和刀锋绕射条件之间的条件。当与非标准折射或大气波导造成的不确定性结合时，其产生的影响就是不可能正确预测低仰角的雷达传播特性。光滑球面方法给出了一个悲观的结果，但另一方面，大气波导或一个刀锋构成的水平线的假设却给出了乐观的结果。

我们将考虑两种类型的刀锋障碍物：一种是雷达周围高斯粗糙表面的高点障碍物，如图6.22（a）所示；另一种是在球面地面以上很高处建立一条水平线的突出屏蔽障碍物，如图6.22（b）所示。在第一种情况下，假设雷达位于平均表面以上$2\sigma_h$的点，天线在该点之上h_r处。水平线由在水平距离$R_h = \sqrt{2kah_r}$的另一个$2\sigma_h$处的点建立。对所要求的表面粗糙度的计算，是以高要求保持中间点以上的菲涅耳区间隙（这些中间点在平均表面上$2\sigma_h$处）为依据的。这个要求就是

$$\sigma_h \geqslant 30\sqrt{\lambda\sqrt{h_r}} - 0.1h_r \tag{6.44}$$

该要求在图6.23中进行了归纳。当雷达天线高度为5 m ~ 10 m、水平距离为9 km ~ 13 km时，所要求的地形粗糙度在S波段约为15 m。由此，许多地形状况产生的F值比刀锋绕射的小，但比光滑球面的大。在海面上，光滑球面绕射情况总是可以预料的。

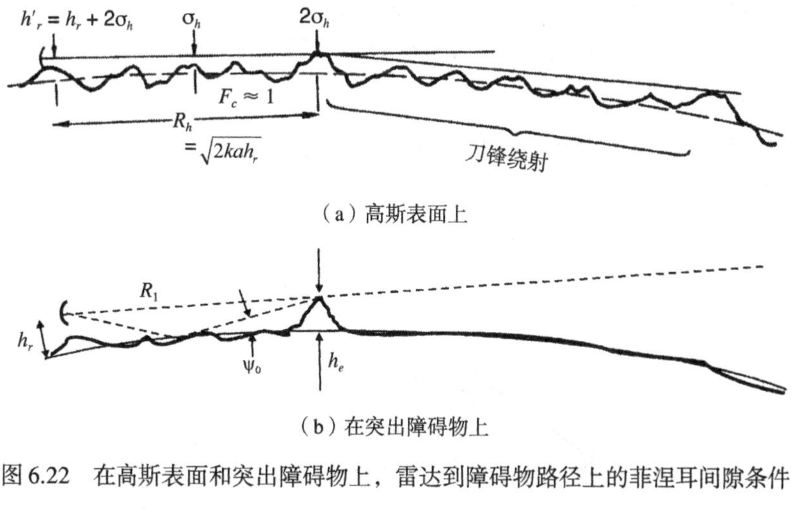

（a）高斯表面上

（b）在突出障碍物上

图6.22　在高斯表面和突出障碍物上，雷达到障碍物路径上的非涅耳间隙条件

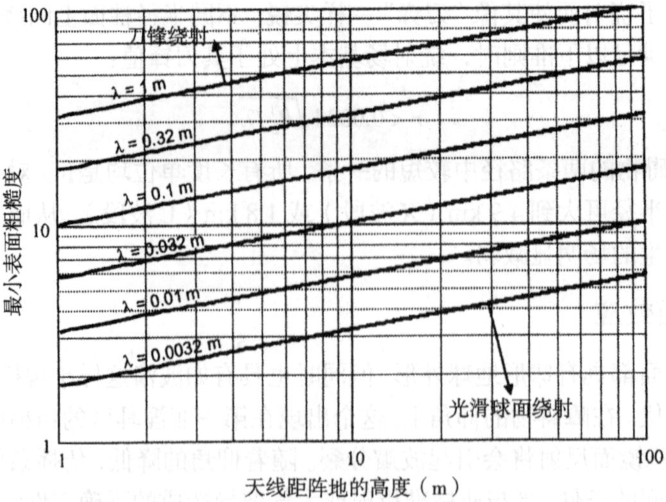

图 6.23 支持刀锋绕射的表面粗糙度准则

第二种刀锋类型是由一个突出障碍物（如一个突起于一般来说是平坦地形之上的山脊）构成的。在这种情况下，确保边缘完全受照所要求的粗糙度是由镜面散射系数决定的，对于在反射点掠射角为 ψ_0 的情况，粗糙度应小于 $1/e$，从而得

$$\sigma_h \geqslant \frac{\lambda}{\sqrt{8}\pi\sin\psi_0} = \frac{\lambda}{\sqrt{8}\pi\left(\dfrac{h_r+h_e}{R_1}-\dfrac{R_1}{2ka}\right)} \approx \frac{\lambda}{\sqrt{8}\pi\left(\dfrac{h_e}{R_1}-\dfrac{R_1}{2ka}\right)} \tag{6.45}$$

式中，h_e 是障碍物高度，R_1 是障碍物与雷达间的距离，ka 是有效地球半径，而近似式适用于 $h_r \ll h_e$ 的普通情况。

6.4 大气折射

穿过地球大气层的雷达波由于对流层折射指数的改变而变得向下弯曲。这就产生了一个仰角误差，天线处的射线角稍大于到目标的直达路径角（见图 6.24）。同时还产生了一个附加时延，给出一个比真实距离大的距离读数。折射指数的随机变化在所测量的坐标中产生较小的随机误差。在对流层，必须考虑三种效应：

（1）**规则折射**，是由于折射指数随高度逐渐减小而导致的结果，并且造成仰角和距离的偏置误差；

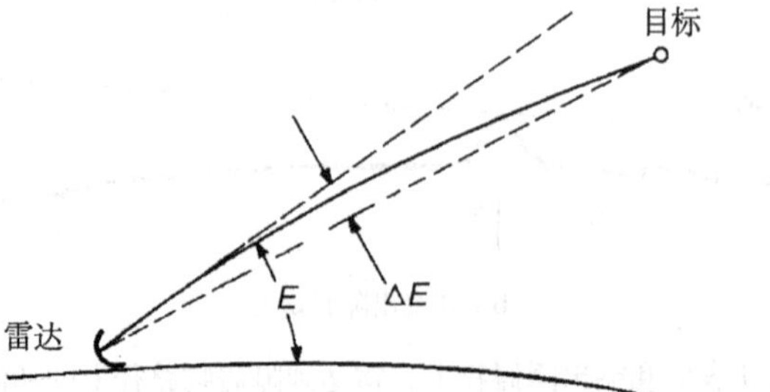

图 6.24 大气层中的射线路径

（2）**对流层起伏**，是由本地折射指数的随机变化造成的，并且导致所有被测量的坐标中的误差慢慢改变；

（3）**大气波导**，是由折射指数的陡的梯度（通常在表面附近）造成的，产生低损耗传播路径到远离正常地平线的低空目标，并在波导上方目标的探测范围内留下间隙。

6.4.1　指数形式基准大气层

对于所有雷达频率，对流层折射指数可表示为

$$N=(n-1)\times 10^{6}=\frac{77.6}{P}\left(P+\frac{4810p}{T}\right) \tag{6.46}$$

式中，T是温度，单位为K；P是压强，单位为mPa；p是水汽成分的部分压力；n是折射指数；N是按比例增大了的值，称为折射率。对于水汽（22 GHz）和氧气（60 GHz），在接近谐振时这个关系式出现小的变化，但在这些强吸收频段之外，式（6.46）中的常量可用到最高毫米波段，且误差可忽略。

在海平面，N_0一般在300 ~ 350之间。平均及极限高度剖面如图6.25所示。在对数 – 线性图上，这些数据的近似直线关系表明数学模型采用了指数形式。

$$N(h)=N_0\exp\left(-\frac{h}{h_0}\right)=313\exp\left(-\frac{h}{6950}\right) \tag{6.47}$$

式中，h是海平面以上高度，单位为m；h_0是标定大气高度，单位为m；海平面折射率$N_0=313$。

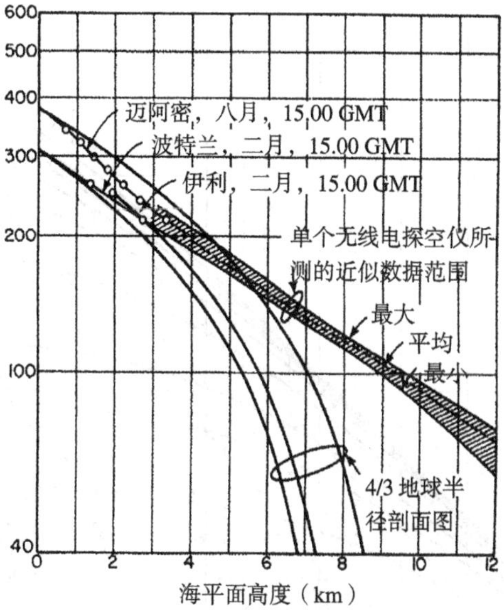

图6.25　折射率与平均和极限高度的关系曲线，以及与4/3地球半径剖面图的比较（来源：[15]）

如图6.25所示，低空的折射指数梯度接近恒定值，在这个数值下产生的有效地球半径$ka=(4/3)a$，常用来计算雷达水平线距离，并使无线电波路径在表面剖面图上能被绘成直线。然而，在大约4 km以上高度，实际的梯度并非这么陡，而根据这个指数模型建立的雷达覆盖范围图会更加精确[16]。

6.4.2 仰角和距离偏移误差

用于估计折射误差的射线跟踪方法[5,182页,式(5.7)]是从以下表达式开始的,该表达式计算的是以 θ_0 角离开表面的射线至高度 h_t 的距离 s:

$$s(h_t,\theta_0)=\int_{h_0}^{h_t}\frac{\mathrm{d}h}{\sqrt{1-\left\{n(h_0)\cos\theta_0/\left[n(h)\left(1+(h-h_0)/a\right)\right]\right\}^2}} \tag{6.48}$$

式中,$n(h)=1+N(h)\times 10^6$ 是折射指数。建模与分析的目的是预测某指定目标位置的测量误差。为此,我们通过解式(6.48)得到产生 $s(h_t,\theta_{0t})=R$ 的角度,从而获得在距离目标 R_t 处到达高度 h_t 的路径的射线角。将该角度与目标的真实仰角比较,真实仰角为

$$\theta_t=-\arcsin\left[\frac{R^2+(a+h_0)-(a+h_t)^2}{2R(a+h_0)}\right] \tag{6.49}$$

则仰角误差为

$$\Delta E=\theta_{0t}-\theta_t \tag{6.50}$$

现在利用个人计算机所具有的任何普通数学程序,求解式(6.48)这种方程不再是件麻烦的事。结果如图6.26所示,其中,误差标识为对不同的真实仰角值 θ_t(实线)和不同的目标高度 h_t(虚线)情况下作为目标距离 R 的函数。所标识的值略小于过去文献中所给出的值,因为我们在这里使用的是真实仰角 θ_t 而不是雷达观测的射线角 θ_{t0}。为得到对观测角的校正值以获得真实角,可画出如图6.26所示的采用射线角 θ_{t0} 的图。

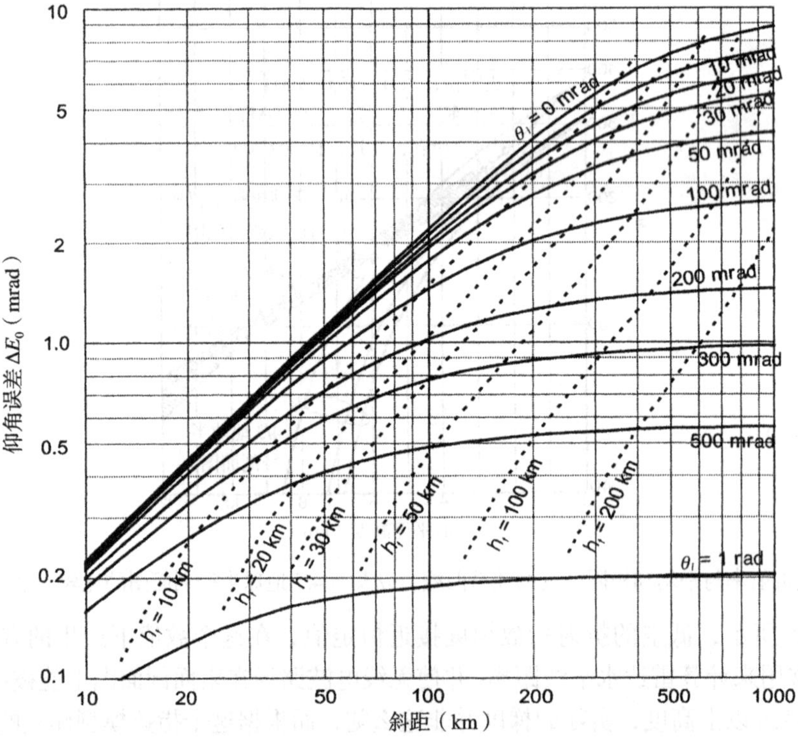

图6.26 指数型基准大气层、$N_s=313$ 情况下仰角偏移误差与距离的关系曲线(仰角为真实目标仰角 θ_t)

利用沿路径的有效距离r（传播延迟×光在真空中的速度），可以得到距离误差，有效距离r为[5,182页，式(5.9)]

$$r\left(h_t,\theta_{0t}\right)=\int_0^{h_t}\frac{n(h)\mathrm{d}h}{\sqrt{1-\left\{n_0\cos\theta_{0t}/\left[n(h)\left(1+h/a_e\right)\right]\right\}^2}} \tag{6.51}$$

则距离误差为

$$\Delta R=r\left(h_t,\theta_{0t}\right)-R \tag{6.52}$$

式中，我们假设式（6.48）中R与$s(h_t,\theta_{0t})$之间的差是可忽略的。这个误差如图6.27所示，和前面对仰角误差的标识一样，是在不同的真实仰角值和不同的目标高度情况下的距离误差。

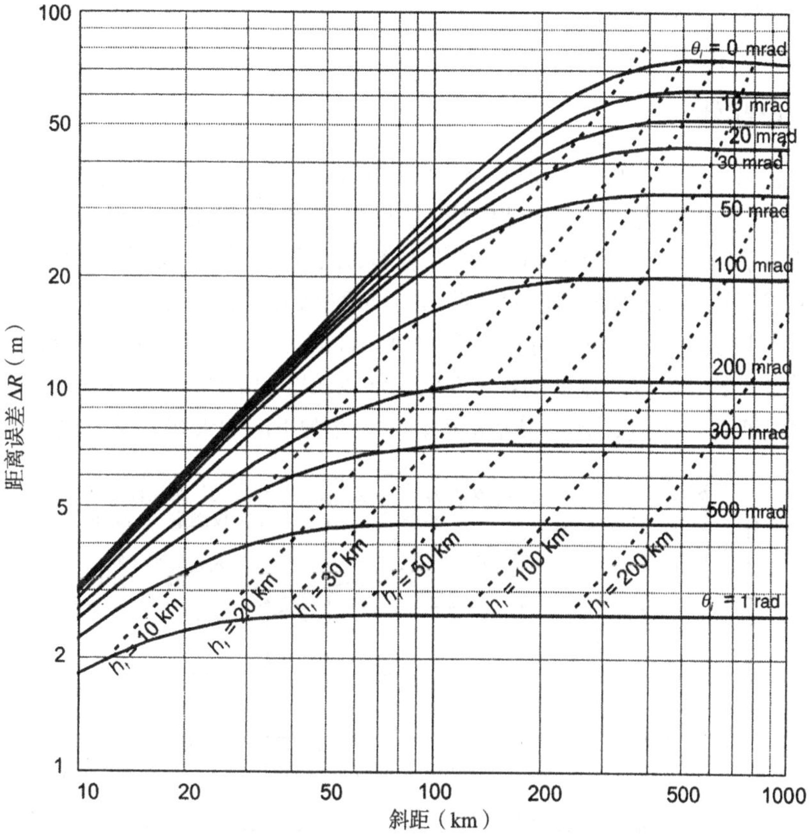

图6.27　指数型基准大气层、$N_s=313$情况下距离偏移误差与距离的关系曲线（仰角为真实目标仰角θ_t）

对于海平面以上的雷达高度，当表面折射率不同于$N_s=313$时，图6.26和图6.27中所示的误差可按比例直接变换到N_s。对于远离大气层的目标，当$E>5°$时，误差极限为

$$\Delta E=0.9N_s\cot E\times10^{-6}\ \text{(rad)} \tag{6.53}$$

$$\Delta R=0.0069N_s\csc E\ \text{(m)} \tag{6.54}$$

6.4.3 偏移误差的校正

类似于图6.26和图6.27的曲线族（相对于观测仰角绘出的），为校正雷达系统输出端的折射误差提供了基础[17]。这些曲线的简单解析近似式为

$$\Delta E \approx N_s \cot\theta_0 \frac{h\times10^{-6}}{h+11\times10^3} \quad (\text{rad}) \tag{6.55}$$

$$\Delta R = 0.0072N_s \csc\theta_0 \frac{h+0.000\,33h^2}{h+0.000\,33h^2+15\times10^3} \quad (\text{m}) \tag{6.56}$$

式中，h的单位为m。这些近似值精确到当$\theta_0 > 3°$时约为最大误差的5%。由于3°时最大仰角误差约为4.5 mrad、距离误差约为35 m，因此校正后的数据精确到0.22 mrad和1.7 m。要想获得更高的精确度或更低的仰角，必须测量实际折射率分布图，并应用具有可能精度约为实际折射误差的1%的射线跟踪方法。

6.4.4 对流层起伏

对流层中会出现折射率的不规则变化，产生变化的尺寸范围从不足1米到几百公里。参考文献[17]中给出了这些起伏的一个详细模型，这里仅进行一下概述。该模型是以折射率变化的冰冻湍流模型为基础建立的，其中具有不同折射率的区域以气团与波束间的相对运动形式漂移穿过雷达波束。这使在不同位置测得的长期折射率谱能转换为空间谱，用于估计相位梯度和角误差。对不同尺寸的天线和不同尺寸的干涉仪所估计的方位角误差，其结果如图6.28所示。一个关键的结果是，误差与口径宽度的4次方根或基线长度的4次方根（即使该长度延伸到数公里时）成反比例变化。不过，方位误差很小，对尺寸为1 m的天线，误差仅为0.1 mrad。

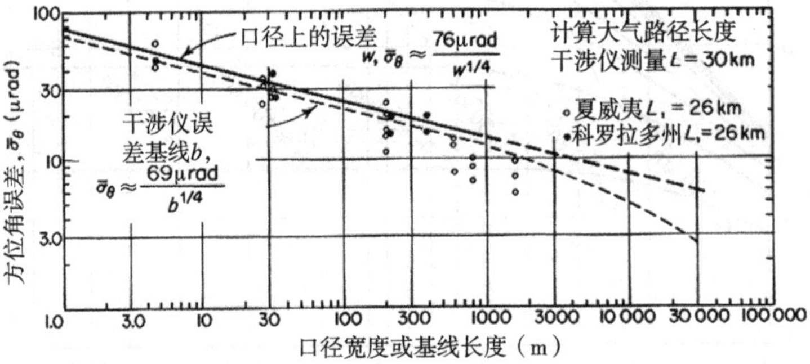

图6.28 对流层起伏引起的方位误差是口径宽度或基线长度的函数（来源：[17]）

在口径的指向与到达方向垂直的情况下，有类似的仰角误差。但是，对于天线定位于一个水平面内的干涉仪，仰角误差会增大（见图6.29）。较大误差的来源不仅是较小的基线投影长度，而且是在通向较远的干涉仪天线的额外路径中出现独立折射率变化。对于所有的基线长度，当包含低频误差分量时，最终的误差大约为0.01cot$E$（mrad）。估计同样的考虑也适用于当天线扫描离开垂射方向时的相控阵天线。

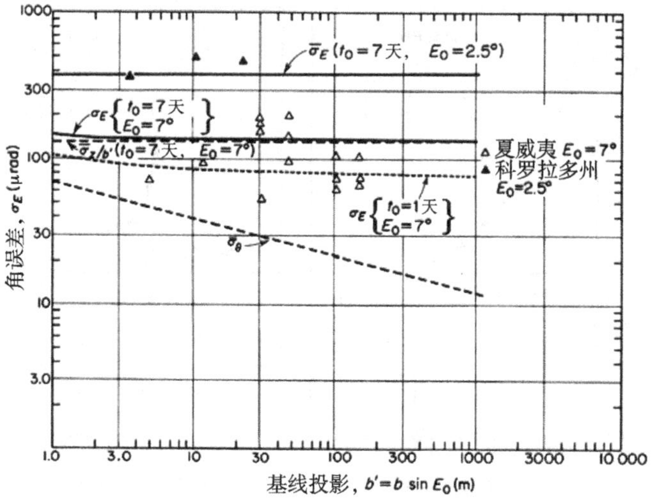

图 6.29　对流层起伏造成的仰角误差（来源：[17]）

6.4.5　大气波导

基准大气层在地面的折射率梯度为 $dN/dh = -0.045$ N个单位每米。当这个梯度降至低于 -0.157 N个单位每米时,离开天线的射线可被捕集在一个波导中,并以低损耗传播很远的距离。可捕集的射线最大仰角为

$$\theta_d = \sqrt{2\left(N_s - N_d - 0.157h_d\right)} \ \text{(mrad)} \tag{6.57}$$

式中，N_d 是波导顶部高度 h_d(m)处的折射率。可捕集的最大波长为

$$\lambda_{\max} = 0.0025h_d\sqrt{N_s - N_d - 0.157h_d} \ \text{(m)} \tag{6.58}$$

例如，一个 $h_d = 100$ m 的波导，有 $N_s - N_d = 20$ N 个单位可捕集，离开天线的射线最大仰角为 2.9 mrad，最大波长为 0.52 m。有关大气波导形成条件的数据在参考文献[18]中给出。

6.4.6　电离层绕射

在对 100 km 外的目标进行雷达测量时，必须考虑电离层的影响。这些影响均取决于雷达的工作频率，与 VHF 及更高频段频率的平方成反比。图 6.30 给出了测得的典型电子密度与高度关系的日夜分布图,并与Chapman分布和在空军对电离层影响的研究中采用的矩形分布[19]进行了比较。这些分布图可用于计算作为频率函数的电离层折射率：

$$N_i = -40N_e \times 10^6 / f^2 = -0.5\left(f_c / f\right)^2 \times 10^6 \tag{6.59}$$

式中，N_e 是每立方米的电子密度，f 的单位为 Hz，f_c 为临界频率（$f_c = 9\sqrt{N_e}$）。当 N_e 用每立方厘米电子数来表示时，同一表达式可适用于当 f 和 f_c 的单位为 kHz 的情况。这些关系绘于图 6.31 中。由图可见，精确测量系统的工作区，其定义为具有小于万分之一的误差。

采用图6.30的矩形分布，计算了穿过日间不同高度电离层的路径的仰角和距离误差，结果如图6.32所示。夜间工作的误差约是这一误差电平的1/3，而工作于电离层扰动极严重的期间，误差约 3 倍于此电平。图 6.33 标绘了正常和扰动条件下预期距离的起伏误差。

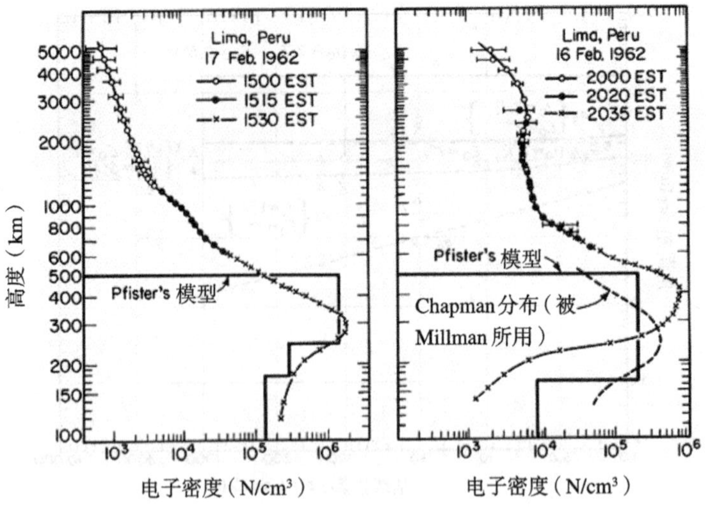

图 6.30　典型电离层密度与模型的对比（来源：[19]）

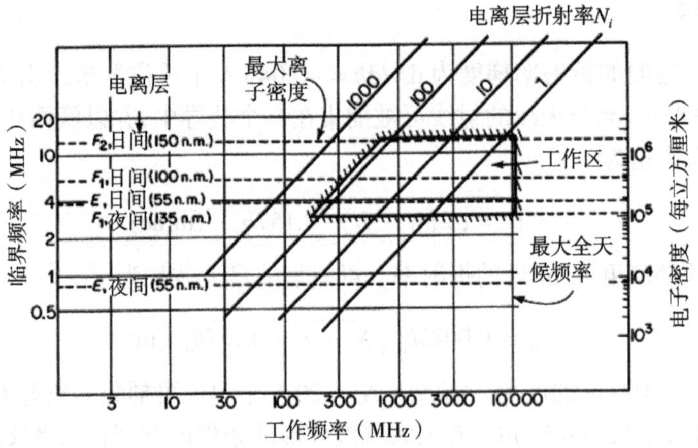

图 6.31　电离层折射率的关系

6.4.7　法拉第旋转

当雷达波穿透电离层时，将遇到另一种影响雷达性能的现象：法拉第极化旋转，它是由地球磁场在电离媒质中的作用造成的[19,360~364页]。这是一种非互易影响，对于指向与磁场矢量方向相同且到达 1000 km 高度目标的射线，其双向的旋转见图 6.34。旋转角与频率成反比，与沿路径的电子密度积分成正比。垂直于磁场射线的旋转角降低为图 6.34 中所示旋转角的 1/3 左右。

旋转的影响取决于雷达发射和接收天线的极化作用。圆极化不受影响，因为旋转对应于信号到达时间的延迟。采用线性极化的雷达将遭受损耗，因为接收信号相对于发射信号以一个不可预测的极化角到达。极化分集可通过规避零讯号来降低损耗，但除非接收天线的极化能连续适应被跟踪目标信号的极化，否则，平均信号会有一些损耗，探测概率会降低一些（参见第 9 章）。

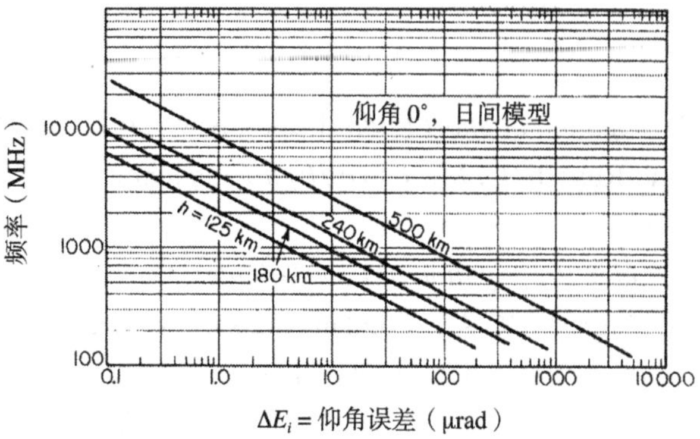

（a）仰角

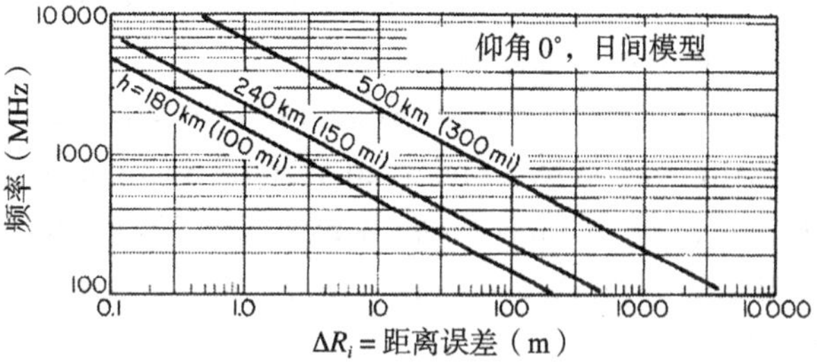

（b）距离

图 6.32　电离层绕射误差（来源：[19]）

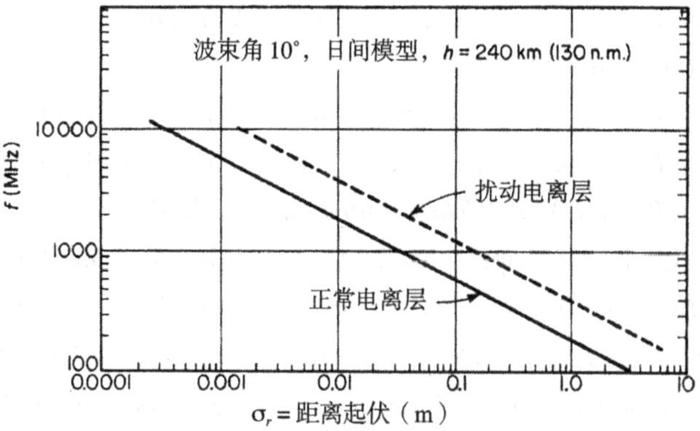

图 6.33　电离层距离起伏与频率的关系曲线（来源：[20]）

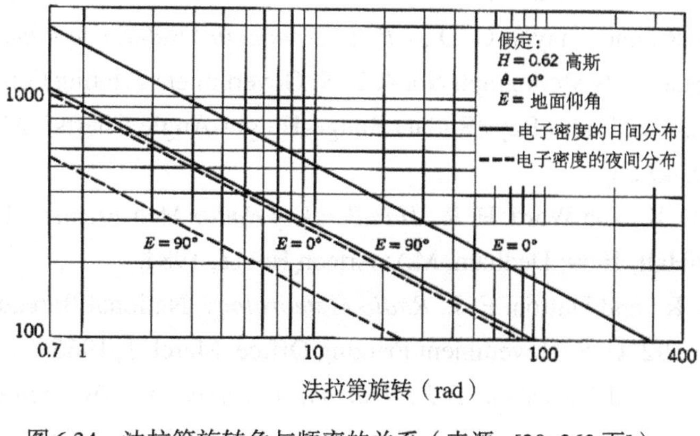

图 6.34　法拉第旋转角与频率的关系（来源：[20, 363 页]）

参考文献

[1] Kerr, D. E., *Propagation of Short Radio Waves*, New York: McGraw-Hill, 1951.

[2] Reed, H. R., and Russell, C. M., *Ultra High Frequency Propagation*, New York; John Wiley & Sons, 1953.

[3] Meeks, M. L., *Radar Propagation at Low Altitudes*, Dedham, MA: Artech House, 1982.

[4] Kirby, R.C.and Hughees, K. A., "Fundamentals of Wave Propagation," in Chapter 22 of *Electronic Engineers' Handbook*, D. Christiansen, (ed.), 4th ed., New York: McGraw-Hill, 1997.

[5] Blake, L. V., *Radar Range-Performance Analysis*, Lexington,MA: D. C. Heath, 1980; Morwood, MA: Artech Housr, 1991.

[6] Sauvageot, H., *Radar Meteorolgy*, Norwood, MA: Artech House, 1992.

[7] Goldstein, H., "Attenuation by Condensed Water," Sections 8.6 and 8.7, pp. 671-684 in Kerr, D. E., *Propagation of Short Radio Waves*: New York: McGraw-Hill, 1951.

[8] Nathanson, F. E., Reilly, J. P., and Cohen, M. N., *Radar Design Principles*, 2nd ed., New York: McGraw-Hill,1991.

[9] Blevis, B. C., "Losses Due to Rain on Radomes and Antenna Reflecting Surfaces," *IEEE Trans.Antennas and Propagation*, Vol. 13, No. 1, January 1965, pp. 175-176.

[10] Ruze, J., "More on Wet Radomes," *IEEE Trans.Antennas and Propagation*, Vol. 13, No. 5, September 1965, pp. 823-824.

[11] Weil, T. A., "Atmospheric Lens Effect: Another Loss for the Radar Equation," *IEEE Trans Aerspace and Electronic Systems*, Vol, 9, No. 1, January 1973, pp. 51-54; reprinted in D. K. Barton, (ed.), *Radars, Vol. 2, The Radar Equation*, Dedham, MA: Artech House, 1974.

[12] Ayasli, S., "SEKE: A Computer Model for Low Altitude Radar Propagation over Irregular Terrain," *IEEE Trans. Antennas and Propagation*, Vol. 34, No. 8, August 1986, pp. 1013-1023.

[13] Kirby, R. C., "Radio-Wave Propagation," Secs, 18.65-18.113 in D. G. Fink and D. Christiansen, (eds.), *Electronic Engineers' Handbook*, New York: McGraw-Hill, 1982.

[14] Dougherty, H.T. and Maloney, L. J., "Application of Diffractions by Convex Surfaces to Inegular Terrain Situations," *Radio Science*, Vol. 68D, No. 2, March 1964, pp. 239-250.

[15] Bean, B. R., and Thayer, G. D., *CRPL Exponential Reference Atmosphere*, National Bureau of Standards Monograph No. 4, U. S. Govermment Printing Office, October 29, 1959.

[16] Blake, L. V., "Radio Ray (Radar) Range-Height-Angle Charts," *Microwave J.*, October 1968, pp. 49-53.

[17] Batron, D. K., and Ward, H. R., *Handbook of Radar Measurement*, Englewood Cliffs, NJ: Prentice-Hall, 1969; Dedham, MA: Artech House, 1984.

[18] Bean, B. R., and Dutton, E. J., *Radio Meteorology*, National Bureau of Standards Monograph No. 92, U. S. Govemment Printing Office, March 1, 1966.

[19] Pfister, W., and Keneshea, T. J., *Ionospheric Effects on Positioning of Vehicles at High Altitudes*, Air Force Surverys in Geophysics, No. 83, March 1956, DDC Doc. AD 98777.

[20 Millman, G.H., "Atmospheric Effects on Radio Wave Propagation," Part V, Chapter 1 in *Modern Radar*, (R.S.Berkowitz,ed.), New York: John Wiley & Sons, 1965, pp. 317-377.

附录 6A：关于雷达传播的习题

6.1 **近程跟踪雷达的衰减** 一部跟踪雷达设计用于为舰载防空火炮系统［用来对付次音速目标（v_t = 300 m/s）］提供火控数据。火炮的有效距离为 6 km，并且在目标距离为 10 km 时必须能得到精确的跟踪数据。假设天线高度 h_r = 15 m。如果截获和跟踪建立时间为 4 s，计算：

（a）必须开始截获的距离；
（b）如雷达工作于 K_a 波段（35 GHz）、对于标准大气条件下 100 m 高度的目标，在此距离上的晴空衰减；
（c）路径上雨量为 3 mm/h 的雨致衰减；
（d）到目标的整条路径上水密度为 0.32 g/m^3 的雾衰减；
（e）当雷达工作于 K_u 波段时（14 GHz），重复（b）~（d）的计算。

6.2 **远程三坐标监视雷达的衰减** 一部工作于 3300 MHz 频率的 S 波段远程三坐标雷达，规定对一个 10 km 高度的目标应具有 300 km 的最大探测和测高距离。

（a）计算海平面上天线高度为 10 m 时到达目标的波束仰角；
（b）计算海平面与 5 km 高度间路径的一部分被密度为 0.32 g/m^3 的云层占据的路径衰减；
（c）计算雷达架设在高度为 2 km 的场地时的路径衰减；
（d）当路径的前 30 km 上有强降雨（15 mm/h）时，附加衰减多少？
（e）对于海平面上的雷达场地，云和雨造成多少额外的噪声温度？
（f）海平面雷达场地的透镜损耗是多少？

6.3 **反射系数** 对于习题 6.2 中的三坐标雷达，目标的距离为 300 km，高度为 10 km，计算：

（a）以垂直极化工作于旱田上时的菲涅耳反射系数；
（b）表面粗糙度为 0.5 m 时的镜面散射系数；
（c）表面覆盖浅草时的植被因子；
（d）所有这些条件下的总反射系数。

6.4 **支持镜面反射的菲涅耳区** 为减小造成三坐标雷达测高误差的反射，建议种植较厚的植被来覆盖雷达附近的表面。计算下述各项：

（a）相对于与镜面反射点相切的平面的雷达和目标高度；
（b）目标在任意方位时反射点周围第一菲涅耳区的距离范围；
（c）如果需要在 90° 方位扇区上减小来自目标的反射时，必须生长植被的区域是多大？
（d）当植被覆盖是密的杂草或灌木丛时，可获得多少减小量？如果是密集的树木呢？

6.5 **监视雷达的传播因子** 对于三坐标雷达的目标和如习题 6.3 中规定的表面，计算：

（a）目标距离为 300 km，高度为 10 km 时的双向传播因子；

（b）在200 km ~ 500 km的线性标度上，用图画出作为距离函数的单向传播因子及其干涉和绕射分量。

6.6 近程跟踪雷达的传播因子 习题6.1的近程跟踪雷达设计成可工作于K_a或K_u波段，这取决于其是否必须在3 mm/h或更大的雨中适当地运行。计算：

（a）在标准工作环境中K_a波段（35 GHz）的双向传播因子超过–6 dB时的距离；
（b）在K_u波段（14 GHz）的等效距离；
（c）用图画出在K_a波段作为距离函数的单向传播因子及其干涉和绕射分量；
（d）用图绘出在K_u波段作为距离函数的单向传播因子及其干扰和绕射分量。

6.7 越过障碍物的绕射 习题6.2的三坐标雷达在一个方位扇区内看见了一个掩蔽性的山脊，高度为100 m，距离为5 km。计算：

（a）障碍物的掩蔽角；
（b）目标仰角；
（c）刀锋绕射时的双向传播因子；
（d）支持刀锋绕射的最大脊的曲率半径；
（e）支持障碍物完全受照的雷达与山脊之间区域的最小表面粗糙度。

6.8 三坐标雷达的折射误差 对上一习题中的三坐标雷达和目标，在标准大气条件下，计算：

（a）以mrad为单位的仰角误差；
（b）以m为单位的距离误差；
（c）雷达设在海平面上2000 m处时的仰角误差；
（d）雷达设在海平面上2000 m处时的距离误差。

附录6B：提供的Mathcad工具

Atmospheric Attenuation.mcd：晴空、降雨、云层和透镜损耗

此程序计算在指定位置，以指定频率穿过晴空、云层或雾，以及降雨区的，从雷达到目标路径的双向大气衰减。它还计算在目标仰角的空间总衰减，以及透镜损耗与仰角及距离的关系。

Atternuation Approx.mcd：利用近似方法和精确方法时对流层衰减值的比较

此程序对一个以有效地球半径为基础的等效海平面路径用来计算指定频率下，规定距离和仰角的路径的双向对流层衰减近似值，并将近似值与射线跟踪路径上积分的精确结果进行比较。

Reflection Coefficient.mcd：表面反射系数及其三个分量

此程序计算并画出在规定表面和波长情况下作为掠射角函数的反射系数，包括其3个分量：

（a）水平和垂直极化时的菲涅耳反射系数；
（b）镜面散射系数；
（c）植被因子。

显示了规定目标几何的反射系数及其3个分量的值。

Fresnel Zones.mcd：平面地面上菲涅耳区边界

此程序计算在直角坐标和雷达角坐标中平面地面上的前几个菲涅耳区的边界。

Propagation Factor.mcd：球形地面上的传播因子

此程序计算包括反射干涉和绕射因子在内的作为目标仰角和高度函数的传播因子。为便于绘图，距离和目标高度在规定的最小值和最大值之间以对数阶梯变化。计算了规定目标位置的传播因子。

Knife Edge.mcd：超过障碍物的绕射场

此程序计算在指定波长和路径几何条件下超过刀锋障碍物的场。计算采用菲涅耳余弦和正弦积分 $C(x)$ 和 $S(x)$ 来获得精确结果，并将这些结果与正文中使用的近似值进行比较。还可计算作为刀锋的障碍物的最小曲率半径，以及支持障碍物完全受照的表面粗糙度。

Refraction vs.Target Position.mcd：对流层折射误差与目标位置的关系

此程序计算在规定目标距离和仰角（或距离和高度）情况下仰角和距离测量中的对流层折射误差。

Refraction vs.Beam Angle.mcd：对流层折射误差与测量的仰角的关系

此程序计算在规定的目标距离和高度情况下仰角和距离测量中的对流层折射误差。图上标出误差与距离和射线仰角的函数关系，供校正测量数据之用。

附录 6C：习题的解

文件夹 Appendix6A 中包括了 8 个单独的程序，用于解答附录 6A 中的习题。获取方法详见封底。

第7章　雷达监视

7.1　监视雷达基础

搜索雷达是“主要用于探测所关注的特定空域内的目标”的一种雷达。监视雷达是“用于在诸如空港终端区域或航线的选定区域内对所选定空中交通业务保持识别的一种搜索雷达”[1]。这就意味着，监视雷达提供所选业务跟踪文件的保持，而搜索雷达的输出可以只是一次警报或跟踪器截获目标的一次指示。本章着重叙述在搜索雷达扫描空域内对目标的探测，但也归纳了跟踪文件的产生、维护与精度等问题。

搜索雷达方程已在第1章中进行了推导，它把在特定立体角ψ_s内由噪声限定的探测距离与搜索雷达功率孔径的乘积及其他参数联系起来：

$$R_m^4 = \frac{P_{av} A_r t_s \sigma}{4\pi \psi_s k T_s D_0(1) L_s} \tag{7.1}$$

式中，符号如式（1.23）所定义。该式确定了影响搜索性能的主要雷达参数是平均功率与接收孔径面积。接收系统温度T_s虽然重要，但往往受到环境条件所控制。诸如波长与波形等雷达参数虽然影响搜索损耗因子L_s，但未在式中出现。主要雷达参数与性能之间的关系可紧凑地写出如下：

$$P_{av} A_r = 4\pi E_0 R_m^4 \psi_s / t_s \sigma \tag{7.2}$$

式中，$E_0 = kT_sD_0(1)L_s$是所需总信号能量的度量（它是探测所需的信号能量，增加了列入搜索雷达方程式的所有损耗。剩下的因子确定了赋于雷达的搜索问题。第2章中确定了可检测性因子$D_0(1)$及与该因子相关的损耗。在本章大多数例子中设定了$E_0 = 5.5 \times 10^{-18}$ J，相当于$T_s = 500$ K（噪声密度$N_0 = 7 \times 10^{-21}$ W/Hz），$D_0(1) = 16$及$L_s = 50$。第3章叙述了目标及杂波的横截面积。

存在干扰或杂波时的探测距离还依赖于分辨力。在第4章讨论了角坐标的分辨力，第5章讨论了时延与频率的分辨力。第6章归纳了传播对接收信号的影响。本章应用以上各章的结论来综合、分析及在以下主要应用方面建立搜索雷达的模型：对飞机与导弹目标的空中及太空搜索，对海面舰船、陆地车辆、人员的搜索，以及导航性能。本章不讨论特殊的应用，如气象学、农作物调查及地下物体的定位。

主要参数（平均功率与孔径）已知的雷达性能的近似分析可以在式（7.1）与式（7.2）的基础上进行。使用的是上述设定的对T_s，$D_0(1)$与L_s的估算。诸如波形、处理方法以及扫描速率等操作上的选择是一些变量，可由用户调节以使性能最佳，而且，当这些已确定时，就可用第1章中列出的距离方程，其中可采用如第9章所推导出的各种损耗的估值。下面讨论的目的在于合成一部雷达以满足性能上的要求，以及从若干现有的或已提出的设计中确定合适的雷达。下面叙述的各种限制条件在很大程度上与技术因素无关，但其控制着适合于所有通常应用场合的实际监视雷达的设计。影响雷达设计与选择的其他问题是用户的偏爱（往往不明确提出但包含在技术指标之中）与制造厂商在特殊设计方式方面的经验。这两个因素都偏向于非最佳设计，但是我们希望下面的资料将能帮助雷达系统工程师避免在技术上不与合理的设计方案有太大的偏离。

搜索雷达设计的综合与选择的步骤如下：

（1）已指定的问题用目标RCS、搜索空域与帧时间 t_s 来定义；

（2）确立每个波束位置所需的驻留（观察）时间 t_o，并表达出在帧时间内波束能覆盖空域的立体角 ψ_b；

（3）对推导出的 ψ_b 将最大可允许的孔径面积 A_{rmax} 表达成与波长 λ 的函数；

（4）从式（7.2）求出最小所需平均功率 P_{avmin} 与 λ 的函数关系；

（5）在功率与孔径两者中根据经济或实用的折中方案选出工作频段；

（6）考虑杂波、干扰与传播问题，如果需要，修正工作频段与功率/孔径比的选择；

（7）确定天线设计、波形与处理方式。

这些步骤在后面以几种类型的监视雷达为例来详细论述。

对于广泛部署的雷达所进行的调查表明，平均功率与有效孔径面积之比，对于电子管发射机而言，$P_{av}/A_r \approx 800\ \mathrm{W/m^2}$；对于固态发射机而言（见图7.1），$P_{av}/A_r \approx 100\ \mathrm{W/m^2}$，离散量约 n 个分贝。由此建议成功的系统设计师在这两个雷达分系统的功率/孔径比附近找出一个降低成本的折中方案。这些方向都将作为下面实例中参数选择的指导。

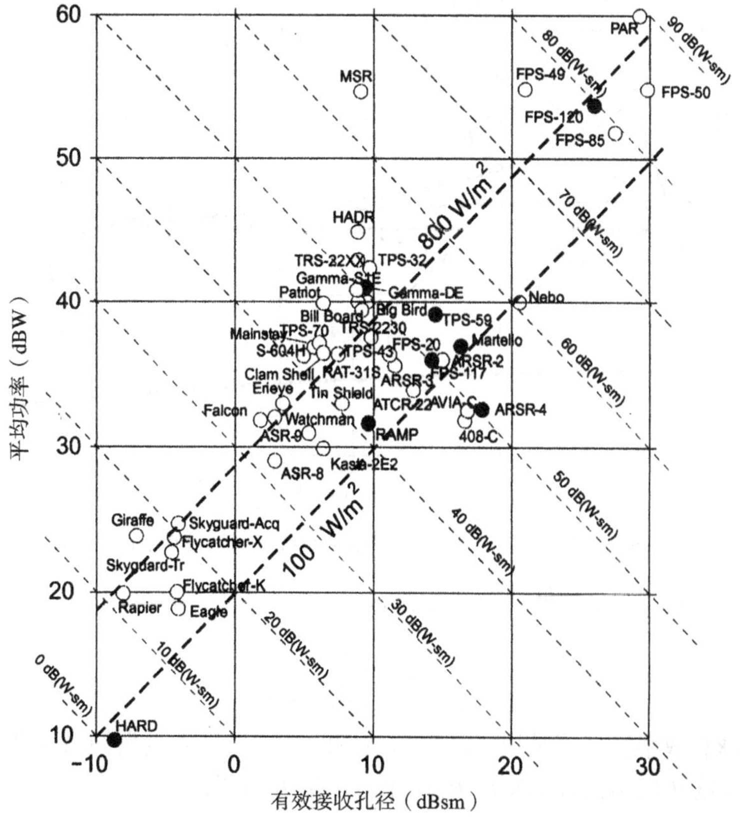

图7.1　功率与孔径在历史上的发展趋势[2]，空心圆为电子管发射机系统，实心圆为固态发射机系统

7.2 两坐标对空监视雷达

7.2.1 两坐标搜索问题的定义

搜索空域

指定一部采用扇形波束的两坐标对空监视雷达来覆盖一个空域，这个空域的范围为方位扇区宽度 A_m，最大作用距离 R_m 以及从水平至角 θ_1 的仰角扇区，如图 7.2 中虚线所示。为了对在或低于最大高度 h_m 之下并以水平飞行方式接近的目标保持作用威力，仰角覆盖范围通常扩展到角 θ_1 之上，使其轮廓线沿着最大目标高度延伸，如用最低的实线所近似。那条包络线称为余割平方覆盖范围，因为所需的天线功率增益随 θ_1 与上限角 θ_2（典型值为 30°～45°）两者之间的 $\csc^2\theta$ 而变化，在这个范围之上是丢失目标探测和寂静锥区。这个覆盖范围由单次扫描探测概率 P_d（典型值为50%~90%）规定。取决于应用，θ_1 和 θ_2 之间覆盖范围的包络线可以精确地与恒定高度 h_m 相一致，或者天线增益可以随 $\csc^X$ 的变化而变化（$1 \leqslant X < 2$），以增大在高仰角时的作用范围。

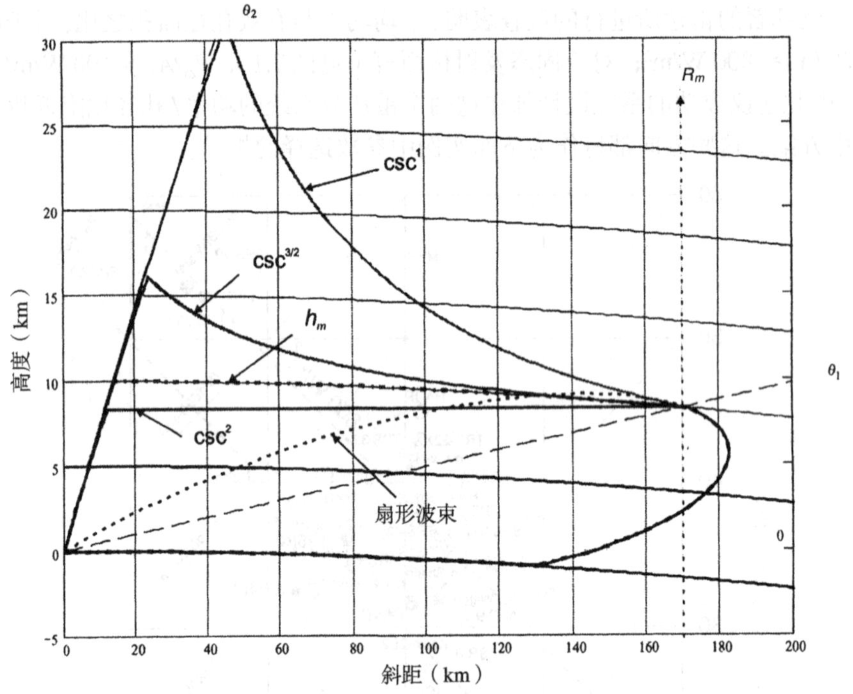

图 7.2 典型的两坐标对空监视覆盖范围包络线：扇形波束、$\csc^X$ 与恒定高度

考虑到球形的地球，全程仰角扇区宽度为

$$\theta_1 = \arcsin\left(\frac{h_m}{R_m} - \frac{R_m}{2ka}\right) \tag{7.3}$$

式中，ka 是地球有效半径。当采用 $\csc^X$ 覆盖范围时，能量分入更高仰角提高了有效的扇区宽度，相对于在扇宽 θ_1 内给出探测距离 R_m 的平方末端方向图，到

$$\theta_m = L_{cs}\theta_1 = \left(2 - \frac{\sin\theta_1}{\sin\theta_2}\right)\theta_1 \quad 对于 X = 2$$
$$= \left[1 + \ln\left(\frac{\sin\theta_2}{\sin\theta_1}\right)\right]\theta_1 \quad 对于 X = 1 \tag{7.4}$$

式中所定义的$\csc^X$的损耗L_{cs}在形式上比式（4.20）中所给出的更为通用与精确。覆盖范围损耗可以是$\csc^X$损耗也可以是覆盖到恒定高度的损耗，在图7.3中作为与全程扇宽的函数绘出。在搜索雷达方程中，这种损耗表现为发射能量必须分布的搜索角的增加，以及（对于两坐标雷达而言）有效接收孔径面积A_r的减少。

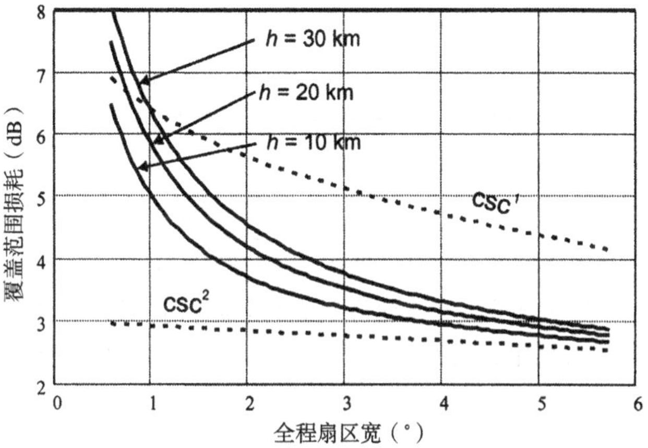

图7.3 对于恒定高度h（实线）的覆盖范围或采用天线增益方向图$\csc^X\theta$（虚线）时的损耗。曲线是对$\theta_2 = 30°$画出的

帧时间

对空监视雷达帧时间t_s的选取基于对如下4个要求的折中：

（1）按照Mallett与Brennan的分析[3]，对具有预期的RCS与飞行高度足以回避低空空隙的目标，使累积探测概率达到规定值P_c的作用距离达到最大；

（2）对那些小RCS及有干扰掩蔽的低空目标，确保足够的探测距离；

（3）在初始目标探测之后，以高概率建立与维护跟踪元件；

（4）对加速的目标保持所需的跟踪精度。

参考文献[3]的分析是从采用在驻留时间t_o内进行相干积分，获得信噪比为1的距离R_0的表达式开始的。然后，推导出最佳的帧时间，使达到给定探测累积概率的距离最远，并允许在两次扫描之间目标能穿过距离Δ。对于情况1目标$P_c \approx 0.75$时，得到的“最佳”Δ为$\Delta_{opt} \approx R_0/8 \approx R_m/4$。例如，对于如图7.2所示的$R_m = 170$ km，$\Delta_{opt} = 42$ km，对于亚音速飞机目标（$v_t = 250$ m/s）得出$t_s = 170$ s。虽然从累积探测概率观点来看，理论上是最佳的，但用这个过程推导出的时间对于绝大多数对空监视任务是不现实的。

对于军用雷达，当工作于小RCS或在干扰情况时，根据要求（2）设置的时间较短。这些都可以在分析中用减小R_0推导出来，但是为了得出现实的值需要极大地减小。另外，在参考文献[3]的分析中，没有考虑从低空空隙（见图6.18）入侵的目标其信噪比的迅速上升。

绝大多数监视雷达成功工作的准则不是初始探测到的距离，它是以累积探测概率P_c来度量的，是可以确立可靠的跟踪文件的距离的。这相当于单次扫描$P_d \approx 0.8$（见7.9.3节）。一旦跟踪文件建立，对于远程雷达（200 km ~ 400 km）所用帧时间小于12 s，对于近程雷达（10 km ~ 20 km）所用$t_s \approx 1$ s，对于加速飞机目标，可以以允许的误差保持跟踪。

值得指出的是，监视系统可能采用搜索与跟踪雷达（或雷达模式）的组合。在搜索中初始探测到的目标随后立即被指定进行跟踪[4]。这时累积探测概率达到所需值的作用距离是搜索性能的一个合适的量度，于是可允许更长的帧时间。

7.2.2 驻留时间与波束宽度

脉冲重复间隔

为了确保对入侵目标在到达R_m的时间之前探测到，雷达要设计成具有一个装备距离$R_x > R_m$，在这个距离之内可检测到目标。这个距离通常设置为高出R_m 20%~40%。对于低-PRF雷达（非模糊距离$R_u > R_x$）而言，脉冲重复间隔（PRI）为

$$t_r \geqslant t_{d\max} + \tau = \frac{2R_x}{c} + \tau = \frac{2R_x}{c(1-D_u)} \tag{7.5}$$

式中，$D_u = \tau/t_r$是波形的占空因子。这就允许我们有时间接收来自R_x上目标的所有回波脉冲。例如，在某些固态发射机系统中，当占空因子超过约0.1时，在式（7.5）中占空因子就显得很重要了。

驻留时间

搜索驻留时间（观察时间）t_o不能小于t_r，而且在有杂波的环境中，这个时间必须延长使之为多普勒处理提供一些最少数量的脉冲$n_{\min}$：

$$t_o \geqslant n_{\min} t_r \geqslant \frac{2n_{\min} R_x}{c(1-D_u)} \tag{7.6}$$

例如，对于图7.2的覆盖范围可能需要$R_x = 200$ km，这时延时$t_{d\max} = 1.33$ ms，且对于工作在$D_u = 0.1$的雷达$t_r = 1.48$ ms。假设为了进行处理而需要在每次驻留时间内有$n_{\min} = 20$次打击，这就需要$t_o = 30$ ms。

可允许的波束宽度

给定搜索帧时间与方位扇区宽度A_m，则方位波束宽度θ_a由所需的驻留时间限制如下：

$$\theta_a = \frac{A_m t_o}{\Delta_a t_s} \geqslant \frac{A_m n_{\min} t_r}{\Delta_a t_s} \geqslant \frac{A_m n_{\min}}{\Delta_a t_s} \frac{2R_x}{c(1-D_u)} \tag{7.7}$$

式中，Δ_a是含有$n_{\min}$脉冲的两次停留时间波束宽度的间隔（对于连续扫描$\Delta_a = 1$）。仍以上面例子为例，如果雷达在$t_s = 10$ s内扫描360°，则方位波束宽度必须是$\theta_a \geqslant 0.019 \text{ rad} = 1.1°$。

在两坐标雷达中，仰角波束宽度必须覆盖仰角的扇区：

$$\theta_e \approx 1.5\theta_1 = 1.5\arcsin\left(\frac{h_m}{R_m} - \frac{R_m}{2ka}\right) \approx \frac{1.5h_m}{R_m} \tag{7.8}$$

图7.2所示的覆盖范围具有$\theta_1 = 0.049 \text{ rad} = 2.8°$，仰角波束宽$\theta_e = 4.2°$。如果采用图7.2中的$\csc^2$，则由式（7.4）可得出用来计算增益与有效孔径的有效仰角扇区宽度为$\theta_m = 0.093 \text{ rad} = 5.3°$。

7.2.3　孔径面积的限制

现在有可能采用式（7.5）~式（7.8）来对两坐标雷达波束的立体角设置一个最小的界限：

$$\psi_b = \theta_a \sin\theta_m \geqslant \frac{\psi_s n_{\min} t_r}{t_s} \tag{7.9}$$

根据式（7.9），采用式（1.21）所建立的方向图常数 $L_n = 1/K_\theta^2\eta_a$（约 1.6，对反射面天线），可以作为搜索雷达波长及参数的函数，表达两坐标监视雷达允许使用的最大有效孔径面积：

$$A_{r\max} = \frac{\lambda^2 \Delta_a}{\theta_a \sin\theta_m L_n} \leqslant \frac{\lambda^2 \Delta_a t_s}{\psi_s L_n n_{\min} t_r} \tag{7.10}$$

这个式中除了 λ 之外的所有项都受到搜索雷达参数的限制，剩下只有选取 λ 来调节 $A_{r\max}$。用来提供图 7.2 所示的 $\csc^2$ 覆盖范围，其方位扇区 $A_m = 360°$ 的最大孔径面积为 $360\lambda^2$。如果选用 S 波段（$\lambda = 0.1$ m），则 $A_{r\max} = 3.6\ \text{m}^2$。

7.2.4　两坐标监视的最小平均功率

最小所需平均功率现在可以表示如下：

$$P_{av\min} \geqslant \frac{4\pi R_m^4 \psi_s^2 k T_s D_0(1) L_s L_n n_{\min} t_r}{\lambda^2 \Delta_a t_s^2 \sigma} = E_0 \frac{4\pi R_m^4 \psi_s^2 L_n n_{\min} t_r}{\lambda^2 \Delta_a t_s^2 \sigma} \tag{7.11}$$

除了分母中的 λ^2 之外，式（7.11）中的各项都由所指定的搜索雷达确定。仍以上面例子为例，采用如同上面所假设的值 $E_0 = 5.5 \times 10^{-18}$，图 7.2 的 $\csc^2$ 覆盖范围需要 $P_{av} = 9.32/\lambda^2$。如果选用 S 波段工作，则 $P_{av\min} = 932$ W。

7.2.5　功率与孔径两者之间经济上的折中方案

图 7.1 所示的趋势与式（7.10）及式（7.11）一起用来推导最佳的波长：

$$\lambda_{\text{opt}} \approx R_m \left(\frac{\psi_s}{t_s}\right)^{3/4} \left(\frac{L_n n_{\min} t_r}{\Delta_a}\right)^{1/2} \left(\frac{4\pi E_0}{\sigma X_{pa}}\right)^{1/4} \tag{7.12}$$

式中，X_{pa} 是最佳功率 / 孔径比。当采用最佳孔径时，为图 7.2 的 170 km 覆盖范围推导出的最佳波长，在 $X_{pa} = 800\ \text{W/m}^2$ 时为 0.075 m，在 $X_{pa} = 100\ \text{W/m}^2$ 时为 0.127 m。在我们的例子中，具有 260 W/m² 的 S 波段系统在这个意义上接近于最佳，无论采用哪种类型的发射机都一样。采用最大可允许孔径面积的 L 波段系统 $X_{pa} = 9\ \text{W/m}^2$，即使在固态发射机系统的情况下也低于最佳值。

采用由式（7.10）算出的大孔径面积可得出最小平均功率。雷达设计师在波长已确定的情况下可以选取较小的孔径 $A_r < A_{r\text{man}}$，但要有较高的平均功率，并为多普勒处理提供更长的帧时间与停留时间以及更多的脉冲（$n > n_{\min}$）。由于物理上与空气动力学上的限制，机载预警雷达（简称 AEW）更偏重于采用小于最大值的孔径。

7.2.6　两坐标雷达中传播与杂波上的考虑

传播效应

在两坐标监视雷达通常采用的波段中，来自大气层与降雨的相对次要的衰减影响，除了在详细的性能估算时，可对其忽略不计。更重要的是，方向图 – 传播因子及其对覆盖范围（包括前面所述的低空空隙）的影响。当采用其中一个较低的雷达波段时（如UHF或VHF），可能需要一部独立的水平搜索雷达（见7.6节）。

强烈的多路径波瓣分裂效应对入侵目标的预警是有益的，因为当目标通过波瓣最大值时可使探测距离增加一倍。通过采用水平极化、长的波长（使镜面反射最大）、位于在平滑表面之上并使波束轴指向水平，可增强多路径形成的波瓣。缺点是当目标通过零点时就会丢失跟踪。由于连续跟踪对空中交通管制雷达及其他应用雷达是极重要的，因此雷达设计成有垂直极化、较短的波长、位于粗糙或吸收表面之上、波束轴有仰角，以及将仰角天线方向图设计成对表面照射最小等的组合，使得波瓣分裂现象最小。

在搜索雷达方程中，波束形状损失与方向图-传播因子作为分量包括在总搜索损失因子L_s中。在没有波瓣分裂存在的情况下，二维波束形状损失考虑了仰角波束宽度范围上与方位扫描中的增益变化。当需要$P_d > 0.5$时，由于在零点丢失了目标，强的波瓣分裂会增大损失。

在两坐标雷达中杂波上的考虑

两坐标对空监视雷达的主波束照射地面，引起一直到地平线（另外，在有大气波导的条件下）的很强的表面杂波。在有降雨存在的所有高度上都会出现气象杂波，而在地面与1 km~2 km高度间会出现鸟群。在模型与式（1.45）~式（1.47）中已包括了表面杂波的方向图-传播因子，因为表面在目标之下时，这个因子是有利于雷达工作的。但是在体杂波的情况下，当存在很强的波瓣分裂时，杂波功率会增大至8 dB之多，这是在式（6.15）所表示波瓣的空域之内对杂波功率进行平均得到的。

在所有两坐标对空监视雷达中，除非在良好气象条件下工作限制在超视距的范围，都需要采取某些抗杂波的措施。在L波段及其之下波段上探测大目标时，圆极化能使气象杂波降到门限之下，从而允许MTI处理器能对抑制表面杂波最佳化。即使在这些较低的波段，为了探测处于鸟群或降雨之中的小目标或者处于箔条干扰中的任何目标，都需要一种具有盲速达100 m/s量级的基本波形的多普勒-灵敏处理。由于机载杂波有宽的频谱（如图3.23所示），所以MTI通常不适于这种用途。这种考虑是麻省理工学院林肯实验室于20世纪70年代期间开发动目标检波器（MTD）脉冲多普勒处理器的驱动力。

图7.4所示MTD响应的例子是，在$\sigma_v = 3$ m/s的气象杂波上达到杂波抑制CA = 30 dB。采用8点FFT时，CA = 30 dB的抑制槽口在零电平上只需3 m/s宽。如果85 m/s与112 m/s的盲速用来给出98 m/s的平均盲速，则双PRF分集可确保对亚音速目标至少在一个PRF上有响应。在表面与气象杂波两者都存在的距离上，MTD处理器在零速度与气象杂波速度上都形成抑制槽口。这就导致两个PRF的盲区重叠，从而会抑制掉一些目标。通过采用杂波图在无表面杂波的距离-方位单元中让零速度信号通过（以及多倍盲速的那些信号），这个问题产生的影响可降至最小。这是现代数字信号处理器[5, 46~52页]的一个重要优点。数字信号处理器适用于在每次驻留期间得到足够数量脉冲的两坐标雷达及其他雷达。

图7.4中采用的高-PRF的无模糊距离由式（5.16）求得：

$$R_u = \frac{c\lambda}{4v_{b2}} = \frac{3\times10^8}{4\times112}\lambda = 6.7\times10^5\lambda$$

在S波段$R_u = 67$ km或在L波段$R_u = 154$ km。因而为提供接近于图7.2所示的覆盖范围，必须采用L波段，因为此时盲速足够高，可抑制机载杂波。

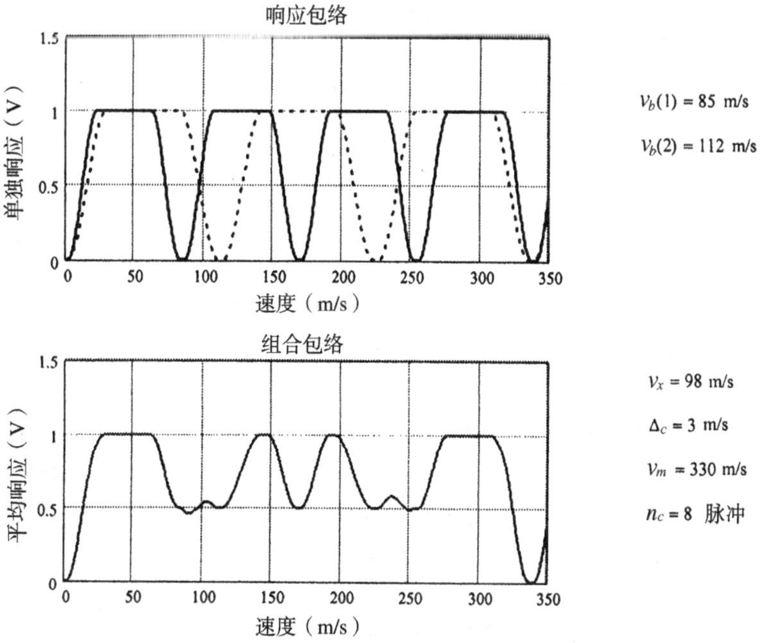

图 7.4 具有两个 8 脉冲串、CA = 30 dB、槽口宽度 $\Delta_c = \sigma_v$ = 3 m/s 的 MTD 响应

来自波形无模糊距离之外的杂波对监视雷达波形与发射机加上了几种限制。参差式PRI系统不能抵消这种杂波，如果需要高的P_d，则必要的恒定PRI脉冲串就有盲速，在停留期间必须用发射两个或两个以上脉冲串来填补。在每个处理过的脉冲串之前还必须有一个或更多个填补脉冲，这就进一步加大了所需的驻留时间。发射在脉冲串上必须是相干的，除了具有无模糊距离超过最大杂波距离的低-PRF系统之外，这就排除了简单高效的磁控管发射机的使用。

在存在无模糊距离之外的杂波环境下，如前面所举例子中假设的，为了支持每个脉冲串上有8个脉冲的双PRF MTD，所需的每次驻留时间最少脉冲数$n_{\min}$ = 18~20。MTI系统允许采用较少的脉冲，但代价是降低有杂波时的性能及增大处理损耗。具有相干累积的MTD有更高的效率与更好的杂波抑制，已成为两坐标对空监视雷达的一种标准处理方式。采用具有$3 < n_c <$ 8脉冲的FIR滤波器的处理器能提供介于3脉冲MTI与8脉冲MTD之间的性能，且具有更高的射频及PRF分集的优点。

机载预警雷达的表面杂波延伸至水平距离，它往往是接近或超过所需的探测距离的。搜索雷达方程式仍然成立，但由式（5.28）给出，但由于平台速度而引起的杂波频谱扩展分量，以及加到频谱上的副瓣杂波引入了一组新的限制，它们控制了波长与波形的选择。

7.2.7 中程两坐标空中交通管制雷达的实例

一个现代两坐标监视雷达设计的实例是雷达现代化计划（简称RAMP）L波段雷达[6]，它是美国雷声公司为在加拿大用的空中交通管制系统而设计的。主要的雷达参数列于表7.1，预期覆盖范围如图7.5所示。注意，10°以上仰角覆盖的增强及双波束天线方向图[7]改善了在强地杂波情况下的近程目标检测。该雷达采用4重射频与PRF分集来填补盲速及目标回波解相关。4脉冲FIR滤波器提供了杂波的抑制与信号的相干累积。

表 7.1 RAMP ASR 参数

频率	L 波段	峰值功率	20.8 kW
脉宽	1 μs 和 100 μs	PRF	676 Hz
平均功率	1400 W	天线增益	33.5 dB
有效孔径面积	9.4 m²	方位波束宽度	1.5°
旋转速率	12 r/min	极化	圆
全程仰角扇区	3°	最大仰角	40°
搜索主体角	0.95 sr	最大距离（$P_d = 0.8$, 2 m²）	180 km
噪声温度	400 K	信号带工	1 MHz
射频与 PRF 分集	4 重	MTD 多普勒滤波器	4
盲速	78 m/s		

资料来源：[6]

以上概述的综合过程可用到如图 7.5 所示的覆盖范围，按式（7.4），对于 csc^1 包络采用了 $t_s = 5$ s，$L_{cs} = 5.8$ dB。采用 $n_{min} = 16$ 个脉冲来支持 4 脉冲、有 4 重分集的 MTD 所得到的最大可允许的孔径面积为 7.4 m²，最小平均功率为 1190 W，最佳波长（对于 $X_{pa} = 100$ W/m² 的固态发射机而言）为 0.26 m。这些值接近于实际的 RAMP 参数。

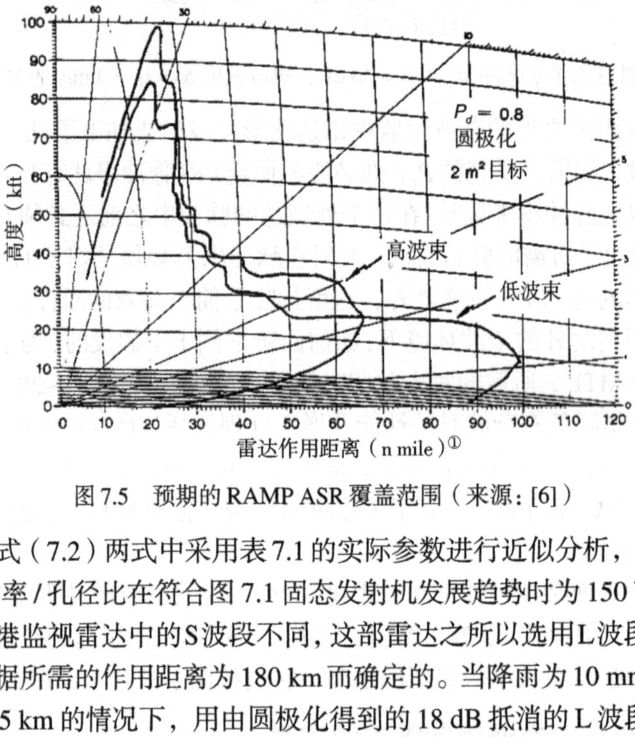

图 7.5 预期的 RAMP ASR 覆盖范围（来源：[6]）

在式（7.1）与式（7.2）两式中采用表 7.1 的实际参数进行近似分析，当 $D_0L_s = 32$ dB 时给出 $R_m = 177$ km。功率 / 孔径比在符合图 7.1 固态发射机发展趋势时为 150 W/m²。

与通常用在空港监视雷达中的S波段不同，这部雷达之所以选用L波段是基于真正的全天候空中交通管制数据所需的作用距离为 180 km 而确定的。当降雨为 10 mm/h 时，在 185 km 的距离上高度延伸到 5 km 的情况下，用由圆极化得到的 18 dB 抵消的 L 波段雷达，观察得到的杂波 RCS 为 $\sigma_c = 0.02$ m²［参见式（1.30）~式（1.33）］。圆极化使 2 m² 目标减小到约 1 m²，提供的信噪比为 17 dB。通过采用圆极化来抑制雨是关键的，因为雨杂波通常在超过 15 m/s 的一个平均值附近的多普勒扩散为 $\sigma_v \approx 3$ m/s，这就把以多普勒为基础的抑制限制到无表面杂波的区域内。在圆极化抑制之后，S 波段雨的 RCS 为 0.6 m²，它要求有 15 dB 的多普勒抑制，而在这个波段不太可能。

① 1 n mile（海里）= 1852 m ——编者注。

7.3　堆积波束三坐标监视雷达

从两坐标过渡到三坐标监视雷达有几个优点：

（1）消除了对接收孔径垂直尺寸的限制，因为全程仰角扇区 θ_1 的覆盖范围可用任意数目的接收波束来覆盖；

（2）仰角数据与目标探测数据可同时提供；

（3）覆盖范围的包络可与所需的探测轮廓很好地匹配；

（4）如果上波束利用全孔径，则能降低获取 csc² 覆盖范围的代价；

（5）除了最低波束之外降低了表面杂波；

（6）降低了上波束内降雨杂波与箔条干扰的距离范围；

（7）只在上波束副瓣中接收到远程远距离式干扰机；

（8）邻近三坐标雷达给出的干扰机的方位与仰角数据，能以减小的模糊度组合进行三角测量；

（9）能为高空目标导出正确的地面距离（x 与 y）坐标，从而改善防空网系统中独立雷达信号之间的相关性。

7.3.1　三坐标搜索问题的定义

堆积波束系统的仰角覆盖范围包络与帧时间，用式（7.3）与式（7.4）以两坐标雷达的同样方式来定义，并且帧时间以跟踪维护与精度的需要为基础。发射波束形状如两坐标雷达一样，但在这种照射包络之内，现在有几个接收波束（见图 7.6）。在反射体天线及相控阵天线中形成这些波束的方法已在 4.5.1 节叙述过。设计师能在得到给定的覆盖范围包络时，用上接收波束的数量与宽度换取发射机功率，于是可采用与 $X_r < 2$ 的覆盖范围包络相匹配的许多接收波束来降低发射机功率，这时发射机功率的分布就与 $X_t = 4 - X_r$ 相匹配。

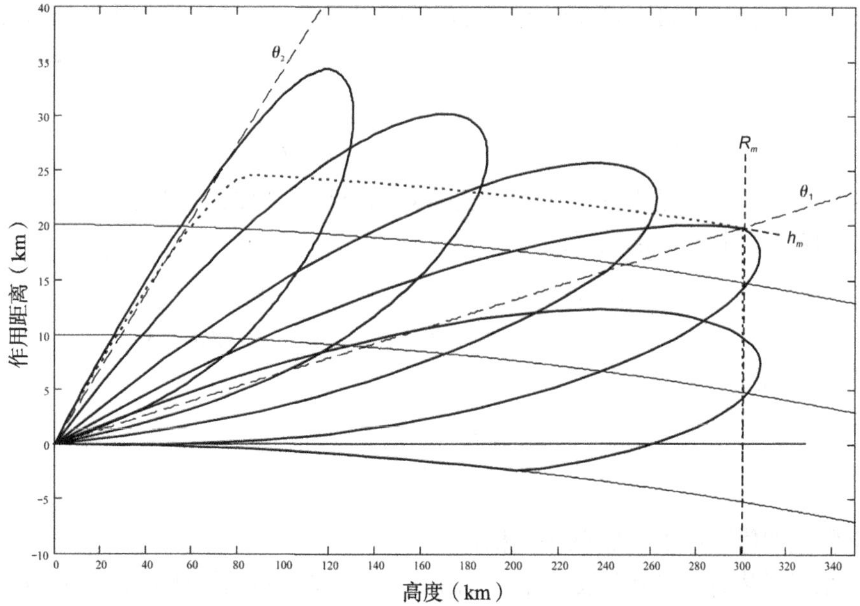

图 7.6　典型的堆积波束三坐标覆盖，采用 csc² 发射方向图，两个全程接收波束及 4 个可变宽度的上波束。覆盖包络是以一个接近于 AN/TPS-70 型雷达的系统画出的，其目标 RCS = 2 m²

7.3.2 驻留时间与波束宽度

对于堆积波束雷达，其驻留时间与方位波束宽度的限制与两坐标雷达一样，且式（7.5）~式（7.7）也适用。

全程接收波束的仰角宽度 θ_{e1}，由用于覆盖从水平方向至 θ_1 扇区的波束数 n_1 及这些波束的间隔 Δ_e 来确定。数目 n_1 选择成能提供所希望的分辨力或孔径高度，而 Δ_e 选择成提供精确的仰角估算及使覆盖包络粗糙度达到最小，如下：

$$\theta_{e1} = \frac{\theta_1}{n_1 \Delta_e} \tag{7.13}$$

式中，$\Delta_e \approx 1$ 是以波束宽度为单位的波束间隔，并假定第 1 个波束轴处于仰角约等于 $\Delta_e/2$ 处。在间隔 $\Delta_e = 1$ 的两个接收波束重叠之处的探测距离是在波束轴线处距离的84%，并且从该间隔或靠近的间隔可得到适当的仰角估算精度。接收波束宽度在角 θ_1 之上通常按照下式变化：

$$\theta_{ei} = \theta_{e1} \frac{\sin\theta_i}{\sin\theta_1}, \quad n_1 < i \leqslant n_x \tag{7.14}$$

这允许在保持恒定的高度分辨力与精度时避免形成太多的接收通道。波束 $n_1 + 1$ 的仰角与宽度被选取，使包络在仰角 θ_1 处与全程覆盖范围一致。可迭代地确定其余波束的值直到波束 n_x 达到上覆盖范围极限 θ_2 为止。当发射采用 $X_t = 2$ 时，相应于式（7.14）的接收增益 $\csc\theta$ 而变化，这对应于覆盖包络 $\csc^{1.5}\theta$ 且对高仰角目标有改善的探测性能。另一方面，对 $\csc^2$ 包络，发射增益可采用 $X_t = 3$，L_{cs} 减小到 3/2（或 1.76 dB）的最大值而不是前面的值 2（或 3 dB），如图 7.3 所示。

7.3.3 孔径面积与平均功率

堆积波束三坐标雷达最大可允许的接收孔径面积可比式（7.10）所给出的两坐标雷达的增大 $\Delta_e n_1 L_{cs}$ 倍：

$$A_{r\max} = \frac{\lambda^2 \Delta_e \Delta_a n_1}{\theta_a \theta_1 L_n} \leqslant \frac{\lambda^2 \Delta_e \Delta_a n_1 t_s L_{cs}}{\psi_s n_{\min} L_n t_r} \tag{7.15}$$

因此，损耗 L_{cs} 在有效覆盖范围扇区内表现为有效孔径面积增加，而不是减少。

所需平均功率用相同的倍数降低

$$P_{av\min} \geqslant \frac{4\pi R_m^4 \psi_s^2 k T_s D_0(1) L_s L_n n_{\min} t_r}{\lambda^2 \Delta_e \Delta_a n_1 t_s^2 L_{cs} \sigma} = E_0 \frac{4\pi R_m^4 \psi_s^2 L_n n_{\min} t_r}{\lambda^2 \Delta_e \Delta_a n_1 t_s^2 L_{cs} \sigma} \tag{7.16}$$

功率 / 孔径比 X_{pa} 和最佳波长为

$$\lambda_{\text{opt}} = R_m \left(\frac{\psi_s}{t_s}\right)^{3/4} \left(\frac{L_n n_{\min} t_r}{\Delta_e \Delta_a n_1 L_{cs}}\right)^{1/2} \left(\frac{4\pi E_0}{\sigma X_{pa}}\right)^{1/4} \tag{7.17}$$

它比两坐标雷达的值减小 $\Delta_e n_1 L_{cs}$ 的平方根倍。

这些关系式意味着，如果杂波条件许可的话，在两坐标雷达最佳（或实用）波长为 λ_2 时，它所提供的覆盖空域可用工作于 $\lambda_3 = \lambda_2/\sqrt{\Delta_e n_1 L_{cs}}$ 的推积波束三坐标雷达提供。如果采用两个全程波束，对图 7.6 覆盖范围用式（7.17）的结果为 $\lambda_{\text{opt}} = 0.1$ m。一些工作于 S 波段与 L 波段的远程三坐标雷达的研制都是以这个关系式为理论上的支持的。但是，雨杂波抑制的需要促使采用更长的波长。

7.3.4 堆积波束三坐标雷达中杂波方面的考虑

堆积波束系统在每个仰角波束位置中提供多个脉冲，因此，杂波方面的考虑相似于两坐标雷达的情况。在本节开始提到的三坐标优点是适用的：表面杂波只是在堆积波束中的第一个波束中表现为最强烈，而在上波束中由于接收副瓣电平而减弱。在每个窄的接收波束中降雨空域受到抑制，同时也在上波束中压缩了距离范围，这样对超过杂波高度的目标就减小了干扰。体杂波的频谱扩展也减少了，条件是从较高的高度没有距离模糊的杂波（见图3.24）。这些因素是否允许采用使功率/孔径比最佳化的更高的频率，取决于环境的具体情况。

7.3.5 远程堆积波束三坐标雷达的实例

AN/TPS-70

西屋公司（现为诺斯鲁普–格鲁曼公司）的AN/TPS-70是一部堆积波束监视雷达（见图7.7），已部署于世界各地，并在不断进行改进。其原型（见图4.35）的覆盖范围如图7.6所示，参数列于表7.2。该雷达采用缝隙波导平板阵列，其特点是超低的方位副瓣，这是采用高度锥削的函数设计，以及在36根水平波导中加工辐射缝隙时保持严密的公差所实现的。

图7.7 AN/TPS-70堆积波束三坐标雷达

表7.2 AN/TPS-70参数

频率	S波段	峰值功率	3.5 MW
脉宽	6.5 μs	PRF	250 Hz~275 Hz
平均功率	6.2 kW	发射天线增益	34 dB
方位波束宽度	1.6°	发射仰角波束宽度	5°, csc^2至20°
仰角波束数	6	接收仰角波束宽度	2.3°~6°
接收天线增益	38 dB~34 dB	有效孔径面积	5.0 m^2
旋转速率	6 r/min	极化	水平
全程仰角扇区	5°	最大仰角	20°
搜索立体角	0.75 sr	最大作用距离（P_d = 0.75，1.7 m^2）	300 km
噪声系数	2.5 dB	信号带宽	2 MHz
每次驻留脉冲数	12	处理方式	MTI

资源来源：[8]

上述综合过程的应用，采用图 7.6 的覆盖范围及表 7.2 列出的 $L_s = 50$、$t_s = 10$、$n_{min} = 12$，确认了系统的波束宽度、孔径面积与平均功率（在约 1 dB 内）。利用式（7.1）的分析给出了 2 m^2 目标的作用距离为 294 km。

雷达的原始型不能抑制降雨杂波，因为没有用圆极化，且基本的盲速只有 13 m/s。认识到这个局限性后，改进的设计采用了较高的PRF及在所有波束内采用MTD处理，在这种模式下，用填补脉冲来确保距离模糊杂波的抵消，用PRF分集来填补盲速，并采用了抑制距离模糊目标回波的措施[8]。其他改进包括：如图 7.7 所示的较高的天线，以及在射频波束形成网络的输入端插入低噪声接收放大器来避免功分器的损耗与降低系统的噪声温度。

ARSR-4

第二个堆积波束雷达的实例是ARSR-4远程L波段雷达，它也是西屋公司研制的，用于美国空中交通管制及防空系统[9]。该雷达采用由固定相位阵列馈电的反射面（见图4.30），以产生两组各 5 个仰角波束。低堆积波束的 5 个波束覆盖 –1° ~ 5°，高堆积波束采用较宽的波束来重叠 5° 的波束，并将覆盖范围扩展到 30°（见图 7.8）。为远程覆盖采用平均为 4.6 ms 的参差 PRI，从而在每个低波束位置上有 10 个脉冲。在较长的PRI寂静时间内对较高的堆积波束进行发射，不增大所需的驻留时间就能在每个高波束位置上得到平均 3 个脉冲。

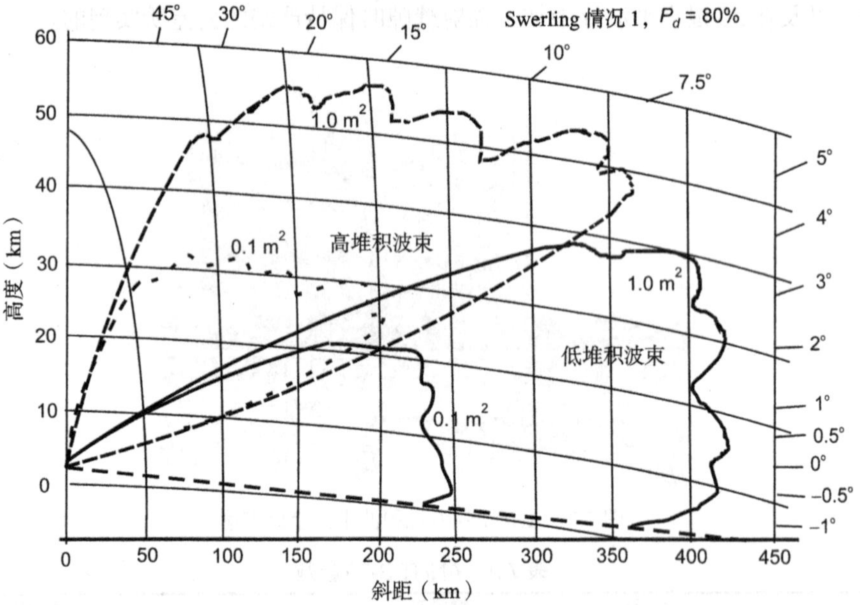

图 7.8 ARSR-4 雷达的垂直覆盖范围

在含有降雨杂波的那些方位扇区内，采用圆极化来获得大于 18 dB 的杂波抑制。用圆极化抵消之后，在 185 km 处 10 mm/h 雨的 RCS 为 0.007 m^2，使得可探测 1 m^2 目标。这就允许 8 脉冲多普勒槽口滤波器中心保持在表面杂波速度的位置上。以这种方法，尽管盲速低至 25 m/s，仍可获得充分的杂波抑制。来自鸟群的回波，可以通过以它们真实的径向速度为标记将它们排除。径向速度是通过观察多个 PRI 参差脉冲之间的相移来测出的。

7.3.6 脉冲内扫描的三坐标雷达

堆积波束三坐标雷达的另一实现方法可避免复杂的射频波束形成网络,并能提供目标波束之外所产生杂波的双路副瓣降低。利用频率灵敏天线在每个脉冲上扫描全部的仰角扇区,而不是以脉冲至脉冲序列为基础来扫描。虽然“脉冲内扫描”这个术语用于这种类型的雷达,但除了配合较窄的两路波束方向图所需靠近的波束间隔之外,覆盖范围与驻留时间上的考虑和堆积波束系统的考虑是一样的。

频扫天线(见图4.20)在仰角馈线的两个辐射口之间放置一个附加长度为s的波导,扫描灵敏度为

$$\frac{\mathrm{d}\theta}{\mathrm{d}f}=\frac{1}{f\cos\theta}\left(\frac{s\lambda_g}{\lambda d}-\sin\theta\right)\approx\frac{s\lambda_g}{dc}\approx\frac{1.4s}{fd} \tag{7.18}$$

式中,λ_g是波导的导内波长,d是阵列两行之间的间隔,对常用波导尺寸的选择,这个近似表达式适用于接近宽边的扫描。对应于仰角波束宽度θ_e扫描的频率增量为

$$\Delta_f=\theta_e\frac{dc}{s\lambda_g}\approx\theta_e\frac{fd}{1.4s} \tag{7.19}$$

采用典型值$s/d\approx10$,波束宽度$\theta_e=1.5°=26$ mrad是由延续在$\Delta_f/f\approx0.002$(相当于在S波段上的6 MHz)的脉冲段来照射的。频率扫描的范围与速率被调节成,在指定的仰角扇区能提供全堆积波束的覆盖范围,而每个波束上的能量与扫描速率成反比。一部宽带低噪声前置放大器并联接收来自所有波束的信号。经适当地放大以确定噪声温度之后,将信号分隔进入对应于各个波束的窄带通道内,然后传到以后进行处理的各级。

接收到的来自处于仰角通道中心的目标信号被双路波束方向图锥削,因此在该通道内的匹配滤波器产生一个受到波束形状损失抑制的信噪比,这是相对于同一脉宽恒定频率的脉冲而言的。处于偏离接收通道中心的仰角上的目标,产生一个跨骑损耗,但提供一个额外的有间隔$\Delta_e<0.8$波束宽度的重叠接收通道,就可使这个损耗最小。

这种方法的实例是普列赛公司(现名为西门子普列赛公司)的AR-320雷达。该雷达采用脉内扫描来覆盖每个脉冲上的整个仰角扇区,并在阵列中每行采用移相器来提供每个波束的频率分集覆盖[10]。主发射由在波段上非线性扫描的长脉冲组成,按覆盖范围包络的需要来分配所发射的能量。每个接收波束通道采用与在指定波束位置内辐射并接收的频扫段相匹配的脉压。在较高的PRF上发射较短的脉冲,它与提供最大作用距离的覆盖包络的高能脉冲分时发射。这些短脉冲也为MTI处理覆盖整个仰角扇区。为工作于不同的干扰环境采用不同的波形模式。

7.5节将讨论频率灵敏阵列在不同频率上的子脉冲,及改变覆盖扇区的移相器的其他组合。

7.4 波束扫描的三坐标监视雷达

堆积波束三坐标雷达采用的天线与接收机/处理器历史上的高成本,使得一些雷达设计师采用波束扫描的方法。在这种方法中,发射与接收都是用单个窄波束在覆盖空域内进行光栅式扫描来完成的。当用于多功能阵列雷达(简称MFAR)时,所需的扫描速率由两个坐标上的电扫来保证,或者在监视雷达中由仰角电扫而方位机扫来保证。为了适应特定的覆盖包络与杂波

环境，波束宽度、峰值功率、脉冲宽度、脉冲重复间隔及每次驻留内的脉冲数目都是可变的。变量的数目与现代的改变波形与天线参数的数字控制系统的灵活性，都为设计师提供了多种选择，但是因此很难建立通用的模型和进行性能分析。然而，有一些基本的制约关系适用于这些系统，不管它们是专用的监视雷达，还是 MFAR 的部分模式。

7.4.1 扫描的波束驻留时间与波束宽度

覆盖范围的要求并不依赖于实现的方式，因此对于堆积波束与波束扫描系统都是一样的。图7.9绘出了典型的对空监视覆盖范围，其中$n_1=4$个全程波束的间距为一个波束宽度（$\Delta_e=1$），并由增加了波束宽度的7个上波束来补充。功率–孔径与帧时间的要求与两坐标堆积波束雷达的相同，如 7.2 节与 7.3 节所述。

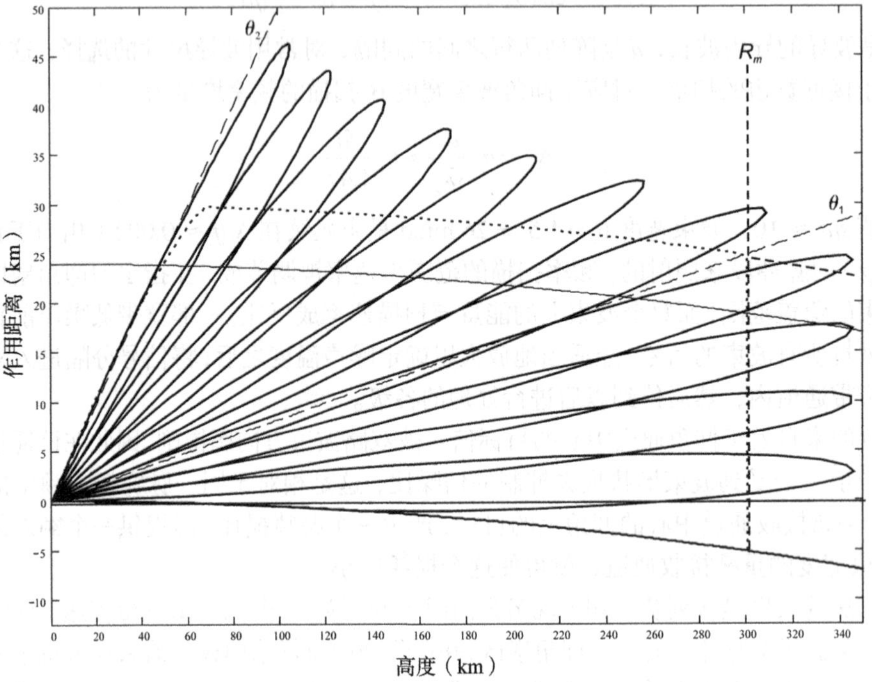

图 7.9 典型的扫描波束三坐标覆盖，采用 4 个全程波束与 7 个可变宽度的上波束

在有些情况中，定义了远程与近程搜索扇区，而高角度覆盖与MTI只限于近程扇区内。当用极化的脉冲来获取远程探测时，这种方法是必要的，在这种情况下，近程扇区用来覆盖由长脉冲所掩蔽的范围。在近程上用于重复覆盖范围的功率是很小的，但是需要额外的时间。

驻留时间

在方位机扫而仰角电扫的三坐标雷达中，方位驻留时间 t_a 定义为

$$t_a=\frac{t_s\Delta_a\theta_a}{A_m} \tag{7.20}$$

式中接续的仰角扫描线在方位上被$\Delta_a\theta_a$所分隔，时间t_a在n_x个仰角波束中被分摊。接续的仰角扫描在方位上被$\Delta_a\leqslant 1.0$波束宽度的分隔，是提供精确方位角估算与避免太大波束形状损耗所希望的。

仰角波束宽度

两个仰角波束位置之间的间隔通常是$\theta_e \approx 0.8$个波束宽度，它应比堆积波束雷达的小，因为双路方向图在$\theta_e = 1$（如图7.9所示）波束轴值71%的交叉点上降低了探测距离。因此，给定的覆盖范围包络包括了要么是比等效的堆积波束系统更多的波束，要么是更宽的波束宽度或是更大的波束形状损耗。式（7.13）与式（7.14）是适用的。

脉冲重复间隔

全程波束的PRI受到式（7.5）的制约，而为使方位停留时间最短在每个上波束中的PRI要按波束穿过覆盖轮廓的距离成正比地减小。波束宽度随$\sin\theta$变化的结果是在每一个波束内设置一个脉冲所需的总的方位驻留时间，为

$$t_{a1} = t_r n_1 L_{cs} \tag{7.21}$$

式中，L_{cs}是为$\csc^X$或恒定高度覆盖包络（见图7.3）所计算出的波束形状损耗。换言之，如果全程覆盖扇区由L_{cs}扩展，则总的时间等效于所需要的时间。每个波束所发射的能量与$\csc^2$覆盖的波束宽度的平方成反比，或与建立$\csc^{1.5}$包络的波束宽度成正比。改变波束宽度与每个波束中能量的其他方案有，采用发射能量成$\csc^4$锥削的许多最小宽度的波束，采用每个波束具有恒定能量随$\sin^2\theta$变化的波束宽度，以及以在近程上降低高度精度为代价使方位停留时间最小。

在良好的环境中，在具有足够能量的每个波束上只要一个脉冲就够了，但是为了抑制在某些波束中出现的杂波，必须增加额外的脉冲。还有一种方案是，在每个波束上为达到最大作用距离发射一个高能量的脉冲，然后用一串低能量的脉冲、PRI及测量范围来补充，以提供在有杂波区域内进行MTI处理的能力。当杂波延伸到小于全程测量范围的2/3时，这个方案是省时的，并能提供更好的MTI性能。不管采用哪种方案，需要的驻留时间为

$$t_a = t_r\left(n_1 L_{cs} - n_c\right) + \sum_{n_c} t_{rd} n_d = t_r n_{av} n_1 L_{cs} \tag{7.22}$$

式中，t_r是全程PRI，n_c是要求进行MTI处理的那些波束数目，t_{rd}是用于进行多普勒处理的PRI，n_d是每个多普勒处理过的波束的脉冲数目，n_{av}是每个波束全程PRI的平均数目（包括杂波抑制所需的那些）。波束扫描的三坐标雷达的实用性取决于保持小的n_{av}以使方位驻留时间最小，而这又取决于为一个只有少数波束需要适度杂波抑制的环境的进行所设计。当近程扇区重叠在远程覆盖范围上并以填补由长脉冲所遮蔽的区域时，n_c可从括号的项中略去，于是全程波束位置所需的时间成为$t_r n_1$。

允许的方位波束宽度

根据式（7.20）与式（7.22），最小的方位波束宽度为

$$\theta_{a\min} = \frac{A_m t_a}{t_s \Delta_a} = \frac{A_m}{t_s \Delta_a}\left[t_r\left(n_1 - n_c\right)L_{cs} + \sum_{n_c} t_{rd} n_d\right] = \frac{A_m t_r n_1 n_{av} L_{cs}}{t_s \Delta_a} \tag{7.23}$$

这个关系式通常导致孔径的宽度小于其高度。

7.4.2 孔径面积与平均功率

波束扫描三坐标雷达的最大可允许接收孔径面积可由式（7.23）导出：

$$A_{r\max}=\frac{\lambda^2 n_1\Delta_e}{\theta_a\theta_1 L_n}\leqslant\frac{\lambda^2\Delta_e\Delta_a t_s}{\psi_s L_n n_{av} t_r}\tag{7.24}$$

注意，在最后的式子分子中因子n_1没有了，以及最大孔径是两坐标系统式（7.10）中所给定的$\Delta_e\Delta_a n_{\min}/n_{av}$倍。对给定波长与覆盖空域是否可用较大孔径面积，取决于每个波束上最少的脉冲平均数目。

波束扫描三坐标雷达的最小平均功率为：

$$P_{av\min}\geqslant\frac{4\pi R_m^4\psi_s^2 kT_s D_0(1)L_s L_n n_{av} t_r}{\lambda^2 t_s^2\Delta_e\Delta_a\sigma}=E_0\frac{4\pi R_m^4\psi_s^2 L_n n_{av} t_r}{\lambda^2 t_s^2\Delta_e\Delta_a\sigma}\tag{7.25}$$

经济的最佳波长为

$$\lambda_{\text{opt}}=R_m\left(\frac{\psi_s}{t_s}\right)^{3/4}\left(\frac{L_n n_{av} t_r}{\Delta_e\Delta_a}\right)^{1/2}\left(\frac{4\pi E_0}{\sigma X_{pa}}\right)^{1/4}\tag{7.26}$$

7.4.3 波束扫描三坐标雷达杂波上的考虑

在7.3节一开始就提到的三坐标的优越性也适用于波束扫描的系统，而且此时的上波束提供双路副瓣抑制表面杂波。波束扫描方法的主要限制是在多个仰角波束位置上很难为杂波抑制提供多个脉冲，而这正是在空域杂波中探测目标所要求的。

7.4.4 波束扫描三坐标雷达的实例

通用电气公司（现名为洛克希德马丁公司）设计的固态AN/TPS-59就是波束扫描三坐标雷达的一个例子[11]。该雷达的主要参数列于表7.3。图7.10所示的覆盖范围分为远程区与近程区。在正常的模式中，8个远程波束覆盖仰角上升到8°。为了获得560 km的最大探测距离，采用PRI为5.5 ms、由不同频段上的4个250 μs的子脉冲组成的高能脉冲。这种频率分集有助于使探测概率在高于50%时的起伏损耗最小。当采用由全孔径提供的波束宽度时，将脉冲宽度与PRI减小到能提供30 km恒定高度覆盖的值。11个近程波束从水平覆盖到19°，其中3个采用1.6 ms PRI的3脉冲串以保障进行MTI处理，其盲速为67 m/s。在19个波束中的每一个放置一个脉冲，以及在每3个波束中放置2个额外MTI脉冲所需的总时间为50 ms，在这期间，天线转过约0.6个方位波束宽度。

表7.3 AN/TPS–59参数

频率	L波段	峰值功率	46 kW
脉宽	0.18 ms，1 ms	PRF	180 Hz，625 Hz
平均功率	8.3 kW	天线增益	38.9 dB
方位波束宽度	3.2°	仰角波束宽度	1.6°
有效孔径面积	30 m^2	极化	水平
远程仰角波束	8	近程仰角波束数	11
旋转速率	6 r/min	方位驻留时间	89 ms
全程仰角扇区	1.7°	最大仰角	19°
搜索立体角	0.56 sr	最大作用距离（P_d = 0.9，1 m^2）	370 km
噪声温度	540 K	信号带宽	2.5 MHz
方位驻留时间的脉冲数	25	处理	MTI

资料来源：[11]

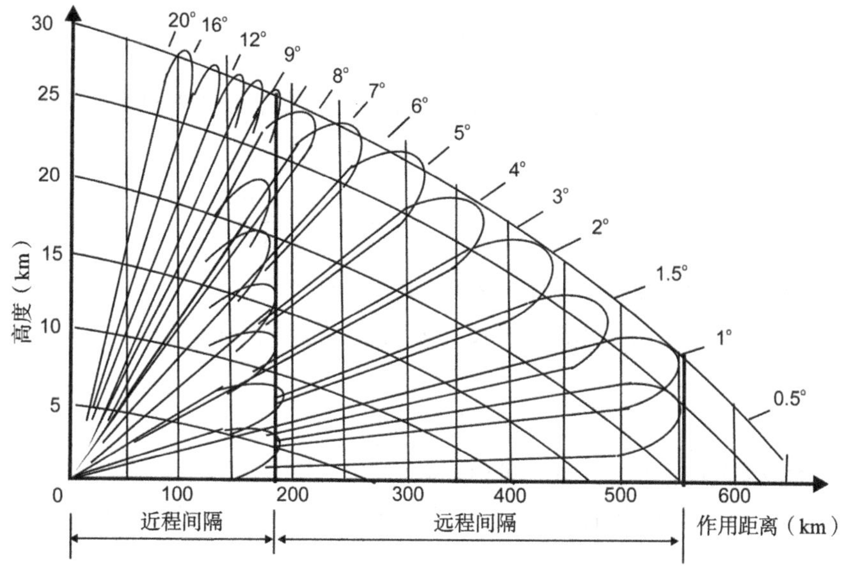

图 7.10 AN/TPS-59 波束扫描三坐标雷达的覆盖范围。注意，在这个图中所画的波束比 1.6° 的仰角波束窄

在参考文献[11]中没有介绍远程扇区脉冲能量与PRI的变化情况，但覆盖图中已指出了当方位角从 1.5° 增至 7° 时两者都会减小。根据占空比限制为 18% 及方位驻留时间的限制，可提供几种工作模式。数字控制为使新模式适应不同的环境提供了灵活性。

由于阵列不能提供圆极化，所以在这种类型的雷达中会出现降雨杂波这样的问题。延伸至 5 km 高度 10 mm/h 的雨在 90 km 距离处在最低波束中产生截面积 $\sigma_c \approx 0.6\ \mathrm{m}^2$。在近程扇区中所采用的高PRF可有效抑制雨，但是在地面杂波也存在的距离上，MTI不可能抑制两种类型的杂波。鸟群与其他活动杂波也引起相似的问题。

AN/FPS-117 雷达采用了类似的技术。方位与仰角波束宽度是相等的，时间的安排与活动杂波抑制的问题基本上类同于 AN/TPS-59。

7.4.5 多功能雷达的搜索模式

多功能阵列雷达（简称 MFAR）

MFAR采用一个扫描波束，通常安排其时间份额 $F_{vs} \approx 0.5$ 来实现空域的搜索。远程扇区用帧时间 t_{s1} 在仰角 θ_{01} 与 θ_{11} 之间延伸到一个恒定的距离 R_{m1}，中程扇区用帧时间 t_{s2} 在仰角 θ_{02} 与 θ_{12} 之间延伸到 R_{m2}。由于初始的MFAR目标探测是立即确认的，并跟踪文件也是立即建立的，所以保持搜索覆盖范围不需要采用 $\csc^2$ 这种类型的覆盖包络。取代的是采用恒定距离扇区，从水平延伸到 θ_{1i}，在该角上无覆盖（$L_{cs} = 1$）。水平扫描有单独的安排，将在 7.6 节讨论。

这种搜索方式所采用的波束宽度通常是从全孔径得到的波束宽度，只是由于偏离侧向扫描时加宽了，并且是由诸如跟踪精度等因子来预先确定的。为了简单起见，假设波束位置在角度上间隔相等，在偏离侧射的角度上提供更大程度的重叠，以部分弥补减小了的增益。在搜索雷达方程（7.1）中的参数可以认为是预先确定的，而不是根据搜索需要推导出来的。假设波束宽度与波长是已知的，则有效孔径面积为

$$A_r = \frac{\lambda^2}{\theta_a \theta_e L_n} \tag{7.27}$$

式（7.2）给出的功率－孔径乘积，现在可用来求出在空域搜索模式下所采用的平均功率 P_{s1} 与 P_{s2}：

$$P_{si} = E_0 \frac{4\pi R_{mi}^4 \psi_{si}}{t_{si} A_r \sigma} = E_0 \frac{4\pi R_{mi}^4 \psi_{si} \theta_a \theta_e L_n}{t_{si} \lambda^2 \sigma} \tag{7.28}$$

式中，ψ_{si} 是空域搜索的立体角，t_{si} 是扇区 i 所用的帧时间。

仰角波束位置数 n_{ei} 是由仰角波束宽度与搜索扇区范围来确定的：

$$n_{ei} = \frac{\theta_{1i} - \theta_{0i}}{\Delta_e \theta_e} \tag{7.29}$$

式中，$\Delta_e \approx 1$ 为波束间隔。方位驻留时间（假定在仰角上快速扫描并采用光栅扫描）由式（7.20）乘以分配给搜索两个扇区时间的分数，并且必须为扇区所规定的MTI处理提供由式（7.22）给出的脉冲数：

$$t_{ai} = \frac{F_{si} t_{si} \Delta_a \theta_a}{A_m} = t_{ri} \left[n_{ei} + n_{ci} \left(n_{di} - 1 \right) \right] \tag{7.30}$$

式中，$\Delta_a \approx 1$ 为侧向的波束间隔。据此，采用预先确定的方位波束宽度，可求出每个扇区所需的时间分数为

$$F_{si} = \frac{A_m t_{ai}}{\Delta_a \theta_a t_{si}} = \frac{A_m t_{ri}}{\Delta_a \theta_a t_{si}} \left[n_{ei} + n_{ci} \left(n_{di} - 1 \right) \right] \tag{7.31}$$

MTI 波束数 n_c 与每个 MTI 脉冲串的脉冲数 n_d 必须受到限制，以使这两个时间分数的总和不得超过分配的 F_{vs}。

从等效于机械旋转三坐标雷达的观点来讨论 MFAR 搜索光栅是方便的，光栅的快速扫描的坐标可以是方位，或者用伪随机形式进行扫描，但式（7.31）仍然适用。

在空域搜索期间，波束间隔的问题已由 Fielding[12]研究过，他指出，尤其当需要高 P_d 时，间隔 Δ_a，$\Delta_e < 1$ 是有利的。减小波束形状损耗（见 9.5.2 节）和对平均功率要求是以增加分配给搜索的 F_{vs} 百分数或帧时间 t_{vs} 获得的，或以减小可用于杂波抑制的脉冲数来获得。MFAR 搜索模式所需的单次扫描 P_d 取决于如何选择帧时间（见 7.2.2 节）。如果采用 Mallett 与 Brennan 方法（导致一个长的帧时间及每波束中的高能量），通常需要 $P_d > 0.5$。在目标进入搜索空域和进行成功探测之间，用较短帧时间并重复扫描可提供在较低 P_d 情况下的满意性能，因此不需要重叠波束。即刻的确认与跟踪的起始通常都是在初始的 MFAR 探测之后，所以这是优选的工作模式。

多用途机载雷达

在许多类型的军用飞机中所用的雷达都有一种与其他功能时间分割的空中监视模式。这些机载雷达无论其天线是相控阵的还是机扫的，都有很相似于地面 MFAR 的特性，包括与其他功能的时间分割、有限的方位扇区、波长及孔径尺寸，以及不顾监视要求预定的波束宽度。它们还和 AEW 雷达一样有由于表面杂波在距离上与多普勒上扩散而引起的一系列制约。上述的面基雷达的综合方法是不能适用的。给定孔径面积，搜索模式所需的平均功率从式（7.28）中

求出，然后用式（7.29）与式（7.30）求出驻留时间。波形与处理方式的选取基于抗表面杂波的需要，通常需要一个中 –PRF 或高 –PRF 脉冲多普勒方式（见 5.4.3 节）。

7.5　混合型三坐标监视雷达系统

作为单个扫描波束与用堆积波束同时覆盖所有仰角这两种方案的折中，演变出了几种三坐标雷达的设计。这些混合型系统在每个波束位置提供更长的驻留时间以保障多普勒处理，但设有全堆积波束方法中所要求的复杂的波束形成网络，而且只有少数的接收机/处理器通道。它们依赖于对频率灵敏的馈电，以在不同频率上使包含子脉冲的单个脉冲产生多波束，或依赖于多波束网络与相位扫描的结合。7.3.6节介绍了提供仰角扇区全堆积波束覆盖的系统。下面介绍的其他结构是利用特定雷达类型作为实例的。

7.5.1　多仰角扇区中的堆积波束

7.3 节所介绍的堆积波束三坐标雷达将覆盖范围分成一个全程（低）扇区和一个缩短距离（高）扇区，在这两个扇区中采用了恒定仰角或 $\csc^x$ 轮廓线。在低与高扇区内采用了不同的波束宽度与处理方式。有些雷达是利用含有少量波束的波束堆积按顺序覆盖这两个（或更多个）扇区。对于已定方位驻留时间而言，每个波束的脉冲平均数比单个扫描波束增加了，增加数接近于覆盖每个扇区堆积的波束数。由于PRI是由扇区中最低波束已测量距离来设定的，所以PRI与覆盖包络的匹配比采用单个扫描波束时粗糙些，脉冲数随稍小于堆积波束数的一个因子而增加。与单波束系统相比，时间预算的制约仍然相当放松。

使用这种技术的一个实例是AN/SPS-48，其仰角覆盖范围分为3个扇区。仰角波束宽度为 1.5°，能堆积 10 个波束，在 –3 dB 电平处相交可覆盖 15° 的仰角扇区。3 个这样的扇区可提供 45° 的仰角覆盖。波束是由频率跃变的子脉冲产生的，其持续期在一个脉冲内及两个扇区之间是可变的，以与所需的能量分布相匹配。在上部扇区中也能减小峰值功率，以适应能量的要求。

第二个实例是法国汤姆逊 –CSF 公司（现名为 Thales）的 TRS-2230 系统[13]。在这部 S 波段雷达中，每个堆积是由把不同频率的3个子脉冲加到色散馈电网络上而产生的3个同时波束组成的。与单波束系统相比，在每个波束位置可利用的脉冲数增加了3倍。无偏移方位馈电网络与用移相器的仰角扫描对所有波束位置都保证频率捷变。仰角馈电网络产生和差波束供单脉冲测量用。对于一个平板阵列，不寻常的是这种雷达具有圆极化天线，以提供在S 波段工作所必需的雨杂波抑制。

7.5.2　多重扫描波束

Alenia 公司（现名为 Alenia 马可尼系统）的 RAT-31-SL 雷达[14]在仰角上产生 3 个独立扫描的波束，使每个波束的脉冲数提高 3 倍。方位波束宽度为 1.5°，仰角波束宽度在 0° 至 6° 的扇区内为 1.5°，在覆盖 6° 至 21° 扇区的 4 个波束内仰角波束宽度增加至 3°、3°、4° 与 5°（利用在 –3 dB 电平处的相交）。方位扫描为 5 r/min，方位驻留时间为 50 ms，在这个期间，在 3 个波束通道中的每一个有 20 个 2.5 ms 的间隔，以分布在 8 个仰角波束位置之中（f_r = 400 Hz，n_{av} = 7.5）。为了更好地抗杂波，其中某些间隔可用于降低PRI的MTI脉冲串。

7.6 地平线扫描

对刚好在地平线之上的一个窄的仰角扇区进行扫描，可对在雷达探测距离内的在水平线之上升起入侵的空中、弹道或卫星目标提供预警。覆盖空域由图7.2的扇形波束探测距离R_m、方位扇区宽度A_m与任意仰角波束宽度θ_e来确定。雷达中采用水平线扫描模式以探测远程弹道导弹，确定敌方火炮或迫击炮连队的位置，在专用的捕获雷达中用于地对空导弹（SAM）系统，以及用MFAR的监视模式来对较高目标进行搜索上的补充。

地平线扫描是两坐标搜索的一种特殊情况。对具有大垂直速度分量的弹道目标对帧时间的制约不同于水平飞行的飞机目标。帧时间还受到目标出现的最小距离的影响。

7.6.1 帧时间与仰角波束宽度

搜索帧时间t_s是由仰角波束宽度θ_e与目标从地平线升起时的最大仰角速率ω_t确定的。为了确保对起伏目标的探测，通常的做法是对远程目标进行几次扫描，但有一个限制，即对于作用距离$R_{\min}$处出现的高SNR的目标至少进行一次扫描：

$$t_s = \frac{\theta_e}{n_s \omega_t} \geqslant \frac{\theta_e R_{\min}}{v_t \sin\alpha} \tag{7.32}$$

式中，n_s是扫描次数，v_t是目标速度，α是相对于波束轴的速度矢量角。注意，对已给定的目标轨道，为了提高天线增益而使仰角波束变窄需要减小帧时间，以维持用于探测的信号能量不变。因此，仰角波束宽度经常选成能提供所需的跟踪精度，而帧时间则设置成满足式（7.32）的要求。对空中飞行器、地平线之外发射的导弹与卫星，$R_{\min} \approx R_h$，适用目标高度h_t的水平距离为

$$R_h = R_{hr} + R_{ht} = \sqrt{2ka}\left(\sqrt{h_r} + \sqrt{h_t}\right) \approx 4124\left(\sqrt{h_r} + \sqrt{h_t}\right)\ \text{m} \tag{7.33}$$

式中，R_{hr}是雷达天线至地平线的距离，R_{ht}是目标至地平线的距离，$ka \approx 8.505 \times 10^6$ m是对大气层内目标的有效地球半径。有些目标例如由雷达视距内发射的炮弹之类目标，此时$R_{\min} < R_h$，这需要比目标在地平线上出现时更快的扫描。低仰角传播效应（见图6.17）也会降低$R_{\min}$。

当用减小帧时间来覆盖近程出现的目标时，在最大作用距离上以相同速度出现的目标在其通过波束时受到一次以上的扫描，这需要扫描间的积累来恢复探测的可用能量（见2.3.4节）。

一旦帧时间由式（7.32）确定后，分析就按7.2.2节至7.2.6节所述的过程进行。当仰角速率ω_t（对于低空目标而言）很低时，式（7.32）不适用，于是就按7.2.1节求出帧时间。如果目标在式（7.32）所确定的帧时间内穿过搜索区域大约探测距离十分之一，则该方法就可以使用。

7.6.2 典型的水平线扫描问题

水平线扫描过程可用两个例子来说明：一是炮位侦察雷达，另一是战术导弹防御雷达。假定这两种雷达的精度要求都需要一个仰角波束宽度$\theta_e = 1^\circ$，如果是在前沿作战时，假定方位扇区$A_m = 90^\circ$。

炮位侦察雷达

对在20 km处地平线之上升起的远程炮弹$\sigma = 0.001$ m²，以及从距雷达4 km位置发射的RCS相同的82 mm迫击炮弹，要求雷达探测概率达99%。炮弹在与地平线夹角成10°处具有的

速度为 400 m/s。迫击炮弹在与地平线夹角成 60° 处的炮口速度是 200 m/s。结果得到仰角速率 $\omega_t = 43$ mrad/s。由式（7.32），得到 $t_s = 0.4$ s，这个帧时间必须也用于计算炮弹所需的功率与孔径要求。然而炮弹仅以 3.5 mrad/s 的速率上升，它在仰角波束宽度内的停留多达 12 次扫描。对这个例子，假定需要相同的能量 $E_0 = 5.5 \times 10^{-18}$，每次驻留 36 个脉冲，工作于测量距离 $R_x = 30$ km 与占空因子为 5%，工作在 X 波段（$\lambda = 0.032$ m）。

按照 7.2 节所介绍的步骤，用两坐标综合与分析的方法：

帧时间 $t_s = \theta_e / n_s \omega_t = 0.017/0.043 = 0.04$ s

PRI $t_r = (2R_x/c)[1/(1 - D_u)] = (60 \times 10^3/3 \times 10^8)[1/(1 - 0.05)] = 0.21$ ms

驻留时间 $t_o = n_{\min} t_r = 36 \times 2.1 \times 10^{-4} = 7.6 \times 10^{-3}$ s

方位波束宽度 $\theta_a = A_m t_o / t_s \Delta_e = 0.5\pi \times 7.6 \times 10^{-3}/0.4 \times 0.08 = 0.037$ rad

孔径面积 $A_{r\max} = \lambda^2/\theta_a \theta_e L_n = 0.032^2/0.037 \times 0.017 \times 1.3 = 1.2$ m^2

由式（7.11）得到的平均功率 $P_{av} = 613$ W

功率 / 孔径比 $P_{av}/A_r = 502$ W/m^2

由式（7.12）得到 800 W/m^2 时的最佳波长 $\lambda_{opt} = 0.025$ m

如果系统换用 C 波段（$\lambda = 0.055$ m），则它将用 $A_r = 3.6$ m^2，$P_{av} = 207$ W，得到功率 / 孔径比为 57 W/m^2，更适用于固态发射机。

ATBM 雷达

对于在 800 km 距离处发射并瞄准雷达附近阵地的 $\sigma = 0.1$ m^2 的弹道导弹，这部雷达要求探测概率为 99%。目标以仰角速率 $\omega_t = 1.8$ mrad/s 在 760 km 距离处越过地平线。如果 SNR 高得足以保证进行一次扫描就可完成探测，则由式（7.32）得出的帧时间可长达 9.6 s。对目标假定的形式不敏感的一种较为保守的方法是采用 $n_s = 4$，$t_s = 2.4$ s，并且根据式（2.31），以 $P_d = 0.44$ 的 4 次扫描检测，积累起所需的高探测概率。假定工作于 S 波段（$\lambda = 0.1$ m），测量距离 $R_x = 1000$ km，占空因子为 5%。

按照 7.2 节所介绍的步骤，两坐标综合与分析如下：

帧时间 $t_s = \theta_e / n_s \omega_t = 0.017/0.0018 = 2.44$ s

PRI $t_r = (2R_x/c)[1/(1 - D_u)] = (2 \times 10^6/3 \times 10^8)[1/(1 - 0.05)] = 0.007$ s

驻留时间 $t_o = n_{\min} t_r = 1 \times 0.007 = 0.007$ s

方位波束宽度 $\theta_a = A_m t_o / t_s \Delta_e = 0.5\pi \times 0.007/2.4 \times 0.8 = 0.0056$ rad

孔径面积 $A_{r\max} = \lambda^2/\theta_a \theta_e L_n = 0.1^2/0.0056 \times 0.017 \times 1.3 = 78$ m^2

由式（7.11）得出的平均功率 $P_{av} = 33$ kW

功率 / 孔径比 $P_{av}/A_r = 425$ W/m^2

由式（7.12）得出的最佳波长（800 W/m^2 时）$\lambda_{opt} = 0.085$ m

如果系统改用 C 波段（$\lambda = 0.055$ m），则将采用 $A_r = 24$ m^2，$P_{av} = 110$ kW，得到功率 / 孔径比为 5 kW/m^2，远远高于最佳值。如果要求雷达是可移动型的，则必须采用 X 波段，但是孔径面积将是 $A_r = 8$ m^2，平均功率将超过 300 kW。

7.7 海用导航雷达

海用导航雷达在世界各地正在使用的所有雷达中占很大份额。根据国际上的条例，它们是绝大多数舰船必须具备的，并且它们的应用已延伸到私人操作的小型船舶上。这种雷达所保证的基本功能是避免与其他船只碰撞及对固定的水面目标与水下目标（后者通过陆地特征与导航标志观察）导航。关键的要求是在适当的距离上能够探测诸如浮标与贴近水面的小型船舶那样的目标，并且要有足够的空间分辨力以识别与精确定位相对于观察者本身船只固定的及运动的目标。多普勒频移不能用于对目标的选择。在某些地点，陆基雷达类似于大型舰载导航雷达，为防御与执行法律对航运管制或监视水域提供帮助，这些陆基雷达不像舰载雷达那样受到同样制约，但它们通常都是由已设计好与已生产出的舰用设备经过改装的。

导航雷达可工作于 S 波段（在恶劣气候条件下工作的大型舰船上的远程系统 f_0 = 3.0 GHz ~ 3.1 GHz），也可工作于 X 波段（用于小型船舶或大型舰船上高分辨力系统 f_0 = 9.33 GHz ~ 9.50 GHz）[15]。已部署了少量的 C 波段系统，它们具有这两个波段特性之间的特性。

7.7.1 搜索空域的定义

海用导航雷达是两坐标监视雷达的一种特殊情况，它采用的扇形波束宽度不取决于潜在目标位置的离散，而取决于从受纵摇与横摇影响的平台观察水平视距的要求。天线通常是一根水平隙缝波导，外加一个仰角张口的扇形喇叭，使其有仰角波束宽度 $\theta_e \approx 20°$。采用方位机扫360°。因此，在没有特定系统详细参数的情况下，可以假定：

$$\theta_e = 0.35\ \text{r} \qquad A_m = 2\pi\ \text{r} \qquad \psi_s = 2.2\ \text{sr}$$

搜索距离对于不同的目标可为0.3 km ~ 50 km，这取决于操作员对显示器量程的选取以及雷达的尺寸与功率。

7.7.2 驻留时间与方位波束宽度

为了保证目视或计算机导航，海用导航雷达的旋转速率通常为 15 r/min~30 r/min (t_s = 2 s~4 s)。在桅杆或舰船等高的结构上进行安装并且在安装的物理限制条件下，孔径应制作得尽量宽，或宽度限制于较小船舶的成本。方位波束宽度取决于天线宽度与频段，通常是1°~3°，对于天线宽度 w = 2 m 的 X 波段系统采用较小的值，而 w < 1 m 的小型船舶的 X 波段系统采用较大的值。

由于较大型天线的旋转速率通常是最低的，因此大多数系统的驻留时间为

$$t_o = \frac{t_s\theta_a}{A_m} \approx \frac{4\times 0.018}{2\pi} \approx 0.01\,\text{s} \tag{7.34}$$

如果 PRF 确定在 500 Hz 与 6000 Hz 之间[15]，虽然累积对杂波背景是无效的，但总有多个脉冲可用于累积以对付噪声。

7.7.3 海用导航雷达的雷达方程

由式（7.2）给出的对功率-孔径乘积的要求，确定了在远距离上探测接近地平线目标的海用雷达的最小平均功率。由于其在探测接近海面通道上的目标是极其重要的，所以此处包括了方向图传播因子 F 作为一个明显写出因子，而不是隐藏在搜索损耗 L_s 内：

$$P_{av\min} \geqslant E_0\frac{4\pi R_m^4\psi_s}{A_r t_s F^4\sigma} \approx 9.7E_0\frac{R_m^4 K_\theta L_n}{\lambda w t_s F^4} \tag{7.35}$$

存在于绕射区域之上的低角路径的方向图传播因子可利用式（6.14）与式（6.27）表示为

$$F = 2\left|\sin\left(\frac{2\pi h_r' h_t'}{R\lambda}\right)\right| \approx \frac{4\pi h_r' h_t'}{R\lambda} \tag{7.36}$$

式中，h_r' 与 h_t' 是与镜像点成正切的平面之上的雷达与目标的高度，利用了式（6.23）的地球球面几何结构，且近似式适用于第一个反射波瓣峰值之下的目标（$R > 6\,h_r'h_t'/\lambda$）。将式（7.35）与式（7.36）合并，得到

$$P_{av\min} \geqslant 0.6E_0 \frac{R_m^4 K_\theta}{w\lambda t_s}\left|\sin\left(\frac{2\pi h_r' h_t'}{R_m\lambda}\right)\right|^{-4} \approx E_0 \frac{R_m^8 \lambda^3 K_\theta}{wt_s\left(2\pi h_r' h_t'\right)^4} \tag{7.37}$$

式中，后面的近似式适用于第一个反射波瓣峰值之下的目标。这样，对于观察接近地平线的低目标（例如，浮标与小型冰岩），所需的发射机功率随着距离的 8 次方、波长的立方成正比变化，而随着正切平面上雷达与目标高度的 4 次方成反比变化。这种关系说明了优选 X 波段作为海用雷达频率的原因。

由于 X 波段系统受气象影响有衰减与杂波的缘故，国际上大型舰船都必须载有 X 波段与 S 波段两种雷达。大雨（例如，30 mm/h）在 X 波段产生的衰减系数为 1.6 dB/km，而在 S 波段仅为 0.07 dB/km。碰撞的避免要求在 R_m = 10 km 之外能够可靠地探测到低的船舶，这是在下雨环境中 S 波段雷达的一个重要优点。

7.7.4　远程海用导航雷达的实例

海用雷达的实例是两部雷声公司的系统，其参数列于表 7.4。对于 10 m² 的目标，这两个系统的自由空间探测距离分别为 R_m = 16.3 km 和 26.7 km。在雷达安装在大型舰船吃水线以上 20 m 处，目标是小型汽艇，其 RCS 为 10 m²，并在水面上 3 m 的情况下，SNR 与作用距离的关系如图 7.11 所示。虽然 S 波段系统有较大的自由空间作用距离，但是当考虑到传播因素时，其作用距离仍稍不如 X 波段系统。但是，在 10 mm/h 降雨情况下，S 波段系统有大的优势，其在传播因素限定的 11 km 探测距离上具有几分贝的信杂比（简称 SCR），而 X 波段系统在 3 km 距离之外则有负的 SCR。采用 0.5 μs 脉冲在两个系统中都能提供大 3 dB 的 SCR，而不改变它们的相对性能。

表 7.4　海用导航雷达参数

	1650/9XR 型	1660/12SR 型
频率（GHz）	9375	3050
峰值功率（kW）	50	60
脉冲宽度（μs）	1	1
PRF（Hz）	900	900
平均功率（W）	45	54
孔径宽度（ft）	9	12
方位波束宽度（°）	0.9	1.8
天线增益（dB）	30	28
旋转速率（r/min）	33	33
噪声系数（dB）	10	10

注：脉冲宽度与 PRF 为最大作用距离模式时的值。

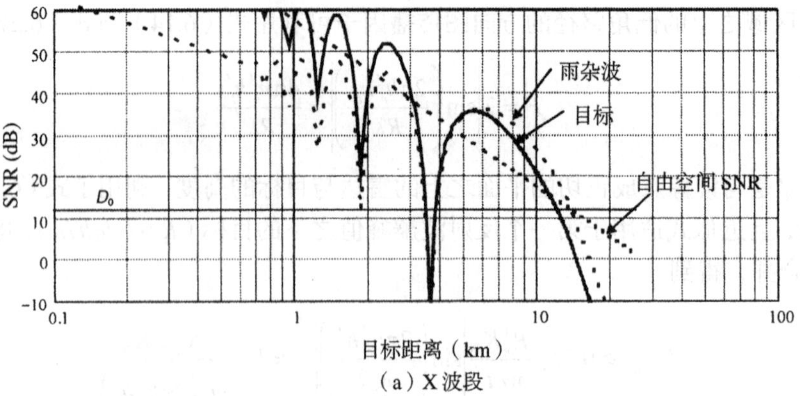

（a）X 波段

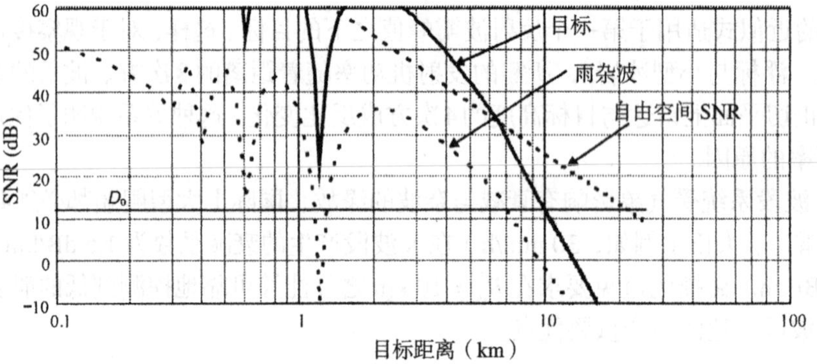

（b）S 波段

图 7.11 传播与降雨对工作于 X 波段与 S 波段的典型海用导航雷达的影响，$h_r = 20$ m，$h_t = 3$ m 及 $r = 10$ mm/h

7.8 表面监视雷达

表面监视不同于空中与空间监视，有如下几方面：

（1）从已知的雷达位置看，表面的雷达坐标数据是确定的，并可用这些数据对单个波束编程来进行有效的搜索；

（2）表面“杂波”总是存在的，并且可以代表目标；

（3）目标通常被辨明为一个两坐标图像，而不是用超过探测门限的幅度来辨明。

本节提出适用于海面监视的雷达方程，还归纳了主要雷达方面的应用的分辨力问题。

7.8.1 战场监视

战场监视雷达是海用导航雷达的陆地对应型，并且共享了很多该雷达的特性。但是，除了车载系统之外，仰角波束宽度不受平台纵摇与横摇的影响，而受天线尺寸的物理制约，方位波束宽度也受天线尺寸限制，但正前方作战所感兴趣的方位扇区限制到约 90°。方位扫描速率比海用和对空监视雷达要低，地形遮掩将限制有效的作用距离，并且杂波问题更大。由于有限的作用距离与天线尺寸的限制，人们优选 X 波段与毫米波段。广泛应用多普勒处理来选择感兴趣的目标。

搜索问题的定义

战场雷达感兴趣的目标主要是军队、陆地车辆与直升飞机。搜索空域由方位扇区宽度A_m、由限定的天线高度h所产生的仰角波束宽度$\theta_e = K_\theta\lambda/h$，以及所需的作用距离$R_m$来规定。对陆地车辆（$\sigma \approx 10\ \text{m}^2$）所需的作用距离通常是$R_m \approx 10$ km，对单兵（$\sigma = 0.5\ \text{m}^2$）通常$R_m \approx 1$ km。在适合于感兴趣的目标速度的帧时间t_s内搜索该空域，目标速度可从偷越的军队的不到1 m/s变化到直升机的50 m/s左右。陆地目标典型的帧时间是10 s ~ 20 s。

战场雷达的搜索雷达方程

孔径尺寸w与h在物理上受到需要在或靠近战场前沿处作战的限制。可直接用搜索雷达方程（7.1），将$\psi_s = A_m\theta_e = A_mK_\theta\lambda/h$与$A_r = wh\eta_a$代入，式中$\eta_a \approx 0.4$为孔径效率。波长选成能满足输出数据精度所要求的角分辨力，所需的功率为

$$P_{av} = E_0 \frac{4\pi R_m^4 K_\theta \lambda A_m}{t_s \sigma h^2 w \eta_a} \tag{7.38}$$

战场雷达的灵敏度参数通常是$E_0 > 10^{17}$，天线不通过低噪声射频放大器而是直接向混频器馈电。例如，用天线0.3 m × 0.15 m对10 km距离的车辆定位，在K_u波段只需小于1 W的平均功率。近程雷达可用的相当长停留时间与高-PRF可为相干积累与多普勒过滤提供很多脉冲。对这种低平均功率电平，采用FMCW雷达也是一种有吸引力的选择。

最佳波长

可求出最佳波长为

$$\lambda_{\text{opt}} = h^3 \left(w\eta_a\right)^2 \frac{t_s \sigma X_{pa}}{4\pi E_0 K_\theta A_m R_m^4} \tag{7.39}$$

上述所举例子的雷达约为0.1 m。但是，使用小天线时对分辨力的要求通常比大型雷达需要更短的波长与更小的功率/孔径比。

传播与气象效应

甚至在K_u或K_a波段，也有对低置战场雷达（$h_r < 10$ m）传播因子的问题。为了覆盖10 km以上的距离，如有可能就优选将雷达放在小山上的位置。在K_a波段，作用距离在雨速率超过1 mm/h时严重地受到衰减系数大于1 dB/km的限制。图7.12展示出了传播与降雨对一部典型的低置K_a波段战场雷达的影响，该雷达的自由空间探测距离为9.6 km，但无雨时传播因子将使距离降低到7.1 km。10 mm/h的降雨衰减将使距离降低到4.7 km，虽然雨回波用多普勒处理很容易抑制。

7.8.2　具有实孔径的机载表面监视

机载表面监视雷达用于反潜作战、对陆地与海面上其他表面目标的定位，以及在陆地表面上导航。为此目的设计出了专用的雷达，但其功能越来越多地由安装在战斗机/歼击机上多用途雷达这一可选模式来实现。远程海面监视也是机载预警（简称AEW）飞机如E-3可选的一种模式。

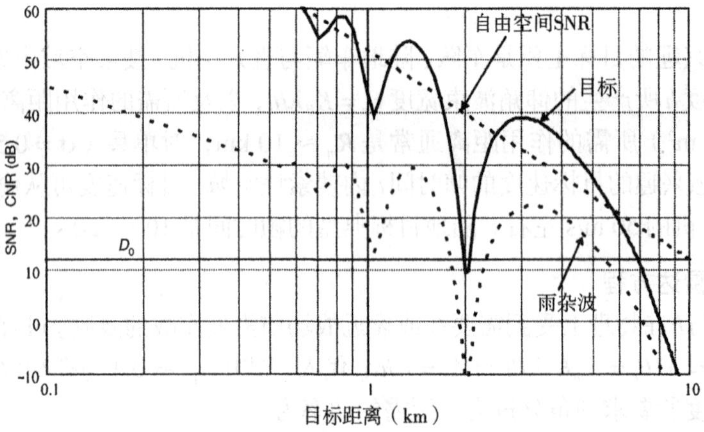

图 7.12 传播对 K_a 波段战场雷达的影响：$\sigma = 10\ m^2$，$h_r = h_t = 3\ m$，$r = 1\ mm/h$

搜索问题的定义

大型舰船的探测是用海用监视系统直到水平线距离 $R_h \approx 400$ km 处所完成的。大型的专用雷达通常探测表面目标的距离达 $R \approx 200$ km，而多用途雷达探测陆地目标距离达 $R \approx 50$ km，但在大多数情况下工作于 $R < 20$ km。搜索空域由方位扇区宽度 A_m、在天线有限高度 h 所能产生的仰角波束宽度 $\theta_e = K_\theta \lambda/h$，以及所需的作用距离 R_m 确定。该空域是在适合于感兴趣目标的速度 5 m/s ~ 40 m /s 的帧时间 t_s 内完成搜索的，典型的帧时间为 5 s ~ 10 s。另一种工作模式是侧视阵列雷达（简称 SLAR），其波束固定在与飞行航线（有时在飞机的两侧）成正交的角度上，用来产生地形或海岸地区的条带地图。

机载表面监视雷达的搜索雷达方程

孔径尺寸 w 与 h 受到天线罩内空间物理上的限制。在多用途强击机中，天线放在飞机的头部，其直径尺寸限制在 $D_a = 1$ m 的量级。在专用的监视雷达中，较大的天线可沿机身安装，这允许宽度 $w \approx 10$ m、高 $h \approx 3$ m，或安装在机身之上的一个旋转罩内以实现 360° 的方位覆盖。在这两种情况下，搜索雷达方程（7.1）可直接用来从式（7.38）中获得平均功率，就像战场雷达那样。当在高空工作于微波波段时，有时需要采用一个倒置的 csc^2 形状的仰角波束以覆盖近程的表面。这就要求在搜索损耗的预算中包含 csc^2 损耗。

测绘与导航的目标 RCS 由雷达空间分辨力单元内的陆地表面构成：

$$\sigma = \Delta_r \Delta_x \gamma \sin\psi = \Delta_r R \theta_a \gamma \sin\psi \approx \Delta_r h_r \theta_a \gamma \tag{7.40}$$

式中，Δ_r 与 Δ_x 是在距离上与横向距离上的分辨力单元的尺寸，γ 是可探测表面的散射参数（见 3.6.1 节），ψ 是掠射角，该近似基于平坦的地球结构。将式（7.40）代入搜索雷达方程就可用测绘问题的参数与可采用的孔径高度 h 得出所需平均功率的表达式：

$$P_{av} = E_0 \frac{4\pi R_m^4 A_m}{t_s \Delta_r h_r \gamma h^2 \eta_a} \tag{7.41}$$

这个结果及功率/孔径比都与 λ 无关，因此没有子系统之间经济上折中方案所要求的“最佳”波长问题，当已给定横向距离的粗略分辨力时，波长应与其他雷达模式一致，并且为了避免大气层与降雨的衰减而尽量短。对强的离散目标的定位可用单脉冲技术，这比天线方位分辨力更精确。

7.8.3　合成孔径雷达的机载表面监视

合成孔径雷达的横向距离分辨力

当波束指向平台速度矢量方向之外时，在表面监视雷达方位波束宽度上变化的多普勒偏移是在合成孔径雷达（简称SAR）系统中获取极高横向距离分辨力的基础。在t_f期间，来自以速度v_p运动的平台的相干观察，提供一个长度为$L = t_f v_p$的合成孔径，其横向距离分辨力（对于聚焦式工作）由下式给出：

$$\Delta_x = \frac{RK'_\theta \lambda}{L\sin\alpha} = \frac{RK'_\theta \lambda}{v_p t_f \sin\alpha} \tag{7.42}$$

式中，α是波束与速度矢量夹角，$K'_\theta \approx 0.5$是在每次取样上双向路径的波束宽度常数。

在方位波束宽度内，可用的相干处理周期为

$$t_f = \frac{R\theta_a}{n' v_p \sin\alpha} = \frac{RK_\theta \lambda}{n' w v_p \sin\alpha} \tag{7.43}$$

式中，n'是在波束照射一个给定目标区域的期间内相干处理周期的次数。将式（7.42）与式（7.43）合并得到聚焦式SAR系统的横向距离分辨力为

$$\Delta_x = \frac{K'_\theta n'}{K_\theta} w \approx \frac{wn'}{2} \tag{7.44}$$

聚焦式工作意味着来自每个分辨力单元的变化的延迟，以及变化的信号相位已对实际的雷达几何进行了补偿这样一种处理方法。

SAR的搜索雷达方程

聚焦式SAR的搜索雷达方程可通过将表面单元$\sigma = \Delta_r \Delta_x \gamma \sin\psi$的RCS代入式（7.2）及设置搜索立体角$\psi_s = \theta_a \theta_e$来求得：

$$P_{av} = E_0 \frac{4\pi R_m^3 K_\theta \lambda v_p \sin\alpha}{K'_\theta n' \Delta_r w^2 h^2 \eta_a \gamma \sin\psi} = E_0 \frac{(4\pi)^3 R_m^3 v_p \sin\alpha}{K'_\theta n' L_n \Delta_r G^2 \lambda^3 \gamma \sin\psi} \tag{7.45}$$

式（7.45）中的前面一个式子对给定孔径尺寸建立了与波长的弱依赖关系。后面的式子不用孔径尺寸和采用天线增益，且假定$K'_\theta = 0.5$、$n' = 1$、$L_n = 1$、$\sigma^0 = \gamma \sin\psi$时可写成如下：

$$P_{av} = \frac{(4\pi)^3 R_m^3 k T_s D_0(1) L_s}{\Delta_r G^2 \lambda^2 \sigma^0} \frac{2 v_p \sin\alpha}{\lambda} \tag{7.46}$$

这是在SAR参考文献[16]中出现的式子。

方程中包含的n'考虑了在单元之间信号强度的随机瑞利起伏所产生的图像“斑纹”，这降低了用户判明不同的表面特性之间界面的能力。将观察时间分成几个CPI，增大了分辨力单元的宽度，但减小了起伏，这往往可改善图像的用处。如实孔径监视那样，SAR系统所选用的波长应该尽可能被大气层衰减所允许的短。

7.8.4　空对面目标瞄准

多用途机载雷达通常不仅包括了实孔径与SAR表面测绘能力，而且包括了定位、成像、识别、攻击表面目标的特殊模式。由于实孔径分辨力不能分辨聚束目标或对诸如陆地车辆那样的

小目标成像，因此采用了称之为多普勒波束锐化（简称DBS）聚束SAR等的特殊模式。在这两者中，波束偏离速度矢量的方向利用通过方位波束宽度的多普勒扩展来形成图像。在多普勒波束锐化中，波束扫描一个方位扇区，横向距离分辨力则随着偏离速度矢量的角度得到改善。横向距离分辨力是不聚焦的SAR的分辨力，它与距离的关系[16, 142页，由于在偏离侧向的角度上进行了加权处理而改动]由下式给出：

$$\Delta_x \geqslant \sqrt{\frac{RK'_\theta\lambda}{\sin\alpha}} \tag{7.47}$$

式中，相干处理时间限制在$t_f = \Delta_x/v_p$。对于作用距离20 km的典型X波段多用途雷达，当波束倾斜头部30°时，对相当于分辨力单元宽度$\Delta_x = 24$ m，这适合于分辨目标群中的个别目标，但不适合测绘单个目标。在识别出一个目标的复合体时，系统可转换到聚束SAR模式，这时天线指向延长了的相干处理时间照射目标的复合体以形成聚焦。于是，距离分辨力成为[17, 38页]：

$$\Delta_x = \frac{\lambda}{4\sin(\Delta_\alpha/2)} \tag{7.48}$$

式中，Δ_α是对其形成聚束图像的方位角扇区。原则上，如果飞机绕目标成半圆飞行，则可使分辨力达到$\lambda/4$，但是实际上，飞机飞行的弧度要短得多，过后飞机为了攻击转向目标飞行。由于速度矢量在瞄准目标或接近瞄准目标之后图像不能保持住，所以所选定的目标位置要传送给惯性导航系统。

7.9 利用监视雷达数据进行跟踪

初始检测之后，监视系统就试图将目标放置于跟踪文件内，其输出传送给系统的用户。跟踪文件接收来自监视雷达的一系列报告，每个报告都有报告时间与一组目标坐标（两坐标雷达的距离与方位，三坐标雷达增加仰角，在很少情况下还有来自多普勒测量的径向速度数据）所组成。为每个搜索帧都产生这些报告，但是存在相当于漏检测的间隙。在雷达分辨力单元内进行坐标内插，其误差取决于SNR及其他误差分量。跟踪文件形成与保持的过程称之为边扫描边跟踪（简称TWS），“这是一种自动跟踪过程，其中雷达天线与接收机为跟随单个目标的计算机通道作为输入提供来自搜索扫描的周期性视频数据，并加上内插测量值”[1, 1125页]。在多功能阵列雷达中采用相同的过程，这种雷达以间隔t_s安排波束驻留时间来更新被跟踪目标的文件。

7.9.1 目标报告误差

当监视雷达波束扫过一个目标时，所接收到脉冲列的幅度随着天线双向电压增益方向图变化。在接收机的输出端，各个脉冲幅度代表信号加干扰之和，对于热噪声，坐标z的合成误差如下：

$$\sigma_z = \frac{z_3}{k_z\sqrt{2(E/N_0)}} = \frac{z_3}{k_z\sqrt{2(S/N)n}} \tag{7.49}$$

式中，z_3是分辨力单元的3 dB宽，k_z是测量斜率常数，E/N_0是总能量比，S/N是单个脉冲（或相干采样）的信噪比，n是在观察期间的脉冲数。这个式子假定，S/N高得足以避免大的检波器损耗（见2.2.3节）。

当角度上扫过目标时，式（7.49）成为[18, 33页]

$$\sigma_\theta = \frac{\theta_3}{k_p\sqrt{2(E/N_0)}} = \frac{\theta_3\sqrt{L_p}}{k_p\sqrt{2(S/N)_m n}} \approx \frac{0.5\theta_3}{\sqrt{(S/N)_m n}} \tag{7.50}$$

式中，θ_3是扫描坐标波束宽度，$k_p \approx 1.6$是角度测量斜率，$(S/N)_m$是中心脉冲的SNR，对于可检测目标，假定$E/N_0 > 16$，则误差$\sigma_\theta < 0.11\theta_3$。

距离误差有一个类似的形式：

$$\sigma_r = \frac{\tau_n c/2}{k_t\sqrt{2(E/N_0)}} = \frac{\tau_n(c/2)\sqrt{L_p}}{k_t\sqrt{2(S/N)_m n}} \approx \frac{0.9\tau_n c/2}{\sqrt{(S/N)_m n}} \tag{7.51}$$

式中，τ_n是已处理过的脉冲宽度，$k_t \approx 1$是距离测量斜率。由于该误差的最大值是已处理过脉冲宽度的20%，因此，对于边扫描边跟踪测量误差而言，它不是一个大的量。

扫描雷达中角误差的一个重大来源，产生自n个脉冲期间脉冲幅度中目标的起伏或闪烁。这种误差依赖于扫过目标期间产生的独立的幅度差值数$n_e - 1$（见2.4.5节），以及取决于如图7.13所示的闪烁的相关函数。在大多数情况下，$0.3 < n_e < 10$，导致角误差分量$\sigma_s \approx 0.1\theta_3$。因此，除非在扫描期间进行单脉冲测量，预期的角误差会随着SNR随可探测目标距离的变化而落入一个窄间隔$0.1\theta_3 < \sigma_\theta < 0.14\theta_3$。单脉冲测量精度将在第8章讨论。在距离上没有闪烁分量。

仰角测量有由于折射（见6.4.2节）而引起的偏差，还有由于多路径引起的大的误差。跟踪雷达的多路径效应和详细的误差分析将在第8章讨论。

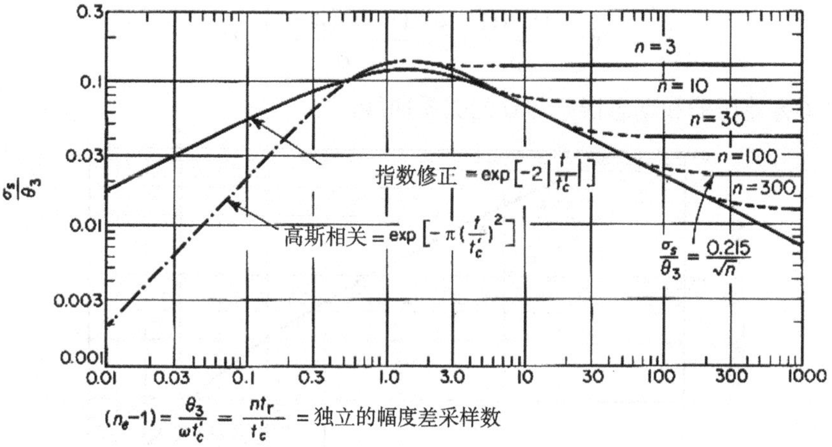

图7.13 扇形扫描雷达中的闪烁误差（来源：[18, 180页]）

7.9.2 边扫描边跟踪滤波器

有关跟踪滤波器的文献资料很多，包括本书参考文献[19，20]中所给出的许多文献资料。在此仅归纳基本型α-β滤波器的基础。在采样数据跟踪器中[19, 21页]，根据观察到的$x_o(k)$与前面已预报的值$x_p(k)$，跟踪器形成每个坐标位置$x_s(k)$与速度$v_s(k)$的平滑过的估算值：

$$
\begin{aligned}
x_s(k) &= x_p(k)+\alpha\left[x_o(k)-x_p(k)\right] \\
v_s(k) &= v_s(k-1)+\frac{\beta}{t_s}\left[x_o(k)-x_p(k)\right] \\
x_p(k+1) &= x_s(k)+t_s v_s(k)
\end{aligned}
\tag{7.52}
$$

式中，t_s是两次观察之间的时间间隔（监视雷达的帧时间或MFAR的再访问时间t_r），而系数α与β决定跟踪器的平滑效应与动态性能。括号中的项表示跟踪器的误差信号，它用增益α及β来更新跟踪文件中的位置与速度值。跟踪器是一种2型伺服机构，它在跟随恒定速度输入时能没有滞后地预测出输出的位置。注意，$\alpha=1$只用当前观察来更新位置估算值，放弃先前的数据，而$\alpha=0$将跟踪沿其预测线的滑行，而放弃新的观察。坐标x可表示雷达的球坐标或直角坐标，或是由雷达坐标转换而来的以地球为中心的坐标。

考虑到跟踪器的稳定性，β的最佳选择发现是

$$
\beta_{\text{opt}}=\frac{\alpha^2}{2-\alpha} \tag{7.53}
$$

该最佳值在预测位置对输入阶梯函数的响应产生了30%的过量。方差压缩（进行平滑）比定义如下[19, 22页]：

$$
K_x\equiv\frac{\sigma_{xs}^2}{\sigma_o^2}=\frac{2\alpha^2+\beta(2-3\alpha)}{\alpha(4-\beta-2\alpha)}=\frac{\alpha(6-5\alpha)}{8-8\alpha+\alpha^2} \tag{7.54}
$$

此式最后的形式假设了采用式（7.53）的β_{opt}。由稳定目标加速度a_t而产生的动态误差为

$$
\varepsilon_a=\frac{(1-\alpha)}{\beta}a_t t_s^2=\frac{(1-\alpha)(2-\alpha)}{\alpha^2}a_t t_s^2 \tag{7.55}
$$

图7.14绘出了方差压缩和动态误差与α的关系曲线。

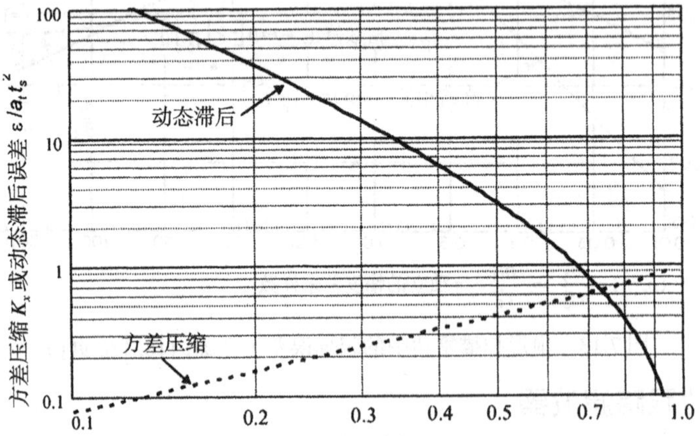

图7.14 TWS滤波器性能与跟踪器参数的关系曲线

TWS系统中的基本问题是以高概率将跟踪目标的新报告与现有跟踪文件相关，同时排除附近目标的报告与虚警。人们建立一个相关窗口，在这个窗口中新报告加到跟踪器上。这个窗口必须大到足以包容一个3σ已平滑的噪声误差，再加上一个由于目标未料到的加速度而产生的

动态误差。如果通过目标的一次扫描之后立即产生这样的一个加速度，则动态误差为$(1/2)a_t t_s^2$。在跟踪器参数$\alpha_0 = 0.76$时的稳态加速度a_t之下，会产生同样的误差。该α值接近于最佳值，给出最低的总误差。

对于一部典型的远程监视雷达，在没有丢失探测时与丢失一次探测之后，图7.15绘出了噪声与动态误差分量及合成峰值误差跟α的关系曲线。误差通常在2 km与3 km之间，但是在这种情况下丢失一次探测会使加速度为1g的目标误差加倍，在扫描的监视雷达中，相关窗口可从预测值x_p扩张到能包括一个±4 km的区域，从而增加接收虚警或额外的目标报告的机会。如果图7.15中的雷达是一部采用α-β跟踪器的MFAR（跟踪器用于为更新跟踪定位波束），则目标在一次丢失之后的位置将处于波束宽度之外，产生12 s再访问间隔的跟踪丢失。MFAR典型的再访问间隔一般小于5 s，近程目标或呈现高的加速度的目标再访问间隔还要减小。

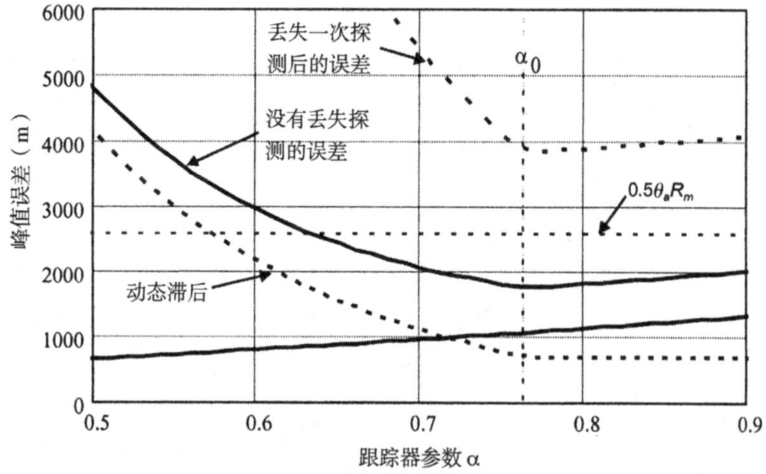

图7.15　TWS系统中典型峰值误差与α的关系曲线：波束宽度$\theta_a = 1.5°$，角噪声$3\sigma_\theta = 0.45°$，距离$R_m = 200$ km，目标加速度$a_t = 1$g，帧时间$t_s = 12$ s

卡尔曼滤波器用对一类假定的目标的先验信息以及最新的目标观察来改变跟踪器参数，以使变化的距离、SNR、再访问时间及其他传感器和目标特性得到最佳性能。已开发出各种各样的算法[20]以使由于错误的先验信息、密集的目标和来自杂波的虚警而引起的跟踪丢失最小。

7.9.3　跟踪的起始与保持

起始一个跟踪文件的常用准则是，先探测到一个目标，然后在三次扫描中至少有两次相关检测。文件通常一直保存到两次或三次连续丢失发生之后，图7.16绘出了起始一个文件的累积概率与目标进入搜索空域之后扫描数的关系。这些连续曲线描述在目标进入的时间之内所进行的平均，这可在波束穿过目标过程的任何时刻发生。显然，如果目标在深深地穿入搜索空域之前就以高概率启动了跟踪，则要求$P_d > 50\%$。7.2.1节中所用的$P_d \approx 80\%$值是一个常用的要求。

对给定扫描次数保存跟踪的概率如图7.17所示。对$t_s = 10$ s跟踪保持10次扫描时间，意味着持续跟踪时间为100 s。如果该持续时间对90%的目标能获得，则需要$P_d \approx 91\%$；如果虚警或过量目标进入相关窗口，则这些结果会恶化。

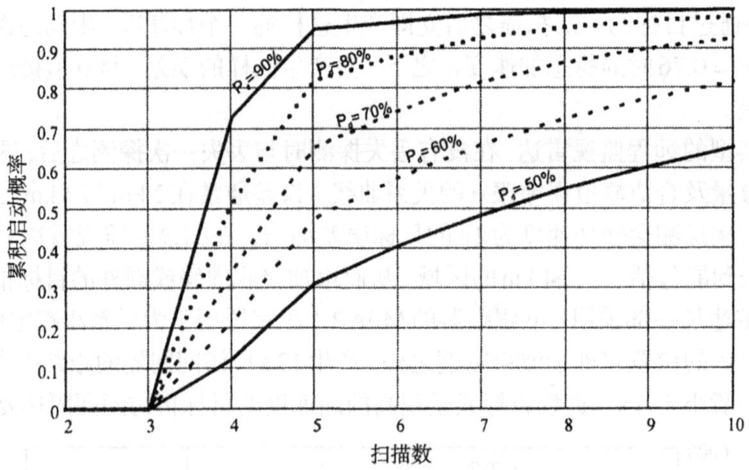

图 7.16 对单次探测概率为 50%~90% 时跟踪启动的累积概率与扫描数的关系曲线

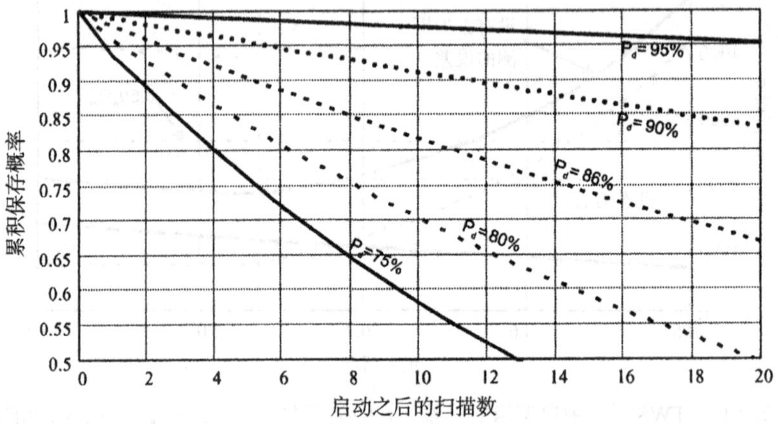

图 7.17 当跟踪在两次连续丢失检测之后而丢失时，在不同的单次扫描检测概率，跟踪保存概率与扫描数的关系曲线

7.10 监视雷达的 ECM 与 ECCM

美国国防部定期地将新的术语引进电子战领域，但是在此我们采用了已确立的术语“电子对抗”（简称ECM）与“电子反对抗”（简称ECCM），它们指的是不从物理上进行摧毁的措施。对付监视雷达的对抗有两个目的：

（1）它们设想可以通过建立宽广的干扰区域、提高存在于目标信号上的背景电平或高得足以阻止目标的适当检测来掩盖真实的目标；

（2）它们打算能以大量的数目及在不同位置上产生虚假目标，以使操作员或自动化设备不能或不可能对真实目标形成跟踪文件。

具有第一个目的的对抗称为掩蔽，具有第二个目的的对抗称为欺骗。评估这两种类型的功效与提出对付这两种类型的反对抗措施，是两种截然不同的方法。

目标掩蔽通常要求被掩蔽的区域大得足以避免能对穿越目标的航线做出标志。这就需要箔条云有很大的水平范围，或高占空比的有源干扰机强得足以进入雷达的副瓣。计算箔条有效性的方法已在1.5节讨论过，这里不再重复。但是值得指出的是，箔条的存在或任何其他类型需要在已给定的搜索波束内进行多普勒处理的杂波的存在，都限制了在该波束内雷达所使用的波形。例如，脉冲间频率捷变与MTI或脉冲多普勒处理是不相容的，脉冲间PRI参差与脉冲多普勒不相容，也与在非模糊距离之外到达的杂波对消不相容。为此，一次有效的ECM作战，应联合使用箔条或在地面杂波之上进行低空突防，并与有源干扰相结合。

7.10.1 监视雷达的噪声干扰

干扰噪声作为温度分量的描述

在1.4.1节中，已指明远距噪声干扰机的效应等效于在天线输出端加到噪声温度T_s上的温度T_j：

$$T_j = \frac{Q_j P_j G_j G_r \lambda^2 F_j^2 F_{pj}^2}{(4\pi)^2 k B_j R_j^2 L_{\alpha j}} = \frac{Q_j P_j G_j A_r F_j^2 F_{pj}^2}{4\pi k B_j R_j^2 L_{\alpha j}} \tag{7.56}$$

式中符号已在式（1.24）中定义。乘积P_jG_j称为干扰机的有效辐射功率。虽然SOJ平台的运动会引起朝向雷达的增益变化，但是对于和雷达保持恒定距离的SOJ来说，干扰温度基本上是不变的。多部干扰机可建模，以把其各自的温度分量在天线上叠加。

远距的ECM与ECCM

在ECM与ECCM两者之间的斗争中，如果窄的波束可以可靠地指向敌方雷达，则当可得到必需的天线面积时高增益对于干扰机是有利的。地面防空雷达通常受到只有来自天线尺寸几分之一米的机载平台的干扰。根据必须要干扰的雷达的数量与地理分布，即使可获得高增益天线所需的面积，也不可能用单个窄波束把雷达全部覆盖。当干扰机进行轨道运动使其支持突防飞机保持在安全而有效的位置时，天线方向图也必须适应干扰平台的运动。用于对付机载监视雷达的高增益地面干扰机，即所谓灵巧干扰机，将在后面讨论。

使式（7.56）中的F_j最小，是有益于雷达的。使这个因子最小的主要方法是，在干扰机位置的一个或几个波束宽度内避免必需的扇区覆盖，以及对探测目标所需的扇区之外的波束减小其副瓣响应。超低副瓣天线可以达到这个目的，它的$F_j \to -60$ dB，只需要两部或多部组网的雷达就可提供必要的区域覆盖。采用副瓣对消器或自适应零点阵列也是有效的，这将在后面讨论。采用多干扰平台是在达到其覆盖范围时对付雷达组网的另一个措施。

绝大多数干扰都设计与安装成能有效对付采用不同极化（主要是水平或垂直）的各种类型的雷达。干扰机采用圆极化或斜极化（例如，与垂直成45°）来确保干扰可耦合进所有各种类型的雷达，另一种（更强的）方法是将具有独立波形的两部干扰发射机耦合进正交极化天线。这两种方法都使平均极化因子降低−3 dB（$F_{pj}^2 = 0.5$）。试图用$F_{pj} \to 1$使其适合于特定的极化，这将冒着引起实际的$F_{pj} \to 0$的危险。

阻塞干扰机通过将B_j设置成等于雷达在该波段内的可调带宽（通常约为标称中心频率的10%）来确保覆盖所有敌方雷达已知的工作频段。窄带干扰机试图用干扰带宽匹配雷达信号带宽，以对每部雷达信号做出响应，但是带宽通常都较宽，以考虑干扰机带有的电子支援措施（简称ESM）接收机所测出的频率误差。窄带干扰通过可调带宽与信号带宽之比来增大干扰密度。“灵巧干扰机”是一种窄带干扰机，它试图通过将其噪声带宽与受干扰的每部雷达信号带宽相匹配来使其影响最大（或使其功率最小）。这就需要其配套的ESM接收机及时检测与分析每个这样的信号，以用适当的噪声做出响应。

虽然我们是按适用于远距干扰机的方程来描述的，这些干扰机在雷达引导的防御系统之外的距离上工作。它们同样适用于近距干扰机，这时无人驾驶飞行器（简称RPV）中将小型干扰机携入防御空间。作用距离基本上保持不变，与目标无关的任何干扰机都能在这些方程式中用温度分量来描述。

7.10.2 在噪声干扰中监视雷达的探测距离

干扰温度和探测距离与和 SOJ 所成角度的关系

在评估干扰对一部两坐标监视雷达的效能时，计算主波瓣中心处干扰机的有效温度T_{j0}，并且按照雷达天线方位－仰角方向图$F_j^2(A,E)$来换算这个值是方便的：

$$T_j(A,E)=\frac{Q_jP_jG_jA_rF_{pj}^2}{4\pi kB_jR_j^2L_{\alpha j}}F_j^2(A,E)=T_{j0}F_j^2(A,E) \tag{7.57}$$

然后，可由良好环境的距离R_m求出探测距离：

$$R_{mj}(A,E)=R_m\left\{\frac{T_s}{\left[T_s+T_j(A,E)\right]}\frac{L_\alpha(R_m)}{L_\alpha(R_{mj})}\right\}^{1/4} \tag{7.58}$$

式中，和对良好环境计算时一样由于分母中的L_α依赖于R_{mj}，所以迭代计算是必须的。来自目标与干扰机镜面反射所引起的任何目标传播因子的效应，在此都假定为常数，并包含在对应于朝雷达径向路线上飞行的目标的R_m值之内。同样，对干扰机传播因子没有建模，但是由底面漫反射引起的干扰到达角的扩散可通过将方位方向图与窄高斯函数的卷积包括进去。注意，式（7.58）除了接收温度T_s与良好环境中可获得的探测距离之外，不需要知道雷达参数。

方位覆盖包络的例子如图7.18所示。雷达标称探测距离$R_m=126$ km，噪声温度$T_s=1000$ K，方位波束宽度$\theta_a=1.3°$。该例子中所采用的干扰机是一部高功率的SOJ：$P_j=10$ kW，$G_j=10$，$Q_j=1$，$B_j=300$ MHz，$R_j=200$ km，$H_j=10$ km。参考干扰温度为$T_{j0}=1.5\times10^8$ K，当干扰机处于雷达波束中心位置时，作用距离降低至7 km。假定远区副瓣为−50 dB，由于为模拟表面反射干扰分量效应和标准偏差为5 mrad的高斯函数的卷积，使方位方向图细节部分变得模糊不清。

对于三坐标雷达，可在图7.18所示的方向图中画出每个仰角波束的位置。由于远距干扰机一般只处于高分辨力三坐标雷达的低波束内，所以上波束在干扰机方位上的覆盖范围没有很深的一个零点，并且取决于主平面之外的副瓣电平，在其他方位上可具有更远的作用距离。

在干扰环境中，探测距离较完整的计算包括传播对目标与干扰机的影响。信号和干扰与作用距离包括传播效应的关系曲线如图1.9所示。

监视雷达在掩航屏蔽干扰中的探测距离

ESJ伴随着突防的飞机，在距离上间隔ΔR，方位上间隔ΔA，仰角上间隔ΔE。干扰温度现在随目标距离而变化如下：

$$T_j(R+\Delta R,\Delta A,\Delta E)=\frac{Q_jP_jG_jA_rF_{pj}^2F_j^2(\Delta A,\Delta E)}{4\pi(R+\Delta R)^2kB_jL_{\alpha j}} \tag{7.59}$$

干扰温度和目标作用距离R的这种依赖关系，使我们不能把信号干扰比E/I_0等于探测要求的烧穿距离写成一个简单的方程式，而是必须求解如下的R_{bt}方程式：

$$R_{bt} = R_m \left[\frac{T_s}{T_s + T_j\left(R_{bt} + \Delta R, \Delta A, \Delta E\right)} \frac{L_\alpha\left(R_m\right)}{L_\alpha\left(R_{bt}\right)} \right]^{1/4} \tag{7.60}$$

在良好环境的探测距离R_m上，对在波束轴上的ESJ，定义其参考干扰温度是方便的：

$$T_{j0} = T_j\left(R_m, 0, 0\right) = \frac{Q_j P_j G_j A_r F_{pj}^2}{4\pi R_m^2 k B_j L_{\alpha j}\left(R_m\right)} \tag{7.61}$$

例如，如果ESJ功率比前例SOJ小10 dB，则在$R_m = 126$ km上的参考干扰温度为2.2×10^7 K（而在200 km主波瓣内的SOJ为1.5×10^8 K）。采用这个参考温度并假定干扰机和目标有相同距离（$\Delta R = 0$）且$T_j >> T_s$，则距离方程式可写成

$$R_{bt} = R_m \left[\frac{T_s L_{\alpha j}\left(R_m\right)}{T_{j0} F_j^2\left(\Delta A, \Delta E\right) L_{\alpha j}\left(R_{bt}\right)} \right]^{1/2} \approx R_m \left[\frac{T_s L_{\alpha j}\left(R_m\right)}{T_{j0} F_j^2\left(\Delta A, \Delta E\right)} \right]^{1/2} \tag{7.62}$$

式中，近似只对$R_{bt} << R_m$精确，允许不必迭代或求根就可进行计算。

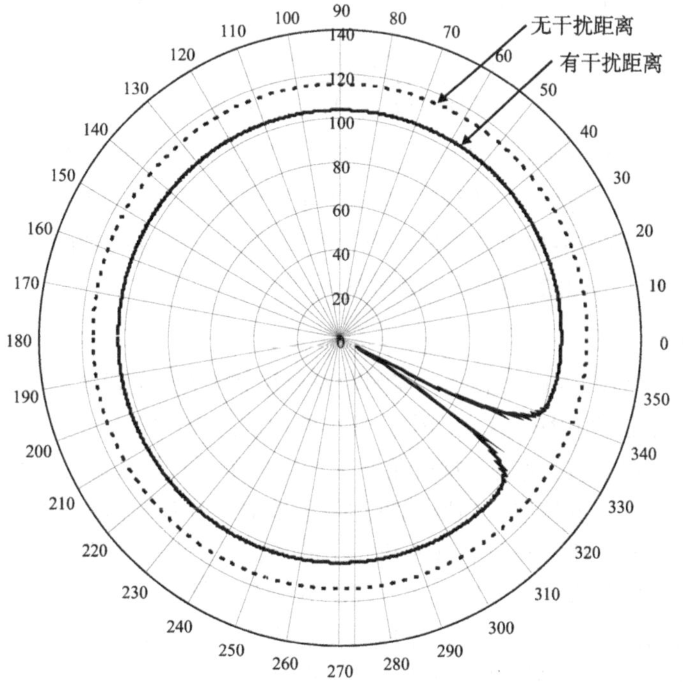

图7.18 存在远距噪声干扰机时典型两坐标搜索雷达的方位覆盖范围（注，标准的极化坐标角是负的方位）

在角度间隔大得足以使干扰机不在主波瓣内的情况下（$\Delta A > \theta_a$或$\Delta E > \theta_e$），F_j^2小得足以获得有用的烧穿距离。但是，对在副瓣$F_j = -30$ dB处ERP为10 kW的ESJ例子而言，探测距离与良好环境距离126 km相比，小于30 km。ESJ一般情况下都是在靠近处于近副瓣或在主瓣内的目标飞机足够近的距离上飞行的。

捷变波束监视雷达的烧穿

通过在t_s秒钟内中断常规扫描ψ_s来安排烧穿模式驻留在干扰机角附近的波束位置，以这种方式捷变波束监视雷达（例如，处于搜索模式中的MFAR）对干扰机的存在做出反应。利用更长的脉冲或更多的脉冲（延长驻留时间），可以在这些波束位置发射更高的能量。烧穿距离随着式（7.62）中的R_m值的增加成正比增加，这个R_m值的增加是能量增加所引起的。如果为立体角ψ_s的搜索通常所预定的雷达平均功率的部分为F_s，以及为立体角ψ_{bt}内的烧穿再安排的部分为F_{bt}，则烧穿距离为

$$R_{bt} \approx R_m \left(\frac{F_{bt}\psi_s}{F_s \psi_{bt} L_{bt}} \right)^{1/4} \left[\frac{T_s L_{\alpha j}(R_m)}{T_s + T_{j0} F_j^2 (\Delta A, \Delta E)} \right]^{1/2} \tag{7.63}$$

式中，R_m为正常安排下的探测距离，而L_{bt}为烧穿处理所增加的累积损耗。例如，如果重新安排正常搜索功率的一半（$F_{bt}/F_s = 0.5$）来搜索5%的搜索波束的位置（$\psi_s/\psi_{bt} = 20$），那么，如果用相干累积来避免增大处理的损耗，则式（7.63）中R_m后面的小括号内的因子为10，于是在这些波束上的距离随因子$10^{1/4} = 1.78$倍增加。尽管这个增加是有帮助的，但对于在干扰机位置约一个波束宽度内的目标，还是很难提供有用的探测距离。

根据烧穿模式所用的雷达参数，用于式（7.63）的良好环境探测距离为

$$R_m = \left[\frac{P_{av} t_{bt} G_t A_r \sigma}{(4\pi)^2 k T_s D_0(1) L_s' L_\alpha (R_m)} \right]^{1/4} \tag{7.64}$$

式中，t_{bt}是在每个波束位置中烧穿驻留的持续时间，L_s'是修正后的搜索损耗，不包括L_n与不适用于单次驻留雷达方程的其他分量，但包含有由于延长驻留而产生的任何附加的累积损耗。

当存在ESJ时，为了考虑传播对探测的影响，必须详细地建立目标与干扰机方向图传播因子的模型。包含这些因子的曲线图如图1.10所示。

对自屏干扰机的烧穿

来自SSJ的噪声可用式（7.61）表达，探测距离可用式（7.63）表达，如设$\Delta A = \Delta E = 0$与$F_j = 1$。即使对于低的干扰机ERP，这也产生非常小的探测距离，使试图烧穿没有效果。对SSJ的存在可做出的适当监视反应，是在干扰机角度上产生一个干扰选通脉冲，并依靠与另一部雷达的三角测量来求出干扰机的位置。当监视雷达位于地对空导弹（简称SAM）基地内及相关的火控雷达也受到干扰时，则可发射沿选通角飞出的导弹，用的是干扰跟踪或干扰寻的模式。这也适用于采用多用途机载雷达的空空导弹（简称AAM）系统。由于绝大多数SAM与AAM系统能以这种模式成功地进行拦截，所以不能依赖噪声干扰进行自卫。

自卫用的潜在的干扰技术是掩蔽脉冲噪声干扰[21, 552~553页]。这是一种应答式干扰技术，其噪声功率在雷达脉冲到达飞机之前的PRI中的某些时刻逐渐增大，随着脉冲的到达达到一个适当的屏蔽电平，然后缓慢减弱。如果雷达采用距离单元平均的CFAR系统（例如，脉冲压缩网络之前接一个限幅器），其接收机灵敏度将降低到不足以探测回波脉冲，同时干扰选通电路也不能指出干扰机的存在。由于干扰机占空比减小及其掩蔽期间功率较低，所以所需的平均功率极低。

7.10.3 对监视雷达的欺骗干扰

对付监视雷达的欺骗干扰是设想产生足够数量的虚假目标，以使防御系统迷惑或饱和。无源欺骗是一种散开的多层、低成本、反射式诱饵，它是一种物理的ECM形式，在此不介绍。有源欺骗，为使它能有效地对付监视雷达，要求在雷达副瓣中产生多个虚假目标，以避免产生在干扰机角度上的一串可识别的虚假目标。虚假目标是用重发干扰机产生的，用一个或多个放大了的雷达脉冲的复制品来应答每个雷达脉冲。重发脉冲通常通过不同数量的延迟来避免在恒定距离上产生可识别的目标圆环。如果雷达的PRF是不变的或以可识别的方式参差，则延迟可调节到比干扰机作用距离短的距离上，以产生虚假目标。虚假目标的检测将导致试图产生一个跟踪文件，以此来分散操作人员的注意力或消耗自动边扫描边跟踪处理器资源。在MFAR中，每个虚假目标都需要一个确认的驻留及可能接着产生跟踪起始的驻留，使雷达的时间安排饱和。

重发干扰机在如下功率电平上接收到雷达脉冲：

$$P_{rj} = \frac{P_t G_t G_{rj} \lambda^2 F_{pj}^2 F_j^2}{(4\pi)^2 R_j^2 L_{\alpha j}} \tag{7.65}$$

式中，G_{rj}是重发干扰机接收天线的增益，其他各项如7.10.2节所定义。重发干扰机功率输出必须大得足以在雷达方位方向图的副瓣中产生可检测的信号。单路传输的方程式可用于计算由雷达所接收的干扰机脉冲功率：

$$J = \frac{P_j G_j G_r \lambda^2 F_{pj}^2 F_j^2}{(4\pi)^2 R_j^2 L_{mj} L_{\alpha j}} \tag{7.66}$$

式中，L_{mj}是由于复制所接收雷达波形的不完善性而引起的损耗因子。为了在距离R使干扰功率和从目标RCS所接收到的回波信号相等，设

$$J = S = \frac{P_t G_t G_r \lambda^2 \sigma}{(4\pi)^3 R^4 L_\alpha} \tag{7.67}$$

并据此式推导出干扰机的峰值ERP：

$$P_j G_j = \frac{P_t G_t \sigma R_j^2}{4\pi R^4 F_{pj}^2 F_j^2 L_{\alpha j}} \tag{7.68}$$

然后，考虑到干扰机的输出功率$P_j = P_{rj} G_e$，式中G_e是重发放大器的电增益，我们求出重发增益为

$$G_{rep} \equiv G_{rj} G_e G_j = \frac{4\pi\sigma}{\lambda^2} \left(\frac{R_j}{R F_{pj} F_j} \right)^4 L_{mj} \tag{7.69}$$

当重发器应用于自卫干扰机时，如对付火控雷达时，重发干扰机增益$4\pi\sigma/\lambda^2 F_{pj}^4$通常接近于50 dB。对于监视雷达，式（7.69）中双路副瓣因子F_j^4的存在要求重发干扰机具有高得多的增益，并且如果工作于远距模式，因子$(R_j/R)^4$将进一步增高该增益。因此，成功的欺骗干扰需要专门的飞机，它携有比自卫系统具有更高增益的天线与高增益放大器。但是在近距离上，对峰值功率与平均功率的要求比自卫干扰机的低。对付单部机载监视雷达所用的地面欺骗干扰机，可以使用更高的天线增益，将所需的电增益降低到合理的水平。AWACS雷达需要极低的副瓣来克服这样的干扰。

对于给定的雷达波束位置或扫描给定的扇区，利用式（7.66）与式（7.69）所进行的分析，指出了给定干扰机可以产生虚假目标的距离与角扇区。重发干扰机所需的平均功率取决于要产生的虚假目标的数目，以及将它们注入的副瓣的电平。使用副瓣消隐电路能大大减小这些虚假目标扇区的范围，这在下面将要介绍。

7.10.4 监视雷达采用的ECCM措施

有许多ECCM技术与电路都可用来降低掩蔽与欺骗ECM。对于无源ECM，利用MTI与MTD波形及处理器，对箔条具有一定程度的保护作用，这取决于箔条速度的分布。通常都可探测到诱饵目标，于是要用目标的识别特征把它从所要的目标回波中分离出来。现代雷达中采用副瓣消隐器与对消器来抑制不在主波瓣而在其他角度上产生的有源ECM。自适应置零阵列将这种功能延伸到处于主瓣内的噪声干扰机上。

Stephen Johnston[22]提出了根据其在雷达系统中的位置将ECCM技术分类的方法：发射机、天线、接收机－处理器、系统中的ECCM及“其他的ECCM”。这种做法仍然在参考文献[23]中使用，并且在“天线”一项中增加了“在传播通道中”的ECCM。Johnston列出了数百种技术的名称，在参考文献[24]中还介绍了其他的技术，在此仅对少数基础类型的技术进行一下介绍。

发射机中的ECCM

发射机是以其功率电平、波形来表征的，后者包括频率、脉冲宽度、PRF及脉冲内相位或频率的编码。虽然在烧穿模式中较高的发射机功率在对付各种类型的有源ECM时是有好处的，但是干扰机单程传输的优势超过了采用暂时提高雷达功率可得到数分贝的好处。如下的发射机ECCM技术具有较大的潜力：

（1）**低截获概率（简称LPI）**。唯一有效的改变功率的ECCM技术是作为LPI一个要素的功率管理，这里功率减小到给定工作模式所需的最小程度。与低副瓣天线结合，这种技术试图避免雷达信号被干扰机的ESM接收机所截获，因此避免了干扰的产生。在复杂环境中及使用“灵巧干扰机”时，它必须将其注意力限定在投射到其上的信号的一小部分上，这种方法是有效的。由于监视雷达要求能探测到在整个其规定的覆盖空域内的目标，所以监视雷达很少用这种方法。LPI主要应用于隐形飞行器上的机载雷达。但是作为在复杂电子环境中对付“灵巧干扰机”的ECCM，有可能使监视雷达用小功率工作于可能逃避关注的频率通道上，从而获得比利用高功率但受干扰的通道更远的作用距离。

（2）**频率捷变**。该术语定义为在射频系统整个调谐带宽内，脉冲之间的频率变化。由于重调定点噪声及欺骗干扰机太慢，以至于不能保护比干扰机更近距离上的目标，所以这将迫使干扰机采用阻塞噪声来对付监视雷达。此外，ESM接收机在执行将从个别雷达接收到的脉冲相关的任务时将变得更加困难，频率捷变的主要缺点是不能与任何形式的多普勒处理相兼容，这使雷达易受自然的与人为的杂波干扰。

（3）**频率分集**。在分集工作中，两个或更多个通道在不同频率上平行地工作，或者单通道中一组脉冲的频率到下一组脉冲变化到另一个频率，或在每个脉冲内变化。在每个通道或脉冲组内进行多普勒处理是可能的，但是，在接收到第一个脉冲之后，快速调谐的干扰机能定点干扰每个频率。

（4）**PRI参差**。PRI在脉冲之间的变化是一种避免盲速的MTI波形技术。在干扰机作用范围之内，还能使欺骗干扰机不能对一个以上的PRI在相同视距上产生虚假目标信号，这就使处理器在干扰机作用范围内抑制虚假目标。由于给定目标回波将分布在许多多普勒滤波器上而累积不起来，因而这种波形与脉冲多普勒处理是不兼容的。这种技术也使来自所用的最短PRI非模糊距离之外的杂波的抵消不可能。

（5）**脉冲压缩**。脉冲压缩的基本目的是不牺牲距离分辨力而达到较高的平均功率（占空比）。绝大多数现代雷达都采用某种形式的脉冲压缩，于是设计了用来对付这样雷达的干扰机。这意味着，不用带宽比雷达信号带宽窄的简单脉冲干扰与定点噪声干扰，而用能重新产生雷达波形且无大的匹配损耗的重发干扰机来实现欺骗干扰。由于监视雷达实际上采用的信号带宽不大于几兆赫兹，仍可能在该带宽上进行定点噪声干扰，受到上面指出的对频率捷变与频率分集雷达的限制。

（6）**欺骗性发射**。利用雷达的欺骗性发射来迷惑控制“灵巧干扰机”的ESM接收机，这种技术没有被西方雷达界广泛认识到。当干扰对ESM系统所接收到的雷达信号做出响应时，雷达能对对付它所用的干扰机采取一种管制措施[25, 278页]。当对付低副瓣雷达工作时，所谓的“灵巧干扰机”特别容易受到欺骗性雷达发射的伤害，这是因为雷达可在其调谐波段内的很多频率上，用很小的功率从宽波束的辅助天线发射较低功率的信号。由于干扰机接收到的这些信号比通过主天线副瓣发射的信号功率高，所以就迫使干扰机功率分散在整个波段内，或将干扰集中于并不采用的频率上。

天线中的ECCM

适合在ECM环境中工作的天线设计的选择，是基本的与天线有关的ECCM上的考虑。在两个坐标（如三坐标监视雷达）上的窄波束宽度、低或超低副瓣，以及实现快速或随机扫描的能力，这些都是成功设计的重要因素。此外，还可以包括抑制有源干扰（来自敌我双方）的一些特殊技术。

（1）**副瓣对消器**。副瓣对消器由辅助天线所馈电的接收机通道组成，辅助天线的相位中心与主天线的相位隔开，其天线方向图覆盖了主天线副瓣的包络（见图7.19）。辅助信号在与主接收机相同的通道中被接收与放大，并且在非线性处理之前与主接收机的输出相关（见图7.20）。在主天线副瓣中，当所接收到的干扰信号与辅助通道的输出相关时，就得出一个控制信号来确定辅助通道与主通道之间耦合电路的系数，以把足够的相对于主通道干扰相移180°的辅助通道干扰传送到主通道，以在干扰机位置上产生一个零值。

副瓣对消器或其他自适应置零电路缩减了给定干扰机所干扰掉的覆盖范围。这些电路在接收天线方向图中的干扰机的角度上产生了一个深度的、窄的零值（$F_j << 1$）。置零性能被来自粗糙表面的干扰机信号的弥散反射所限制，这样的反射进入较低副瓣或雷达主瓣的低边缘部分，从而逃避了窄的对消器的零值。反射干扰机功率在角度上扩散的例子如图7.21所示。如果表面是平滑的，则小的十字叉表示镜面反射所存在的位置。干扰机在反射方位上的扩散约5 mrad，在仰角上约100 mrad，雷达主瓣或副瓣将接收这种没有通过自适应置零的动作相对减小的功率。多个对消器环路用来缓和这

个问题，以及处理多个干扰平台。彼此相隔几个波长而安置的多个辅助天线用来支持多个对消器环路。来自每个辅助通道的接收机噪声，根据分配给辅助通道的加权加到主接收机的噪声上，提高了主通道的噪声温度。因此，重要的是辅助天线要有足够高的增益，以使这些加权最小。

相关与控制电路以零点能连续跟随扫描雷达副瓣中干扰机位置的时间常数工作。一些工作系统在雷达信号带宽内达到20 dB以上的对消，使有效的雷达距离在干扰环境中增大了3倍。

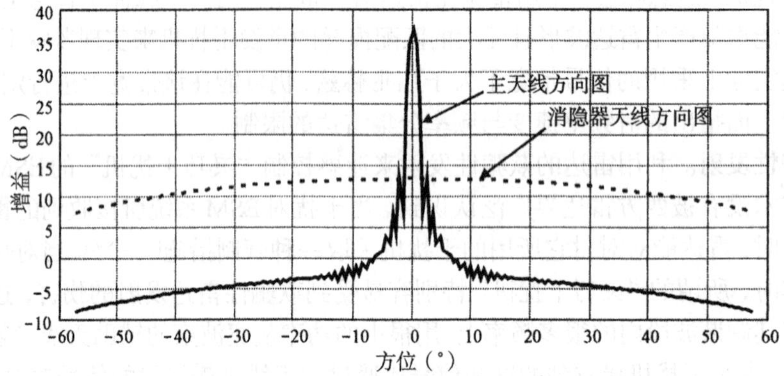

图 7.19 副瓣对消或消隐的天线方向图

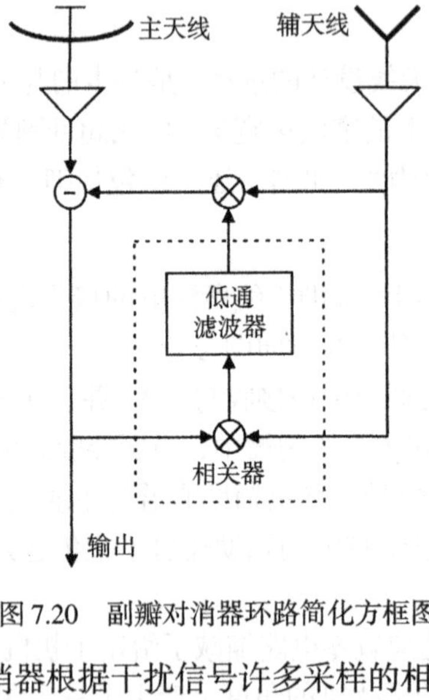

图 7.20 副瓣对消器环路简化方框图

（2）**副瓣消隐器**。副瓣对消器根据干扰信号许多采样的相关进行工作。因此，只对具有高占空比的干扰有效。对于脉冲式干扰要加上副瓣消隐器（见图 7.22）。这可以用与副瓣抵消器相同的辅助天线与接收机，且两个电路往往是一起设计的。消隐器对来自主通道与辅助通道的经包络检测的信号的幅度进行比较。当后者超过前者时，就假定脉冲产生于副瓣区域内，于是就关闭主接收机的输出门。显然，接收机的这种消隐不能大于每个PRI百分之几的范围，以不降低目标探测概率。由于能消除来自其他雷达的

“友方”随机脉冲干扰，所以副瓣消隐器用于大多数空中交通管制雷达与军用雷达中。在作战环境中，它是对付欺骗性干扰的关键防御措施。

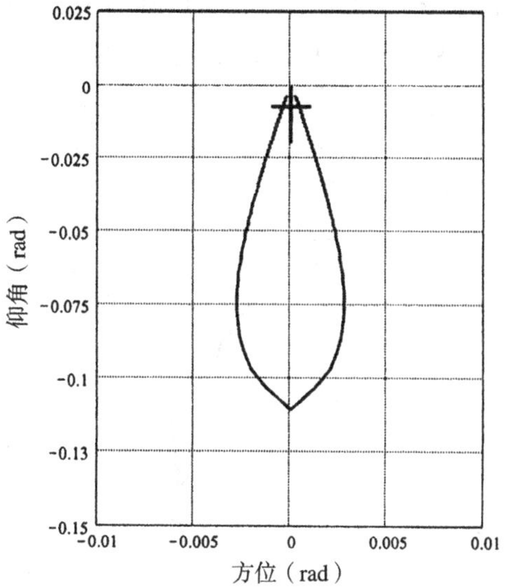

图 7.21 低仰角处来自干扰机闪烁表面的角度范围

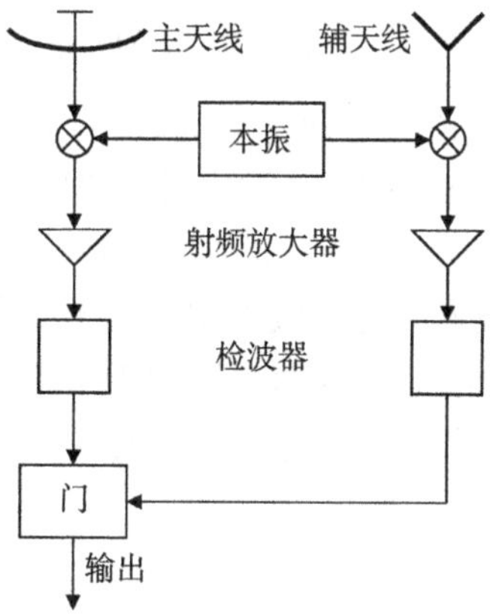

图 7.22 副瓣消隐器的简化方框图

（3）**自适应阵列**。每个单元或单元子阵列都配备有完整接收机的相控阵能设计得具有可控的零值（比接收机通道数目少一个）。虽然目标方向上的增益当零值进入主瓣时降低，但是即便在天线方向图的主瓣内也可以形成深度的零值。由于实现单个单元接收机的成本与复杂性（超过了已很昂贵的射频收/发组件），所以自适应阵列技术主要用于只对三坐标阵列天线的每行采用接收机的雷达中，或用于只有几十个子阵列的子阵接收机的雷达中。

（4）**自适应极化**。由单部发射机发射的干扰在所覆盖频段内为有效对付大多数雷达，都有特定的极化。通过调整接收极化使其与干扰极化成正交，就产生了在雷达天线中进行抵消的可能性。这种方法在参考文献[22, 122 页; 26; 27]中已进行了介绍，但很少被采用，因为制造极化可控制的天线难度很大（尤其是采用很多辐射单元的相控阵天线）。

传播路径中的 ECCM

由于自卫干扰很少用来对付监视雷达，因此雷达-目标与雷达-干扰机路径两者之间是不同的。这个差别可被用做为ECCM。某些情况下，可以利用表面反射所产生的自然的仰角覆盖方向图。图7.23绘出了频率与由相当平滑表面反射的在架高的雷达天线上所形成的方向图-传播图之间的依赖关系。反射所形成的“镜像”天线构成一个辅助的抵消天线，雷达频率一直加以变化到两个信号相位相反时为止。当在水平线与干扰机仰角之间有许多反射波瓣时，雷达的调谐波段包含有一个对干扰机置零的频率。

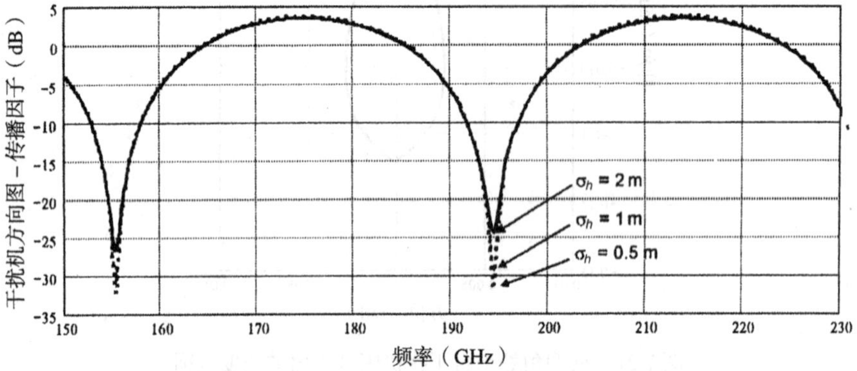

图 7.23 对置于海平面或平坦陆地之上 100 m 的 VHF 雷达，干扰机在 10 km 高、200 km 距离时，方向图-传播因子的变化与频率的关系。表面粗糙度 σ_h 影响零值的深度

在如图所示的情况中，调谐波段应必须有 40 MHz 的范围，以使零值置于干扰机的任意仰角上。该带宽微波雷达可以获得，但比 VHF 雷达通常使用的要宽。干扰平台可试图上升或下降，将其自身从零值仰角中移开。但是，雷达的调谐速率大于干扰平台的仰角速率。零值深度取决于表面的光滑度，因此这种技术只能有效地用于相当光滑的地面或海面。在干扰机仰角上的目标也被置零，于是不能被探测到。尽管如此，人们仍然期望在雷达中包含一部频谱分析接收机来测定干扰比平均值较弱的频率。直接干扰与来自干扰平台以及地球表面的反射，这两者之间的干涉会产生这样的效应。

接收机-处理器中的 ECCM

专门的ECM波形早就用来利用个别雷达接收机的设计缺陷，但好的接收机的设计已降低了大多数雷达对这样一种技术的脆弱性。结果是强的干扰机通常都依赖于噪声来掩蔽监视雷达的目标。当噪声是由宽带内扫描调频干扰产生时，有效的接收机 ECCM 是“宽限窄”，其宽带射频放大器级之后接有一个硬限幅器和一个窄带滤波器（见图 7.24）。该电路起到一个快速动作的CFAR系统的作用，其参考单元处于频率域中而不处于距离域中。由于干扰用户不相信它比随机噪声更有效，因而这种类型的电路及其他CFAR方法的广泛应用，起到了使人们不依赖于专门的干扰波形的作用。

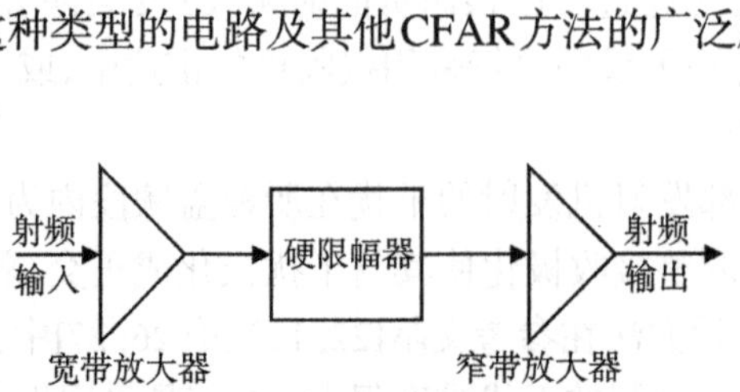

图 7.24 宽限窄接收机框图

系统中的 ECCM

监视雷达是军用系统中的一个部分，它应设计成受ECM破坏降到最小的程度。雷达组网及在几部雷达与其他传感器中的数据融合，能以几种方式降低干扰的有效性。对于任何监视雷达，在包含有强力干扰机的扇区内，覆盖损失都是不可避免的。已组成网的雷达可以填补这个损失了的覆盖范围。单部雷达跟踪文件的保持通常要求颇高的单次扫描探测概率，当两次或三次连续扫描不能探测到目标时跟踪就被丢掉了（见7.9.3节）。在"报告"（单次扫描探测）级上的两部或多部雷达的跟踪文件的融合，能提供更早的跟踪开始及更好的在ECM存在时保持跟踪。当不同的频率用于雷达来重叠覆盖范围时，就使干扰机的任务很难完成。因此在评估监视雷达 ECCM 能力时，必须考虑用它的整个系统。

7.10.5 监视雷达 ECCM 汇总

监视雷达在干扰条件下的满意工作需要几种基本设计特性与特殊的ECCM特性相结合。这些基本特性包括：

- 窄的主瓣宽度，使由给定干扰机所抑制的扇区最小；
- 超低副瓣，使主瓣之外的干扰最小；
- 有抑制箔条用的 MTI 或其他多普勒处理；
- 将覆盖范围重叠的雷达组成网，以使在给定雷达被抑制的覆盖地区内用相邻雷达来探测目标。

比较专门的 ECCM 技术包括：

- 利用反射波瓣的频率偏移；
- 副瓣抵消与消隐；
- 杂波处理许可的频率参差与捷变；
- 欺骗性发射，迫使干扰覆盖宽频带；
- 专门的接收机技术（内容太多在此不列出）；
- 用三坐标雷达，以提供仰角分辨力与置零，以及可能的随机扫描来避免特殊的欺骗性 ECM 技术；
- 三角测量法，以对干扰平台提供无源测距。

参考文献

[1] *IEEE Standard Dictionary of Electrical and Electronics Terms, Std. 100-1984*, 1984.

[2] Barton, D. K., "Radar System Performance Charts," *IEEE Trans. Aerospace and Electronic Systems*, Vol. 9, Nos. 3 and 4, July-October 1965, pp. 255-263.

[3] Wallett, J. D., and Brennan, L. E., "Cumulative Probability of Detection for Targets Approaching a Uniformly Scanning Search Radar," *Proc. IEEE*, Vol. 51, No. 4, April 1963, pp. 596-601.

[4] Barton, D. K., "Maximizing Firm-Track Range on Low-Observable Targets," *IEEE International Conf. Radar-2000*, Alexandria, VA, May 7-12, 2000, pp. 24-29.

[5] Schleher, D. C., *MTI and Pulsed Doppler Radar*, Norwood, MA: Artech House, 1991.

[6] Ward, H. R., "The RAMP PSR: A Solid-State Surveillance Radar," *IEE Int. Conf. Radar-87*, London, October 19-21, 1987, pp. 150-154.

[7] Shrader, W. W., "Radar Technology Applied to Air Traffic Control," *IEEE Trans. Communications*, Vol. 21, No. 5, May 1973, pp. 591-605; reprinted in *Radar Applications*, M. I. Skolnik, (ed.), New York: IEEE Press, 1988, pp. 55-69.

[8] Horenkamp, K. F., and Keast, T. E., "A High Performance Tactical 3-D Radar for the 1980's," *12th European Microwave Conf.*, Helsinki, September 13-17, 1982; reprinted in *Phased Array Radars*, C. Pell, (ed.), Tunbridge Wells: Microwave Exhibitions and Publishers, Ltd., 1988, pp. 914-918.

[9] Lay, R. J., Taylor, J. W., and Brunins, G., "ARSR-4: Unique Solutions to Long-Recognized Radar Problems, *IEEE Int. Conf. Radar-90*, Washington, D.C, May 7-10, 1990, pp. 6-11.

[10] Mathias, R. F., and Cunningham, N. A., "AR320 Long Range Defence Radars," *Military Microwave Conf.*, London, October 24-26, 1984; reprinted in *Phased Array Radars*, (C. Pell, Ed.), Tunbridge Wells: Microwave Exhibitions and Publishers, Ltd., 1988, pp. 908-913.

[11] Lain, C. M., and Gersten, E. J., "AN/TPS-59 Overview," *IEEE Int. Conf. Radar-75*, Washington, D.C., April 21-23, 1975, pp. 527-537.

[12] Fielding, J. E., "Beam Overlap Impact on Phased-Array Target Detection," *IEEE Trans. Aerospace and Electronic Systems*, Vol. 29, No. 2, April 1993, pp. 404-411.

[13] Grave, E., "Thomson CSF Planar Array 3D Radar," *Military Microwave Conf.*, Brighton, England, June 24-26, 1986; reprinted in *Phased Array Radars*, C. Pell, (ed.), Tunbridge Wells: Microwave Exhibitions and Publishers, Ltd., 1988, pp. 896-901.

[14] Giaccari, E., and Strappaveccia, S., "RAT 31-SL: A Multiple Beam Radar for 3D Long Range Detection," *Military Microwave Conf.*, Brighton, England, June 24-26, 1986; reprinted in *Phased Array Radars*, (C. Pell, Ed.), Tunbridge Wells: Microwave Exhibitions and Publishers, Ltd., 1988, pp. 889-895.

[15] Croney, J., "Civil Marine Radar," Chap. 31 in *Radar Handbook*, 1st ed., M. I. Skolink, (ed.), New York: McGraw-Hill, 1970.

[16] Hovanessian, S. A., *Introduction to Sensor Systems*, Norwood, MA: Artech House, 1988, p. 144.

[17] Carrara, W. G., Goodman, R. S., and Majewski, R. M., *Spotlight Synthetic Aperture Radar*, Norwood, MA: Artech House, 1995.

[18] Barton, D. K., and Ward, H. R., *Handbook of Radar Measurement*, Englewood Cliffs, NJ: Prentice-Hall, 1969; Dedham, MA: Artech House, 1984.

[19] Blackman, S. S., *Multiple-Target Tracking with Radar Applications*, Norwood, MA: Artech House, 1986.

[20] Blackman, S., and Popoli, R., *Design and Analysis of Modern Tracking Systems*, Norwood, MA: Artech House, 1999.

[21] Van Brunt, L. B., *Applied ECM*, Vol. 1, Dunn Loring, VA: EW Engineering, 1978.

[22] Johnson, S. L., "Radar Electronic Counter-Countermeasures," *IEEE Trans. Aerospace and Electronic Systems*, Vol. 14, No. 1, January 1978, pp. 109-117; reprinted in *Radar Electronic Counter-Countermeasures*, S. L. Johnson, (ed.), Norwood, MA: Artech House, 1979.

[23] Farina, A., "Electronic Counter-Countermeasures," Chap. 9 in *Radar Handbook*, 2nd ed., M. I. Skolnik, (ed.), New York: McGraw-Hill 1990.

[24] VanBrunt, L. B., *Applied ECM*, Vol. 3, Dunn Loring, VA: EW Engineering, 1995.

[25] Leonov, A. I., and Fomichev, K. I., *Monopulse Radar*, (in Russian), Moscow: Soviet Radio, 1970; translation: Norwood, MA: Artech House, 1986.

[26] Giuli, D., Gherardelli, M., and Dalle Mese, E., "Performance of Some Adaptive Polarization Techniques," *IEE Int. Conf. Radar-82*, October 18-20, 1982, pp. 76-81.

[27] Giuli, D., Fossi, M., and Gherardelli, M., "A Technique for Adaptive Polarization Filtering in Radars," *IEEE Int. Conf. Radar-85*, May 6-9, 1985, pp. 213-219.

附录7A：关于监视雷达的习题

7.1 S波段两坐标监视雷达的性能 在程序2-DAnalysis.mcd中，保留为RAMP雷达而给出的搜索问题的输入，但是把2.4节中的波长改变为0.1 m，然后求：

（a）最大允许的孔径 $A_{r\max}$；

（b）最小平均功率 $P_{av\min}$；

（c）功率/孔径比，以 W/m² 为单位；

（d）孔径宽度 w 与高度 h，以 m 为单位；

（e）在有18 dB极化抵消时，10 mm/h雨的杂波RCS；

（f）在该降雨中，求双对消器的改善因子与输出信噪比。

程序中输入第3节中所需的峰值功率与计算的天线增益，并求路径上对恒定的降雨衰减系数的探测距离。

7.2 S波段堆积波束三坐标监视雷达综合 利用程序StackedBeamCoverage.mcd，确定能提供如下覆盖范围的接收波束结构：

探测距离 $R_m = 100$ km	最大目标高度 $h_m = 20$ km
上仰角极限 $\theta_2 = 30°$	发射波束轴 $\theta_{bt} = 0.4$ 个波束宽度
上覆盖 $\csc^1\theta$	全程波束数目 $n_1 = 4$
第一波束轴 $\theta_{b1} = 0.5$ 个波束宽度	波束间隔 $\Delta_e = 0.7$ 个波束宽度

计算：

（a）仰角波束宽度（°）；

（b）全程扇区宽度 θ_1（°）；

（c）画出发射与接收波束方向图。

利用程序StackedBeamAnalysis.mcd，确定能提供上述已定覆盖范围的S波段堆积波束雷达的主要参数。使用上述规定的R_m，H_m，θ_2，X与Δ_e，其他参数用程序的默认参数及$t_s = 5$ s。计算：

（d）方位波束宽度θ_a（°）；
（e）最大允许孔径$A_{r\max}$；
（f）最小平均功率$P_{av\min}$；
（g）功率/孔径比（W/m²）；
（h）最佳波长λ_{opt}；
（i）峰值功率（kW）；
（j）孔径宽度w与高度h（m）；
（k）采用线极化时，在R_m上降雨中的输出SCR。

7.3 **S波段波束扫描三坐标监视雷达综合** 利用程序ScanningBeamCoverage.mcd，确定具有如下覆盖范围的接收波束结构：

探测距离$R_m = 100$ km
最大目标高度$h_m = 20$ km
上仰角极限$\theta_2 = 30°$
第一波束轴$\theta_{b1} = 0.5$个波束宽度
上覆盖范围：恒定的高度
全程波束数目$n_1 = 4$
波束间隔$\Delta_e = \Delta_a = 1$个波束宽度

计算：

（a）当上波束展宽时所需的波束数目；
（b）全程波束的仰角波束宽度（°）；
（c）全程扇区宽度θ_1（°）；
（d）画出已确定的覆盖包络与波束方向图。

利用程序ScanningBeamAnalysis.mcd，确定具有上述已定覆盖范围的S波段堆积波束雷达的主要参数，将4个全程波束置于远程扇区内，剩下的波束置于近程扇区内，两个扇区的$R_m = 100$ km及$t_s = 6$ s。用上述规定的R_m，H_m，θ_2，X，Δ_e和Δ_a值，其他参数用程序的默认参数及$D_u = 0.01$。计算：

（e）方位波束宽度θ_a（°）；
（f）最大允许孔径$A_{r\max}$；
（g）最小平均功率$P_{av\min}$；
（h）功率/孔径比（W/m²）；
（i）最佳波长λ_{opt}；
（j）峰值功率（kW）；
（k）孔径宽度w与高度h（m）；
（l）线性极化时在R_m上降雨中的输出SCR。

将波长改成C波段（$\lambda = 0.055$ m），并求出降雨中的输出SCR。这种“最佳波长”方法有利吗？

7.4 **MFAR搜索模式** 采用恒定波束宽度1.6°的C波段MFAR提供覆盖范围为距离$R_m = 100$ km，仰角0°~30°，方位扇区90°，使用$\Delta_e = \Delta_a = 0.7$，$t_s = 6$ s及分配其50%的时间。最低的5个波束采用MTI，用4个脉冲的脉冲串来确保在第二个距离间隔中杂波的对消。假设其他参数为$T_s = 1000$，$D_0(1) = 12$ dB，$L_s = 20$ B，$\sigma = 0.1\ \text{m}^2$，$R_x = 125$ km，$D_u = 0.05$，$L_n = 1.6$，计算如下参数：

（a）所采用的搜索波束的总数；
（b）可用的时间余量；
（c）有效孔径面积（m^2）；
（d）搜索所需的平均功率；
（e）孔径宽度与高度（m）；
（f）峰值功率与脉冲宽度；
（g）4 mm/h的降雨并延伸到22 km高度时的信杂比。

7.5 **MFAR的地平线扫描模式** 习题7.4的C波段MFAR必须还要有一个地平线扫描模式来探测$R_m = 50$ km的低空突防目标，特别是在地形掩蔽之下以250 m/s的飞行速度接近直到到达20 km距离的飞机，然后突然上升到30°的飞行角度发起攻击。假定参数如下：$\sigma = 1\ \text{m}^2$，$n_s = 2$离开仰角波束宽度之前的工作扫描，$n_{\min} = 10$个脉冲以便可用每个脉冲串中两个填补脉冲进行双PRF分集，$\Delta_a = 0.7$及其他雷达参数用习题7.4中的。根据如下条件使程序Horizon Scan.mcd适合于MFAR情况：

（1）用语句θ_a:=1.6°取消方位波束宽度计算；
（2）用语句R_c:=$r_{\min}$取消降雨杂波RCS计算；
（3）用语句θ_{va}:=0（不受速度影响的电控步进扫描波束）取消天线扫描速度扩散计算。

然后计算如下参数：

（a）帧时间；
（b）水平扫描模式的平均功率；
（c）峰值功率与脉冲宽度；
（d）该模式的PRF与盲速；
（e）在10 mm/h降雨中20 km处目标的信杂比。

将程序综合部分推导出的参数输入第3节的分析部分，检查结果是否符合在20 km处的最大探测距离和SCR。

7.6 **海用导航雷达** Furuno1622型是用在游艇上的小型X波段雷达，在程序MarineRadar.mcd中采用如下参数计算出在5 km距离处探测10 m^2目标的要求：

频率$f_0 = 9375$ MHz	孔径宽度$w = 1.3$ ft
旋转速率$\omega = 33$ r/min	噪声温度$T_s = 3000$ K
PRF $f_r = 1800$ Hz	脉冲宽度$\tau = 0.5\ \mu$s
可探测因子$D = 12$ dB	搜索损耗$L_s = 17$ dB

计算如下参数：

（a）方位波束宽度；
（b）有效孔径面积；
（c）天线增益；
（d）平均功率；
（e）峰值功率；
（f）3 mm/h 降雨中的信杂比。

在中程模式中，该雷达能根据下列技术指标要求与粗略的损耗估值，用如下参数来建模：$P_t = 2.2$ kW，$f_0 = 9375$ MHz，$\tau = 0.5$ μs，$f_r = 1800$ Hz, $G_t = 21$ dB，$\omega = 33$ r/min，$\theta_a = 6.2°$，$\theta_e = 25°$，$F_n = 10$ dB，$D_0(1) = 12$ dB，$L_s = 17$ dB。
在程序第 3 节中用这些参数，求：

（g）自由空间作用距离（km 与 n mile）；
（h）3 mm/h 降雨中的信杂比；
（i）当天线与目标位于海平面之上 3 m 处时，3 mm/h 降雨中的探测距离；
（j）当天线在海平面之上 3 m 而目标在 10 m 处时，3 mm/h 降雨中的探测距离。

7.7 **战场雷达** 探测军队渗入行动的前线雷达需设计在 K_u 波段（$f_0 = 15$ GHz），采用的电扫天线宽 0.3 m、高 0.15 m，4 s 钟内覆盖 90° 扇区。假定其他参数如下：脉冲宽度 $\tau = 0.1$ μs，PRF $f_r = 10$ kHz，噪声温度 $T_s = 3000$ K，可探测因子 $D_0(1) = 12$ dB，搜索损耗 $L_s = 17$ dB，孔径效率 $\eta_a = 0.3$。利用程序 BattlefieldRadar.mcd，计算如下参数：

（a）天线波束宽度；
（b）有效孔径面积；
（c）天线增益；
（d）平均功率；
（e）峰值功率；
（f）1 mm/h 降雨中的信杂比。

将这些参数输入进程序的第 3 节中，求如下参数：

（g）如果雷达与目标都在海平面之上 1 m 处，求探测距离；
（h）如果雷达天线高出海平面 15 m 处，求探测距离。

7.8 **侧视阵列雷达** 设计一部 K_u 波段侧视阵列雷达，它采用 5 m × 0. 5 m 的孔径，工作于 1 km 高度上，每秒钟在 50 km 距离上扫描一个 90° 扇区。假定其他参数如下：可探测的散射参数 $\gamma = 0.01$，占空比 $D_u = 1\%$，噪声温度 $T_s = 1000$ K，距离分辨力 $\Delta_r = 5$ m，可探测因子 $D_0(1) = 10$ dB，搜索损耗 $L_s = 15$ dB，孔径效率 $\eta_a = 0.3$。利用程序 RealAperture.mcd，求下列参数：

（a）方位与仰角波束宽度；
（b）可避免在地面上存在距离模糊的水平距离与 PRF；

（c）有效孔径面积与天线增益；
（d）地表面单元的RCS；
（e）所需的平均功率与峰值功率；
（f）在最大作用距离上的横向分辨力；
（g）假定通过采用圆极化存在18 dB降雨抑制与3 dB目标减弱，求在1 mm/h降雨中的信杂比。

将推导出的参数输入程序第3节中，求出如下参数：

（h）考虑大气层与降雨的探测距离。

如果用具有同样孔径尺寸与功率的雷达工作于K_a波段，求下列参数：

（i）每次驻留的脉冲数；
（j）在最大自由空间距离的横向分辨力；
（k）1mm/h降雨中的探测距离。

7.9 **合成孔径测绘** 小型RPV的装备有侧视SAR，以从1 km高度对50 km距离的条带产生地图，并具有如下参数：可检测的表面散射参量$\gamma = 0.1$，频率$f_0 = 9.5$ GHz，孔径1 m × 0.3 m，RPV速度150 m/s，占空比$D_u = 1\%$，噪声温度$T_s = 1000$ K，距离分辨力$\Delta_r = 2$ m，可探测因子$D_0(1) = 10$ dB，搜索损耗$L_s = 15$ dB，非相干积累的图像数$n' = 4$，SAR波束宽度常数$K'_\theta = 0.6$，
孔径效率$\eta_a = 0.4$，利用程序SAR.mcd，求出下列参数：

（a）横向分辨力；
（b）分辨单元中的地表面RCS；
（c）所需的平均功率与峰值功率；
（d）假定通过使用圆极化存在18 dB降雨抑制和3 dB目标减弱，求1 mm/h降雨中的信杂比。

将得到的参数输入程序第3节中，求出如下参数：

（e）考虑大气层与降雨衰减后的最大测绘距离；
（f）10 mm/h降雨中的最大测绘距离。

7.10 **边扫描边跟踪滤波器** 在低空SAM系统中，用中程监视雷达作为目标捕获雷达，要求是对加速度为2 g的目标保持跟踪，并给有关火控雷达40 km距离处的目标提供指示数据，最大误差在10 mrad之内。利用程序Track-while-Scan.mcd，并假定波束宽度$\theta_a = 1.5°$与噪声误差$\sigma_\theta = 0.1\theta_a$，计算如下参数：

（a）最佳跟踪器参数；
（b）考虑到可能有一次丢失的检测，求能提供指示精度的最大可允许的帧时间。

7.11 **跟踪起始与保留** 要求上一习题中的监视雷达在目标到达37 km距离之前，对40 km处地形掩蔽之上出现的250 m/s目标起始跟踪，概率为80%。雷达必须提供90%的概率来保

持跟踪，直到目标到达30 km距离为止，使用两次连续丢失检测的跟踪丢失准则。利用程序TWSProbability.mcd，计算如下参数：

（a）起始跟踪必需的扫描数；
（b）起始跟踪必需的单次扫描概率；
（c）起始跟踪之后保留跟踪必需的扫描数；
（d）保留跟踪所需的单次扫描检测概率；
（e）如果丢失跟踪准则改变为3次连续丢失检测，求保留跟踪所需的单次扫描检测概率。

7.12 **对付AN/TPS-70的重发干扰机** AN/TPS-70的主要参数列于表7.2中。在程序Deception.mcd中使用这些参数并假定如下参数：雷达远副瓣电平$F_j = -55$ dB，$R_j = 200$ km，$H_j = 10$ km，$G_j = G_i = 10$ dB，$\eta_a = 0.5$，$F_{pj} = -3$ dB，$L_{mj} = 2$ dB，求下列欺骗干扰机的要求：

（a）表现为1 m^{2}目标的峰值功率；
（b）产生100个假目标的干扰机的平均功率；
（c）电子重发器增益；
（d）重发器接收机灵敏度；
（e）干扰机天线尺寸。

附录7B：提供的Mathcad工具

CoverageChart.mcd：垂直覆盖图

对$X = 1$，1.5，2的$\csc^X$覆盖与匹配于等高轮廓的覆盖，该程序可画出覆盖方向图。我们用该程序得出了图7.2。

CscXLoss.mcd：Cosecant^{X}损失

此程序对于在全程宽度θ_1覆盖扇区之上单程功率增益。遵循$\csc^X$函数的覆盖范围，计算天线增益的损失和有效搜索扇区的增大。计算与等高轮廓相匹配的覆盖范围的损失。我们用该程序产生了图7.3。

2-D Analysis.mcd：两坐标监视雷达的综合与分析

该程序根据7.2节所述要求完成两坐标监视雷达综合的7个步骤，然后在已知的雷达参数基础上分析探测距离与杂波抑制。为展示其对已导出参数的影响，按需要放置用户的输入。注意，第1章所用的程序Range.mcd包括在有多个干涉源时对距离的更详细的计算模型。

StackedBeamCoverage.mcd：堆积波束覆盖图

对与$\csc^X$或等高包络相匹配的覆盖范围的堆积波束三坐标雷达，该程序画出其覆盖范围图。我们利用该程序得到了图7.6。

Stacked Beam Analysis.mcd：堆积波束监视雷达的综合与分析

该程序根据7.3节所述的要求完成堆积波束三坐标监视雷达综合的7个步骤，然后在已知雷达参数基础上分析探测距离与杂波抑制。为展示其对已导出参数的影响，按需要顺序放置用户的输入。

ScanningBeam.mcd：扫描波束的覆盖图

该程序画出与csc^{x}或等高包络相匹配的覆盖范围的扫描波束三坐标雷达的覆盖图。我们利用该程序得到了图7.9。

ScanningBeamAnalysis.mcd：扫描波束三坐标监视雷达的综合与分析

该程序根据7.4节所述的要求完成扫描波束三坐标监视雷达综合的7个步骤。它还在已知的雷达参数的基础上分析探测距离与杂波抑制。为展示其对已导出参数的影响，按需要顺序放置用户的输入。

MFARScannAnalysis.mcd：多功能雷达空域搜索模式的综合

该程序根据7.4.5节所述的要求完成MFAR空域搜索模式综合的步骤。为展示其对已导出参数的影响，按需要顺序放置用户的输入。

HorizonScan.mcd：水平线扫描监视雷达的分析

该程序根据监视问题的要求计算水平线扫描雷达的主要参数：最小与最大的目标作用距离、速度、RCS及当目标保留在仰角波束内时指派给探测的扫描数。它还为一组已知的雷达参数计算探测距离。我们利用该程序得出了7.6.2节的数据。

MarineRadar.mcd：海用导航雷达的综合与分析

该程序根据7.6节所述要求计算海用导航雷达所需的发射机功率，然后在已知雷达参数的基础上分析探测距离。初始计算采用自由空间条件，然后计算包括传播因子的影响。为展示其对已导出参数的影响，按顺序放置用户的输入，我们利用该程序得到了图7.11。

BattlefieldRadar.mcs：战场监视雷达的综合与分析

该程序根据7.8节所述的要求计算战场监视雷达所需的发射机功率，然后在已知雷达参数的基础上分析探测距离。为展示其对已导出参数的影响，按需要顺序放置用户的输入。我们利用该程序得到了图7.12。

RealAperture.mcd：机载实孔径表面测绘雷达的综合与分析

该程序根据7.7节所述的要求计算机载实孔径测绘雷达所需的发射机功率，然后在已知雷达参数的基础上分析探测距离。为展示其对已导出参数的影响，按需要顺序放置用户的输入。

SAR.mcd：机载合成孔径表面测绘雷达的综合与分析

该程序根据7.7节所述的要求计算机载合成孔径测绘雷达所需的发射机功率，然后在已知雷达参数的基础上分析探测距离。为展示其对已导出参数的影响，按需要顺序放置用户的输入。

TrackWhileScan.mcd：边扫描边跟踪性能

该程序计算采用α-β滤波器的边扫描边跟踪系统的性能。它还可画出对位置、速度或加速度及频率响应的阶跃响应曲线。我们利用该程序得到了图7.14与图7.15。

TWSProbability.mcd：跟踪起始与保留的概率

该程序计算边扫描边跟踪系统跟踪起始与保留的概率。跟踪起始的准则是在初始探测之后3次扫描中检测到2次。跟踪丢失的准则是2次或3次连续的丢失探测。我们利用该程序得到了图7.16与图7.17。

NoiseJamming.mcd：监视雷达在噪声干扰中的性能

在噪声干扰机存在的情况下，该程序计算监视雷达的干扰机噪声温度与探测覆盖范围。有几节对有 SOJ，ESJ 和 SSJ 时计算探测距离。对于 SOJ 可在极坐标与直角坐标中画出方位覆盖图。对于规定在 –25 dB 以上的第一副瓣电平，假定了 –23 dB 的第一副瓣余弦照射函数。否则，对第一规定的副瓣电平采用泰勒照射函数，与规定的恒定远副瓣电平相融合。在这两种情况下，方向图函数由于与特定宽度的反射闪烁表面相卷积而稍有扩展。我们利用该程序得到了图 7.18。注意，第 1 章中所采用的程序 Range.mcd 含有对具有多干涉源的距离计算更详细的模型。

Deception.mcd：对欺骗性干扰机的要求

该程序计算对监视雷达在副瓣中进行欺骗性干扰所需的参数。

PropECCM.mcd：与传播有关的 ECCM

对于规定的表面介电常数与3个规定的表面高度偏差，该程序计算反射瓣对干扰机方向图传播因子的影响。我们利用该程序得到了图 7.23。

附录 7C：习题的解

文件夹 Appendix7A 中包括了 14 个单独的程序，用于解答附录 7A 中的习题。获取方法详见封底。

第8章　雷达跟踪和测量

跟踪雷达是一种主要功能为自动跟踪目标的雷达。它与监视或边扫描边跟踪雷达的区别在于，跟踪雷达的波束对目标的出现及其运动做出响应，并将目标作为自动跟踪环的一部分。距离门和多普勒滤波器还可随目标运动，而采用数字技术可轻易地生成多个距离门和滤波器，这使得依据具有固定距离门和滤波器的信号处理机的输出，在这些坐标上可实现跟踪，这与监视雷达的角跟踪方式非常相似。本章将叙述天线和测角技术、距离和多普勒跟踪器、所得数据的误差以及跟踪雷达的ECM和ECCM技术。

8.1　测量的基本原理

在测量或跟踪一个目标之前，必须首先将其从周围环境中分辨和检测出来，并将其信号选为测量的目标。某种程度的测量隐含在检测之中，因为通过检测到目标的分辨单元或产生告警的分辨单元可提供粗略的位置数据。测量过程不仅指明包含目标的单元，而且还在相邻单元间内插，以提高位置数据的精度。输出数据的均方根误差可小到分辨单元宽度的0.5%~1%。

8.1.1　基本测量过程

基本内插过程是将相邻单元的信号进行比较，根据这些信号的相对幅度来估算目标的位置。图8.1绘出了在任意z坐标上的这一过程，这个坐标可以是角度θ、时延t_d或频率f_d。两个对称响应偏离测量轴z_0的距离为$\pm z_k$。

$$
\begin{aligned}
f_1(z) &= f(z_1) = f(z_0 + z_k) \\
f_2(z) &= f(z_2) = f(z_0 - z_k)
\end{aligned}
\tag{8.1}
$$

这两个响应可顺序或同时产生。在轴上，$f_1(z_0) = f_2(z_0)$，并且该响应的相等可用于表明目标信号位于测量轴上。

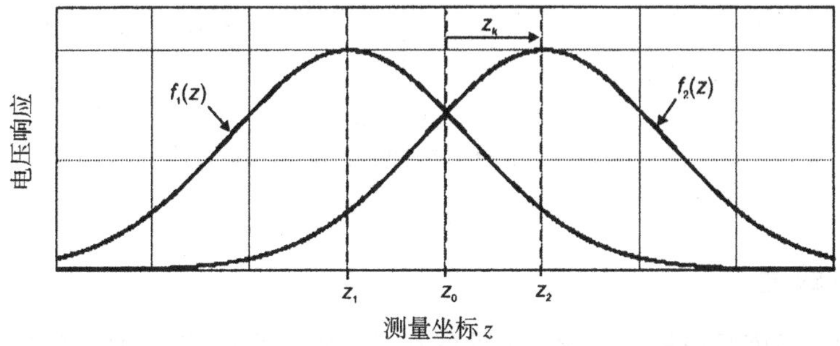

图8.1　基本测量过程

为了获得表明目标位置相对于测量轴误差的信号，我们生成这两个响应间的差：

$$
\Delta(z) = E_0\left[f_1(z) - f_2(z)\right] \approx -\sqrt{2}E_0 z_k f'(z) \tag{8.2}
$$

式中，E_0是轴上目标的信号电压，$f'(z)=\mathrm{d}f/\mathrm{d}z$，而近似的适用条件为$|z|<z_k$。图8.2（a）所示的响应有一个通过轴上零值的S形，通常称为鉴别器响应。正的Δ表示$z<z_0$处的目标，负的Δ表示$z>z_0$处的目标。不过，由于Δ的幅度与目标的信号强度及其位置有关，如果目标在轴上，则Δ值才给出目标的位置。即使是这种情况，$\Delta=0$是模糊的，这表明要么$z=z_0$，要么$z-z_0<<-z_k$，要么$z-z_0>>-z_k$。为了获得正确的内插位置，我们必须形成$\sum$响应，如图8.2（a）所示。

$$\Sigma(z)=E_0\left[f_1(z)+f_2(z)\right]\approx\sqrt{2}E_0f(z) \tag{8.3}$$

并观察归一化差或误差信号响应：

$$\frac{\Delta}{\Sigma}=\frac{f_1(z)-f_2(z)}{f_1(z)+f_2(z)}\approx\frac{-z_kf'(z)}{f(z)} \tag{8.4}$$

如图8.2（b）所示。对于离开z_0的大偏移，归一化误差曲线形式（虚线）与$f(z)$的低幅度两肩有关，排除了在这些区域中进行有用的测量。对响应$f(z)$可进行控制，使得误差信号在$z=z_0$附近呈线性，并且，只要$\sum$高于给定的检测门限，就可避免模糊度。

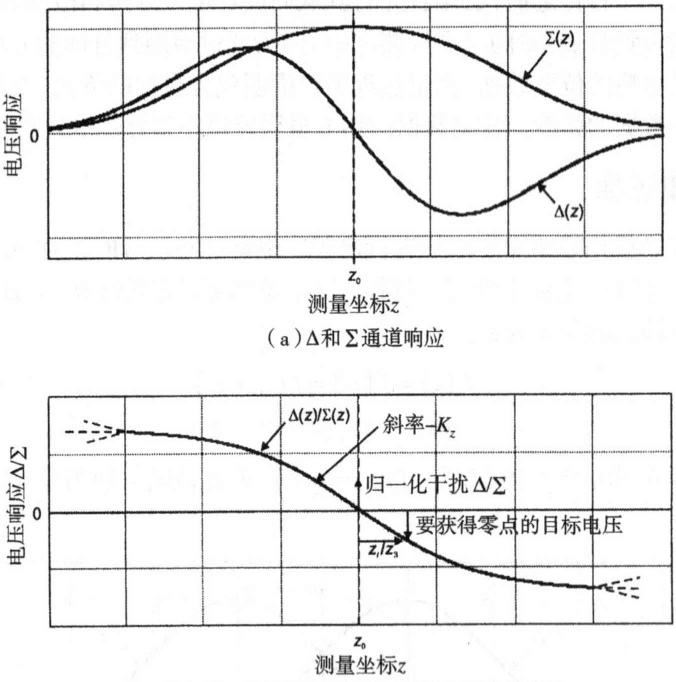

（a）Δ和Σ通道响应

（b）归一化误差检测响应与z轴上位置的关系

图8.2 干扰Δ_i的影响

8.1.2 测量灵敏度

测量系统的灵敏度是根据归一化误差曲线在其与轴相交点处的斜率来建立的。通过z_3，即$\sum(z)$的-3 dB宽度，对z进行进一步的归一化后，该斜率为

$$k_z\equiv-\left.\frac{\mathrm{d}(\Delta/\Sigma)}{\mathrm{d}(z/z_3)}\right|_{z=z_0}\approx\left.\frac{-z_3z_kf''(z)}{\Sigma(z)}\right|_{z=z_0} \tag{8.5}$$

因此，任何坐标上理论测量的灵敏度都正比于二次导数$f''(z)$，或该坐标上响应的尖锐度。

所有通常的响应形状（天线方向图和波形模糊度函数）都有如下特性，即z_3与中心曲率成反比关系。在实际测量系统中，这将归一化斜率限制为$1 < k_z < 2$。当出现干扰时，轴上有较强的信号，因此，出现假误差信号Δ_i，如图 8.2（b）所示，于是，通过将鉴别器零值从目标处移动z_i量，跟踪器就恢复零值输出

$$\frac{z_i}{z_3} = -\frac{\Delta_i}{k_z \Sigma} \tag{8.6}$$

当Δ_i较小并随机变化时，误差z_i将轴对称地变化，其均方根值对应于位置误差：

$$\sigma_{z1} = \frac{z_3}{k_z\sqrt{2S/I_\Delta}} \tag{8.7}$$

式中，I_Δ是平均差通道干扰功率，σ_{z1}适用于平均功率为I_Δ的在Δ通道中出现的单个干扰，而S为$\sum$通道中的信号功率。因子$\sqrt{2}$是由于干扰是由相等的同相和正交分量组成而造成的。对于$\sum$通道，信号－干扰比$S/I >> 1$，只有同相分量对检测到的误差信号产生影响（如果采用相敏检波器，则只有正交分量是有效的，但决不会同时有效）。如果要在来自主瓣外的干扰源严重干扰的情况下获得高精度，那么表达式中I_Δ的出现则要求有低副瓣差响应。

当对误差在接收到n_e个独立干扰采样的这段时间周期上进行了平均时，输出误差变为

$$\sigma_z = \frac{z_3}{k_z\sqrt{2(S/I_\Delta)n_e}} \tag{8.8}$$

这是描述在每个雷达坐标中由具有可变幅度或相位的任何类型的干扰所引起的误差的基本关系。在后续章节中，将对其进行修正以包括当$\sum$通道中S/I接近或低于 1 时的一个二阶项。

8.1.3　噪声环境的最佳估算器

最佳估算器的理论已经进行了大量的讨论[1~3]。在每个雷达坐标中，响应是变换坐标中能量分布的傅里叶变换，如表 8.1 所示。响应峰值的曲率（二次导数）由变换坐标中能量分布的归一化二阶矩给出。例如，在测量时间延迟时，在匹配滤波器输出的峰值处的曲率为

$$\beta^2 = \frac{\int_{-\infty}^{\infty}(2\pi f)^2 |A(f)|^2 \mathrm{d}f}{\int_{-\infty}^{\infty}|A(f)|^2 \mathrm{d}f} \tag{8.9}$$

式中，$A(f)$为信号电压频谱，分母为信号能量，分子为能量谱的二阶矩。参数β具有带宽量纲，称为信号的均方根带宽。对于频率测量，信号的均方根时间展宽α也有类似定义，积分时用波形$a(t)$代替$A(f)$，用t代替f。对于角度测量，均方根孔径宽度$\mathcal{L}$在孔径坐标x中定义，而$\mathcal{L}/\lambda$决定了方向图$f(\theta)$的曲率。如果对$A(f)$有一给定的频段限制B，对$a(t)$有时间限制τ，对孔径宽度有物理尺寸限制w，则可确定相应的最佳测量斜率。

因此，以时延表示的最佳测量精度为

$$\begin{aligned}\sigma_{t\min} &= \frac{1}{\beta_0\sqrt{2E/N_0}} = \frac{\sqrt{3}}{\pi B\sqrt{2E/N_0}} \\ &= \frac{1}{1.81B\sqrt{2E/N_0}} = \frac{\tau_3}{1.61\sqrt{2E/N_0}}\end{aligned} \tag{8.10}$$

以频率表示的最佳测量精度为

$$\begin{aligned}\sigma_{f\min} &= \frac{1}{\alpha_0\sqrt{2E/N_0}} = \frac{\sqrt{3}}{\pi\tau\sqrt{2E/N_0}} \\ &= \frac{1}{1.81\tau\sqrt{2E/N_0}} = \frac{B_3}{1.61\sqrt{2E/N_0}}\end{aligned} \tag{8.11}$$

以角度表示的最佳测量精度为

$$\begin{aligned}\sigma_{\theta\min} &= \frac{1}{\mathcal{L}_0\sqrt{2E/N_0}} = \frac{\sqrt{3}\lambda}{\pi w\sqrt{2E/N_0}} \\ &= \frac{\lambda}{1.81w\sqrt{2E/N_0}} = \frac{\theta_3}{1.61\sqrt{2E/N_0}}\end{aligned} \tag{8.12}$$

均方根值 $\beta_0 = 1.81\,B$，$\alpha_0 = 1.81\tau$，$\mathcal{L}_0 = 1.81w$ 分别表示在 B，τ 和 w 上均匀能量分布时的值。该分布给出了最小 3 dB 宽度 $\tau_3 = 0.886/B$，$B_3 = 0.886/\tau$，$\theta_3 = 0.886\,\lambda/w$，但也导致了实战系统中通常不可接受的高副瓣。对于噪声环境，最佳估算理论不考虑副瓣电平。

表 8.1 基本测量关系

测量的坐标	均方根误差方程	分辨单元	变换坐标中的雷达参数	变换坐标中的均方根展宽
角度 θ (rad)	$\sigma_\theta = \dfrac{\lambda}{\mathcal{L}\sqrt{2E/N_0}}$	波束宽度 θ_3	孔径宽度 w/λ	均方根孔径宽度 $\mathcal{L}/\lambda$
延迟 t_d (s)	$\sigma_t = \dfrac{1}{\beta\sqrt{2E/N_0}}$	处理后脉冲宽度 τ_3	信号带宽 B	均方根信号带宽 β
频率 f_d (Hz) 相干情况	$\sigma_f = \dfrac{1}{\alpha\sqrt{2E/N_0}}$	谱线宽度 B_f	观察时间 t_o	均方根信号持续时间 α
非相干情况	$\sigma_f = \dfrac{1}{\alpha_0\sqrt{2E/N_0}}$	信号带宽 B_3	脉冲宽度 τ	均方根脉冲宽度 α_0

可将热噪声中的最佳估计表达式与式（8.8）进行比较。信号－干扰比$(S/I_\Delta)n_e$用$(S/N)n = E/N_0L_m$代替，其中，对于匹配滤波器，匹配损耗 $L_m = 1$，而 $n = f_r/2\beta_n$ 为跟踪器带宽 β_n 内的平均脉冲数。由于假设所有接收通道都有相等噪声，因此，该方程中所用的是$\sum$通道噪声，而不是Δ通道噪声。这时，最佳估算器在式（8.8）中的归一化斜率 k_z 对于所有坐标都等于 $1.81 \times 0.886 = 1.61$。

8.2 角度测量

8.2.1 顺序和同时波束控制

图 8.1 和图 8.2 对角度测量的实现，涉及到两个方向图$f_1(\theta)$和$f_2(\theta)$的形成和将这两个方向图合成来获得$\Delta(\theta)$和$\sum(\theta)$，以及形成误差信号$\Delta/\sum$。可对该误差信号进行平滑并用做输出数据，或反馈以便通过天线伺服或波控计算机来控制波束位置。

虽然符号Δ和$\sum$好像是指单脉冲实现，但它们同样适用于所有测量和跟踪系统。在图8.3（a）中，顺序形成两个波束，来自每个波束的信号存储一个或更多个完整开关周期，然后根据所存储的信号电压计算Δ，$\sum$和$\Delta/\sum$。图 8.3（b）是普通类型的模拟过程，它采用具有长时间常数的自动增益控制（简称 AGC）环路，进行归一化和扩展接收机接收的信号动态范围。在图 8.3（c）中，波束同时存在，并且信号馈入一个射频网络，形成Δ和∑。仍由 AGC 环路进行归一化处理，这个环路闭合在∑接收机的输出端，而对Δ通道进行开环控制。如果图 8.3（a）和图 8.3（b）中的两个波束位置相隔 $\theta_k \approx 0.3\theta_3$（-1 dB 电平附近相交），则顺序Δ响应与理想单脉冲Δ方向图的响应（∑方向图的导数）是不可区分的。

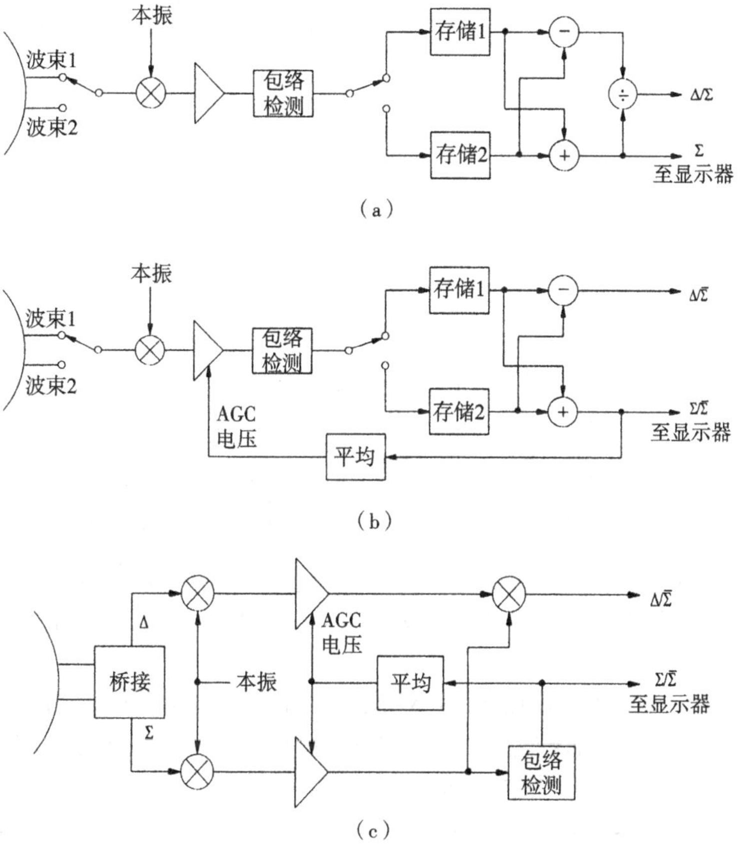

图 8.3　（a）利用分配器归一化的顺序角度测量；（b）利用 AGC 归一化的顺序角度测量；（c）利用 AGC 归一化的同时角度测量

8.2.2　圆锥扫描

顺序波束控制的最普通形式是圆锥扫描，此时波束偏离天线轴，并以扫描频率 f_s 绕天线轴转动。扫描器可采用旋转的振子馈源的形式，它以电气上不平衡的方式引起波束相对于机械轴的偏置；或可用点头的馈电装置以保持恒定极化；或用在固定馈源前旋转的透镜或金属板来提供波束位移。最大转动速率受雷达脉冲重复频率，即要求每个扫描周期至少4个脉冲的限制。通常采用脉冲重复频率的 1/10~1/100 作为扫描速率。

圆锥扫描系统中扫描波束、目标和误差电压间的关系如图 8.4 所示。接收到的脉冲串由 AGC 环路保持在平均幅度 E_0 上。因此，在扫描频率 f_s 上，瞬时脉冲幅度包络带有正弦曲线调制的误差信息。

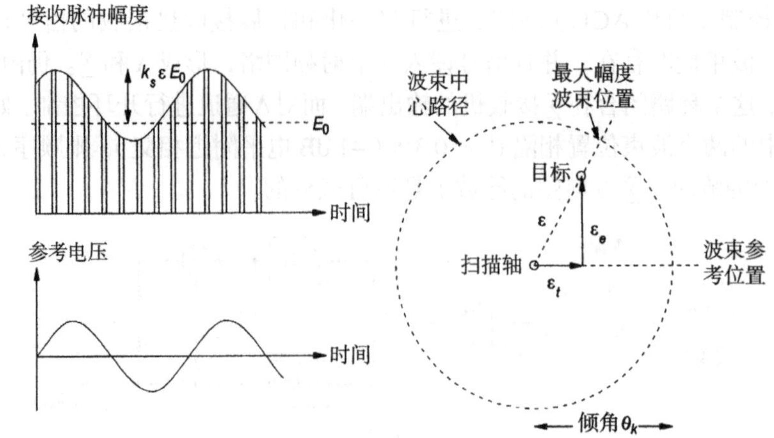

图 8.4 圆锥扫描雷达中的误差检测

圆锥扫描的热噪声误差

在圆锥扫描雷达中，单个脉冲不能提供角度数据，但可用式（8.8）找到由伺服回路所积累的n个脉冲的热噪声所引起的误差。仅有一半这样的脉冲在测方位时是有效的，另一半在测仰角时有效，因此，每个坐标上的误差方程变成（对于 $S/N \gg 1$）：

$$\sigma_\theta = \frac{\theta_3\sqrt{L_m}}{k_s\sqrt{E/N_0}} = \frac{\theta_3\sqrt{L_k}}{k_s\sqrt{(S/N)_m n}} = \frac{\theta_3}{k_s\sqrt{(S/N)n}} \approx \frac{0.7\theta_3}{\sqrt{(S/N)n}} \tag{8.13}$$

式中，k_s 为圆锥扫描误差斜率，$(S/N)_m = (S/N)L_k$ 为波束直接指向目标时接收到的单个脉冲信噪比，$n = f_r/2\beta_n$ 为伺服带宽 β_n 内的平均脉冲数，L_k 是跨越损耗（由于波束倾斜引起的轴上目标的损耗）。

圆锥扫描误差斜率和跨越损耗如图 8.5 所示，对于单程和双程方向图，它们都是倾角的函数。对于双程情况，有效斜率 $k_s/\sqrt{L_k}$ 在 $\theta_k = 0.45\theta_3$ 时为最大，但系统工作的最佳点（损耗降低，斜率很少减小）在 $\theta_k = 0.33\theta_3$ 附近，这时 $k_s/\sqrt{L_k} \approx 1.4$。

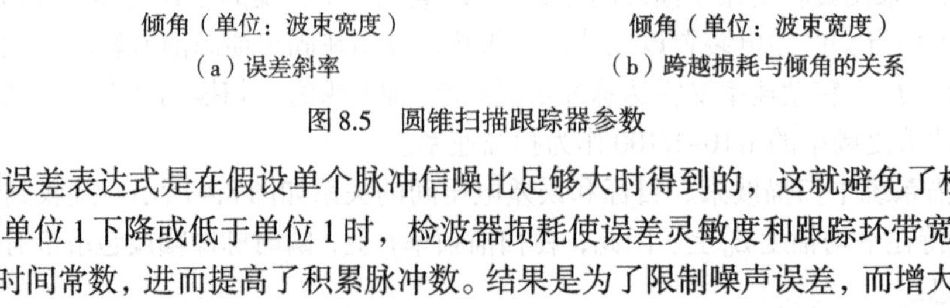

图 8.5 圆锥扫描跟踪器参数

上述的误差表达式是在假设单个脉冲信噪比足够大时得到的，这就避免了检波器损耗。当信噪比朝单位 1 下降或低于单位 1 时，检波器损耗使误差灵敏度和跟踪环带宽[4, 467~468 页]降低，增大了时间常数，进而提高了积累脉冲数。结果是为了限制噪声误差，而增大动态滞后误差，最终会导致跟踪丢失。该误差可通过在高信噪比时达到的设计带宽 β_n 内所积累的脉冲数 $n = \beta_n/2f_r$ 来表达：

$$\sigma_\theta = \frac{\theta_3\sqrt{L_k}}{k_s\sqrt{\left[L_k+(S/N)_m\right]n}} = \frac{\theta_3}{k_s\sqrt{(1+S/N)n}} \tag{8.14}$$

因此，当信号消失时，噪声误差接近最大值 $\theta_3/k_s\sqrt{n}$。

圆锥扫描中的闪烁误差

当目标在扫描周期内起伏时，误差检波器接收因目标偏离轴引起的虚假调制分量。对于用（分数调制）^{2}/Hz 表示的目标起伏的功率谱密度 $W(f)$，伺服带宽 β_n 内的信号－误差功率比为

$$(S/I_\Delta)n = \frac{1}{2\beta_n W(f_s)} \tag{8.15}$$

得到的跟踪闪烁误差为

$$\sigma_s = \frac{\theta_3}{k_s}\sqrt{\beta_n W(f_s)} \tag{8.16}$$

具有瑞利幅度分布的多点目标的均方根分数调制为0.5，这在$W(f)$曲线情况下得到的相对功率为 0.25。这时，零频率的谱密度可根据信号包络的相关时间t_c'来表示：

$$W_0 \approx \frac{t_c'}{2} \tag{8.17}$$

包络相关时间近似等于2.4.5节中采用的信号相关时间t_c，但取决于相关函数的形式[1, 174页]的系数 2 可能有所不同。对于$f_s t_c' >> 1$，对指数式相关起伏，导致，

$$W(f_s) = \frac{1}{2\pi^2 t_c' f_s^2} \tag{8.18}$$

$$\sigma_s = \frac{\theta_3}{k_s}\sqrt{\frac{\beta_n}{2\pi^2 t_c' f_s^2}} = \frac{0.225\theta_3}{f_s k_s}\sqrt{\frac{\beta_n}{t_c'}} \tag{8.19}$$

例如，假设一个目标的包络相关时间$t_c' = 0.06$ s。这对应于具有 5 Hz 半功率带宽的一个包络起伏频谱。对于扫描频率$f_s = 30$ Hz，伺服带宽 $\beta_n = 2$ Hz 和最佳倾角 $\theta_k = 0.33\theta_3$，我们得到

$$\sigma_s = 0.025\theta_3$$

对跟踪飞机目标的圆锥扫描雷达来说，误差约等于 $\theta_3/40$ 是典型值。

8.2.3　扇区扫描

扇区扫描波束可获得其扫描扇区内所有目标的角度数据，而一对波束可用于图 8.6 中，以跟踪两个角坐标上的多目标。扫描区域可保持固定，此时可进行 TWS 工作，也可移动扫描区域以跟随感兴趣的目标。各个目标的角度数据作为偏离扫描区域中心的角度。这类系统中的误差在 7.9.1 节和参考文献[1，179~182 页]中有讨论。概括起来，每个坐标的热噪声误差为

$$\sigma_\theta = \frac{\theta_3\sqrt{L_m}}{k_p\sqrt{2(E/N_0)}} = \frac{\theta_3\sqrt{L_p}}{k_p\sqrt{2(S/N)_m n}} \approx \frac{0.48\theta_3}{\sqrt{(S/N)_m n}} \tag{8.20}$$

式中，$k_p \approx 1.6$ 是角度测量斜率，L_p 是波束形状损耗。闪烁误差如图 7.13 所示，它是在扫过目标期间接收到的独立幅度差采样数的函数。

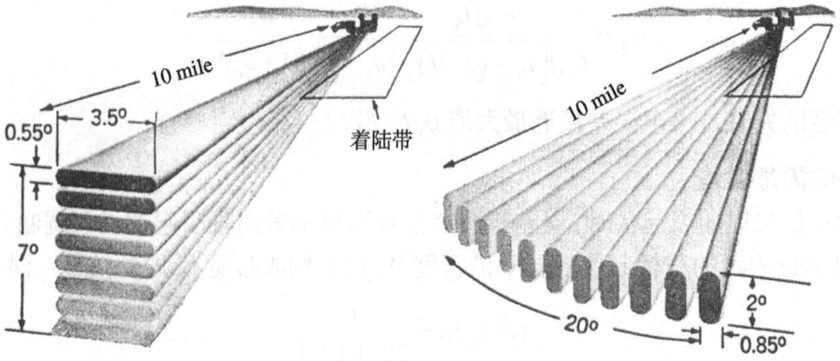

图 8.6 典型精密进场雷达的天线扫描覆盖图（来源：[5，242 页]）

8.2.4 单脉冲雷达

单脉冲是通过比较在两个或更多天线波束内同时接收到的信号，来获得目标角度位置信息的一项雷达技术。这项技术的优点是具有更高的测量效率、更高的数据率，基本上无目标闪烁效应和减小了易干扰性。

单脉冲天线方向图

产生测量波束内目标位置所需要的∑和Δ方向图的单脉冲天线，已在4.5.2节中进行了讨论。热噪声环境的最佳角度估算器采用图8.7所示的∑和Δ照射，得到了最大∑效率和Δ斜率，但产生了高副瓣。当考虑现实环境的影响时，则对照射进行锥削以减小副瓣。典型的选择是 $g(x) = \cos(\pi x/w)$和 $g_d(x) = x\cos(\pi x/w)$，如图 8.8 所示。这些照射给出了中度的副瓣电平，第一∑副瓣为 −23 dB，而相对∑主瓣峰值的第一Δ副瓣为 −18 dB。偏置角每次加倍都将使更远的副瓣以 12 dB 的速率进行进一步的下降。

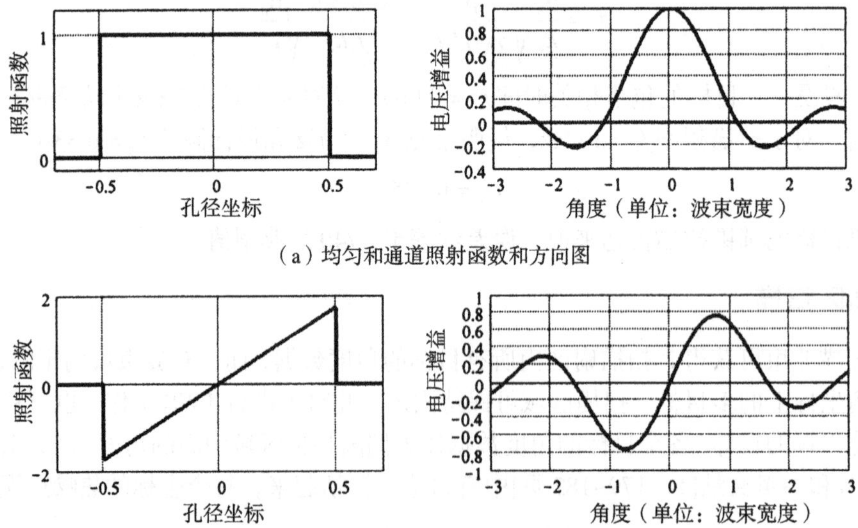

（a）均匀和通道照射函数和方向图

（b）线性 – 奇对称差通道照射函数和方向图

图 8.7 在热噪声下工作的理论最佳单脉冲天线函数

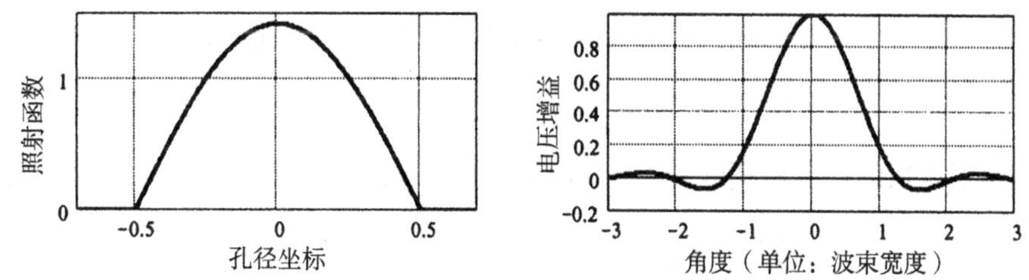

（a）余弦和通道照射函数和方向图

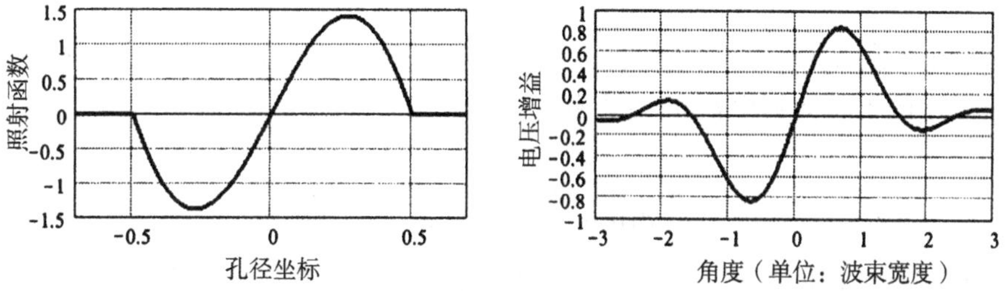

（b）差通道照射函数 $x\cos x$ 和方向图

图 8.8　在真实环境下工作的实际单脉冲天线函数

单脉冲误差斜率

对于图 8.8 的方向图，其归一化斜率［见式（8.5）］为 $k_m = 1.96$。对于不同孔径照射的 k_m 理论值的数据如图 8.9（a）所示。在将锥削照射孔径的性能与理想估算器的性能进行比较时，人们采用了几种差斜率常数。Hannan[6]对相对差斜率定义如下：

$$K \equiv \frac{1}{\Sigma_0}\frac{\mathrm{d}\Delta}{\mathrm{d}\theta}\bigg|_{\theta=0} \tag{8.21}$$

式中，$\Sigma_0 = \Sigma/\sqrt{\eta_a}$ 是均匀照射孔径的电压增益。对于图 8.7 的最佳差照射而言，我们有

$$K_0 = \mathcal{L}_0/\lambda = \pi w/\sqrt{3}\lambda \tag{8.22}$$

式中，$\mathcal{L}_0$ 是均匀照射孔径的均方根宽度。所有其他照射只能得到更低的斜率，对此，差斜率比定义为

$$K_r = K/K_0 \tag{8.23}$$

对给定的差照射函数 $g_d(x, y)$，则差方向图 Δ 为式（4.10）的傅里叶变换，并且利用式（8.21），由 Δ 的导数可求出 K。在许多单脉冲天线设计中，Δ 近似为 Σ 的导数，这[1, 19 页]对应于：

$$g_d(x, y) = \frac{2\pi x}{\mathcal{L}_s} g(x, y) \tag{8.24}$$

式中，归一化常数是平方照射函数的均方根宽度 $\mathcal{L}_s$，它和式（8.9）的均方根带宽定义一样[3]：

$$\mathcal{L}_s^2 \equiv \frac{\int_A (2\pi x)^2 \left|g(x, y)^2\right| \mathrm{d}A}{\int_A \left|g(x, y)^2\right| \mathrm{d}A} \tag{8.25}$$

于是，斜率与 Σ 照射函数和方向图有关[1, 式（2.14）]：

$$K=\frac{1}{\Sigma_0}\frac{\mathrm{d}^2\Sigma}{\mathrm{d}x^2}=\frac{\left|\int_A(2\pi x)^2 g(x,y)\mathrm{d}A\right|}{\lambda\left[A\int_A(2\pi x)^2|g(x,y)|^2\mathrm{d}A\right]^{1/2}}=\frac{\mathcal{L}_\theta^2\sqrt{\eta_a}}{\mathcal{L}_s\lambda} \tag{8.26}$$

式中，$\mathcal{L}_\theta$是照射函数的均方根宽度，等于$\sum$方向图的归一化二阶导数，并与波束宽度紧密相关：

$$\mathcal{L}_\theta^2\equiv\frac{\left|\int_A(2\pi x)^2 g(x,y)\mathrm{d}A\right|}{\left|\int_A g(x,y)\mathrm{d}A\right|}=-\frac{\lambda^2}{\sqrt{G_m}}\frac{\mathrm{d}^2\Sigma}{\mathrm{d}x^2}\bigg|_{\theta=0}\approx\left(1.63\frac{\lambda}{\theta_3}\right)^2 \tag{8.27}$$

对于一些照射函数的K_r值在参考文献[1，25页]中进行了列表，并画于图8.9（b）中。K归一化到$\sum$波束宽度的单脉冲斜率k_m的关系为

$$k_m\equiv\frac{\mathrm{d}(\Delta/\Sigma)}{\mathrm{d}(\theta/\theta_3)}\bigg|_{\theta=0}=K\frac{\theta_3}{\sqrt{\eta_a}}\approx1.63\frac{\mathcal{L}_s}{\mathcal{L}_\theta} \tag{8.28}$$

斜率k_m可根据测得的$\sum$和Δ方向图直接确定，无须知道孔径尺寸或照射。当θ_3被低效率的$\sum$照射展宽时，会出现大的k_m值，这并不意味着优越的性能，只是表示相对差斜率不受$\sum$照射锥削的严重影响。

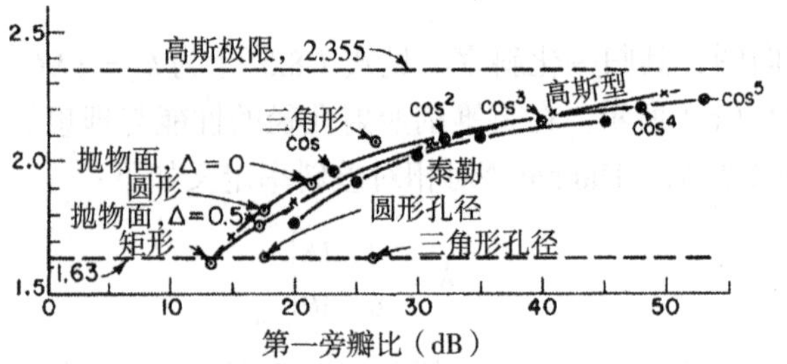

（a）

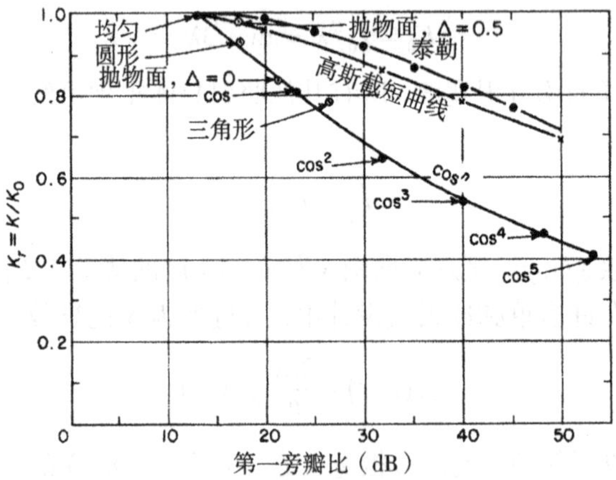

（b）

图8.9 （a）归一化单脉冲斜率；（b）关于不同$\sum$照射的导数差方向图的差斜率比与副瓣比的关系

单脉冲的热噪声误差

单脉冲估计的热噪声误差对于高信噪比而言可用几种方式表示：

$$\sigma_\theta = \frac{\sqrt{\eta_a L_m}}{K\sqrt{2E/N_0}} = \frac{\theta_3\sqrt{L_m}}{k_m\sqrt{2E/N_0}} = \frac{\theta_3}{k_m\sqrt{2(S/N)n}} \approx \frac{\theta_3}{2\sqrt{(S/N)n}} \tag{8.29}$$

式中，S/N 是对波束轴上的目标在 $\sum$ 通道中测得的。对于 $k_m = 1.4$，结果比具有相同波束中心 E/N_0 的圆锥扫描系统好3 dB（误差的 $1/\sqrt{2}$ 倍）。这反映了每个脉冲都提供两坐标数据这一事实。当利用如图 8.8 所示（$k_m \to 2$）的锥削照射时，可获得高达 3 dB 的附加好处。不过，最重要的优点不是更高的效率，而是没有了限制顺序扫描系统性能的闪烁误差。

当信噪比降至或低于1时，跟踪环增益将减小，同时跟踪环带宽也随之减小，而时间常数将增大，在圆锥扫描情况下也是如此。用高信噪比时实现的在设计带宽 β_n 内所积累的脉冲数 n 来表示，噪声误差[4，468 页]为：

$$\sigma_\theta = \frac{\theta_3}{k_m\sqrt{2(1+S/N)n}} \tag{8.30}$$

当信号消失时，达到最大值 $\theta_3/k_m\sqrt{n}$，同时动态滞后误差增大，最终导致航迹的丢失。

单脉冲天线可选方案

在讨论单脉冲系统实现时，有时依据天线的实现方案将系统分成幅度、相位和 $\sum$-Δ 类型。第二种类别是根据接收机电路中采用的敏感方法来分类。Rhodes[7]指出，这些方法的差异是任意的，在接收处理中一种类型可变换成另外一种。由相控阵雷达系统的设计可得到更为统一的观点。任何一个天线的总体性能，从其空间方向图的观点来看，可根据孔径照射来导出，照射不一定需要在天线的物理表面，可以是在天线前面的一个平面上测量。考虑一个角坐标 θ 和相应的照射函数为 $g(x)$ 的相应孔径坐标。第二个照射函数 $g_d(x)$ 为单脉冲测量产生。我们可以争论说这一描述只适用于 $\sum$-Δ 类型系统，但这里所用的考虑，同样适用于顺序波瓣控制系统：在跟踪器输出端，误差信号以两个通道的输出相减并根据这两个通道的和进行归一化的结果出现。误差通道中的响应作为目标偏离轴的函数而改变，并且响应等于由孔径分布 $g(x)$ 和 $g_d(x)$ 所生成的两个方向图的 $\Delta/\sum$ 比。对于 $\sum$ 通道，$g(x)$ 有偶对称性，峰值出现在孔径中心，而（对于低副瓣）趋于边缘时锥削。相位在孔径上是均匀的。对于 Δ 通道，$g_d(x)$ 有奇对称性，峰值出现在孔径每一半的某个地方，而（在多数情况下）趋于边缘时也锥削。对于典型的比幅天线设计，在图 8.8 中对这些照射进行了图示。

比相单脉冲

所谓的比相单脉冲，当采用反射面天线实现时，将两个具有独立馈源喇叭的抛物面并排放置，产生一个如图 8.10（a）所示的照射函数和方向图。相应的差方向图如图 8.10（b）所示。这些天线函数与图 8.8 所示的函数间的重大差别，是在 $\sum$ 照射中间的孔和所得到的 $\sum$ 方向图中的高副瓣。

当采用平面阵来实现如图 8.11 所示的比相单脉冲系统时，$\sum$ 方向图得到了改善，但 Δ 方向图则受到孔径中心急剧反相的影响。必须采用更复杂的馈源，其中 $g_d(x)$ 和 $g(x)$ 都独立地控制，来获得令人满意的副瓣性能。不过，当这样做的时候，相位和幅度单脉冲天线间的区别就消失了。因此，我们可讨论不采用人为区分的系统的性能。

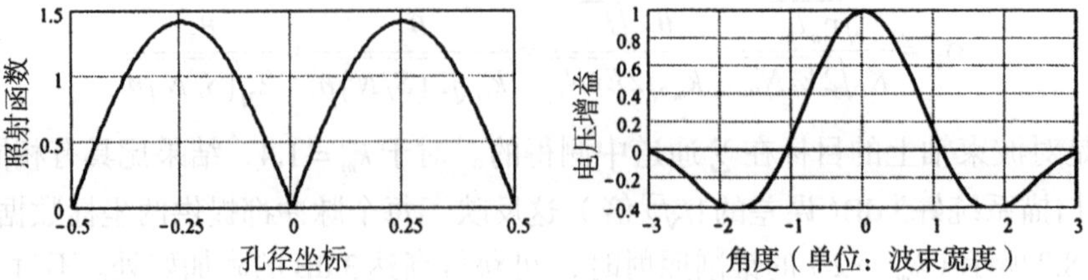

（a）相位单脉冲和通道照射及其方向图

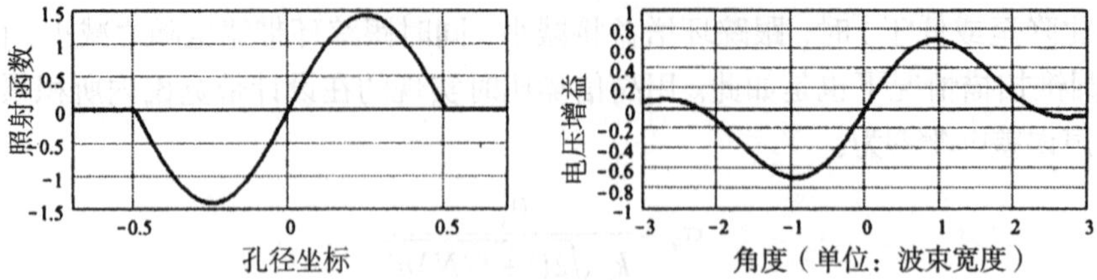

（b）相位单脉冲差通道照射及其方向图

图 8.10 相位单脉冲反射面天线函数

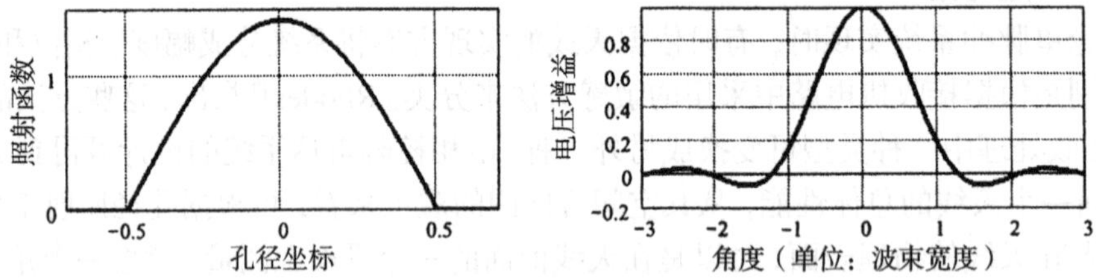

（a）相位单脉冲和通道照射及其方向图

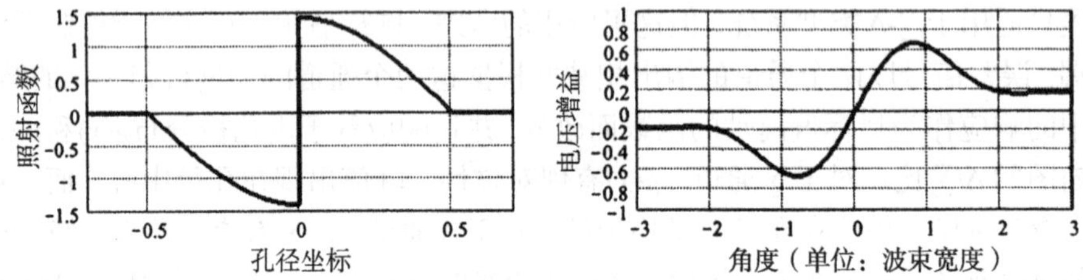

（b）相位单脉冲差通道照射及其方向图

图 8.11 平面阵相位单脉冲天线函数

单脉冲馈电喇叭的性能

由 Hannan[6]和本书 4.5.3 节中已经讨论了的简单 4 喇叭馈源，可得到有限照射控制。简单 4 喇叭馈源在现代跟踪雷达中已由更复杂的馈源所替代，典型的是利用多模技术。Hannan 指出，如何将附加的馈源区域以不同方式耦合到∑和Δ通道，可在喇叭馈电孔径的几个性能参数中间产生令人满意的折中。表 8.2 归纳了他的结果。

表 8.2 单脉冲喇叭馈源性能

喇叭类型	η_a	H面 $K_r/\sqrt{\eta_y}$	k_m	E面 $K_r/\sqrt{\eta_x}$	k_m	∑副瓣 G_s（dB）	Δ副瓣 G_{sd}（dB）	馈源形状
简单 4 喇叭	0.58	0.52	1.2	0.48	1.2	19	10	
2 喇叭双模	0.75	0.68	1.6	0.55	1.2	19	10	

（续表）

喇叭类型	η_a	H面 $K_r/\sqrt{\eta_y}$	k_m	E面 $K_r/\sqrt{\eta_x}$	k_m	$\sum$副瓣 G_s（dB）	Δ副瓣 G_{sd}（dB）	馈源形状
2 喇叭三模	0.75	0.81	1.6	0.55	1.2	19	10	
12 喇叭	0.56	0.71	1.7	0.67	1.6	19	19	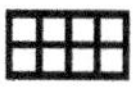
4 喇叭三模	0.75	0.81	1.6	0.75	1.6	19	19	

最佳单脉冲阵列

适合于真实环境的最佳阵列是$\sum$通道增益G_m、波束宽度θ_3和副瓣比G_s之间的折中，以及对于Δ通道的K_r和G_{sd}之间的折中。没有单个最佳化设计，但良好的设计包括下列一般特性：

（1）$\sum$和Δ照射的独立控制；

（2）平滑的$g(x)$且有偶对称性，平滑的$g_d(x)$且有奇对称性；

（3）低边缘照射。

对独立控制，$\sum$通道的最优化可通过常规手段，即泰勒或 Dolph-Chebyshev 照射实现。Δ通道的最优化已经由 Bayliss[8]进行了讨论，他在给定副瓣比G_{sd}条件下，对具有最大K_r的照射进行了推导。因此，阵列设计问题变成了馈电网络任务，当对于$\sum$，Δ_a和Δ_e通道，每个单元独立加权时，将获得最佳性能。这可采用诸如4.5.2节讨论的Lopez双梯馈电[9]设计来实现。在那里还讨论了子阵的使用和所得到的照射函数的幅度误差。

在空间馈电的孔径中，对于$\sum$和Δ独立控制，馈电网络的复杂性可大大降低。这里，可直接采用 Hannan 多喇叭、多模设计，或需要时采用较大的焦平面阵列。多喇叭馈电网络是复杂的，但与孔径平面上涉及成千上万个单元的网络相比则并不复杂。

8.2.5　单脉冲信号处理

误差信号的归一化

常规单脉冲接收机的结构对$\sum$，Δ_a和Δ_e通道采用相同的并行接收机，并用普通的AGC来进行归一化。Δ通道的中频输出加到相敏检波器上，$\sum$通道为它提供参考值。误差信号输出为脉冲，其幅度为

$$E_\Delta = \frac{|\Delta|}{|\Sigma|}\cos\phi \qquad (8.31)$$

式中，ϕ是$\sum$和Δ间的相位角，现在表示由天线到接收机的信号电压。中频放大器中的距离选通将AGC和误差敏感限制到所选目标上。这些双极性视频脉冲通过展宽或通过采样保持电路后接低通滤波器而变换成直流。

AGC环路的特性对于单脉冲雷达的性能非常关键。单脉冲的主要优点是其没有目标闪烁误差，包括故意干扰调制的效应。取得误差信号的Δ通道是一个抑制了载频的通道，对于轴上目标，它具有零幅度。因此，载频信号的调制不产生输出，而顺序系统则相反，其中的调制可产生一个假误差信号。AGC的目的是当目标信号幅度随距离或目标起伏而变化时，保证误差通道内恒定的回路增益。对目标距离变化的补偿由慢速AGC环得到，而目标起伏只能采用快

速AGC去除。在极限情况下，起伏由脉冲到脉冲产生，一个Δ/∑的计算机运算至少在还没有被正常快速AGC去除的那些起伏的动态范围上，可提供瞬时归一化。下面讨论实现瞬时归一化的其他方法。

利用快速AGC的代价在图8.12中有说明。当目标位于跟踪轴上时，采用AGC时的误差比没有AGC时的误差大，而采用快速AGC的误差又比采用慢速AGC的大。这种误差的增大是由目标闪烁（见3.4.3节）引起的，在目标衰落期间为最大[11, 111~122页]。闪烁误差与目标宽度L_x成正比，但其峰值可大大超过这一宽度。

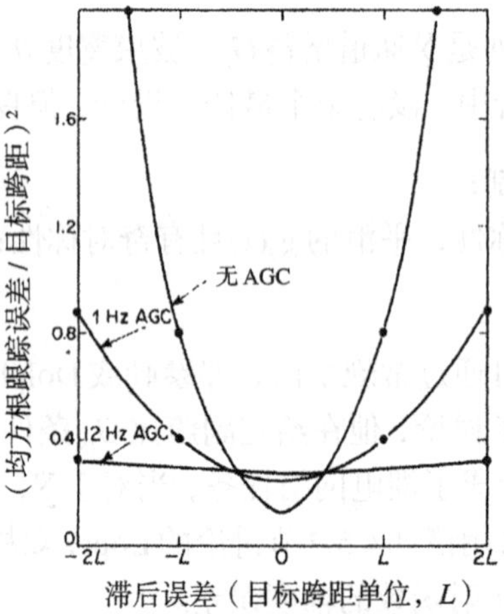

图8.12　雷达跟踪噪声功率对不同AGC带宽作为跟踪滞后误差的函数（来源：[10]）

反过来，不利用AGC或响应太慢而不能跟随目标起伏，也要付出代价。当Δ信号没有通过∑进行归一化时，跟踪环增益将发生变化。当一个目标其运动引起的跟踪滞后与L_x可比或大于L_x时，由采用慢速AGC系统内的调制滞后所引起的随机误差超过了闪烁误差。快速AGC使总的误差几乎保持不变，与滞后无关。瞬时AGC将产生更大的闪烁误差并几乎与滞后无关。滞后误差的产生将在8.5.2节中讨论。

对起伏目标热噪声误差的详细分析已经表明，当采用瞬时归一化时，这一误差分量也会增大[12]。对于稳定和瑞利起伏目标的热噪声误差在图8.13中进行了比较。起伏目标的热噪声误差比具有相同平均信号功率的稳定目标的热噪声误差要增大两倍或更多倍，其原因是出现噪声时进行了归一化处理。瞬时误差的信号输出为

$$E_\Delta = \frac{\left|\Delta + e_{n\Delta}\right|}{\left|\Sigma + e_{n\Sigma}\right|}\cos\phi \tag{8.32}$$

当∑为瑞利分布时，$\sum + e_{n\Sigma}$也是瑞利分布，且分母偶尔趋于0，从而在E_Δ中产生一个噪声冲激脉冲。式（8.31）传统的模拟实现过程用限制带宽和动态范围来限制这些冲激脉冲的幅度。结果是，关于起伏目标的经验数据通常遵循对式（8.29）的预测，而不是遵循图8.13上面的一条曲线，从而允许可根据任何目标的平均信噪比来计算热噪声误差。现代数字处理使具有更大幅度的冲激脉冲的通过成为可能，从而使误差大大提高。

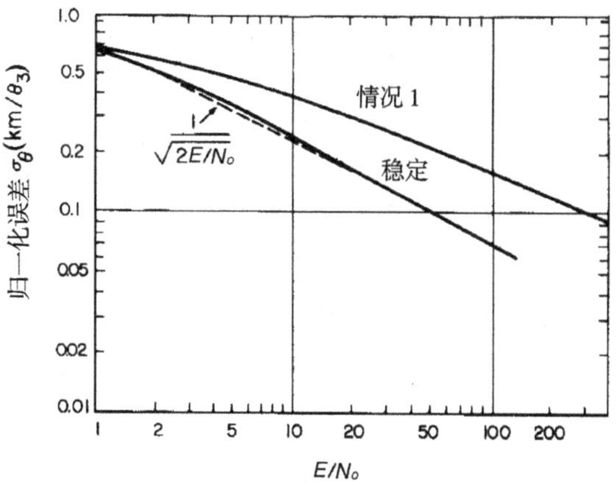

图 8.13　采用瞬时归一化时，稳定和起伏目标的热噪声误差（来源：[12]）

在将 ∑ 信号用于对误差信号进行归一化之前，通过对 ∑ 信号求平均，可大大地将起伏目标的误差减小到由式（8.29）所预测的那样：

$$E_\Delta = \frac{|\Delta + e_{n\Delta}|}{|\Sigma + e_{n\Sigma}|}\cos\phi \tag{8.33}$$

平均必须对几个噪声采样进行，以减小分母趋于0的概率。必须在时间或频率上求平均，此时，独立采样所需要的间隔对应于2.4.5节所定义的间隔。在将误差信号应用于伺服回路之前先限制 E_Δ 也减小了误差峰值，但在估计中引入了偏移误差。

单脉冲实现中的对误差的灵敏度

比幅单脉冲的基本单元如图 8.14 所示，在电气单元中有两类误差：

（1）比较器之前误差：$d_1 = a_1 + \mathrm{j}\phi_1$；

（2）比较器之后误差：$d_2 = a_2 + \mathrm{j}\phi_2$。

假设误差 a_1 和 a_2 幅度上的不平衡小于1，而误差 ϕ_1 和 ϕ_2 相位上的不平衡小于 1 rad。比较器前误差与射频元件有关，通常根据 Δ 方向图中相对于 ∑ 方向图最大值的零深 G_n 来表述，G_n 为

$$G_n = \frac{4}{\phi_1^2} \tag{8.34}$$

我们的关注限定在一次和二次项上，通过轴上目标存在的误差电压，相对于理想（无误差）系统，我们来表示零位置漂移：

$$E_\Delta(0) = \mathrm{Re}\left(\frac{\Delta}{\Sigma}\right)_0 = -\frac{a_1}{2} - \frac{a_1 a_2}{2} + \frac{a_1^2}{4} + \frac{\phi_1\phi_2}{2} - \frac{\phi_1^2}{4} \tag{8.35}$$

将该电压与角度关联起来的归一化差斜率为

$$k_m = \frac{\theta_3}{\Sigma}\frac{\mathrm{d}\Delta}{\mathrm{d}\theta} \tag{8.36}$$

这样，误差电压 E_Δ 等效于角度 $\Delta\theta = E_\Delta\theta_3/k_m$，而式（8.35）可采用这个比例因子变换成一个角度。单脉冲网络误差也影响差斜率，使无误差值 k_m 变为一个 k_m' 值，如下：

$$\frac{k'_m}{k_m}=1+a_2+\frac{a_1^2}{4}-\phi_1\phi_2-\frac{3\phi_1^2}{4} \tag{8.37}$$

（只保留一次和二次项）。

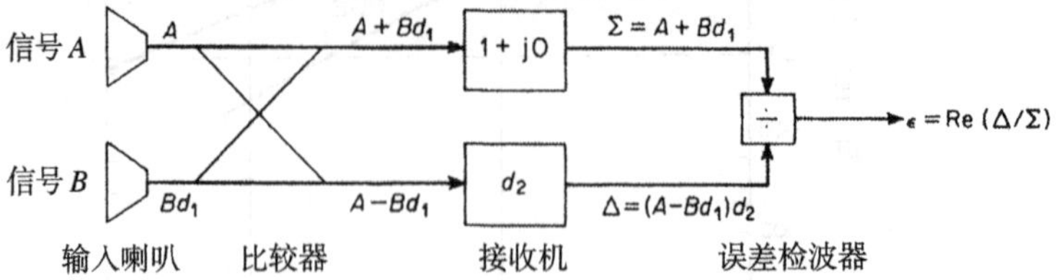

图 8.14　单脉冲实现误差（来源：[1，图 8.5]）

实际上，比较器前误差的绝大部分是通过对馈源或数据系统进行偏移，以便使该系统的射频零点移到中心处而消除的（与采用调整到理想性能的接收设备所测得的一样，$a_2=\phi_2=0$）。这使零点移位：

$$E_0=\frac{a_1}{2}-\frac{a_1^2}{4}-\frac{\phi_1^2}{4} \tag{8.38}$$

假设比较器前误差保持固定，比较器后误差的引入（通常与有源接收机单元中的增益变化和相位变化有关）现在产生一个误差信号：

$$E_2=E_\Delta(0)-E_0=\frac{\phi_1\phi_2}{2} \tag{8.39}$$

对于这种情况，相应的角度误差为

$$(\Delta\theta)_2=\frac{\theta_3\phi_1\phi_2}{2k_m}=\frac{\theta_3\phi_2}{k_m\sqrt{G_n}} \tag{8.40}$$

在射频零被置零后所出现的比较器后均方根误差 σ_θ，可从式（8.40），通过插入 ϕ_2 的均方根值而得到。该比较器后的相位变化由下列因素引起：

（1）接收机的失调，使得信号不在中频通带的中心；

（2）在接收机输入端的信号功率电平发生变化；

（3）温度对接收机元件的影响。

此外，比较器前误差 a_1 和 ϕ_1 在校准和射频零置零后可发生变化。下列任何一条都会引起满足式（8.35）的零点漂移：

（4）频段内工作频率的变化；

（5）环境温度或太阳热对射频结构的影响；

（6）接收信号中的极化改变（见下面）。

由上述我们可以看出，信号路径上的有源单元比无源单元更有可能加大增益误差 a 和相位误差 ϕ。因此，大多数单脉冲系统将比较器放在射频，尽可能靠近天线端口。在接收机比较器后的部分有源放大器是关键，式（8.38）和式（8.39）用于这些放大器，以建立 $\sum$ 和 Δ 通道间所需要的相位匹配 ϕ_2，另外一个误差源是相敏误差检波器中的直流偏移，这在视轴位置上产生一个固定的偏移误差。为了减小这一误差，经常在 Δ 通道内在射频级或中频级的前几级，以脉冲重复频率的一个分频f_r/m，引入一个周期性的反相（换向）。于是，误差信号输出就是在f_r/m上的一个方波，在经过足够的放大后去掉换向，为伺服放大器提供一个直流误差信号。

极化效应

天线一般设计成能接受具有特定极化（例如，垂直极化）的波，但相对这个特定极化还有正交极化或交叉极化（例如，水平极化）。交叉极化信号的天线方向图与预期极化的天线方向图不同，于是散射两种极化的目标在天线输出端产生虚假响应。图8.15绘出了对于预期极化典型的$\sum$和Δ方向图，以及对于交叉极化的$\sum_c$和Δ_c方向图。在多数对称的天线情况下，$\sum_c$在轴上变为0，但此时Δ_c有一个非零值。于是，单脉冲误差电压为

$$E_\Delta = \frac{e\Delta + e_c\Delta}{e\Sigma + e_c\Sigma} \approx \frac{e\Delta + e_c\Delta}{e\Sigma} \tag{8.41}$$

这里，$e=\sqrt{\sigma}$和$e_c=\sqrt{\sigma_c}$分别为目标散射的预期极化和交叉极化场。Δ通道中的极化干涉分量为$I_\Delta=\sigma_c\Delta_c^2$，而对相对于$\sigma$具有随机相位的$\sigma_c$，误差为

$$\sigma_\theta = \frac{\theta_3\,\Delta_c/\Sigma}{k_m\sqrt{2\sigma/\sigma_c}} \tag{8.42}$$

对于许多目标来说，相对于预期极化，交叉极化的横截面积大约平均小 –6 dB。例如，如果相对于预期极化，交叉极化天线响应为 –30 dB（$\Delta_c/\sum = 0.032$），我们得到

$$\sigma_\theta = \frac{0.032}{2\sqrt{4}}\theta_3 = 0.008\theta_3$$

当需要更高的跟踪精度时，天线的交叉极化响应必须减小到低于 –30 dB。

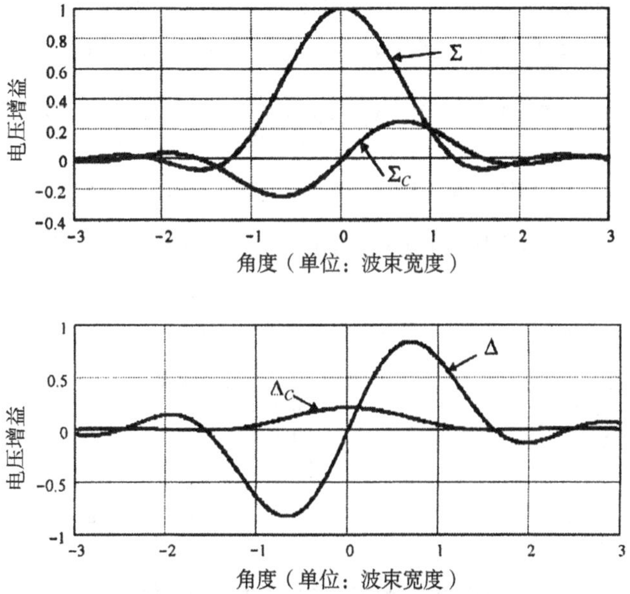

图 8.15　预期极化和正交（交叉）极化的典型单脉冲方向图

用于单脉冲误差通道的相位处理器

图8.3（c）关于单脉冲误差敏感的处理机的另一种方案如图8.16所示。相位处理不是指天线，而是指$\sum$和Δ信号变换成误差信号的方式。天线提供$\sum$和Δ输出，然后下变频到中频信

号，并作为电桥网络的输入以产生$\sum \pm j\Delta$。这些组合信号然后硬限幅、带通滤波，并由相位检波器变换成表示误差信号的双极性视频脉冲输出。硬限幅器确保了瞬时归一化，采用的时间常数等于前置放大器级带宽的倒数。组合信号的对称限制消除了偏移误差，而相位检波器特性减小了起伏目标输出误差中的冲激脉冲。换向可用于消除相位检波器中的直流误差。当要处理两个角坐标时，必须在被分成两个中频电桥电路的信号（一个用于与Δ_a组合，另一个用于与Δ_e组合）之前，对$\sum$通道进行放大。

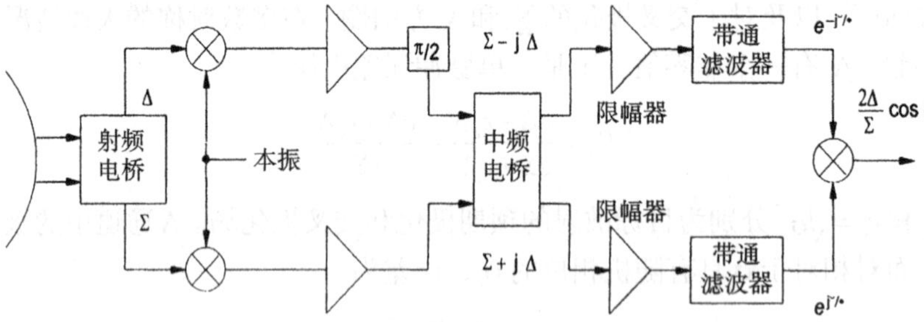

图 8.16 利用硬限幅器的归一化

相位处理器的优点包括能够提供不同距离上同一波束内许多目标的数据，而没有为归一化用的多个 AGC 回路的复杂性。必须在信号峰值附近对误差输出进行多次采样，否则，当没有信号出现时，限幅动作会产生高电平随机噪声输出。如果限幅处理器后跟任何类型的多普勒处理，则限幅处理器也是有缺点的，因为杂波谱扩展了，这已在 5.3.9 节中讨论过。

在对数放大器中的处理

非相干雷达可在对数中频放大器中进行单脉冲处理，如图 8.17 所示。$\sum$和Δ通道在放大后组合，产生$\sum+\Delta$和$\sum-\Delta$通道用于对数放大。对对数输出进行相减和相加，以形成

$$\lg(\Sigma+\Delta)-\lg(\Sigma-\Delta)=\lg\frac{\Sigma+\Delta}{\Sigma-\Delta}\approx\lg\left(1+2\frac{\Delta}{\Sigma}\right)\approx 2\frac{\Delta}{\Sigma} \tag{8.43}$$

$$\lg(\Sigma+\Delta)+\lg(\Sigma-\Delta)=\lg\left(\Sigma^2-\Delta^2\right)\approx 2\lg\Sigma \tag{8.44}$$

对数输出是所希望的信号，采用中频放大器的时间常数进行归一化处理。

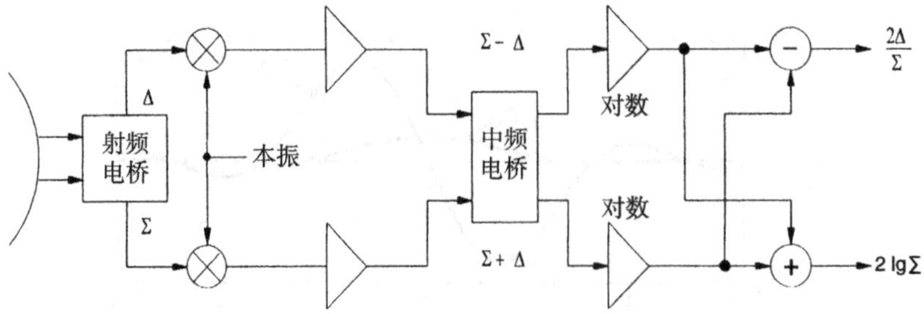

图 8.17 利用对数放大器的归一化

带多普勒处理的单脉冲

当多普勒处理（MTI或脉冲多普勒）用于跟踪雷达时，接收机通道必须直至杂波抑制滤波器都保持线性。在常规系统中，这意味着必须在中频或基带通道中采用并行多普勒处理器，保

留$\sum$和Δ通道的幅度匹配和相位响应。在模拟式处理器中，要满足这些匹配要求是困难的，除非采用多普勒跟踪环（见 8.4 节），使目标信号处于滤波器通带的中心。现代数字技术可在 A/D 变换后通过多普勒处理，提供精确的匹配。为减小复杂度，可将单脉冲处理限于目标距离上的单个距离门或采样。

多路复用单脉冲通道

在初始射频或中频放大建立了信噪比和通道带宽后，有几种使Δ和$\sum$通道多路复用的可选方法。

（1）**时间多路复用**。距离门用于预放大后对三个通道的采样。然后，用Δ通道内小的时间延迟$\tau_{da} > \tau$和$\tau_{de} > \tau + \tau_{da}$对这三个通道求和，之后，具有 AGC 的单个中频放大器可提供大部分接收机增益。去多路复用和后放大发生在误差检测之前。只有预放大器、后放大器和短延迟线会引起通道间幅度和相位匹配的误差。由于多路复用处理是线性的，多普勒滤波可包括在共用的放大通道中。

（2）**频率多路复用**。在预放大和带通滤波到信号带宽B后，Δ通道被变换成中频f_{da}和f_{de}，且与$\sum$通道的f_1的区别为有大于B的偏移：

$$f_{da} - f_1 > B,\quad f_1 - f_{de} > B$$

然后，对这三个频率通道求和，并通过了一个带宽至少为$3B$的共用放大器。该放大器提供了大部分接收机增益，并具有 AGC 或限幅用于归一化。去多路复用发生在误差检测之前，用f_{da}和f_{de}的滤波器来选择误差信号。由于频率变换到f_1，f_{da}和f_{de}是一个线性过程，可在共用放大器之前或之后（如果输入动态范围允许的话），在这三个频率通道的每一个上完成多普勒滤波。

（3）**射频差信号的多路复用**。用图 8.18 的配置来实现接收机部分更具经济性。两个通道是通过在微波解算器或开关中采样来实现时间多路复用的。这样就形成了一个组合Δ通道，一半信息来自Δ_a，一半信息来自Δ_e。该通道以电桥和$\sum$通道组合，产生$\sum \pm \Delta$信号，该信号能以任何方便的形式（给出了对数处理）处理。得到的组合误差电压E_Δ采用解算器参考信号，通过相位解调被分解为δ_{az}和$\delta\varepsilon_{el}$。换向是在采样过程中完成的，而去换向则是在相位解调期间完成。

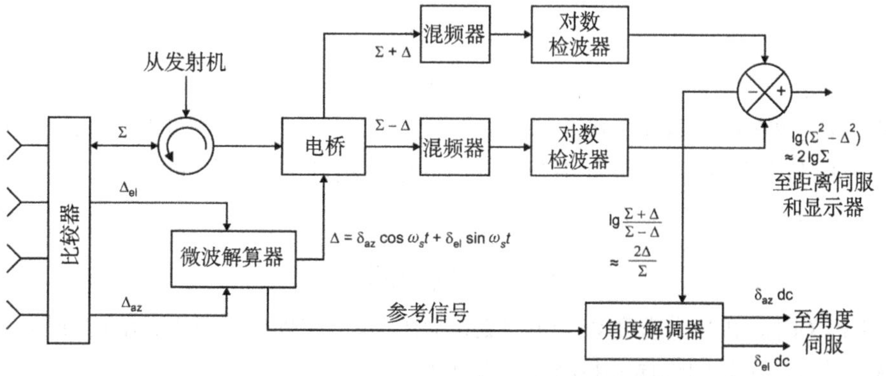

图 8.18　二通道单脉冲系统（来源：[13]）

当采用正弦曲线采样时（如采用微波解算器），单脉冲接收方向图可通过两个波束表示，这两个波束在天线轴的两边上偏置，并以采样频率f_s绕轴旋转。在空间转动的一个平面上形成单脉冲估计，用于方位和仰角的顺序采样。该估计仍然是在瞬时波瓣比较的基础上形成的，消除了目标起伏的影响（在一个理想实现的系统中）。这一概念已在前苏联的参考文献[14]中以带补偿扫描（意为对消）的名称进行了讨论，而在更近的美国参考文献[15]中则名为圆锥脉冲。与三通道多路复用处理器不同的是，射频多路复用使估计的效率减小了3 dB，因为输入Δ信号能量的一半端接在一个负载电阻中。射频多路复用虽然保留了（至少到一阶）单脉冲系统对消目标起伏分量的能力，但它并不比圆锥扫描更有效。当用于多普勒雷达时，采样要么必须是正弦曲线，其速率足够低，以避免使目标调制漂移到杂波谱内，要么必须采用与批处理脉冲串同步的方波。这时，必须采用恰当的线性处理器来分离误差信号。

图8.18所示的方案采用单脉冲馈电向解算器提供信号的方式，该方案也可用于称为只接收圆锥扫描，或COSRO的单通道圆锥扫描系统中。在电桥之后只采用两个接收通道中的一个，形成关于∑通道轴扫描的单个接收波束。如果发射机通过双工器与馈源的∑通道耦合，则目标就使用轴上的稳定波束照射，产生单程扫描。这是圆锥扫描更为喜欢的方案，因为波控速率没有播出，以被欺骗干扰机利用。即使采用双程圆锥扫描时，单脉冲馈源、解算器和电桥对于馈源的机械转动或垂动都是优选的，因为它避免了振动和由此导致的不可靠性。

单元波束的处理

在射频不形成∑和Δ通道的幅度或相位单脉冲系统中，在误差检波器中合成以前，要对4个单元波束进行单独接收和放大。合成可以在中频、基带（双极性视频）或包络检波以后进行。对一给定的角度精度，接收机通道上得到的幅度和相位容差要比射频形式的∑和Δ波束更严格，因为所有接收机误差（在某些情况下，还有检波器误差）为比较器前的误差（图8.14中的ϕ_1和a_1），它们会引起跟踪轴的漂移。因此，最好在射频形成∑和Δ波束，但堆栈波束三坐标雷达除外，因为在三坐标雷达中强调的是探测而不是测量精度。

偏轴角度估计

目标角度估计可在目标角度偏离测量轴时进行，其代价是比零值跟踪有更大的误差。这在有动态滞后误差的跟踪，或者在目标可能出现在相对波束任何一个角度的堆栈波束系统中会产生。这时会出现热噪声误差的第二个分量，它与偏离零轴的偏角θ成正比：

$$\sigma_2 = \frac{\theta}{\sqrt{2(S/N)n}} \tag{8.45}$$

增大的误差作为θ/θ_3的函数绘于图8.19中。当在$\pm\theta_3/2$范围内进行估计时，必须进行某种形式的快速归一化，以避免闪烁误差。如果归一化时间常数超过了瑞利分布目标的信号相关时间t_c'，则闪烁误差分量为

$$\sigma_s = \theta\sqrt{2\beta_n W_0} \tag{8.46}$$

式中，起伏相关时间和频谱密度W_0已在8.2.1节中定义。在理想情况下，AGC回路在跟踪器带宽上有高的增益，于是闪烁误差将减小到微不足道。

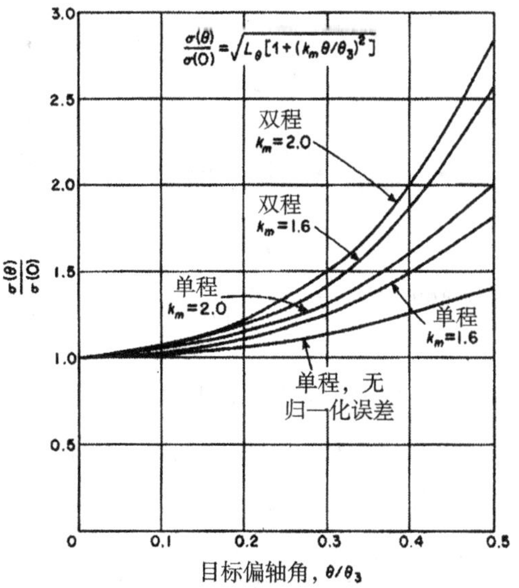

图 8.19　对给定幅度目标，偏轴误差与轴上误差之比

8.3　距离跟踪和测量

雷达信号的发射和接收之间的时间延迟 t_d 与目标距离 R 的关系是

$$R=\frac{t_d c}{2} \tag{8.47}$$

时间延迟的测量分两步完成。首先对接收波形上的形心或其他可确定的点定位。然后，测量发射波形中该点与接收波形中该点之间的延迟，并将其转换为输出数据。信号形心的估计涉及在时间坐标上图 8.1 和图 8.2 的实现，即形成时间加权函数 $f_1(t)$和 $f_2(t)$，通过它们加到输入信号 $a(t)$上，把它们合成为$\sum(t)$和$\Delta(t)$，最后确定误差信号$\Delta/\sum$。这些操作和对进行角度测量的波束进行的操作是一样的，但是操作过程在时域中更容易实现，使用的是距离门、相关器，或时间上对采样进行数字操作。

8.3.1　对单个脉冲的最佳估算器

对信号形心的最佳估算器由匹配滤波器、微分器和零点交叉检波器（见图 8.20）组成。窄冲激脉冲在微分器输出通过零时形成，它标出匹配滤波器输出的峰值，输出与输入信号的形心有一固定延迟。该冲激脉冲的时延相对于发射信号产生中的一个等效事件，可用高速计数器或等效器件测量，并利用式（8.47）变换为距离数据。

匹配滤波器输出可采用图 8.2 中广义测量响应的$\sum$通道加以识别。该输出加到一个目标检测门限上，门限输出用于选择对应于信号峰值的零交叉输出，从而抑制副瓣响应和噪声过门限。在时间估计中，由热噪声引起的均方根误差为

$$\sigma_t=\frac{1}{K_0\sqrt{2E/N_0}}=\frac{1}{\beta\sqrt{2E/N_0}}\approx\frac{\tau_o}{1.61\sqrt{2E/N_0}} \tag{8.48}$$

式中，τ_o是匹配滤波器输出脉冲的半功率宽度，β是信号频谱（8.9）的均方根带宽。宽度τ_o小于 1.5.1 节关于杂波单元宽度中所使用的有效宽度τ_n，大约为 6%。

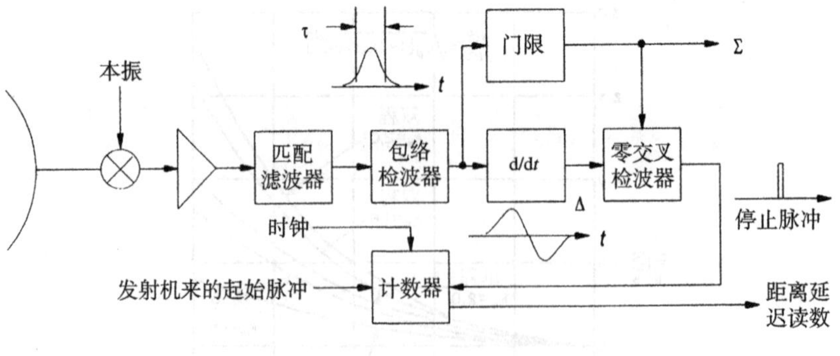

图 8.20 最佳形心估算器框图

具有总宽度为 B 的不同信号频谱的均方根带宽在表 8.3 中给出。对于匹配滤波器处理，这些 β 值在式（8.48）中可直接使用，以找出热噪声误差。

表 8.3 不同信号频谱的带宽参数

频谱	$A(f)$	β/B
矩形	1	1.81
三角形	$1-\|2f/B\|$	0.99
抛物面	$1-2(f/B)^2$	1.53
	$1-(2f/B)^2$	1.19
Cos	$\cos(\pi f/B)$	1.14
Cos^2	$\cos^2(\pi f/B)$	0.89
Cos^4	$\cos^4(\pi f/B)$	0.67
高斯（假设 $B=6\sigma_f$）		0.74

矩形脉冲估算器

矩形脉冲的匹配滤波器（见 5.1.2 节）的响应为 $[\sin(\pi\tau f)]/\pi\tau f$，其输出波形为三角形，在其峰值上有一个无穷大的二阶导数，这对应于式（8.9）β 的无穷大值。对于这一特殊情况，Manasse[16]推导出了一个表达式，在该表达式中，时间延迟误差与能量比而不是其方根成反比：

$$\sigma_t=\frac{\tau}{\sqrt{2}\,E/N_0}\,,\quad B\tau\to\infty,\quad E/N_0>>1 \tag{8.49}$$

认识到谱宽和电路宽度是有限的，Skolnik[3]推导出了有限频带矩形脉冲的均方根带宽表达式：

（8.50）

式中，$\mathrm{Si}(x)$是正弦积分，近似适用于 $B\tau>>1$。得到的时间延迟误差为

$$\sigma_t=\sqrt{\frac{\tau}{4B\,E/N_0}} \tag{8.51}$$

参考文献[1，66~70 页]中已经证明，由式（8.49）过渡到式（8.51）相当于使带宽适应于提供一个 $S/N\geqslant 2$ 的输出，使微分器输出的模糊零交叉最小。

该分析也适用于相位编码波形的距离测量，此时，输出为一个三角形波形，其子脉冲宽度为 τ_n。

8.3.2　对单个脉冲失配的估算器

要实现合理的距离测量精度，不必使接收机与输入信号完好匹配。图 8.21 所示过程可用于对单个脉冲匹配滤波器的近似。滤波器和相关器的级联响应 $H_1(f)H_2(f)$，或 $h_1(t)\otimes h_2(t)$与回波脉冲近似匹配，而 $h_2'(t)$形成了导数响应。相敏误差检波器将中频 Δ 信号变换成基带信号。归一化可由 AGC 或通过数学上输出的除法 Δ/∑ 来完成。函数 $h_2(t)$和 $h_2'(t)$与中频波形相乘，实现图 8.2 的广义估算器所要求的函数 ∑(*t*)和 Δ(*t*)。输出作为一个环路的输入，该环路控制着相关器函数 $h_2(t)$和 $h_2'(t)$的定时。当 $H_1(f)$与输入信号紧密匹配时，$h_2(t)$应缩减为对单个中频周期进行采样的一个窄门，而 $h_2'(t)$缩减为用相反极性对两个接续周期进行采样的双门。在另一种极端情况下，当 $H_1(f)$为宽带时，$h_2(t)$必须与信号波形更紧密匹配。

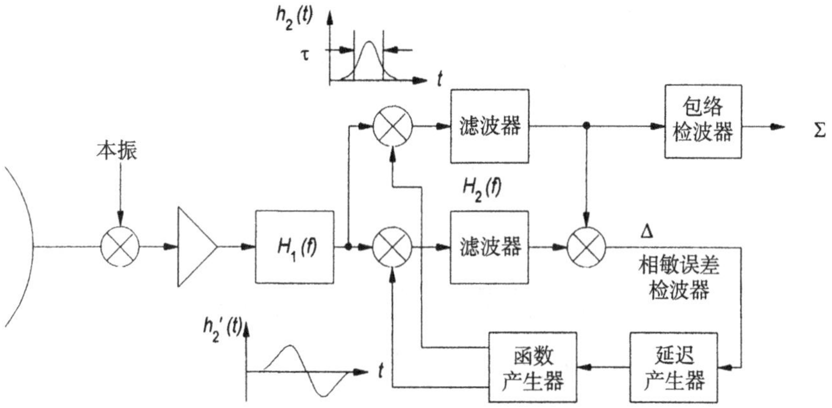

图 8.21　实际的距离估算器框图

脉冲压缩波形通常在滤波器 $H_1(f)$中处理，该滤波器的相位响应是信号频谱 $A(f)$的共轭。幅度响应$|H_1(f)|$可进行加权以减小副瓣。这种对匹配滤波器的近似能够用最小的视频损耗实现 ∑ 和 Δ 相关器函数，如图 8.22 所示。

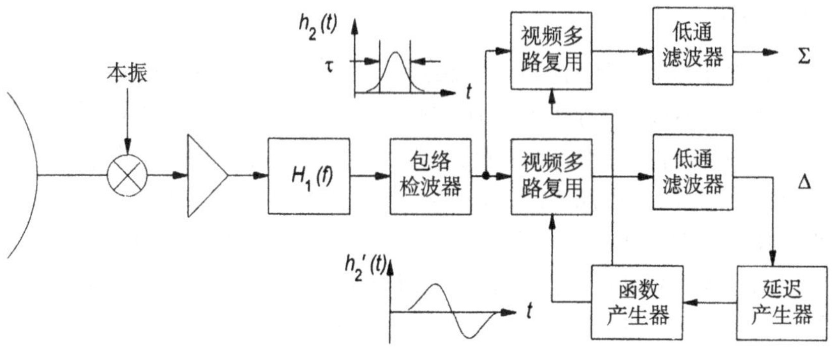

图 8.22　采用视频相关的距离估算器框图。失配处理器具有使 ∑ 通道信噪比降低的特性

失配处理器具有使 ∑ 通道中信噪比减小为 $S/N = E_1/N_0L_m$，误差斜率减小为 $K<\beta$ 的特性。斜率 K 代替式（8.48）中的 K_0，它定义为

$$K \equiv \frac{1}{\Sigma_0}\frac{\mathrm{d}\Delta}{\mathrm{d}t}\bigg|_{t=0} = \frac{\beta_x^2}{\beta_h\sqrt{L_m}} \tag{8.52}$$

式中，$\sum_0$是匹配滤波器产生的和通道信号，L_m为匹配损耗，而两个均方根定义如下：

$$\text{对于滤波器输出：}\beta_x^2 = \frac{\int_B (2\pi f)^2 \left|A(f)H(f)\right| \mathrm{d}f}{\int_B \left|A(f)H(f)\right| \mathrm{d}f} \tag{8.53}$$

$$\text{对于滤波器变换函数：}\beta_h^2 = \frac{\int_B (2\pi f)^2 \left|H(f)\right|^2 \mathrm{d}f}{\int_B \left|H(f)\right|^2 \mathrm{d}f} \tag{8.54}$$

注意，对于匹配滤波器，式（8.53）和式（8.54）均与式（8.9）相同。斜率方程式（8.52）对于角度测量与式（8.26）类似，但在该情况下，到达天线的场在孔径上是均匀的，只需要两个均方根宽度分别表示孔径的电压和功率加权。对于距离测量，则有三个均方根宽度，分别表示输入功率谱、滤波器变换函数的平方以及输入电压谱和变换函数的乘积。

正如单脉冲角度估计情况那样，归一化斜率可定义为：

$$k_t \equiv \left.\frac{\mathrm{d}(\Delta/\Sigma)}{\mathrm{d}(t/\tau_o)}\right|_{t=0} = K\tau_o\sqrt{L_m} \approx 1.63\frac{\beta_x}{\beta_h} \tag{8.55}$$

于是，对于单个脉冲的时间延迟为

$$\sigma_{t1} = \frac{1}{K\sqrt{2E_1/N_0}} = \frac{\tau_o\sqrt{L_m}}{k_t\sqrt{2E_1/N_0}} = \frac{\tau_o}{k_t\sqrt{2S/N}} \tag{8.56}$$

如果由滤波器失配导致的增量$\tau_o\sqrt{L_m}$超过斜率K的减量，则斜率k_t可大于1.61这一匹配滤波器值。

对于在B上具有均匀频谱的脉冲压缩信号，延迟测量斜率k_t与图8.9（a）的单脉冲斜率k_m精确相似。这是因为均匀接收频谱与入射到天线孔径上的均匀场类似，二者均对信号和噪声采样进行加权。不过，对于有非均匀频谱的接收信号则不能应用类似方法，因此，必须将式（8.53）和式（8.54）中定义的均方根带宽用于式（8.52）和式（8.55）。

8.3.3 脉冲串测距

如果匹配滤波器作为通过所有信号谱线的梳状滤波器来实现的话，则图8.20的最佳估算器就适用于相干脉冲串。不过，对于非相干脉冲串，包络检波器必须先于积累。于是，最佳系统就由与图5.29（b）中频谱包络$A(f)$相匹配的中频滤波器，后接包络检波器、视频积累器、微分器和零交叉检波器组成，如图8.23所示。匹配滤波器在每个脉冲宽度τ上积累，视频积累器在t_o上从脉冲到脉冲工作，而微分器则在积累的输出脉冲宽度τ内工作。

相干脉冲串的脉冲到脉冲匹配滤波器和非相干脉冲串的宽带视频积累器，在频域上并不是轻易能实现的，并且对于旨在获得单个目标距离的跟踪器来说是不必要的。相反，对于相干脉冲串，则采用匹配滤波器的相关器形式，这与图8.21相同，但采用了在整个脉冲串周期t_o上而不是在τ上积累的窄带滤波器。这里，滤波器和相关器的级联响应$H_1(f)H_2(f)$，或$h_1(t)\otimes h_2(t)$与回波脉冲匹配，而$h_2'(t)$形成了导数响应。相敏误差检波器将中频Δ信号变换成基带信号，并以恰当的极性充当跟踪环的误差信号。在非相干脉冲串情况下，窄带滤波器被限制在τ上积累，而在脉冲串上积累的低通滤波器放在Δ相位检波器和$\sum$包络检波器的后面。

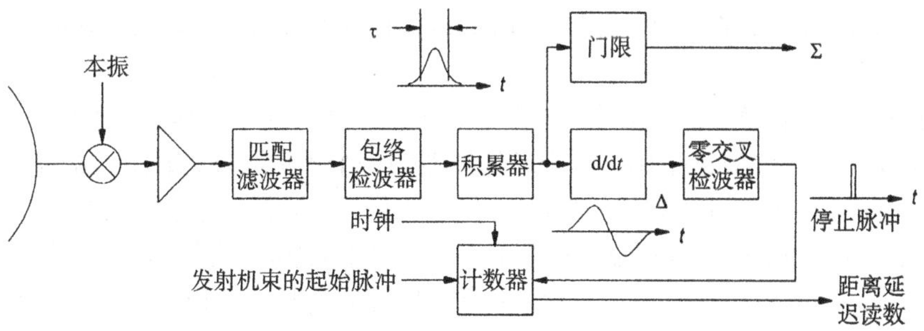

图 8.23　非相干脉冲串的最佳估算器

对脉冲串所进行的这些处理，热噪声误差由关于匹配滤波器的式（8.48）给出。对于失配滤波器和非相干脉冲串，假设有适当高的单个脉冲信噪比，则误差为

$$\sigma_t = \frac{1}{K\sqrt{2E/N_0}} = \frac{\tau_o\sqrt{L_m}}{k_t\sqrt{2(E/N_0)}} = \frac{\tau_o}{k_t\sqrt{2(S/N)n}} \tag{8.57}$$

当误差检波器处的信噪比 S/N 降到大约低于 4 时，产生附加的噪声分量，但距离跟踪器带宽减小，得到一个误差：

$$\sigma_t = \frac{\tau_o}{k_t\sqrt{2(1+S/N)n}} \tag{8.58}$$

对加速目标的跟踪损耗通常首先产生于距离通道，其相对于波束宽度的高分辨力能使目标在一次信号衰落期间离开距离门。

分裂门距离跟踪器

对于矩形脉冲和其他真实信号而言，可通过如图 8.24 所示的矩形门，对图 8.21 中用以产生∑和Δ输出的相关器函数进行近似。这类矩形门也可用在脉冲压缩网络的输出上。矩形门可用做图 8.22 所示的中频或视频上的调制函数。∑门控制接收机 AGC 的输入，如果采用的话，也可用于控制雷达的角误差通道。

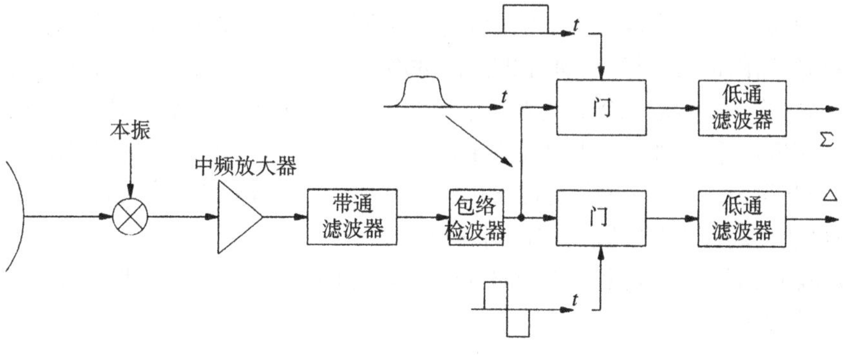

图 8.24　分裂门距离跟踪器

矩形门构成了距离估算器∑和Δ通道的失配视频相关器函数，而应与匹配滤波器及其导数近似的处理器响应是一些与中频滤波器 $H_1(f)$ 级联的门的响应。和中频或视频相关器一样，应在匹配的 $H_1(f)$ 后接窄门（例如，用于 A/D 变换器的冲激脉冲采样）。于是，分裂门宽度 $\tau_g \to 0$

表示用于匹配滤波器输出的一个微分器。如果$H_1(f)$有宽带响应，则τ_g应与其输入脉冲的半功率宽度紧密匹配。

分裂门估算器中的噪声误差由式（8.57）描述，其中，归一化到输入脉冲的3 dB宽度τ_{3a}的斜率K如图8.25所示。对于采用宽带中频滤波器的一个矩形脉冲，最佳门宽接近$\tau_g=\tau_{3a}$，并有$K\tau_{3a}=2$。如果$\tau_{3a}>\tau_g$，则误差灵敏度陡然下降。由于从扩展目标来的回波可能被展宽到超过τ_{3a}，通常采用$\tau_g\approx 1.5\tau_{3a}$来确保良好的形心跟踪。对于采用匹配滤波器的一个矩形脉冲，则到达门的信号是三角形的。这时，最佳门很窄，只对输出脉冲峰值处的斜率反转做出响应。图8.25中的高$K\tau_{3a}$值表示匹配估算器的近似，但受$S/N\geqslant 2$这一要求的限制。

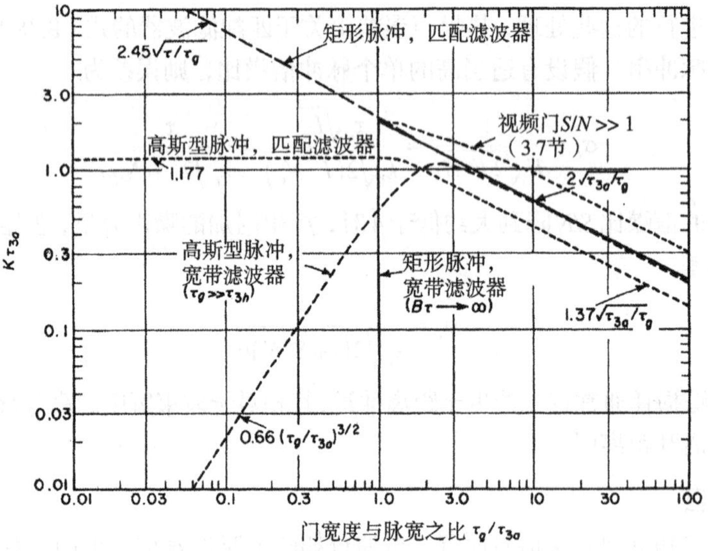

图8.25 分门跟踪器的归一化斜率

8.3.4 数字信号处理机中的距离测量

现代数字信号处理机通常在最终的下变频到基带或包络检波之前进行近似匹配滤波。如果匹配滤波和下变频由模拟电路完成，则A/D变换器将以接近B（或许更高一些以减小跨骑损耗）的速率对检测的输出进行采样。脉冲压缩匹配滤波器也可对中频信号以数字方式完成，对中频信号的采样速率等于中频的两倍，或者在带通滤波并且变换到基带后，对I和Q信号以速率B采样。不论采用哪一种处理，至少以速率$1/\tau_o$获得数字采样，其中，τ_o是输出脉冲的宽度。这些采样可用于获得距离估计。过程类似于偏轴角度估计，因为采样是在固定间隔上获得的，并且目标峰值可能出现在采样间隔内的任何一点上。

在接收机输出端，给定数字采样的时间响应由先前电路（和信号处理步骤）的冲激响应给出，它以该采样为中心：

$$f_1(t)=f(t_1)=a_0(t_1)$$

式中，$a_0(t)$是由接收机和在数字采样前的近似匹配滤波器所得到的波形。相邻采样为

$$f_2(t)=f(t_2)=a_0(t_2)$$

该估算器形成f_1和f_2的和、差，它是在角度上单脉冲处理机的时间模拟。$\sum$和Δ响应根据式（8.2）和式（8.3）形成，并进行归一化以得到$\Delta/\sum$。对于在两个采样点之间的中途信号，可获得最大精度，这相当于一个目标处在单脉冲角跟踪器的轴上。当信号靠近其中一个采样时间时，可进行两次估计，一次利用前一个样本，另一次利用后一个样本。这有助于减小偏轴测量误差，并且如果样本间隔比τ_o更小的话（就像对于低副瓣加权这种情况），对于任何信号延迟，误差几乎保持恒定，并由式（8.56）给出。

8.4　多普勒测量

目标多普勒的测量与距离测量直接类似，只要将时间和频率函数互换。不过，在多普勒测量中，必须考虑两种时间和频率刻度：

（1）脉冲宽度τ和相应的频谱包络宽度B；

（2）驻留在目标上的时间t_o和相干脉冲串频谱中精细线的相应宽度B_f。

利用连续波或长脉冲发射的雷达可对频谱包络实现有意义的分辨和测量，但在多数情况下，提供数据的是相干脉冲串发射的精细线谱。

当已经测出信号的多普勒频移f_d后，它与目标的径向速率的关系为

$$v_r - \frac{f_d\lambda}{2} \tag{8.59}$$

多普勒跟踪的目的并不总是要进行速率测量，而经常是要从杂波和其他目标中分辨出所希望的目标。不过，用于分辨的多普勒滤波器提供的是径向速度数据，通常在雷达系统中利用这些数据是有益的。

8.4.1　对单个脉冲或采样的多普勒测量

对信号的单个脉冲或采样的多普勒频移的最佳估算器如图8.26所示。$\sum$通道由与脉冲频谱相匹配的滤波器形成。Δ通道在匹配滤波器输出端加一个鉴别器（离开匹配滤波器中心的两个滤波器），产生一个双极性脉冲，其极性和幅度指出频谱重心如何离开通道的中心。该输出经距离选通、滤波，用于控制一个可变本振，该可变本振使输入信号发生频移直到它落在鉴别器零上。有热噪声时的估计误差为

$$\sigma_{f1} = \frac{1}{\alpha_0\sqrt{2E_1/N_0}} \tag{8.60}$$

式中，E_1/N_0是信号脉冲或采样的能量，α_0是其均方根持续时间，定义为

$$\alpha_0^2 \equiv \frac{\int_{-\infty}^{\infty}(2\pi t)^2\left|a(t)\right|^2 \mathrm{d}t}{\int_{-\infty}^{\infty}\left|a(t)\right|^2 \mathrm{d}t} \tag{8.61}$$

在多数情况下，脉冲信号波形为矩形（来自饱和的发射机输出）。相应的均方根持续时间为

$$\alpha_0 = \frac{\pi\tau}{\sqrt{3}} = 1.81\tau = \frac{1.61}{B_3} \tag{8.62}$$

式中，表达式的最后一部分只适用于没有相位调制或编码的矩形脉冲。代入式（8.60）得到：

$$\sigma_{f1\min}=\frac{1}{1.81\tau\sqrt{2E_1/N_0}} \tag{8.63}$$

在连续波雷达中，信号幅度包络和频谱通常是高斯型，这是由扫描过目标位置的波束所造成的。如果波束的单程半功率点之间的时间为 t_o，则描述信号包络的高斯函数为

$$a(t)=\exp\left(-\frac{t^2}{2\sigma_t^2}\right)=\exp\left(-\frac{2.77t^2}{t_o^2}\right) \tag{8.64}$$

均方根信号持续时间为

$$\alpha_0=\sqrt{2}\pi\sigma_t=1.89t_o=\frac{1.18}{B_3} \tag{8.65}$$

式中，B_3 是频谱的半功率宽度。这可代入式（8.60），以求出最佳多普勒测量精度。

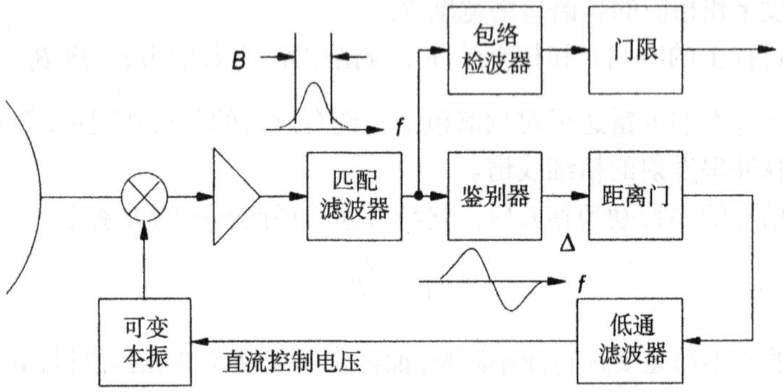

图 8.26　基本的多普勒估算器

图8.26中用来开发鉴别器函数的滤波器不必与信号频谱完全匹配。对于失配滤波器，减小的斜率 K_f 将替代在关于热噪声的方程中的 α_0。

$$\sigma_{f1}=\frac{1}{K_f\sqrt{2E_1/N_0}} \tag{8.66}$$

式中，K_f 如图 8.27 所示，它归一化到高斯型信号频谱的半功率带宽 B_{3a}。横坐标是信号频谱和滤波器带宽的宽度比。最佳斜率为 $1.18/B_{3a}$，正如式（8.65）所给出的那样。

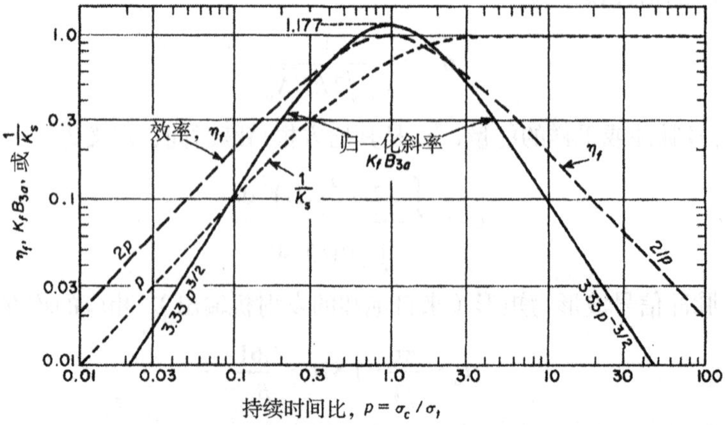

图 8.27　高斯型信号频谱和滤波器的误差斜率

8.4.2　对脉冲串的多普勒测量

对非相干脉冲串的多普勒测量，可通过对 n 次单个脉冲测量的结果简单求平均而完成。式（8.66）变成

$$\sigma_f = \frac{1}{K_f\sqrt{2(E_1/N_0)n}} = \frac{1}{K_f\sqrt{2(E/N_0)}} \tag{8.67}$$

斜率 K_f 是对中频滤波器计算出来的，使用独立脉冲或信号采样的频谱宽度为 B_3。

对相干脉冲串的多普勒跟踪需要一个如图8.28所示的系统。可变本振对接收机本振信号进行偏移，使接收信号集中在中频上。在对独立脉冲进行匹配滤波后（频谱包络滤波器和距离门的级联组合），使信号通过 $\sum$ 通道的窄带（细实线）滤波器和 Δ 通道的鉴别器。鉴别器输出则控制本振，把信号放在处理机通带的中心。由中频偏移的多普勒数据可由本振输出端的计数器进行录取。现在，该处理机与扩展在时间 t_0 上的整个脉冲串相匹配。现在式（8.60）使用：

$$\alpha_0 = 1.81t_o = \frac{1.18}{B_f} \tag{8.68}$$

式中，B_f 是精细谱线的 3 dB 宽度。对于失配的处理机，可应用图 8.27 的曲线，用 B_f 代替 B_3（对于均匀脉冲串），t_o 代替 τ。一般情况下，斜率 K_f 现在近似地为精细线宽度 B_f 的倒数，而不是频谱包络宽度的倒数。能量比是整个脉冲串的能量比，而不是单个脉冲的能量比。精细线处理机更进一步的优点如下：

（1）接收机输出端交给包络检波器和误差检测器的信噪比现在是整个脉冲串的信噪比，经过了相干积累，并相对于单个脉冲，它提高了接近 $n = f_r t_o$ 倍。避免了在低信噪比时工作的影响。

（2）当目标多普勒可以从杂波中分辨出来时，也可获得信噪比的改善。

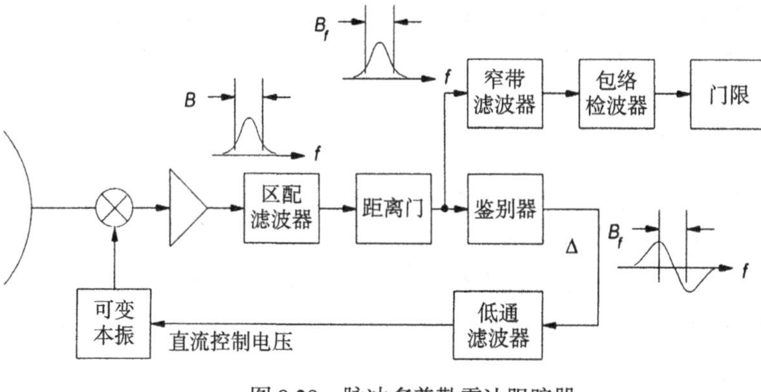

图 8.28　脉冲多普勒雷达跟踪器

8.4.3　解多普勒模糊

在处理相干脉冲串的过程中，频谱中的间隔为 f_r 的近乎相同的细线的出现导致了模糊度。在矩形脉冲的频谱的主瓣内，有 $2/\tau f_r = 2/D_u$ 条线。为了解模糊，最初就必须以下列任何一种方式，将图 8.28 中的可变振荡器指定在频谱中心线的 $\pm f_r/2$ 内：

（1）信号频率可依据外部测量或物理约束先验知道，以便落在一特定模糊间隔f_r内；

（2）除了相干测量外，信号频率可在脉冲串上经非相干测量而得，且具有足够精度来识别恰当间隔；

（3）频率可根据测得的距离率来计算，如脉冲串周期上所测得的一样；

（4）可通过两个或更多PRF上的测量来解模糊。

为了应用具有高成功概率（例如，99.7%）的方案（2），我们要求非相干测量中的均方根误差为

$$\sigma_{fn} = \frac{\sqrt{3}}{\pi\tau\sqrt{2E/N_0}} < \frac{f_r}{6}$$
$$E/N_0 > \frac{5.5}{D_u^2} \tag{8.69}$$

式中，D_u是波形的占空因子。对于不是太小的D_u值来说，这是一个可接受的约束，但对于短脉冲雷达（$D_u < 0.01$），则通常宁可选择方案（3）。

方案（3）要求在时间t_o上对n个脉冲串所估计的距离率误差小于$v_b/6$。这得到

$$\sigma_{\dot{r}} = \frac{\sigma_{r1}}{t_o}\sqrt{\frac{12}{n}} = \frac{\sqrt{12}\sigma_r}{t_o} < \frac{f_r\lambda}{12}$$
$$E/N_0 > \left(\frac{15f_0}{nB_3}\right)^2 \tag{8.70}$$

式中，$f_0 = c/\lambda$是雷达频率，并已假设$K_t = B_3$。例如，在$B_3 = 1$ MHz，$f_r = 1$ kHz，$t_o = 1$ s的S波段雷达中，有$n = 1000$个脉冲。这一要求是对于$E/N_0 = 2000$的，每个脉冲只有3 dB。在大多数对以单个目标工作的短脉冲和脉冲多普勒跟踪雷达中，微分的距离数据提供了快速解PRF模糊。

利用PRF的分集来解多普勒模糊，方案（4），经常是跟踪开始前令人满意的目标截获或目标识别的一个先决条件。在这类情况下，它可确保非模糊速度数据，而无须等待进一步测量。

8.5 雷达误差分析

雷达系统测量性能的特征表现为在预期工作条件下输出数据的精度。精度的定义为“无误差的程度”，因此，精度的特征为输出数据中误差的量级和其他特性。前面章节已经讨论了雷达测量目标角度、距离和多普勒频移的基本过程，以及热噪声对这些测量的影响。有许多其他的雷达测量误差源必须加以考虑。为了量化地讨论这些误差，我们首先考虑描述误差的方法。

8.5.1 测量误差的分类

在讨论雷达目标时（参见第3章），采用了统计方法来描述雷达横截面积的幅度和频率分布。同样的方法适用于雷达测量误差的描述，雷达测量误差具有系统和随机两种特性。通过选择与真实误差分量非常接近的数学模型，我们可得到特定系统中误差的精确分析。

误差的定义

给定测量中的误差定义为测量仪器指示值与所测数量的真实值之间的差：

$$x = U_{\text{measured}} - U_{\text{true}} \tag{8.71}$$

误差分析的目的是要提供一种误差描述，这种描述对于任何一组工作条件，都能够估计出误差的大小，并对所有可能的组合条件，都无须进行校准或测试。误差将随测量的时刻、要测量的量值以及环境条件的变化而变化。

误差通常分为系统（偏置）和随机（偶然或噪声）误差分量。误差的瞬时值x_i将处于一个以平均误差为中心的有限范围内，$\bar{x}$定义为：

$$\bar{x} \equiv \frac{1}{n}\sum_{i=1}^{n} x_i \tag{8.72}$$

对于任何测得的一组n个误差值，均方根误差定义为

$$x_{\text{rms}}^2 \equiv \frac{1}{n}\sum_{i=1}^{n} x_i^2 = \bar{x}^2 + \frac{1}{n}\sum_{i=1}^{n}(x_i - \bar{x})^2 \tag{8.73}$$

其中，对于$n >> 1$，最终的求和是方差，或者是误差的标准偏差σ_x的平方。可能误差是指超出读数次数的50%读出的值，可以是从0到低于峰值误差的任何一个值。

式（8.71）到式（8.73）可应用于任何或测得的误差值分布。虽然术语“标准偏差”应限于发现正态（高斯）分布这样的情况，但符号σ经常用来命名任何一种类型的误差偏离平均值的变化的均方根偏差，这里也将采用。正态分布经常用来表示未知特性的误差，它非常近似于许多真实误差的分布。在多数情况下，观察到的峰值误差将对应于距其平均值±3σ的偏差，当误差呈现“噪声”特性时，峰-峰误差大约为6σ。对于正态分布，超出3σ偏差的概率为0.3%。

时间函数和频谱

当误差是测到的目标位置的函数时，位置变化的速度将决定该误差中有多少以“偏置”误差出现，又有多少以“噪声”误差出现。因此，在误差分析中，没有明确的界线来区分偏置和噪声分量。必须选择一个任意的时间周期，在这一时间周期内没有明显变化的那些误差可归为“偏置”误差。通过利用基于傅里叶积分或变换的其中一种谐波分析技术，可以从所观察到的时间函数获得误差的频谱。角跟踪系统的典型误差频谱如图8.29中所示。

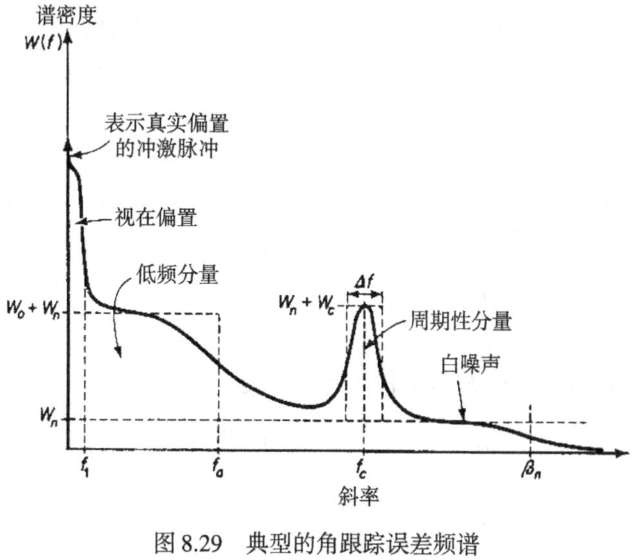

图8.29　典型的角跟踪误差频谱

真实偏置由零频时的冲激脉冲函数表示，该函数有无穷小宽度，其面积σ_0^2等于$\bar{x}^2$。在短于t_o时间间隔上观察到的视在偏置，通过零频和$f_1 = 1/(2t_o)$之间频谱密度曲线下方的面积σ_b^2来表示。在f_1以上，出现一个低频误差分量，它可由马尔科夫（Markoffian）频谱近似表示：

$$W_a(f) = W_0 \frac{f_a^2}{f_a^2 + f^2} \tag{8.74}$$

该式表示当宽带（白）噪声通过由串联的电阻和并联的电容组成的单节低通滤波器时所得到的频谱，其中，$RC = t_a = 1/(2\pi f_a)$。低频分量的方差由零和无穷大之间的W_a的积分给出

$$\sigma_a^2 = \frac{\pi}{2} W_0 f_a \tag{8.75}$$

在图8.29的频率f_a以上还有两个误差分量。随机或白噪声分量以均匀频谱密度W_n扩展到所观察到的频谱的极限，这个极限由测量装置的带宽β_n所设定。随机噪声误差的方差为：

$$\sigma_n^2 = W_n \beta_n \tag{8.76}$$

叠加在白噪声上的是一个周期分量，占据了其中心频率为f_c的一个窄频段。如果该分量是由波形$x_c = X_c \sin(2\pi f_c t)$给出的一条纯正弦曲线，则它将以一个冲激脉冲函数的形式出现，在频率f_c时的面积为$\sigma_c^2 = X_c^2/2$。在根据有限周期上的实验数据所获得的频谱中，相同的面积分布在一个窄频段上，于是误差通过选择幅度为W_c，宽度为Δf，并使$\sigma_c^2 = W_c \Delta f$的矩形频谱来近似。总误差的方差由整个频谱下方的面积给出：

$$\sigma_x^2 = \int_0^\infty W(f)\mathrm{d}f = \sigma_0^2 + \sigma_b^2 + \sigma_a^2 + \sigma_n^2 + \sigma_c^2 \tag{8.77}$$

在所示情况下，一种误差不与其他任何一种误差相关。均方根相加的过程给出总的方差。

现在讨论一些重要的误差源，并通过上面定义的幅度和频谱分布进行描述。

8.5.2 动态滞后误差

跟踪雷达数据用于重建运动目标的轨道，并预测其未来的轨道。目标的动态特性是轨道测量中建立对跟踪器的要求和可得精度的关键因素。直线轨道，或其他诸如受运动定律严格约束的卫星轨道的数据，可在长周期上平滑，以减小随机误差。在其他情况下，数据平滑导致在跟随动态目标轨道时产生滞后误差。对具有随机加速能力的目标必须采用短平滑时间（宽数据带宽）进行跟踪，而预测则限于不太远的将来的时间内。

目标动态特性

目标轨道在任何给定的时间都由其当前位置及其在三个空间坐标中的导数来表征。不同种类的目标有高度、速度、加速度和更高阶导数的限制。雷达（球面）坐标中的速度分量受目标速度v_t的限制，但加速度既具有由真实目标加速度引起的分量，也具有由直线目标速度变换为雷达坐标中几何加速度（见图8.30）所引起的分量。考虑运动速度为v_t的目标的直线水平航线的投影，雷达坐标将具有如下最大速度和几何加速度：

$$\begin{aligned} \dot{R}_{\max} &= \mp v_t, \qquad \text{在} A = 0 \text{ 和 } A = \pi \\ \ddot{R}_{\max} &= \frac{v_t^2}{\sqrt{h_t^2 + R_c^2}}, \qquad A = \frac{\pi}{2} \end{aligned} \tag{8.78}$$

$$\dot{A}_{\max} = \omega_{a\max} = \frac{v_t}{R_c}, \qquad 在 A = \pi/2$$

$$\ddot{A}_{\max} = \dot{\omega}_{a\max} = \pm\frac{3\sqrt{3}}{8}\left(\frac{v_t}{R_c}\right)^2, 在 A = \pi/3 \ 和 \ A = 2\pi/3 \tag{8.79}$$

$$\dot{E}_{\max} = \omega_{e\max} = \pm 0.25\frac{v_t}{R_c}, \quad 在 \frac{h_t}{R_c} = \sqrt{2}, A = \pi/4 \ 和 \ A = 3\pi/4$$

$$\ddot{E}_{\max} = \dot{\omega}_{e\max} = -0.5\left(\frac{v_t}{R_c}\right)^2, 在 \frac{h_t}{R_c} = 1, \ A = \pi/2 \tag{8.80}$$

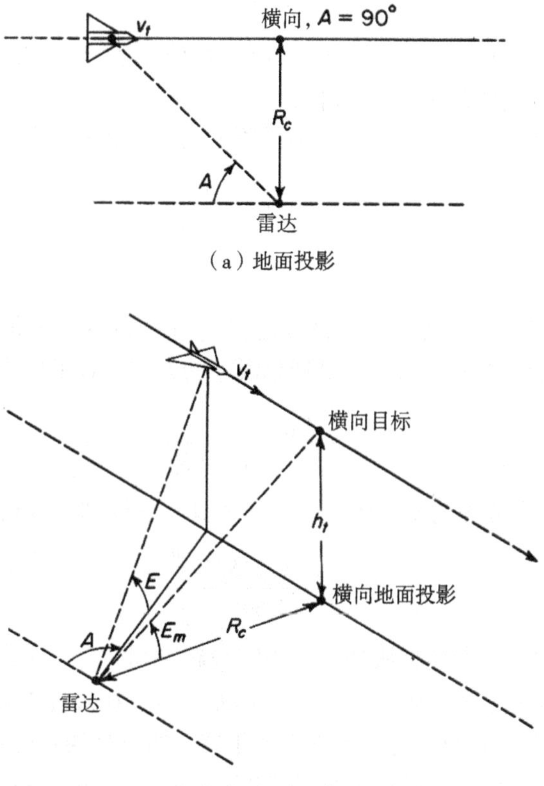

（a）地面投影

（b）水平飞行目标通过航线

图 8.30　横向通过航线问题的几何图

跟踪误差系数

伺服机构理论可用于预测雷达跟踪环中的滞后误差，它是伺服带宽和其他设计参数的函数。在一种表述方式中，假设航迹已经建立起很久，足以消除初始的过渡过程，则滞后误差（例如，方位滞后误差）的公式为

$$\varepsilon_a = \frac{\omega_a}{K_v} + \frac{\dot{\omega}_a}{K_a} + \frac{\ddot{\omega}_a}{K_3} + \dots \tag{8.81}$$

系数K_v，K_a，K_3…是伺服误差系数，随环路增益和带宽的增大而增大。伺服装置根据第一个系数进行分类，该系数在环路设计中是有限的：第1类伺服有一个有限的K_v，第2类有无限的K_v和有限的K_a。无限K_a和更高阶系数是不可获得的。第1类伺服可采用K_v的高值来设计，使得

稳态误差对于最高目标速度可忽略不计，因此，主要是 K_a 和目标加速度（真实的和几何上的目标加速度）决定动态滞后误差。

加速度误差系数与伺服的闭环带宽密切相关。如果该带宽用等效噪声带宽β_n（由零频测得的正值）来表示，则有

$$K_a \approx 2.5\beta_n^2 = \frac{0.62}{t_o^2} \tag{8.82}$$

式中，t_o是平滑时间常数。方位加速度滞后误差为

$$\varepsilon_a = \frac{\dot{\omega}_a}{K_a} = \frac{\dot{\omega}_a}{2.5\beta_n^2} = 1.6\dot{\omega}_a t_o^2 \tag{8.83}$$

仰角和距离坐标情况类似。正是这种也适用于具有相应加速度分量的仰角和距离坐标的关系，设置了雷达球面坐标中数据的最大平均或平滑。

伺服的加速度误差系数可和式（7.55）中采用的α-β滤波器的相应特性等同：

$$K_a = 2.5\beta_n^2 = \frac{\beta}{(1-\alpha)t_s^2} \tag{8.84}$$

最佳伺服带宽

可找到具有最小总跟踪误差的最佳伺服带宽。如果重要的误差分量由热噪声和动态滞后组成，则可将式（8.29）和式（8.83）组合，得到总误差的方差。对于角跟踪而言，总误差方差为

$$\sigma_\theta^2 = \frac{\theta_3^2\beta_n}{k_m^2 f_r S/N} + \frac{\dot{\omega}^2}{6.3\beta_n^4} \tag{8.85}$$

式中，$\dot{\omega}$是角加速度，在所考虑的坐标中，由几何或真实目标加速度得到。发现的最佳带宽为

$$\beta_n = \left[\frac{\dot{\omega}^2 k_m^2 f_r S/N}{1.6\theta_3^2}\right]^{1/5} \tag{8.86}$$

式（8.86）同样适用于方位和仰角伺服环。对于距离跟踪器，分子上的$\dot{\omega}$项由$\dot{R}$替代，k_m由k_t或$K\tau_3$替代，而分母上的θ_3由距离分辨单元宽度$\tau_n c/2$替代。在最佳带宽上，噪声大于滞后，因为带宽的稍稍减小将使滞后的增大远快于噪声的下降。如果是误差分量，而不是噪声和滞后，并与伺服带宽无关，则总的误差增大，但最佳带宽不会改变。如果这些分量随带宽增大，则最佳带宽小于式（8.86）所给出的带宽。

8.5.3 多路径反射误差

在6.2节中，讨论了雷达波从地球表面的反射。对于一平滑表面来说，反射波的幅度，相对于由同一目标到达雷达的直接波的幅度，由绘于图6.11和图6.12的菲涅耳反射系数ρ_0给出。对于各种构成表面的材料，它是掠射角的函数。对于粗糙表面，镜面散射系数ρ_s（见图6.13）乘以菲涅耳系数，减小了反射波的幅度。当表面由植物覆盖时可引起进一步的减小。通过改变雷达方程中的方向图传播因子F，总的反射系数$\rho = \rho_0\rho_s\rho_v$用来确定反射波瓣和零点使雷达威力图（见图6.16）发生变化的程度。

表面反射对所有4个雷达坐标上的测量都会产生影响，但仰角上的问题最显著，此时，反射使接收到的信号产生最大分散。在分析雷达误差时，我们不但必须考虑镜面反射分量，而且

还必须考虑通常在检测分析中忽略的更小的漫射和绕射分量。镜面反射分量会系统性地改变方向图传播因子和探测覆盖范围。我们还必须开发描述四维雷达空间中多路径源分布的模型。雷达天线和信号处理机对这些分布的响应，将决定输出数据的误差。

多路径源的空间分布

利用能定位雷达坐标中反射能量源的模型，我们可估计出由多路径反射引起的误差。该模型将基本的无线电传播理论与实验数据结合起来，用于描述来自障碍物的镜面反射、漫反射和绕射等反射分量，以及目标到雷达路径下方表面的主要不规则性。双程传播因子用于检测分析，以预测在雷达处的信号强度。在分析角坐标中的多路径误差时，只有回到雷达的路径是重要的，因为发射路径只对从目标反射的信号的幅度和相位产生影响，而对雷达天线处的到达角不产生影响。三个多路径分量连同直接射线出现在雷达天线上，其中两个分量如图 8.31 所示。

（1）**镜面反射**。镜面反射分量已在 6.2 节中进行了描述，在该节中，图 6.9 和图 6.10 给出了直接路径和反射路径间的几何关系。在图 8.31 中，对于直接路径和反射路径的目标散射场幅度分别为 A_t 和 A_r，而相对功率由这些幅度的平方表示。镜面反射具有 A_r 乘以反射系数 $\rho = \rho_0\rho_s\rho_v < 1$ 的场强。它是由镜面反射点以式（6.24）给出的掠射角 ψ_0 反射，并以近似等于 ψ_0 的俯角（由地球曲率修正）到达天线。时延 δ_0 由式（6.27）给出，一般为距离分辨单元宽度的几分之一。

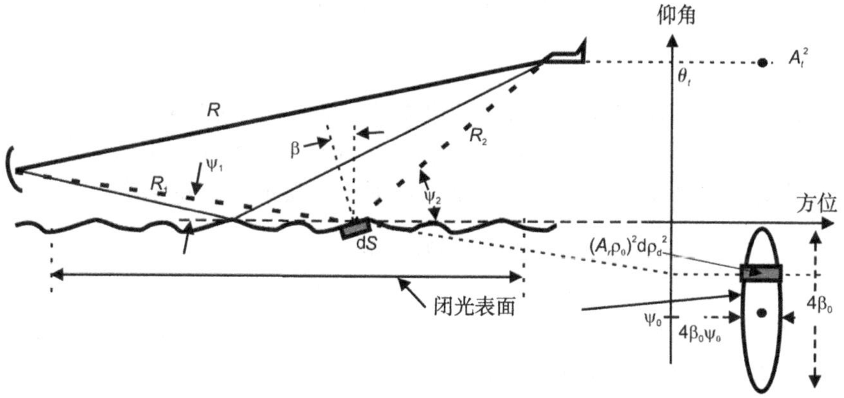

图 8.31　粗糙表面的多路径反射。镜面射线由淡实线表示，表面单元 dS 漫反射的分量由深虚线表示

（2）**漫反射**。漫射功率是从闪光表面漫射到达雷达的，Beckmann 和 Spizzichino[17]已经将闪光表面定义为处于方位–仰角空间的一个椭圆形轮廓之内的表面，在此轮廓上，场强下降到其最大值的 1/e，虽然不断下降的功率源由此轮廓向外扩散。参考文献[18]所开发的模型详细描述了参考文献[17]的工作，它对每个表面单元 dS 赋予漫反射功率 $(A_r\rho_0\rho_v)^2 d\rho_d^2$，其中，

$$d\rho_d^2 = \frac{1}{4\pi\beta_0^2}\left(\frac{R}{R_1R_2}\right)^2 \exp\left(-\frac{\beta^2}{\beta_0^2}\right)F_d^2 Z dS \tag{8.87}$$

式中，$\beta_0 = \sqrt{2}$ 乘以均方根表面斜率 $\beta = (\psi_2 - \psi_1)/2$ 是支持本地镜面反射的小表平面的倾角，F_d 是表面粗糙度因子，Z 是低掠射角校正因子。在参考文献[18]中，依据到达表面的能量守恒，推导出了下列表达式：

$$F_d^2 = \sqrt{\left(1-\rho_{s1}^2\right)\left(1-\rho_{s2}^2\right)} \tag{8.88}$$

式中，ρ_{s1} 和 ρ_{s2} 是表面上两个掠射角的镜面散射因子；

$$Z = \frac{8\sqrt{1-\rho_{s2}^2}}{4+3a-b+1/a}, \quad b < a+1$$
$$= 12\left(a^2+5a+12+9/a\right), \quad b \geqslant a+1 \tag{8.89}$$

式中，a 是 $\psi_1/2\beta_0$ 和 $\psi_2/2\beta_0$ 中的较小值，$b=\lambda/8\pi\sigma'_h\beta_0$。均方根表面高度偏差 σ'_h 是一个考虑在低掠射角时表面遮挡的校正值：

$$\sigma'_h = \sigma_h\sqrt[5]{4a} \tag{8.90}$$

斜率 β_0 的值由对尺寸大到足以可对在感兴趣的掠射角上的前向散射做出重大贡献的小表平面进行评估得出。这意味着小规模的不规则性（例如，海面上毛细管波和陆地上鹅卵石和小沟）的斜率排除在 β_0 之外。

（3）**绕射**。升到高于平均表面以上的任何一个有效高度的表面，将使入射能量通过刀形绕射散射能量（见6.3.3节）。当与单位幅度的直接信号相加时，绕射分量会导致障碍物上方路径的整个绕射区域中的小的振荡，$v<1$，正如图6.20所示。在多路径测量误差模型中，它被考虑成一个单独的干涉分量 $A(v)$。在该模型中可包括多个绕射源，但很少有多于1个的绕射源能满足被两条路径同时照射这一准则。

多路径干涉的仰角分布

建立了多路径干涉的镜面反射、漫反射和绕射分量后，就可计算出仰角坐标（见图8.32）上的功率密度。镜面和绕射分量分别在角度 $\theta_0=-\psi_0$ 和 θ_d 上以δ函数形式出现。漫反射分量 $\mathrm{d}\rho_s$ 被变换成密度为 η_d 的一个连续分布（功率的，相对于直接射线，每单位角），为

$$\eta_d = -\frac{\mathrm{d}\rho_d^2}{\mathrm{d}\psi_1} \approx \frac{R}{\psi_1}\frac{\mathrm{d}\rho_d^2}{\mathrm{d}R_1} \tag{8.91}$$

在具有距离上和多普勒上低分辨力的雷达中，多路径干涉分量被加权地接收，如图8.32所示，而加权完全由 $\sum$ 和 Δ 通道的天线仰角方向图建立。

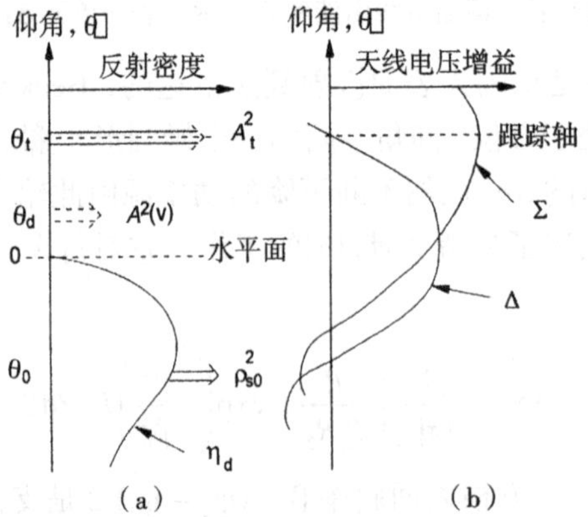

图8.32 （a）多路径分量的仰角分布；（b）多路径分量的加权

Δ 通道的多路径干涉与 ∑ 通道的信号功率之比为

$$\frac{I_{\Delta}}{S}=\frac{1}{A_t^2}\Big[\int_S A_r^2(\theta)\rho_0^2(\theta)\eta_d(\theta)\Delta^2(\theta)\mathrm{d}\theta \\ +A_r^2(\theta_0)\rho_0^2(\theta_0)\Delta^2(\theta_0)+A_r^2(\theta_d)\rho_0^2(\theta_d)\Delta^2(\theta_d)\Big] \tag{8.92}$$

这是式（8.7）中用于确定由干涉引起的仰角误差的信号－干扰比的倒数。通常假定目标等同地朝雷达和表面散射，即 $A_t=A_r$，使得式（8.92）中的这些项对消掉。真实目标的反射波瓣宽度通常比这两条路径间的角度 $2h_t/R$ 宽得多，导致这两个幅度间的密切相关。不过，当雷达天线高度和目标垂直上的范围增加时，这两个幅度可独立变化，且当反射幅度变得足够大，足以克服减小的反射系数（$\rho A_r > A_t$）时，就导致大的多路径误差。这些情况也用于对地面反弹干扰机的分析（见 8.8.6 节）中。

图 8.32 画出了决定仰角多路径误差问题严重性的一些重要因素。

（1）仰角 Δ 主瓣扩展，超出了 ∑ 主瓣，进而可接收大的多路径反射，即便当它们处于 ∑ 方向图的主瓣之外。在典型的方向图中，Δ 主瓣在轴下方的一个角度 $1.5\theta_3$ 上有其第一个零点。

（2）在漫反射分布的上端，一般从镜面反射点到地平线向上扩展，被比镜面反射更高的 Δ 增益接收。如果要将漫反射路径排除在 Δ 主瓣之外，则目标必须处于地平线上方至少为 $1.5\theta_3$ 的一个仰角上。

（3）雷达栅栏或遮蔽可减小镜面反射和漫反射，但它将在比反射分量到更靠近目标的一个角度上产生一个绕射源。此外，由于植物因子 ρ_v 不会对 $A(v)$ 产生影响，使得绕射误差可比由遮蔽消除的反射误差更大。

多路径的多维分布

为评估平滑、滤波和频率分集或频率捷变对多路径误差的影响，需要一个更广义的多路径模型。这种模型保留了时间延迟，并对运动目标保留了每个路径分量的多普勒坐标。相对于直接射线的最小时间延迟适用于镜面反射分量，其额外的路径长度由式（6.27）给出。延迟增加的漫反射分量由镜面反射点周围的各个闪光表面区域接收。由于闪光表面上倾斜小平面的反射几何限制了闪光表面宽度，对于低仰角目标来说，我们可考虑所有的源都处于包括雷达－目标路径在内的一个垂直平面中，当估计方位误差时除外。这就允许到雷达的地面距离为 x 的表面单元的延迟 δ，可根据 x 和到目标的地面距离 x_t 来表示：

$$\delta=\frac{\left[h_r(x_t-x)+h_t x\right]^2}{2xx_t(x_t-x)} \tag{8.93}$$

对于低角跟踪（$\theta_t < \beta_0$），在闪光表面末端的最大延迟在雷达附近为 $\delta\approx\beta_0 h_r$，以及在目标附近为 $\delta\approx\beta_0 h_t$。延迟与表面单元地面距离的典型关系如图 8.33（a）所示，而得到的距离坐标上的反射密度如图 8.33（b）所示。由图可清晰地看到，需要有超常的距离分辨力并且在目标的最近点上有强散射，才能将零额外距离上的直接回波从多路径中分离出来。

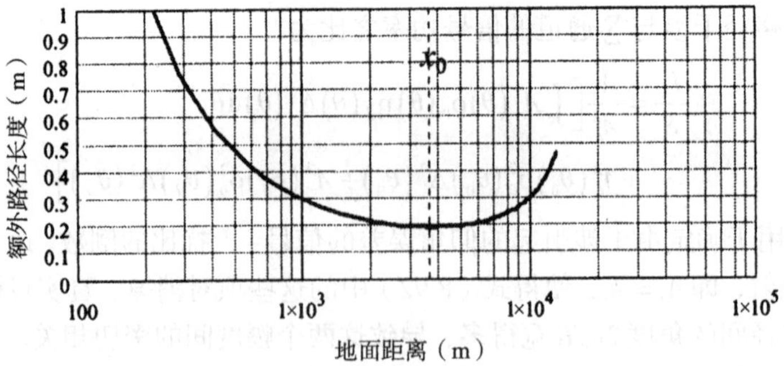

（a）典型的额外路径长度

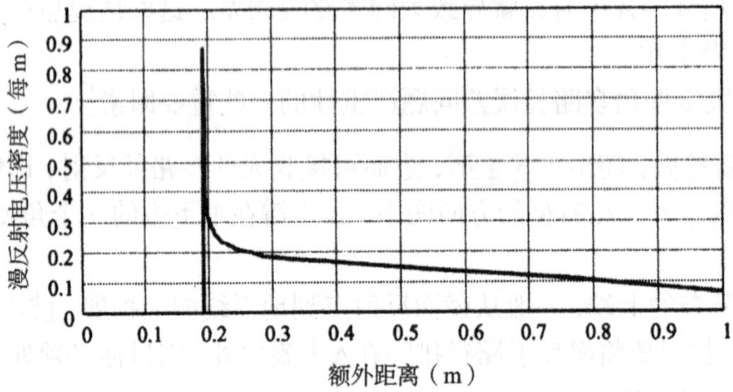

（b）对于 $h_r = 20$ m，$h_t = 100$ m，$R_t = 20$ km，漫反射的距离密度

图 8.33　镜面反射和漫反射峰值在 0.19 m 处出现

对水平飞行的目标而言，相对于直接路径上的多普勒频移为

$$\Delta_f = \frac{v_t}{\lambda}\left(\cos\theta_t - \cos\psi_2\right) \approx \frac{v_t}{2\lambda}\left(\psi_2^2 - \theta_t^2\right) \tag{8.94}$$

对于镜面反射，$\psi_2 = \psi_0$，我们得到

$$\Delta_f = \frac{\delta_0 v_t}{\lambda R} \tag{8.95}$$

由图8.34可见，来自直接射线的多普勒差，是沿闪光表面的距离和频域上漫反射电压分布的函数。这要求相干处理间隔超过10 s，以便从直接信号中滤除多路径分量。在图中所示的情况下，镜面分量将产生一个周期约 8 s 的正弦曲线误差，而漫反射分量会更随机，并具有 12 s 的相关时间。

仰角多路径误差

仰角多路径误差的一般表达式可通过将式（8.92）代入式（8.7），将一般分辨单元 z_3 用 θ_e 替代，斜率 k_z 用适当的角误差斜率（例如，对于单脉冲雷达为 k_m）替代而得到：

$$\sigma_\theta = \frac{\theta_e}{k_m\sqrt{2\left(S/I_\Delta\right)n_e}} \tag{8.96}$$

式中，$n_e \approx 1$ 是在跟踪环的时间常数期间独立多路径采样的个数。圆锥扫描和其他跟踪技术的多路径误差，从本质上来说与单脉冲跟踪技术的多路径误差是一样的。但是，当多路径反射以扫描频率或靠近扫描频率起伏时，会出现附加的分量。该方程仅对 $S/I_\Delta >> 1$ 有效，因此，不适用于强镜面多路径这一特殊情况。对这一特殊情况和可采用简化方程的其他情况进行如下文中的归述，此时，广义反射系数ρ用来表示每种情况下的菲涅耳系数、镜面或漫反射系数，以及植被系数的乘积。

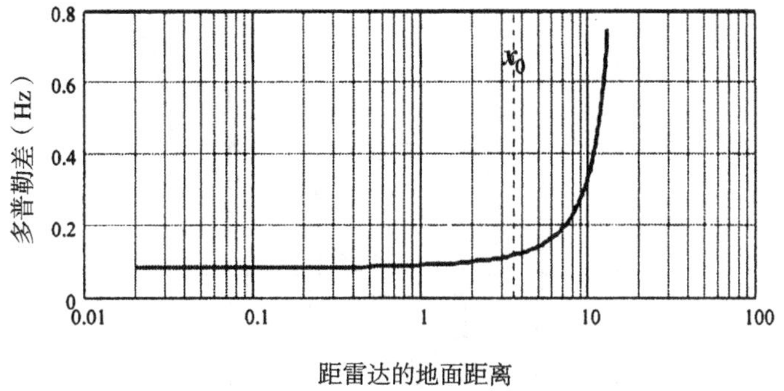

（a）典型的多普勒差

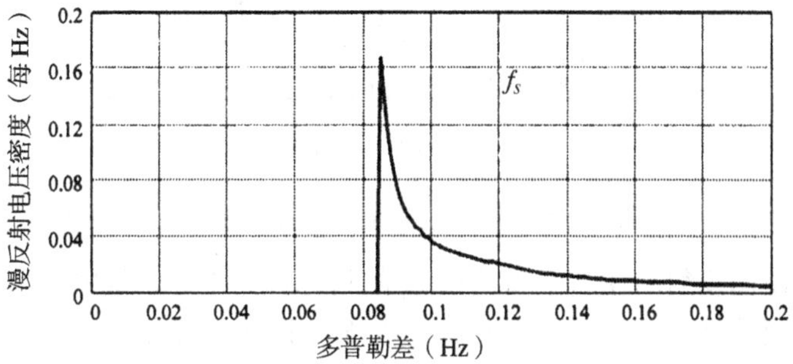

（b）对于 $h_r = 20$ m，$h_t = 100$ m，$R_t = 20$ km，$v_t = 300$ m/s，$\lambda = 0.03$ m

图 8.34　漫反射的密度。镜面反射的多普勒频移由 f_s 处的虚线表示

（1）**强镜面反射多路径**。当 $\rho > 0.7$ 且目标与其镜像在仰角上相隔小于 $1.4\theta_e$ 时，就产生了一个两单元的目标（见 3.4.2 节）。平均跟踪点在理论上处在更强（直接）的目标位置上，但对于 $k = \rho A_r/A_t \rightarrow 1$，图 3.11 展示出跟踪点在大多数时间上将处于水平线上，且当相对相位接近 180° 时，陡然上升到真实目标上方。得到的跟踪角绘于图 8.35 中，对于具有不同程度粗糙度的表面，它是真实目标角的函数。对于光滑表面，$\rho \rightarrow 1$，并且当目标仰角达到 $0.7\theta_e$ 时，数据丢失。当低于该仰角时，跟踪点要么在水平线上，要么在 $0.7\theta_e$ 角度上，与目标仰角无关。在粗糙度更大的表面上，目标数据丢失延迟到直至 $\rho > 0.7$ 为止。如果瞬时反射信号大于直接信号，则偏离水平面的范围达到 $-0.7\theta_e$。这一现象称为"下潜"，可导致所有坐标上的跟踪丢失，因为雷达天线在产生大的峰值误差的衰落期间可产生过冲，彻底打破跟踪环。在这些情况下，雷达误差不可能有意义地表示成均方根值。人们已经设计出了防止强镜面反射跟踪丢失的办法，下面就将对其进行讨论。

（2）**主瓣中有弱镜面反射**。当 $\rho << 0.7$ 时，式（8.96）可用 $I_\Delta/S = [\rho k_m(\theta_t + \psi_0)]^2$，得到

$$\sigma_\theta = \frac{\rho(\theta_t + \psi_0)}{\sqrt{2}} = \frac{\sqrt{2}\rho h_t}{R} \approx \sqrt{2}\rho\theta_t \tag{8.97}$$

该误差以式（8.95）所给出的频率 Δ_f 在真实目标位置的周围缓慢振荡。

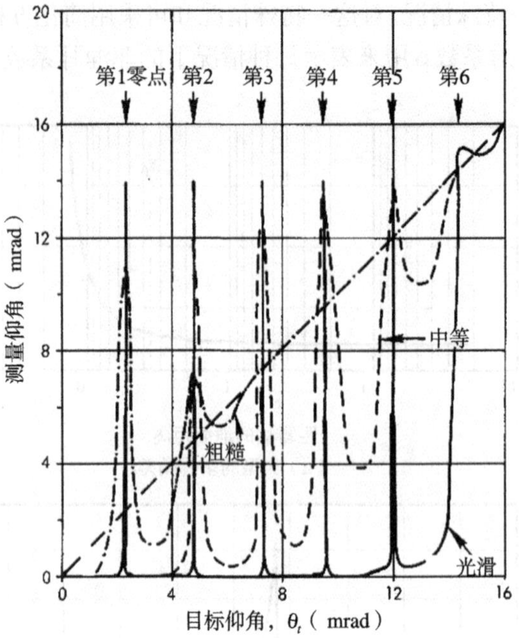

图 8.35 测得的仰角与具有强镜面反射的目标仰角的关系

（3）**副瓣内有镜面反射**。在高于大约$0.7\theta_e$的目标仰角上，镜像将出现在仰角Δ波瓣的副瓣中，从而使$S/I_\Delta >> 1$。对于主瓣∑增益与平均Δ副瓣增益的比G_{sd}，误差变为

$$\sigma_\theta = \frac{\theta_e \rho}{k_m \sqrt{2G_{sd}}} \tag{8.98}$$

该表达式可用于建立对于一给定跟踪精度所需要的Δ通道副瓣比。例如，如果希望$\rho = 0.7$，当$k_m = 1.4$且所要求的均方根误差为$\sigma_\theta = 0.01\theta_e$时，那么，在等于目标仰角约两倍的角度上必获得$G_{se} > 1250 = 31$ dB。

（4）**主瓣中的漫反射**。当跟踪仰角低于$1.5\theta_e$的目标时，来自水平线附近的漫反射将进入Δ通道主瓣。必须通过$\Delta(\theta)$对漫反射密度η_d进行加权，并根据式（8.96）在闪光表面上对其积分。对于这种情况，没有一般情况下的近似，但程序MultipathError.mcd生成了如图8.36所示的数据。在该图中，目标仰角和误差都被归一化到仰角波束宽度。

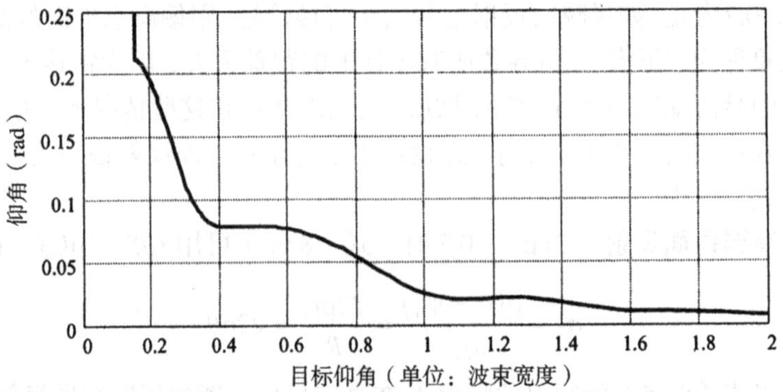

图 8.36 对在粗糙海面上空 100 m 飞行的目标，其典型的仰角多路径误差

（5）**Δ主瓣内的绕射边缘。**栅栏或其他障碍物可用于处于陆地上方较低阵地上的雷达，用于阻挡大多数多路径反射。如果由这类障碍物引起的绕射是占主导地位的多路径分量，并且处在线性Δ斜率区域内，则误差可用下式估算：

$$\sigma_\theta = \frac{A(\theta_d)(\theta_t - \theta_d)}{\sqrt{2}} \tag{8.99}$$

式中，绕射幅度 $A(\theta_d)$ 可从关于一个在仰角为 θ_d 的边缘的图 6.20 中找到。

方位多路径误差

当多路径分量从含有到目标的直接路径的垂直平面的外面到达时，就出现方位误差。当镜面反射从一个倾斜表面到达时，这种情况就会发生。在此情况下，方位误差可简单地计算为倾角的正弦乘以水平表面的仰角误差。更常见的方位误差源是漫反射分量在闪光表面宽度上的扩展，如图 8.37（a）所示。得到的方位多路径误差，如图 8.37（b）所示，小于仰角上的多路径误差，但它仍然是方位误差中的主导分量。

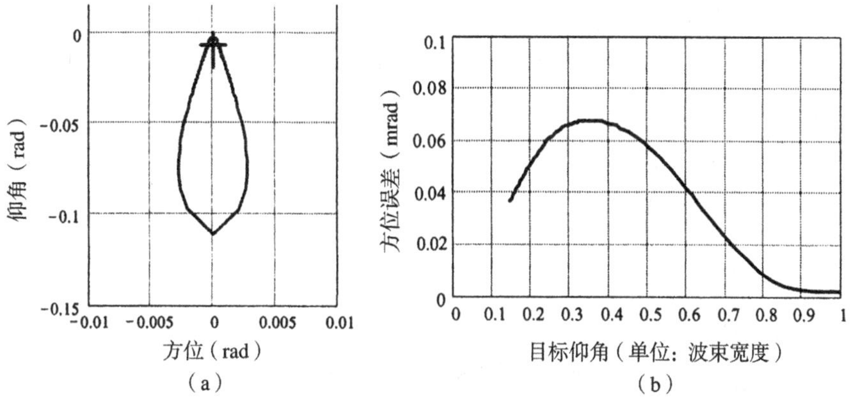

图 8.37　（a）闪光表面的典型方位扩展；（b）对于 $R = 20$ km，$h_t = 100$ m，粗糙海平面，得到的多路径误差。（a）中的十字表示镜面反射点的位置

多路径误差的减小

人们已经对设计天线方向图和信号处理方法进行了许多尝试，以减小仰角测量时的多路径误差。其中一些已在参考文献[18, 19]中讨论。对这些技术可进行如下一些一般性的评述：

（1）**高角度分辨力。**减小多路径误差最强有力的方法是使仰角波束宽度变窄。在多数情况下，仰角误差与波束宽度直接成比例变化，除强镜面反射外，不应超过 $\sigma_\theta = 0.05\theta_e$。因此，如果波束宽度不超过允许误差的 20 倍，则无须采用特殊的误差减小方法。

（2）**高距离分辨力。**镜面反射以多余路径长度 $\delta_0 = 2h_r h_t/R \approx 2h_r\theta_t$ 到达，大部分漫反射功率与该延迟很接近。只有在雷达天线和目标处于反射表面上方相当高的高度情况下，才有希望用距离分辨力解决多路径问题。在图 8.33 所绘出的情况下，时间延迟为 0.67 ns。虽然可以对这一时间分辨力（1.5 GHz 带宽）设计系统，但系统要实现这一分辨力有困难，并且可能解决不了其他跟踪和测量问题。更进一步的局限性在于，目标上最近的散射体必须提供一个适宜于跟踪的信号，因为后续散射体浸没在先前散射体的多路径中。

（3）**频率分集或捷变**。如果能够获得一些独立的误差采样进行平均，则利用频率分集或频率捷变可使多路径误差得到一定减小。获得独立性所需要的频移与相对于直接信号的多路径反射的延迟δ成反比关系。采用频率间隔为1/δ的接续脉冲进行工作，要比生成和处理具有这一带宽的信号更容易。可获得用于平均的总的独立采样数量级为$n_e = 2\delta B$，其中B是发射覆盖的带宽。在常规微波频段内工作的雷达对于大n_e要实现足够的带宽有困难。

（4）**多普勒分辨力**。对于直接和反射分量间的多普勒差，我们已经进行了计算。由式（8.94）计算的结果，多普勒差通常小于1 Hz。这意味着不可能依据多普勒频移来分辨，类似地，数据平滑也是无效的，除非采用长时间平均。即使雷达是一个寻的器，以超音速逼近目标，镜面分量的多普勒差在距离超过1000 m时也会典型地小于100 Hz。在这些情况下，即使多普勒分辨不可能，但数据平滑可以是有效的。

（5）**偏轴跟踪**。避免“下潜”现象的一种老技术是将雷达天线仰角锁定在大约$\theta_b = 0.7\theta_e$上，并将仰角误差信号作为对低于该角度目标的波束角的一种校正。对于图8.36中采用的用于零点跟踪的相同雷达参数和目标参数，所得结果如图8.38所示。当低于锁定角时，误差稍有减小，并防止了天线随着跟踪丢失而引起的振荡。低于$\theta_t = \theta_e/6$的数据值是有疑问的。

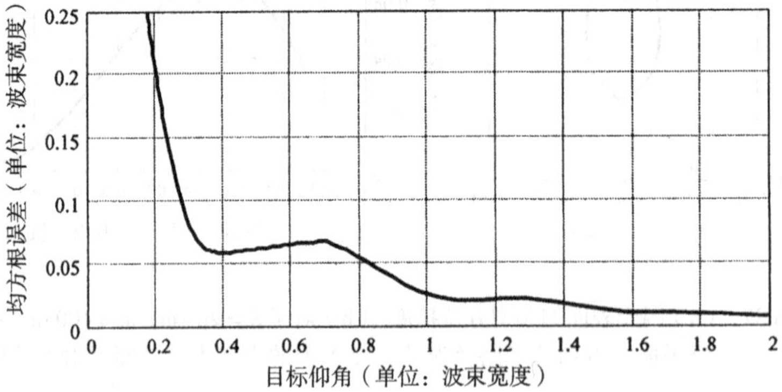

图8.38 利用偏轴跟踪的仰角多路径误差，偏轴跟踪时，波束轴不允许低于$0.7\theta_e$

（6）**多目标估算器**。为依据最大似然估计及有关方法对目标及其镜像位置进行估计，人们已经提出了许多技术。通常，在纯镜面反射情况下，这些方法是很有希望的，但是，当漫反射严重时，这些方法就会失败。由于漫反射不能作为白噪声来建模，最大似然估计器的数学理论难以应用于真实的多路径情况。这并没有能阻止人们应用这一理论所进行的许多尝试，但到写本书时还普遍缺乏利用这些方法设计出可行的多路径减小方法的成功事例。

（7）**极化方法**。在低掠射角（低于图6.12中的布儒斯特角）上，反射相位角与垂直和水平反射分量的相位角近似相等，于是当从表面反射圆极化波时，不会产生反旋向。唯一实际利用极化来减小多路径反射的是，当雷达能够采用垂直极化波以接近布儒斯特角向下观察目标（和表面）时。于是，菲涅耳反射系数得到极大下降，使多路径误差成比例减小。这种方法对于利用垂直极化的机载雷达和导弹寻的器是有效的，并且确保了无强镜面反射多路径。

（8）**毫米波雷达**。当雷达频率增大时，表面变得比较粗糙，使得毫米波雷达几乎看不到自然表面的镜面反射。当采用宽带频率捷变和窄波束宽度，并在传播距离上允许雷达探测和跟踪目标时，毫米波雷达使多路径误差效应得到实质性减小。

（9）**复杂单脉冲方法**。Sherman[20, 210~239页]提出将复杂单脉冲误差信号的处理方法作为减小仰角多路径误差的一种手段。这种方法与宽带频率捷变相结合，已经被证明[21, 22]可提供有效的海面多路径减小。

表面反弹干扰

表面反弹干扰机利用多路径误差过程防止雷达获得恰当的干扰平台数据。该干扰机利用其天线方向图很陡的梯度，得到一个比率 $A_r/A_t >> 1$ 和 $\rho A_r/A_t > 1$，从而产生一个多路径分量，使该分量成为跟踪信号的主导源。当这取得成功时，并且干扰掩盖了目标回波信号时，雷达就得不到目标的仰角数据。通过调整 A_r/A_t 以包含干扰天线的特性，上面给出的对多路径误差和多路径减小技术的所有分析，就可应用于表面反弹干扰。

8.5.4　杂波引起的误差

1.5节中已经叙述了雷达∑通道的杂波－信号比的计算。为了估计由杂波引起的测量误差，还必须计算Δ通道的杂波－信号比，并对每个坐标将其代入式（8.8）中。通常，人们最关心的是角跟踪误差。

差通道杂波功率

在雷达波束周围广泛分布的杂波将在Δ通道内产生零平均电压。在此情况下，Δ通道内的杂波功率 C_Δ 比∑通道的杂波功率 C 小一个额外波束形状损耗 $L'_p \approx 1.4$ dB，因为发射方向图与∑方向图相同，而与Δ接收方向图不匹配。因此，对于广泛分布的雨或箔条，$C_\Delta/S \approx 0.7C/S$ 可用于关于 C/S 的方程。对于单脉冲的杂波误差为

$$\sigma_\theta = \frac{\theta_3}{k_m\sqrt{2(S/C_\Delta)n_c}} \approx \frac{\theta_3}{2k_m\sqrt{(S/C)n_c}} \tag{8.100}$$

表面杂波出现在方位Δ通道时具有同样的1.4 dB额外波束形状损耗，但在仰角Δ通道上则情况大不相同，除非波束由阵地较低的天线指向地平线。在一给定的距离单元内，可计算出到地表面的仰角，并用于找出该单元内关于杂波的增益∑(θ)和Δ(θ)。增益通常较高，因为该方向图的主瓣由波束轴扩展了 $1.5\theta_e$。如果对于一特定仰角 θ 计算出了∑通道杂波，则Δ通道杂波功率为 $[\Delta(\theta)/\Sigma(\theta)]^2$ 乘以该值。

杂波误差信号谱

杂波误差信号是利用目标∑信号作为基准信号来检测的，因此，其频谱将含有表示杂波散射体和目标之间多普勒差的频率，该频率与雷达脉冲重复频率相混淆。如果在误差检波器之前采用多普勒处理来减小杂波功率 C_Δ，则残留频谱可由雷达的不稳定性得到极大扩展。

杂波误差的独立采样数 n_c 可随着目标和杂波的相对速度的变化超过盲速在宽范围上起伏。对于与目标相差 f_d 的窄频谱杂波，可采用 $n_c = 1 + t_o(f_d - if_r)$，其中，$i$ 是给出一个小于 $f_r/2$ 的频率差的整数。在低脉冲重复频率雷达中，除非采用脉冲重复频率切换，以阻止目标频率和混淆的杂波频率相互靠近，否则，有许多周期使这些频率间的差通过零，从而使 $n_c = 1$。这将导致

大的输出误差，因为在频率差小于跟踪器带宽或$1/2t_o$的这段时间内，平滑效应消失。在单个脉冲的C/S不小，且依赖许多脉冲的平均来保持小的误差时，在这些小频率差的周期内跟踪可能丢失。

低S/C比跟踪

以接近水平面角度工作的非相干跟踪器将具有由一阶和二阶分量构成的杂波误差，一阶分量表示C_Δ与S的交叉乘积，而二阶分量是C_Δ与C的交叉乘积。除了两个通道内杂波有相关性以外，这类似于低S/N情况，这会导致跟踪偏差和一个更大的未平滑二阶噪声分量。此时，仰角误差为

$$\sigma_\theta = \frac{\theta_e}{k_m}\sqrt{\frac{C_\Delta}{2S}\left(\frac{1}{n_c}+\frac{C}{S}\right)} \tag{8.101}$$

对于$C/S << 1/n_c$，该式化简为式（8.100），而对于$C/S >> 1/n_c$，它变为

$$\sigma_\theta = \frac{\theta_e}{k_m S}\sqrt{\frac{C_\Delta C}{2}} \tag{8.102}$$

因此，非相干雷达不能够在杂波上实现低仰角精确跟踪，除非单个脉冲C/S是小的，与跟踪滤波器中采用多少脉冲进行平均无关。为减小C/S，在$\sum$通道中采用的多普勒处理，可减小二阶误差。Δ通道中的多普勒处理减小了C_Δ/S和两个误差分量。

雨和箔条中跟踪

如果杂波在波束上均匀分布的话，则$\sum$和Δ通道中的杂波幅度是非相关的。因此，代替式（8.101）的杂波误差由下式给出：

$$\sigma_\theta = \frac{\theta_e}{k_m}\sqrt{\frac{C_\Delta}{2Sn_c}\left(1+\frac{C}{S}\right)} \tag{8.103}$$

n_c个采样上的平均现在将使一阶和二阶误差分量都得到减小。不过，平均跟踪点对杂波分布的非对称性十分敏感，因此，不能期望有高的精度。

杂波中的距离和多普勒跟踪

杂波相对于信号和距离门通常在延时上是广泛分布的。因此，可采用8.3节和8.4节关于热噪声的方程，但用S/C代替S/N，n_c代替n。在多普勒跟踪时，通常跟踪滤波器可排除杂波谱频，于是，只有由系统不稳定性引起的残余将与目标竞争。在此情况下，输出S/C替代了式（8.67）中的nE_1/N_0。

8.5.5 雷达误差预算

每个坐标上的许多误差分量以rss形式组合起来，形成总的测量或跟踪误差：总方差（均方误差）是各个分量的方差和。误差预算是在系统设计期间构建的，其目的是在规定条件下，对规定位置上的规定目标类型，将总方差各部分分配到每个误差分量上。一个成功的雷达设计可使满足性能指标的代价（以美元、功率、尺寸和重量表示）为最小。在分析中，每个误差分量建模成目标和工作条件的函数，每个坐标上的总误差对一特定目标作为距离和仰角的函数求出。

跟踪误差的重要来源归纳于表8.4中，表中列出了其频谱特性、与设计和工作条件的关系以及参考本书中讨论的章节。先前没有讨论的是仪表误差，包括可引起跟踪器输出中噪声偏差的单脉冲实现、阵列相位量化、天线的机械公差和校准、风的影响、天线罩折射以及大量的元件和电路上的折中。这些误差关于目标距离和仰角倾向于恒定，在每个坐标的误差分析中，可作为单个恒定项来处理。

表 8.4　重要误差分量

误差源	频谱	依赖关系	参考章节
热噪声	噪声	信噪比	7.9.1，8.2，8.3，8.4
目标闪烁（scintillation）	随机	跟踪器类型和目标	7.9.1，8.2.1，8.2.4
交叉极化响应	随机	天线设计和目标	8.2.4
动态滞后	低频	跟踪器带宽和目标加速度	7.9.2，8.5.2
多路径	低频	目标仰角和表面	8.5.3
杂波	随机	信杂比	8.5.4
目标闪烁（glint）	随机	目标	3.4
大气折射	偏置和低频	目标仰角和距离	6.4
ECM	所有类型	信干比和雷达设计	8.8.6
仪表误差，包括：			
单脉冲实现	偏置	天线和接收机设计	8.2.4
阵列相位量化	随机	天线设计	4.3.9
许多其他分量	所有类型	雷达设计和校准	

图8.39中典型的误差分析结果举例给出了，利用反射面天线的单脉冲雷达的仰角误差与目标距离的关系。包括了表8.4中列出的误差分量，但杂波和ECM除外。简化的多路径模型用于该图形。

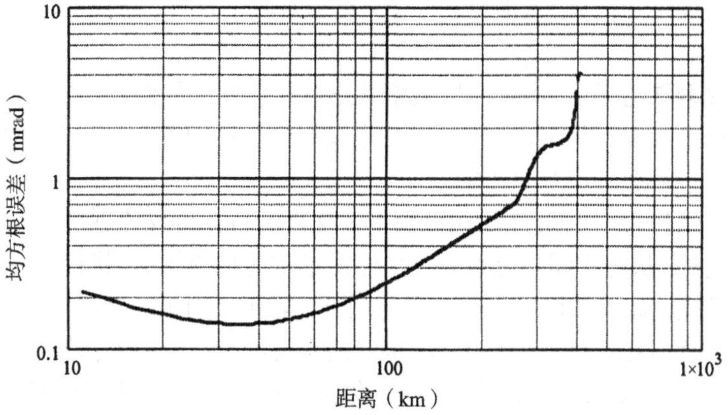

图 8.39　对于 10 km 高度飞机目标，典型单脉冲跟踪仰角误差与距离的关系。天线波束宽度为 17 mrad，仪表误差为 0.1 mrad，雷达在 400 km 处的信噪比为 1。在水平距离 R = 412 km 处航迹丢失

8.6　跟踪雷达的目标截获

搜索雷达理论的一项特殊应用适用于窄波束跟踪雷达的目标截获问题。本节将回顾这一特殊情况，并考虑跟踪雷达有效的指示数据类型、这些数据中的误差以及可靠目标截获的要求。

搜索雷达方程应用

截获期间，跟踪雷达在有限空域上工作于搜索模式。搜索雷达方程（1.23）决定了跟踪器可截获其目标的距离。搜索立体角 ψ_s 必须大到足以确保预期目标处于扫描内的高概率。规定每次扫描的扫描帧时间 t_s 和探测概率，以使所要求的累积截获概率 P_{ca} 可在时间 t_a 内获得。当搜索角通过高质量的指示数据而减小时，截获距离 R_m 将增大。在极限情况下，跟踪器波束指向一个已知目标位置，整个时间 t_a 上的信号积累可用于低信噪比时的目标探测。如果信号处理机能够对覆盖坐标上的不确定空域的许多距离和多普勒单元内的信号进行积累，则雷达的截获能力可变为最大。

指示源

目标的指示可来自每个雷达坐标的不同精度的源。

（1）**光学指示**。当配置的光学仪器观察到目标时，则可获得具有高精度的两个角坐标上的指示。角扫描是不必要的，但是，目标的距离和速度是未知的。立体角 ψ_s 等于波束角 $\theta_a\theta_e$，而探测距离由式（1.19）或式（1.20）直接给出。这些是Blake图所依据的方程。

（2）**两坐标搜索雷达指示**。和跟踪雷达处于同一位置的两坐标搜索雷达可为跟踪器提供方位和距离指示数据。仰角（通常还有径向速度）是未知的。跟踪器必须在搜索雷达所覆盖的扇区上进行仰角扫描，并扫描足够的方位角以涵盖指示数据的±3σ误差（通常大约为搜索雷达方位波束宽度的一半），广泛的距离上的搜索是不需要的，这就减轻了跟踪器具有多距离门处理机的要求。机械扫描跟踪器受到搜索仰角扇区速度的限制，并且扫描可以是低效率的，因为在上下极限位置使扫描反向需要时间。因此，可能无法实现用于推导式（1.23）的搜索能量的均匀分布，并且可能需要一个附加的损耗因子。

（3）**三坐标搜索雷达指示**。由三坐标搜索雷达可获得仰角数据，这就消除了在给跟踪器的指示数据中大多数的不确定性，即使在没有将雷达配置在一起时。对于这类指示，跟踪器扫描空域通常应当是小的。

（4）**干扰机选通指示**。在干扰环境中，携带干扰机的目标可仅依据角度数据指示给跟踪器以进行交战。从处于同一位置的二坐标搜索雷达来的指示，将包括通常很精确的方位干扰机选通。如果目标以与跟踪器相同频率辐射，则跟踪器定位该目标不会有困难，但如果干扰机在跟踪器频率上寂静时，则需要进行仰角扇区扫描。当可用几部二坐标雷达进行三角测量时，也可提供距离数据，但当出现多个干扰机时，会遭遇到模糊度限制。同一位置配置的三坐标雷达对干扰机的指示将排除进行角扫描的必要，正如由两部远处三坐标雷达可得到的三角测量数据可排除进行角扫描的必要一样。

扫描空域的建立

截获概率是如下两个概率的乘积：目标处于扫描空域的概率 P_v 和对处于该空域的目标的探测概率 P_d。当对于 n_v 个分辨单元中的每个分辨单元来说都知道这些概率时，总的截获概率可写为

$$P_a = \sum_{i=1}^{n_v} P_{vi} P_{di} \tag{8.104}$$

建立跟踪器截获性扫描的第一步是，为了采用现有的指示数据获得恰当的P_v，确定必须扫描的方位和仰角扇区宽度。

方位和仰角指示数据的特性表现为具有标准偏差σ_a和σ_e，而扫描通常将在与相应的σ值成正比的扇区A_m和ΔE上进行。如果我们设X/σ_x为扫描扇区宽度与每个坐标上均方根指示误差的比，则表8.5给出了目标处于线性、矩形和椭圆形扫描的扫描空域内的概率。目标处于扫描空域外而使截获失败的概率，通常赋值大约为截获失败所允许概率的一半。因此，如果要求$P_a = 0.9$，则赋值$P_v = 0.95$。线性扫描（超过一个坐标上跟踪器波束宽度的不确定性为σ_x）应覆盖$4\sigma_x$和一个二坐标扫描$4.5\sigma_x \sim 5\sigma_x$。

表 8.5　目标处于扫描空域的概率

X/σ_x	线性扫描 P_x	矩形扫描P_x^2	椭圆形扫描 P_r
0.5	0.20	0.04	0.03
1.0	0.38	0.14	0.10
2.0	0.68	0.46	0.35
3.0	0.87	0.76	0.66
4.0	0.955	0.91	0.86
5.0	0.988	0.976	0.95
6.0	0.997	0.994	0.99
7.0	0.9995	0.999	0.998
8.0	0.9999	0.9998	0.9997

截获所需扫描数

所需要的累积截获概率P_{ca}通常是在以所指示的点为中心进行m次扫描来实现，每次扫描的截获概率为

$$P_a = P_v P_d = 1-(1-P_{ca})^{1/m} \tag{8.105}$$

其中，P_d为单次扫描的探测概率。该方程是基于概率P_a是由扫描到扫描独立的这一假设上的，当指示误差和目标信号在单次扫描周期t_d/m上都是独立时才成立。如果指示误差在m次扫描上保持恒定，并且只有P_d是由扫描到扫描独立的，则方程变成

$$P_a = 1-\left(1-\frac{P_{ca}}{P_v}\right)^{1/m} \tag{8.106}$$

除非采用频率捷变以减小目标起伏损失，否则，要实现高P_a，正常的方法是要扫描空域大约4次。作为一个例子，考虑在$m = 4$次扫描内要实现$P_{ca} = 0.99$对扫描空域和单次扫描P_d的要求。如果指示误差是从扫描到扫描独立的，由式（8.105）可得

$$P_a = P_v P_d = 0.68 \text{ 和 } P_v = P_d = 0.83$$

在两个角坐标的每个角坐标上，扫描将在一个大约$3.5\sigma_x$宽的扇区上进行，而对于$P_d = 0.83$，起伏损失将为6 dB。如果指示误差在4次扫描上都是恒定的，则式（8.106）要求$P_v > P_{ca}$，而对于$P_v = 0.995$，我们发现

$$P_d = 0.73 \text{ 和 } P_a = P_v P_d = 0.726$$

现在，扫描必须进行到刚好超过$6\sigma_x$，而对于$P_d = 0.73$的起伏损失为4 dB。在第一种情况下，截获概率当扫描继续时迅速增大到1，而在第二种情况下，截获概率迅速增大到0.995，但不再进一步增大，因为目标处于扫描扇区之外的概率不为零。

对式（8.105）或式（8.106）中减小的P_d导致可检测性因子和起伏损失的减小，通过使现有$t_s = t_d/m$的减小达到平衡，就可使m次扫描间所容许的截获时间t_a的划分最优化。

8.7 多功能阵列雷达

相控阵雷达是适宜在其电扫描区域内对多个目标跟踪最理想的雷达，因为将天线波束从一个目标移动到下一个目标无须损失时间。目标跟踪驻留时间可根据对n_t个目标中的每个目标都能够获得高数据率的方式进行安排，其中，n_t与获得目标回波和抑制杂波所需要的驻留时间有关。在跟踪驻留之间可安排附加的驻留来截获新的目标。如果选择MFAR方法，则可在不是跟踪、跟踪截获和制导功能所需要的时间部分内进行搜索。

频率选择

如果给定现有的天线尺寸或重量，则射频的选择主要受跟踪和制导模式精度和分辨力要求的控制。可实现的跟踪精度由天线波束宽度和环境设定。原则上，可增大从关键目标接收到的能量，以用任何波束宽度实现热噪声下所希望的精度。但实际上，一些因素产生与波束宽度成正比的误差分量。通过增大多个驻留上的能量或在多个驻留上进行平均，即使时间允许的话，这些误差分量也都不会减小。例如，为了实现总误差$\sigma_\theta = 0.02\theta_3$，设计师一般对4个重要误差源中的每一个都赋予一个允许值$\sigma_\theta/2 = 0.01\theta_3$。在没有大的机械限制的雷达中，典型情况下，重要的误差分量有：

（1）**热噪声误差**。因目标起伏而增大（见图8.13）。依赖单个相干脉冲串来提取起伏目标的跟踪数据，相对于采用几个脉冲串来跟踪一个稳定目标或一个起伏目标的能量，增大了所要求的能量比。对于$\sigma \leqslant 0.01\theta_3$，要求是$E/N_0 > 50$ dB。如果时间允许在多个相干驻留上平均以避免起伏误差的话，则该值可减小到33 dB。

（2）**单脉冲实现误差**。由式（8.40），所要求的单脉冲射频零深除以中频相位误差平方的商必须超过5000 = 37 dB，以保持该误差分量低于$0.01\theta_3$。例如，如果$G_n = 30$ dB，则所允许的均方根相位误差为$\phi_2 = 0.5$ rad = 29°。

（3）**极化误差**。阵列Δ通道的交叉极化响应相对于$\sum$主瓣增益必须不得超过−30 dB，以便对于典型的飞机或导弹目标，保持该分量低于$0.01\theta_3$。

（4）**多路径误差（见8.5.3节）**。当被跟踪的目标处于低于θ_e的一个仰角上时，该误差量级大约为$0.05\theta_e$。在更高的仰角上，反射系数和Δ通道副瓣表面上的增益的乘积必须不超过−33 dB，以使误差低于$0.01\theta_3$。垂直极化用于跟踪雷达以使ρ最小，而对于$\rho = 0.5$，则仰角Δ副瓣电平必须小于−27 dB。

由于这样和那样的误差，跟踪功能通常要求$\theta_3 < 2° = 0.035$ rad，以便为导弹或炮火控制提供接近0.7 mrad的精度，而在关键应用中，则要求$\theta_3 < 1° = 0.018$ rad。得到的最大波长将与有效孔径直径D有关，根据下式可得出：

$$\lambda_{max} = \frac{\theta_3 D}{K_\theta} \approx (0.0015 \sim 0.03) D \tag{8.107}$$

对于不同应用所要求的波长和频率近似如表8.6所示。MFAR必须按跟踪要求所规定的频率和波束宽度进行搜索。

表 8.6　用于跟踪的波长和频率

雷达平台	D_{max} (m)	λ_{max} (m)	f_{min} (GHz)
飞机	1	0.015 ~ 0.03	10 ~ 20
地面车辆	3	0.05 ~ 0.1	3 ~ 6
舰船	6	0.1 ~ 0.2	1.5 ~ 3
固定在地面	30	0.5 ~ 1	0.3 ~ 0.6

这些值基于 $\theta_3 = 1° \sim 2°$，以获得精确跟踪。

MFAR 时间预算

典型的MFAR将提供三个扇区内的搜索覆盖，如表8.7所示，它保留了一部分时间用于跟踪预期的友好和中立目标的交通，必要的话可跟踪敌对目标，并优先为导弹制导分配时间。在本例中，波束间隔为0.8个侧射波束宽度，并覆盖90°方位扇区。远程搜索扇区在17个仰角的每个仰角上被分配一个单个脉冲，中程扇区在33个仰角的最低5个仰角上采用MTI，而水平搜索扇区在所有4个仰角上都采用MTI。以2 s间隔跟踪100个非敌方目标，以5 s间隔跟踪10个敌方目标，以0.1 s间隔跟踪20个截击导弹。这种时间分配方案利用了可用时间的97%，其中68%用于搜索。

表 8.7　MFAR 时间预算举例

功能	R_{max} (km)	$\theta_0 - \theta_1$ (°)	帧时间 (t_s)	波束数	MTI 波束数	MTI 脉冲数	PRI (ms)	时间分数 F
远程搜索	200	0 ~ 20	10	1275	0	0	1.6	0.204
中程搜索	60	0 ~ 40	6	2550	300	4	0.48	0.276
水平搜索	40	0 ~ 5	3	375	375	5	0.32	0.200
总搜索				4200	675			0.68
跟踪（交通）	80		2	100	50	5	0.64	0.096
跟踪（敌方）	80		0.5	10	10	5	0.64	0.064
制导	80		0.1	20	0	0	0.64	0.128
总计								0.968

即使MFAR只覆盖一个90°扇区，对时间预算问题的解决方案要求在大多数覆盖范围上都采用单个脉冲波形，而多个脉冲的MTI只用于出现杂波的更低仰角上。大范围雨杂波的出现，提出了这类系统中一个严重的时间分配问题，它要求有更大的搜索波束间隔、更长的帧时间和可能的搜索扇区的减少。当MFAR阵列的高成本迫使采用360°方位覆盖机械转动阵列时，这类问题甚至变得更难处理。

当目标的雷达横截面积减小时，MFAR设计师面临着抑制许多鸟的回波问题，鸟的雷达横截面积大小与目标的雷达横截面积相当。利用动目标检测可将鸟飞的速度抑制掉，但要使有效MTD所需要的驻留时间可行是困难的，并且中等脉冲重复频率波形在适宜于机动或可运输MFAR微波频率上是必需的。优先选择的技术方案是将微波多目标相控阵跟踪与低频搜索雷达相结合。经济性已迫使人们试图用MFAR来解决问题，但在困难的环境条件下，在保持有效工作方面只获得了有限成功。

多功能雷达归纳

多功能雷达工作方面的关键问题如下：

（1）在适宜于距离超过约30 km的搜索和目标探测的频率，与适宜于采用规定精度进行跟踪的频率之间，存在固有的冲突。

（2）在采用恰当跟踪精度所必需的窄波束进行搜索方面，存在固有的搜索速率限制，除非产生多个波束并用于搜索。

（3）除非多功能雷达的搜索模式对大多数目标可支持TWS工作，否则，存在由不想要目标的相关告警所引起的严重跟踪过载问题，特别是当需要进行低RCS目标探测时。

（4）如果这些困难可以克服，多功能雷达的跟踪功能能够几乎在初始目标探测的瞬间产生数据，从而使系统的反应时间最小。

（5）顾名思义，多功能雷达的关键能力是与生俱来的：它能够采用单个天线执行多种功能。这在机载应用中是很关键的，并且MFAR也已被选为用于许多舰载和陆基的系统中。

当设计师和操作员设计调度算法、波形和处理技术，使雷达与不同环境相适应时，MFAR为富于创新的电子和软件工程提供了无限的机会。当前的武器系统MFAR包括4种美国系统：爱国者（Patriot）、宙斯盾（Aegis）、F-22有源阵列雷达和战区高空区域防御（简称THAAD）雷达；以及两种欧洲系统：Sampson和EMPAR。这6种雷达得到了成百上千名工程师的支持，预计在以后的许多年他们将全身心投入到这些系统的改进和发展中。对这些艰难尝试的主要约束是，对单个波束无法进行大于1000 ms的时间调度，以及在并行产生和利用多个波束方面存在困难。对MFAR成功应用于防空武器系统的一个重要贡献是有源寻的器的研制，它减轻了雷达的制导功能，并允许它以更接近于三坐标监视雷达的方式工作。

8.8 跟踪雷达的ECM和ECCM

人们罗列并描述了大量干扰技术，而没有分析其工作原理和效果，这就是对跟踪雷达的ECM[23, 24]和跟踪雷达中采用的ECCM[25, 26]的讨论内容。不过，近年来，出现了两本前苏联教材[27, 28]，书中介绍了大量的工程分析。参考文献[28]中的材料尤其有价值，因为它奠定了考虑针对跟踪雷达的ECM的基本目标和有效性的基础。在美国的报告中也涵盖了许多这样的材料，但通常它们是找不到的，并且不能作为在公开文献中讨论的基础。

8.8.1 针对跟踪雷达的ECM的目标

在讨论特定ECM技术和对付它们的手段以前，区分出ECM的目标和为完成这些目标所采用的方法非常重要。以下是要阐述的ECM的目标：

（1）防止跟踪器截获其目标；

（2）延迟目标截获；

（3）防止跟踪器获得距离或多普勒数据；

（4）引起大的距离或多普勒跟踪误差；

（5）破坏距离或多普勒锁定；

（6）引起大的角度跟踪误差；

（7）破坏角度锁定；

（8）在跟踪器中引起附加的假目标；

（9）摧毁或毁坏跟踪雷达（如采用高功率微波）。

上述每一个目标的实现都将对采用跟踪雷达数据的系统产生影响，但其中一些影响比另外一些影响更严重。例如，（1）和（9）可能不给系统留下残余能力，而（3）和（4）的影响则很小，这取决于系统对距离和多普勒数据的要求。

因此，对一项ECM及对付它的ECCM的评估，与使用的系统对数据的要求有关。在以下的讨论中，使使用系统得不到适当数据，是判断干扰有效性的准则。

8.8.2　防止截获

跟踪雷达在其截获模式时是最易受到干扰伤害的。在此期间，跟踪雷达作为搜索雷达工作，在四维空间内扫描某一区域以发现其目标。7.10节关于搜索雷达干扰的讨论直接适用于本跟踪器工作模式。

阻塞噪声干扰和箔条布置，这些鲁棒技术是防止目标截获的主要手段。不过，噪声干扰必须不直接来自目标，因为这将提供一个信标，使得可以轻易地锁定角度。远距离或伴随平台上的有源干扰机，或由目标发射的诱饵上的有源干扰机可以是有效的。对于干扰机噪声温度的计算，即式（1.25）或式（7.56）可提供对在跟踪器内引起的问题的深入了解。这个问题与搜索雷达中问题的区别在于如下两个方面：

（1）跟踪器在其截获模式下比搜索雷达扫描更小的空域，并且干扰机可能要克服更高的信噪比。

（2）跟踪器波束宽度通常比搜索雷达的波束宽度窄，如果副瓣电平低的话，干扰机要屏蔽一个大的扇区将变得更加困难。跟踪器还具有一个窄仰角波束，这要求干扰机与目标尽可能地成直线，或者穿透仰角副瓣。

跟踪器具有与搜索雷达相似的对低副瓣和副瓣对消的要求，这些问题在7.10.4节中已进行了讨论。低仰角上的目标往往不但被进入副瓣的直接干扰机噪声所屏蔽，而且被进入主瓣的地面反射的干扰机功率（见图8.37）所屏蔽。

8.8.3　延迟截获

跟踪器必须停止其扫描，以评估每次告警是否是一个潜在的目标。延迟截获可通过从非目标本身的角度到达的假目标产生。在天线副瓣中生成假目标，比采用副瓣噪声干扰以屏蔽真实目标所需的平均干扰机功率更小。

重发器干扰

对于发射雷达波形的重发干扰机而言，所要求的ERP为

$$P_{ja}G_j = P_{av}G_t \frac{\sigma}{4\pi}\frac{R_j^2F^4}{R^4F_j^2}\frac{n_jL_{mj}L_{\alpha j}}{n_tL_tL_\alpha}\frac{J}{S} \tag{8.108}$$

式中，P_{ja}是干扰机平均功率，n_j是t_o内要生成的假目标数，L_{mj}是雷达滤波器与干扰机波形的匹配损耗，J/S是在处理机输出端所要求的干扰机功率与信号功率比，n_t是雷达所跟踪的目标数，其他符号与先前定义的相同。

对付重发干扰机的ECCM

为解决假目标混淆问题，跟踪器必须采用7.10.4节所讨论的副瓣消隐技术。如果不要求杂波抑制的话，则脉冲到脉冲频率捷变技术或其他波形改变技术可用于抑制在重发干扰机作用距离内出现的假目标。如果不要求抑制距离模糊杂波的话，则参差PRF也可防止在干扰机作用距离内产生的假目标。这为箔条与有源干扰的组合使用提供了另一条理由，因为针对一种干扰的许多ECCM技术与对另一种干扰所提供的保护是不相容的。低副瓣天线和副瓣消隐可抑制假重发目标，同时还保持抑制杂波的能力。

盖脉冲干扰

SSJ在延迟截获方面有更困难的任务，因为大多数发射将使雷达能够立即锁定辐射源的角度。假目标的产生在这种情况下几乎没有价值。对付不合理设计的CFAR检测电路，可有效采用慢速调制噪声波形。这些盖脉冲干扰机引起噪声电平的局部增大，从而提高了CFAR的门限，以防止目标回波被检测到，同时也不会留下干扰的证据。现代CFAR系统对门限电平进行监测以确认是否有此类增大，如果噪声源处于截获扫描区域，则对其启动角度锁定。

箔条作为欺骗措施

箔条曾被用做针对非相干跟踪雷达的欺骗目标产生器，它引起虚警和尝试性的和目标相距遥远的多个回波源的锁定。进行穿透的目标也可携带自卫箔条投放弹用于此目的。该技术对装备有MTI或多普勒处理机的跟踪雷达没有多少价值，除非目标能够采用将其径向速度降到接近为零的方式进行机动。

快速截获作为ECCM

为了对付妨碍截获的假目标产生器，一种基本跟踪器的ECCM是快速截获序列，它可对许多潜在目标进行评估并选择出真实目标。一旦识别出假目标，则这些假目标的位置必须保存在一个文件中，以防止在截获扫描剩余时间内试图进一步对其锁定。

8.8.4 距离和多普勒数据的拒绝

ECM最容易的任务之一是拒绝给跟踪器距离和多普勒数据。自屏蔽干扰机只需要最小的噪声功率来屏蔽其本身平台的回波信号，因为雷达天线的全部增益都用于瞄准干扰机。烧穿距离方程（1.28）可用于证明，即便是一个小干扰机，当它将其输出噪声扩散到整个雷达的调谐频段上时，很少有雷达能探测距离超过1 km的目标。

烧穿模式

在相控阵雷达中，对包含噪声干扰机的一个波束可中断例行搜索和跟踪操作，以应用一种特殊的烧穿模式。不过，如果采用正常驻留时间的作用距离小到1 km，则将烧穿模式驻留时间增大10倍，即采用有效积累将只提供3.2 km作用距离。采用跟踪雷达数据的系统设计成能对付SSJ目标，而不直接测量距离或多普勒。由两个或更多站的三角测量提供了一种解决方案，而利用对干扰自动跟踪模式的寻的导弹提供了另一种解决方案。

8.8.5　引入距离和多普勒误差或破坏锁定

正如可轻易地拒绝距离和多普勒数据一样，可通过SSJ轻易地将假目标引入这些坐标。例如，在通过提高噪声电平来屏蔽回波信号和降低跟踪接收机增益之后，可（通过重发器）引入假信号将距离（或速度）跟踪器拖离回波位置。而干扰机本身，除提供屏蔽噪声电平之外就没有什么价值，因为可以继续对干扰机进行角跟踪。

距离和速度拖离的目的

距离或速度拖离干扰机的目的不只是要在这些坐标中产生误差，而是要在突然切断干扰机时将距离或速度门导向到不能轻易重新截获回波目标的一个位置上。当这样做了时，所有跟踪环都打开了，于是所有这些跟踪环往往以其先前的速率滑行，直至某种控制动作干预。恰当设计的跟踪雷达将在目标离开波束前在角度上滑行几秒钟。在此时间内，雷达将利用与原先截获目标相同的过程，试图重新截获回波目标。如果能够在波束仍停留在目标上时做到这一点，则几乎没有数据丢失。

组合式角度和距离或速度欺骗

距离和多普勒欺骗干扰的潜在重要性是与角度欺骗技术相结合的，下面将进行讨论。基本上，如果到干扰机关断时，在重新截获以前，角速率误差已经建立，足以使波束离开目标，则距离或多普勒欺骗就能够成功。重新截获可用时间与角速率误差成反比。

8.8.6　引入角度上大的误差或破坏锁定

由于干扰机可轻易地拒绝距离和多普勒数据，所以在雷达输出中，只有角度数据是可靠的。现代系统设计成当角度数据相当精确时能成功拦截目标。角度干扰技术可采用各种方式分类：

（1）干扰对象：扫描雷达，或单脉冲雷达；
（2）干扰源：单点干扰，或多点干扰；
（3）干扰方法：利用硬件缺陷，或类属。

我们将不讨论针对扫描雷达所采用的技术（这可在参考文献[4, 493~495页]中找到），因为现代跟踪器几乎都是采用单脉冲技术的。

间歇性干扰

间歇性干扰机，或单源闪烁干扰机，利用矩形波调制迫使雷达接收机进入非线性工作状态。有些雷达采用慢速AGC，使接收机输出保持在放大器及检波和误差敏感电路的线性动态范围内。如果AGC时间常数（为跟随信号增大和减小）已知，则干扰机可产生开－关（on-and-off）周期，迫使接收机以饱和的和电路噪声电平上交替的信号工作（见图8.40）。在所示情况下，干扰机周期已成功设置，可拒绝几乎所有有用的输出数据。

对这类干扰的雷达ECCM解决方案是要扩展可获得有用输出的动态范围，并采用快速AGC或对数放大器，使花在饱和或电路噪声电平上的时间最小。这是单脉冲雷达中的正常做法，可有效对付间歇性干扰。在MTI和多普勒雷达中，在杂波滤波之前，利用对数放大器和快速AGC将引起杂波频谱的扩展，因此，在安排控制环时必须十分小心，以确保干扰和杂波的结合不会抑制信号。

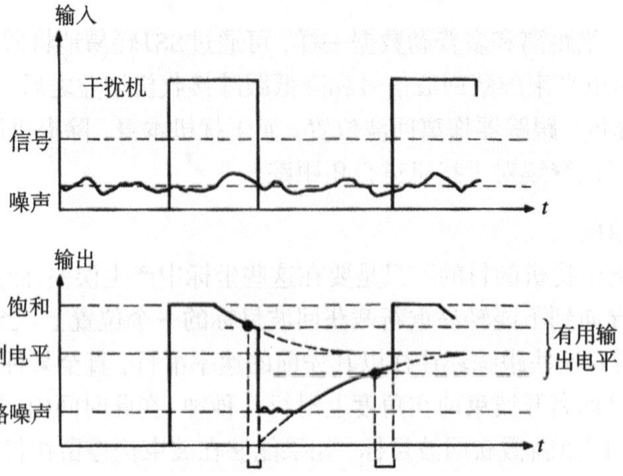

图8.40 对付采用AGC接收机的间歇性干扰

边缘频率干扰

单脉冲∑和Δ通道必须相位上良好匹配，以使误差检测器能够保留目标误差电压的极性[见式(8.31)]。接收机相位匹配误差ϕ_2将引起跟踪点的漂移[见式(8.40)]，并且如果误差超过90°，跟踪环会停留在先前不稳定的零点上，它与所期望的跟踪轴相距大于θ_3。利用这一现象的干扰技术是边缘频率干扰机，在这种技术上，一个强信号被偏置到接收机带通曲线的边缘(见图8.41)。中频滤波器中心的一个信号产生一个小的相位匹配误差ϕ_2，因为它处于∑和Δ响应很好匹配的响应区域。如果偏置超过$B/2$的干扰机有足够的功率来主导输出，则边缘频率干扰可产生差别远大于ϕ_2的∑和Δ电压。这是因为在响应的边缘，相位对频率关系曲线的斜率远大于中心附近，并且在该区域使这两个通道匹配更加困难。

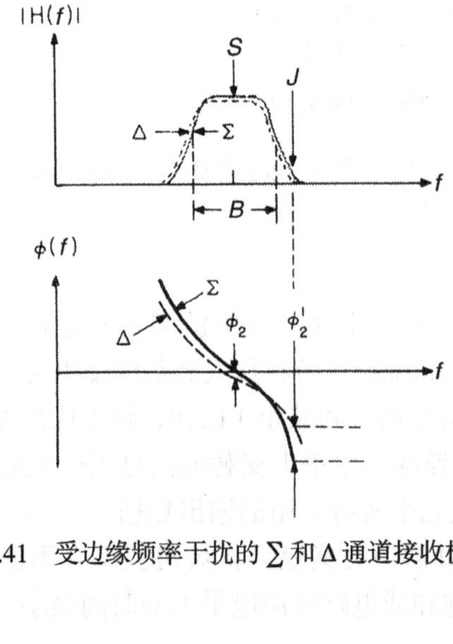

图8.41 受边缘频率干扰的∑和Δ通道接收机响应

对付这一技术的雷达 ECCM，要么（1）采用自动频率控制，将主导信号放在滤波器的中心；要么（2）在多级中频宽响应频段内采用一个单调谐电路，在重要幅度响应的频段上，限制相位变化到 $\pm\pi/2$，并使 $\sum$ 和 Δ 通道相位响应在该频段上更容易匹配。

镜频干扰

许多超外差式接收机在工作时没有射频预选择滤波器，它们在本振频率的上方和下方具有相等的响应。不想要的响应为镜频响应。只要信号的射频相位路径和本振正确匹配（没有通过中频相位路径的调整进行补偿），则单脉冲雷达可依据镜频信号进行跟踪。如果用中频相移对射频相位路径差进行补偿，则镜频响应可以以不正确的相位到达误差检测器，从而对消或颠倒了所期望信号的作用。这使得有两倍中频偏置的干扰机能够引入大的误差或破坏跟踪。

设计好并调整好能跟踪宽带阻塞干扰的雷达，将对预期响应和镜频响应获得有效的误差信号[29]。利用射频预选择器是一种 ECCM。

交叉极化干扰

利用与雷达接收天线正交极化的干扰信号，被认为是针对所有雷达的，包括单脉冲[27,238~253页]雷达的通用型角度欺骗ECM。单脉冲天线对交叉极化目标分量的响应已在8.2.4节中进行了讨论。在典型天线中，有 $\Delta_c/\sum = -30$ dB，对于一个比预期极化低 6 dB 的交叉极化目标分量，计算出的误差为 $0.008\theta_3$。交叉极化干扰机试图在 Δ 通道产生一个交叉极化分量，该分量相对于具有雷达极化的分量而言要大，驱使误差趋于或超过 Δ 波瓣在约等于 $0.5\theta_3$ 时的峰值。对于一个在雷达极化上辐射部分功率 P_i 的干扰机来说，误差为

$$\sigma_\theta = \frac{\theta_3}{k_m}\frac{\Delta_c}{\Sigma}\sqrt{\frac{1-P_i}{2\left(\dfrac{S}{J}+P_i\right)}} \tag{8.109}$$

式中，J 是通过与干扰机极化相匹配的天线接收到的总干扰机功率。对于线性极化而言，干扰机与正交极化相隔一个角度 ϕ，会引起 $P_i \approx \phi^2$，并且

$$\phi \approx \sqrt{\frac{1}{2}\left(\frac{\Delta_c\theta_3}{k_m\Sigma\sigma_\theta}\right)^2 - \frac{S}{J}} \tag{8.110}$$

超过 Δ 波瓣峰值的误差对于精确正交的极化要求 $J/S \approx (\sum/\Delta)^2$，当 ϕ 增大时，要求 J/S 迅速增大。

在雷达线性极化未知且不可测量的情况下，可转动干扰机极化以覆盖所有线性极化，产生大的周期性的误差。大误差的持续时间取决于雷达天线的交叉极化响应的大小和干扰机极化转速。遭受给定电平误差的信号部分为 $2\phi/\pi$，其中，ϕ 是式（8.110）给出的正交性容差。极化旋转不适用于椭圆极化天线，因为干扰机不得不以两个极化参数扫描，以确保通过正交极化。

为了采用交叉极化干扰产生大的误差，干扰机必须精确知道雷达的接收极化。干扰机上的拦截接收机可测量雷达的发射极化，而对于常规天线，这将给出接收极化的良好指示。即使有了这一知识，要将干扰机极化控制到几度以内，以产生大的雷达跟踪误差是困难的。雷达的 ECCM 可采取下列形式之一：（1）减小天线的交叉极化响应；（2）利用极化分集接收来跟踪干扰机辐射的较强极化；（3）接收采用干扰机不知道的任意极化方式。最后一种技术在大多数天线种类中能轻易地实现，并且在半主动寻的器中是固有的，此时，天线极化与导弹的任意横滚角有关。

二频干扰

没有射频预选的雷达接收机会导致射频带宽大于第一中频的频率，这类接收机会产生由分开为中频的两个干扰载波所引起的虚假输出[27, 253~256页]。这种干扰方法对于在包络检测后不用比幅技术的单脉冲雷达是有效的。不过，它需要较高的干扰电平，以产生将引起大的误差的虚假输出。该方法与输入混频器的非线性有关，因为输入信号逼近雷达本振的电平。结果是二频干扰不大可能应用于自导寻的器之外的情况，这种寻的器必须在距SSJ很近的距离上工作。雷达ECCM要在包络检测后采用射频预选择或比幅技术。

对视眼干扰

对视眼干扰机是一种增强闪烁的误差源（见3.4.1节）。如果两个相等的目标源的信号以反相到达雷达天线（见图3.10），则可产生极大的误差。对视眼干扰机试图由单个平台，通过两个分开的天线（例如，在飞机的两个翼梢上）辐射相干信号来创造这一情况。如果由这些信号创造的干涉方向图的零点能够处于雷达天线内，则∑信号将衰落，而Δ信号将增强，从而产生一个大的误差。实现这种干扰机所碰到的问题是，天线对的干涉零点必须位于雷达天线上以获得最大有效性，这就要求对发射信号的相对相位有精确的控制，并且要求幅度相等。

误差的大小和产生一给定误差的幅度与相位容差可由式（3.22）估算出来。对于理想相位（$\phi=\pi$），目标跨距为L的误差为

$$\delta_\theta = \frac{L}{R}\left(\frac{1+k}{1-k}\right) \tag{8.111}$$

因此，要产生距目标中心$4L$长的一个跟踪点，$k = 0.6 = -2$ dB（或$k = 1.67 = 2$ dB）。如果控制这两个源，使$k = 1.25 = 1$ dB，则偏离180°所允许的相位误差为±7°，或0.02λ（距离）。对于一个翼展15 m的飞机，且λ = 0.03 m，这相当于零点指向雷达天线中心的±0.04 mrad以内。如果可以保持这些容差，则雷达无法避免误差。不仅是单脉冲测角，所有类型的雷达测角都受到这一技术的影响。

双基地干扰

双基地干扰机[27, 263~266页]通过单个干扰机平台采用一个定向干扰波束照射一个外部物体，以产生大的角度误差或附加假目标。雷达看到位于或靠近被照射物体的干扰源，如果它处于与目标相同的分辨单元内的话。采用足够的干扰功率和足够定向的干扰天线，就能够移动跟踪点，使真实目标处于雷达天线方向图的副瓣内。可能的外部物体为箔条、拖引的或一次性的诱饵或地球表面。利用这一表面或地面反弹干扰，作为跟踪中自然多路径误差的一种特殊情况，已在8.5.3节中进行了讨论。

对于双基地干扰，雷达接收机处的干扰功率为

$$J_b = \frac{P_j G_j G_r \lambda^2 \sigma_b}{(4\pi)^3 R_j^2 R_2^2} \tag{8.112}$$

式中，R_j是干扰机到反射物体的距离，R_2是该物体到雷达的距离，σ_b是物体的双基地横截面积。通过干扰天线副瓣的直接干扰信号为

$$J_d = \frac{P_j G_j G_r \lambda^2 F_j^2}{(4\pi)^2 R^2} \tag{8.113}$$

式中，F_j 是雷达方向的干扰机天线方向图因子，R 是到雷达的距离。假设 $R_j = R$，则

$$\frac{J_b}{J_d} = \frac{\sigma_b}{4\pi R_2^2 F_j^2} \tag{8.114}$$

有效双基地干扰要求：$J_b/J_d > 1$。远离干扰机的物体必须反射性很好，或者干扰机副瓣必须很低，如果采用远距离物体的话。

对付双基地干扰的雷达 ECCM，基本上是要有更好的分辨力。如果雷达主瓣窄，副瓣低，则双基地物体必须放在真实目标附近，以便将其干扰注入雷达。这时，雷达将产生一个距目标不远的干扰选通或角度指示，并且会像寻的器的源一样继续照射目标。依据寻的导弹的到达方向，雷达可首先接近真实目标，当它们之间的距离比增大时，将其对基地源的跟踪转向为对目标的跟踪。

多个闪烁干扰机

利用多个干扰机平台是使跟踪雷达错误输入信号的一种有效方法。在雷达处同时接收到的，或者在跟踪器的时间常数内接收到的多个噪声干扰机，将在干扰功率重心处产生一个视在源[30]。慢闪烁源将使跟踪点从一个干扰机偏移到另一个干扰机，而且如果对定时进行恰当的调整，则在慢闪烁源再次偏移之前，很少或者没有关于任何一个源的数据。为了使对付具有低副瓣的雷达有效，干扰机必须全部位于主瓣（距轴 $\pm\theta_3$）内。对功率的要求与对自屏蔽噪声的功率要求相同。

对付这类干扰的雷达ECCM，基本上由跟踪器响应组成。该跟踪器响应比采用数据的系统所要求的响应要快得多。这迫使每个单独的干扰机的开机时间要短，从而允许跟踪器滑行贯穿由一个或两个干扰机（不是选择用于跟踪的那个）引起的中断，而没有过多的滞后。也可设计出能够解算波束内多个目标的专用处理机，以用于对付某些类型的干扰。

参考文献

[1] Barton, D. K., and Ward, H. R., *Handbook of Radar Measurement*, Englewood Cliffs, NJ: Prentice-Hall, 1969; Dedham, MA: Artech House, 1984.

[2] Woodward, P. M., *Probability and Information Theory, with Applications to Radar*, New York: McGraw-Hill, 1953; Norwood, MA: Artech House, 1980.

[3] Skolnik, M.I., "Theoretical Accuracy of Radar Measurements," *IRE Trans. Aernautical and Navigational Electronics*, Vol. 7, No. 4, December 1960, pp. 123-129.

[4] Barton, D. K., *Modern Radar System Analysis*, Norwood, MA: Artech House, 1988.

[5] Hall, J. S., *Radar Aids to Navigation*, MIT Radiation Laboratory Series,Vol. 2, New York: McGraw-Hill, 1949; Norwood, MA: Artech House (CD-ROM edition), 1999.

[6] Hannan, P. W., "Optimum Feeds for All Three Modes of a Monopulse Antenna," *IRE Trans. Antennas and Propagation*, Vol, 9, No. 5, September 1961, pp. 444-461.

[7] Rhodes, D. R., *Introduction to Monopulse*, New York: McGraw-Hill, 1959; Dedham, MA: Artech House, 1980.

[8] Bayliss,E.T., "Design of Monopulse Antenna Difference Patterns with Low Sidelobes." *Bell System Technical J.*, Vol. 47, No. 5, May-June 1968, pp. 623-650.

[9] Lopez. A. R., "Monopulse Networks for Series Feeding an Array Antenna", *IEEE Trans, Antennas and Propagation*, Vol, 16, No. 4, July 1968, pp. 436-440.

[10] Dunn, J. H., and Howard, D. D., "Target Noise," Chapter 28 in *Radar Handbook*, M. I. Skolnik, (ed.), New York: McGraw-Hill, 1970.

[11] Ostrovityanov, R. V., and Basalov, F. A., *Statistical Theory of Extended Radar Targets*, (in Russian), Moscow: Radio i Svyaz, 1982; Engl, trans. by W. F. Barton, Dedham, MA: Artech House, 1985.

[12] Connolly, T. E., "Statistical Prediction of Monopulse Errors for Fluctuating Targets," *IEEE Int.Conf, Radar-80*, Washington, D. C., April 28-30, 1980, pp. 458-463.

[13] Noblit, R. S., "Reliability Without Redundancy from a Radar Monopulse Receiver," *Microwaves*, December 1967, pp. 56-60.

[14] Bakut, P. A., et al., *Problems in the Statistical Theory of Radar* (Volume 2), Moscow; Soviet Radio, 1964; translation: DDC Doc. AD645775.

[15] Sakamoto, H., and Peebles, P. Z., Jr., "Conopulse Radar," *IEEE Trans Aerospace and Electronic Systems*, Vol. 14, No. 1, January 1978, pp. 199-208.

[16] Manasse,R., *Range and Velocity Accuracy from Radar Measurement*, MIT Lincoln Laborartory Rep. 312-26, February 3, 1955, DDC Doc. AD 236236.

[17] Beckmann, P., and Spizzichino, A., *The Scattering of Electromagnetic Waves from Rough Surfaces*, London: Pergamon Press, 1963; Norwood, MA: Artech House, 1987.

[18] Barton, D. K., "Low-Altitude Tracking over Rough Surfaces, I: Theoretical Predictions," *IEEE Eascon-79 Record*, pp.224-234.

[19] Barton, D. K., "Low-Angle Radar Tracking," *Proc. IEEE*, Vol. 62, No. 6, June 1974, pp. 687-704; reprinted in D. K. Barton, (ed.), *Radars,Vol. 4, Radar Resolution and Multipath*, Dedham, MA: Artech House, 1975.

[20] Sherman, S. M., *Monopulse Principles and Techniques*, Norwood, MA: Artech House, 1984.

[21] Eckersten, C., and Ås, B-O., "Radar Tracking of Sea-Skimmers,and Implementation of 'Complex Angle'," *IEE Int, Conf. Radar-92*, Brighton, UK, October 12-13, 1992, pp. 46-49.

[22] Broden. S., "Tracking of Sea-Skimmers.Report from Field Trials with the CHASE Algorithm," *IEE Int. Conf. Radar-97*, Edinburgh, UK, October, 14-16, 1997, pp. 743-746.

[23] Schleher, D. C., *Introduction to Electronic Warfare*, Norwood, MA: Artech House, 1986.

[24] Van Brunt, L. B., *Applies ECM*, Vol. 1, Dun Loring, VA: EW Communication, 1978.

[25] Van Brunt, L. B., *Applied ECM*, Vol. 2, Dun Loring, VA: EW Communication, 1982.

[26] Johnston, S. L., (ed.), *Radar Electronic Counter-Countermeasures*,Dedham, MA: Artech House, 1979.

[27] Maksimov, M. V., et al., *Radar Anti-Jamming Techniques*, Dedham, MA: Artech House, 1979.

[28] Leonov, A. I., and Fomichev, K. I., *Monopulse Radar*, Moscow: Scviet Radio, 1970 (in Russian); Norwood, MA: Artech House, 1986.

[29] Barton, D. K., "Radar Tracking on a Noise Soure," *Trans, RADC ECCM Sympoium*, Vol. 1, October 1957; (U. S. Patent 3, 196, 433; Passive Radar Tracking Apparatus).

[30] Kanter, I., "Varieties of Average Monopulse Responses to Multiple Targets," *IEEE Trans. Aerospace and Electronic Systems*, Vol. 17, No. 1, January 1981, pp. 25-28.

附录 8A：关于跟踪雷达的习题

8.1 圆锥扫描跟踪噪声　一部圆锥扫描跟踪雷达具有下列参数：

波长 λ	0.03 m	天线直径 D	1.0 m
波束宽度常数 K_θ	1.2	归一化倾斜角 α_k	$0.3\theta_3$
发射和接收波束倾斜		PRF f_r	1000 Hz
扫描速率 f_s	30 Hz	伺服带宽 β_n	2 Hz
波束轴上对于 $S/N = 1$ 的距离 R_0	100 km	仪表误差 σ_i	0.25 m rad

利用程序 ConicalScan.mcd，计算：

（a）半功率波束宽 θ_3；

（b）交叉损耗 L_k；

（c）误差斜率 k_s；

（d）计算并绘出热噪声误差 σ_θ（mrad）与距离的关系曲线，按 10 km~200 km 的对数－对数刻度绘制；

（e）计算并绘出热噪声和仪表误差的rss和σ_t与距离的关系曲线，按10 km~200 km的对数－对数刻度绘制。

8.2 圆锥扫描闪烁误差　习题 8.1 的雷达跟踪一个翼展 $L_x = 15$ m，垂直跨距 $L_z = 5$ m 的目标，该目标以 $v_t = 250$ m/s 的速度直接接近雷达，分别以 0.1g 和 0.2g 进行俯仰和偏航机动，随机俯仰和偏航速率为 10 mrad/s。

（a）在 $R = 100$ km 处目标信号的相关时间 t_c 是多少？

（b）在 $R = 100$ km 处闪烁误差 σ_s 是多少？

（c）绘出闪烁误差与 10 km~100 km 距离的关系曲线。

（d）绘出热噪声、闪烁误差和仪表误差的 rss 和与 10 km~100 km 距离的关系曲线。

8.3 扇区扫描跟踪噪声　一部扇区扫描跟踪雷达具有下列参数：

波长 λ	0.1 m	天线宽度 w	4.0 m
波束宽度常数 K_θ	1.2	归一化倾斜角 α_k	$0.3\theta_3$
扫描时间 t_s	0.1 s	PRF f_r	1000 Hz
扫描扇区 A_m	20°	跟踪器带宽 β_n	1 Hz
波束轴上对 $S/N = 1$ 的距离 R_0	100 km	仪表误差 σ_i	0.25 mrad
双程扫描		方位跟踪	

利用程序 SectorScan.mcd，计算：

（a）半功率波束宽度 θ_3；

（b）误差斜率 k_{p2}；

（c）计算并绘出热噪声误差 σ_θ（mrad）与距离的关系曲线，按 10 km~200 km 的对数 – 对数刻度绘制；

（d）计算并绘出热噪声和仪表误差的 rss 和 σ_t 与距离的关系曲线，按 10 km~200 km 的对数 – 对数刻度绘制。

8.4 **扇区扫描闪烁误差** 习题 8.3 的雷达跟踪一个翼展 $L_x = 15$ m，垂直跨距 $L_z = 5$ m 的目标，该目标以 $v_t = 250$ m/s 的速度直接接近雷达，分别以 0.1g 和 0.2g 进行俯仰和偏航机动，随机俯仰和偏航速率为 10 mrad/s。

（a）在 $R = 100$ km 处目标信号的相关时间 t_c 是多少？

（b）在 $R = 100$ km 处闪烁误差 σ_s 是多少？

（c）绘出闪烁误差与 10 km~100 km 距离的关系曲线。

（d）绘出热噪声、闪烁误差和仪表误差的 rss 和与 10 km~100 km 距离的关系曲线。

8.5 **单脉冲跟踪噪声** 一部单脉冲跟踪雷达具有如下参数：

波长 λ	0.055 m	天线直径 D	4.0 m
喇叭馈电反射面		单脉冲斜率 k_m	1.6
副瓣电平 G_s	–30 dB	交叉极化的 Δ_c	–36 dB
PRF f_r	1000 Hz	快速归一化	
跟踪器带宽 β_n	2 Hz	仪表误差 σ_i	0.25 mrad
方位跟踪		波束轴上对 $S/N = 1$ 的距离 R_0	200 km

利用程序 Monopulse.mcd，计算：

（a）半功率波束宽度 θ_3（mrad 或 °）；

（b）计算并绘出热噪声误差 σ_θ（mrad）与距离的关系曲线，按 10 km~200 km 的对数 – 对数刻度绘制，并且具有和没有快速归一化对起伏目标的影响。

（c）计算并绘出热噪声和仪表误差的 rss 和 σ_t 与距离的关系曲线，按 10 km~200 km 的对数 – 对数刻度绘制。

8.6 **低副瓣阵列的单脉冲斜率** 一部将单脉冲跟踪阵列天线设计成在两个角坐标上的 $\sum$ 通道副瓣电平均为 –55 dB。利用程序 RmsAperture.mcd，找出：

（a）差斜率比 K_r；

（b）归一化单脉冲斜率 k_m；

假设在两次计算中孔径效率 η_a 是由在两个坐标上都应用泰勒锥削所得到的孔径效率。

8.7 **距离噪声** 一部脉冲压缩雷达设计成具有–60 dB的时间副瓣电平。利用程序RmsBandwidth.mcd，找出：

（a）采用泰勒 –60 dB 滤波器加权接收的关于线性调频（均匀发射频谱）的归一化距离斜率 k_t；

（b）采用泰勒 –30 dB 滤波器加权接收的关于非线性调频（采用 –30 dB 加权的发射频谱）的归一化距离斜率 k_t。如果在这两种情况下信号带宽 $B = 5$ MHz，则进行计算；

（c）这两种情况下采用能量比 $E_1/N_0 = 100$ 接收到的单个脉冲的均方根时延误差和均方根距离误差；

（d）将式（8.52）的相对距离差斜率 K 用于式（8.56），计算延时误差和距离误差。这些结果更加精确，原因在于它们不与式（8.55）中的近似有关。

8.8 多普勒模糊的分辨力　一部 X 波段（$\lambda = 0.03$ m）脉冲多普勒雷达以脉冲重复频率 f_r = 5 kHz、未编码脉冲宽度 $\tau = 5$ μs 工作，并以单个脉冲能量比 $E_1/N_0 = 6$ dB，通过 $t_o = 0.01$ s 上的积累来检测飞机。采用带宽 $B = 2/\tau = 0.2$ MHz 的矩形滤波器，并假设距离斜率 K = 1.15B，计算：

（a）将多普勒漂移的非相干测量减小到小于 $f_r/6$ 所必需的跟踪时间；

（b）将由微分的距离数据所引起的速度误差减小到小于 $v_b/6 = f_r\lambda/12$ 所必需的跟踪时间。

8.9 最佳跟踪带宽　习题 8.5 的单脉冲雷达跟踪一架在 $R = 40$ km 处进行 2g 横向机动的逼近飞机。飞机的雷达横截面积使得对于信噪比为 1 的距离 $R_0 = 50$ km。计算：

（a）最佳伺服带宽；

（b）利用该带宽时，目标处的热噪声误差（mrad 和 m）；

（c）利用该带宽时，目标处的加速滞后误差（mrad 和 m）。

8.10 多路径误差　习题8.9的飞机在 $h_t = 1$ km的高度上飞行，雷达天线位于粗糙度 $\sigma_h = 0.25$ m，斜率 $\beta_0 = 0.05$ rad，覆盖稀疏青草的陆地表面（一般的土壤）上方 $h_r = 20$ m 的高度，假设雷达采用垂直极化，而目标具有宽仰角反射波瓣（$A_r = A_t$）。利用程序 Multipath.mcd，计算：

（a）$R = 40$ km 处的目标仰角（rad）；

（b）$R = 40$ km 处的仰角多路径误差（rad）；

（c）绘出 1 km < R < 100 km 范围内作为距离函数的多路径误差（mrad）；

（d）$R = 40$ km 处的方位多路径误差（mrad）；

（e）$R = 40$ km 处的距离多路径误差（m）；

（f）水平极化天线在 $R = 40$ km 处的仰角误差。

8.11 单脉冲雷达的误差预算　程序 ConScan.mcd, SectorScan.mcd 和 Monopulse.mcd 包括由所有重要源所引起的误差的计算。除习题 8.5 的参数外，还假设具有下列输入，绘出作为距离函数的总的角度误差。

海平面折射率 N_0	313	有效地球半径 k_e	1.333
天线高度 h_r	20 m	表面高度 h_s	0
大气标高 h_a	6950 m	校正因子 c_{ref}	0.05
仰角跟踪	$C = 1$	起伏目标	Tg = 1

目标速度 v_y	250 m/s	速度矢量角 α	0
横向加速度 a_{tx}	0.2g	垂直加速度 a_{tz}	0.1g
随机偏航速率 $\sigma_{\omega a}$	0.01 rad/s	随机俯仰角速率 $\alpha_{\omega e}$	0.01 rad/s
横向距离宽度 L_x	15 m	横向距离高度 L_z	5 m
交叉极化雷达横截面积 σ_c	0.1	列表数据距离 R_x	50 km

8.12 通过跟踪雷达截获 一部跟踪雷达采用宽度 $\theta_3 = 1°$ 的笔形波束。它接收位于跟踪器后方 100 km 处的一部远程二坐标监视雷达的目标指示数据，目标与二坐标雷达和跟踪器分别相距 200 km 和 100 km。二坐标雷达的方位数据的均方根误差 $\sigma_\theta = 4$ mrad。计算：

（a）跟踪器处的均方根方位指示误差（mrad）；

（b）获得 $P_v = 0.99$ 所要求的扫描宽度与均方根误差的比，以使方位扫描包括目标；

（c）截获扫描的方位宽度（mrad）；

（d）对于波束间隔 $\Delta = 0.7$ 波束宽度（整数以确保扇区覆盖），扫描内的方位波束位置数；

（e）仰角扫描范围（mrad），如果已知目标是一架飞机，在有效半径因子为 4/3 的地球地面上方 15 km 以内的高度上飞行；

（f）对于波束间隔 $\Delta = 0.7$ 波束宽度（整数以确保扇区覆盖），扫描内的仰角波束位置数；

（g）扫描扇区内的总波束位置数；

（h）仰角扫描速率（mrad/s 和 °/s），如果要在 $t_s = 4$ s 内扫描空域（允许在每次仰角扫描结束时有 0.1s 用于扫描方向反转）。

8.13 MFAR 时间预算 利用转速为 60 r/min 的阵列、波束宽度 $\theta_3 = 2°$、波束间隔 $\Delta = 0.8$，设计了一部覆盖整个 360° 方位扇区的舰载 MFAR。搜索扇区定义如下（由水平伸展到 θ_1）：

扇区	作用距离 R_{max}	仰角 θ_1	帧时间 t_s	MTI 波束数 n_c	MTI 脉冲数 n_d
远程	120	20	10	0	0
中程	60	40	5	2	4
水平	30	5	2	2	5

跟踪模式定义如下：

模式	平均作用距离 R_{max}	跟踪目标数 n_t	更新间隔 t_1	MTI 跟踪数 n_{ct}	MTI 脉冲数 n_{dt}
友方	50	40	2	20	4
敌方	50	10	1	5	4
引导	30	10	1	0	0

采用程序 TimeBudget.mcd 确定总时间分数 F_{tot}。找出将这一分数减到小于 1.0 的搜索波束间隔。

8.14 跟踪雷达截获模式的重发干扰 一部相控阵跟踪雷达的天线增益 $G_t = 42$ dB，发射馈线损耗 $L_t = 1$ dB，平均副瓣 $F_j = -45$ dB，采用平均功率 $P_{av} = 2$ kW 跟踪 $n_t = 10$个目标。重发干扰机产生 $n_j = 50$ 个假目标，它们当干扰机位于 $R_j = 100$ km 距离时，对在 50 km 处目标

的 $\sigma = 1\ m^2$ 的 $J/S = 0$ dB。假设目标的方向图传播因子 $F = 1$，目标传播损耗 $L_\alpha = 0.7$ dB，干扰机的单程传播损耗 $L_{\alpha j} = 1$ dB，干扰机波形匹配损耗 $L_{mj} = 3$ dB。计算：

（a）平均干扰机ERP；

（b）平均干扰机功率，如果干扰机天线增益为12 dB。

8.15 **交叉极化干扰**　一部跟踪雷达对想要在 $R = 20$ km处实现脱靶距离 $\sigma_m = 10$ m的指挥引导面对空导弹系统进行支援。给截获跟踪器分配的 $\sigma_i = 3$ m。波束宽度 $\theta_3 = 1.5°$，单脉冲斜率 $k_m = 1.6$，天线差通道的交叉极化响应 $\Delta_c/\sum = -35$ dB。为对该系统进行干扰，采用一交叉极化干扰机，如果极化与雷达匹配，其功率足以产生 $J/S = 20$。为了生存，希望的脱靶距离 $\sigma_{mj} = 30$ m。计算：

（a）杀伤目标所要求的目标跟踪误差（mrad）；

（b）干扰情况下目标生存所要求的目标跟踪误差（mrad）；

（c）干扰机极化指向所要求的精度（°）；

（d）如果极化角度误差减小到3°，则所要求的 J/S。

8.16 **地面反弹干扰机**　当采用 $R_0 = 100$ km 的单脉冲雷达时，习题8.15 的系统对于一个位于 $R = 20$ km 处、飞行高度为 1.25 km 的目标实际上可实现 $\sigma_\theta = 0.34$ mrad，假定仰角多路径误差为0.1 mrad。采用程序Multipath.mcd以确认地面反弹干扰机可将多路径分量增大到所要求 $\sigma_{mj} = 1.49$ mrad，如果比率达到 $A_i/A_t = 15$（相当于 23.5 dB 的地面方向 / 直接干扰功率之比），同时保证有足够强的直接干扰来超过目标信号。

附录 8B：提供的 Mathcad 工具

RmsAperture：均方根孔径宽度

本程序计算不同孔径照射函数的均方根孔径宽度 $\mathcal{L}_S$ 和 $\mathcal{L}_\theta$，并推导测量斜率常数。对矩形和椭圆形孔径，给出了斜率常数的分析近似。

ConScan：圆锥扫描跟踪器中的误差

本程序在第1~5节中计算圆锥扫描跟踪雷达在正常的双向（回波）和单向（信标）跟踪模式下由于热噪声和目标闪烁而引起的误差。对于一可变伺服器带宽（包括小信噪比时的检测器损耗），计算热噪声误差和闪烁误差。在第6~9节中，利用简单的近似法对其他误差源进行建模，而总的跟踪误差则作为目标作用距离的函数来计算。

SectorScan：扇区扫描跟踪器中的误差

本程序在第1~5节中计算扇区扫描雷达在正常的双向（回波）和单向（信标）跟踪模式下由于热噪声和目标闪烁而引起的误差。计算热噪声和目标闪烁，目的是得到包括探测器损耗的可变伺服器带定。在第6~9节中，利用简单的近似对其他误差源进行建模，而总跟踪误差则作为目标距离的函数来计算。

Monopulse：单脉冲跟踪器中的误差

本程序在第1~3节中计算由于单脉冲跟踪雷达的热噪声所引起的角度误差，它适用于正常双程（回波）和单程（信标）跟踪模式。对和、差通道利用的理想化照射，为反射面（或透镜）

天线和阵列提供了输入。计算出了高信噪比和低信噪比条件下的热噪声误差，后者考虑了检测器损耗所引起的伺服带宽的减小。包括了快速归一化对起伏信号的作用，如果它规定在输入数据内的话。在第4~7节中，利用简单近似对其他误差源进行建模，而在第8节中，总的跟踪误差是针对位于一恒定高度上的目标，作为目标作用距离的函数来计算的。雷达能力通过单位信噪比时的距离 R_0 确定。

Multipath Error：跟踪雷达的多路径误差

多路径误差是作为给定表面条件下目标距离和仰角的函数来计算的，假设是平坦地球、余弦照射和方向图，及其导数作为差方向图。步骤是基于Beckmann和Spizzichino的闪烁表面理论，如Barton所修正的那样。波束轴既可以设置成跟踪目标，也可以设置成低于某一选择的目标仰角，并在该仰角上保持固定以避免不稳定性（"下潜"）。还计算仰角、方位和距离误差。

RmsBandwidth：波形和滤波器的均方根带宽

本程序计算不同频谱和滤波器的均方根带宽 β_a，β_h 和 β_x，并推导测量斜率常数。

TimeBudget：MFAR 时间预算

本程序计算MFAR（用于搜索具有不同距离、仰角限制、帧时间和MTI要求的一些仰角扇区）的时间预算；MFAR跟踪友方和敌方目标的时间；并为规定数量的拦截导弹提供引导驻留时间。

附录 8C：习题的解

文件夹 Appendix8A 中提供了解答附录 8A 中习题 8.7~8.10 和习题 8.12~8.16 的程序。

习题 8.1、习题 8.2：采用附录 8B 中提供的工具 ConScan.mcd，用默认参数值；

习题 8.3、习题 8.4：采用附录 8B 中提供的工具 SectorScan.mcd，用默认参数值；

习题 8.5、习题 8.11：采用附录 8B 中提供的工具 Monopulse.mcd，用默认参数值；

习题 8.6：采用附录 8B 中提供的工具 RmsAperture.mcd。

对于其余习题，可从文件夹 AppendixA 中获取程序。获取方法详见封底。

第9章　雷达损耗预算

在先前关于建模和分析的章节当中，雷达性能估计都是从理想化模型和理论开始的，然后通过“损耗”因子来描述在实际系统中的差异。这一过程具有建立理论性能上限的优点，并可据此对系统和分系统进行测量。可识别出妨碍达到理想性能的各种因素，于是可对潜在改进在操作可行性和成本方面进行评估。

本章中，根据各个损耗分量进入雷达系统的地点和它们出现在雷达方程中的位置，对许多这样的损耗分量进行了归纳和分类。这里对先前没有建模的损耗因子进行了详细的叙述。参见随盘提供的Mathcad程序。能以HTML格式直接打开文件方便地浏览程序中所包含的详细内容，无须运行Mathcad程序。

9.1　损耗分类

9.1.1　雷达－目标系统中损耗的位置

理想化雷达系统定义如下：

（1）在观察期（或驻留时间）t_o内，用满发射机峰值功率和平均功率为P_t和P_{av}产生规定的波形并加在发射天线上。

（2）天线采用均匀增益$G_{0t} = 4\pi A_t/\lambda^2$辐射信号，其中，$A_t = w_t h_t$为发射天线的面积。天线发射在立体角$\psi_{bt} = \theta_{at}\theta_{et}$内的一个矩形波束，而波束宽度$\theta_{at} = \lambda/w_t$，$\theta_{et} = \lambda/h_t$。

（3）信号经自由空间路径到达距离为R、雷达横截面积为常数σ的目标并反射。

（4）反射信号经自由空间路径返回到雷达，并入射到孔径面积$A = w_r h_r$上。

（5）从立体角ψ_{bt}内的任何目标入射的功率由增益$G_{0r} = 4\pi A/\lambda^2$的接收天线采集。

（6）采集的信号无损耗地加于接收机，这里假设接收机有一个等于参考值$T_0 = 290$ K的输入噪声温度。

（7）接收机/处理机进行滤波，在周期t_o上与每个目标的回波是匹配的，目标的时间延迟$t_d = 2R/c$，多普勒频移$f_d = 2v_r/\lambda$，并让得到的输出送到检测门限和理想化目标参数估算器。

（8）目标数据被记录并发送给用户，雷达系统在下一次观察间隔t_o和波束位置重复先前的步骤。波束位置由雷达控制员依据所分配的雷达任务和对先前观察的评估进行选择。在理想搜索雷达情况下，在帧时间t_s期间，在所分配的搜索立体角ψ_s内的每个波束位置都将被访问一次，它们之间没有相邻波束的重叠或间隙。

实际的雷达通常与上述顺序不同，因而降低了雷达性能。不过，相对于理想化系统所提供的参照，提高雷达性能有三个机会：

（1）假设输入噪声温度等于定义噪声系数的参考温度T_0，通常是乐观的，但对于观察冷空间的真实雷达波束来说，设计一个天线和接收系统实现系统噪声温度$T_s < T_0$是可能的。在这罕见的事件中，性能可超过理想模型的性能。

（2）在传播到目标并返回这一往返路径后，接收到的信号通常比自由空间传播（$F = 1$）所预测的信号弱，但在某些情况下，通过表面反射可产生$F > 1$的方向图－传播因子。

（3）起伏目标回波通常要求提高能量以达到对稳定目标（起伏损耗$L_f > 1$）的探测概率，但对于$P_d < 0.35$，L_f可小于1，从而导致对增益和减小能量的要求。

9.1.2 恒定损耗、与目标有关的损耗和统计损耗

恒定损耗

在上面给出的顺序中，步骤（1）~（7）出现的有些损耗对于目标位置和环境条件的改变是恒定不变的。它们可一次确定或估算，然后用于所有的距离计算。恒定损耗包括发射机和接收机馈线损耗以及大多数天线损耗。这些损耗分量减小了接收机输入端可得到的信号能量E，这就要求对相对于理想系统所要求的能量进行补偿，以增大发射能量。有些射频损耗分量是耗散型（阻抗）的，它们将一部分信号能量变换为热。其他损耗（如照射锥削损耗、遮挡损耗和漏过损耗）使信号改变其预期路径或修改理想化的矩形方向图。接收路径中的耗散（阻抗）损耗分量还使输入温度（相对于其参考温度$T_0 = 290$ K）升高。

与目标和环境有关的损耗

这类损耗随目标类型、位置、扫描角和环境条件的变化而变化，必须作为这些条件和探测距离（计算的输出）的函数来评估。这些损耗包括由偏侧射扫描和极化所引起的天线损耗分量和由信号处理中的实际折中所引入的许多损耗分量。

统计损耗

步骤（7）对步骤（6）中提交给接收机的信号的处理进行了大量的折中，这既有经济性设计方面的考虑，也有出现杂波和其他干扰的原因，其中所得到的一些损耗分量是恒定不变的，其他则是目标和环境的函数，且许多具有统计特性，这取决于所规定的探测或测量性能。步骤（3）中出现的目标起伏和步骤（2）和步骤（5）中的非矩形波束形状的影响具有固有的统计特性，因此，它们最好同信号处理损耗一起处理，增加到雷达方程中所采用的“有效可检测性因子”上。

9.2 射频馈线损耗

将发射机功率传送到天线所引入的损耗和由天线到接收机输入端所接收到的功率，对于一个给定的雷达系统来说是恒定的。

9.2.1 发射机馈线损耗

将发射机功率传送到天线端口的损耗L_t在标准雷达方程中作为一个独立因子出现，并且是搜索雷达方程中搜索损耗的一个分量。该损耗是下列损耗之和（dB）。典型的发射馈线损耗$L_t = 1$ dB。

传输线

传输线的类型和长度随具体的雷达类型而变化。刚性同轴线和标准波导的近似损耗绘于图 9.1 中，它们是频率的函数。这种损耗分量在有源组件阵列中是最小的。

需要输入的数据：雷达频率、类型和馈线长度。

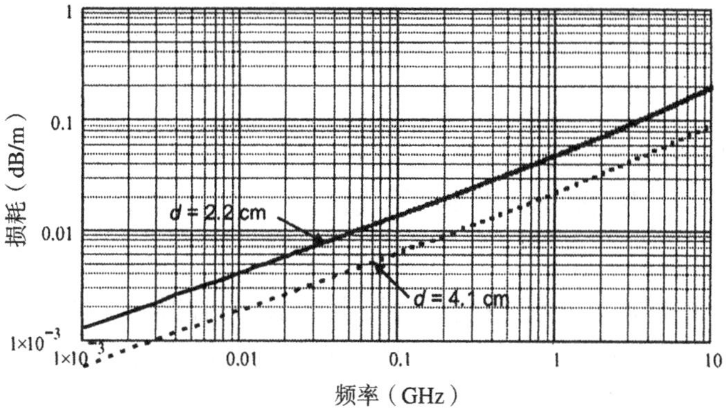

（a）刚性传输线的损耗与频率的关系曲线

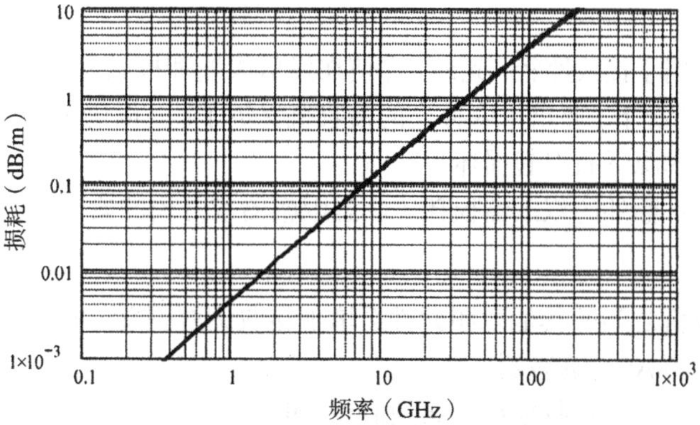

（b）矩形波导的损耗与频率的关系曲线

图 9.1　利用参考文献[1]的数据绘制的关系曲线

转动铰链

在机械指向或扫描的天线中，当发射机没有直接安装在天线上或没有通过柔性传输线和天线相连时，要用一个或两个转动铰链。

需要输入的数据：铰链数、每个铰链的损耗（典型值 0.1 dB）。

双工器

用单个天线的所有脉冲式雷达都要求收发双工。正交模馈电喇叭，其他类型的极化双工器，或空间馈电阵列中的“空间双工”都可消除双工器损耗。

需要输入的数据：双工器损耗（铁氧体环流器的典型值为 0.5 dB）。

其他发射馈线损耗

功率源和天线端口之间会增加发射馈线损耗的其他射频元件，包括谐波滤波器、监测前向和反向功率的定向耦合器，以及将功率转移到假负载或改变天线端口的开关。

需要输入的数据：其他 Tx 损耗（典型值 0.1 dB）。

9.2.2 接收馈线损耗

接收馈线损耗 L_r 不直接出现在雷达方程中，但正如 1.2.4 节所讨论的那样，它是引起噪声温度增加的一个因素。这一损耗是下列分量之和（dB）。它引起一个噪声分量 T_r，并使接收机噪声增加，从而在天线端口产生一个分量 L_rT_e。典型的接收馈线损耗为 $L_r = 1$ dB。

波导或同轴线

图 9.1 的数据也可应用于接收馈线。

需要输入的数据：雷达频率、类型和馈线长。

转动铰链

9.2.1 节中给出的值也可应用于接收路径，除非接收机的低噪声放大器安装在天线上或由柔性线连接。在设计用于低噪声工作的系统中，直接连接是可能的，所放大的信号可通过低功率转动铰链或汇流环传送到主接收机。

需要输入的数据：铰链数、每个铰链的损耗（典型值 0.1 dB）。

双工器

双工器损耗也适用于接收路径。此外，即使在发射天线和接收天线分开（包括具有很大间隔的双基地系统）的情况下，要求采取补充的接收机保护手段，以避免它由于伴随的发射机或由于偶然暴露在高功率源下而引起损坏。

需要输入的数据：额外的双工器损耗（固态限幅器或开关的典型值为 0.2 dB）

其他接收馈线损耗

天线端口和接收机之间的其他射频元件会增加接收馈线损耗。这些元件包括预选择滤波器、定向耦合器和射频 AGC 衰减器。

需要输入的数据：其他接收损耗（典型值 0.3 dB）。

9.3 传播损耗

第 6 章中已对传播损耗进行了大量讨论，这里仅进行一下概述。

9.3.1 大气和气象衰减

一些衰减项既可以直接出现在标准雷达方程和Blake图中，也可以作为搜索雷达方程中的一个搜索损耗分量出现。这些损耗是在通过整个大气层的路径上积累的，其单程损耗也对噪声温度有影响。

晴朗天气衰减

在 6.1.1 节中，通过对高度可变的衰减因子在雷达到目标的路径上求积分，得到了晴朗天气的衰减 L_α。结果绘在图 6.2 和图 6.3 中。程序 Attenuation.mcd 对规定的目标位置计算了这一损耗。

需要输入的数据：雷达频率、目标距离和高度、表面折射率、大气标高和水蒸气密度。

降雨衰减

第6章中也涵盖了雨、雪中的衰减，程序Attenuation.mcd也对它们进行了计算。这一损耗添加到距离计算的晴朗天气的损耗当中。

需要输入的数据：降雨类型、速率及其最大高度和距离。

云和雾衰减

云和雾中的衰减通常不是严重的问题，但也涵盖在第6章中并可通过Attenuation.mcd计算。这一损耗添加到距离计算的晴朗和降雨天气的损耗当中。

需要输入的数据：云中冷凝水密度或可见度及其最大高度和距离。

湿天线罩损耗

当天线罩上形成厚度超过0.001λ的水膜时，正常的天线罩损耗可大大增加。表6.2给出了一些测量值。天线的传导或反射部分（例如，反射面）上的水膜的影响可忽略不计，除非水膜的厚度大于约0.01λ。由这类水膜引起的损耗增加到其他气象衰减分量上。

需要输入的数据：湿天线罩损耗的估计。

9.3.2　不是衰减的其他损耗

不涉及到将信号能量变换成热的一些传播损耗出现在雷达方程中。这些损耗可以包括在波瓣传播因子或极化因子中，或作为独立分量插入到雷达方程中。

法拉第旋转损耗

法拉第旋转是指，当波传播通过电离层时，在地球磁场的影响下引起的波的极化旋转。这在6.4.7节中进行了讨论，而旋转角作为频率的函数对于一些典型路径绘于图6.34中。这是一种非互易的影响，因此，线性极化波返回到达雷达时可有和发射时不同的极化。除非采取步骤使接收天线的极化与之相匹配，否则，将产生随不同距离、不同仰角和不同时间上的随路径而变化的损耗。

本章的程序LossBudget.mcd中包含一节，计算用于Millman[2]中电离层条件的这种损耗L_{fp}，它是作为一个平均功率损耗而计算的，计算时假定旋转角变化为正态分布，标准偏差与其期望值相等。对于引起角度超过1 rad的频率和电离层条件，这一损耗是严重的，当要求探测概率大于50%时，会引起更大的损耗。

需要输入的数据：雷达频率、白天或夜间工作、收/发天线的极化。

方向图 – 传播因子

方向图 – 传播因子F的评估是雷达性能评估中一个重要而又困难的步骤。在6.2节中对这一主题进行了讨论，并且程序PropagationFactor.mcd对有规定表面参数的球形地球进行了计算。针对一个具体目标位置的简化版程序PropFactor.mcd包括在本章的工具中，并嵌入LossBudget.mcd程序中。

程序KnifeEdge.mcd将结果扩展到离散障碍物之外的路径。因子F出现在标准雷达方程和Blake图中，还应包括在威力范围上平均的值F^{-4}，它是搜索损耗因子的一个分量。

如果在威力范围上有重大的变化，并且规定要有高的探测概率，则考虑到传播零点的检测损耗，必须计算所要求的信号能量的增加，以维持P_d不变。这些计算不在程序LossBudget.mcd中实现。

需要输入的数据：雷达频率、表面介电常数、电导率，以及植被的粗糙度和类型。

透镜损耗

该损耗是由于仰角下降时导致射线折射性弯曲增大，从而使低仰角天线波束在仰角上扩展所造成的。这在6.1.8节中讨论过，并绘于图6.8中。使用第6章中的程序Attenuation.mcd，利用下面对Weil结果的分析，近似计算了这一损耗L_{lens}：

$$L_{\text{lens}}=\frac{1-\exp\left[-1.846\times10^{-7}R^{1.1}\left(1+35\theta\right)\right]}{73\theta+0.35}\ (\text{dB}) \tag{9.1}$$

式中，R是距离，单位为km；θ是仰角，单位为rad。水平射线在100 km和1000 km处的损耗分别为0.25 dB和2 dB。

需要输入的数据：目标距离和高度。

总传播因子

总传播因子是反射和绕射的双程传播因子F^4与法拉第旋转损耗和透镜损耗的倒数的乘积。后面两个因子应与传播因子合为一组，因为它们不是耗散型的，因此，不会对噪声温度产生影响。

9.4 天线损耗

天线和阵列设计在需要建模和分析的各种雷达中变化很大，并且在设计和制造工艺上需要进行许多折中。第4章中涵盖了增益、波束宽度和效率方面的考虑，下面将归纳包括在整个雷达损耗预算中的因子。

9.4.1 天线设计中固有的损耗

第一组天线损耗包含天线设计方面固有的因素。要求的输入数据为照射类型，以及收/发天线的方位和仰角面的副瓣电平。

照射（锥削）效率和损耗

通常需要锥削照射函数来控制天线副瓣（见4.2.2节）。二维照射函数$g(x, y)$在面积为A的孔径上的效率为

$$\eta_i\equiv\frac{G_m}{G_0}=\frac{\left[\int_A g\left(x,y\right)\mathrm{d}A\right]^2}{A\int_A\left|g\left(x,y\right)\right|^2\mathrm{d}A} \tag{9.2}$$

式中，G_m是定向性增益，G_0是均匀照射的增益。

对于具有可分离照射$g(x, y) = g(x)g(y)$的一个矩形孔径而言，在两个坐标上的效率分量和照射效率为

$$\eta_x=\frac{\left[\int_w g(x)\mathrm{d}x\right]^2}{w\int_w|g(x)|^2\mathrm{d}x},\quad \eta_y=\frac{\left[\int_h g(y)\mathrm{d}y\right]^2}{h\int_h|g(y)|^2\mathrm{d}y},\quad \eta_i=\eta_x\eta_y \tag{9.3}$$

式中，w 是宽度，h 是孔径高度。相应的照射损耗为

$$L_{ill}=\frac{1}{\eta_i} \tag{9.4}$$

需要输入的数据：收 / 发天线的照射函数 $g(x)$，$g(y)$。

波束宽度因子

在推导搜索雷达方程中，发射天线增益表示为：$G_t=4\pi/\theta_a\theta_e L_n$，其中，$L_n\approx 1.3$ 是包括在总搜索损耗 L_s 中的波束宽度因子。该因子的精确值由下式给出：

$$L_n=\frac{1}{K_\theta^2\eta_a} \tag{9.5}$$

式中，η_a 是孔径效率，该孔径效率中的 η_i 是一个分量。程序 AntennaPatterns.mcd 包括了常用照射函数的效率和波束宽度因子的分析近似。如果只考虑照射效率，则 L_n 的值将在 1.1 和 1.3 之间；如果包括等于 0.8（或 –1 dB）的其他效率分量，则 L_n 在 1.4 和 1.6 之间。

需要输入的数据：收/发天线的方位和仰角方向图的波束宽度常数，以及前面步骤的效率。

余 $\csc^x$ 损耗

$\csc^2$ 损耗 L_{csc} 在 4.2.5 节中已讨论过，并在 7.2.1 节中针对一些增强型高仰角覆盖，推广为 $\csc^X$ 或威力损耗。不同威力方案的损耗在程序 CscXLoss.mcd 中计算并绘于图 7.3 中。对于二坐标雷达，该损耗表示收/发天线增益的下降，在标准雷达方程中，该损耗在这两项增益中出现，而在搜索雷达方程中，作为 A_r 的减小以及搜索立体角 ψ_s 的增大。在三坐标雷达中，该损耗作为一个搜索立体角 ψ_s 的增大出现，而在扫描波束三维雷达中，它也增加了所要求的方位驻留时间。

需要输入的数据：收 / 发天线笔形或扇形波束的选择、csc 函数的指数 X，以及全程和预期覆盖扇区的仰角上限。

方向图因子（包括在 F 中）

当垂直威力图用于描述雷达检测性能时，在自由空间条件下，计算出目标在仰角波束轴上的距离 R_0 以作为一个基准（见图 1.6 的 Blake 图）。于是，真实的威力覆盖用方向图因子 F 按比例变化，其中的一个分量是表示仰角电压增益方向图的方向图因子 $f(\theta)$。在缺乏表面反射情况下，该方向图因子用于绘出自由空间威力覆盖，如图 1.8 所示。

需要输入的数据：收 / 发天线的仰角电压方向图。

交叉损耗

交叉损耗 L_k 用在圆锥扫描跟踪雷达中，来描述跟踪轴上目标的双程增益的减小，该损耗是由于波束偏离跟踪轴而引起的。它在 8.2.1 节中已叙述并绘于图 8.5 中。典型值为 2 dB~3 dB。

需要输入的数据：偏离角和波束宽度的比值，选择单程或双程扫描。

总天线设计损耗

总天线设计损耗与所采用的雷达方程形式有关。当采用式（1.19）或式（1.20）时，利用天线设计损耗是照射函数、$\csc^X$损耗和（对于圆锥扫描雷达）交叉损耗的乘积，即式(9.6)，来计算相对于物理孔径面积A的理想增益$G_0 = 4\pi A/\lambda^2$的天线增益G_t和G_r：

$$L_{ad1} = L_{ill} L_{\csc} L_k \tag{9.6}$$

式中，前两个损耗分量在收/发天线间可以是不同的。

在搜索雷达方程（1.23）中，利用有效孔径面积A_r，加到搜索损耗L_s上的发射天线设计分量为L_n，而发射天线的损耗$L_{\csc}$作为搜索立体角ψ_s的一个增量来应用。

如果用物理孔径面积A来代替搜索雷达方程中的A_r，则接收天线设计损耗也包括在L_s中：

$$L_{ad3} = L_{ill} L_{\csc} \tag{9.7}$$

9.4.2 由于实际天线实现所引起的损耗

发射和接收天线都是由有损耗的部件构成的，并且由于这些部件中电气和机械容差的缘故而具有相位和增益误差。

耗散（阻抗）损耗

耗散损耗随天线类型而变化，并且只有获得详细的设计数据才可精确估算出来。缺乏这类数据时，可采用一些一般性的指南：

（1）孔径损耗：

金属反射面或透镜	0.0 dB
阵列单元	0.0 dB

（2）馈电损耗：

反射面或透镜的馈电喇叭	0.1 dB
波导串行馈电线	0.7 dB
波导并行馈电网络	0.4 dB
带状线串行馈电线	1.0 dB
带状线并行馈电网络	0.6 dB
每个单元上的有源组件	0.0 dB

平面阵列天线中可能有二级馈电，因此，这两级损耗（dB）要相加。

（3）移相器损耗：

非互易铁氧体或法拉第旋转器	0.7 dB
互易铁氧体	1.0 dB
二极管（3或4位）	1.5 dB
二极管（5或6位）	2.0 dB
每个单元上的有源组件	0.0 dB

（4）天线罩损耗：透过恰当设计的天线罩的损耗[3, 14~23页]通常小于1 dB，并包括在减小天线增益的一项内，它增加噪声温度。

需要输入的数据：孔径、馈线或馈源、移相器和天线罩的损耗估计（上面列出了典型值）。

遮挡

反射面天线受到馈电部件的遮挡，包括前馈喇叭馈源、副反射面（用于卡塞格林型和格雷戈里型系统）和支撑这些部件的结构，正如 4.2.5 节所讨论的那样。偏馈反射面可使这些问题最大限度地减少。除非采用极化扭转技术，前馈反射面或中心馈电卡塞格林系统中遮挡损耗L_{ab}的典型值为0.5 dB。所有的天线类型都可能受到外部结构的遮挡。程序Blockage.mcd可对馈电线效应和外部效应进行计算。

需要输入的数据：孔径形状（矩形或椭圆形）、遮挡结构数、中心与边缘照射之比；对于每种遮挡结构的形状、深度、宽度和自孔径中心的位移（水平和垂直）。

漏过

反射面和透镜天线（包括空馈阵列）受到馈电喇叭引起的能量漏过损失。当边缘锥削适度时，漏过损耗为最大，而当采用低副瓣照射时，则漏过损耗最小。漏过损耗的典型值为 1dB。

需要输入的数据：漏过损耗估计。

表面容差

所有天线在保持辐射或接收孔径的形状时都会有机械误差。与规定形状的机械偏差在照射函数中引入相位误差，从而从主瓣移走能量并将其分布到更宽的肩瓣或副瓣中。相位误差由下式给出：

$$\sigma_\phi = k_{st}\frac{2\pi\sigma_{st}}{\lambda} \tag{9.8}$$

式中，k_{st}是与天线几何有关的常数：

$k_{st}=2$　对于反射面（包括空馈反射阵列）
$=1$　对于平面阵列
≈ 0　对于透镜（包括空馈透镜阵列）

由该相位误差引起的损耗为

$$L_{st}=\exp\left(\sigma_\phi^2\right)\approx 1+\sigma_\phi^2\ ,\quad \sigma_\phi \ll 1 \tag{9.9}$$

透镜天线对机械误差的容差是建立在透镜厚度不变这一假设上的，从而使得透馈前面的偏差可由后面（至少对于侧射附近的波束）的偏差来补偿。

在大多数天线中，容差保持在$\sigma_{st}<0.04\lambda/k_{st}$，导致损耗$L_{st}<1.07$（或 0.3 dB）。

需要输入的数据：孔径表面的均方根误差、天线类型（透镜、平面阵或反射面）。

馈电和阵面失配

所有馈电系统都有失配问题，此时一部分功率反射到其辐射源，而相控阵在其阵面（或在空馈透镜情况下两阵面）上也有失配问题。当失配通过其电压驻波比（简称 VSWR）描述时，反射的部分功率由下式给出：

$$|\Gamma|^2=\left(\frac{\text{VSWR}-1}{\text{VSWR}+1}\right)^2 \tag{9.10}$$

对应的损耗为

$$L_{vs} = \frac{1}{1-|\Gamma|^2} = \frac{(\mathrm{VSWR}+1)^2}{4\mathrm{VSWR}} \tag{9.11}$$

天线调谐频段上典型的失配给出 VSWR ≈ 1.7，相当于 L_{vs} = 1.07（或 0.3 dB）。接收机“看到”由馈电线或阵面反射的功率，它由双工器耦合到一个室温的终端负载上，该损耗必须作为一个电阻性分量包括在噪声温度的计算中[4]。

阵面失配倾向于随自侧射开始的扫描角而增大，使单元增益随扫描角的变化比随阵面投影面积的变化，即随 $\cos\theta$ 变化更快。如果单元功率增益方向图为 $f_e^2(\theta) = \cos^{3/2}\theta$，与式（4.26）中使用的一样，则因子 $\cos^{1/2}\theta$ 源自阵面上的附加失配损耗。在 45° 扫描角，这相当于 0.75 dB 的损耗。对阵列增益的影响通过将单元方向图 $f_e(\theta)$ 包括在式（4.22）中来表示，但附加电阻性损耗必须包括在对扫描角偏离侧射的噪声温度计算中。

需要输入的数据：馈电系统和辐射单元的 VSWR。

相位和幅度误差

相控阵需要复杂的馈电网络和大量的移相器，其成本是其设计和生产中的一个重要问题。有源组件阵列的有源放大器的相位和幅度具有潜在的较大误差，即使采用校准步骤使它们最小，有些误差仍然存在。所有这些误差结合在一起导致增益减小，从主瓣丢失的功率以副瓣增大的形式出现。程序 AntennaLosses.mcd 将它们作为馈电系统、移相器和有源放大器的幅度误差（dB），即 σ'_a、均方根相位误差和 σ_ϕ 来接受。以 dB 表示的均方根幅度误差被变换成以相对幅度 σ_a 表示的误差。这些误差以 rss 形式组合起来，最终得到的损耗用下式计算：

$$L_{\phi a} = \exp\left(\sigma_\phi^2 + \sigma_a^2\right) \approx 1 + \sigma_\phi^2 + \sigma_a^2 \tag{9.12}$$

每个源的典型相位误差分量是 $\sigma_\phi \approx 15° = 0.25$ rad，而幅度误差 $\sigma'_a \approx 0.5$ dB，相当于 $\sigma_a = 0.06$。如果这两类误差都出现在馈电网络、移相器和有源阵的有源放大器中，则最终得到的损耗为 $L_{\phi a}$ = 1.16（或 0.6 dB）。

需要输入的数据：均方根相位和幅度误差。

相位量化

由量化到 m 位的数字指令控制的移相器将呈现一个附加随机相位误差，即

$$\sigma_{\phi q} = \frac{\pi}{\sqrt{3} \times 2^m} \tag{9.13}$$

这将导致进一步的损耗：

$$L_{\phi q} = \exp\left(\sigma_{\phi q}^2\right) = \exp\left(\frac{\pi^2}{3 \times 2^{2m}}\right) \approx 1 + \frac{\pi^2}{3 \times 2^{2m}} \tag{9.14}$$

三位量化引起一个 0.2 dB 的损耗。

需要输入的数据：移相器的位数。

斜视损耗

根据式（4.22），波束与侧射方向成固定倾斜角的平面阵列的增益和该角度上的单元方向图增益成正比。如果单元电压增益方向图为 $f(\theta) = \cos^\beta(\theta)$，则斜视损耗为

$$L_{sq}=\frac{1}{\cos^{2\beta}(\theta)} \tag{9.15}$$

在标准雷达方程中，该斜视损耗以收/发功率增益的减小出现，而在搜索雷达方程中，则以A_r的减小和L_s的一个分量出现。该损耗适用于采用串行馈电的机械扫描平面阵列和采用平面阵的三维雷达的偏侧射仰角波束。

需要输入的数据：偏离侧射方向的波束角、单元增益方向图$f(\theta)=\cos^{\beta}(\theta)$的系数β。

总的天线实现损耗

总的天线实现损耗是耗散损耗和由于遮挡、漏过、表面容差、失配、相位和幅度误差，以及相位量化所引起损耗的乘积：

$$L_{ai}=L_aL_{ab}L_{sp}L_{st}L_{vs}L_{\phi a}L_{\phi q}L_{sq} \tag{9.16}$$

该损耗适用于发射和接收，此时，它减小了G_t（或增大了搜索雷达方程中的L_s）、G_r和A_r（或增大了L_s，如果在搜索雷达方程中采用物理面积A）。

9.4.3 由于天线工作引起的损耗

天线损耗的其他一些组成部分源自宽带信号通过阵列、收/发极化的选择、波束偏离侧射方向的倾斜角，以及扇区上的波束电描。这些损耗在选择天线类型及其工作模式时都是固有存在的。

阵列带宽

相控阵的带宽在4.3.10节中已讨论过，所得损耗L_z由式（4.52）给出。程序ArrayBandwidth.mcd计算的是具有不同扫描选择方案的空馈和强迫馈电阵的带宽。给出了具体馈电方法和扫描角的损耗，它表示成扫描扇区上平均增益的减小。和其他可变损耗一样，如果当扫描扇区上的变化超过2 dB时，必须计算恢复所要求的高探测概率所需的功率增大。

需要输入的数据：信号带宽、方位和仰角扫描方法（机械、频率扫描，或相位扫描）、扫描坐标和角度扇区；对于频率扫描，扫描该扇区所要求的频移；对于空间馈电，焦距与孔径宽度之比；对于强迫馈电，对方位和仰角馈电进行分支馈电或串行馈电（从末端或中心）的选择；波导长度与自由空间波长之比。

极化损耗

极化因子F_p出现在雷达方程（1.17）~（1.20）中，以考虑所规定的目标雷达横截面积σ适用的极化之外的极化的利用。在多数情况下，σ是针对垂直和水平极化测得的，基本上这两种极化有相同的值，且该值是个规定值。当有重大差别时，采用与所选雷达极化相对应的值。采用圆极化以对消雨杂波的雷达对飞机或类似的复杂目标，通常遭受大约3 dB的信号损耗，因此，在雷达方程中要求采用$F_p^2\approx 0.5$。在其他情况下，必须对不同发射和接收极化的影响，或者对具有特殊极化特性的目标进行评估。

通常，对于多数目标类型而言，可以大致假定极化损耗$L_{pol}=1/F_p^2$，如表9.1所示。

需要输入的数据：收/发天线的极化。

表 9.1 大多数目标的极化损耗

发射极化	接收极化	极化损耗（dB）
水平	水平	0
	垂直	10
	右旋圆极化或左旋圆极化	3
垂直	水平	10
	垂直	0
	右旋圆极化或左旋圆极化	3
右旋圆极化	水平或垂直	3
	右旋圆极化	3
	左旋圆极化	0
左旋圆极化	水平或垂直	3
	右旋圆极化	0
	左旋圆极化	3

扫描扇区损耗

利用电扫覆盖一个扇区的相控阵在该扇区上将经受一个可变的损耗，可对该可变损耗求平均，以获得在该扇区上均匀分布目标的平均信号的减小。如果单元电压增益方向图为$f(\theta)=\cos^{\beta}(\theta)$，则扫描扇区损耗为

$$L_{ss}=\frac{\theta_{\max}-\theta_{\min}}{\int_{\theta_{\min}}^{\theta_{\max}}\cos^{4\beta}(\theta)\,\mathrm{d}\theta} \tag{9.17}$$

对于一个由侧射方向到45°的扫描而言，单元电压方向图$f_e(\theta)=\cos^{3/4}(\theta)$时，该损耗为1.25 dB。和其他可变损耗一样，如果在扫描扇区上的变化超过2 dB，必须计算恢复所要求的高探测概率所需的功率增大。

需要输入的数据：最大和最小扫描角。

扫描损耗

在信号的发射和接收之间发生的波束运动可在以很高速率进行连续波束扫描的系统中引起损耗。对于一个距离为R的目标，其信号时延$t_d=2R/c$，在时间t_o内扫描通过一个波束宽度，则扫描损耗为

$$L_{sc}=\frac{1}{L_p\int_{-\infty}^{\infty}f^2(\theta)f^2(\theta-\delta)\,\mathrm{d}\theta} \tag{9.18}$$

式中，$\delta=t_d/t_o$为该时延内所扫描的波束宽度的部分，$f(\theta)$为天线电压方向图。对于高斯型波束方向图和$t_d=0.5t_o$的损耗为1.5 dB。

需要输入的数据：线扫或光栅扫描的选择、扫描坐标（如果采用光栅的话，则对于快速扫描的坐标）、单线扫描时间和目标距离。

总天线工作损耗

总天线工作损耗是由带宽、极化、扫描扇区和快速扫描所引起的损耗的乘积：

$$L_{ao}=L_zL_{pol}L_{ss}L_{sc} \tag{9.19}$$

式中，第1项既可以针对所采用的具体扫描角来计算，也可以作为扫描扇区上的一个平均来计算，而最后一项是目标距离的函数。

所有的天线工作损耗分量是针对双程路径来计算的，而分贝值可在发射和接收之间任意划分。

9.4.4　总天线损耗

总天线损耗与所采用的雷达方程的形式有关。

标准雷达方程

当采用式（1.19）或式（1.20）时，利用以下为设计损耗、实现损耗和工作损耗乘积的总天线损耗，计算相对于物理孔径为 A 的理想增益 $G_0 = 4\pi A/\lambda^2$ 的天线增益 G_t 和 G_r：

$$L_{at1}(R) = L_{ad1} L_{ai} \sqrt{L_{ao}(R)} \tag{9.20}$$

式中，最后一项为目标距离的函数，并且已在发射和接收天线之间进行了相等赋值。

搜索雷达方程

当采用式（1.23）时，总天线损耗作为搜索损耗 L_s 的一个分量，为

$$L_{at2}(R) = L_{ad2} L_{ai} L_{ao}(R) \tag{9.21}$$

式中，A_r 是在没有工作损耗时计算出来的，包括在 L_s 中。发射 $\csc^x$ 损耗作为搜索立体角 ψ_s 的一个增大来用。

如果采用物理孔径A代替搜索雷达方程中的A_r，则总接收天线损耗作为搜索损耗L_s的一个分量：

$$L_{at3} = L_{ad3} L_{ai} \tag{9.22}$$

9.5　接收机 / 处理机损耗

由接收机和处理机所引起的损耗分量的数目很大，由于其中的许多分量随四维雷达空间中精确的目标位置、随目标的运动和起伏，以及随诸如杂波等环境因素的变化而变化，因此，其评估很复杂。我们将把它们分成确定性损耗和统计性损耗。由于在接收机和后续信号处理之间不再有很好定义的划分，这两种雷达分系统将合在一起考虑。本节中列出的所有损耗都乘上基本可检测性因子 $D_0(1)$，以获得标准雷达方程中的有效可检测性因子 $D_x(n)$，并且包括在搜索雷达方程的搜索损耗中。

9.5.1　确定性损耗

这些损耗基本上与探测概率无关，并可找到适用于一给定雷达或雷达模式的单个值。

二进制积累损耗

二进制积累器在 2.3.3 节中已讨论，其性能在程序 DetectionComplete.mcd 的 5.4 段中计算。对于所规定的检测性能，二进制积累器损耗是采用二进制积累时的输入能量要求 $D_b(n, n_e)$与采用视频积累时的要求 $D_e(n, n_e)$之比：

$$L_b = \frac{D_b(n, n_e)}{D_e(n, n_e)}，\text{对于规定的 } P_d, P_{fa}, n \text{ 和 } n_e \tag{9.23}$$

该比率中的这两个可检测性因子可利用DetectionComplete.mcd方法计算。在很广的条件上（见图2.9），L_b的值接近1.45（或1.6 dB），可假设该值为1.45，除非要求高精度的估计。

需要输入的数据：估计值（$L_b = 1.6$ dB）或精确值时探测和虚警概率、积累脉冲数、独立目标采样数，以及处理中使用的位数。

恒虚警率（CFAR）损耗

恒虚警率检测在2.6节中已讨论过，单元平均CFAR系统的损耗绘于图2.13中，它是CFAR比率，即$X = \lg(1/P_{fa})$与参考窗口中有效单元数m_e的比的函数。该损耗的近似表达式为

$$\begin{aligned} L_g &= 5X \quad \text{dB}, \qquad X \leqslant 0.5 \\ &= 7(X - 0.15) \ \ \text{dB}, \ \ X > 0.5 \end{aligned} \tag{9.24}$$

对于$m_e = 16$，$P_{fa} = 10^{-4}$，$X = 0.25$，典型值$L_g = 1.25$ dB。其他类型的CFAR给出不同的损耗，对具体情况则要求详细分析来获得精确估计。

需要输入的数据：CFAR参考窗口中的单元数、虚警率。

杂波损耗

存在杂波时可有四种与此相关的损耗。

（1）**杂波相关损耗**。该损耗由于对从脉冲到脉冲相关的杂波不能实现全部积累增益而引起，它由式（3.49）给出。

需要输入的数据：杂波速度扩展σ_v。

（2）**杂波分布损耗**。该损耗由于当输入杂波幅度偏离瑞利分布时，试图保持CFAR检测而引起。该损耗在2.6.2节已讨论过，并对所设计的在对数－正态分布和韦布尔分布中保持恒定输出P_{fa}的CFAR，绘出了其关系曲线于图2.16中。对于韦布尔分布，结果近似为

$$L_{cd} = 6(\lg a)^{1.2} \lg\left(\frac{1}{P_{fa}}\right) \quad (\text{dB}) \tag{9.25}$$

式中，a是韦布尔扩展参数。对于$a > 2$，这种大的损耗值阻止了实际采用的所谓二参数CFAR，此时，杂波分布的扩展用做由单元平均值所决定的门限电平的倍增因子。

需要输入的数据：选择一参数或二参数CFAR设计；如果是二参数设计，则需要输入杂波（具有扩展参数a的韦布尔分布或具有标准偏差σ_ydB的高斯分布）的类型和扩展。

（3）**杂波参考损耗**。该损耗适用于非相干MTI系统，此时，杂波－噪声比太低，不足以为信号检测提供适当的参考。在参考文献[5, 266页]中它以功率比形式给出。

$$L_{cr} = \frac{1 + 2(S/N) + 2(C/N)}{2(C/N)} \tag{9.26}$$

需要输入的数据：信噪比和杂波－噪声比、MTI类型（相干和非相干）。

（4）**瞬时选通（充填脉冲）损耗**。该损耗在5.4.7节中已讨论过，适用于脉冲串模式下的MTI和脉冲多普勒雷达，此时，在旨在使大多数远距离杂波能够建立起稳态条件的一个延迟后，接收机输出被加到多普勒滤波器上。其表达式为

$$L_{eg} = 1 + \frac{n_f}{n_c} \tag{9.27}$$

式中，n_f是接收最大距离杂波所要求的充填脉冲数，n_c是相干处理的脉冲数。只要波形或波束位置突然改变，都必须发送充填脉冲，就像采用射频或脉冲重复频率分集或电子步进扫描那样。在典型的面基雷达中，严重杂波可来自$R_c \geqslant 75$ km的距离，而对于大于约3 kHz的PRF，将需要充填脉冲。对于机载脉冲多普勒雷达，杂波通常远到300 km都是可见的，于是在每个脉冲串首个2 ms内发送的所有脉冲都必须选通掉而不被处理。

需要输入的数据：最大杂波距离、非模糊距离和相干处理脉冲数。

积累器加权损耗

视频积累的最佳加权函数是与接收脉冲串的包络（通常是一个高斯函数）相匹配的。许多积累器采用均匀加权或指数加权，与观察时间t_o近似匹配。结果是一个通常为几个十分之一分贝的积累器加权损耗。常用波形损耗$L_p = 1.6$ dB和对于高斯波束方向图的$L_p = 1.23$ dB之间的差是假设一个积累器在$0.8t_o$上有均匀权重的结果，积累器权重损耗$L_w = 0.37$ dB。该损耗可针对具体情况，利用滤波器匹配损耗表达式进行计算：

$$L_w = \frac{\int_{-\infty}^{\infty}\left|A(f)\right|^2 \int_{-\infty}^{\infty}\left|H(f)\right|^2}{\left[\int_{-\infty}^{\infty}A(f)H(f)\mathrm{d}f\right]^2} \tag{9.28}$$

式中，$A(f)$是脉冲串的频谱，$H(f)$是积累器的频率响应（其加权函数的傅里叶变换）。

需要输入的数据：积累器加权损耗估计；为了精确计算的需要，信号包络频谱$A(f)$和积累器响应$H(f)$。

限幅器损耗

限幅器损耗描述了当硬限幅加到一个输入信号时所引起的信-噪比的减小，就像在宽限窄ECCM处理机和一些其他类型的CFAR中那样。它以功率比的形式表示为：

$$L_{\lim} = \frac{4}{\pi} \tag{9.29}$$

需要输入的数据：线性或限幅接收机的选择。

匹配损耗

匹配损耗描述的是当接收机滤波器与一个独立脉冲的频谱失配时，或者当跟在宽带接收滤波器后面的距离门与脉冲形状失配时，或者当多普勒滤波器与脉冲串的细线频谱失配时信-噪比（相对于输入能量比）的减小。

（1）**中频滤波器匹配损耗**。式（9.28）给出了一般情况下的这种损耗，其中，$A(f)$是脉冲的频谱，$H(f)$是滤波器的频率响应。对于没有相位调制的矩形脉冲，在程序FilterResponse.mcd中计算了这一损耗，并绘于图9.2中。滤波器经加权以减小线性调频脉冲压缩中的时间副瓣，对这些滤波器的匹配损耗以与锥削天线孔径相同的方式进行了计算，并绘于图5.13中。在此情况下，对$B\tau >> 1$，频谱$A(f)$在频带B上是近似均匀的，并且式（9.28）化为

$$L_m = \frac{B\int_{-B/2}^{B/2}\left|H(f)\right|^2 \mathrm{d}f}{\left[\int_{-B/2}^{B/2}H(f)\mathrm{d}f\right]^2} \tag{9.30}$$

需要输入的数据：对于脉冲压缩，选了线性或非线性调频，或相位代码；对于调频，加权函数和副瓣电平；对于非编码脉冲，滤波器形状和带宽、视频带宽以及脉冲宽度。

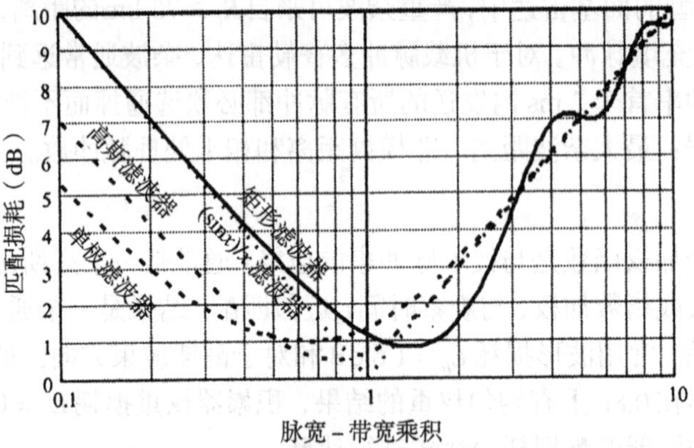

图 9.2　采用不同中频滤波器类型的非调制矩形脉冲的匹配损耗

（2）**距离门匹配损耗**。宽带滤波器和与矩形脉冲的宽度及到达时间相匹配的距离门的级联组合，表示匹配滤波器的相关器的实现。在此情况下，匹配损耗为

$$L_m = \left(\frac{\tau_g}{\tau}\right)^2, \quad \tau_g > \tau$$
$$= \left(\frac{\tau}{\tau_g}\right)^2, \quad \tau_g < \tau \tag{9.31}$$

式中，τ_g 是门宽。

需要输入的数据：门宽和脉冲宽度。

（3）**匹配因子**。当中频滤波器或距离门失配引起距离单元变宽时，则需要的检测决策更少，并且对于一给定的虚警时间，可允许的虚警概率可提高。这导致Blake图中的一个“匹配因子”M稍小于先前章节中计算的匹配损耗。

需要输入的数据：来自先前章节的匹配损耗和带宽或门宽、输出与输入脉冲宽度之比、探测概率和虚警概率、积累脉冲数以及目标采样数。

（4）**多普勒滤波器匹配损耗**。将多普勒滤波器与精细频谱（脉冲串包络的傅里叶变换）匹配时的损耗L_{mf}，取与接收滤波器和脉冲形状间的匹配损耗完全相同的形式，并且式（9.28）适用于这一损耗，其中，$A(f)$现为线谱，而$H(f)$为滤波器的频率响应。图 5.13 绘出了作为副瓣电平的函数的该损耗。

需要输入的数据：滤波器加权函数和副瓣电平。

量化损耗

适用于数字信号处理机的量化损耗为

$$L_{q1} = \frac{1.6}{m^2} \quad \text{dB} \tag{9.32}$$

A/D 变换器中的位数 m 通常至少为 10 才能使这一损耗减小到微不足道的程度。第二种量化损耗和接收机噪声与 A/D 变换器中的最小有效位（LSB）之比有关[6, 664页]。它以一个接收机噪声的增加形式出现，近似表示为

$$L_{q2} = \frac{1}{2q_m}\ \text{dB} \tag{9.33}$$

式中，q_m 是 LSB 的位数，相当于 A/D 变换器上的均方根噪声电平。

需要输入的数据：处理中采用的位数 m、相当于均方根噪声的 LSB 的位数 q_m。

9.5.2　统计损耗

几种损耗分量与探测概率极其相关。在这些情况下，恰当的方法是不根据信-噪比的平均减小，而是根据保持所规定的检测性能所要求的输入信号能量的增加来定义损耗。这导致当要求高探测概率 P_d 时损耗加大，因为在信-噪比低谷期间探测概率的减小比在信-噪比峰值期间探测概率的增大要大得多。例如，将方波调制应用于占空比为50%的信号使探测概率限制在小于等于50%，不论信号有多强，当要求探测概率 $P_d > 50\%$ 时，这会引起无穷大损耗。因此，下列每种损耗将是探测概率以及其他因子的函数。

波束形状损耗

波束形状损耗源于当扫过含有一个目标的整个波束宽度时所接收到的 n 个脉冲其功率按双程天线方向图而改变的事实。当积累这些脉冲时，输出是从在电平为 $1/L_p$（相对于波束轴上同一个目标的电平）、具有相等功率的 n 个脉冲所得到的（见图 9.3）。当进行光栅扫描时，在快速扫描坐标和含有连续扫描线的坐标上都将有波束形状损耗。在步进扫描的相控阵雷达系统中，同样的损耗适用于目标的随机位置（相对于接续波束位置的各个轴）。

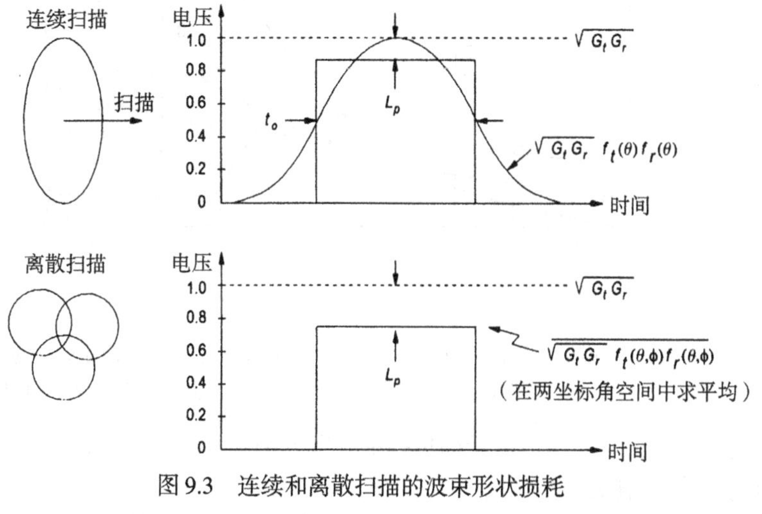

图 9.3　连续和离散扫描的波束形状损耗

对于快速扫描坐标上每个波束宽度的许多脉冲和对于其他坐标上每个波束宽度的许多扫描线，每个坐标上的波束形状损耗为

$$L_p = \frac{\theta_3}{\int_{-\infty}^{\infty} f^4(\theta)\,\mathrm{d}\theta} = 1.33\ (\text{或 } 1.23\ \text{dB}) \tag{9.34}$$

式中，θ_3是单程半功率波束宽度，$f(\theta)$是单程电压增益方向图。给出的数值基本上与波束方向图无关。两个坐标的损耗是每个坐标上损耗的乘积（分贝值之和）。

当两个坐标上的采样密度减小（每个波束宽度$n < 1.5$）时，该损耗就变成与P_d、积累方法和目标模型有关。图9.4给出了损耗是对于每个波束宽度的三个采样值（脉冲、驻留或线）的探测概率的函数的情况，这些采样利用视频积累或用累积积累的步进扫描，具有稳定或相关的目标信号，或情况2——非相关目标信号。损耗随P_d的增大而增大，但对情况2的信号除外，此时，在最高值P_d时损耗会下降。这是因为起伏损耗很高，而从临近波束位置来的非相关回波可提供某种分集增益。除了这种非相关情况外，当要求高P_d时，希望小于一个波束宽度的间隔。

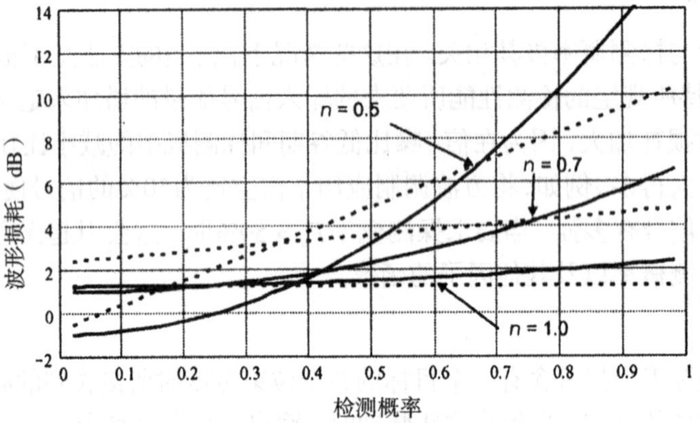

（a）视频积累

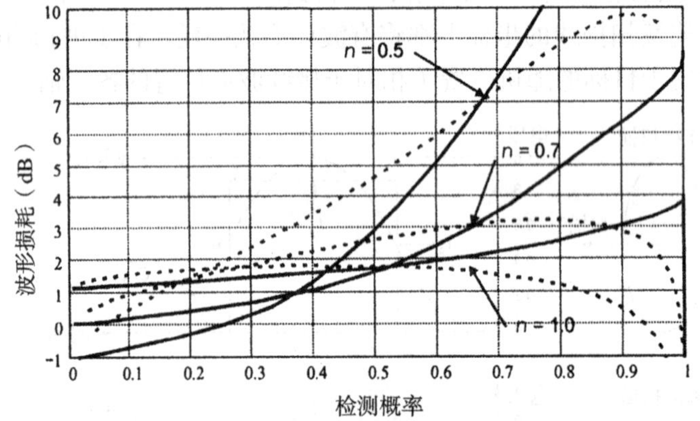

（b）累积积累的步进扫描

图9.4　波束形状损耗与对于每波束宽度采用不同采样数的检测概率的关系曲线，实线：稳定或相关目标；虚线：非相关（情况2）目标

在搜索雷达方程中，应采用适用于仰角扫描扇区的两坐标波束形状损耗。这通常是式（9.34）中推导的一个坐标的损耗L_p的平方。

程序Beamshape.mcd对不同目标和积累方法的损耗进行了计算，其结果如图9.3所示，并且生成了在程序中快速运行的分析近似，此时，要计算波束形状损耗以进行检测分析。

需要输入的数据：每个坐标（机械或电子步进扫描）上的扫描方法；对于步进扫描，方位和仰角上波束位置的间隔；快速扫描时每波束宽度脉冲数，慢速扫描时每波束宽度扫描线数；探测概率，目标采样数。

检测器损耗

包络检波器损耗由 2.3.2 节中式（2.19）给出：

$$C_x(n) = \frac{D_0(n) + 2.3}{D_0(n)} \tag{9.35}$$

利用这一模型，通过相干可检测性因子，写出包络检测信号的可检测性因子和积累损耗的简单表达式是可能的，相干可检测性因子可根据正态分布的反积分精确表示出来。检波器损耗C_x可用于推导信号处理损耗的近似。

人们发现不同形式的可检测性损耗适用于圆锥扫描和单脉冲跟踪器中角度数据的提取：

$$\begin{aligned} C_d &= \frac{2(S/N)+1}{2(S/N)}，\text{对于圆锥扫描误差检测} \\ C_a &= \frac{(S/N)+1}{(S/N)}，\text{对于单脉冲误差检测} \end{aligned} \tag{9.36}$$

第二种形式也适用于自动增益控制回路中的损耗，因此，跟踪环增益随$1/C_dC_a$或$1/C_a^2$变化，从而减小回路带宽。

需要输入的数据：信－噪比；应用到目标检测还是跟踪；对于跟踪，圆锥扫描或单脉冲。

积累损耗

相对于 n 个脉冲相干积累，视频（非相干）积累和所得损耗 $L_i(n)$在 2.3.2 节中已讨论过，$L_i(n)$绘于图 2.8 中。利用检测器损耗模型，该损耗为

$$L_i(n) \equiv \frac{nD_0(n)}{D_0(1)} = \frac{1+\sqrt{1+9.2n/D_c(1)}}{1+\sqrt{1+9.2/D_c(1)}} \tag{9.37}$$

式中，$D_c(1)$是对所要求的 P_d 和 P_{fa} 的相干可检测性因子。

精确值通过解出式（2.18）的 $D_0(n)$和对 $D_0(1)$求式（2.10）的积分获得。

需要输入的数据：探测和虚警概率、积累脉冲数和目标采样数。

起伏损耗

起伏目标的检测和相关的起伏损耗在2.4节中已讨论过。对于单个脉冲情况，起伏损耗由式（2.48）定义：

$$L_f(1) \equiv \frac{D_1(1)}{D_0(1)} \tag{9.38}$$

式中，$D_0(1)$是稳定目标可检测性因子，$D_1(1)$是情况 1 目标的可检测性因子。对于n个脉冲积累情况，只需在式（2.50）中稍进行调整，并绘于图 2.10 中，对于其他起伏模型和分集运算，在式（2.56）中进行了概括。

需要输入的数据：探测和虚警概率、积累脉冲数和目标采样数。

其他信号处理损耗

该术语用于对Blake雷达方程的讨论，指的是中频匹配损耗与波束形状损耗之和之外的接收机 / 处理机损耗之和。这些损耗分量如下：

（1）**陷落损耗**。当m个额外噪声采样与n个信号加噪声同时积累时产生陷落损耗。这一主题在2.3.7节中已讨论过，在那里，它建模成等效于将n个脉冲的信号能量分布在$n+m$个脉冲当中。利用2.3.2节的积累损耗模型，陷落损耗为

$$L_c(n,\rho)\equiv\frac{L_i(n\rho)}{L_i(n)}=\frac{1+\sqrt{1+9.2n\rho/D_c(1)}}{1+\sqrt{1+9.2n/D_c(1)}} \tag{9.39}$$

式中，$\rho=(n+m)/n$是陷落比，$D_c(1)$是所要求的P_d和P_{fa}的相干可检测性因子。

在某些情况下，通道或分辨单元的陷落允许虚警概率增大，从而使陷落损耗减小到

$$L_{c2}(\rho,n)=\frac{L_i(\rho n)}{L_i(n)}\times\frac{D_0(\rho n)\text{对于}\rho P_{fa}}{D_0(\rho n)\text{对于}P_{fa}} \tag{9.40}$$

当通过展宽分辨单元来减小检测决策数时，将保持一个恒定的虚警时间。这一过程也解释了Blake图中出现的匹配因子M和上面推导的匹配损耗L_m之间的微小差别。当失配降低了必须要做出的检测决策数时，损耗由式（9.40）中最后一项减小。式（9.39）和式（9.40）所适用的陷落情况列于表2.2中。

需要输入的数据：陷落比、恒定虚警概率或时间的选择、探测和虚警概率、积累脉冲数和目标采样数。

（2）**遮蔽损耗**。来自超出非模糊距离$R_u=c/2f_r$的目标信号，当它们在一个后续脉冲发射及其有关的接收机恢复时间τ_{rec}期间到达时被遮蔽了。脉冲重复间隔的遮蔽部分为$\tau_{ec}=\tau+\tau_{rec}$，而分布在模糊距离间隔上的目标信号能量的平均损耗为

$$(L_{ec})_{av}=\frac{t_r}{t_r-\tau_{ec}} \tag{9.41}$$

这是利用多个脉冲重复间隔系统的平均遮蔽损耗。考虑所要求的探测概率为P_d，遮蔽使对非遮蔽信号所要求的探测概率增大到

$$P_{dec}=(L_{ec})_{av}\,P_d \tag{9.42}$$

注意，$P_{dec}>1$是不可能的，因此，可获得的P_d不能超过$1/(L_{ec})_{av}$。这就确立了在获得P_d期间对于不能在多个PRF上求平均的系统的遮蔽损耗。于是，遮蔽损耗为

$$L_{ec}=\frac{D_e\text{对于}P_{dec}}{D_e\text{对于}P_d} \tag{9.43}$$

当$P_d\to 1/(L_{ec})_{av}$时，该式逼近无穷大损耗。

需要输入的数据：非模糊距离、目标距离、脉冲宽度、接收机恢复时间、探测和虚警概率、积累脉冲数和目标采样数。

（3）**MTI/多普勒处理损耗**。即使当目标信号处于无杂波区域，使用对多普勒灵敏的处理也会引入损耗。这些损耗列出如下：

（a）**噪声相关损耗**。在包括对消器或滤波器冲激脉冲响应内的m个脉冲中，该损耗是通过MTI滤波器引入的相关而引起的，在5.3.12节中用$L_{mti(a)}$表示。在处理器输出端有效独立脉冲数的减少，使可检测性因子增大。在批处理中，只有每批一个输出脉冲是有用的，该损耗也表示成$L_{mti(a)}$。

需要输入的数据：对消器内脉冲数、探测和虚警概率、积累脉冲数和目标采样数。

（b）**盲相损耗**。该损耗在 5.3.12 节中用 $L_{mti(b)}$ 表示，它是由于无法将正交通道包括在 MTI 处理器中而引起的。它减少了目标信号的自由度数，从而增大了起伏损耗。

需要输入的数据：仅 I 通道或 $I+Q$ 通道处理的选择、探测和虚警概率、有效积累的脉冲数（从前一步）和目标采样数。

（c）**速度响应损耗**。该损耗在 5.3.12 节中用 $L_{mti(c)}$ 表示，它是由于在 MTI 或脉冲多普勒处理器的杂波凹口中抑制掉一些目标，并在参差 PRF 或 PRF 分集响应中引入部分非零盲速零点所导致的。对于 MTI 的损耗绘于图 5.43 中，而对于脉冲多普勒则绘于图 5.60 中。此时，占盲速 Δ 部分的一个凹口的效应，等效于与非模糊距离相同部分遮蔽的效应。在 MTI 和脉冲多普勒这两个系统中，当所要求的 P_d 接近 1 时，损耗急剧增大。

需要输入的数据：连续或批处理的选择、均匀或参差 PRF、MTI 或脉冲多普勒处理、MTI 的对消器数、脉冲多普勒凹口宽度、探测和虚警概率、积累脉冲数和目标采样数。

（4）**操作员（显示器）损耗**。操作员损耗 L_o 描述当目标信号出现在显示器上，操作员相对于理论可检测性因子的检测性能。理想条件下，一个警觉的操作员接近理论性能，损耗大约在 2 dB 或 3 dB 以内，但在现实条件下（特别是在要求高 P_d 时），操作员损耗更大。

需要输入的数据：操作员检测或自动检测选择；对于操作员检测，操作员损耗估计。

（5）**扫描分布损耗**。在搜索雷达方程中，当在所分配的帧时间内，产生大于一次的扫描时，信号能量通过累积积累（见 2.3.4 节）合成，而不是通过相干或视频积累合成，从而产生扫描分布损耗。该损耗定义为，在帧时间内，利用视频积累对所有有用信号进行合成时的损耗，与每次扫描期间采用视频积累，然后在实际采用的扫描次数上进行累积积累时的损耗之比。当需要高探测概率 P_d 时，将帧时间分成大于一个扫描周期对于起伏目标是有利的，尽管它减小了积累效率。

需要输入的数据：帧时间内的扫描次数、探测和虚警概率、前一步来的有效积累脉冲数和目标采样数。

（6）**跨骑损耗**。处理器通常设计成对特定的角度、距离和多普勒检测单元内的信号做出响应。当目标坐标不在这些检测单元之一的中心时，其能量将在两个单元之间分离，从而，这两个单元都没有满幅度输出。这两个单元的累积探测概率无法达到处于一个单元中心位置的信号的探测概率，为保持规定的 P_d 所要求的信号能量的增加，定义为跨骑损耗。

（a）**角度跨骑损耗**。对在一次角度（通常为方位）扫描期间所获得的脉冲的批处理，其目的是要对一个波束宽度上所获得的脉冲数进行积累，但目标的回波可能在两个邻接积累窗口之间分割。角度跨骑损耗定义为，为提供处于一个角度单元中心位置的信号的检测性能所要求的信号能量的增加。如果采用“滑动窗口积累器”，则没有这一损耗，当每个波束宽度有多于一个窗口时损耗最小，其代价是产生累积积累损耗。重叠的窗口也可使角度跨骑损耗最小，但与多普勒系统中采用脉串到脉串PRF或射频分集不相容。

需要输入的数据：连续处理或批处理的选择、每波束宽度脉冲数、每批脉冲数和探测概率。

（b）**滤波器跨骑损耗**。该损耗在5.4.7节中已讨论过并绘于图5.59中。当在FFT处理器中采用低副瓣加权，或者当通过诸如对输入信号补零，使窗口扩展到超过输入脉冲串长度的方法来提供重叠滤波器时，该损耗最小。

需要输入的数据：滤波器副瓣电平、探测概率。

（c）**距离门跨骑损耗**。该损耗在5.3.12节中已讨论过并绘于图5.44中。通过过采样，比如用距离选通或重叠门间隔小于所处理的脉冲宽度，该损耗为最小。

需要输入的数据：门或采样选通的间隔、匹配滤波器或矩形滤波器的选择，以及探测概率。

9.6 损耗在雷达方程中的分配

先前所讨论的损耗在雷达方程中不会全都以独立的因子出现，但如果想结果正确的话，适用于某一特定雷达的所有这些因子都必须包括在方程的某一个地方。在下面的表中列出了雷达方程中包括损耗的各项。

9.6.1 天线损耗

表9.2中列出的各分量包括在发射增益G_t中，使它相对于理想孔径增益G_0减小，也包括在接收增益G_r或有效孔径面积A_r中。在搜索雷达方程，搜索损耗L_s中，除了波束宽度因子L_n外，还包括了发射天线增益（照射和$\csc^x$损耗分量除外）。$\csc^x$损耗作为搜索立体角ψ_s的增加出现。接收天线损耗在搜索雷达方程中以与相对物理孔径A的A_r的减小而出现。

表9.2 包括在G_t、G_r或A_r中的天线损耗

带宽损耗$\sqrt{L_z}$	遮挡损耗L_{ab}
交叉损耗（对于圆锥扫描）L_k	$\csc^x$损耗L_{csc}
耗散损耗L_a	馈电和阵面失配损耗L_{vs}
照射损耗L_{ill}	相位和幅度误差损耗$L_{\phi a}$
相位量化损耗$L_{\phi q}$	漏失损耗L_{sp}
斜视损耗L_{sq}	表面容差损耗L_{st}

9.6.2 噪声温度

式（1.13）中计算的噪声温度T_s包含表9.3中列出的损耗分量，并用于所有形式的雷达方程。

表9.3 包括在噪声温度T_s中的损耗

大气衰减L_α（单程，通过整个大气层）	
天线漏过损耗L_{sp}（对到达表面的副瓣部分G_s有影响的一部分）	
耗散性天线损耗L_a	接收馈线损耗L_r
噪声量化损耗L_{q2}	

9.6.3　方向图－传播因子

方向图－传播因子F除了包括表面反射和扰射效应以外，还包括表9.4所列的损耗分量。在搜索雷达方程中，F^{-4}的平均值应包括在搜索损耗L_s中。

表9.4　包括在方向图－传播因子F中的损耗

透镜损耗L_{lens}	法拉第旋转损耗L_{fp}
传播因子f_t和f_r	扫描损耗L_{sc}

9.6.4　可检测性因子

从2.2.2节的单个脉冲、稳定目标的可检测性因子$D_0(1)$开始，所要求的每脉冲信噪比由理想积累增益n减小，并采用表9.5所列的损耗来提高雷达方程式（1.19）和方程式（1.20）中的有效可检测性因子$D_x(n)$和$D_x(n')$。在搜索雷达方程中采用$D_0(1)$，而表9.5的损耗则包括在搜索损耗L_s中。

表9.5　包括在可检测性因子中的损耗

波束形状损耗L_p	起伏损耗L_f
积累损耗L_i	来自中频滤波器或距离门的匹配损耗L_m或因子M
信号处理损耗L_x	

9.6.5　信号处理损耗

表9.5中的信号处理损耗L_x由表9.6中列出的损耗组成。这些损耗，连同扫描分布损耗L_d一起包括在搜索雷达方程的搜索损耗L_s中。

表9.6　包括在信号处理损耗L_x中的损耗

二进制积累L_b	CFAR损耗L_g
杂波分布损耗L_{cd}	陷落损耗L_c
多普勒滤波器匹配损耗L_{mf}	遮蔽损耗L_{ec}
积累加权损耗L_w	限幅器损耗L_{lim}
MTI损耗：	操作员损耗L_o
噪声相关损耗$L_{mti(a)}$	量化损耗L_{q1}
盲相损耗$L_{mti(b)}$	跨骑损耗：
速度响应损耗$L_{mti(c)}$	角度跨骑损耗L_{ea}
瞬时选通损耗L_{eg}	滤波器跨骑损耗L_{ef}
	距离跨骑损耗L_{er}

9.6.6　雷达方程中的独立损耗项

表9.7中列出的损耗在雷达方程中以独立项形式出现。

表9.7　雷达方程中独立出现的损耗

大气衰减L_α	方向图－传播因子F
极化因子F_p	发射馈线损耗L_t

9.6.7　损耗预算程序

程序LossBudget.mcd已包括在本书提供的光盘中，它提供了影响雷达探测距离的许多损耗的计算方法和概述。对这些损耗建模所需要的输入按所要求的计算顺序引入。先前章节中概述的损耗预算过程将按该程序中所用的顺序阐述。

9.7 典型损耗预算

9.7.1 机械扫描二坐标监视雷达的损耗预算

L 波段二坐标监视雷达的损耗预算采用表 9.8 到表 9.10 所示的输入和结果获得。

表 9.8 二坐标雷达的射频损耗

输入	结果
关于发射馈线损耗：雷达频率：1.3 GHz； 发射馈线类型：波导，发射馈线长度：15 m，转动铰链：1 个， 接头损耗：0.1 dB，双工器损耗：0.5 dB，其他发射损耗：0.1 dB	波导损耗：0.1 dB 总的发射馈线损耗：$L_t = 0.8$ dB
关于接收馈线损耗：与发射所采用的输入相同，但增加了 0.4 dB 的接收机保护损耗	总的接收馈线损耗：$L_r = 1.2$ dB
关于大气衰减：天线高度：10 m，阵地高度（msl）：100 m， 折射率：313 N 单位，标高：6950 m，水蒸气密度：7.5 g/m³，举例目标距离：100 km，举例目标高度：10 km，降雨速率：3 mm/h， 降雪速率：0，最大降雨高度：4 km，最大降雨距离：100 km， 能见度：100 m，最大云高：5 km，最远云距离：20 km，不包括湿天线罩损耗	衰减系数：0.0132 dB/km 目标的双程衰减：0.7 dB 雨衰减系数：0.0004 dB/km 目标的雨衰减：0.02 dB 衰减系数：0.0007 dB/km 目标的云衰减：0 dB 总的大气衰减：0.72 dB 到空间的路径衰减：1.02 dB 没有经历法拉第旋转
关于方向图－传播因子：介电常数：25，表面导电性：0.02， 植物类型：稀疏草地，均方根表面粗糙度：3 m	目标的方向图－传播因子：0 dB 透镜损耗：0.06 dB 总的方向图－传播因子：–0.06 dB

表 9.9 二坐标雷达的天线损耗

输入	结果
关于天线设计损耗：机械扫描天线，宽度：10 m，高度：4 m， 照射类型：余弦系列，副瓣电平：–25 dB（方位和仰角，发射和接收），csc^2 方向图（发射和接收），全程仰角：5°，扩展覆盖：30°	照射损耗：2.26 dB 方位波束宽度：1.66° 仰角波束宽度：4.14° 波束宽度因子：0.31 dB csc^2 损耗：2.61 dB（发射和接收） 相对于 G_0（发射和接收）的设计损耗：4.88 dB
关于天线耗散损耗：反射面损耗：0 dB，馈源损耗：0.1 dB， 天线罩损耗：0.3 dB	总的耗散损耗：0.4 dB
关于遮挡损耗：矩形孔径，1 个遮挡结构，中心照射比：2， 遮挡形状：矩形，遮挡深度：0.5 m，遮挡宽度：0.2 m，遮挡高度：0.25 m，遮挡水平位移：0，遮挡垂直位移：–2 m	遮挡损耗：0.07 dB
其他天线的实现损耗：漏近损耗：1 dB，均方根表面误差：2 mm， 反射面天线，馈源电压驻波比：1.5	表面容差损耗：0.05 dB 失配损耗：0.18 dB 总的实现损耗：1.69 dB 本系统无天线工作损耗
总结：相对于 G_0 的总天线损耗：6.57 dB，孔径效率：$\eta_a = 0.22$，$L_n = 2.0$ dB	

表 9.10　二坐标雷达的接收机 / 处理机损耗

输入	结果
关于确定性损耗：探测概率：0.8，虚警概率：10^{-6}，每驻留脉冲数：16，平均 PRF：600 Hz，目标采样数：1，处理：MTD，相干处理脉冲数：8，处理位数：12，CFAR 参考单元数：16，单参数 CFAR，最大杂波距离：100 km，积累器加权损耗：0 dB，线性接收机，采用泰勒 –45 dB 加权的非线性调频脉冲压缩，采用 –50 dB 泰勒加权的多普勒滤波器	稳定目标 $D_0(n)$：3.34 dB 目标 $D_x(n)$：8.85 dB 无二进制积累器或杂波分布损耗 CFAR 损耗：1.87 dB 量化损耗：0.01 dB 无充填脉冲损耗或限幅器损耗 匹配损耗和匹配因子：0.2 dB 滤波器匹配损耗：1.54 dB
关于统计损耗：机械扫描，陷落损耗比：1，固定 PRF，批处理，杂波凹口，自动检测，每帧时间一次扫描，距离门 / 选通间隔：0.7 脉冲宽度	波束形状损耗：1.23 dB 积累损耗：2.81 dB 起伏损耗：5.51 dB MTI/PD 损耗：2.79 dB 操作员和扫描分布损耗：0 dB 角度跨骑损耗：1.17 dB 滤波器跨骑损耗：0.37 dB 距离门跨骑损耗：1.08 dB
总结：清晰区域内的信号处理损耗：6.08 dB，杂波区域内的信号处理损耗：8.84 dB，搜索雷达方程中的信号处理损耗：18.59 dB	

9.7.2　机械扫描单脉冲跟踪雷达的损耗预算

表 9.11 到表 9.13 所示的雷达损耗是对类似于 AN/FPS-16 的雷达在截获扫描模式下计算出来的，它假设有一个小的扫描扇区，该扇区是基于通过远距离源进行目标指示的。

表 9.11　单脉冲跟踪雷达的射频损耗

输入	结果
关于发射馈线损耗：雷达频率：5.65 GHz， 馈线类型：波导，馈线长：10 m，转动铰链：两个，接头损耗：0.1 dB，双工器损耗：0.5 dB，其他发射损耗：0.2 dB	波导损耗：0.59 dB 总的发射馈线损耗：L_t = 1.49 dB
关于接收馈线损耗：接收馈线长：3 m，转动铰链：无，接收保护损耗：0.2 dB，其他接收损耗：0.1 dB	波导损耗：0.18 dB 总的接收馈线损耗：L_r = 0.98 dB
关于大气衰减：天线高度：10 m，阵地高度（msl）：100 m，折射率：313 N 单位，标高：6950 m，水蒸气密度：7.5 g/m³，举例目标距离：200 km，举例目标高度：10 km，降雨速率：3 mm/h，降雪速率：0，最大降雨高度：4 km，最大的降雨距离：100 km，能见度：100 m，最大云高：5 km，最远云距离：20 km	衰减系数：0.0194 dB/km 目标的双程衰减：2.17 dB 雨衰减：0.0228 dB/km 目标的雨衰减：2.09 dB 衰减系数：0.013 dB/km 目标的云衰减：0 dB 总的大气衰减：4.25 dB 空间中的路径衰减：5.74 dB
关于方向图 – 传播因子：介电常数：25，表面导电性：0.02，植物类型：稀疏草地，均方根表面粗糙度：1 m	目标的方向图 – 传播因子：0 dB 透镜损耗：0.18 dB 总的方向图 – 传播因子：–0.18 dB

表 9.12 单脉冲跟踪雷达的天线损耗

输入	结果
关于天线设计损耗：机械扫描天线，宽度：4 m，高度：4 m，照射类型：余弦系列，副瓣电平：–25 dB（方位和仰角，发射和接收），笔形波束	照射损耗：2.26 dB 方位和仰角波束宽度：0.95° 波束宽度因子：0.31 dB $\csc^2$ 损耗：0 dB（发射和接收） 相对于 G_0（发射和接收）的设计损耗：2.26 dB
关于天线耗散损耗：反射面损耗：0 dB，馈源损耗：0.2 dB	总的耗散损耗：0.2 dB
关于遮挡损耗：椭圆形孔径，2 个遮挡结构，中心照射比：2，遮挡形状：矩形，遮挡深度：0.5 m，0.1 m，遮挡宽度：0.2 m，4 m，遮挡高度：0.2 m，0.05 m，遮挡水平位移：0，遮挡垂直位移：0	遮挡损耗：0.4 dB
关于其他天线实现损耗：漏过损耗：1 dB，均方根表面误差：1 mm，反射面天线，馈源电压驻波比：1.5	表面容差损耗：0.24 dB 失配损耗：0.18 dB 总的实现损耗：2.02 dB
总结：相对于 G_0 的总天线损耗：4.28 dB，孔径效率：$\eta_a = 0.37$，$L_n = 2.33$ dB	

表 9.13 单脉冲跟踪雷达的接收机 / 处理机损耗

输入	结果
关于确定性损耗：探测概率：0.5，虚警概率：10^{-4}，每驻留脉冲数：30，平均 PRF：600 Hz，目标采样数：1，无多普勒处理，相干处理脉冲数：1，处理位数：12，CFAR 参考单元数：16，单参数 CFAR，最大杂波距离：100 km，积累器加权损耗：0.4 dB，线性接收机，无脉冲压缩，矩形中频滤波器，接收机带宽：2 MHz	稳定目标 $D_0(n)$：–0.76 dB 目标 $D_x(n)$：0.81 dB 无二进制积累器或杂波分布损耗 CFAR 损耗：1.25 dB 量化损耗：0.01 dB 无充填脉冲损耗或限幅器损耗 积累器加权损耗：0.4 dB 匹配损耗和匹配因子：1.78 dB 无滤波器匹配损耗
关于统计损耗：机械扫描，陷落比：1，固定 PRF，批处理，杂波凹口，自动检测，每帧时间 4 次扫描，距离门 / 选通间隔：0.5 脉冲宽度	波束形状损耗：2.47 dB 积累损耗：4.61 dB 起伏损耗：1.57 dB 无 MTI/PD 损耗 操作员损耗：0 dB 扫描分布损耗：2.06 dB 角度和滤波器跨骑损耗：0 dB 距离门跨骑损耗：0.35 dB
总结：清晰区域内的信号处理损耗：2.01 dB，杂波区域内的信号处理损耗：2.01 dB，搜索雷达方程中的信号处理损耗：12.44 dB	

9.7.3 空馈多功能阵列雷达的损耗预算

损耗是针对空域搜索模式评估出来的（见表 9.14 到表 9.16）。

表 9.14 空馈多功能阵列雷达的射频损耗

输入	结果
关于发射馈线损耗：雷达频率：5.65 GHz；发射馈线类型：波导，发射馈线长：5 m，转动铰链：无，双工器损耗：0.5 dB，其他发射损耗：0.1 dB	波导损耗：0.3 dB 总的发射馈线损耗：$L_t = 0.9$ dB

（续表）

输入	结果
关于接收馈线损耗：接收馈线长：5 m，转动铰链：无，接收保护损耗：0.2 dB，其他接收损耗：0.1 dB	波导损耗：0.3 dB 总的接收馈线损耗：L_r = 1.3 dB
关于大气衰减：天线高度：10 m，阵地高度（msl）：100 m，折射率：313 N 单位，标高：6950 m，水蒸气密度：7.5 g/m³，举例目标距离：100 km，举例目标高度：10 km，降雨速率：3 mm/h，降雪速率：0，最大降雨高度：4 km，最大的降雨距离：100 km，能见度：100 m，最大云高：5 km，最远云距离：20 km	衰减系数：0.0194 dB/km 目标的双程衰减：1.05 dB 雨衰减系数：0.0228 dB/km 目标的雨衰减：0.95 dB 衰减系数：0.013 dB/km 目标的云衰减：0 dB 总的大气衰减：1.99 dB 空间中的路径衰减：2.55 dB
关于方向图 – 传播因子：介电常数：2.5，表面导电性：0.02，植物类型：稀疏草地，均方根表面粗糙度：3 m	目标的方向图 – 传播因子：0 dB 透镜损耗：0.06 dB 总的方向图 – 传播因子：–0.06 dB

表 9.15　空馈多功能阵列雷达的天线损耗

输入	结果
关于天线设计损耗：两坐标电子扫描，宽度：2.5 m，高度：2.5 m，照射类型：泰勒，副瓣电平：–30 dB（方位和仰角，发射和接收），笔形波束	照射损耗：1.36 dB 方位和仰角波束宽度：1.37° 波束宽度因子：0.36 dB 相对于 G_0 的设计损耗：1.36 dB
关于天线耗散损耗：阵列单元损耗：0.2 dB，馈电损耗：0.2 dB，移相器损耗：0.7 dB，天线罩损耗：0.15 dB	总的耗散损耗：1.15 dB
关于遮挡损耗：无遮挡	
关于其他天线实现损耗：漏过损耗：1 dB，均方根表面误差：2 mm，透镜天线，馈电电压驻波比：1.5，阵列单元电压驻波比：2，均方根相位误差：10°，均方根幅度误差：0.3 dB，相位位数：3	表面容差损耗：0 dB 失配损耗：0.69 dB 相位、幅度误差：0.15 dB 相位量化误差：0.22 dB 总的实现损耗：3.32 dB
关于天线工作损耗：信号带宽：10 MHz，空馈透镜，在 ±45° 方位上相扫	带宽损耗：0.006 dB 扫描扇区损耗：1.25 dB 总的天线工作损耗：1.25 dB
总结：相对于 G_0 的总天线损耗：5.3 dB，孔径效率：$\eta_a = 0.30$，$L_n = 3.67$ dB	

表 9.16　空馈多功能阵列雷达的接收机 / 处理机损耗

输入	结果
关于确定性损耗：探测概率：0.8，虚警概率：10^{-6}，每驻留脉冲数：3，平均 PRF：1000 Hz，目标采样数：1，相干 MTI 处理，相干处理脉冲数：3，处理位数：12，CFAR 参考单元数：16，单参数 CFAR，最大杂波距离：100 km，积累器加权损耗：0 dB，线性接收机，线性调频脉冲压缩，泰勒加权：–45 dB	稳定目标 $D_0(n)$：8.66 dB 目标 $D_x(n)$：14.02 dB 无二进制积累器或杂波分布损耗 CFAR 损耗：1.87 dB 量化损耗：0.01 dB 无充填脉冲损耗或限幅器损耗 积累器加权损耗：0 dB 匹配损耗和匹配因子：1.33 dB 无滤波器匹配损耗

（续表）

输入	结果
关于统计损耗：两坐标均为电子扫描，离散波束间隔：两坐标上均为0.8个波束宽度，陷落比：1，参差PRF，I&Q批处理，自动检测，每帧时间一次扫描，距离门/选通间隔：0.5脉冲宽度	波束形状损耗：2.12 dB 积累损耗：0.86 dB 起伏损耗：5.37 dB MTI损耗：4.67 dB 操作员损耗：0 dB 扫描分布损耗：0 dB 角度跨骑损耗：1.24 dB 距离门跨骑损耗：1.0 dB
总结：清晰区域内的信号处理损耗：4.13 dB，杂波区域内的信号处理损耗：8.79 dB，搜索雷达方程中的信号处理损耗：18.47 dB	

9.7.4 总结

构建现实的损耗预算在设计、建模或分析一部雷达中是十分重要的。前面的章节表明了需要有关雷达本身、雷达的应用、雷达的目标及其环境等合理的详细数据来构建损耗预算。在许多情况下，必须任意指定参数。在雷达模型中包括这些细节，哪怕只有估计值，其优点是，它提供了可追踪的假设列表，当有更好的数据时可对这些假设进行修订和校正。

这里用做举例的典型系统的总损耗比在雷达性能建模与分析中通常假设的损耗要高。从这些预算反映真实雷达设计和运行条件的程度上说，更大的损耗往往被解释成在制造商的报告、广告材料以及采购指标中在所预料的级别上所观察到的雷达不能满足要求。雷达买主或用户要确认诸如发射机功率、波形和接收机灵敏度等参数并不太难，难的是测量天线增益。对信号处理损耗的评估通常超出了除原先设计师外的任何人的能力，甚至设计师们可能也没有精确的预算过。

建立损耗预算过程的一个重要好处是，它引起了人们对降低性能的设计或运行因素的重视，并且在硬件、软件、选站或操作实践等领域通过所做的改进努力来改善性能。由廉价改进获得的性能改善可以是非常显著的，其代价通常比提高发射机功率和天线面积等“暴力”参数所要求的代价低得多。在配备有现代数字信号处理机，以替代初始模拟系统和人力操作员的“老”雷达系统的连续运行中，可找到无数这类改进的例子。如果本章和本书在其他地方的材料有助于进行更好的雷达设计和运行，那么，读者的努力将是值得的，并且也将达到作者的目的。

参考文献

[1] Saad, T.S., and Hansen, R. C.(eds.), *Microwave Engineers' Handbook*, Dedham, MA: Artech House, 1971.

[2] Millman, G. H., “Atmospheric Effects on Radio Wave Propagation,” Part V, Chapter 1 in *Modern Radar*, R. S. Berkowitz, (ed.), New York: John Wiley & Sons, 1965, pp. 317-377.

[3] DiCaudo, V. J., “Radomes” Chapter 14 in *Radar Handbook*, M. I. Skolnik, (ed.), New York: McGraw-Hill, 1970.

[4] Brookner, E., and Howell, J. M., “Right Way to Calculate Reflector and Active-Phased-Array Antenna Noise Temperature Taking into Account Antenna Mismatch,” *IEEE Int.*

Symp. on Phase Array Systems and Technology 2003, Boston, MA, October 14-17, 2003, pp. 130-135.

[5] Currie, N. C., and Brown, C. E., (eds.), *Principles and Applications of Millimeter-Wave Radar*, Norwood, MA: Artech House, 1987, p. 266.

[6] Nathanson, F. E., Reilly, J. P., and Cohen, M. N., *Radar Design Principles: Signal Processing and the Environment*, 2nd ed., New York: McGraw-Hill, 1991.

附录 9A：关于损耗预算的习题

9.1 **有源电扫阵列的损耗预算**　设计一部 AESA 来替代 9.7.3 节中描述的 MFAR。输入参数如下，按输入次序：

发射机馈线损耗

雷达频率：5.65 GHz，发射馈线类型：波导，发射馈线长：0.02 m，转动铰链：无，双工器损耗：0.5 dB，其他发射损耗：0 dB

接收馈线损耗

接收馈线长：0.02 m，转动铰链：无，接收保护损耗：0.2 dB，其他接收损耗：0 dB

大气衰减

天线高度：10 m，阵地高度（msl）：100 m，折射率：313 N 单位，标高：6950 m，水蒸气密度：7.5 g/m^3，举例目标距离：100 km，举例目标高度：10 km，降雨速率：3 mm/h，降雪速率：0，最大降雨高度：4 km，最大降雨距离：100 km，能见度：100 m，最大云高：5 km，最远云距离：20 km

方向图 – 传播因子

介电常数：25，表面导电性：0.02，植物类型：稀疏草地，均方根表面粗糙度：3 m

天线设计损耗

两坐标电扫描，宽度：2.5 m，高度：2.5 m，照射类型：发射：均匀（建模为具有 –13 dB 副瓣的均匀照射）；接收：泰勒，副瓣电平：–40 dB（方位和仰角，发射和接收）；笔形波束

天线耗散损耗

阵列单元损耗：0.05 dB，馈电损耗：0 dB，移相器损耗：0 dB，天线罩损耗：0.05 dB

遮挡损耗

无阻挡。

其他的实现损耗

漏过损耗：0 dB，均方根表面误差：1 mm，透镜天线，馈电电压驻波比：1，阵列单元电压驻波比：2，均方根相位误差：15°，均方根幅度误差：0.5 dB，相位位数：4

天线工作损耗

信号带宽：10 MHz，强制馈电，分支馈电，在 ±45° 方位上相扫，光栅扫描

确定性损耗

探测概率：0.8，虚警概率：10^{-6}，每驻留脉冲数：3，平均PRF：1000 Hz，目标采样数：1，相干MTI处理，相干处理脉冲数：3，处理位数：12，CFAR参考单元数：16，单参数CFAR，最大杂波距离：100 km，积累器加权损耗：0 dB，线性接收机，线性调频脉冲压缩，泰勒加权：–45 dB，噪声的最小有效位数：2

统计损耗

两坐标均为电子扫描，离散波束间隔：两坐标上均为0.8个波束宽度，陷落比：1，参差PRF，I&Q批处理，自动检测，每帧时间一次扫描，距离门/选通间隔：0.5脉冲宽度

将这些值输入LossBudget.mcd并制表，比较各个损耗分量、分系统小计和总损耗（dB）如下：

（a）总的发射机馈线损耗 L_t；
（b）总的接收机馈线损耗 L_r；
（c）晴空大气衰减 $L_{\alpha a}$；
（d）雨衰减 $L_{\alpha p}$；
（e）总的大气衰减 L_α；
（f）发射照射损耗 L_{illt}；
（g）接收照射损耗 L_{illr}；
（h）总的发射天线设计损耗 L_{adt}；
（i）总的接收天线设计损耗 L_{adr}；
（j）总的耗散损耗 L_a；
（k）总的天线实现损耗 L_{ai}；
（l）波束宽度因子 L_n；
（m）总的天线工作损耗 L_{ao}；
（n）清晰区域的总的信号处理损耗 L_{x1}；
（o）杂波区域的总的信号处理损耗 L_x；
（p）总的发射天线损耗 L_{att}；
（q）总的接收天线损耗 L_{atr}；
（r）在搜索雷达方程 L_s 中的天线损耗 L_{as}；
（s）减小 A_r 的接收天线损耗；
（t）在搜索雷达方程 L_s 中的总可检测性损耗；
（u）关于搜索雷达方程的（r），（s）和（t）之和（dB），它表示相对于假想理想系统的每个系统在空域搜索模式下的性能损耗。

附录9B：提供的Mathcad工具

LossBudget.mcd：雷达损耗预算

本程序计算或作为用户输入接受解雷达距离方程所必需的许多独立损耗分量，并将它们加到总的损耗中。将考虑下列重要类别中的损耗分量，每一类都具有许多独立分量：

（1）发射机馈线损耗
（2）接收机馈线损耗
（3）传播损耗
（4）天线损耗
（5）接收机－处理机损耗

对于每一类损耗，输入必需的输入数据。

利用在一系列更详细的开发程序中开发出的简单分析近似，可计算出其中的许多损耗，并且引证了这些程序。

2-DLossBudget.mcd：二坐标监视雷达损耗预算

本程序利用LossBudget.mcd的恰当输入，对L波段机械扫描二坐标监视雷达的损耗进行建模，该监视雷达具有如图 7.2 所示的 csc^2 覆盖。

MonopulseLossBudget.mcd：雷达损耗预算

本程序利用LossBudget.mcd的特定输入，计算机械扫描单脉冲雷达，例如，用数字信号处理更新的 AN/FPS-16 测量雷达的损耗预算。

MFARLossBudget.mcd：多功能阵列雷达损耗预算

本程序利用LossBudget.mcd的恰当输入，计算空馈MFAR雷达在空域搜索模式下的损耗。

PropFactor.mcd：球形地球上空的传播因子

本程序针对规定距离和高度上的目标，计算传播因子，包括反射－干涉和绕射因子。

BeamshapeLoss.mcd：波束形状损耗与探测概率和每次扫描脉冲数的关系曲线

本程序计算当波束在一个坐标方向上扫过目标位置期间进行目标采样时的波束形状损耗。当采用视频积累时，所积累的脉冲串能量，在被单次扫描的双程波束方向图所调制后，控制着检测概率。当采用步进扫描时，单采样探测概率被组合到一次扫描上的累积过程中。波束形状损耗的稳定信号计算适用于所有类型的目标（起伏损耗要增加到得到的可检测性因子上），除非在采用情况 2 的值时，脉冲间或驻留间的时间或频率分集足以获得目标的去相关。

波束形状损耗的简单分析表达式是每次扫描波束宽度脉冲（或采样）数和所要求的探测概率的函数，这类表达式与每种情况的波束形状损耗数据相匹配，用于需要计算精确波束形状损耗值的程序中。

先前章节的程序

除了上面列出的 6 种程序外，先前章节包括的下列程序，提供了对各个损耗分量的评估。

DetectionComplete.mcd：可检测性因子和探测概率（见第 2 章）

本程序对不同目标模型的积累损耗、陷落损耗、二进制积累损耗和起伏损耗，探测概率和虚警进行评估。

AntennaPatterns.mcd：典型照射的天线方向图（见第 4 章）

本程序中针对不同照射函数推导了效率和波形因子。

Blockage.mcd：遮挡对天线增益和方向图的影响（见第4章）

本程序已经综合到LossBudget.mcd中，用于计算由于天线结构本身遮挡或外部结构遮挡所引起的损耗。

Aperture Errors：孔径误差对增益、副瓣和精度的影响（见第4章）

本程序已经综合到 LossBudget.mcd 中，用于计算由孔径上的相位和幅度误差所引起的损耗。推导了作为副瓣电平函数的不同照射系列的损耗的分析近似。

ArrayBandwidth.mcd：相控阵天线的带宽（见第4章）

本程序已经综合到LossBudget.mcd中，用于计算由于具有给定带宽的信号往返通过阵列天线所引起的损耗。

FilterResponse.mcd：不同滤波器对矩形脉冲的响应（见第5章）

本程序已经综合到LossBudget.mcd中，用于计算由于矩形脉冲通过具有给定带宽和形状的中频滤波器（后接视频滤波器）所引起的损耗。

PDRadarLosses.mcd：脉冲多普勒遮蔽损耗（见第5章）

本程序已经综合到LossBudget.mcd中，用于计算由接收脉冲在脉冲多普勒系统中的遮蔽所引起的损耗。

Attenuation.mcd：大气衰减（见第6章）

本程序已经综合到LossBudget.mcd中，用于计算由于往返通过晴空、降雨和云或雾所引起的损耗。

PropagationFactor.mcd：球形地球上空的传播因子（见第6章）

本程序已经综合到LossBudget.mcd中，用于计算反射–干涉和绕射传播因子，并在过渡区域中将它们内插。该程序允许将这些因子绘成在恒定目标高度时距离的函数，或在恒定目标距离时高度的函数。

KnifeEdge.mcd：超过障碍物后的绕射场（见第6章）

本程序计算所规定的波长和路径几何的越过刃形障碍物的场。计算采用菲涅耳余弦和正弦积分 $C(x)$和 $S(x)$，以获得精确结果，并将这些结果与本文中所采用的近似相比较。还计算出了障碍物成为刃形的最小曲率半径和支持对障碍物进行全照射的表面粗糙度。

CscXLoss.mcd：$\csc^X$ 损耗（见第7章）

本程序已经综合到 LossBudget.mcd 中，用于计算天线增益损耗和有效搜索扇区覆盖的增大。在该扇区覆盖中，单程功率增益遵循在宽度为 θ_1 的全程覆盖扇区上方为 $\csc^X$ 函数，还计算了与恒定高度剖面相匹配的覆盖损耗。

附录 9C：习题的解

文件夹 Appendix9A 中包括的程序，用于解答附录 9A 中的习题。获取方法详见封底。

附录A　符号表

下列符号用于公式和正文中。所列章节号为其首次使用时的位置。

符号	含义	章节
A	球半径	1.2.1
	平板面积	3.1.2
	目标后面阴影的面积	3.5.1
	方位角	4.1.2
$A(f)$	电压频谱	5.1
$A(f, R)$	振荡器噪声相关因子	5.4.5
$A_0(f)$	精细谱线	2.3.1
	由天线扫描产生的频谱包络	5.3.1
$A_1(f)$	在频率f时的谱线（狄拉克δ函数）	5.3.1
$A_2(f)$	脉冲频谱包络	2.3.1
A_b	波束轴的方位	3.6.5
	遮挡区	4.2.5
A_c	表面杂波区	1.5.4
A_i	截获接收系统的有效接收孔径	1.2.3
A_m	方位搜索扇区	1.3.1
A_p	球体的有效平板面积	3.1.2
	雷达平台速度矢量的方位	3.6.5
	矩形孔径的面积	4.2.1
A_r	有效接收孔径面积	1.2.1
	反射路径上散射目标信号的幅度	8.5.3
A_r, A_t	收/发天线的孔径面积	9.1.1
$A_{r\max}$	最大允许孔径面积	7.2.3
A_t	直接路径上散射目标信号的幅度	8.5.3
A_w	风速矢量的方位	3.6.5
a	韦布尔分布扩展参数	2.6.2
	球体半径	3.1.1
	角反射器的边长	3.2.2
	地球半径	1.5.1
	韦布尔扩展参数	3.6.4
	矩形波导的宽度	4.3.3
	将独立采样数与n关连的因子	5.3.12
a, b	自雷达和目标的归一化掠射角	8.5.3
$a(t)$	波形电压	5.1

a_0	均方根信号电压	5.1.1
$a_0(t)$	脉冲串包络	2.3.1
	数字采样前的波形	8.3.4
a_1	球体有效平板区的半径	3.1.2
a_1, a_2	曲率半径	3.2.2
	预比较器和后比较器幅度误差	8.2.5
$a_1(t)$	在时间t时的冲激脉冲（狄拉克δ函数）	5.3.1
$a_2(t)$	脉冲包络	5.3.1
a_e	地球半径	1.5.1
a_r	降雨衰减系数中的因子	6.1.2
a_t	目标加速度	7.9.2
B	滤波器带宽	5.1.1
B_3	半功率信号带宽	8.1.3
B_a	阵列带宽	4.3.10
B_f	谱线宽度	5.3.2
	多普勒滤波器带宽	5.4.5
B_j	干扰噪声带宽	1.4.1
B_n	接收机噪声带宽	1.2.4
B_v	视频带宽	2.3.7
b	椭球的短半轴	3.2.2
b_r	降雨衰减系数中的指数	6.1.2
C	峰值杂波功率	5.4.4
$C(v)$	菲涅耳余弦积分	6.3.3
C_0	杂波谱密度	1.5.1
	杂波能量	5.4.4
C'_0	杂波的有效频谱密度	1.5.2
C_a	单脉冲误差信号的检测器损耗	9.5.2
C_{av}	平均杂波功率	5.4.4
C_d	圆锥扫描误差信号的检测器损耗	9.5.2
C_Δ	差通道中的杂波功率	8.5.4
$C_o(f, R)$	在多普勒频移f和距离R上与目标竞争的输出杂波	5.4.5
$C_x(1), C_x(n)$	单脉冲积累、n个脉冲积累的检测器损耗	2.2.3
CA	杂波衰减	5.3.9
c	光速	1.5.1
c_g	波导中的相速	4.3.3
D	基本可检测性因子	1.2.8
	圆柱体直径	3.2.1
	天线直径	3.4.3
	发散因子	6.2.1
$D_0(1), D_0(n)$	静止目标、单个脉冲、n个脉冲的可检测性因子	1.3.1
D_1	情况1可检测性因子	2.4.4
D_2	情况2可检测性因子	2.4.4

D_3	情况3可检测性因子	2.4.4
D_4	情况4可检测性因子	2.4.4
D_b	二进制积累的可检测性因子	2.3.3
$D_c(1), D_c(n)$	单个脉冲、n个脉冲的相干可检测性因子	2.2.1
$D_e(n, n_e)$	采用n_e个目标采样，进行n个脉冲积累的可检测性因子	2.4.4
$D_{\max}$	最大天线直径	8.7
D_x	有效可检测性因子	1.2.7
D_{xc}	杂波中的有效可检测性因子	1.5.2
d	阴极射线管亮点直径	2.3.7
	单元间距	4.3.2
	云中的光学可见度	6.1.2
d_1, d_2	由天线、目标到绕射障碍物的距离	6.3.3
	预比较器和后比较器电压误差	8.2.5
dP_e	瑞利噪声包络的差分概率	2.1
	电压的概率密度	3.3.1
dP_s	信号加噪声包络的差分概率	2.2.2
dP_v	高斯噪声分量的差分概率	2.1
dP_x	指数噪声功率的差分概率	2.1
dP_ε	闪烁误差的概率密度	3.4.1
dP_σ	雷达横截面积的概率密度	3.3.1
E	总的信号能量	1.2.6
	仰角	4.1.2
E_0	总信号能量比的度量	7.1
	轴上目标的电压增益	8.1.1
E_1	单个脉冲信号能量	1.2.5
E_n	瑞利噪声电压	2.1
E_s	均方根信号电压	2.2.1
E_{t1}	单个脉冲非相干检测的门限电压	2.2.1
E_{tc}	相干检测的门限电压	2.2.1
E_{tn}	n个脉冲积累的门限	2.3.2
e	预期极化中的信号电压	8.2.5
e_c	交叉极化信号电压	8.2.5
$e_{n\Delta}$	差通道噪声电压	8.2.5
$e_{n\Sigma}$	和通道噪声电压	8.2.5
F	方向图传播因子	1.2.6
	MFAR中的时间部分	8.7
$F(v)$	刃形绕射的传播因子	6.3.3
F_a	稀布阵的装填分数	4.3.4
F_{bt}	烧穿时间分数	7.10.2
F_c	杂波路径的方向图传播因子	1.5.1
	目标的相关频率	3.3.4
F_d	绕射方向图传播因子	6.3.1

	粗糙度因子	8.5.3
F_j	干扰的方向图传播因子	1.4.1
F_n	接收机噪声系数	1.2.4
F_p	极化因子	1.2.6
F_{pc}	杂波极化因子	1.5.1
F_{pj}	干扰机极化因子	1.4.1
F_r	接收路径的方向图传播因子	1.2.6
F_s	搜索的时间分数	7.10.2
F_t	发射路径的方向图传播因子	1.2.6
F_{vs}	空域搜索的时间分数	7.4.5
f	频率，天线电压方向图	
$f(\theta, \phi)$	归一化天线电压增益方向图	4.1.1
$f(A, E)$	在方位和仰角上的归一化天线电压增益方向图	4.1.2
$f_{\max}$	目标起伏频谱中的最大频率	3.3.3
f_0	载频	3.6.7
f_1	视在偏移误差的上频	8.5.1
f_1, f_{da}, f_{de}	多路复用通道的中频	8.2.5
$f_1(t), f_2(t)$	相邻数字采样的时间响应	8.3.4
f_a	阵列方向图因子	4.3.1
	误差分量的半功率频率	8.5.1
$f_b(\theta, \phi)$	遮挡方向图	4.2.5
f_c	相关频率	2.4.5
	COHO（中）频	5.3.4
	电离层中的临界频率	6.4.6
	周期性误差分量的频率	8.5.1
f_d	多普勒频率	2.3.1
	多普勒频移	5.1
$\hat{f}_d$	估计的多普勒频率	5.1.1
f_e	单元方向图因子	4.3.1
f_r	脉冲重复频率	1.2.6
f_s	信号频率	2.2.2
	STALO 频率	5.3.4
	圆锥扫描频率	8.2.2
G	平板区域的增益	3.1.2
	地面距离	6.2.2
$G(\theta, \phi)$	天线功率增益方向图	4.1.1
G_0	均匀孔径照射增益	4.2.1
G_{0t}, G_{0r}	均匀照射发射、接收天线的增益	9.1.1
G_{cs}	$\csc^2$ 天线的增益	4.2.5
$G_d(n, n_e)$	n 个脉冲积累，n_e 个目标采样的分集增益	2.4.5
G_e	单元增益	4.2.1
	重发器的电子增益	7.10.3

$G_i(n)$	n 个脉冲非相干积累的积累增益	2.3.2
G_j	干扰机发射天线增益	1.4.1
G_m	天线轴上的功率增益	4.2.2
G_n	和主瓣功率增益与差零点中功率之比	8.2.5
G_p	栅瓣增益	4.3.9
G_r	接收天线增益	1.2.1
G_{rep}	重发器增益	7.10.3
G_s	指向表面的天线方向图部分	1.2.4
	副瓣中的功率增益	4.2.4
	主瓣与副瓣功率之比	8.2.4
G_{sd}	主瓣与差通道副瓣功率之比	8.2.4
G_t	发射天线增益	1.2.1
$g(x), g(x), g(x, y)$	x 和 y 坐标的孔径照射函数	4.2.2
$g'(x)$	折合在 x 轴上的照射函数	4.3.10
g_1	雷达到反射点的地面距离	6.2.2
$H(f)$	滤波器频率响应	5.1
$H_1(f), H_1(v)$	频率或速度上单延迟对消器的响应	5.3.4
$H_1(f), H_2(f)$	输入和输出中频滤波器的频率响应	8.3.2
$H_2(f), H_2(v)$	频率或速度上双延迟对消器的响应	5.3.4
H_d	每平方米散热	4.3.7
H_j	干扰机高度	1.4.1
$h(t)$	滤波器冲激脉冲响应	5.1
h_0	天线的海拔高度	6.1.1
h_0	对流层的标高	6.4.1
$h_1(t), h_2(t)$	输入和输出中频滤波器的冲激脉冲响应	8.3.2
$h_a(t)$	阵列的冲激脉冲响应	4.3.10
h_{cmax}	云顶的高度	1.5.1
h_{cmin}	可见云底的高度	1.5.1
h_d	风道顶的高度	6.4.5
h_m	最大覆盖高度	7.2.1
h_r	表面上方雷达天线的高度	1.5.1
h_r, h_t	接收、发射天线的高度	9.1.1
h'_r	平均表面上方的天线高度	3.6.3
	在反射点处正切平面上方的天线高度	6.2.2
h_t	目标高度	1.2.8
h'_t	在反射点处正切平面上方的目标高度	6.2.2
I	同相信号	5.3.4
I_0	第一类修正贝塞尔函数	2.2.2
I'_0	有效干涉频谱密度	1.6
I_i	由雷达不稳定度引起的改善因子限制	5.3.9
I_m	动目标显示或多普勒处理器改善因子	1.5.2
I_{n-1}	第一类和 $n-1$ 阶修正贝塞尔函数	2.3.2

I_q	由量化引起的改善因子限制	5.3.9
I_s	增益为 G_t 的波束轴上的功率密度	1.2.1
	由 PRI 参差器引起的改善因子限制	5.3.9
I_{s0}	各向同性天线波束轴上的功率密度	1.2.1
$I_x(v_z, \sigma_z)$	x 延迟对消器的改善因子	5.3.9
I_{xn}	x 延迟对消器的非相干动目标显示改善因子	5.3.10
I_Δ	归一化误差信号	8.2.5
J	干扰机功率	1.2.3
J_0	干扰频谱密度	1.4.1
$J_1(x)$	第一类贝塞尔函数	3.5.2
J_b	接收到的双基地干扰功率	8.8.6
J_d	接收到的来自双基地干扰器的直接干扰功率	8.8.6
K	二自由度的个数	2.4.4
	相对差斜率	8.2.4
K_0	最大相对差斜率	8.2.4
K_1	杂波功率方程中的常数	5.4.5
K_3	第三阶导数的误差常数	8.5.2
K_a	加速率误差常数	8.5.2
K_B	蒲福风级	3.6.2
K_f	频率测量的误差斜率	8.4.1
K_m, K_m^{-1}	χ^2 分布积分及其逆函数	2.4.6
K_r	差斜率比	8.2.4
K_t	脉宽因子	5.2.2
K_v	速度误差常数	8.5.2
K_x	TWS 滤波器中的方差减缩比	7.9.2
K_θ	波束宽度常数	4.2.2
K'_θ	合成孔径的波束宽度常数	7.8.3
k	玻尔兹曼常数	1.2.4
	CFAR 损耗分析中的常数	2.6.1
	有效地球半径因子	1.5.1
	波数，$2\pi/\lambda$	3.1.2
	多散射体的幅度比	3.4.2
	有效地球半径常数	3.6.2
k_m	单脉冲误差斜率	8.2.4
k'_m	具有实现误差的单脉冲斜率	8.2.5
k_p	扫描波束的误差斜率	7.9.1
k_s	圆锥扫描误差斜率	8.2.2
k_{sh}	风切变系数	3.6.7
k_{st}	表面容差相位误差因子	9.4.2
k_t	时延误差斜率	8.3.2
k_z	z 轴的误差斜率	7.9.1
k_α	大气衰减系数	1.2.6

$k_{\alpha 0}$	海平面上的衰减系数	6.1.1
L	平板或圆柱体长度	3.1.2
	散射体间距离	3.4.2
L_a	天线耗散性（电阻性）损耗	1.2.4
L_{ab}	天线遮挡损耗	9.4.2
L_{ad1}, L_{ad3}	天线设计损耗	9.4.1
L_{ao}	天线工作损耗	9.4.3
$L_{at1}, L_{at2}, L_{at3}$	用于不同雷达方程的总的天线损耗	9.4.3
L_b	二进制累积损耗	2.3.3
L_c	陷落损耗	2.3.7
L_{c1}	采用恒虚警概率的陷落损耗	2.3.7
L_{c2}	采用恒虚警时间的陷落损耗	2.3.7
L_{cc}	杂波相关损耗	3.6.5
L_{cd}	杂波分布损耗	2.6.2
L_{cr}	杂波基准损耗	9.5.1
L_{cs}	$\csc^x$覆盖损耗	7.2.1
L_d	扫描分布损耗	2.3.4
L_{ea}	角度跨骑损耗	5.4.7
L_{ec}	遮蔽损耗	5.4.7
L_{ef}	多普勒滤波器跨骑损耗	5.4.7
L_{eg}	瞬时选通损耗	5.4.7
L_{er}	距离跨骑损耗	5.4.7
L_{ev}	多普勒速度响应损耗	5.4.7
L_f	起伏损耗	2.4.2
L_{fp}	法拉第旋转损耗	9.3.2
L_g	CFAR 损耗	2.6.1
$L_i(n)$	n个脉冲非相干积累时的累积损耗	2.3.2
L_{ill}	照射损耗	9.4.1
L_k	圆锥扫描时的交叉损耗	8.2.2
L_{lens}	大气透镜损耗	9.3.2
L_{lim}	限幅器损耗	9.5.1
L_m	接收滤波器匹配损耗	1.2.5
L_{mf}	处理器与脉冲串的匹配损耗	1.2.5
L_{mj}	重发器脉冲的匹配损耗	7.10.3
$L_{\text{mti(a)}}$	由噪声相关引起的 MTI 损耗	5.3.12
$L_{\text{mti(b)}}$	MTI 盲相损耗	5.3.12
$L_{\text{mti(c)}}$	MTI 速度响应损耗	5.3.12
L_n	方向图常数	1.3.1
L_p	波束形状损耗	1.2.8
L_{pol}	天线极化损耗	9.4.3
L_q	量化损耗	4.3.9
L_{q1}, L_{q2}	量化损耗	9.5.1

L_r	目标径向跨度	2.4.5
L_s	总的搜索损耗	1.3.1
L_{sc}	扫描损耗	9.4.3
L_{sq}	阵列斜视损耗	9.4.2
L_{ss}	扫描扇区损耗	9.4.3
L_{st}	表面容差损耗	9.4.2
L_t	发射馈线损耗	1.2.8
L_v	积分器加权损耗	2.3.5
L_{vs}	阵面和馈电失配损耗	9.4.2
L_w	积分器加权损耗	9.5.1
L_x	信号处理损耗	1.2.8
L_x	目标横向距离跨度	2.4.5
L_x	目标横向距离跨度	3.3.3
L_z	阵列带宽损耗	4.3.10
L_α	大气衰减	1.2.6
$L_{\alpha 1}$	大气衰减的首次估算	6.1.6
$L_{\alpha 2}$	大气衰减的二次估算	6.1.6
$L_{\alpha c}$	杂波的大气衰减	1.5.1
$L_{\alpha j}$	干扰大气衰减	1.4.1
$L_{\phi a}$	由相位和幅度误差引起的损耗	4.3.9
$\mathcal{L}$	均方根孔径宽度	8.1.3
$\mathcal{L}_0$	均匀照射孔径的均方根宽度	8.1.3
$\mathcal{L}_s$	平方照射函数的均方根宽度	8.1.4
$\mathcal{L}_\theta$	照射函数的均方根宽度	8.1.4
M	匹配因子	1.2.8
M	云中冷凝水的密度	6.1.2
m	二进制积分器第二门限	2.3
	积累的额外噪声采样数	2.3.7
	在视频混合的接收通道数	2.3.7
	CFAR 参考单元数	2.6.1
	移相器量化位数	4.3.9
	发射脉冲中的子脉冲数	5.2
	驻留期间脉冲重复频率分集脉串数	5.4.3
	截获扫描数	8.6
m_{eff}	CFAR 参考单元数和 CFAR 参考单元有效数	2.6.1
N	噪声功率	2.1
	对流层折射率	6.4.1
N_0	噪声频谱密度	1.2.4
N_d	风道顶部的折射率	6.4.2
N_e	天线单元数	4.2.1
	电离层的电子密度	6.4.6
N_f	稀疏阵中单元数	4.3.4

N_i	电离层折射率	6.4.6
N_s	表面折射率	6.4.2
n	观察期间接收到的脉冲数	1.2.5
	跟踪时间常数期间接收到的脉冲数	8.1.3
n'	相干处理器输出数	1.2.7
n_1	三坐标雷达中的全程波束数	7.3.2
n_1, n_2	顺序检测时第一步和第二步的脉冲数	2.5.1
n_a	行单元数	4.3.2
n_{av}	每个波束的全程 PRI 平均数	7.4.1
n_c	独立杂波采样数	3.6.5
	相干处理脉冲数	5.4.2
	利用多普勒处理的波束数	7.4.1
n_c	独立杂波采样数	8.5.4
n_d	用于多普勒处理的脉冲数	7.4.1
n_{d1}, n_{d2}	顺序检测中在第一步和第二步采用的单元数	2.5.1
n_e	独立目标采样数	2.4.4
	列单元数	4.3.2
	独立干涉采样数	8.1.2
n_f	频率单元数	2.3.6
n_{min}	驻留中最小脉冲数	7.2.3
n_t	距离单元数	2.3.6
	由 MFAR 跟踪的目标数	8.7
P	大气压力	6.4.1
$P(j)$	j 次过门限概率	2.3.3
P_a	截获概率	8.6
P_{av}	平均发射机功率	1.2.5
P_{ca}	累积截获概率	8.6
P_d	探测概率	2
P_{d1}, P_{d2}	顺序检测时在第一步和第二步的探测概率	2.5.1
P_{dec}	在 PRI 非遮蔽部分的探测概率	9.5.2
P_{f1}, P_{f2}	顺序检测时在第一步和第二步的虚警概率	2.5.1
P_{fa}	虚警概率	2
P_{fs}	顺序检测概率	2.5.1
P_{heat}	以热耗散的功率	4.3.7
P_i	入射在球形目标上的功率	1.2.1
	雷达预期极化上的交叉极化干扰机功率	8.8.6
P_j	干扰机发射功率	1.2.3
P_{ja}	平均干扰机功率	8.8.3
P_p	杂波峰值的目标抑制概率	5.3.13
P_{rj}	在重发干扰机处接收到的功率	7.10.3
P_t	峰值发射机功率	1.2.1
P_v	位于扫描空域内的目标概率	8.6

p	球形地球几何内的中间参数	6.2.2
	水蒸气的部分压力	6.4.1
p_d	对单个脉冲的探测概率	2.3.2
p_{fa}	对单个脉冲的虚警概率	2.3.3
p_{fa1}, p_{fa2}	顺序检测第一步和第二步时，每单元的虚警概率	2.5.1
p_n	菲涅耳区方程中的参数	6.2.4
Q	正交相位信号	5.3.4
$Q(E)$	正态分布积分	2.2.1
$Q^{-1}(P)$	正态分布的反积分	2.2.1
Q_j	噪声干扰的品质因数	1.4.2
q_m	对应于均方根噪声电平的 LSB 数	9.5.1
q_n	菲涅耳区方程中的参数	6.2.4
R	距离	1.2.1
R'	应用方向图传播因子后的探测距离	6.1.6
R_0	自由空间距离	1.2.8
	波束轴到达表面的距离	5.4.4
R_1	达到临界角时的距离	3.6.1
	对首次大气估算校正的探测距离	6.1.6
	从雷达到绕射障碍物的距离	6.3.4
R_1, R_2	从雷达和目标到反射面的距离	8.5.3
R_2	对二次大气估算校正的探测距离	6.1.6
	至绕射障碍的两条路径中较短的一条	6.3.3
	从双基散射源至雷达的距离	8.8.6
R_{bt}	干扰中烧穿距离	1.4.4
R_c	杂波距离	1.5.1
	交叉处的地面距离	8.5.2
R_h	水平距离	1.5.4
R_{hr}	距雷达的水平距离	7.6.1
R_{ht}	距目标的水平距离	7.6.1
R_j	干扰机距离	1.4.1
R_m	最大探测距离	1.2.7
R_{m1}	远程搜索扇区的距离	7.4.5
R_{m2}	中程搜索扇区的距离	7.4.5
$R_{\min}$	最小搜索距离	7.6.1
R_{mj}	有干扰时的最大探测距离	1.4.1
$R_{p\max}$	零仰角到高度 h 的路径长度	6.1.2
R_r	从目标到接收机的距离	1.2.2
R_{rj}	重发器脉冲的探测距离	1.4.3
R_t	发射机到目标的距离	1.2.2
R_u	非模糊距离	1.5.1
R_x	仪表距离	7.2.2
r	直流与交流杂波功率之比	3.6.5
	降水率	3.6.6

$r(h_r, \theta_{0t})$	沿路径到目标的有效距离	6.4.2
S	雷达接收到的信号功率	1.2.1
$S(f)$	目标起伏频谱的功率谱	3.3.3
$S(v)$	菲涅耳正弦积分	6.3.3
S_i	截获接收机接收到的雷达功率	1.2.3
SCV	杂波下可见度	1.5.2
SS	海态级	3.6.2
s	信–噪功率比	2.3.2
	阴极射线管扫描速度	2.3.7
	波导内裂缝间隔	4.3.3
$s(h, \theta_0)$	在仰角 θ_0 到高度 h 沿射线的距离	6.4.2
T	大气温度	6.4.1
T_0	参考温度，290 K	1.2.4
T_a	天线温度	1.2.4
T_a'	天空温度	1.2.4
T_e	来自接收机的噪声温度分量	1.2.4
T_j	干扰机的等效噪声温度	1.4.1
T_{j0}	主瓣干扰机的有效温度	7.10.2
T_r	来自接收馈线的噪声温度分量	1.2.4
T_s	系统噪声温度	1.2.4
T_s'	包括干扰的噪声温度	1.4.1
T_t	总的输入噪声温度	3.7.1
T_{tr}	接收馈线的物理温度	1.2.4
t_{a1}	三坐标雷达中每波束1个脉冲所需的方位驻留时间	7.4.1
t_{bt}	烧穿驻留的持续时间	7.10.2
t_c	目标相关时间	2.4.5
t_c'	包络检波的信号相关时间	8.2.2
t_d	距离延迟	5.1
$\hat{t}_d$	估计的距离延迟	5.1.1
$t_{d\max}$	最大目标延迟时间	7.2.2
t_f	相干处理间隔	1.2.5
t_{fa}	虚警时间	2.3.6
t_f'	瞬时选通后的相干处理间隔	5.4.3
t_{md}	最大杂波延迟时间	5.4.3
t_o	观察时间（波束的驻留时间）	1.2.5
t_{rd}	多普勒处理的脉冲重复间隔	7.4.1
t_s	搜索帧时间	1.3.1
t_t	模拟滤波器瞬变持续时间	5.4.7
t_v	显示器的积累时间	2.3.7
$U(f)$	干涉的电压谱	5.3.3
$U(Z)$	绕射的高度增益因子	6.3.1
$V(X)$	绕射的衰减因子	6.3.1

V_c	杂波空域	1.5.1
v	高斯噪声电压	2.1
	刃形绕射参数	6.3.3
v_0	杂波的平均速度	3.6.5
v_b	波形的基本盲速	3.6.5
v_{b1}, v_{b2}	PRF 分集系统中的盲速	7.2.6
v_p	雷达平台速度	3.6.5
	x 坐标上速度的预测估计	7.9.2
v_r	径向速度	5.2.2
v_s	海杂波的平均速度	3.6.5
	x 轴速度的平滑估计	7.9.2
v_t	目标速度	5.3.2
v_w	风速	3.6.2
v_z	箔条偶极子的垂直速度	3.6.7
	归一化平均杂波速度	5.3.9
W	箔条重量	3.6.7
$W(f)$	信号闪烁的频谱密度	8.2.2
$W_0(f)$	零频的谱密度	8.5.1
$W_a(f)$	低频误差分量的频谱	8.5.1
$W_n(f)$	相位噪声谱密度	5.4.5
	白噪声误差谱密度	8.5.1
w	孔径宽度	3.6.5
w_t, w_r	发射和接收孔径宽度	9.1.1
X	用于绕射的距离的自然单位	6.3.1
	描述覆盖范围余割的指数	7.2.1
X_{pa}	最佳功率/孔径比	7.2.5
x	指数型噪声功率	2.1
	恒虚警率	2.6.1
	给定测量的误差	8.5.1
	从雷达的地面距离	8.5.3
x_0	x 轴上观察到的数据	7.9.2
x_{0n}	第 n 个非涅耳区的中心点	6.2.4
x_{1n}, y_{1n}	第 n 个非涅耳区的半轴	6.2.4
x_p	x 轴的预测估计	7.9.2
x_{rms}	x 轴的均方根误差	8.5.1
x_s	x 轴的平滑估计	7.9.2
x_t	目标的地面距离	8.5.3
Z	用于绕射的高度的自然单位	6.3.1
	低掠射角校正因子	8.5.3
z_1, z_2	两个偏置波束的位置	8.1.1
z_3	z 坐标上分辨单元的半功率宽度	7.9.1
z_k	距跟踪轴的波束偏置	8.1.1

α	圆锥体的半角	3.2.2
	散射体轴和视线间的角度	3.4.2
	韦布尔平均参数	3.6.4
	波束方位和平台速度矢量间的角度	5.3.9
	反射波的相位角	6.2.1
	波束与速度矢量间的角度	7.8.3
	TWS 滤波器中的位置平滑参数	7.9.2
	均方根信号持续时间	8.1.3
α_0	矩形脉冲的均方根信号持续时间	8.1.3
β	从垂直法线到表平面的角度	3.6.1
	TWS 滤波器中的速度平滑参数	7.9.2
β	均方根信号带宽	8.1.3
	提供准镜面反射的表面倾角	8.5.3
β_0	关于矩形信号频谱的均方根信号带宽	8.1.3
	$\sqrt{2}$倍均方根表面斜率	8.5.3
β_h	滤波器的均方根带宽	8.3.2
β_{opt}	最佳跟踪器带宽	7.9.2
β_x	通过了滤波器的信号的均方根带宽	8.3.2
Γ	电压反射系数	9.4.2
$\Gamma(x)$	Γ 函数	3.6.4
Γ_h, Γ_v	关于水平、垂直极化的复反射系数	6.2.3
γ	表面杂波的归一化反射率	1.5.4
	PRI 参差比	5.3.9
Δ	距离的遮蔽部分	5.4.7
Δ_a	脉间幅度变化	5.3.9
	方位波束间隔	7.2.2
Δ_c	多普勒滤波器的阻带	5.4.2
$\Delta E, \Delta R$	对流层仰角和距离误差	6.4.2
$\Delta E, \Delta R, \Delta A$	ESJ 与目标间的距离、方位和仰角偏离	7.10.2
Δf	调谐带宽	2.4.5
Δ_f	时间频率改变	5.3.9
	周期性误差分量带宽	8.5.1
	多路径分量的多普勒频移	8.5.3
Δ_t	脉宽抖动	5.3.9
Δ_v	对于有效目标检测所丢失的速度范围	5.4.2
Δ_x	横向距离分辨力	7.8.2
Δ_θ	反射副瓣的角宽	3.1.2
$\Delta\phi$	脉间相位变化	4.3.2
Δ_ϕ	脉间相位变化	5.3.9
$(\Delta\theta)_2$	由相移引起的角度误差	8.2.5
Δ_e	三坐标雷达中仰角波束间隔	7.3.2
δ_f	载频的频移	3.3.4

δ_h	球面低于与雷达阵地相正切的平面的倾角	6.2.2
δ_0	镜面反射相对于直接射线的延迟	6.2.1
ε	归一化闪烁误差	3.4.1
ε_0	末端移相器开关时的角度	4.3.9
ε_a	跟踪滤波器中加速度滞后误差	7.9.2
ε_c	复介电常数	6.2.3
ε_r	相对介电常数	6.2.3
ε_θ, ε_t	目标在仰角的位移和横向偏离跟踪轴的位移	8.2.2
η_a	孔径效率	4.2.4
η_{cs}	csc^2天线的效率	4.2.5
η_d	漫散射的仰角上的密度	8.5.3
η_f	滤波器效率	5.2.2
η_q	量化效率	4.3.9
η_s	漏过效率	4.2.5
η_t	表面容差效率	4.2.5
	直流——射频功率的转换效率	4.3.7
η_v	空域杂波反射率	3.6.6
η_x, η_y, η_i	在x, y和孔径上的照射系数	4.2.2
θ	法线到目标表面的角度	3.1.2
θ_a	方位波束宽度	1.3.1
$\theta_{a\min}$	最小方位波束宽度	7.4.1
θ_b	波束轴的仰角	1.5.1
θ_d	陷入风道的最大射线仰角	6.4.5
	绕射分量的仰角	8.5.3
θ_e	仰角波束宽度	1.3.1
θ_{e1}	三坐标雷达中全程波束的仰角宽度	7.3.2
θ_m	有效仰角覆盖扇区	7.2.1
θ_n	反射瓣间隔	6.2.1
θ_t	目标仰角	1.2.8
θ_0	水平面上前向散射体的主瓣宽度	3.5.2
θ_{0t}	到达目标射线的初始仰角	6.4.2
θ_{01}	远程搜索扇区的最小仰角	7.4.5
θ_{02}	中程搜索扇区的最小仰角	7.4.5
θ_1	全程覆盖的最大仰角	7.2.1
θ_2	扩展覆盖的最大仰角	7.2.1
θ_3	半功率波束宽度	3.6.1
λ	波长	1.2.1
λ_c	截止波长	4.3.3
λ_g	波导中的波长	4.3.3
λ_{g0}	在标称频率上波导中的波长	4.3.3
λ_{opt}	关于功率/孔径比的最佳波长	7.2.5
μ	散射体扩展的度量	3.4.1
ν	决策率	2.3.6

ρ	塌陷率	2.3.7
	表面反射系数	3.6.1
$\rho(t)$	目标回波的相关函数	3.3.3
ρ_0	菲涅耳反射系数	6.2.3
ρ_d	漫反射系数	8.5.3
ρ_s	镜面散射系数	6.2.3
ρ_{s1}, ρ_{s2}	从雷达到目标的掠射角的镜面散射因子	8.5.3
ρ_v	植物因子	6.2.3
σ	目标的雷达横截面积	1.2.1
$\bar{\sigma}$	平均雷达横截面积	3.3.1
σ^0	表面杂波反射率	1.5
$\sigma_0, \sigma_a, \sigma_b, \sigma_c$	偏置误差、视在偏置误差、低频误差和周期误差的均方根误差	8.5.1
σ_2	热噪声误差的偏轴分量	8.2.5
σ_{50}	雷达横截面积分布的中值	3.6.4
σ_a	低频误差分量的均方根值	8.5.1
σ_a, σ_ϕ	单元幅度和相位的均方根误差	4.3.9
σ_b	双基地雷达横截面积	1.2.2
σ_c	杂波的雷达横截面积	1.5.1
	交叉极化雷达横截面积	8.2.5
σ_f	前向散射体的雷达横截面积	3.5.1
	总的归一化杂波频率扩展	5.3.9
	均方根频率误差	8.1.3
σ_{f1}	单个脉冲时的均方根频率误差	8.4.1
σ_{fg}	均方根多普勒闪烁误差	3.4.3
σ_{fn}	非相干频率测量的均方根误差	8.4
σ_g	闪烁误差的标准偏差	3.4.1
σ_h	均方根表面高度偏差	3.6.1
σ_h	表面高度的标准偏差	6.2.4
σ_h'	对阴影校正的均方根表面偏差	8.5.3
$\sigma_{hh}, \sigma_{vv}, \sigma_{RR}, \sigma_{LL}$	水平、垂直和其他极化的雷达横截面积	3.2.4
σ_r	均方根距离误差	7.9.1
σ_{rg}	均方根距离闪烁误差	3.4.3
σ_r	距离导数的均方根误差	8.4.3
σ_s	均方根振幅起伏误差	8.2.2
σ_t	均方根延时误差	8.1.3
σ_t	总信号的均方根延时误差	8.3.3
σ_{t1}	单个脉冲时的均方根延时误差	8.3.2
σ_v	总的杂波速度谱扩展	3.6.5
σ_v	总的归一化杂波速度扩展	5.3.9
$\sigma_{v\theta}$	方位波束宽度上的速度扩展分量	3.6.5
σ_{va}	天线扫描对杂波速度谱的贡献	3.6.5

σ_{va}	天线扫描对杂波速度谱的贡献	3.6.5
σ_{vi}	海杂波速度谱的固有标准偏差	3.6.5
	由雷达不稳定性引起的归一化杂波速度扩展分量	5.3.9
σ_{vs}	杂波速度的风切变分量	3.6.7
σ_{vt}	由湍流引起的归一化杂波速度扩展分量	5.3.9
σ_{vz}	仰角波束宽度上的速度扩展分量	3.6.7
σ_y	对数－正态分布的标准偏差（dB）	2.6.2
σ_z	归一化杂波扩展	5.3.9
	z 坐标上的均方根误差	7.9.1
σ_{z1}	z 坐标上的单个脉冲误差	8.1.2
σ_θ	均方根角度误差	7.9.1
$\sigma_{\theta g}$	均方根角度闪烁误差	3.4.3
σ_ϕ	均方根相位误差	4.2.4
σ_ω	均方根偏航速度	3.4.4
τ	脉冲宽度	1.2.5
τ_3	半功率脉冲宽度	8.1.3
τ_{da}, τ_{de}	多路复用通道的时间延迟	8.2.5
τ_{ec}	PRI 的遮蔽部分	9.5.2
τ_g	距离门宽度	2.3.7
τ_j	欺骗干扰的脉冲宽度	1.4.3
τ_n	处理后的脉冲宽度	1.5.1
τ_r	目标冲激脉冲响应宽度	3.3.4
ϕ	散射体间的相位角	3.4.2
	反射系数的相位角	6.2.1
	球形地球几何中的中间参数	6.2.2
	差信号相对于和信号的相位	8.2.5
ϕ_0	垂直平面上前向散射体的主瓣宽度	3.5.2
$\chi(\theta, \phi)$	二坐标天线响应函数	4.1.1
$\chi(\theta, \phi, t_d, f_d)$	四坐标雷达响应函数	4.1.1
$\chi_0(t_d, f_d)$	匹配滤波器响应函数（模糊度函数的方根）	5.1
ψ	掠射角	1.5.4
ψ_1, ψ_2	由雷达和目标到反射面的掠射角	8.5.3
ψ_b	波束的立体角	1.3.1
ψ_{bt}	发射波束的立体角	9.1.1
ψ_c	临界掠射角	3.6.1
ψ_s	搜索立体角	1.3.1
ω	扫描速率	5.3.1
ω_a	方位扫描速率	2.3.7
	目标转动速率	2.4.5
	目标的姿态角速率	3.3.3
ω_e	仰角扫描速率	2.3.7
ω_s	天线扫描速率	3.6.5

附录B　缩略语和缩写

本书采用下列缩略语和缩写

缩略语	含义
AEW	机载预警
ac	交流
ADC	模/数变换器
A/D	模/数（变换器）
AGC	自动增益控制
AM	调幅
CFAR	恒虚警率
COHO	相干振荡器
COSRO	只接收的圆锥扫描
CP	圆极化
CPI	相干处理间隔
CRT	阴极射线管
CW	连续波
D/A	数/模（变换器）
dBi	相对各向同性增益的分贝数
DBS	多普勒波束锐化
dBsm	关于 1 m^2 的分贝数
dc	直流
DOF	自由度
ECM	电子对抗
ECCM	电子反对抗
ERP	有效辐射功率
ESJ	护卫屏蔽干扰机
EW	电子战
FIR	有限冲激脉冲响应（滤波器）
FM	调频
IF	中频
ITU	国际电信联盟
LNA	低噪声放大器
LSB	最小有效位
MFAR	多功能阵列雷达
MTD	动目标检测器
MIT	动目标显示器

PD	脉冲多普勒
pdf	概率密度函数
PRF	脉冲重复频率
PRI	脉冲重复间隔
RCS	雷达横截面积
RF	射频
SAR	合成孔径雷达
SCV	杂波下可见度
SIR	信号－干扰比
SNR	信噪比
SOJ	远距离干扰机
SS	海态
SSJ	自屏蔽干扰机
STALO	稳定本振
STAP	时空自适应处理
STC	灵敏度时间控制
T/R	收/发（开关，组件）
2-D	二坐标
3-D	三坐标